智源人工智能丛书

Reinforcement Learning

An Introduction Second Edition

强化学习

（第2版）

[加] Richard S. Sutton [美] Andrew G. Barto 著
俞凯 等译

電子工業出版社
Publishing House of Electronics Industry
北京•BEIJING

内容简介

本书作为强化学习思想的深度解剖之作，被业内公认为是一本强化学习基础理论的经典著作。它从强化学习的基本思想出发，深入浅出又严谨细致地介绍了马尔可夫决策过程、蒙特卡洛方法、时序差分方法、同轨离轨策略等强化学习的基本概念和方法，并以大量的实例帮助读者理解强化学习的问题建模过程以及核心的算法细节。

本书适合所有对强化学习感兴趣的读者阅读、收藏。

版权贸易合同登记号　图字：01-2019-0553

图书在版编目 (CIP) 数据

强化学习 ：第 2 版 /（加）理查德 • 萨顿（Richard S. Sutton），（美）安德鲁 • 巴图（Andrew G. Barto）著 ；俞凯等译 . — 北京 ：电子工业出版社，2019. 9

书名原文：Reinforcement Learning: An Introduction (Second Edition)

ISBN 978-7-121-29516-4

Ⅰ. ①强… Ⅱ. ①理… ②安… ③俞… Ⅲ. ①机器学习－算法－研究 Ⅳ. ① TP181

中国版本图书馆 CIP 数据核字（2019）第 050906 号

策划编辑：刘　皎
责任编辑：梁卫红
印　　刷：北京雁林吉兆印刷有限公司
装　　订：北京雁林吉兆印刷有限公司
出版发行：电子工业出版社
　　　　　北京市海淀区万寿路 173 信箱　　邮编：100036
开　　本：787×1092　1/16　　印张：34.25　　字数：705 千字
版　　次：2019 年 9 月第 1 版（原书第 2 版）
印　　次：2023 年 10 月第 14 次印刷
定　　价：168.00 元

凡所购买电子工业出版社图书有缺损问题，请向购买书店调换。若书店售缺，请与本社发行部联系，联系及邮购电话：(010) 88254888，88258888。

质量投诉请发邮件至 zlts@phei.com.cn，盗版侵权举报请发邮件至 dbqq@phei.com.cn。

本书咨询联系方式：010-51260888-819，faq@phei.com.cn。

致中国读者

We are most pleased that Professor Kai Yu has produced this Chinese translation of our textbook, which we hope will enable more Chinese students to self-study reinforcement learning and lead to the development of new ideas within China that contribute to the diversity and vigour of worldwide reinforcement learning research.

——Richard Sutton and Andrew Barto

我们非常高兴俞凯教授将我们的教材翻译成中文，希望这本教材能够帮助更多的中国学生自学强化学习，并且促进更多的新思想在中国产生，为世界范围的强化学习研究的多样性和生机活力做出贡献。

——理查德 · 萨顿　安德鲁 · 巴图

名家推荐

(按姓氏首字母排序)

一代又一代的强化学习研究人员都是在萨顿和巴图的第1版书的启发下成长起来的。新老读者都将从第2版中受益：这一新版本大大扩展了覆盖的主题范围（新主题包括人工神经网络、蒙特卡洛树搜索、平均收益最大化以及关于强化学习的经典应用和最新应用的章节），不仅增加了内容的广度，同时作者也在尝试用更加简洁的符号理清这些繁杂主题的各个方面，从而增加讲解的深度。此外，新版本保留了解释的简洁性和直观性，使各种背景的读者都能使用本书。总之，这是一本很棒的书，我衷心推荐给那些对使用、开发或理解强化学习感兴趣的人。

——乔鲍 · 塞派什瓦里（Csaba Szepesvari）

DeepMind研究科学家，阿尔伯塔大学计算机科学教授

本书仍然是关于强化学习的开创性教材——强化学习作为日益重要的技术，是当今许多最先进的人工智能系统背后的技术基础。本书是任何对人工智能科学抱有真正兴趣的人的必读书。

——杰米斯 · 哈萨比斯（Demis Hassabis）

DeepMind联合创始人兼首席执行官

强化学习是极具发展前景的重要机器学习范式。近年来通过与深度学习的结合，强化学习在棋类游戏、机器人控制和人机对话等领域的重大进展使得人们对它在人工智能未来发展中的作用极为关注和期待。本书是深入理解强化学习基本概念和算法的经典之作，也是迄今为止最系统最完整地描述强化学习领域的教材。俞凯教授是将深度强化学习成功用于人机对话系统的优秀研究者，具有丰富的强化学习和深度学习的实践经验。现在他将《强化学习》(第 2 版) 的这本英文原著的思想和内容以符合中国人理解习惯的方式进行了翻译，忠于原著而又行文流畅，对促进强化学习在中国的研究和应用具有很大的价值。

——邓力

美国城堡基金首席人工智能官 (Chief AI Offiffifficer)

美国微软公司原首席人工智能科学家

强化学习是 AlphaGo 采用的主要技术，也是人工智能的主流领域之一。本书是所有想要深入了解强化学习的有志之士必读的经典。作者用严谨又深入浅出的方式建构起强化学习的核心理论，并附以大量的实例帮助读者理解。我衷心推荐这本好书给大家。

——黃士傑(Aja Huang)

AlphaGo首席工程师(Lead Programmer of AlphaGo)

名家推荐

(按姓氏首字母排序)

这本书是强化学习的圣经。该领域正蓬勃发展，新版的出版正当其时。任何对学习决策问题感兴趣的人——学生、研究者、实践者或者其他感兴趣的非专业人士都应该拥有它。

——佩德罗·多明戈斯（Pedro Domingos）

华盛顿大学计算机科学教授，《终极算法》作者

强化学习是人工智能领域的一颗明珠。本书是强化学习领军人物 Richad Sutton 所写的经典教材，不仅系统介绍了强化学习算法，讨论了强化学习和心理学及神经科学的关系，而且包括了强化学习和深度学习结合的最新进展与应用。感谢俞凯等人的翻译，感谢电子工业出版社的工作，把这本好书介绍给国内的读者们。强烈推荐！

—— 漆远

蚂蚁金服副总裁，首席 AI 科学家

我向所有想了解这个日益重要的机器学习分支的人推荐萨顿和巴图的新版《强化学习》这一经典著作。该第2版扩展了广为流行的第一版的内容，涵盖了当今的关键算法和理论，并以真实世界的应用为例讲解了这些概念——从学习如何控制机器人，到如何编写一个击败人类围棋世界冠军的程序。此外，第2版还讨论了这些计算机算法与心理学和神经科学中关于人类学习规律的研究成果之间的本质性联系。

——汤姆·米切尔（Tom Mitchell）

卡内基梅隆大学计算机科学教授

记得在2018年的IJCAI大会上，我作为国际人工智能联合会的理事会主席给 Andrew Barto 教授颁发2018年杰出研究贡献奖（Research Excellence Award)。这个奖每年颁发给一位长期在人工智能界探索并做出杰出贡献的科学家。我当时问Barto教授，看到现在AlphaGo和AlphaZero凭强化学习横扫围棋界，有什么感受？他说，一直到现在退休，强化学习都是小众研究领域。现在虽然已退休，但赶上AlphaGo/AlphaZero的成功，还是很感慨的！

在人工智能界，Richard Sutton（Barto的学生）和 Andrew Barto 是公认的强化学习的鼻祖，是他们师徒把强化学习作为一个机器学习的重要分支，搬上大雅之堂。这部《强化学习》（第2版）也凝聚了他们的心血。如文中所述，强化学习模拟人类学习的策略，利用积累的经验来改进决策系统的性能，就像国际象棋大师的走子一样，其是通过反复考虑对手可能的反应而进行多步的判断来给出的。这些观察通过用数学，特别是概率论对智能体、对手和环境进行简练的表达，可以解释如何通过不断的训练，逐步提高智能体的能力。

名家推荐

(按姓氏首字母排序)

全书对读者的机器学习背景没有做太多的假设，从头娓娓道来，不仅把强化学习重要的理念讲得极为清晰，而且细致回顾了一些强化学习背后的科学家的小故事，生动活泼。同时，书中也不时地指出脑科学的最新发现对强化学习研究的启迪，让读者从多学科的角度得到全面的知识。书中还有无数的小例子，用以帮助读者理解复杂的概念，比如井字棋游戏。此外，书中引用最新的人工智能进展，对强化学习的经典算法（如蒙特卡洛搜索树算法）加以系统的解释，让读者理解这些算法如何应用在著名的IBM的WATSON系统和AlphaGo/AlphaZero系统中。

中文版特别值得一提的是上海交通大学俞凯教授及其团队所做的高质量的中文翻译。本书的翻译涉及众多强化学习概念的首次中文翻译，这需要译者同时具有深厚的机器学习和翻译功底。毫不夸张地说，中文版的面世为机器学习领域的中国学者和学生架起了一座通往强化学习经典知识宝库的桥梁。

——杨强

前海微众银行首席人工智能官，香港科技大学讲座教授，国际人工智能联合会理事会主席（2017—2019）

萨顿和巴图合著的第2版《强化学习》的出版正当其时。这个领域在过去20年里发生了巨大的变化，机器学习研究人员对强化学习的兴趣从来没有像现在这样强烈。如果你想完整理解智能体学习的基本原理，你可以从这本教科书开始。第2版包括了许多深度强化学习的新进展，同时也将该领域的学术历史延伸到了当前。我肯定会把它推荐给我所有的学生，以及其他想了解当前强化学习热潮的来龙去脉的研究生和科研人员。

——约舒亚·本吉奥（Yoshua Bengio）

蒙特利尔大学计算机科学与运筹学教授

《强化学习》(第 2 版)旨在描述强化学习的核心概念与算法，以供所有相关学科的读者学习。本书不仅包含机器学习、神经网络等人工智能诸多方面的内容，还涉及心理学与神经科学等内容，新概念、新词汇很多，给翻译带来一定的困难。严复提出翻译要做到“信、达、雅”，这部译著达到了这些要求，即准确、通顺与自然，感谢译者的努力与付出。我愿推荐此译著给广大对人工智能感兴趣的中国读者。

——张钹

中国科学院院士，清华大学人工智能研究院院长

第 1 版出版 20 年后，Sutton 和 Barto 的这本经典教科书终于出了第 2 版，篇幅约为第 1 版的两倍，增加了 AlphaGo 围棋等许多新内容，值得所有关心强化学习的读者阅读收藏。

——周志华

南京大学计算机系主任/人工智能学院院长，欧洲科学院外籍院士

译者序

“思想总是走在行动的前面，就好像闪电总是走在雷鸣之前。”德国诗人海涅的诗句再恰当不过地描述了我第一次读到本书英文原版时的感受。

纵观人工智能技术的发展历史，就是一部思想、理论、算法、工程应用的成就交替出现而又交相辉映的历史。传统人工智能领域的三大学派：以逻辑推断和贝叶斯学习为代表的符号主义学派、以神经网络为代表的联结主义学派以及以控制论和强化学习为代表的行为主义学派，在不同的历史阶段都产生了很多绝妙的思想和理论成果，而技术应用的水平和范围也让它们受到的关注度起起落落。20 世纪 40 年代到 50 年代，行为主义的控制论因其在航空、航天、机械、化工等领域的巨大成功受到了极大重视，也独立产生了自动控制等技术学科，甚至连早期的计算机专业也都是从控制相关的专业中分出来的，但其应用往往不被认为是一种“智能”，因而长期独立发展，游离于人工智能研究者的视野之外；而 20 世纪 50 年代人工智能的概念被正式提出以后，符号主义的数理逻辑以及贝叶斯学习等经典机器学习理论一直一枝独秀，引领着人工智能的研究和应用，尤其是专家系统和经典机器学习理论的大量成功应用，使得它成为 20 世纪在人工智能研究中占据统治地位的主流学派；联结主义的神经网络的发展则一波三折，20 世纪 60 年代类脑模型的研究和 80 年代反向传播算法的提出都使得神经网络的研究在短时间内出现过热潮，然而理论局限和应用瓶颈一次又一次地把神经网络的研究打入冷宫，直到 21 世纪初，深度学习理论被提出，借助 GPU 等计算机硬件的算力飞跃并与大数据结合，迅速产生了巨大的产业技术红利，使得联结主义一跃成为当前人工智能研究最炙手可热的学派。而无论技术应用如何风云变幻，产业发展如何潮起潮落，在人工智能的发展历程中，始终有一批思想的先行者以近乎顽固的执着态度在不同时代的“非主流”方向上进行着思考和探索，而正是这些执着甚至孤独的思想者，在技术应用热潮冷却后的暗夜里保留了火种，照亮了人类不停息的探索之路。

本书的两位作者 Richard S. Sutton 和 Andrew G. Barto 就是这样的思想先行者，而本书所介绍的“强化学习”，则是后深度学习时代技术发展的重要火种之一。以联结主义的神经网络为代表的深度学习毫无疑问是 21 世纪初人工智能领域的最重要、最具实用意义的技术突破之一，它为基础研究走向产业应用做出了巨大贡献，也相应地赢得了巨大的声誉和关注。然而，如火如荼的产业应用掩盖不住冷静的研究者们对人工智能未来走向的担忧，越来越多的研究者把深度学习的改良性研究视为工业界的应用技巧，而开始关注与联结主义的经典深度学习不同的人工智能范式探索。这其中，不同学派的思想融合产生了两个重要趋势。一个是将联结主义与符号主义融合起来，将神经网络的“黑箱学习”与先验知识、符号推理和经典机器学习结合，实现可解释、可推理、可操控的新一代“白箱学习”；另一个则是将联结主义与行为主义融合起来，将基于静态数据和标签的、数据产生与模型优化相互独立的“开环学习”，转变为与环境动态交互的、在线试错的、数据（监督信号）产生与模型优化紧密耦合在一起的“闭环学习”。强化学习就是“闭环学习”范式的典型代表，正如本书中所介绍的，它与传统的预先收集或构造好数据及标签的有监督学习有着本质的区别，它强调在与环境的交互中获取反映真实目标达成度的反馈信号，强调模型的试错学习和序列决策行为的动态和长期效应。这使得强化学习在人工智能领域的一些难题，如我本人所从事的认知型人机口语对话系统的研究中，具有无可替代的重要地位。而这些宝贵的思想，也为联结主义的深度学习在小数据、动态环境、自主学习等方面的进一步发展提供了重要的基础。在 AlphaGo 战胜李世石之后，AlphaZero 以其完全凭借自我学习超越人类在各种棋类游戏中数千年经验的能力再次刷新了人类对人工智能的认识，也使得强化学习与深度学习的结合受到了学术界和产业界的前所未有的关注。

《强化学习》的英文第 2 版正是在这样的背景下出版的。本书并非一本实用主义的算法普及材料，而是一本强化学习思想的深度解剖之作，是强化学习基础理论的经典论述。本书没有从复杂的数学角度对强化学习的相关理论和方法给以极其严格的形式化推导，而是从强化学习的基本思想出发，深入浅出而又严谨细致地介绍了马尔可夫决策过程、蒙特卡洛方法、时序差分方法、同轨离轨策略等强化学习的基本概念和方法，并以大量的实例帮助读者理解强化学习的问题建模过程以及核心的算法细节。自 1998 年第 1 版出版以来，本书就一直是强化学习领域的经典导论性教材。在第 2 版中，原作者又加入了很多新的内容，包括对深度强化学习应用（如 AlphaGo）的介绍，以及更新的思想和理解等，使得本书既保持对核心理论的清晰简明的讲解，又包含了与时俱进的最新应用成果和作者的最新思想。本书既可以作为一到两学期的强化学习课程的初级教材，也可以作为研究者自学的入门教程。在本书的翻译过程中，Richard S. Sutton 和 Andrew G. Barto 还特意为中国读者写了一段寄语，其中提到希望本书的中文译本能够促进中国学生产生更多的新思想，为世界范围的强化学习的研究繁荣做出贡献。这一期望也使我倍感荣幸，希望本书的中文译本能够让他们的思想为更多的中国研究者所了解，并作为一个种子，在中国孕育并产生人工智能前沿研究的新思想。

本书的翻译得到了上海交通大学计算机系智能语音实验室同学们的大力支持，尤其是刘奇、陈志、陈露和吴越同学付出了大量的精力进行组织和排版整理，卞天灵、曹瑞升、杜晨鹏、黄子砾、金凯祺、兰鸥羽、李晨达、李大松、李福斌、李杰宇、李沐阳、刘辰、刘啸远、卢怡宙、马娆、盛佩瑶、王晨、王鸿基、王巍、吴嫣然、吴章昊、徐志航、杨闰哲、杨叶新、叶子豪、张王优、赵晏彬、周翔等同学都为本书的翻译做出了贡献。同时，也特别感谢苏州大学刘全教授，陆军军医大学王晓霞博士，清华大学刘乐章同学和北京交通大学张智慧同学对翻译稿进行了试读并帮助审校。本书的翻译也得到了电子工业出版社的大力支持，在此一并表示衷心的感谢。翻译过程难免存在疏漏和错误，欢迎读者批评指正。

俞凯

2019 年 4 月

第 2 版前言

本书第 1 版出版的 20 年以来，在机器学习 (包括强化学习) 前沿技术发展的推动下，人工智能取得了重大进展。这些进展不仅归功于这些年迅猛发展起来的计算机强大的计算能力，也受益于许多理论和算法上的创新。面对这些进展，我们早有对 1998 年第 1 版书进行更新再版的打算，但直到 2012 年才开始真正着手编纂。第 2 版的目标与第 1 版一致：为强化学习的核心概念与算法提供清晰简明的解释，以供所有相关学科的读者学习。这一版仍然是一本概要介绍性的读物，仍然关注最核心的在线学习算法，同时增加了一些近年来日趋重要的话题，并拓展了部分内容，给出了更新的理解。强化学习领域可以延伸出很多不同的方向，但我们并不想包罗万象，在此为可能出现的些许遗漏表示歉意。

第 2 版记号变化

和第 1 版一样，我们没有以最严谨的形式化的方式来定义强化学习，也没有采用特别抽象的术语表达，但是为了大家能更深入地理解，有些话题仍然需要用数学来解释。无数学需求的读者可以选择跳过灰色框中的数学原理部分。在教学过程中，我们发现一些新的记号可以消除一些共同的疑惑点，因此本书的部分记号和上一版相比略有差异。首先我们对随机变量进行了区分，以大写字母表示变量本身，小写字母表示对应的实例。比如时刻 t 的状态、动作和收益被表示为 S_t、A_t 和 R_t，而它们可能的取值被表示为 s、a 和 r。与之相伴随，我们用小写字母的形式 (例如 v_π) 来表示价值函数，用大写字母表示其表格型的估计值，比如 $Q_t(s,a)$。近似价值函数是具有随机参数的确定性函数，因此用小写字母表示，比如 $\hat{v}(s,\mathbf{w}_t) \approx v_\pi(s)$。向量用粗体的小写字母表示 (包括随机变量)，比如权值向量 $\mathbf{w}_t$ (先前用 $\boldsymbol{\theta}_t$ 表示)、特征向量 $\mathbf{x}_t$ (先前用 $\boldsymbol{\phi}_t$ 表示)。大写粗体用以表示矩阵。在第 1 版中我们使用了特殊记号 $\mathcal{P}_{ss'}^a$ 和 $\mathcal{R}_{ss'}^a$ 来表示转移概率和期望收益。但这种记号并不能完整地表示出收益的动态性，只表示了期望值，因此只适用于动态规划而不适用于强化学习。另一个缺点是上下标的过度使用。因此，在这一版中我们明确采用 $p(s',r|s,a)$ 的记号来表示给定当前状态 s 和动作 a 后，下一时刻的状态 s' 和收益 r 的联合概率分布。所有的记号变化都收录在稍后的“符号列表”中。

第 2 版内容结构

第 2 版在原先的基础上进行了许多拓展，整体结构也有所变化。第 1 章是导论性的介绍，其后分为三个部分。第 I 部分 (第 2~8 章) 会尽可能多地用表格型的案例讲解强化学习，主要包括针对表格型案例的学习和规划算法，以及它们在 n 步法和 Dyna 中的统一表达。这部分介绍的许多算法是第 2 版的新增内容，包括 UCB、期望 Sarsa、双重学习、树回溯、$Q(\sigma)$、RTDP 和 MCTS。从介绍表格型案例开始，可以在最简单的情况下理解算法的核心思想。本书的第 Ⅱ 部分 (第 9~13 章) 致力于将这些思想从表格型的情况扩展到函数逼近，包含人工神经网络、傅立叶变换基础、LSTD、核方法、梯度 TD 和强调 TD 方法、平均收益方法、真实的在线 TD(λ) 和策略梯度方法等新内容。第 2 版大幅拓展了对离轨策略的介绍，首先是第 5~7 章讲解表格型的案例，之后在第 11 章和第 12 章讲解函数逼近法。另一个变化是，这一版将 n 步自举法 (在第 7 章中详细阐述) 中的前向视图思想与资格迹 (在第 12 章中单独阐述) 中的后向视图思想分开详细讲解。本书的第 Ⅲ 部分加入了大量阐述强化学习与心理学 (第 14 章)、神经科学 (第 15 章) 联系的新章节，更新了针对多种案例，包括 Atari 游戏、Watson 的投注策略和围棋人工智能 AlphaGo、AlphaGo Zero (第 16 章) 的研究章节。尽管如此，本书涵盖的内容仍然只是该领域的一小部分，只反映了我们长期以来对低成本无模型方法的兴趣，这些方法可以很好地适应大规模的应用。最后一章包括了对强化学习未来的社会影响的讨论。无论好坏，第 2 版的篇幅达到了第 1 版的两倍。

本书旨在作为一到两学期强化学习课程的初级教材。一个学期的课程可以着重对前 10 章进行讨论，掌握核心思想，根据需要再将其他章节，或者其他书籍的某些章节，比如 Bertsekas 和 Tsitsiklis (1996)、Wiering 和 van Otterlo (2012)，以及 Szepesvári (2010) 或其他文献作为辅助材料。根据学生的背景，在线有监督学习的一些额外材料可能会对学习这门课有所帮助。比如“选项”的概念和模型 (Sutton、Precup 和 Singh，1999) 就是一个很好的补充。两学期的课程可以使用所有章节内容及补充材料。本书还可以作为机器学习、人工智能或神经网络等课程的一部分。这种情况只需要讲述部分内容，我们推荐对第 1 章进行简要概述，然后学习第 2 章到 2.4 节和第 3 章，随后根据时间和兴趣选择其余章节。第 6 章的内容对于本书和相关课程来说是最重要的。关于机器学习或神经网络的课程应该使用第 9 章和第 10 章的内容，而关于人工智能或规划算法的课程应该使用第 8 章的内容。在整本书中，相对比较难且对于其他课程不那么重要的章节和部分已用 $*$ 注明。这些部分在第一次阅读时可以跳过，这不会影响后续阅读。练习中一些进阶的、对理解基础概念不那么重要的问题也已经用 * 标识。

大多数章节最后会出现题为“参考文献和历史备注”的部分，在这部分中，我们针对本章中一些值得深入探究的概念和观点提供了进一步阅读和研究的材料，并描述了相关的历史背景。尽管我们试图使这些部分内容具有权威性和完整性，但也不免会忽略一些重要的前期工作。为此，我们再次表示歉意，也欢迎读者提出更正和扩展。

本书写作背景

和第 1 版一样，我们用本书的这一版纪念 A. Harry Klopf。是 Harry 把本书的作者们介绍给彼此，也是他关于大脑和人工智能的想法，使我们踏上对强化学习研究的漫长征程。Harry 是俄亥俄州赖特-帕特森空军基地空军科学研究所 (AFOSR) 航空电子管理局的一位高级研究员，他受过神经生理学的训练，并一直对机器智能很感兴趣。在解释自然智能、机器智能基础机理的问题上，他并不满意当时的人们对“平衡态搜索”(equilibrium-seeking) 过程 (包括内部稳态自调整过程和基于错误纠正的模式分类方法) 的广泛重视。他指出，尝试最大化某种准则 (无论该准则是什么) 的系统与搜索平衡态的系统在本质上有所不同，而具有最大化准则的系统才是理解自然智能的重要方向，是构建人工智能的关键。Harry 从 AFOSR 申请了项目资助，用于评估这些思想以及相关思想的科学价值。该项目于 20 世纪 70 年代末在马萨诸塞州阿默斯特大学 (麻省大学阿默斯特分校) 进行，最初由 Michael Arbib、William Kilmer 和 Nico Spinelli 指导，他们是麻省大学阿默斯特分校计算机与信息科学系的教授，系统神经科学控制论中心的创始成员。这是一支十分有远见的团队，专注于神经科学和人工智能交叉方向。

Barto，一位来自密歇根大学的博士，担任该项目的博士后研究员。与此同时，在斯坦福大学攻读计算机科学和心理学的本科生 Sutton，就经典条件反射中的刺激时机的作用这一话题和 Harry 产生了共同兴趣。Harry 向麻省大学提出建议，认为 Sutton 可以成为该项目的一名重要补充人员。因此，Sutton 成为了麻省大学的研究生，在成为副教授的 Barto 的指导下攻读博士学位。

本书中对强化学习的研究都出自 Harry 推动的这一项目，且受其想法启发而来。此外，也是通过 Harry，作者们才得以聚到一起进行长期愉快的合作。因此，我们将本书献给 Harry，以纪念他对于强化学习领域和我们合作的重要贡献。我们也感谢 Arbib、Kilmer 和 Spinelli 教授为我们提供探索这些想法的机会。最后，感谢 AFOSR 在研究早期给予我们的慷慨支持，并感谢 NSF (美国国家科学基金会) 在接下来的几年中给予的慷慨支持。

致谢

我们还要感谢在第 2 版中为我们提供灵感和帮助的许多人，同样我们也要对第 1 版中致谢过的所有人再次表示深深的感谢，如果不是他们对第 1 版的贡献，这一版也不会面世。在这个长长的致谢列表中，我们增加了许多特别为第 2 版作出贡献的人。多年来在使用该教材的教授的课堂上，我们的学生以各种各样的方式作出贡献：指正错误，提供修改方案，也包括对我们没解释清楚的地方表达困惑。我们还要特别感谢 Martha Steenstrup 阅读并提供详细的意见。如果没有这些心理学和神经科学领域专家的帮助，相关章节将无法完成。感谢 John Moore 多年来在动物学习实验、理论和神经科学方面的耐心指导，John 仔细审阅了第 14 章和第 15 章的多版草稿。感谢 Matt Botvinick、Nathaniel Daw、Peter Dayan 和 Yael Niv 对这些章节的建议，对我们阅读大量文献给予的重要指导，以及对早期草稿中错误的斧正。当然，这些章节一定还存在某些纰漏。我们感谢 Phil Thomas 帮助我们寻找非心理学、非神经科学研究的人士来阅读这些章节，感谢 Peter Sterling 帮助我们改进注释部分。感谢 Jim Houk 为我们介绍基底核神经中枢进行信息处理的过程，并提醒我们注意其他一些相关的神经科学的内容。在案例学习的章节，José Martínez、Terry Sejnowski、David Silver、Gerry Tesauro、Georgios Theocharous 和 Phil Thomas 帮助我们了解他们的强化学习应用程序的细节，并对这些章节的草稿提出了十分有用的意见。特别感谢 David Silver 帮助我们更好地理解蒙特卡洛树搜索和 DeepMind 的围棋程序 (Go-playing program)。感谢 George Konidaris 在傅立叶基的相关章节提供的帮助，感谢 Emilio Cartoni、Thomas Cederborg、Stefan Dernbach、Clemens Rosenbaum、Patrick Taylor、Thomas Colin 和 Pierre-Luc Bacon 在多方面对我们提供的帮助。

Sutton 还要感谢阿尔伯塔大学强化学习和人工智能实验室的成员对第 2 版的贡献，特别是 Rupam Mahmood 对于第 5 章中关于离轨策略蒙特卡洛方法的重要贡献，Hamid Maei 在第 11 章中提出的关于离轨策略学习的观点，Eric Graves 在第 13 章中进行的实验，Shangtong Zhang 复现并验证了几乎所有的实验结果，Kris De Asis 在第 7 章和第 12 章中提供的新技术内容，以及 Harm van Seijen 提出的 n 步方法与资格迹分离的观点，(和 Hado van Hasselt 一起) 和第 12 章中涉及的资格迹前向、后向等价性的观点。Sutton 也非常感谢阿尔伯塔省政府和加拿大国家科学与工程研究委员会在整个第 2 版的构思和编写期间给予的支持和自由。特别感谢 Randy Goebel 在阿尔伯塔省创建的包容支持、具有远见的基础研究环境。同时，也还要感谢在撰写本书的最后 6 个月中 DeepMind 给予的支持。

最后，我们要感谢许多阅读网络发布的第 2 版的细心读者们，他们发现了许多我们忽视的错误，提醒我们注意可能出现的混淆点。

第 1 版前言

我们最早是在 1979 年末开始关注如今被称为强化学习的领域。那时我们都在麻省大学研究一个项目，这个项目是诸多的早期项目之一，旨在证明具有由类似神经元一样的有自适应能力的单元所组成的网络，是实现人工智能的一种前途可观的想法。这个项目研究了 A. Harry Klopf 提出的“自适应系统异构理论”。Harry 的研究是灵感源泉，使我们能够批判性地去探索，并将它们与自适应系统的早期工作历史进行比较。我们的任务是梳理这些想法，理解它们之间的关系和相对重要性。这项任务延续至今，但在 1979 年我们就开始意识到，那些一直以来被人视为理所当然的最简单的想法，从计算角度来看，受到的关注实在寥寥。那就是关于一个学习系统最简单的思想，即学习系统总是有某些*需要*，它总是通过调整自身的行为来最大化其所在环境给出的一些特殊信号。这就是“享乐主义”学习系统的概念，或者如我们现在所说，强化学习的概念。

和其他人一样，我们以为强化学习已经在早期的控制论 (cybernetics) 和人工智能领域中被详尽地研究过了，然而仔细调查才发现并非如此。尽管强化学习促进了一些最早的对学习的计算性研究，但大多数研究者转而研究了其他的方向，如模式分类、有监督学习和自适应控制，或者完全放弃了对学习的研究。因此，学习如何从环境中获取某些知识这类特殊问题受到的关注较少。现在回想起来，专注于这个想法是推动这个研究分支发展的关键一步。直到大家都认识到这样一个基本思想尚未被彻底研究的时候，强化学习的计算性研究才会有更多进展。

自那时以来，这个领域已经走过了很长的路，在不同方向发展着。强化学习逐渐成为机器学习、人工智能和神经网络研究中最活跃的研究领域之一。该领域已经建立了强大的数学基础，并出现了一些令人瞩目的应用。强化学习的计算性研究领域如今已成为一个很大的领域，全世界有数百名研究人员在心理学、控制理论、人工智能和神经科学等不同学科积极地探索着。尤为重要的是，它建立和发展起与最优控制和动态规划理论的关系。从交互中学习以达到目标这个问题还远远没有解决，但我们对它的理解明显更好了。我们现在可以从整体上以一致的框架来描述若干思想，例如时序差分、动态规划和函数逼近。

本书旨在为强化学习的核心概念与算法提供清晰简明的解释，以供所有相关学科的读者学习，但我们无法详细介绍所有观点，在大多数情况下，我们会从人工智能和工程实现的角度来讲述。与其他领域的联系留待他人或后续继续研究探讨。我们不以严谨、形式化的方式来定义强化学习，不涉及高度的数学抽象，不依赖定理证明式的表述方式，而是试图以合理的程度来运用数学，使得我们既能指引正确的数学分析方向，又不偏离基本思想的简单性和一般性。

致谢

从某种意义上说，本书的编写已经历时 30 年了，我们要感谢很多人。首先，感谢那些亲自帮助我们建立整体思想的人：Harry Klopf 帮助我们认识到强化学习需要复兴；Chris Watkins、Dimitri Bertsekas、John Tsitsiklis 和 Paul Werbos 帮助我们认识到探索强化学习与动态规划关系的价值；John Moore 和 Jim Kehoe 提供了对于动物学习理论的见解和灵感；Oliver Selfridge 强调了适应性的广度和重要性；还有我们的同事和学生以各种方式提供了帮助：Ron Williams、Charles Anderson、Satinder Singh、Sridhar Mahadevan、Steve Bradtke、Bob Crites、Peter Dayan 和 Leemon Baird；Paul Cohen、Paul Utgoff、Martha Steenstrup、Gerry Tesauro、Mike Jordan、Leslie Kaelbling、Andrew Moore、Chris Atkeson、Tom Mitchell、Nils Nilsson、Stuart Russell、Tom Dietterich、Tom Dean 和 Bob Narendra 的讨论丰富了我们对强化学习的看法。感谢 Michael Littman、Gerry Tesauro、Bob Crites、Satinder Singh 和 Wei Zhang，他们分别提供了 4.7 节、15.1 节、15.4 节、15.5 节和 15.6 节的具体内容。感谢美国空军科学研究所、美国国家科学基金会和 GTE 实验室长期以来的支持。

我们也要感谢很多读过本书草稿并提供宝贵意见的人，包括 Tom Kalt、John Tsitsiklis、Pawel Cichosz、Olle Gällmo、Chuck Anderson、Stuart Russell、Ben Van Roy、Paul Steenstrup、Paul Cohen、Sridhar Mahadevan、Jette Randlov、Brian Sheppard、Thomas O'Connell、Richard Coggins、Cristina Versino、John H. Hiett、Andreas Badelt、Jay Ponte、Joe Beck、Justus Piater、Martha Steenstrup、Satinder Singh、Tommi Jaakkola、Dimitri Bertsekas、Torbjörn Ekman、Christina Björkman、Jakob Carlström 和 Olle Palmgren。最后，感谢 Gwyn Mitchell 在许多方面提供的帮助，感谢 MIT 出版社的 Harry Stanton 和 Bob Prior 对我们的支持。

符号列表

随机变量用大写字母表示，随机变量的值和标量函数用小写字母表示。实向量用粗体小写字母表示 (即使是随机变量也如此)。矩阵用粗体大写字母表示。

$\doteq$	定义为相等
$\approx$	约等于
$\propto$	成比例关系
$\Pr\{X=x\}$	随机变量 X 取值为 x 时的概率
$X \sim p$	随机变量 X 分布为 $p(x) \doteq \Pr\{X=x\}$
$\mathbb{E}[X]$	随机变量 X 的期望，即 $\mathbb{E}[X] \doteq \sum_x p(x)x$
$\arg\max_a f(a)$	$f(a)$ 取最大值时 a 的值
$\ln x$	x 的自然对数函数
e^x	x 的自然指数函数，这里 $e \approx 2.71828$ 且 $e^{\ln x} = x$
$\mathbb{R}$	实数集
$f: \mathcal{X} \to \mathcal{Y}$	集合 $\mathcal{X}$ 到集合 $\mathcal{Y}$ 的函数 f
$\leftarrow$	赋值
$(a, b]$	区间 a 到 b，包括 b 但不包括 a
ε	ε 贪心策略中随机采取动作的概率
α, β	步长参数
γ	折扣系数
λ	资格迹中的衰减率
$\mathbb{1}_{\text{predicate}}$	指示函数 (如果 predicate 为真，则 $\mathbb{1}_{\text{predicate}} \doteq 1$，否则为 0)

多臂赌博机问题符号：

k	动作 (臂) 的个数
t	离散的时刻或游戏数

$q_*(a)$	动作 a 的真实价值 (期望收益)
$Q_t(a)$	时刻 t 时对 $q_*(a)$ 的估计
$N_t(a)$	时刻 t 时动作 a 被选择的次数
$H_t(a)$	学习到的在时刻 t 选取动作 a 的偏好
$\pi_t(a)$	在时刻 t 选取动作 a 的概率
$\bar{R}_t$	给定 π_t 时，在时刻 t 估计得到的期望收益

马尔可夫决策过程符号：

s, s'	状态
a	动作
r	收益
$\mathcal{S}$	所有非终止状态的集合
$\mathcal{S}^+$	所有状态的集合，包括终止状态
$\mathcal{A}(s)$	对应状态 s 的所有可行动作的集合
$\mathcal{R}$	所有可能收益的集合，是 $\mathbb{R}$ 的有限子集
$\subset$	子集关系，如 $\mathcal{R} \subset \mathbb{R}$
$\in$	属于关系，如 $s \in \mathcal{S}$，$r \in \mathcal{R}$
$\lvert\mathcal{S}\rvert$	集合 $\mathcal{S}$ 中元素的个数
t	离散的时间步，或称时刻
$T, T(t)$	某一幕的终止时刻，或是包含时刻 t 的某幕的终止时刻
A_t	时刻 t 时的动作
S_t	时刻 t 时的状态，通常由 S_{t-1} 和 A_{t-1} 随机决定
R_t	时刻 t 时的收益，通常由 S_{t-1} 和 A_{t-1} 随机决定
π	策略 (决策规则)
$\pi(s)$	根据确定性 策略 π 在状态 s 选取的动作
$\pi(a\vert s)$	根据随机性 策略 π 在状态 s 选取动作 a 的概率
G_t	时刻 t 时的回报
h	视界，进行前向观测时所涉及的时间边界
$G_{t:t+n}, G_{t:h}$	从 $t+1$ 到 $t+n$，或者到时刻 h 的 n 步回报 (经过打折且修正过的)
$\bar{G}_{t:h}$	从 $t+1$ 到时刻 h 的平价回报 (未打折且未修正的) (5.8 节)

G_t^λ	λ 回报 (12.1 节)
$G_{t:h}^\lambda$	截断的修正的 λ 回报 (12.3 节)
$G_t^{\lambda s}, G_t^{\lambda a}$	根据估计的状态或动作的价值函数修正的 λ 回报 (12.8 节)
$p(s', r \mid s, a)$	从状态 s 采取动作 a 转移到状态 s' 并获得收益 r 的概率
$p(s' \mid s, a)$	从状态 s 采取动作 a 转移到状态 s' 的概率
$r(s, a)$	从状态 s 采取动作 a 时获得的即时收益的期望
$r(s, a, s')$	从状态 s 采取动作 a 转移到 s' 时获得的即时收益的期望
$v_\pi(s)$	状态 s 在策略 π 下的价值 (期望回报)
$v_*(s)$	状态 s 在最优策略下的价值
$q_\pi(s, a)$	状态 s 在策略 π 下采取动作 a 的价值
$q_*(s, a)$	状态 s 在最优策略下采取动作 a 的价值
V, V_t	状态价值函数 v_π 或 v_* 的估计值的数组表示
Q, Q_t	动作价值函数 q_π 或 q_* 的估计值的数组表示
$\overline{V}_t(s)$	近似动作价值的期望值，即 $\overline{V}_t(s) \doteq \sum_a \pi(a\|s)Q_t(s, a)$
U_t	t 时刻的估计目标
δ_t	t 时刻的时序差分 (TD) 误差 (随机变量) (6.1 节)
δ_t^s, δ_t^a	特定状态或特定动作的 TD 误差 (12.9 节)
n	在 n 步方法中，n 是自举法的步数
d	维度 —— $\mathbf{w}$ 的分量的个数
d'	可变维度 —— $\boldsymbol{\theta}$ 的分量的个数
$\mathbf{w}, \mathbf{w}_t$	d 维的近似价值函数的权值向量
$w_i, w_{t,i}$	可学习权值向量的第 i 个分量
$\hat{v}(s,\mathbf{w})$	给定权值向量 $\mathbf{w}$ 时状态 s 的近似价值
$v_{\mathbf{w}}(s)$	$\hat{v}(s,\mathbf{w})$ 的另一种表示
$\hat{q}(s, a, \mathbf{w})$	给定权值向量 $\mathbf{w}$ 时“状态 -动作”二元组 s, a 的近似价值
$\nabla\hat{v}(s,\mathbf{w})$	$\hat{v}(s,\mathbf{w})$ 对 $\mathbf{w}$ 的偏微分列向量
$\nabla\hat{q}(s, a, \mathbf{w})$	$\hat{q}(s, a, \mathbf{w})$ 对 $\mathbf{w}$ 的偏微分列向量

$\mathbf{x}(s)$	状态 s 的可见特征向量
$\mathbf{x}(s,a)$	状态 s 采取动作 a 的可见特征向量
$x_i(s), x_i(s,a)$	$\mathbf{x}(s)$ 或 $\mathbf{x}(s,a)$ 的第 i 个分量
$\mathbf{x}_t$	$\mathbf{x}(S_t)$ 或 $\mathbf{x}(S_t, A_t)$ 的简写
$\mathbf{w}^\top\mathbf{x}$	向量内积 $\mathbf{w}^\top\mathbf{x} \doteq \sum_i w_i x_i$，如 $\hat{v}(s,\mathbf{w}) \doteq \mathbf{w}^\top\mathbf{x}(s)$
$\mathbf{v}, \mathbf{v}_t$	表示另一个 d 维权值向量，在估计 $\mathbf{w}$ 的时候使用 (第 11 章)
$\mathbf{z}_t$	t 时刻的 d 维资格迹向量 (第 12 章)
$\boldsymbol{\theta}, \boldsymbol{\theta}_t$	目标策略的参数向量 (第 13 章)
$\pi(a\|s,\boldsymbol{\theta})$	给定参数向量 $\boldsymbol{\theta}$ 时，在状态 s 采取动作 a 的概率
$\pi_{\boldsymbol{\theta}}$	参数 $\boldsymbol{\theta}$ 对应的策略
$\nabla\pi(a\|s,\boldsymbol{\theta})$	$\pi(a\|s,\boldsymbol{\theta})$ 对 $\boldsymbol{\theta}$ 的偏微分列向量
$J(\boldsymbol{\theta})$	策略 $\pi_{\boldsymbol{\theta}}$ 的性能度量
$\nabla J(\boldsymbol{\theta})$	$J(\boldsymbol{\theta})$ 对 $\boldsymbol{\theta}$ 的偏微分向量
$h(s,a,\boldsymbol{\theta})$	基于 $\boldsymbol{\theta}$，在状态 s 选取动作 a 的偏好程度
$b(a\|s)$	行动策略，用于在学习目标策略 π 的过程中选取动作
$b(s)$	策略梯度方法中的一个基线函数 $b: \mathcal{S} \mapsto \mathbb{R}$
b	一个 MDP 或搜索树的分支因子
$\rho_{t:h}$	从时刻 t 开始到时刻 h 的重要度采样比率 (5.5 节)
ρ_t	时刻 t 上的重要度采样比率 $\rho_t \doteq \rho_{t:t}$
$r(\pi)$	策略 π 的平均收益 (收益率) (10.3 节)
$\bar{R}_t$	在时刻 t 对 $r(\pi)$ 的估计
$\mu(s)$	同轨策略的状态分布 (9.2 节)
$\boldsymbol{\mu}$	由所有 $s \in \mathcal{S}$ 对应的 $\mu(s)$ 组成的 $\|\mathcal{S}\|$ 维超向量
$\\|v\\|_\mu^2$	用 μ 加权得到的价值函数 v 的范数值，即 $\\|v\\|_\mu^2 \doteq \sum_s \mu(s)v(s)^2$ (11.4 节)
$\eta(s)$	每幕中，状态 s 的期望访问次数 (?? 页)
Π	价值函数的投影算子 (?? 页)
B_π	价值函数的贝尔曼算子 (11.4 节)

$\mathbf{A}$	$d \times d$ 维矩阵 $\mathbf{A} \doteq \mathcal{E}\mathbf{x}_t\big(\mathbf{x}_t - \gamma\mathbf{x}_{t+1}\big)^\top$
$\mathbf{b}$	d 维向量 $\mathbf{b} \doteq \mathcal{E}R_{t+1}\mathbf{x}_t$
$\mathbf{w}_{\mathrm{TD}}$	TD 不动点 $\mathbf{w}_{\mathrm{TD}} \doteq \mathbf{A}^{-1}\mathbf{b}$ (一个 d 维向量，9.4 节)
$\mathbf{I}$	单位矩阵
$\mathbf{P}$	策略 π 情况下的 $\lvert\mathcal{S}\rvert \times \lvert\mathcal{S}\rvert$ 状态转移概率矩阵
$\mathbf{D}$	对角线为 $\boldsymbol{\mu}$ 的 $\lvert\mathcal{S}\rvert \times \lvert\mathcal{S}\rvert$ 对角矩阵
$\mathbf{X}$	行向量为 $\mathbf{x}(s)$ 的 $\lvert\mathcal{S}\rvert \times d$ 矩阵
$\overline{\mathrm{VE}}(\mathbf{w})$	均方价值函数误差 $\overline{\mathrm{VE}}(\mathbf{w}) \doteq \lVert v_{\mathbf{w}} - v_\pi\rVert_\mu^2$ (9.2 节)
$\bar{\delta}_{\mathbf{w}}(s)$	$v_{\mathbf{w}}$ 在状态 s 处的贝尔曼误差 (期望 TD 误差) (11.4 节)
$\bar{\delta}_{\mathbf{w}}$，BE	分量为 $\bar{\delta}_{\mathbf{w}}(s)$ 的贝尔曼误差向量
$\overline{\mathrm{BE}}(\mathbf{w})$	均方贝尔曼误差 $\overline{\mathrm{BE}}(\mathbf{w}) \doteq \big\lVert\bar{\delta}_{\mathbf{w}}\big\rVert_\mu^2$
$\overline{\mathrm{PBE}}(\mathbf{w})$	均方投影贝尔曼误差 $\overline{\mathrm{PBE}}(\mathbf{w}) \doteq \big\lVert\Pi\bar{\delta}_{\mathbf{w}}\big\rVert_\mu^2$
$\overline{\mathrm{TDE}}(\mathbf{w})$	均方时序差分误差 $\overline{\mathrm{TDE}}(\mathbf{w}) \doteq \mathbb{E}_b[\rho_t\delta_t^2]$ (11.5 节)
$\overline{\mathrm{RE}}(\mathbf{w})$	均方回报误差 (11.6 节)

目录

1 导论

当我们思考何为学习本质时，也许首先会想到：人类是通过与环境交互来学习的。婴儿玩耍时会挥舞双臂、四处张望，没有老师的指引，只有运动感知使其和外部环境直接联结。这种联结会产生大量信息，正是这些信息告诉了我们事情之间的因果关系、特定动作的后果，以及达到目标的方式。在人类的一生中，这种交互是我们了解环境和自身的主要方式。无论是学习开车还是进行交谈，我们都能敏锐地感知所处环境对我们动作的响应，于是我们会试图通过施加动作来影响结果。在交互中学习是几乎所有学习和智能理论的基本思想。

在本书中，我们研究在交互中学习的计算性方法。主要探究理想化的机器学习场景，评估不同学习方法的有效性，而非直接建立关于人与动物如何学习的理论[1]。换言之，我们将以人工智能研究者或工程师的视角来探索学习机理。我们将讨论如何设计高效的机器来解决科学或经济领域的学习问题，并通过数学分析或计算机实验的方式来评估这些设计。我们所探索的方法，就称为“强化学习”。相比于其他机器学习方法，强化学习更加侧重于以交互目标为导向进行学习。

1.1 强化学习

强化学习就是学习“做什么 (即如何把当前的情境映射成动作) 才能使得数值化的收益信号最大化”。学习者不会被告知应该采取什么动作，而是必须自己通过尝试去发现哪些动作会产生最丰厚的收益。在最有趣又最困难的案例中，动作往往影响的不仅仅是即时收益，也会影响下一个情境，从而影响随后的收益。这两个特征 —— 试错和延迟收益 —— 是强化学习两个最重要最显著的特征。

1 与心理学和神经科学的关系在第 14 和 15 章介绍。

强化学习，和其他动名词如机器学习、登山等一样，既表示一个问题，又是一类解决这种问题的方法，同时还是一个研究此问题及其解决方法的领域。将以上三者统一命名确实方便，但同时我们仍然要从概念上清晰地区分它们。尤其要区分“问题”和“解决方法”，这一点在强化学习中十分重要，一旦混淆，很多疑惑就会随之产生。

我们使用了动态系统理论中的很多思想来形式化地定义强化学习问题，特别的例子就是针对“不完全可知的马尔可夫决策过程”的最优控制。形式化的细节在第 3 章讲述，但其基本思想，就是在智能体为了实现目标而不断与环境产生交互的过程中，抓住智能体所面对的真实问题的主要方面。具备学习能力的智能体必须能够在某种程度上感知环境的状态，然后采取动作并影响环境状态。智能体必须同时拥有和环境状态相关的一个或多个明确的目标。马尔可夫决策过程就包含了这三个方面 —— 感知、动作和目标，并将其以不失本质且简单的形式呈现。任何适用于解决这类问题的方法就是强化学习方法。

强化学习和现在机器学习领域中广泛使用的*有监督学习*不同，有监督学习是从外部监督者提供的带标注训练集中进行学习。每一个样本都是关于情境和标注的描述。所谓标注，即针对当前情境，系统应该做出的正确动作，也可将其看作对当前情景进行分类的所属类别标签。采用这种学习方式是为了让系统能够具备推断或泛化能力，能够响应不同的情境并做出正确的动作，哪怕这个情境并没有在训练集合中出现过。这是一种重要的学习方式，但是并不适用于从交互中学习这类问题。在交互问题中，我们不可能获得在所有情境下既正确又有代表性的动作示例。在一个未知领域，若想做到最好 (收益最大)，智能体必须要能够从自身的经验中学习。

强化学习也和机器学习研究者口中的*无监督学习*不同，无监督学习是一个典型的寻找未标注数据中隐含结构的过程。看上去所有的机器学习范式都可以被划分成有监督学习和无监督学习，但事实并非如此。尽管有人可能会认为强化学习也是一种无监督学习，因为它不依赖于每个样本所对应的正确行为 (即标注)，但强化学习的目的是最大化收益信号，而不是找出数据的隐含结构。通过智能体的经验揭示其结构在强化学习中当然是有益的，但这并不能解决最大化收益信号的强化学习问题。因此，我们认为强化学习是与有监督学习和无监督学习并列的第三种机器学习范式，当然也有可能存在其他的范式。

强化学习带来了一个独有的挑战 —— “试探”与“开发”之间的折中权衡。为了获得大量的收益，强化学习智能体一定会更喜欢那些在过去为它有效产生过收益的动作。但为了发现这些动作，往往需要尝试从未选择过的动作。智能体必须*开发*已有的经验来获取收益，同时也要进行*试探*，使得未来可以获得更好的动作选择空间。于是两难情况产生了：无论是试探还是开发，都不能在完全没有失败的情况下进行。智能体必须尝试各种各样的动作，并且逐渐地筛选出那些最好的动作。在一个随机任务中，为了获得对收益期望的可靠估计，需要对每个动作多次尝试。这个“试探-开发”困境问题已经被数学家们深入研究了几十年，但是仍然没有解决。而就目前而言，在有监督学习和无监督学习中，至少在最简单的形式中，并不存在权衡试探和开发的问题。

强化学习的另一个关键特征是它明确地考虑了目标导向的智能体与不确定的环境交互这整个问题。而很多其他方法都是只考虑子问题，而忽视了子问题在更大情境下的适用性。举个例子，我们之前提到过机器学习的很多研究都与有监督学习有关，而没有明确说这个关系是如何发挥其作用的。其他研究人员也已经研究过针对总体目标的规划理论，但没有考虑规划在实时决策中的作用，也没有考虑规划所需的预测模型将从何而来。尽管这些方法也产生了许多有用的结果，但是它们的一个明显的局限性就是仅仅关注孤立的子问题。

强化学习则从一个完整的、交互式的、目标导向的智能体出发，采取了相反的思路。所有强化学习的智能体都有一个明确的目标，即能够感知环境的各个方面，并可以选择动作来影响它们所处的环境。此外，通常规定智能体从最开始就要工作，尽管其面对的环境具有很大的不确定性。当强化学习涉及规划时，它必须处理规划和实时动作选择之间的相互影响，以及如何获取和改善环境模型的问题。当强化学习涉及有监督学习时，往往有某些特定因素可以决定对于智能体来说哪些能力是重要的，哪些不是。这时，如果要想有效地进行学习算法的研究，我们必须对重要的子问题进行单独的考虑和研究。但这些子问题必须在完整的、交互式的、目标驱动的智能体问题框架中具有明确而清晰的角色定义，即使完整智能体的各种细节暂时还不知道。

我们所提到的完整的、交互式的、目标导向的智能体并不一定是完整的有机体或机器人。这些是简单的例子，但是它们也可以是一个更大的动作系统的组成部分。在这种情况下，智能体直接与这个系统的其他部分进行交互，并间接地与系统的环境交互。一个很简单的例子就是智能体监控机器人电池的电量，并且将指令发送到机器人的控制模块去。这个智能体所处的环境就是这个机器人除电池电量以外的其他部分，以及这个机器人所处的自然环境。除了最显然的案例中的智能体及其环境外，我们还应该看得更远，从而理解强化学习框架的普遍性。

现代强化学习最让人兴奋的其中一点是它与其他工程和科学学科之间实质性的、富有成果的互动。它展现出人工智能和机器学习在数十年中与统计学、优化理论和其他数学学科之间更好地互动的趋势。例如，强化学习利用参数化近似法解决了运筹学和控制论的研究中经典的“维度灾难”问题。更显而易见的是，强化学习与心理学和神经科学之间也有很强的相互作用，并对这两个学科做出了重大的贡献。在机器学习的所有不同形式中，强化学习是和人类以及其他动物最接近的一种学习方式，并且它的许多核心算法最初也受到生物学习系统的启发。同时强化学习也由此做出了自己的成果：它给出的动物学习心理学模型能够更好地适用于一些经验数据，它也提出了一个大脑收益机制部分的重要模型。本书主要讲述了工程和人工智能范畴内的强化学习思想，与心理学和神经科学相关的内容将在第 14 和 15 章介绍。

最后，强化学习也投身到回归简单普适原则的人工智能大趋势中，从 20 世纪 60 年代末期以来，大量的人工智能研究者认为不存在什么普适的原则，智力源于针对大量特定目的产生的技巧、过程和启发式方法。有时人们会说，如果我们能把足够多的有关信息放到一台机器上，比如百万级或十亿级的信息，那么机器就会变得智能。基于一般原则的方法，比如搜索或学习，被定性为“弱方法”；而基于知识的方法则被称为“强方法”。这种观点在今天仍然很流行，但却没有那么强的主导地位了。我们不能仅作少量的尝试和努力就得出没有普适性方法的结论。在现代人工智能领域已经做了许多研究以寻找学习、搜索和决策的普适原则，尝试引入大量的领域知识。虽然目前还不清楚会在这个方向上做到什么程度，但强化学习研究无疑在追求更简单的人工智能普适原则。

1.2 示例

下面我们通过一些案例和应用来理解强化学习：

- 国际象棋大师走一步棋。这个选择是通过反复计算对手可能的策略和对特定局面位置及走棋动作的直观判断做出的。
- 自适应石油控制器实时调整石油提炼过程参数。该控制器以特定的边际成本为基础，权衡优化产品的收益率/成本/质量，不需要严格遵守工程师的初始设置。
- 一只羚羊幼崽出生后数分钟挣扎着站起来。半小时后，它能够以每小时 20 英里的速度奔跑。
- 一个移动机器人决定它是进入一个新房间收集更多垃圾还是返回充电站充电。它的决定将基于当前电量，以及它过去走到充电站的难易程度。
- 菲尔准备早餐。仔细看一下，即使是这个看似平凡的日常活动也揭示了一个复杂的网络，其中包含特定条件下的行为和连锁的目标关系：走近橱柜，打开橱柜，选择一种麦片粥盒子，然后伸手去拿，抓住，取出盒子。而取出碗、勺子和牛奶、壶这些动作则是其他复杂的需要调整的交互式的行为序列。这些行为的每一步都需要我们环顾四周来获取信息，从而指导我们去移动和获取目标物件。我们不断地做着快速判断，判断如何获取这些物品，或者是否需要把它们拿到餐桌上。每一步都是由目标引导的，例如拿勺子或去看看冰箱，同样每一步也都是为其他目标服务的，比如拿勺子是为了吃麦片，而吃麦片最终是为了获取营养。不管菲尔本人是否意识到这一点，他的身体状态信息决定了他的营养需求、饥饿程度和食物偏好。

上面这些例子都有一个共同特征：它们太常见了，以至于我们总容易忽视它们。所有这些都涉及一个活跃的决策智能体和环境之间的*交互作用*，在这个*不确定*的环境中，智能体想要实现一个*目标*。智能体的动作会影响未来环境的状态 (例如，国际象棋落子的位置、炼油厂的水位线，以及机器人的下一个位置和电量)，进而影响未来的决策和机会。因此正确的选择需要考虑到间接的、延迟的动作后果，需要有远见和规划。

与此同时，在所有这些例子中，我们无法完全预测动作的影响，因此智能体必须频繁地监视其环境并做出适当的反应。例如，菲尔必须看着牛奶倒入麦片碗以防溢出。所有这些例子都涉及明确的目标，智能体可以根据这个目标来判断进展。国际象棋选手知道他是否得胜，炼油厂的控制器知道石油产量，羚羊幼崽知道它什么时候摔跤，移动机器人知道它的电池何时耗尽，菲尔知道他是否在享受他的早餐。

在所有这些例子中，智能体可以利用其经验来改进性能。国际象棋棋手改善他在估计落子位置时的直觉，从而改进游戏策略；羚羊幼崽提高运动效率以学会奔跑；菲尔学会了简化早餐流程。在开始的时候，智能体对任务的知识要么来自于之前的相关任务，要么来自于设计或演化，这些知识告诉了什么是有用的或易于学习的。但是对于调整动作和研究任务特性来说，更重要的还是与环境的交互。

1.3　强化学习要素

除了智能体和环境之外，强化学习系统有四个核心要素：*策略*、*收益信号*、*价值函数*以及 (可选的) 对环境建立的*模型*。

*策略*定义了学习智能体在特定时间的行为方式。简单地说，策略是环境状态到动作的映射。它对应于心理学中被称为“刺激-反应”的规则或关联关系。在某些情况下，策略可能是一个简单的函数或查询表，而在另一些情况下，它可能涉及大量的计算，例如搜索过程。策略本身是可以决定行为的，因此策略是强化学习智能体的核心。一般来说，策略可能是环境所在状态和智能体所采取的动作的随机函数。

收益信号定义了强化学习问题中的目标。在每一步中，环境向强化学习智能体发送一个称为*收益*的标量数值。智能体的唯一目标是最大化长期总收益。也就是说，收益信号决定了，对于智能体来说何为好、何为坏。在生物系统中，收益与痛苦或愉悦的体验类似。这些信号定义了智能体所面临问题的即时且典型的特征。因此，收益信号是改变策略的主要基础。如果策略选择的动作导致了低收益，那么可能会改变策略，从而在未来的这种情况下选择一些其他的动作。一般来说，收益信号可能是环境状态和在此基础上所采取的动作的随机函数。

收益信号表明了在短时间内什么是好的，而*价值函数*则表示了从长远的角度看什么是好的。简单地说，一个状态的*价值*是一个智能体从这个状态开始，对将来累积的总收益的期望。尽管收益决定了环境状态直接、即时、内在的吸引力，但价值表示了接下来所有可能状态的*长期*期望。例如，某状态的即时收益可能很低，但它仍然可能具有很高的价值，因为之后定期会出现高收益的状态，反之亦然。用人打比方，收益就像即时的愉悦 (高收益) 和痛苦 (低收益)，而价值则是在当前的环境与特定状态下，对我们未来究竟有多愉悦或多不愉悦的更具有远见的判断。

从某种意义上来说，收益更加重要，而作为收益预测的价值次之。没有收益就没有价值，而评估价值的唯一目的就是获得更多的收益。然而，在制定和评估策略时，我们最关心的是价值。动作选择是基于对价值的判断做出的。我们寻求能带来最高价值而不是最高收益的状态的动作，因为这些动作从长远来看会为我们带来最大的累积收益。不幸的是，确定价值要比确定收益难得多。收益基本上是由环境直接给予的，但是价值必须综合评估，并根据智能体在整个过程中观察到的收益序列重新估计。事实上，价值评估方法才是几乎所有强化学习算法中最重要的组成部分。价值评估的核心作用可以说是我们在过去 60 年里所学到的关于强化学习的最重要的东西。

强化学习系统的第四个也是最后一个要素是对环境建立的模型。这是一种对环境的反应模式的模拟，或者更一般地说，它允许对外部环境的行为进行推断。例如，给定一个状态和动作，模型就可以预测外部环境的下一个状态和下一个收益。环境模型会被用于做*规划*。规划，就是在真正经历之前，先考虑未来可能发生的各种情境从而预先决定采取何种动作。使用环境模型和规划来解决强化学习问题的方法被称为*有模型的*方法。而简单的*无模型的*方法则是直接地试错，这与有目标地进行规划*恰好相反*。我们将在第 8 章中探讨强化学习系统，它可以同时通过试错、学习环境模型并使用模型来进行规划。现代强化学习已经从低级的、试错式的学习延展到了高级的、深思熟虑的规划。

1.4　局限性与适用范围

强化学习十分依赖“状态”这个概念，它既作为策略和价值函数的输入，又同时作为模型的输入与输出。一般，我们可以把状态看作传递给智能体的一种信号，这种信号告诉智能体“当前环境如何”。我们使用的通过马尔可夫决策过程框架给出的状态的正式定义将在第 3 章介绍。一般来说，我们鼓励读者顺着非正式的定义思考状态的含义，把它理解为当前智能体可知的环境信息。实际上，我们认为状态产生自一些预处理系统，这些系统从逻辑上说是智能体周边环境的一部分。在本书中，我们不处理构建、改变或学习状态信号的问题 (只在 17.3 节简单提及)。不是因为我们认为状态的表征不重要，而是为了专注于策略问题。换句话说，本书的关注点不在于设计状态信号，而在于根据给定状态信号来决定采取什么动作。

本书中讨论的大多数强化学习方法建立在对价值函数的估计上。但是这并不是解决强化学习问题的必由之路。举个例子，一些优化方法，如遗传算法、遗传规划、模拟退火算法以及其他一些方法，都可以用来解决强化学习问题，而不用显式地计算价值函数。这些方法采取大量静态策略，每个策略在扩展过的较长时间内与环境的一个独立实例进行交互。这些方法选择获取了最多收益的策略及其变种来产生下一代的策略，然后继续循环更新。我们称其为*进化方法*，因为这类方法与生物进化的过程十分类似，即使这类方法在单个个体的生命周期中不进行学习。如果策略空间充分小，或者可以很好地结构化以找到好的策略，或者我们有充分的时间来搜索，那么进化方法是有效的。另外，进化方法在那些智能体不能精确感知环境状态的问题上具有优势。

我们所关注的强化学习方法，是在与环境互动中学习的一类方法，而进化方法并不是。在很多种情况下，我们相信那些考虑了个体交互动作的诸多细节的学习方法，会比进化方法更加高效。进化方法忽视了强化学习问题中的一些有用结构：它们忽略了所求策略是状态到动作的函数这一事实；也没有注意个体在生命周期中都经历过哪些状态，采取了哪些动作。尽管在一些情形下，这些信息容易引起误导 (例如当状态被错误感知时)，但是在更多的情形下，这些信息可以让搜索更高效。尽管进化和学习之间有许多共性，并且两者常常相伴，但我们还是认为进化方法就其自身而言并不适用于强化学习问题，因此本书不会介绍与其相关的内容。

1.5 扩展实例：井字棋

为了向各位读者解释强化学习的总体概念，我们将其与其他的方法作比较。接下来将细致地研究一个例子。

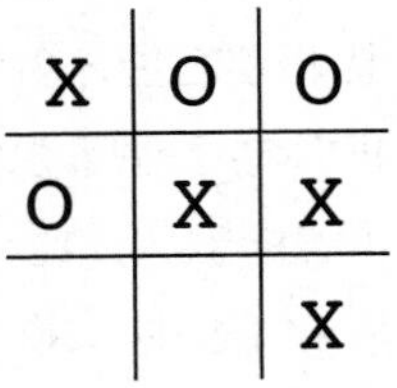

回想一下我们幼时熟悉的井字棋。两个玩家轮流在一个 3×3 的棋盘上下棋。一方下 X，另一方下 O，直到其中一方在行、列、对角线上占据三个子 (如右图中的 X 玩家)，则该方获胜。如果棋盘被占满后没有任何一方有三个连着的棋子，那么游戏为平局。因为一个完美玩家可以永远不输，所以我们假设挑战一个不完美的玩家，即他有时候会出错使得我们有机会获胜。在这种情况下，我们假设平局和输掉比赛是一样坏的结果，我们是否能够去构造一个可以看出对手破绽，在学习中提升自己胜率的玩家?

X	O	O
O	X	X
		X

尽管这是一个简单的问题，但它还是不能被那些经典的方法轻松地解决。举例来说，经典的博弈论中经典的“极大极小”算法是不正确的，因为它假设了对手会按照某种特定的方式来玩游戏。一个极大极小的玩家从不会让游戏陷入可能会输的状态，而事实上如果遇到一位技术不佳的对手，以这些状态也能够取胜。序列决策问题的经典优化方法，比如动态规划，可以对任意的某个对手计算出一个最优的解，但是需要输入对手的完整明确的说明，包括对手在每种状态下下每一步棋的概率。但我们应当假设这样的先验信息对于问题来说并不可知，因为这与实践中遇到的大部分问题不符。另一方面，这样的信息可以从与对手多次交手的经验中估计。在这个问题上，一方能做到的最好的情况，是先学习一个对手走棋动作的模型，然后以一定的置信度，用动态规划的方法针对近似的对手模型计算一个最优的解。这和我们随后要在本书中讨论的强化学习方法相近。

用于解决此问题的进化方法，会直接在可能的策略空间中，寻找一个可以高概率赢对手的策略。在这里，一个策略是一种指导玩家在每一种相应状态 (3×3 棋盘上 X 和 O 的可能局面) 下如何走子的规则。对于每种考虑的策略，它的获胜概率可以从与对手的多次博弈中估算。这种评估方式可以告诉我们下一种应该考虑的策略。经典的进化方法会在策略空间中进行爬山搜索，不断地生成和评估新的尝试以获得提升最大的策略。或者，可能使用类似遗传算法的进化方法来维护和评估由一组策略构成的集合。事实上，我们有上百种不同的优化方法可以使用。

下面是使用价值函数来解决井字棋的方法。首先，我们建立一个数字表，每一格表示一个游戏可能的状态。每一个数字表示对获胜概率的最新估计。这个估计就是该状态的价值，整个表是通过学习得到的价值函数。如果当前在状态 A 取胜的概率估计高于状态 B，那么状态 A 的价值比状态 B 的价值更高，或者状态 A 被认为比状态 B“更好”。假设我们下的是 X，那么在所有有三个连续的 X 的状态下获胜的概率是 1，因为我们已经赢了。同样，当出现有三个连续的 O 的状态，或者说是棋盘已经被下满了时，获胜概率是 0，因为我们已经无法取胜了。所有其他状态的初始价值为 0.5，表示我们猜测会有 50% 的获胜机会。

我们和对手重复玩多次游戏。为了选择动作，我们要检查每种走棋动作 (对应于棋盘上未落子的一个空格) 可能产生的状态，并在表格中查找它们当前的价值。大多数时候，我们贪心地行动，选择价值最高的动作，也就是说，选择获胜概率最高的动作。然而，偶尔我们会从其他动作中随机选择。这些被称为试探性走棋行动，这些走棋可能会带来我们从未见过的状态。走棋序列在游戏中可被绘制成如图 1.1 所示的树状结构。

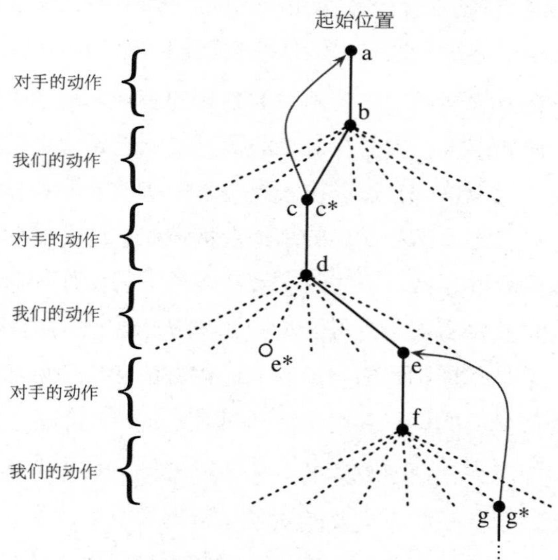

图 1.1　井字棋的走棋行动序列。实线表示博弈中所采取的动作；虚线表示我们 (强化学习玩家) 考虑但未做的动作。我们的第二步走棋动作是一个试探性的举措，这个动作并不是局部最优的，即我们没有采用旁边的排名更好的 e* 的动作。试探动作不会导致任何学习，但我们的其他动作都会产生如箭头所示的自底向上的回溯更新，如文字中所解释的那样

在博弈的过程中，我们会不断改变自身所处的状态的价值。我们试图更准确地估计这些价值，使其真实地反映我们最终获胜的可能性。为了做到这一点，如图 1.1 中箭头所示，我们将在贪心动作之后得到的状态所对应的价值“回溯更新”到动作之前的状态上。更准确地说，我们是对早先的状态的价值进行调整，使其更接近于后面的状态所对应的价值。这可以通过将早先的状态的价值向后面的状态的价值方向移动一个增量来完成。如

果让 S_t 表示在贪心动作之前的状态，S_{t+1} 为转移之后的状态，S_t 的价值用 $V(S_t)$ 表示，则更新过程可以写成

$$V(S_t) \leftarrow V(S_t) + \alpha\Big[V(S_{t+1}) - V(S_t)\Big],$$

其中，α 是一个小的正分数，称为步长参数，其会影响学习速率。这个更新规则是时序差分的一个例子。之所以叫这个名字是因为如公式所示，价值变化更新的部分依赖于两个不同时刻的状态的价值的差，即 $V(S_{t+1}) - V(S_t)$。

上述方法在这个任务上表现很好。例如，如果步长参数随着时间的推移适当减小，对于任何固定对手，该方法会收敛于最优策略下每个状态下的真正获胜概率。此外，每一步采取的行动 (除了试探性动作) 实际上是对于这个 (不完美的) 对手的最佳行动。换句话说，该方法收敛到针对这个对手进行博弈的最佳策略。如果步长参数没有随着时间的推移降低到零，那么这个玩家也能很好地对抗缓慢改变他们策略的对手。

这个例子说明了进化方法和基于价值函数的方法的差别。评估策略的进化方法需要固定一个策略并且和对手博弈多次，或者与对手的仿真模型进行大量模拟博弈。获胜的频率是对该策略的获胜概率的无偏估计，可以用来指导下一次的策略选择。但每一次策略的改变都基于很多次博弈，只有每局比赛最后的结果会被考虑，而在博弈中间发生的事情将会被忽略。例如，如果玩家获胜，就会认为这次游戏中所有的动作都有功劳，而与每一步具体动作有多关键无关。这些功劳甚至会被分配给那些从未出现的动作! 相反，基于价值函数的方法允许我们对单个状态进行评估。最后，进化方法和价值函数方法都是对策略空间进行搜索，但是学习价值函数的过程利用了博弈过程中的可用信息。

这个简单的例子说明了强化学习方法的一些关键特性。首先，强化学习强调在与环境交互的过程中学习，在这个例子中，交互的对象是博弈的对手。其次，强化学习有明确的目标，并且正确的动作需要规划和预测，这样才能考虑每次选择的长期影响。例如，简单的强化学习玩家将学会针对短视的对手设置多步陷阱。这是一个惊人的强化学习的特点，它可以不用对手的模型，也不用显式地搜索所有可能的未来状态与动作的序列，就能达到规划和预测的效果。

虽然这个例子说明了强化学习的一些关键特性，但它很简单，所以可能给人留下强化学习的应用比较有限的印象。虽然井字棋是双人博弈，但强化学习其实也适用于没有外部对手的情况，可以认为是“与自然博弈”。井字棋的游戏行为可以被分解为单独的“幕” (episode)，每一“幕”就是每一次游戏比赛，收益在每一幕结束的时候产生。而强化学习也不局限于这类问题。强化学习也在动作空间无限连续，适用于不同幅度的收益可以实时获取的情况。它也适用于不能分解成如井字棋这样为离散时间步长的问题。强化学习的

一般原理也适用于连续时间问题，尽管它的理论会变得更加复杂，为了易于理解，我们暂时不谈这种情况。

井字棋有一个相对较小的有限状态集，而当状态集很大，甚至无穷大时，我们依然可以使用强化学习。例如，Gerry Tesauro (1992，1995) 结合上述算法与人工神经网络学习玩西洋双陆棋 (backgammon)，其中有大约 10^{20} 种状态。我们不可能遍历这些状态，哪怕只是遍历其中很小的一部分。Tesauro 的程序通过学习玩得比之前的任何程序都好，现在能与世界上最好的人类玩家相匹敌 (见第 16 章)。神经网络为程序提供了从其经验中进行归纳的能力，因此在新的状态中，它根据保存的过去遇到的相似状态的信息来选择动作，并由神经网络来做出最后决策。一个强化学习系统在有如此大的状态集的问题中能起到多大的作用，与它从过去的经验中进行总结推广的能力密切相关。从这个角度说，在强化学习中融入有监督学习就变得尤为重要。对于这些问题，神经网络和深度学习 (9.7 节) 并不是唯一的，或最好的方法。

在这个井字棋案例中，在学习开始之前，智能体并没有除了游戏的规则之外的先验知识，但强化学习绝不是永远像一个婴儿一样学习。相反，可以以多种方式将先验信息整合到强化学习中，这对于有效学习是至关重要的 (见 9.5 节、17.4 节和 13.1 节)。我们在井字棋的例子中可以直接感知真实的状态，强化学习也适用于部分状态被隐藏或智能体对不同状态感知不出区别的情况。

最后，井字棋玩家可以知道施加每个动作之后可能产生的后续状态。为了做到这一点，它必须有一个游戏模型，允许它思考它的环境会如何根据动作而变化，这些动作甚至可以是永远不会做出的动作。虽然很多问题都是这样的，但也有些问题没有这样的模型，甚至连动作可以产生的短期效果都不知道。让人欣慰的是，强化学习可以应用在任何情况下。模型并不是必需的，但如果可以找到或学到这些模型，强化学习可以很容易地利用它们 (第 8 章)。

另一方面，有一些强化学习方法根本不需要任何类型的环境模型。无模型的系统甚至无法预测环境因动作而发生的变化。从这一点来说，井字棋玩家对于对手来说是无模型的：它没有任何对手的模型。有用的模型必须合理准确，无模型的方法在解决难以建立一个充分精确的环境模型的问题时，比起那些复杂的方法更具有优势。无模型方法也是有模型的方法的重要组成部分。在本书中，我们将用几个章节来介绍无模型方法，然后再讨论如何将它们作为更复杂的有模型的方法的组成部分。

强化学习可以用于系统的总体控制，也可以用于细节控制。虽然井字棋的玩家仅仅学会了博弈中的基本的行动，但没有什么能阻止我们使用强化学习从更高层次思考问题，每一个“动作”也可能是被精心设计的综合解决方案的实施应用。在层次化学习系统中，强化学习可以在多个层次上同时工作。

练习 1.1 *左右互搏* 假设上面的强化学习算法不是对战随机对手，而是以左右互搏的方式与自己对战来训练自己。你认为在这种情况下会发生怎样的事情？它是否会学习到不同的策略？ □

练习 1.2 *对称性* 由于对称性，井字棋的很多位置看起来不同但其实是相同的。我们如何利用这一点来修改上面提到的学习过程呢？这种改变会怎样改善学习过程？假设对方没有利用对称性，那我们应该利用吗？对称相等的位置是否必然具有相同的价值呢？ □

练习 1.3 *贪心策略* 假设强化学习的玩家是贪心的，也就是说，他总是把棋子移动到他认为最好的位置，而从不进行试探。比起一个非贪心的玩家，他会玩得更好，还是更差呢？可能会出现什么问题？ □

练习 1.4 *从试探中学习* 假设学习更新发生在包括试探动作在内的所有动作之后，如果步长参数随着时间而适当减小 (试探的趋势并不减弱)，那么状态的价值将收敛到一组概率。我们从试探性的行动中学习，或者不从中学习，计算出两组概率 (从概念上说)，分别会是什么？假设我们继续进行试探性的行动，哪一组概率对于学习来说可能更好？哪一组更可能带来更大的胜率？ □

练习 1.5 *其他提升方法* 你能想出其他方法来提升强化学习的玩家能力吗？你能想出更好的方法来解决井字棋的问题吗？ □

1.6 本章小结

强化学习是一种对目标导向的学习与决策问题进行理解和自动化处理的计算方法。它强调智能体通过与环境的直接互动来学习，而不需要可效仿的监督信号或对周围环境的完全建模，因而与其他的计算方法相比具有不同的范式。在我们看来，强化学习是第一个严格意义上的解决从环境互动中学习以达到长期目标这一计算问题的领域。

强化学习使用马尔可夫决策过程的形式化框架，使用状态、动作和收益定义学习型智能体与环境的互动过程。这个框架力图简单地表示人工智能问题的若干重要特征。这些特征包含了对因果关系的认知，对不确定性的认知，以及对显式目标存在性的认知。

价值与价值函数的概念是我们在本书中探讨的大多数强化学习方法的重要特征。价值函数对于策略空间的有效搜索来说十分重要。相比于进化方法以对完整策略的反复评估为引导对策略空间进行直接搜索，使用价值函数，是强化学习方法与进化方法的不同之处。

1.7　强化学习的早期历史

强化学习的历史发展有两条同样源远流长的主线，在交汇于现代强化学习之前它们是相互独立的。其中一条主线关注的是源于动物学习心理学的试错法。这条主线贯穿了一些人工智能最早期的工作，并在 20 世纪 80 年代早期激发了强化学习的复兴。而另一条主线则关注最优控制的问题以及使用价值函数和动态规划的解决方案。在很大程度上，这条主线并不涉及机器学习。尽管这两条主线在很大程度上是相互独立的，但它们都与第三条不太明显的关注时序差分方法的主线有一定程度的关联，例如这一章在井字棋例子中所用到的方法。在 20 世纪 80 年代末，这三条主线交汇在一起产生了现代的强化学习领域，正如我们在本书中所述的那样。

专注于试错学习的主线是我们最为熟悉的，也是我们在强化学习短暂的历史中最有话可说的。然而在此之前，我们先来简单地讨论一下最优控制这一条主线。

“最优控制”这一术语最早使用于 20 世纪 50 年代末，用来描述设计控制器的问题，其设计的目标是使得动态系统随时间变化的某种度量最小化或最大化。在 20 世纪 50 年代中期由 Richard Bellman 和其他一些人开发了针对这一问题的其中一种方法，该方法是对 19 世纪 Hamilton 和 Jacobi 理论的进一步延伸。这种方法运用了动态系统状态和价值函数，或者称“最优回报函数”的概念，其定义了一个函数方程，现在我们通常称它为贝尔曼方程。通过求解这个方程来解决最优控制问题的这类方法被称为动态规划 (Bellman，1957a)。Bellman (1957b) 也提出了最优控制问题的离散随机版本，被称作马尔可夫决策过程 (Markov decision process，MDP)。而在此之后，Ronald Howard (1960) 又设计出了 MDP 的策略迭代方法。所有以上这些方法都是现代强化学习理论和算法背后不可或缺的要素。

动态规划被普遍认为是解决一般随机最优控制问题的唯一可行方法。它遭受了贝尔曼所谓的“维度灾难”，这意味着它的计算需求随着状态变量的数量增加呈指数级增长，但是它仍然比其他一般方法都更有效，使用更为广泛。自 20 世纪 50 年代末期以来，动态规划已经被全面开发，其中包括了对“部分可观测马尔可夫决策过程”的拓展 (Lovejoy，1991) 、许多应用程序 (White，1985，1988，1993)、近似方法 (Rust，1996) 和异步方法 (Bertsekas，1982，1983) 等。许多优秀的现代动态规划方法都是可用的 (例如 Bertsekas，2005，2012；Puterman，1994；Ross，1983；Whittle，1982，1983)。

Bryson (1996) 的著作较权威地描述了最优控制的发展历史。

另一方面，对最优控制和动态规划之间联系的认知过程却十分缓慢。我们无从得知究竟是什么导致了这种隔离，但主要原因大约是学科之间的隔离以及它们不同的目标。另一个可能的原因是，作为一种离线计算，动态规划主要依赖于精确的系统模型和贝尔曼方程的解析解。此外，动态规划的最简单形态是沿时间线反向推进的计算，这使得我们很难看出它如何能够被进行前向计算的学习过程所利用。动态规划最早的一些工作，比如 Bellman 和 Dreyfus (1959) 的工作，现在可以认为是一种“学习方法”。Witten (1977) 的工作 (下面将讨论) 被认为是学习和动态规划思想的结合。Werbos (1987) 明确地论证了动态规划和学习方法之间的更紧密的相互关系，以及动态规划与理解神经和认知机制的相关性。对于我们而言，动态规划方法与在线学习的首次完全整合出现在 Chris Watkins 1989 年的研究里，他用 MDP 形式对待强化学习的方式至今仍被广泛使用。从那时起，这些关系被许多研究人员做了广泛研究，特别是由 Dimitri Bertsekas 和 John Tsitsiklis (1996) 创造的术语“神经动态规划”，就指的是动态规划和人工神经网络的结合。目前使用的另一个术语是“近似动态规划”。虽然这些不同的方法强调了不同的方面，但它们都抱有同样的目的，即用强化学习来弥补动态规划中的典型缺陷。

我们认为所有最优控制的工作在某种意义上也都是强化学习的工作。我们将强化学习方法定义为解决强化学习问题的任何有效途径，现在很明显这些问题都与最优控制问题密切相关，尤其是那些可以形式化为马尔可夫决策过程的随机最优控制问题。因此，我们认为如动态规划等的最优控制的解决方法同样也是强化学习方法。由于几乎所有的传统方法都需要掌握关于系统的完备知识，所以说它们都是强化学习的一部分又显得有点不自然。然而从另一方面来说，许多动态规划算法都是增量式和迭代式的，它们通过循序渐进的方式逐步达到正确的答案，就像学习方法一样。正如我们在本书的其他部分所说的，这些相似之处远不止于表面。无论一个系统具备或不具备完备的知识，从理论和解决方案的角度来看它们都具有紧密的联系，所以我们觉得必须将它们作为同一主题下的内容来介绍。

让我们现在回到另一条通向现代强化学习领域的主线上，它的核心则是试错学习思想。我们在这里只对要点做概述，14.3 节会更详细地讨论这个主题。根据美国心理学家 R.S.Woodworth 的说法，试错学习思想可以追溯到 19 世纪 50 年代 Alexander Bain 对“摸索和实验”学习方法的讨论，可以更具体地追溯到 1894 年英国动物行为学家和心理学家 Conway Lloyd Morgan 使用这个术语来描述他对动物行为的观察实验。而也许第一个简洁明确地表达出试错学习的本质是学习原则的则是 Edward Thorndike：

“面对同样的情境时，动物可能产生不同的反应。在其他条件相同的情况下，如果某些反应伴随着或紧随其后能够引起动物自身的满意感，则这些反应将与

> 情境联系得更加紧密。因此，当这种情境再次发生时，这些反应也更有可能再出现。而在其他条件相同的情况下，如果某些反应给动物带来了不适感，则这些反应与情境的联系将被减弱，所以当这种情境再次发生时，这些反应便越来越不容易再现。更大的满意度或更大的不适感，决定了更强化的或更弱化的联系。”(Thorndike，1911，p. 244)

Thorndike 称之为“效应定律”(Law of Effect)，因为它描述了强化事件对选择行为倾向性的影响。后来，Thorndike 修改了定律，更好地解释了动物学习的数据 (比如奖励和惩罚之间的区别)，但各种形式的定律在学习理论专家中也产生了大量争议 (例如 Gallistel，2005；Herrnstein，1970；Kimble，1961，1967；Mazur，1994)。尽管如此，各种形式的效应定律被普遍认为是许多行为背后的基本原则 (例如，Hilgard 和 Bower，1975；Dennett，1978；Campbell，1960；Cziko，1995)。这是 Clark Hull 影响深远的学习理论的基础，也是 B.F.Skinner 实验方法的基础 (Hull，1943，1952；Skinner，1938)。

在动物学习领域，“强化”一词从 Thorndike 提出效应定律之后开始使用，最早出现在巴甫洛夫的条件反射著作的 1927 年英文译本中。巴甫洛夫认为“强化”就是动物行为模式的增强，它来源于动物受到增强剂的刺激后与另一刺激或反应形成的短暂关系。后来，一些心理学家扩展了“强化”一词的意义，也包括了弱化过程，同时它还适用于对刺激事件的忽略或终止。强化对行为的改变会在增强剂被撤回时仍有所保留，因此只吸引动物注意或激发其行为，而不产生持久变化的刺激物不被认为是一种增强剂。

试错学习思想在计算机中的应用最早出现于关于人工智能可能性的思考中。在 1948 年的报告中，图灵描述了一种“快乐-痛苦系统”的设计，它是根据效应定律运作的：

> 当达到没有预设动作的状态时，随机选择一些没有遇到过的数据，记录并试探性地应用这些数据。如果发生了痛苦刺激，停止所有动作试探。如果发生了愉悦刺激，则一直保持动作试探 (Turing，1948)。

许多精巧的电子机械设备被制造出来演示试错学习。最早的应该是 1933 年由 Thomas Ross 制造的一台机器，它能够穿越迷宫且通过开关设置记住路线。在 1951 年，已经因为“机械乌龟”(Walter，1950) 成名的 W. Grey Walter 又制造了能够简单学习的版本 (Walter，1951)。1952 年，Claude Shannon演示了一种名叫 Theseus 的迷宫老鼠，它利用试错法在迷宫中摸索，迷宫本身通过磁铁和继电器在地板上记录成功的路径 (Shannon，1951，1952)。J. A. Deutsch (1954) 描述了一个以他的类似于基于模型的强化学习 (第 8 章) 的行为理论 (Deutsch，1953) 为基础的解迷宫机器。Marvin Minsky 在他的博士论文中 (Minsky，1954) 讨论了强化学习的计算方法，描述了他组装的一台基于模拟信号的机器，他称其为“随机神经模拟强化计算器”，SNARCs (Stochastic

Neural-Analog Reinforcement Calculators)，模拟可修改的大脑突触连接 (第 15 章)。网站 cyberneticzoo.com 上包含大量的关于这方面和其他许多电子机械学习机器的信息。

构建电子机械学习机器的努力逐渐让位于使用数字计算机通过编程来进行各种类型的机器学习，其中一些也实现了试错学习。Farley 和 Clark (1954) 描述了一种通过试错学习的神经网络学习机器的数字化仿真程序。但他们的兴趣很快就从试错学习转向推广性和模式识别，即从强化学习转向有监督学习 (Clark 和 Farley，1955)。这时这些学习类型之间的关系开始出现混乱。许多研究人员认为自己在研究强化学习，但其实是在研究有监督学习。例如，像 Rosenblatt (1962) 和 Widrow 及 Hoff (1960) 这样的神经网络先驱们显然是被强化学习所激励的。虽然他们使用了“收益”和“惩罚”这样的语言，但他们所研究的系统是有监督的学习系统，适用于模式识别和感知学习。即使在今天，一些研究人员和教科书也在最小化或模糊化这些不同类型的学习范式的区别。例如，一些神经网络教科书使用“试错”一词来描述从训练样本中学习的网络。这种混淆可以理解，因为这些网络就是使用误差信息来更新连接的权重的，但是这忽略了在试错学习中的行为选择的基本特征是基于评估性反馈的，而这些反馈不基于正确的行为应该是什么。

这些困惑在一定程度上，使得对真正的试错学习的研究在 20 世纪 60 和 70 年代变得十分罕见，尽管也有一些例外。在 20 世纪 60 年代，“强化”和“强化学习”两个术语在工程文献中首次被用于描述试错学习的工程用途 (例如，Waltz 和 Fu，1965；Mendel 和 McClaren，1970)。特别有影响力的是 Minsky 的论文《走向人工智能》(Minsky，1960)，他在论文中讨论了几个关于试错学习的问题，包括预测、期望，以及他所称的“复杂强化学习系统中的基础性的功劳分配问题”：对于一项成功所涉及的许多项决策，你如何为每项决策分配功劳？我们在本书中讨论的所有方法在某种意义上都是为了解决这个问题。Minsky 的论文在今天也是值得一读的。

接下来，我们将讨论一些在 20 世纪 60 年代和 70 年代，在试错学习计算和理论研究被相对忽视的时候，出现的一些例外情况。

其中的一个例外是新西兰研究人员John Andreae 的工作。Andreae (1963) 开发了一个叫作 STeLLA 的系统，它通过与环境的互动中的试错来学习。这个系统包括了关于环境的内部模型和后来开发的一个用来处理隐藏状态问题的“内心独白”模块 (Andreae，1969)。Andreae 后来的工作 (1977) 虽然更强调从老师那儿学习，但仍然包括了很多反复试错，并且系统的目标之一就是产生创造性的新事件。这个工作的一个特性被称为“回流过程”，在 Andreae (1998) 中有详细描述，其提供了一个类似于我们前面提及的反向回溯更新的功劳分配机制。不幸的是，他的开创性研究并不为人所知，也没有对后来的强化学习研究产生重大影响。

比较有影响力的是 Donal Michie 的工作。在 1961 年和 1963 年，他描述了一个叫 MENACE (Matchbox Educable Naughts and Crosses Engine) 的简单试错学习系统，用来学习如何玩前述的井字棋游戏 (或叫圈叉棋)。这个系统由对应于每个井字棋位置的火柴盒构成，每个火柴盒内含有许多彩色珠子，每一种不同颜色代表一种可能的移动方式。通过从当前游戏位置的火柴盒里随机拿一个珠子，就可以确定 MENACE 的移动。当游戏结束时，我们会往曾经使用过的盒子里增加珠子或减少珠子，以此来强化或惩罚 MENACE 的决策。Michie 和 Chambers (1968) 描述了另一种叫 GLEE (Game Learning Expectimaxing Engine) 的井字棋强化学习机和一个叫BOXES 的强化学习控制器。他们采用 BOXES 使得一根杆子可以在一个可移动的小车上保持平衡，这一系统就是在失败信号的基础上工作的 —— 当杆子倒下或车到达终点时，会有失败信号发出从而帮助系统学习。这项任务是根据 Widrow 和 Smith 早期的工作改编而来的 (1964)，他们采用有监督学习的方法，假设老师的指导已经能保持杆子平衡。Michie 和 Chambers 版的杆子平衡实验是在不具备完全知识的条件下强化学习最出色的早期例子之一。包括我们自己的一些研究在内 (Barto、Sutton 和 Anderson，1983；Sutton，1984)，它影响了许多后来强化学习的工作。Michie 一直在不断强调试错学习作为人工智能领域基本部分的重要性 (Michie，1974)。

Widrow、Gupta 和 Maitra (1973) 修改了 Widrow 和 Hoff 的最小均方误差 (LMS，Least-Mean-Square) 算法，以建立一种强化学习规则，其可以从成功和失败信号中而不是从训练例子中学习。他们称这种学习形式为“选择性引导适应”，并将其描述为“向评论家学习”，而不是“向老师学习”。他们分析了这条规则，并展示了如何学会玩二十一点纸牌游戏。这是 Widrow 对强化学习研究的一次单独的尝试，他本人对有监督学习的贡献在学界更有影响力。我们使用的“评判器”(critic) 这个术语就是从 Widrow、Gupta 和 Maitra 的论文中衍生出来的。Buchanan、Mitchell、Smith 和 Johnson (1978) 在机器学习文章中独立使用了“评判器”这个术语 (Dietterich 和 Buchanan，1984)，但对他们来说，评判器不止可以做性能评估，它是一个有更多用处的专家系统。

对于自动学习机的研究对试错学习发展到现代强化学习有着更直接的影响。这类方法用于解决非关联的、纯选择性的学习问题，又被称为 *k* 臂赌博机算法，即有 k 个控制杆的“单臂赌博机”算法 (参见第 2 章)。自动学习机是一种能够在这类问题中提高获得收益的概率的简单且无需大内存的机器。它源于 20 世纪 60 年代俄罗斯数学家、物理学家 M.L.Tsetlin 以及他的同事们的工作 (去世后发表于 Tsenlin，1973)。之后，这种方法在工程上得到广泛拓展 (参见 Narendra 和 Thathachar，1974，1989)。这些拓展包括对随机自动学习机的研究。尽管没有在传统的随机自动学习机中发展起来，Harth 和 Tzanakou (1974) 的 Alopex 算法是一个检测动作之间的相关性的随机方法，其影响了我们早期的一些研究 (Barto、Sutton 和 Brouwer，1981)。随机自动学习机是一种基于收益信号来更新动作概率的方法。随机自动学习机在早期心理学研究中就被预言，相关的研究始于 William Estes 在 1950 年关于统计学习理论的研究 (Estes，1950)，并被其他研究者推广，其中最著名的是心理学家 Robert Bush 和统计学家 Frederick Mosteller (Bush and Mosteller，1955；Sternbery，1963)。

在心理学中产生的统计学习理论被经济学领域的研究者所采纳，并在经济学领域引发了一股强化学习的研究热潮。这些工作始于 1973 年 Bush 和 Mosteller 的学习理论在一系列经典经济模型中的应用 (Cross，1973)。这项研究的目的在于探索比起传统的理想经济主体，行为更像真人的人工智能体 (Arthur，1991)。该项研究又扩展到对博弈论语境中的强化学习的研究。尽管经济学领域中的强化学习的发展基本上与人工智能的早期研究是相互独立的，但强化学习与博弈论的结合却是两个领域的共同研究兴趣，这不在本书的讨论范围。Camerer (2011) 讨论了经济学中的强化学习传统，而 Nowé et al. (2012) 提供了一份从多智能体角度扩展本书中所讨论算法的综述。强化学习和博弈论的结合是一个和应用于井字棋、跳棋和其他娱乐游戏的强化学习有很大不同的主题。可参考 Szita (2012) 对关于强化学习与博弈论的结合的综述。

John Holland (1975) 基于选择原理提出了一个自适应系统的一般理论。他的早期工作主要关注试错方法的非关联形式，主要涉及进化方法和 k 臂赌博机。他在 1976 年提出并在 1986 年完善了*分类器系统*，包含关联和价值函数的真正的强化学习系统。Holland 的分类器系统的一个关键部分是用于功劳分配的“救火队算法”，它与我们在井字棋的案例和第 6 章中讨论的时序差分算法有很深的关联。另一个关键部分是*遗传算法*，一种用来演化出有效表示方式的进化算法。虽然许多研究者把分类器系统发展成为了一个强化学习的主要分支 (Urbanowicz 和 Moore 综述，2009)，但其实遗传算法 (我们一般不把遗传算法本身当作强化学习系统) 和其他的进化计算方法 (例如 Fogel、Owens 和 Walsh，1966 和 Koza，1992) 得到了更多的关注。

在人工智能领域的强化学习中的试错方法的复兴中，最关键的人是 Harry Klopf (1972，1975，1982)。Klopf 意识到当研究者们仅仅关注有监督学习时，他们丢失了适应性行为的关键部分。根据 Klopf 的说法，丢失的是行为享乐的特点，即从环境中获得成就感，控制环境使其趋向于理想的结局而远离不理想的结局 (见 15.9 节)。这是试错学习不可缺少的思想。Klopf 的想法对于笔者影响尤为深刻，我们因为研究其思想 (Barto 和 Sutton，1981a)，才重视有监督学习和强化学习的区别。我和我的同事早期完成的许多工作都是出于希望展示强化学习和有监督学习本质不同的目的 (Barto、Sutton 和 Brouwer，1981；Barto 和 Sutton，1981b；Barto 和 Anandan，1985)。其他研究也展示了强化学习如何解决神经网络学习中的重要问题，特别是如何产生多层网络的学习算法 (Barto、Anderson 和 Sutton，1982；Barto 和 Anderson，1985；Barto 和 Anandan，1985；Barto，1985，1986；Barto 和 Jordan，1987)。第 15 章会更加详细地讨论强化学习和神经网络的话题。

下面谈谈强化学习历史的第三条主线，时序差分学习。时序差分学习方法的特点在于它是由时序上连续地对同一个量的估计驱动的，例如下赢井字棋的概率。这条主线比起其他两条更微小、更不显著，但是却对这个领域有很重要的影响，部分原因是因为时序差分学习方法对于强化学习来说似乎是全新且独一无二的。

时序差分学习的概念部分源于动物学习心理学，特别是*次级强化物*的概念。次级强化物指的是一种与初级强化物 (例如食物或疼痛等) 配对并产生相似的强化属性的刺激物。Minsky (1954) 可能是第一个认识到这个心理学的规律对人工智能学习系统很重要的人。Arthur Samuel (1959) 首次提出并实现了一个包含时序差分思想的学习算法，这个算法是他著名的跳棋程序的一部分。

Samuel 既没有参考 Minsky 的工作也没有与动物学习的理论发生任何联系。他的灵感显然来自于 Claude Shannon (1950) 的建议，Shannon 认为计算机可以利用一个估值函数通过编程玩棋类游戏，并且也许能够通过在线修改这个函数来进一步提升性能 (也许 Shannon 的这些思想也影响了 Bellman，但我们没有证据证明)。Minsky (1961) 在他的“迈向人工智能”论文中更详细地讨论了 Samuel 的工作，提出这项工作与自然以及人工次级强化物理论的联系。

正如我们所讨论的，在 Minsky 和 Samuel 发表成果之后的十年，在试错学习领域很少有计算性的研究工作，而时序差分学习领域完全没有计算性的工作。直到 1972 年，Klopf 将试错学习与时序差分学习的一个重要部分相结合。Klopf 的研究兴趣在于能够推广到大规模系统中的学习方法，因此他受局部强化的思想所启发，即一个学习系统的各部分可以相互强化。他发展了“广义强化”的概念，即每一个组件 (字面上指每一个神经元) 将其所有的输入视为强化项：将兴奋的输入视为奖励项，将抑制的输入视为惩罚项。这和我们现在所说的时序差分学习的想法是不同的，追溯起来这个工作比起 Samuel 的工作离时序差分学习差得更远。而另一方面，Klopf 将这个思想与试错学习联系起来，并且将它和动物学习心理学的大量经验数据相关联。

Sutton (1978a，1978b，1978c) 进一步探索了 Klopf 的想法，尤其是和动物学习理论的联系。他将由变化导致的学习规则用短期的连续预测表达。他和 Barto 优化了这些想法并基于时序差分学习建立了一个经典条件反射的心理学模型 (Sutton 和 Barto，1981a；Barto 和 Sutton，1982)。之后又有一些其他的有影响力的基于时序差分学习的经典条件反射的心理学模型跟进 (例如 Klopf，1988；Moore et al.，1986；Sutton 和 Barto，1987，1990)。当时提出的一些神经科学的模型也可以用时序差分学习来很好地进行解释 (Hawkins 和 Kandel，1984；Byrne、Gingrich 和 Baxter，1990；Gelperin、Hopfield 和 Tank，1985；Teasauro，1986；Friston et al.，1994)，尽管这些模型大多数并没有历史上的联系。

我们早期在时序差分学习上的工作受到了动物学习理论以及 Klopf 的工作的很大影响。我们的工作与 Minsky 的“迈向人工智能”论文和 Samuel 的跳棋程序的联系是后来才被认识到的。然而在 1981 年时，我们完全认识到了之前提到的所有工作是时序差分学习和试错学习主线的一部分。那时我们提出了一种方法用来在试错学习中使用时序差分学习，即“行动器-评判器”(actor-critic) 架构，并将这种方法应用于 Michie 和 Chambers 的平衡杆问题 (Barto、Sutton 和 Anderson，1983)。Sutton (1984) 在他的博士论文中详细地研究了这个方法，并在 Anderson (1986) 的博士论文中进一步引入了反向传播的神经网络。大约在同一时间，Holland (1986) 将时序差分的思想通过他的救火队算法应用到他的分类器系统。时序差分算法发展的一个关键步骤是 Sutton 在 1988 年推进的，他将时序差分学习从控制中分离出来，将其视作一个一般的预测方法。那篇论文同时介绍了 TD(λ) 算法并证明了它的一些收敛性质。

在 1981 年，当我们正在完成“行动器-评判器”架构的工作时，我们发现了 Ian Witten的一篇论文 (1977，1976a)，它是已知最早的一篇包含时序差分学习规则的论文。他提出了我们现在称为 TD(0) 的方法，将其作为自适应控制器的一部分来处理马尔可夫决策过程。这个成果起初于 1974 年提交到杂志发表，并在 Witten 的 1976 年的博士论文中出现。Witten 做了 Andreae 早年用 STeLLA 以及其他试错学习系统进行实验的后继工作。因此，Witten 1977 年的论文囊括了强化学习研究的两个主要方向 —— 试错学习以及最优控制，同时在时序差分学习方面做出了重要的早期贡献。

在 1989 年，Chris Watkins 提出的 Q 学习将时序差分学习和最优控制完全结合在了一起。这项工作拓展并整合了强化学习研究的全部三条主线的早期工作。Paul Werbos (1987) 自 1977 年以来证明了试错学习和动态规划的收敛性，也对这项整合做出了贡献。自 Watkins 的成果发表后，强化学习的研究有了巨大的进步，主要是在机器学习领域，当然也包括神经网络以及更广泛的人工智能领域。在 1992 年，Gerry Tesauro 的西洋双陆棋程序 TD-Gammon 的巨大成功使这个领域受到了更多的关注。

自本书的第 1 版出版以来，神经科学方面产生了一个多产的子领域，这个子领域关注强化学习算法和神经系统中的强化学习的关系。这个领域的兴起主要是由于许多研究者 (Friston et al.，1994；Barto，1995a；Houk、Adams 和 Barto，1995；Montague、Dayan 和 Sejnowski，1996；Schultz、Dayan 和 Montague，1997) 发现了时序差分算法的行为和大脑中产生多巴胺的神经元的活动的神奇的相似性。第 15 章会介绍强化学习这一令人兴奋的特点。限于篇幅，最近强化学习领域的其他重要进展无法在此一一提及，我们将在对应章节的结尾处引用其中的大多数论文。

参考文献备注

推荐想阅读其他强化学习文献的读者参见 Szepesvári (2010)、Bertsekas 和 Tsitsiklis (1996)、Kaelbling (1993a) 以及 Masashi Sugiyama et al. (2013)。从控制论和运筹学角度介绍的书有 Si et al. (2004)、Powell (2011)、Lewis 和 Liu (2012) 以及 Bertsekas (2012)。Cao (2009) 将强化学习置于其他随机动态系统的学习优化方法的背景下进行论述。*Machine Learning* 期刊中有三期关注强化学习的专刊：Sutton (1992)、Kaelbling (1996) 以及 Singh (2002)。有用的研究包括 Barto (1995b)，Kaelbing、Littman 和 Moore (1996) 以及 Keerthi 和 Ravindran (1997)。Weiring 和 Otterlo (2012) 撰写的书也对最近的进展做了一个极好的概述。

1.2　本节中菲尔准备早餐的例子灵感来自于 Agre (1988)。

1.5　井字棋例子中所用到的时序差分方法将在第 6 章讨论。

第 I 部分　表格型求解方法

在本书的第 I 部分中，我们介绍解决简单强化学习问题所使用的算法的核心思想。简单问题指的是其状态和动作空间小到可以用数组或表格的形式表示价值函数。一般，这样的简单问题能找到精确解，也就是说，可以找到最优价值函数和最优策略。这与本书的另一部分介绍的方法有很大不同，那些方法只能找到近似解，但是它们能够有效地解决复杂的 (较大规模的动作和状态空间) 强化学习问题。

本部分的第 1 章介绍了一个特殊强化学习问题的解决方法，该问题只有一个状态，称为“赌博机问题”。第 2 章介绍了解决强化学习问题的一般框架，有限马尔可夫决策过程，其主要思想包括贝尔曼方程和价值函数，这一框架也贯穿了本书的其余章节。

接下来的三章介绍了处理有限马尔可夫决策过程的三个基本方法：动态规划、蒙特卡洛方法和时序差分学习。这三种方法有各自的优缺点。动态规划方法具有严格清晰的数学基础且已经被深入研究，但它需要完整、精确的环境模型。蒙特卡洛方法不需要环境模型，并且从概念上很好理解，但是不适合一步一步的增量式更新计算。最后，时序差分方法不需要环境模型，并且是完全增量式的，但是过程复杂，很难分析。这些方法在有效性和收敛速度方面也存在差异。

最后两章介绍了如何将这三种方法结合起来，以获得它们各自的优势。首先，介绍如何将蒙特卡洛方法的优点与时序差分方法的优点结合起来，形成“多步自举”方法。在本部分的最后一章中，介绍如何将时序差分方法与模型学习和规划方法 (例如，动态规划) 结合起来，形成表格型强化学习问题的完整统一的解决方案。

2 多臂赌博机

强化学习与其他机器学习方法最大的不同，就在于前者的训练信号是用来评估给定动作的好坏的，而不是通过给出正确动作范例来进行直接的指导。这使得主动地反复试验以试探出好的动作变得很有必要。单纯的“评估性反馈”只能表明当前采取的动作的好坏程度，但却无法确定当前采取的动作是不是所有可能性中最好的或者最差的。另一方面，单纯的“指导性反馈”表示的是应该选择的正确动作是什么，并且这个正确动作和当前实际采取的动作无关，这是有监督学习的基本方式，其被广泛应用于模式分类、人工神经网络和系统辨识等。上述两种不同的反馈有着很大的不同：评估性反馈依赖于当前采取的动作，即采取不同的动作会得到不同的反馈；而指导性反馈则不依赖于当前采取的动作，即采取不同的动作也会得到相同的反馈。当然，也有将两者结合起来的情况。

在本章中，我们将在只有一个状态的简化情况下讨论强化学习中评估与反馈的诸多性质。之前关于评估性反馈的很多研究都是在这种非关联性的简化情况下进行的，避免了完全强化学习问题中的许多复杂情况。通过研究这个问题，我们可以清楚地看到评估性反馈和指导性反馈如何不同，或者两者如何结合。

这个特别的非关联性的评估性反馈问题是“k 臂赌博机问题”的简化版本。我们使用这个问题介绍一系列基本的学习方法，这些方法将在后面介绍完全的强化学习问题时用到。在这章的最后，我们通过讨论赌博机问题变成可关联 (即有多个不同状态) 时的情况，更近一步地探讨完整的强化学习问题。

2.1 一个 k 臂赌博机问题

考虑如下的一个学习问题：你要重复地在 k 个选项或动作中进行选择。每次做出选择之后，你都会得到一定数值的收益，收益由你选择的动作决定的平稳概率分布产生。你的目标是在某一段时间内最大化总收益的期望，比方说，1000 次选择或者 1000 时刻之后。

这是“k 臂赌博机”问题的原始形式。这个名字源于老虎机 (或者叫“单臂赌博机”)，不同之处是它有 k 个控制杆而不是一个。每一次动作选择就是拉动老虎机的一个控制杆，而收益就是得到的奖金。通过多次的重复动作选择，你要学会将动作集中到最好的控制杆上，从而最大化你的奖金。另一个类比是医生在一系列针对重病患者的试验性疗法之间进行选择。每次动作选择就是选择一种疗法，每次的收益是患者是否存活或者他因为治疗而得到的愉悦舒适感。现今“赌博机问题”这个术语有时候会作为由上述问题推广而来的大类问题的通称，但在本书中这个词只用来指赌博机这个简单的情形。

在我们的 k 臂赌博机问题中，k 个动作中的每一个在被选择时都有一个期望或者平均收益，我们称此为这个动作的“价值”。我们将在时刻 t 时选择的动作记作 A_t，并将对应的收益记作 R_t。任一动作 a 对应的价值，记作 $q_*(a)$，是给定动作 a 时收益的期望：

$$q_*(a) \doteq \mathbb{E}[R_t \mid A_t = a] \,.$$

如果你知道每个动作的价值，则解决 k 臂赌博机问题就很简单：每次都选择价值最高的动作。我们假设你不能确切地知道动作的价值，但是你可以进行估计。我们将对动作 a 在时刻 t 时的价值的估计记作 $Q_t(a)$，我们希望它接近 $q_*(a)$。

如果你持续对动作的价值进行估计，那么在任一时刻都会至少有一个动作的估计价值是最高的，我们将这些对应最高估计价值的动作称为*贪心*的动作。当你从这些动作中选择时，我们称此为*开发*当前你所知道的关于动作的价值的知识。如果不是如此，而是选择非贪心的动作，我们则称此为*试探*，因为这可以让你改善对非贪心动作的价值的估计。“开发”对于最大化当前这一时刻的期望收益是正确的做法，但是“试探”从长远来看可能会带来总体收益的最大化。比如说，假设一个贪心动作的价值是确切知道的，而另外几个动作的估计价值与之差不多但是有很大的不确定性。这种不确定性足够使得至少一个动作实际上会好于贪心动作，但是你不知道是哪一个。如果你还有很多时刻可以用来做选择，那么对非贪心的动作进行试探并且发现哪一个动作好于贪心动作也许会更好。在试探的过程中短期内收益较低，但是从长远来看收益更高，因为你在发现了更好的动作后，你可以很多次地利用它。值得一提的是，在同一次动作选择中，开发和试探是不可能同时进行的，这种情况就是我们常常提到的开发和试探之间的冲突。

在一个具体案例中，到底选择“试探”还是“开发”一种复杂的方式依赖于我们得到的函数估计、不确定性和剩余时刻的精确数值。在 k 臂赌博机及其相关的问题中，对于不同的数学建模，有很多复杂方法可以用来平衡开发和试探。然而，这些方法中有很多都对平稳情况和先验知识做出了很强的假设。而在实际应用以及接下来的章节中考虑的完全的强化学习问题中，这些假设要么难以满足，要么无法被验证。而在理论假设不成立的情况下，这些方法的最优性或有界损失性是缺乏保证的。

在本书中我们并不特别关心用于平衡开发和试探的各种复杂巧妙的具体方法，我们更关心要不要去平衡它们。在这一章里，给出了几个针对 k 臂赌博机问题的非常简单的平衡方法，并且显示它们比开发方法好很多。开发和试探的平衡是强化学习中的一个问题。k 臂赌博机的简单抽象让我们可以清楚地了解这一点。

2.2　动作-价值方法

下面我们来详细分析估计动作的价值的算法。我们使用这些价值的估计来进行动作的选择，这一类方法被统称为“*动作-价值方法*”。如前所述，动作的价值的真实值是选择这个动作时的期望收益。因此，一种自然的方式就是通过计算实际收益的平均值来估计动作的价值

$$Q_t(a) \doteq \frac{t\text{ 时刻前通过执行动作 } a \text{ 得到的收益总和}}{t\text{ 时刻前执行动作 } a \text{ 的次数}} = \frac{\sum_{i=1}^{t-1} R_i \cdot \mathbb{1}_{A_i=a}}{\sum_{i=1}^{t-1} \mathbb{1}_{A_i=a}}, \tag{2.1}$$

其中，$\mathbb{1}_{\text{predicate}}$ 表示随机变量，当 predicate 为真时其值为 1，反之为 0。当分母为 0 时，我们将 $Q_t(a)$ 定义为某个默认值，比如 $Q_t(a)=0$。当分母趋向无穷大时，根据大数定律，$Q_t(a)$ 会收敛到 $q_*(a)$。我们将这种估计动作价值的方法称为*采样平均方法*，因为每一次估计都是对相关收益样本的平均。当然，这只是估计动作价值的一种方法，而且不一定是最好的方法。我们继续使用这个简单的估计方法，讨论如何使用估计值来选择动作。

最简单的动作选择规则是选择具有最高估计值的动作，即前一节所定义的贪心动作。如果有多个贪心动作，那就任意选择一个，比如随机挑选。我们将这种贪心动作的选择方法记作

$$A_t \doteq \underset{a}{\operatorname{argmax}}\, Q_t(a), \tag{2.2}$$

其中, argmax_a 是使得 $Q_t(a)$ 值最大的动作 a。选择的贪心动作总是利用当前的知识最大化眼前的收益。这种方法根本不花时间去尝试明显的劣质动作，看看它们是否真的会更好。贪心策略的一个简单替代策略是大部分时间都表现得贪心，但偶尔 (比如以一个很小的概率 ϵ) 以独立于动作-价值估计值的方式从所有动作中等概率随机地做出选择。我们将使用这种近乎贪心的选择规则的方法称为 ϵ-贪心方法。这类方法的一个优点是，如果时刻可以无限长，则每一个动作都会被无限次采样，从而确保所有的 $Q_t(a)$ 收敛到 $q_*(a)$。这当然也意味着选择最优动作的概率会收敛到大于 $1-\epsilon$，即接近确定性选择。然而，这只是渐近性的保证，并且鲜有人提到这类方法的实际效果。

练习 2.1 在ϵ-贪心动作选择中，在有两个动作及 $\epsilon = 0.5$ 的情况下，贪心动作被选择的概率是多少？ □

2.3 10 臂测试平台

为了大致评估贪心方法和 ϵ-贪心方法相对的有效性，我们将它们在一系列测试问题上进行了定量比较。这组问题是 2000 个随机生成的 k 臂赌博机问题，$k = 10$。在每一个赌博机问题中，如图 2.1 显示的那样，动作的真实价值为 $q_*(a), a = 1, \ldots, 10$，从一个均值为 0 方差为 1 的标准正态 (高斯) 分布中选择。当对应于该问题的学习方法在时刻 t 选择 A_t 时，实际的收益 R_t 则由一个均值为 $q_*(A_t)$ 方差为 1 的正态分布决定。在图 2.1 中，这些分布显示为灰色区域。我们将这一系列测试任务称为 10 *臂测试平台*。对于任何学习方法，随着它在与一个赌博机问题的 1000 时刻交互中经验的积累，我们可以评估它的性能和动作。这构成了一轮试验。用 2000 个不同的赌博机问题独立重复 2000 个轮次的试验，我们就得到了对这个学习算法的平均表现的评估。

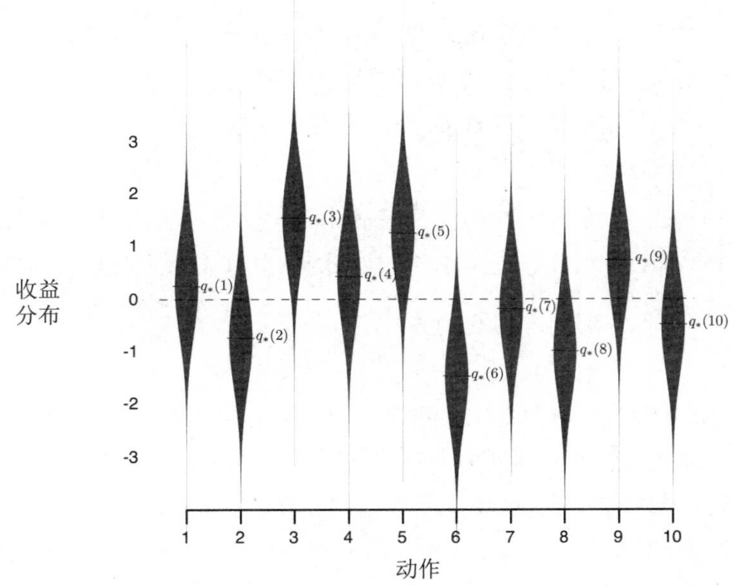

图 2.1 一个 10 臂赌博机问题的测试平台。这 10 个动作的真实值 $q_*(a)$ 分别从一个零均值单位方差的正态分布 (高斯分布) 中生成，然后实际的收益从均值为 $q_*(a)$ 单位方差的正态分布中生成，如图中灰色的分布所示

图 2.2 在一个 10 臂测试平台上比较了上述的贪心方法和两种 ϵ-贪心方法 ($\epsilon = 0.01$

和 $\epsilon = 0.1$)。所有方法都用采样平均策略来形成对动作价值的估计。上部的图显示了期望的收益随着经验的增长而增长。贪心方法在最初增长得略微快一些，但是随后稳定在一个较低的水平。相对于在这个测试平台上最好的可能收益 1.55，这个方法每时刻只获得了大约 1 的收益。从长远来看，贪心的方法表现明显更糟，因为它经常陷入执行次优的动作的怪圈。下部的图显示贪心方法只在大约三分之一的任务中找到最优的动作。在另外三分之二的动作中，最初采样得到的动作非常不好，贪心方法无法跳出来找到最优的动作。ϵ-贪心方法最终表现更好，因为它们持续地试探并且提升找到最优动作的机会。$\epsilon = 0.1$ 的方法试探得更多，通常更早发现最优的动作，但是在每时刻选择这个最优动作的概率却永远不会超过 91% (因为要在 $\epsilon = 0.1$ 的情况下试探)。$\epsilon = 0.01$ 的方法改善得更慢，但是在图中的两种测度下，最终的性能表现都会比 $\epsilon = 0.1$ 的方法更好。为了充分利用高和低的 ϵ 值的优势，随着时刻的推移来逐步减小 ϵ 也是可以的。

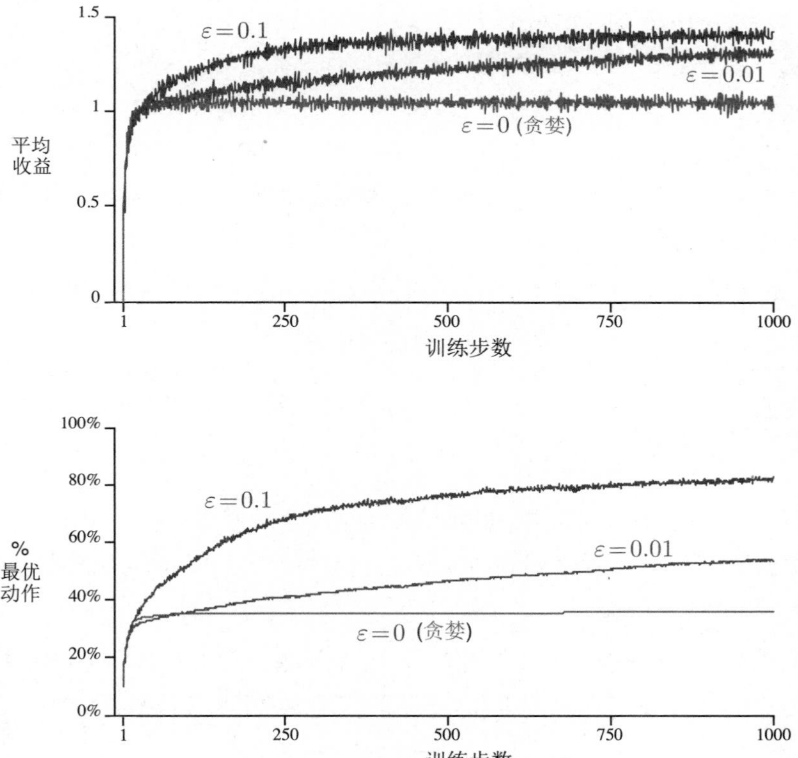

图 2.2　ε-贪心的“动作-价值”方法在 10 臂测试平台上的平均表现。这些数据是 2000 次不同的多臂赌博机实验的平均。所有的方法都采用采样平均作为对动作价值的估计

ϵ-贪心方法相对于贪心方法的优点依赖于任务。比方说，假设收益的方差更大，不

是 1 而是 10。由于收益的噪声更多，所以为了找到最优的动作需要更多次的试探，而 ϵ-贪心方法会比贪心方法好很多。但是，如果收益的方差是 0，那么贪心方法会在尝试一次之后就知道每一个动作的真实价值。在这种情况下，贪心方法实际上可能表现最好，因为它很快就会找到最佳的动作，然后再也不会进行试探。但是，即使在有确定性的情况下，如果我们弱化一些假设，对试探也有很大的好处。例如，假设赌博机任务是非平稳的，也就是说，动作的真实价值会随着时间而变化。在这种情况下，即使在有确定性的情况下，试探也是需要的，这是为了确认某个非贪心的动作不会变得比贪心动作更好。如我们将在接下来的几章中所见，非平稳性是强化学习中最常遇到的情况。即使每一个单独的子任务都是平稳而且确定的，学习者也会面临一系列像赌博机一样的决策任务，每个子任务的决策随着学习的推进会有所变化，这使得智能体的整体策略也会不断变化。强化学习需要在开发和试探中取得平衡。

练习 2.2　*赌博机的例子*　考虑一个 $k=4$ 的多臂赌博机问题，记作 1、2、3、4。将一个赌博机算法应用于这个问题，算法使用 ϵ-贪心动作选择，基于采样平均的动作价值估计，初始估计 $Q_1(a)=0, \forall a$。假设动作及收益的最初顺序是 $A_1=1, R_1=-1, A_2=2, R_2=1, A_3=2, R_3=-2, A_4=2, R_4=2, A_5=3, R_5=0$。在其中的某些时刻中，可能发生了 ϵ 的情形，导致一个动作被随机选择。请回答，在哪些时刻中这种情形肯定发生了？在哪些时刻中这种情形可能发生了？ □

练习 2.3　在图 2.2 所示的比较中，从累计收益和选择最佳动作的可能性的角度考虑，哪种方法会在长期表现最好？好多少？定量地表述你的答案。 □

2.4　增量式实现

至今我们讨论的动作-价值方法都把动作价值作为观测到的收益的样本均值来估计。下面我们探讨如何才能以一种高效的方式计算这些均值，尤其是如何保持常数级的内存需求和常数级的单时刻计算量。

为了简化标记，我们关心单个动作。令 R_i 表示这一动作被选择 i 次后获得的收益，Q_n 表示被选择 $n-1$ 次后它的估计的动作价值，现在可以简单地把它写为

$$Q_n \doteq \frac{R_1 + R_2 + \cdots + R_{n-1}}{n-1}.$$

这种简明的实现需要维护所有收益的记录，然后在每次需要估计价值时进行计算。然而，由于已知的收益越来越多，内存和计算量会随着时间增长。每增加一次收益就需要更多的内存存储和更多的计算资源来对分子求和。

正如你怀疑的那样，这确实不是必须的。为了计算每个新的收益，很容易设计增量式公式以小而恒定的计算来更新平均值。给定 Q_n 和第 n 次的收益 R_n，所有 n 个收益的新的均值可以这样计算

$$\begin{aligned}
Q_{n+1} &= \frac{1}{n}\sum_{i=1}^{n} R_i \\
&= \frac{1}{n}\left(R_n + \sum_{i=1}^{n-1} R_i\right) \\
&= \frac{1}{n}\left(R_n + (n-1)\frac{1}{n-1}\sum_{i=1}^{n-1} R_i\right) \\
&= \frac{1}{n}\Big(R_n + (n-1)Q_n\Big) \\
&= \frac{1}{n}\Big(R_n + nQ_n - Q_n\Big) \\
&= Q_n + \frac{1}{n}\Big[R_n - Q_n\Big],
\end{aligned} \tag{2.3}$$

这个式子即使对 $n=1$ 也有效，对任意 Q_1，可以得到 $Q_2 = R_1$。对于每一个新的收益，这种实现只需要存储 Q_n 和 n，和公式 (2.3) 的少量计算。

更新公式 (2.3) 的形式将会贯穿本书始终。它一般的形式是：

$$\text{新估计值} \leftarrow \text{旧估计值} + \text{步长} \times \Big[\text{目标} - \text{旧估计值}\Big]. \tag{2.4}$$

表达式 $\Big[\text{目标} - \text{旧估计值}\Big]$ 是估计值的*误差*。误差会随着向“目标”(Target) 靠近的每一步而减小。虽然“目标”中可能充满噪声，但我们还是假定“目标”会告诉我们可行的前进方向。比如在上述例子中，目标就是第 n 次的收益。

值得注意的是，上述增量式方法中的“步长”(stepsize) 会随着时间而变化。处理动作 a 对应的第 n 个收益的方法用的“步长”是 $\frac{1}{n}$。在本书中我们将“步长”记作 α，或者更普适地记作 $\alpha_t(a)$。

一个完整的使用以增量式计算的样本均值和 ϵ-贪心动作选择的赌博机问题算法的伪代码如下面的框中所示。假设函数 $bandit(a)$ 接受一个动作作为参数并且返回一个对应的收益。

一个简单的多臂赌博机算法

初始化，令 $a=1$ 到 k:

$Q(a) \leftarrow 0$

$N(a) \leftarrow 0$

无限循环:

$A \leftarrow \begin{cases} \operatorname{argmax}_a Q(a) & \text{以 } 1-\varepsilon \text{ 概率 (随机跳出贪心)} \\ \text{一个随机的动作 以 } \varepsilon \text{ 概率} \end{cases}$

$R \leftarrow bandit(A)$

$N(A) \leftarrow N(A)+1$

$Q(A) \leftarrow Q(A)+\frac{1}{N(A)}\big[R-Q(A)\big]$

2.5 跟踪一个非平稳问题

到目前为止我们讨论的取平均方法对平稳的赌博机问题是合适的，即收益的概率分布不随着时间变化的赌博机问题。但如果赌博机的收益概率是随着时间变化的，该方法就不合适。如前所述，我们经常会遇到非平稳的强化学习问题。在这种情形下，给近期的收益赋予比过去很久的收益更高的权值就是一种合理的处理方式。最流行的方法之一是使用固定步长。比如说，用于更新 $n-1$ 个过去的收益的均值 Q_n 的增量更新规则 (2.3) 可以改为

$$Q_{n+1} \doteq Q_n + \alpha\Big[R_n - Q_n\Big], \tag{2.5}$$

式中，步长参数 $\alpha \in (0,1]$ 是一个常数。这使得 Q_{n+1} 成为对过去的收益和初始的估计 Q_1 的加权平均

$$\begin{aligned} Q_{n+1} &= Q_n + \alpha\Big[R_n - Q_n\Big] \\ &= \alpha R_n + (1-\alpha)Q_n \\ &= \alpha R_n + (1-\alpha)\left[\alpha R_{n-1} + (1-\alpha)Q_{n-1}\right] \\ &= \alpha R_n + (1-\alpha)\alpha R_{n-1} + (1-\alpha)^2 Q_{n-1} \\ &= \alpha R_n + (1-\alpha)\alpha R_{n-1} + (1-\alpha)^2\alpha R_{n-2} + \\ &\qquad \cdots + (1-\alpha)^{n-1}\alpha R_1 + (1-\alpha)^n Q_1 \\ &= (1-\alpha)^n Q_1 + \sum_{i=1}^{n} \alpha(1-\alpha)^{n-i} R_i. \end{aligned} \tag{2.6}$$

我们将此称为加权平均，因为你可以验证权值的和是 $(1-\alpha)^n + \sum_{i=1}^{n} \alpha(1-\alpha)^{n-i} = 1$。注意，赋给收益 R_i 的权值 $\alpha(1-\alpha)^{n-i}$ 依赖于它被观测到的具体时刻与当前时刻的差，即 $n-i$。$1-\alpha$ 小于 1，因此赋予 R_i 的权值随着相隔次数的增加而递减。事实上，由于 $(1-\alpha)$ 上的指数，权值以指数形式递减 (如果 $1-\alpha=0$，根据约定 $0^0=1$，则所有的权值都赋给最后一个收益 R_n)。正因为如此，这个方法有时候也被称为“指数近因加权平均”。

有时候随着时刻一步步改变步长参数是很方便的。设 $\alpha_n(a)$ 表示用于处理第 n 次选择动作 a 后收到的收益的步长参数。正如我们注意到的，选择 $\alpha_n(a)=\frac{1}{n}$ 将会得到采样平均法，大数定律保证它可以收敛到真值。然而，收敛性当然不能保证对任何 $\{\alpha_n(a)\}$ 序列都满足。随机逼近理论中的一个著名结果给出了保证收敛概率为 1 所需的条件

$$\sum_{n=1}^{\infty} \alpha_n(a) = \infty \text{ 且 } \sum_{n=1}^{\infty} \alpha_n^2(a) < \infty. \tag{2.7}$$

第一个条件是要求保证有足够大的步长，最终克服任何初始条件或随机波动。第二个条件保证最终步长变小，以保证收敛。

注意，两个收敛条件在采样平均的案例 $\alpha_n(a)=\frac{1}{n}$ 中都得到了满足，但在常数步长参数 $\alpha_n(a)=\alpha$ 中不满足。在后面一种情况下，第二个条件无法满足，说明估计永远无法完全收敛，而是会随着最近得到的收益而变化。正如我们前面提到的，在非平稳环境中这是我们想要的，而且强化学习中的问题实际上常常是非平稳的。此外，符合条件 (2.7) 的步长参数序列常常收敛得很慢，或者需要大量的调试才能得到一个满意的收敛率。尽管在理论工作中很常用，但符合这些收敛条件的步长参数序列在实际应用和实验研究中很少用到。

练习 2.4　如果步长参数 α_n 不是常数，那么估计的 Q_n 就是对于之前得到的收益的加权平均，其权值与公式 (2.6) 给出的不同。作为对公式 (2.6) 的推广，一般情况下，对于这样的步长参数序列，之前的每一次收益的步长分别是多少？ □

练习 2.5 (编程)　设计并且实施一项实验来证实采用采样平均方法去解决非平稳问题的困难。使用一个 10 臂测试平台的修改版本，其中所有的 $q_*(a)$ 初始时相等，然后进行随机游走 (比如说在每一步所有的 $q_*(a)$ 都加上一个均值为 0 标准差为 0.01 的正态分布的增量)。为其中一个使用采样平均和增量式计算的动作-价值方法，为另一个使用常数步长参数且 $\alpha=0.1$ 的动作-价值方法，并做出如图 2.2 所示的分析。采用 $\epsilon=0.1$，并且取很长的时间 (比如 10 000 步)。 □

2.6 乐观初始值

目前为止我们讨论的所有方法都在一定程度上依赖于初始动作值 $Q_1(a)$ 的选择。从统计学角度来说，这些方法 (由于初始估计值) 是有偏的。对于采样平均法来说，当所有动作都至少被选择一次时，偏差就会消失。但是对于步长为常数 α 的情况，如公式 (2.6) 给出的偏差会随时间减小，但不会消失。在实际中，这种偏差通常不是一个问题，有时甚至还会很有好处。缺点是，如果不将它们全部设置为 0，则初始估计值实际上变成了一个必须由用户选择的参数集。好处是，通过它们可以简单地设置关于预期收益水平的先验知识。

初始动作的价值同时也提供了一种简单的试探方式。比如一个 10 臂的测试平台，我们替换掉原先的初始值 0，将它们全部设为 +5。注意，如前所述，在这个问题中，$q_*(a)$ 是按照均值为 0 方差为 1 的正态分布选择的。因此 +5 的初始值是一个过度乐观的估计。但是这种乐观的初始估计却会鼓励动作-价值方法去试探。因为无论哪一种动作被选择，收益都比最开始的估计值要小；因此学习器会对得到的收益感到“失望”，从而转向另一个动作。其结果是，所有动作在估计值收敛之前都被尝试了好几次。即使每一次都按照贪心法选择动作，系统也会进行大量的试探。

图 2.3 展示了在一个 10 臂测试平台上设定初始值 $Q_1(a) = +5$，并采用贪心算法的结果。为了比较，同时展示了 ϵ-贪心算法使用初始值 $Q_1(a) = 0$ 的结果。刚开始乐观初始化方法表现得比较糟糕，因为它需要试探更多次，但是最终随着时间的推移，试探的次数减少，它的表现也变得更好。我们把这种鼓励试探的技术叫作*乐观初始价值*。我们认为这是一个简单的技巧，在平稳问题中非常有效，但它远非鼓励试探的普遍有用的方法。例如，它不太适合非平稳问题，因为它试探的驱动力天生是暂时的。如果任务发生了变化，对试探的需求变了，则这种方法就无法提供帮助。事实上，任何仅仅关注初始条件的方法都不太可能对一般的非平稳情况有所帮助。开始时刻只出现一次，因此我们不应该过多地关注它。对于采样平均法也是如此，它也将时间的开始视为一种特殊的事件，用相同的权重平均所有后续的收益。但是所有这些方法都很简单，其中一个或几个简单的组合在实践中往往是足够的。在本书中，我们会经常使用这些简单的试探技巧。

练习 2.6 神秘的峰值 图 2.3 中展示的结果应该是相当可靠的，因为它们是 2000 个独立随机选择的 10 臂赌博机任务的平均值。那么，为什么乐观初始化方法在曲线的早期会出现振荡和峰值呢？换句话说，是什么使得这种方法在特定的早期步骤中表现得特别好或更糟？ □

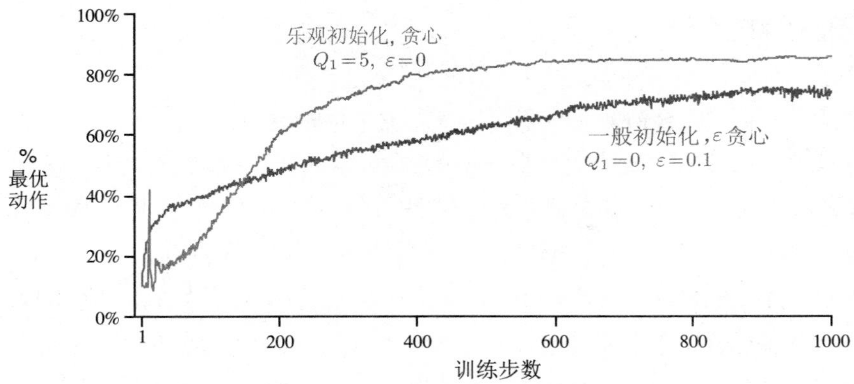

图 2.3　乐观的初始动作-价值估计在 10 臂赌博机测试平台上的运行效果。两种方法都使用相同的恒定的步长参数 $\alpha = 0.1$

练习 2.7 *无偏恒定步长技巧*　在本章中的大多数案例中，我们使用采样平均来估计动作的价值，这是因为采样平均不会像恒定步长一样产生偏差，参见式 (2.6) 中的分析。然而，采样平均并不是完全令人满意的解决方案。在非平稳的问题中，它可能会表现得很差。我们是否有办法既能利用恒定步长方法在非平稳过程中的优势，又能有效避免它的偏差呢？一种可行的方法是利用如下的步长来处理某个特定动作的第 n 个收益

$$\beta_n \doteq \alpha/\bar{o}_n, \tag{2.8}$$

其中，$\alpha > 0$ 是一个传统的恒定步长，$\bar{o}_n$ 是一个从零时刻开始计算的修正系数

$$\bar{o}_n \doteq \bar{o}_{n-1} + \alpha(1 - \bar{o}_{n-1}),\ \text{对}\ n \geqslant 0,\ \text{满足}\ \bar{o}_0 \doteq 0. \tag{2.9}$$

通过与式 (2.6) 类似的分析方法，试证明 Q_n 是一个*对初始值无偏*的指数近因加权平均。

□

2.7　基于置信度上界的动作选择

因为对动作-价值的估计总会存在不确定性，所以试探是必须的。贪心动作虽然在当前时刻看起来最好，但实际上其他一些动作可能从长远看更好。ϵ-贪心算法会尝试选择非贪心的动作，但是这是一种盲目的选择，因为它不大会去选择接近贪心或者不确定性特别大的动作。在非贪心动作中，最好是根据它们的潜力来选择可能事实上是最优的动作，这就要考虑到它们的估计有多接近最大值，以及这些估计的不确定性。一个有效的方法是按

照以下公式选择动作

$$A_t \doteq \underset{a}{\operatorname{argmax}} \left[Q_t(a) + c\sqrt{\frac{\ln t}{N_t(a)}} \right], \tag{2.10}$$

在这个公式里，$\ln t$ 表示 t 的自然对数 (即 $\mathrm{e} \approx 2.71828$ 的多少次方等于 t)，$N_t(a)$ 表示在时刻 t 之前动作 a 被选择的次数 (即公式 2.1 中的分母)。c 是一个大于 0 的数，它控制试探的程度。如果 $N_t(a)=0$，则 a 就被认为是满足最大化条件的动作。

这种基于*置信度上界* (upper confidence bound，UCB) 的动作选择的思想是，平方根项是对 a 动作值估计的不确定性或方差的度量。因此，最大值的大小是动作 a 的可能真实值的上限，参数 c 决定了置信水平。每次选 a 时，不确定性可能会减小；由于 $N_t(a)$ 出现在不确定项的分母上，因此随着 $N_t(a)$ 的增加，这一项就减小了。另一方面，每次选择 a 之外的动作时，在分子上的 t 增大，而 $N_t(a)$ 却没有变化，所以不确定性增加了。自然对数的使用意味着随着时间的推移，增加会变得越来越小，但它是无限的。所有动作最终都将被选中，但是随着时间的流逝，具有较低价值估计的动作或者已经被选择了更多次的动作被选择的频率较低。

图 2.4 展示了在 10 臂测试平台上采用 UCB 算法的结果。如图所示，UCB 往往会表现良好。但是和 ϵ-贪心算法相比，它更难推广到本书的其他章节研究的一些更一般的强化学习问题。一个困难是在处理非平稳问题时，它需要比 2.5 节中介绍的方法更复杂的方法。另一个难题是要处理大的状态空间，特别是本书的第 Ⅱ 部分研究的函数近似问题。在这些更复杂的问题中，目前还没有已知的实用方法利用 UCB 动作选择的思想。

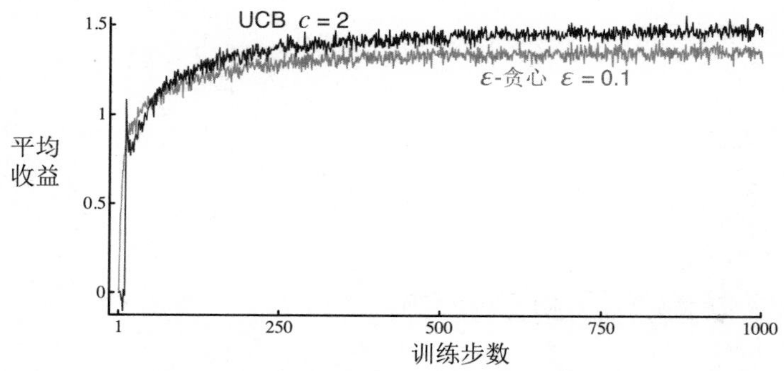

图 2.4 UCB 算法在 10 臂测试平台上的平均表现。如图所示，除了刚开始的 k 步随机选择尚未尝试过的动作外，在一般情况下，UCB 算法比 ε-贪心算法表现要好

练习 2.8 UCB 尖峰 在图 2.4 中，UCB 算法的表现在第 11 步的时候有一个非常明显的尖峰。为什么会产生这个尖峰呢？请注意，你必须同时解释为什么收益在第 11 步时会增

加，以及为什么在后续的若干步中会减少，你的答案才是令人满意的。(提示：如果 $c=1$，那么这个尖峰就不会那么突出了。) □

2.8 梯度赌博机算法

到目前为止，我们已经探讨了评估动作价值的方法，并使用这些估计值来选择动作。这通常是一个好方法，但并不是唯一可使用的方法。在本节中，我们针对每个动作 a 考虑学习一个数值化的偏好函数 $H_t(a)$。偏好函数越大，动作就越频繁地被选择，但偏好函数的概念并不是从“收益”的意义上提出的。只有一个动作对另一个动作的相对偏好才是重要的，如果我们给每一个动作的偏好函数都加上 1000，那么对于按照如下 softmax 分布 (吉布斯或玻尔兹曼分布) 确定的动作概率没有任何影响

$$\Pr\{A_t = a\} \doteq \frac{e^{H_t(a)}}{\sum_{b=1}^{k} e^{H_t(b)}} \doteq \pi_t(a), \tag{2.11}$$

其中，$\pi_t(a)$ 是一个新的且重要的定义，用来表示动作 a 在时刻 t 时被选择的概率。所有偏好函数的初始值都是一样的 (例如，$H_1(a) = 0, \forall a$)，所以每个动作被选择的概率是相同的。

练习 2.9　证明在两种动作的情况下，softmax 分布与通常在统计学和人工神经网络中使用的 logistic 或 sigmoid 函数给出的结果相同。 □

基于随机梯度上升的思想，本文提出了一种自然学习算法。在每个步骤中，在选择动作 A_t 并获得收益 R_t 之后，偏好函数将会按如下方式更新

$$\begin{aligned} H_{t+1}(A_t) &\doteq H_t(A_t) + \alpha\big(R_t - \bar{R}_t\big)\big(1 - \pi_t(A_t)\big), &&\text{以及} \\ H_{t+1}(a) &\doteq H_t(a) - \alpha\big(R_t - \bar{R}_t\big)\pi_t(a), &&\text{对所有 } a \neq A_t, \end{aligned} \tag{2.12}$$

其中，α 是一个大于 0 的数，表示步长。$\bar{R}_t \in \mathbb{R}$ 是在时刻 t 内所有收益的平均值，可以按 2.4 节所述逐步计算 (若是非平稳问题，则参照 2.5 节)。$\bar{R}_t$ 项作为比较收益的一个基准项。如果收益高于它，那么在未来选择动作 A_t 的概率就会增加，反之概率就会降低。未选择的动作被选择的概率上升。

图 2.5 展示了在一个 10 臂测试平台问题的变体上采用梯度赌博机算法的结果，在这个问题中，它们真实的期望收益是按照平均值为 +4 而不是 0 (方差与之前相同) 的正态分布来选择的。所有收益的这种变化对梯度赌博机算法没有任何影响，因为收益基准项让它可以马上适应新的收益水平。如果没有基准项 (即把公式 2.12 中的 $\bar{R}_t$ 设为常数 0)，那么性能将显著降低，如图所示。

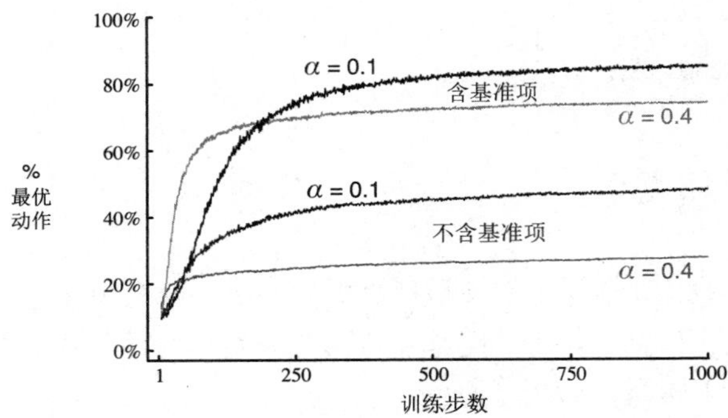

图 2.5 含收益基准项与不含收益基准项的梯度赌博机算法在 10 臂测试平台上的平均表现，其中我们设定 $q_*(a)$ 接近于 +4 而不是 0

通过随机梯度上升实现梯度赌博机算法

通过将梯度赌博机算法理解为梯度上升的随机近似，我们可以深入了解这一算法的本质。在精确的梯度上升算法中，每一个动作的偏好函数 $H_t(a)$ 与增量对性能的影响成正比

$$H_{t+1}(a) \doteq H_t(a) + \alpha \frac{\partial \mathbb{E}[R_t]}{\partial H_t(a)}, \tag{2.13}$$

在这里性能的衡量指标定义为总体的期望收益

$$\mathbb{E}[R_t] = \sum_x \pi_t(x) q_*(x)$$

而增量产生的影响就是上述性能衡量指标对动作偏好的偏导数。当然，我们不可能真的实现精确的梯度上升，因为真实的 $q_*(x)$ 是不知道的。但是事实上，前面的更新公式 (2.12) 与公式 (2.13) 采用期望价值时是等价的，即公式 (2.12) 是随机梯度上升方法的一个实例。对这个关系的证明只需要用初等的微积分推导几步。首先，我们仔细分析一下精确的性能梯度的定义

$$\begin{aligned}
\frac{\partial \mathbb{E}[R_t]}{\partial H_t(a)} &= \frac{\partial}{\partial H_t(a)} \left[\sum_x \pi_t(x) q_*(x) \right] \\
&= \sum_x q_*(x) \frac{\partial \pi_t(x)}{\partial H_t(a)} \\
&= \sum_x \big(q_*(x) - B_t \big) \frac{\partial \pi_t(x)}{\partial H_t(a)},
\end{aligned}$$

其中，B_t 被称为“基准项”，可以是任何不依赖于 x 的标量。我们可以把它加进来，因为所有动作的梯度加起来为 0，$\sum_x \frac{\partial \pi_t(x)}{\partial H_t(a)} = 0$。即随着 $H_t(a)$ 的变化，一些动作的概率会增加或者减少，但是这些变化的总和为 0，因为概率之和必须是 1。然后我们将求和公式中的每项都乘以 $\pi_t(x)/\pi_t(x)$，等式保持不变

$$\frac{\partial \mathbb{E}[R_t]}{\partial H_t(a)} = \sum_x \pi_t(x)\big(q_*(x) - B_t\big)\frac{\partial \pi_t(x)}{\partial H_t(a)}/\pi_t(x).$$

注意，上面的公式其实是一个“求期望”的式子：对随机变量 A_t 所有可能的取值 x 进行函数求和，然后乘以对应取值的概率。可以将其简写为期望形式

$$= \mathbb{E}\left[\big(q_*(A_t) - B_t\big)\frac{\partial \pi_t(A_t)}{\partial H_t(a)}/\pi_t(A_t)\right]$$
$$= \mathbb{E}\left[\big(R_t - \bar{R}_t\big)\frac{\partial \pi_t(A_t)}{\partial H_t(a)}/\pi_t(A_t)\right],$$

在这里我们选择 $B_t = \bar{R}_t$，并且将 $\bar{R}_t$ 用 $q_*(A_t)$ 代替。这个选择是可行的，因为 $\mathbb{E}[R_t|A_t] = q_*(A_t)$，而且 R_t (给定 A_t) 与任何其他东西都不相关。很快我们就可以确定 $\frac{\partial \pi_t(x)}{\partial H_t(a)} = \pi_t(x)\big(\mathbb{1}_{a=x} - \pi_t(a)\big)$，$\mathbb{1}_{a=x}$ 表示如果 $a = x$ 就取 1，否则取 0。假设现在我们有

$$= \mathbb{E}\left[\big(R_t - \bar{R}_t\big)\pi_t(A_t)\big(\mathbb{1}_{a=A_t} - \pi_t(a)\big)/\pi_t(A_t)\right]$$
$$= \mathbb{E}\left[\big(R_t - \bar{R}_t\big)\big(\mathbb{1}_{a=A_t} - \pi_t(a)\big)\right],$$

回想一下，我们的计划是把性能指标的梯度写为某个东西的期望，这样我们就可以在每个时刻进行采样 (就像我们刚刚做的那样)，然后再进行与采样样本成比例地更新。将公式 (2.13) 中的性能指标的梯度用一个单独样本的期望值代替，可以得到

$$H_{t+1}(a) = H_t(a) + \alpha\big(R_t - \bar{R}_t\big)\big(\mathbb{1}_{a=A_t} - \pi_t(a)\big), \qquad \text{对所有 } a,$$

你会发现这和我们在公式 (2.12) 中给出的原始算法是一致的。

现在我们只需要证明我们的假设 $\frac{\partial \pi_t(x)}{\partial H_t(a)} = \pi_t(x)\big(\mathbb{1}_{a=x} - \pi_t(a)\big)$ 就可以了。回想一下两个函数的商的导数推导公式：

$$\frac{\partial}{\partial x}\left[\frac{f(x)}{g(x)}\right] = \frac{\frac{\partial f(x)}{\partial x}g(x) - f(x)\frac{\partial g(x)}{\partial x}}{g(x)^2}.$$

使用这个公式我们可以得到

$$
\begin{aligned}
\frac{\partial \pi_t(x)}{\partial H_t(a)} &= \frac{\partial}{\partial H_t(a)} \pi_t(x) \\
&= \frac{\partial}{\partial H_t(a)} \left[\frac{e^{H_t(x)}}{\sum_{y=1}^{k} e^{H_t(y)}} \right] \\
&= \frac{\frac{\partial e^{H_t(x)}}{\partial H_t(a)} \sum_{y=1}^{k} e^{H_t(y)} - e^{H_t(x)} \frac{\partial \sum_{y=1}^{k} e^{H_t(y)}}{\partial H_t(a)}}{\left(\sum_{y=1}^{k} e^{H_t(y)}\right)^2} && \text{(商的求导法则)} \\
&= \frac{\mathbb{1}_{a=x} e^{H_t(x)} \sum_{y=1}^{k} e^{H_t(y)} - e^{H_t(x)} e^{H_t(a)}}{\left(\sum_{y=1}^{k} e^{H_t(y)}\right)^2} && \text{(因为 } \tfrac{\partial e^x}{\partial x} = e^x\text{)} \\
&= \frac{\mathbb{1}_{a=x} e^{H_t(x)}}{\sum_{y=1}^{k} e^{H_t(y)}} - \frac{e^{H_t(x)} e^{H_t(a)}}{\left(\sum_{y=1}^{k} e^{H_t(y)}\right)^2} \\
&= \mathbb{1}_{a=x} \pi_t(x) - \pi_t(x) \pi_t(a) \\
&= \pi_t(x) \big(\mathbb{1}_{a=x} - \pi_t(a) \big). && \text{Q.E.D.}
\end{aligned}
$$

我们已经证明了梯度赌博机算法的期望更新与期望收益的梯度是相等的，因此该算法是随机梯度上升算法的一种。这就保证了算法具有很强的收敛性。

注意，对于收益基准项，除了要求它不依赖于所选的动作之外，不需要其他任何的假设。例如，我们可以将其设置为 0 或 1000，算法仍然是随机梯度上升算法的一个特例。基准项的选择不影响算法的预期更新，但它确实会影响更新值的方差，从而影响收敛速度 (如图 2.5 所示)。采用收益的平均值作为基准项可能不是最好的，但它很简单，并且在实践中很有效。

2.9 关联搜索 (上下文相关的赌博机)

本章到此为止，只考虑了非关联的任务，对它们来说，没有必要将不同的动作与不同的情境联系起来。在这些任务中，当任务是平稳的时候，学习器会试图寻找一个最佳的动作；当任务是非平稳的时候，最佳动作会随着时间的变化而改变，此时它会试着去追踪最佳动作。然而，在一般的强化学习任务中，往往有不止一种情境，它们的目标是学习一种策略：一个从特定情境到最优动作的映射。为了进行一般性问题分析，下面我们简要地探讨从非关联任务推广到关联任务的最简单的方法。

举个例子，假设有一系列不同的 k 臂赌博机任务，每一步你都要随机地面对其中的一个。因此，赌博机任务在每一步都是随机变化的。从观察者的角度来看，这是一个单一的、非平稳的 k 臂赌博机任务，其真正的动作价值是每步随机变化的。你可以尝试使用本章中描述的处理非平稳情况的方法，但是除非真正的动作价值的改变是非常缓慢的，否则这些方法不会有很好的效果。现在假设，当你遇到某一个 k 臂赌博机任务时，你会得到关于这个任务的编号的明显线索 (但不是它的动作价值)。也许你面对的是一个真正的老虎机，它的外观颜色与它的动作价值集合一一对应，动作价值集合改变的时候，外观颜色也会改变。那么，现在你可以学习一些任务相关的操作*策略*，例如，用你所看到的颜色作为信号，把每个任务和该任务下最优的动作直接关联起来，比如，如果为红色，则选择 1 号臂；如果为绿色，则选择 2 号臂。有了这种任务相关的策略，在知道任务编号信息时，你通常要比不知道任务编号信息时做得更好。

这是一个*关联搜索*任务的例子，因为它既涉及采用试错学习去*搜索*最优的动作，又将这些动作与它们表现最优时的情境*关联*在一起。关联搜索任务现在通常在文献中被称为*上下文相关的赌博机*。关联搜索任务介于 k 臂赌博机问题和完整强化学习问题之间。它与完整强化学习问题的相似点是，它需要学习一种*策略*。但它又与 k 臂赌博机问题相似，体现在每个动作只影响即时收益。如果允许动作可以影响*下一时刻的情境*和收益，那么这就是完整的强化学习问题。我们会在下一章中提出这个问题，并在本书的其他章节中研究它。

练习 2.10 假设你现在正面对一个 2 臂赌博机任务，而它的真实动作价值是随时间随机变化的。特别地，假设对任意的时间，动作 1 和 2 的真实价值有 50% 的概率是 0.1 和 0.2 (情况 A)，50% 的概率是 0.9 和 0.8 (情况 B)。如果在每一步时你无法确认面对的是哪种情况，那么这时最优的期望成功值是多少？你如何才能得到它？现在假设每一步你被告知了情况是 A 还是 B (但是你还是不知道真实价值，只是能够区分是不同情况)。这就是一个关联搜索的任务。对这个任务，最优的期望成功值又是多少？你应该采取什么样的策略才能达到最优？ □

2.10 本章小结

我们在这一章介绍了几种平衡试探和开发的简单方法。ϵ-贪心方法在一小段时间内进行随机的动作选择；而 UCB 方法虽然采用确定的动作选择，却可以通过在每个时刻对那些具有较少样本的动作进行优先选择来实现试探。梯度赌博机算法则不估计动作价值，而是利用偏好函数，使用 softmax 分布来以一种分级的、概率式的方式选择更优的动作。简单地将收益的初值进行乐观的设置，就可以让贪心方法也能进行显式试探。

很自然地，我们会问哪种方法最好。尽管这是一个很难回答的问题，但我们可以在本章的 10 臂测试平台上运行它们，并比较它们的性能。一个难题是它们都有一个参数，为了进行一个有意义的比较，我们将把它们的性能看作关于它们参数的一个函数。到目前为止，我们的图表已经分别给出了每种算法及参数随时间推移的*学习曲线*。但如果我们把所有算法的所有参数对应的学习曲线全部画在一起，就会过于复杂，造成视觉上的混乱。所以我们总结了一个完整的精简的学习曲线，展示了每种算法和参数超过 1000 步的平均收益值，这个值与学习曲线下的面积成正比。图 2.6 显示了这一章中各种赌博机算法的性能曲线，每条算法性能曲线都被看作一个自己参数的函数，x 轴用单一的尺度显示了所有的参数。这种类型的图称为*参数研究图*。需要注意的是，x 轴上参数值的变化是 2 的倍数，并以对数坐标表示。由图可见，每个算法性能曲线呈倒 U 形；所有算法在其参数的中间值处表现最好，既不太大也不太小。在评估一种方法时，我们不仅要关注它在最佳参数设置上的表现，还要注意它对参数值的敏感性。所有这些算法都是相当不敏感的，它们在一系列的参数值上表现得很好，这些参数值的大小是一个数量级的。总的来说，在这个问题上，UCB 似乎表现最好。

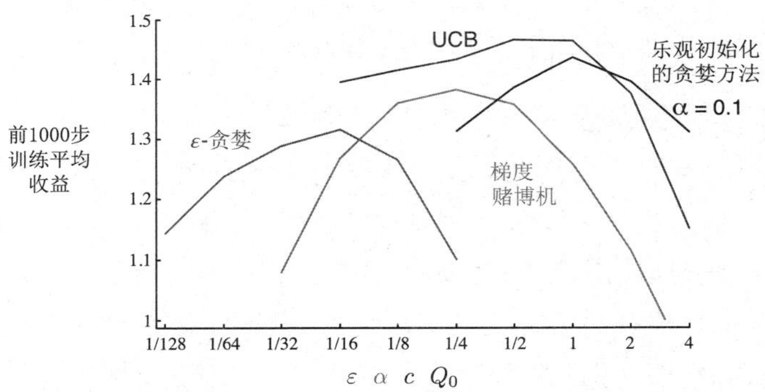

图 2.6 本章中不同赌博机算法的参数调整研究。图中每一个点表示特定算法在特定参数下执行超过 1000 步以后的平均收益

尽管这一章中提出的方法很简单，但在我们看来，它们被公认为是最先进的技术。虽然有更复杂的方法，但它们的复杂性和假设使它们在我们真正关注的完整强化学习问题中并不适用。从第 5 章开始，我们会提出解决完整强化学习问题的学习方法，它们部分地使用了本章探讨的简单方法。

虽然本章探讨的简单方法可能是目前让我们能做到最好的方法，但它们还远远不能解决平衡试探和开发的问题。

在 k 臂赌博机问题中，平衡试探和开发的一个经典解决方案是计算一个名为 *Gittins* 指数的特殊函数。这为一些赌博机问题提供了一个最优的解决方案，比在本章中讨论的方法更具有一般性，但前提是已知可能问题的先验分布。不幸的是，这种方法的理论和可计算性都不能推广到我们在本书中探讨的完整强化学习问题。

*贝叶斯*方法假定已知动作价值的初始分布，然后在每步之后更新分布 (假定真实的动作价值是平稳的)。一般来说，更新计算可能非常复杂，但对于某些特殊分布 (称为*共轭先验*) 则很容易。这样，我们就可以根据动作价值的后验概率，在每一步中选择最优的动作。这种方法，有时称为*后验采样*或 *Thompson 采样*，通常与我们在本章中提出的最好的无分布方法性能相近。

贝叶斯方法甚至可以计算出试探和开发之间的*最佳平衡*。对于任何可能的动作，我们都可以计算出它对应的即时收益的分布，以及相应的动作价值的后验分布。这种不断变化的分布成为问题的*信息状态*。假设问题的视界有 1000 步，则可以考虑所有可能的动作，所有可能的收益，所有可能的下一个动作，所有下一个收益，等等，依此类推到全部 1000 步。有了这些假设，可以确定每个可能的事件链的收益和概率，并且只需挑选最好的。但可能性树会生长得非常快，即使只有两种动作和两种收益，树也会有 2^{2000} 个叶子节点。完全精确地进行这种庞大的计算通常是不现实的，但可能可以有效地近似。贝叶斯方法有效地将赌博机问题转变为完整强化学习问题的一个实例。最后，我们可以使用如本书第 II 部分中提出的近似强化学习方法来逼近最优解。但这个话题已经是一个科研问题了，超出了本书的讨论范围。

练习 2.11 (编程)　为在练习 2.5 中提出的非平稳情况作一张类似图 2.6 的图。包括 $\alpha = 0.1$ 的恒定步长 ϵ-贪心算法。运行 200 000 步，并将过去 100 000 步的平均收益作为每个算法和参数集的性能度量。 □

参考文献和历史评注

2.1 赌博机问题在统计学、工程学和心理学方面都被研究过。在统计学方面，赌博机问题属于“实验顺序设计”问题，由 Thompson (1933，1943) 和 Robbins (1952) 提出，并且 Bellman (1956) 对其做了进一步研究。Berry 和 Fristedt (1985) 从统计学的角度对解决赌博机问题的方法做了进一步扩展。Narendra 和 Thathachar (1989) 从工程学角度研究了赌博机问题，并且对解决赌博机问题的各种理论进行了全面的讨论。在心理学方面，赌博机问题对统计学习理论有着重要影响 (例如，Bush 和 Mosteller，1955；Estes，1950)。

术语*贪心* (*greedy*) 经常被用在启发式搜索的文献中 (例如，Pearl，1984)。试探与开发之间的冲突在控制工程中对应的是辨识 (或估计) 和控制之间的冲突 (例如，Witten，1976)。

Feldbaum (1965) 称其为*对偶控制*问题，指的是在控制具有不确定性的系统时，需要同时解决辨识和控制这两个问题。在遗传算法方面，Holland (1975) 强调了这个冲突的重要性，也就是开发已有信息的需求和发现新信息的需求之间的冲突。

2.2 解决 k 臂赌博机问题的动作-价值方法是由 Thathachar 和 Sastry (1985) 首次提出来的。这类方法在自动学习机的研究文献中通常被称为*估计子* (estimator) 算法。术语*动作价值*是由 Watkins (1989) 提出来的。第一个使用 ε-贪心方法的人有可能也是 Watkins (1989, p. 187)，但是这个方法很简单，也可能有更早的使用。

2.4–5 这部分可以认为是通用的随机迭代算法的一部分，这类方法被 Bertsekas 和 Tsitsiklis (1996) 很好地研究过。

2.6 乐观初始化的概念是由 Sutton (1996) 首次引入到强化学习中的。

2.7 早期的基于置信度上界的估计来选择动作的文章有 Lai 和 Robbins (1985)、Kaelbling (1993b) 和 Agrawal (1995)。我们这里提到的 UCB 算法在文献中被称为 UCB1，是由 Auer、Cesa-Bianchi 和 Fischer (2002) 最早实现的。

2.8 梯度赌博机算法是基于梯度的强化学习算法的一种特殊情况，由 Williams (1992) 提出。后来，在此算法的基础上提出了本书后面会详细介绍的“行动器 - 评判器”算法和策略梯度算法。我们对此算法的研究深受 Balaraman Ravindran 的影响。关于“基准项”的进一步讨论，可以参阅 Greensmith、Bartlett、Baxter (2002，2004) 和 Dick (2015) 的文章。对这些算法早期的系统性的研究是由 Sutton (1984) 完成的。

在动作选择公式 (2.11) 中提到的术语 softmax 来自于 Bridle (1990)。但是这个概念是由 Luce (1959) 首先提出的。

2.9 术语*关联搜索*和对应的问题是由 Barto、Sutton 和 Brouwer (1981) 提出的。术语*关联式强化学习*也曾用来表示*关联搜索* (Barto，Anandan，1985)，但是我们更倾向于把这个术语保留下来，用作完整强化学习问题 (Sutton，1984) 的同义词 (据我们观察，现代文献中也会用“上下文赌博机”来表示这个问题)。注意，Thorndike 的*效应定律* (参见第 1 章) 中的关联搜索指的是情境 (状态) 和动作之间的关联。根据*操作性条件反射* 或*工具性条件反射*的理论 (例如，Skinner，1938)，一个*鉴别性刺激*指的是能够对某个特定的增强事件发生的信号做出反应。而在我们的术语体系中，不同的*鉴别性刺激*对应不同的*状态*。

2.10 Bellman (1956) 第一次提出了如何用动态规划来解决试探和开发之间的最优平衡问题，并将该问题用贝叶斯理论进行了数学上的形式化表达。Gittins 指数方法是由 Gittins 和 Jones (1974) 提出的。Duff (1995) 介绍了如何用强化学习方法学到赌博机问题的 Gittins 指数。Kumar (1985) 的文章中详细讨论了解决这个问题的贝叶斯方法和非贝叶斯方法。术语*信息状态*来自于部分可观测马尔可夫决策过程的文献，例如，Lovejoy (1991)。

另一些研究的关注点在试探的效率方面，也即算法多快能找到最优的决策策略。一种形式化的衡量试探效率的方法就是类比有监督学习中的*样本复杂性*的概念，也就是说，用达到某个目标函数准确度所用的训练样本数来表示试探的效率。强化学习算法的试探过程的样本复杂性的一个定义是：算法在取得接近最优的动作之前所花费的时刻的数量 (Kakade，2003)。Li (2012) 的文章中对比了一些关于强化学习中试探效率问题的理论方法。在现代，解决这个问题的方法“Thompson 采样”是由 Russo et al. (2018) 提出的。

3 有限马尔可夫决策过程

在这一章中，我们将正式介绍有限马尔可夫决策过程 (有限 MDP)，这也是本书后面要试图解决的问题。这个问题既涉及"评估性反馈"(如前面介绍的赌博机问题)，又涉及"发散联想"，即在不同情境下选择不同的动作。MDP 是序列决策的经典形式化表达，其动作不仅影响当前的即时收益，还影响后续的情境 (又称状态) 以及未来的收益。因此，MDP 涉及了延迟收益，由此也就有了在当前收益和延迟收益之间权衡的需求。在赌博机问题中，我们估计了每个动作 a 的价值 $q_*(a)$；而在 MDP 中，我们估计每个动作 a 在每个状态 s 中的价值 $q_*(s,a)$，或者估计给定最优动作下的每个状态的价值 $v_*(s)$。对于估计单个动作选择的长期结果来说，这些状态相关的数量是至关重要的。

MDP 是强化学习问题在数学上的理想化形式，因为在这个框架下我们可以进行精确的理论说明。本章将介绍这个问题的数学化结构中的若干关键要素，如回报、价值函数和贝尔曼方程。还会讨论可以被抽象为有限 MDP 的各种应用。与所有的人工智能一样，问题的适用范围和数学灵活性之间存在一定矛盾。在本章中，我们将介绍这种矛盾，并讨论矛盾背后存在的权衡和挑战。一些 MDP 不能使用的强化学习方法将在第 17 章中讨论。

3.1 "智能体-环境"交互接口

MDP 就是一种通过交互式学习来实现目标的理论框架。进行学习及实施决策的机器被称为智能体 (*agent*)。智能体之外所有与其相互作用的事物都被称为环境 (*environment*)。这些事物之间持续进行交互，智能体选择动作，环境对这些动作做出相应的响应，并向智能体呈现出新的状态。[1] 环境也会产生一个收益，通常是特定的数值，这就是智能体在动

1 我们采用术语智能体、环境和动作，而不是工程术语控制器、控制系统 (或设备) 和控制信号，因前者的受众更为广泛。

作选择过程中想要最大化的目标，如图 3.1 所示。

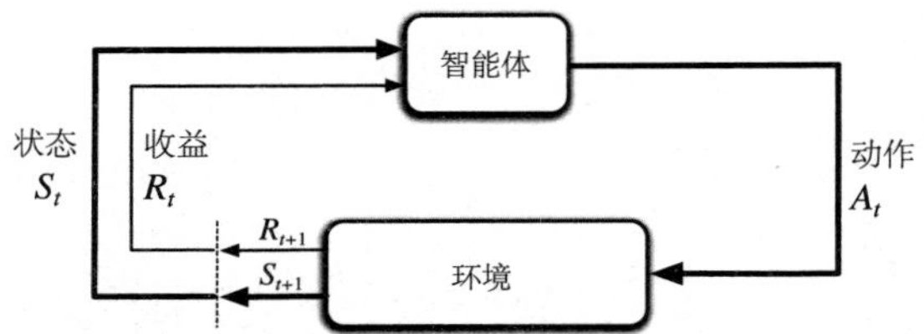

图 3.1 马尔可夫决策过程中的“智能体-环境”交互

更具体地说，在每个离散时刻 $t=0,1,2,3,\ldots$，智能体和环境都发生了交互。[1] 在每个时刻 t，智能体观察到所在的环境状态的某种特征表达，$S_t\in\mathcal{S}$，并且在此基础上选择一个动作，$A_t\in\mathcal{A}(s)$。[2] 下一时刻，作为其动作的结果，智能体接收到一个数值化的*收益*，$R_{t+1}\in\mathcal{R}\subset\mathbb{R}$，并进入一个新的状态 S_{t+1}。[3] 从而，MDP 和智能体共同给出了一个序列或*轨迹*，类似这样

$$S_0,A_0,R_1,S_1,A_1,R_2,S_2,A_2,R_3,\ldots \tag{3.1}$$

在*有限* MDP 中，状态、动作和收益的集合 ($\mathcal{S}$、$\mathcal{A}$ 和 $\mathcal{R}$) 都只有有限个元素。在这种情况下，随机变量 R_t 和 S_t 具有定义明确的离散概率分布，并且只依赖于前继状态和动作。也就是说，给定前继状态和动作的值时，这些随机变量的特定值，$s'\in\mathcal{S}$ 和 $r\in\mathcal{R}$，在 t 时刻出现的概率是

$$p(s',r|s,a) \doteq \Pr\{S_t=s',R_t=r \mid S_{t-1}=s,A_{t-1}=a\}, \tag{3.2}$$

对于任意 $s',s\in\mathcal{S}$，$r\in\mathcal{R}$，以及 $a\in\mathcal{A}(s)$。函数 p 定义了 MDP 的*动态特性*。公式中等号上的圆点提醒我们，这是一个定义 (在这种情况下是函数 p)，而不是从之前定义推导出来的事实。动态函数 $p:\mathcal{S}\times\mathcal{R}\times\mathcal{S}\times\mathcal{A}\to[0,1]$ 是有 4 个参数的普通的确定性函数。中间的“|”是表示条件概率的符号，但这里也只是提醒我们，函数 p 为每个 s 和 a 的选择都指定了一个概率分布，即

$$\sum_{s'\in\mathcal{S}}\sum_{r\in\mathcal{R}}p(s',r|s,a)=1,\ \text{对于所有}\ s\in\mathcal{S},a\in\mathcal{A}(s). \tag{3.3}$$

1 为了简化问题，我们只关注离散时间，尽管有许多方法都扩展到了连续时间的情况 (例如，Bertsekas 和 Tsitsiklis，1996；Doya，1996)。

2 为了简化符号，我们有时假设一个特殊情况，即所有状态的动作集合都是一样的，便可简单记为 $\mathcal{A}$。

3 我们用 R_{t+1} 而不是 R_t 来表示 A_t 导致的收益，因其强调下一时刻的收益和下一时刻的状态是被环境一起决定的。很不幸的是，这两种表示方法都在文献中广泛使用，在阅读的时候需要特别注意。

在马尔可夫决策过程中，由 p 给出的概率完全刻画了环境的动态特性。也就是说，S_t 和 R_t 的每个可能的值出现的概率只取决于前一个状态 S_{t-1} 和前一个动作 A_{t-1}，并且与更早之前的状态和动作完全无关。这个限制并不是针对决策过程，而是针对状态的。状态必须包括过去智能体和环境交互的方方面面的信息，这些信息会对未来产生一定影响。这样，状态就被认为具有马尔可夫性。我们假设这种马尔可夫性贯穿本书，尽管从第 II 部分开始，我们会考虑不依赖这种性质的近似方法，并且在第 17 章中考虑如何从非马尔可夫观测中学习并构造马尔可夫状态。

从四参数动态函数 p 中，我们可以计算出关于环境的任何其他信息，例如状态转移概率 (我们将其表示为一个三参数函数 $p : \mathcal{S} \times \mathcal{S} \times \mathcal{A} \to [0,1]$)

$$p(s'|s,a) \doteq \Pr\{S_t = s' \mid S_{t-1} = s, A_{t-1} = a\} = \sum_{r\in\mathcal{R}} p(s',r|s,a). \tag{3.4}$$

我们还可以定义“状态-动作”二元组的期望收益，并将其表示为一个双参数函数 $r : \mathcal{S} \times \mathcal{A} \to \mathbb{R}$:

$$r(s,a) \doteq \mathbb{E}[R_t \mid S_{t-1} = s, A_{t-1} = a] = \sum_{r\in\mathcal{R}} r \sum_{s'\in\mathcal{S}} p(s',r|s,a), \tag{3.5}$$

和“状态-动作-后继状态”三元组的期望收益，并将其表示为一个三参数函数 $r : \mathcal{S} \times \mathcal{A} \times \mathcal{S} \to \mathbb{R}$

$$r(s,a,s') \doteq \mathbb{E}[R_t \mid S_{t-1} = s, A_{t-1} = a, S_t = s'] = \sum_{r\in\mathcal{R}} r \frac{p(s',r|s,a)}{p(s'|s,a)}. \tag{3.6}$$

在本书中，我们经常会用到四参数函数 p (式 3.2)，但也会偶尔用其他函数。

MDP 框架非常抽象与灵活，并且能够以许多不同的方式应用到众多问题中。例如，时间步长不需要是真实时间的固定间隔，也可以是决策和行动的任意的连贯阶段。动作可以是低级的控制，例如机器臂的发动机的电压，也可以是高级的决策，例如是否吃午餐或是否去研究院。同样地，状态可以采取多种表述形式。它们可以完全由低级感知决定，例如传感器的直接读数，也可以是更高级、更抽象的，比如对房间中的某个对象进行的符号性描述。状态的一些组成成分可以是基于过去感知的记忆，甚至也可以是完全主观的。例如，智能体可能不确定对象位置，也可能刚刚响应过某种特定的感知。类似地，一些动作可能是完全主观的或完全可计算的。例如，一些动作可以控制智能体选择考虑的内容，或者控制它把注意力集中在哪里。一般来说，动作可以是任何我们想要做的决策，而状态则可以是任何对决策有所帮助的事情。

特别地，智能体和环境之间的界限通常与机器人或动物身体的物理边界不同。一般情况下，这个界限离智能体更近。例如，机器人的发动机、机械连接及其传感硬件通常应被视为环境的一部分，而非智能体的一部分。同样，如果我们将 MDP 框架应用到人或动物身上，肌肉、骨骼和感觉器官也应被视为环境的一部分。类似地，收益发生在自然或人工学习系统的物理结构之内，但却算在智能体之外。

我们遵循的一般规则是，智能体不能改变的事物都被认为是在外部的，即是环境的一部分。但我们并不是假定智能体对环境一无所知。例如，智能体通常会知道如何通过一个动作和状态的函数来计算所得到的收益。但是，我们通常认为收益的计算在智能体的外部，因为它定义了智能体所面临的任务，因此智能体必然无法随意改变它。事实上，在某些情况下，智能体可能了解环境的一切工作机制，然而即便如此，它面临的强化学习任务仍然是困难的，正如我们知道魔方的原理，却仍然无法解决它。智能体和环境的界限划分仅仅决定了智能体进行绝对控制的边界，而并不是其知识的边界。

出于不同的目的，智能体-环境的界限可以被放在不同的位置。在一个复杂的机器人里，多个智能体可能会同时工作，但它们各自有各自的界限。比如，一个智能体可能负责高级决策，而对于执行高级决策的低级智能体来说，这些决策可能就是其状态的一部分。在实践中，一旦选择了特定的状态、动作和收益，智能体-环境的界限就已经被确定了，从而定义了一个特定决策任务。

MDP 框架是目标导向的交互式学习问题的一个高度抽象。它提出，无论感官、记忆和控制设备细节如何，无论要实现何种目标，任何目标导向的行为的学习问题都可以概括为智能体及其环境之间来回传递的三个信号：一个信号用来表示智能体做出的选择 (行动)，一个信号用来表示做出该选择的基础 (状态)，还有一个信号用来定义智能体的目标 (收益)。这个框架也许不能有效地表示所有决策学习问题，但它已被证明其普遍适用性和有效性。

当然，对于不同的任务，特定的状态和动作的定义差异很大，并且其性能极易受其表征方式的影响。与其他类型的学习一样，在强化学习中，目前对它们的选择更像是实用技巧，而非科学。在本书中，我们提供了一些关于状态和动作表征的建议和示例，但是我们的重点是其背后的一般原则，即确定表征方式之后如何进行决策的学习。

例 3.1 生物反应器 假设强化学习被用于确定生物反应器 (一个巨大的培养皿，包含大量营养物和用于生产有用化学物质的细菌) 的瞬时温度和搅拌速率。这个应用中的动作可能是设定目标温度和目标搅拌速率，这会被传递到较低级别的控制系统，低级别的控制系统从而直接激活加热元件和电动机以达到目标。状态很可能是热电偶，其他被过滤、延迟后的传感器读数，以及代表大量目标化学品成分的符号输入。收益可能是生物反应器产生有用化学物质速率的逐时测量。请注意，这里每个状态是传感器读数和符号输入的列表或向量，并且每个动作是由目标温度和搅拌速率组成的向量。这是一个典型的强化学习任务，其具有结构化表示的状态和动作。另一方面，收益总是单个标量数值。■

例 3.2 拾放机器人　考虑使用强化学习来控制机器臂进行重复拾放的任务。如果我们希望学习到快速平稳的运动方式，智能体将需要直接控制发动机，并获得关于当前机械联动位置和速度的低延迟信息。在这种情况下，动作可能是每个连接处施加到各个电动机的电压，而状态可能是连接处的角度和速度的最新示数。当成功拾取和放置一个物件时，收益可能是 +1。为了鼓励平稳的运动，在每一个时刻可以设定一个微量负值收益，定义为瞬时“抖动”的函数，它可以作为对非平稳运动的惩罚。■

练习 3.1　自己设计三个符合 MDP 框架的任务，并确定每个任务的状态、动作和收益。这三个任务要尽可能不同。而且框架要抽象灵活，并能以多种方式进行应用。至少在其中一个任务中，尝试去突破它的限制。□

练习 3.2　MDP 框架是否足以有效地表示所有目标导向的学习任务？你能给出反例吗？□

练习 3.3　考虑一个关于驾驶的问题。你可以通过油门、方向盘和刹车来定义动作，就像你驾驶它的方式一样。或者你可以进行更底层的定义，比如，在轮胎与地面接触的过程中，把动作想象为轮胎扭转。或者更上层的，比如，在大脑和肢体交互的过程中，动作就是通过肌肉收缩来控制四肢的。在更高的层次上，动作可以是驾驶目的地的选择。对哪一个层次的理解能更好地划分智能体和环境？在什么基础上选择这种划分会更有优势？划分的基本原则是什么？还是说这只是一个随意的选择？□

例 3.3　回收机器人

一个回收机器人可以完成在办公环境中收集废弃易拉罐的工作。它具有用于检测易拉罐的传感器，以及可以拿起易拉罐并放入机载箱中的臂和夹具，并由可充电电池供能。机器人的控制系统包括用于传感信息解释、导航和控制手臂与夹具的组件。强化学习智能体基于当前电池电量，做出如何搜索易拉罐的高级决策。举个简单的例子，假设只有两个可区分的充电水平，并组成一个很小的状态集合 $\mathcal{S} = \{\texttt{high}, \texttt{low}\}$。在每个状态中，智能体可以决定是否应该：(1) 在某段特定时间内主动搜索 (`search`) 易拉罐；(2) 保持静止并等待 (`wait`) 易拉罐；或 (3) 直接回到基地充电 (`recharge`)。当能量水平高 (`high`) 时，充电的动作是非常愚蠢的动作，所以我们不会把它加入这个状态对应的动作集合中。于是我们可以把动作集合表示为 $\mathcal{A}(\texttt{high}) = \{\texttt{search}, \texttt{wait}\}$ 和 $\mathcal{A}(\texttt{low}) = \{\texttt{search}, \texttt{wait}, \texttt{recharge}\}$。

在大多数情况下，收益为零；但当机器人捡到一个空罐子时，收益就为正；或当电池完全耗尽时，收益就是一个非常大的负值。寻找罐子的最好方法是主动搜索，但这会耗尽机器人的电池，而等待则不会。每当机器人进行搜索时，电池都有被耗尽的可能性。耗尽时，机器人必须关闭系统并等待被救 (产生低收益)。如果能量水平高，那么总是可以完成一段时间的主动搜索，而不用担心没电。以高能级开始进行一段时间的搜索后，其能量水平仍是高的概率为 α，下降为低的概率为 $1-\alpha$。另一方面，以低能级开始进行一段时间的搜索后，其能量水平仍是低 (`low`) 的概率为 β，耗尽电池能量的概率为 $1-\beta$。在后一种情况下，机器人需要人工救援，然后将电池重新充电至高水平。机器人收集的每个罐子都可作为一个单位收益，而每当机器人需要被救时，收益为 -3。让 $r_{\texttt{search}}$ 和 $r_{\texttt{wait}}$ ($r_{\texttt{search}} > r_{\texttt{wait}}$) 分别表示机器人在搜索和等待期间收集的期望数量 (也就是期望收益)。最后，假设机器人在充电时不能收集罐子，并且在电池耗尽时也不能收集罐子。这个系统则是一个有限 MDP，我们可以写出其转移概率和期望收益，其动态变化如下表所示。

s	a	s'	$p(s' \mid s,a)$	$r(s,a,s')$
high	search	high	α	$r_{\texttt{search}}$
high	search	low	$1-\alpha$	$r_{\texttt{search}}$
low	search	high	$1-\beta$	-3
low	search	low	β	$r_{\texttt{search}}$
high	wait	high	1	$r_{\texttt{wait}}$
high	wait	low	0	$r_{\texttt{wait}}$
low	wait	high	0	$r_{\texttt{wait}}$
low	wait	low	1	$r_{\texttt{wait}}$
low	recharge	high	1	0
low	recharge	low	0	0

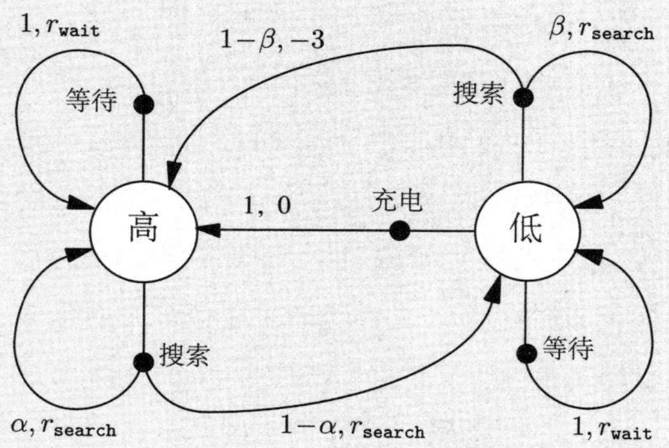

请注意，当前状态 s、动作 $a \in \mathcal{A}(s)$ 和后继状态 s' 的每一个可能的组合都在表中有对应的一行表示。另一种归纳有限 MDP 的有效方法就是转移图，如上图所示。图中有两种类型的节点：*状态节点*和*动作节点*。每个可能的状态都有一个状态

节点 (以状态命名的一个大空心圆)，而每个“状态-动作”二元组都有一个动作节点 (以动作命名的一个小实心圆，和指向状态节点的连线)。从状态 s 开始并执行动作 a，你将顺着连线从状态节点 s 到达动作节点 (s,a)。然后环境做出响应，通过一个离开动作节点 (s,a) 的箭头，转移到下一个状态节点。每个箭头都对应着一个三元组 (s,s',a)，其中 s' 是下一个状态。我们把每个箭头都标上一个转移概率 $p(s'|s,a)$ 和转移的期望收益 $r(s,a,s')$。请注意，离开一个动作节点的转移概率之和为 1。

练习 3.4　请针对 $p(s',r|s,a)$，给出一个类似于例 3.3 中的表格。它应该有对应的 s,a,s',r 和 $p(s',r|s,a)$ 列，并且每个 $p(s',r|s,a)>0$ 的四元组都有对应的行。 □

3.2　目标和收益

在强化学习中，智能体的*目标*被形式化表征为一种特殊信号，称为*收益*，它通过环境传递给智能体。在每个时刻，收益都是一个单一标量数值，$R_t \in \mathbb{R}$。非正式地说，智能体的目标是最大化其收到的总收益。这意味着需要最大化的不是当前收益，而是长期的累积收益。我们可以将这种非正式想法清楚地表述为*收益假设*：

> *我们所有的“目标”或“目的”都可以归结为：最大化智能体接收到的标量信号 (称之为收益) 累积和的概率期望值。*

使用收益信号来形式化目标是强化学习最显著的特征之一。

虽然基于收益信号来形式化目标的做法在一开始可能存在限制，但在实际中却显示出灵活性和广泛的可行性。我们来看看具体的例子是如何使用的。例如，为了使机器人学习走路，研究人员在每个时刻都提供了与机器人向前运动成比例的收益。在训练机器人学习 (如逃脱迷宫) 的过程中，成功逃脱前每个时刻的收益都是 -1，这会鼓励智能体尽快逃脱。为了训练机器人学习寻找和回收利用空易拉罐，我们可以在大多数时候都不给予收益，只在收集到罐子时给予收益 $+1$。当它撞到东西，或被人喝止时，我们也可以给负收益。为了训练智能体学会下棋，我们可以设定胜利时收益为 $+1$，失败时收益为 -1，平局或非终局收益为 0。

在以上种种例子中，我们可以发现一些事情。智能体总是学习如何最大化收益。如果我们想要它为我们做某件事，我们提供收益的方式必须要使得智能体在最大化收益的同时也实现我们的目标。因此，至关重要的一点就是，我们设立收益的方式要能真正表明我们的目标。特别地，收益信号并不是传授智能体*如何*实现目标的先验知识。[1] 例如，国际象棋智能体只有当最终获胜时才能获得收益，而并非达到某个子目标，比如吃掉对方的子或者控制中心区域。如果实现这些子目标也能得到收益，那么智能体可能会找到某种即使绕开最终目的也能实现这些子目标的方式。例如，它可能会找到一种以输掉比赛为代价的方式来吃对方的子。收益信号只能用来传达什么是你想要实现的目标，而不是*如何*实现这个目标。[2]

3.3 回报和分幕

到目前为止，我们讨论了学习的目标，尽管是非正式的。我们知道智能体的目标就是最大限度地提高长期收益。那应该怎样正式定义呢？如果把时刻 t 后接收的收益序列表示为 $R_{t+1}, R_{t+2}, R_{t+3}, \ldots$，那么我们希望最大化这个序列的哪一方面呢？一般来说，我们寻求的是最大化*期望回报*，记为 G_t，它被定义为收益序列的一些特定函数。在最简单的情况下，回报是收益的总和

$$G_t \doteq R_{t+1} + R_{t+2} + R_{t+3} + \cdots + R_T, \tag{3.7}$$

其中 T 是最终时刻。这种方法在有“最终时刻”这种概念的应用中是有意义的。在这类应用中，智能体和环境的交互能被自然地分成一系列子序列 (每个序列都存在最终时刻)，我们称每个子序列为幕[3] (*episodes*)，例如一盘游戏、一次走迷宫的旅程或任何这类重复性的交互过程。每幕都以一种特殊状态结束，称之为*终结状态*。随后会重新从某个标准的起始状态或起始状态的分布中的某个状态样本开始。即使结束的方式不同，例如比赛的胜负，下一幕的开始状态与上一幕的结束方式完全无关。因此，这些幕可以被认为在同样的终结状态下结束，只是对不同的结果有不同的收益。具有这种分幕重复特性的任务称为*分幕式任务*。在分幕式任务中，我们有时需要区分非终结状态集，记为 $\mathcal{S}$，和包含终结与非终结状态的所有状态集，记作 $\mathcal{S}^+$。终结的时间 T 是一个随机变量，通常随着幕的不同而不同。

另一方面，在许多情况下，智能体-环境交互不一定能被自然地分为单独的幕，而是持续不断地发生。例如，我们很自然地就会想到一个连续的过程控制任务或者长期运行机器人的应用。我们称这些为*持续性任务*。回报公式 (3.7) 用于描述持续性任务时会出现问题，因为最终时刻 $T = \infty$，并且我们试图最大化的回报也很容易趋于无穷 (例如，假设智

1 要传授这种先验知识，更好的办法是设置初始的策略，或初始价值函数，或对这二者施加影响。

2 17.4 节对有效收益信号的设计做了进一步的探讨。

3 在文献中，幕 (episodes) 有时也被称为“试验” (trials)。

能体在每个时刻都收到 +1 的收益)。因此，在本书中，我们通常使用一种在概念上稍显复杂但在数学上更为简单的回报定义。

我们需要引入一个额外概念，即*折扣*。根据这种方法，智能体尝试选择动作，使得它在未来收到的经过折扣系数加权后的 (我们成为“折后”) 收益总和是最大化的。特别地，它选择 A_t 来最大化期望*折后回报*

$$G_t \doteq R_{t+1} + \gamma R_{t+2} + \gamma^2 R_{t+3} + \cdots = \sum_{k=0}^{\infty} \gamma^k R_{t+k+1}, \tag{3.8}$$

其中，γ 是一个参数，$0 \leqslant \gamma \leqslant 1$，被称为*折扣率*。

折扣率决定了未来收益的现值：未来时刻 k 的收益值只有它的当前值的 γ^{k-1} 倍。如果 $\gamma < 1$，那么只要收益序列 $\{R_k\}$ 有界，式 (3.8) 中的无限序列总和就是一个有限值。如果 $\gamma = 0$，那么智能体是“目光短浅的”，即只关心最大化当前收益。在这种情况下，其目标是学习如何选择 A_t 来最大化 R_{t+1}。如果每个智能体的行为都碰巧只影响当前收益，而不是未来的回报，那么目光短浅的智能体可以通过单独最大化每个当前收益来最大化式 (3.8)。但一般来说，最大化当前收益会减少未来的收益，以至于实际上的收益变少了。随着 γ 接近 1，折后回报将更多地考虑未来的收益，也就是说智能体变得有远见了。

邻接时刻的回报可以用如下递归方式相互联系起来，这对于强化学习的理论和算法来说至关重要

$$\begin{aligned} G_t &\doteq R_{t+1} + \gamma R_{t+2} + \gamma^2 R_{t+3} + \gamma^3 R_{t+4} + \cdots \\ &= R_{t+1} + \gamma \big(R_{t+2} + \gamma R_{t+3} + \gamma^2 R_{t+4} + \cdots\big) \\ &= R_{t+1} + \gamma G_{t+1} \end{aligned} \tag{3.9}$$

请注意，如果我们定义 $G_T = 0$，那么上式会适用于任意时刻 $t < T$，即使最终时刻出现在 $t+1$ 也不例外。这通常会让我们从收益序列中计算回报的过程变得简单。

尽管式 (3.8) 中定义的回报是对无限个收益子项求和，但只要收益是一个非零常数且 $\gamma < 1$，那这个回报仍是有限的。比如，如果收益是一个常数 +1，那么回报就是

$$G_t = \sum_{k=0}^{\infty} \gamma^k = \frac{1}{1-\gamma}. \tag{3.10}$$

练习 3.5　3.1 节中的等式只适用于持续性任务的情况，需要少量修改才能适用于分幕式任务。请修改式 (3.3) 使其适于分幕式任务。 □

例 3.4 杆平衡　这个任务的目标是将力应用到沿着轨道移动的小车上，以保持连在推车上的杆不会倒下。如果杆子偏离垂直方向超过一定角度或者小车偏离轨道则视为失败。每

次失败后，杆子重新回到垂直位置。可以视这个任务为分幕式的，这里的幕是试图平衡杆子的每一次尝试。在这种情况下，对每个杆子不倒下的时刻都可以给出收益 +1，因此直到失败前，每一次的回报就是步数。同时，永远平衡就意味着无限的回报。或者，我们可以将杆平衡作为一项

持续性的任务，并使用折扣。在这种情况下，每次失败的收益为 -1，其余情况则为零。每次的回报将与 $-\gamma^K$ 相关，其中 K 是失败前的步数。无论是上述哪种情况，尽可能长时间地保持杆子的平衡都能使得回报最大化。 ■

练习 3.6 假设你将杆平衡视为一个使用折扣的分幕式任务，当失败时收益为 -1，否则收益为 0。那么每次的回报是多少？这个回报和那个使用折扣的持续性任务有何不同？ □

练习 3.7 假设你正在设计一个走迷宫的机器人。当它从迷宫逃脱时得到收益 +1，其余情况收益为零。这个任务似乎可以被自然地分解成幕 (即每次逃离迷宫的尝试)，所以你决定把它当作一个分幕式任务，其目标是最大化预期的总收益，见式 (3.7)。经过一段时间的训练，你发现机器人的逃离迷宫能力不再提高了。这时候可能出了什么问题？你是否有效地向机器人传达了你想要它实现的目标？ □

练习 3.8 假设 $\gamma = 0.5$，$T = 5$，接收到的收益序列为 $R_1 = +1, R_2 = 2, R_3 = 6, R_4 = 3, R_5 = 2$，那么 $G_0, G_1, \ldots, G_5$ 分别是多少？提示：反向计算。 □

练习 3.9 假设 $\gamma = 0.9$，收益序列是首项 $R_1 = 2$ 的无限 7 循环序列 (即 $R_2 = R_3 = \cdots = 7$)。那么 G_1 和 G_0 分别是多少？ □

练习 3.10 证明式 (3.10)。 □

3.4 分幕式和持续性任务的统一表示法

在上一节中，我们描述了两种强化学习任务，一种是智能体 -环境交互被自然地分解成单独的幕序列 (分幕式任务)，另外一种则不是 (持续性的任务)。前一种情况在数学上更容易表示，因为在一幕中，每个动作只能影响到之后收到的有限个收益。在本书中，我们有时会讨论上述任务中的某一种，但经常是同时讨论两种任务。因此，我们需要建立一个统一的表示法，使我们能够同时精确地讨论这两种情况。

要精确地描述分幕式任务，我们需要使用一些额外的符号。与考虑一个单独的长时甚至无限长的序列不同，我们需要考虑一系列的“幕序列”，每一幕都由有限的时刻组成。

对每一幕的时刻，我们都需要从零开始重新标号。因此，我们不能简单地将时刻 t 的状态表示为 S_t，而是要区分它所在的幕，要使用 $S_{t,i}$ 来表示幕 i 中时刻 t 的状态 (对于 $A_{t,i}$、$R_{t,i}$、$\pi_{t,i}$、T_i 等也是一样的)。然而，事实证明，当我们讨论分幕式任务时，我们不必区分不同的幕。我们几乎总是在考虑某个特定的单一的幕序列，或者考虑适用于所有幕的东西。因此，在实践中，我们几乎总是通过删除幕编号的显式引用，来略微地滥用符号。也就是说，我们会用 S_t 来表示 $S_{t,i}$ 等。

我们需要使用另一个约定来获得一个统一符号，它可以同时适用于分幕式和持续性任务。在一种情况中，我们将回报定义为有限项的总和，如式 (3.7) 所示；而在另一种情况中，我们将回报定义为无限项的总和，如式 (3.8) 所示。这两者可以通过一个方法进行统一，即把幕的终止当作一个特殊的*吸收状态*的入口，它只会转移到自己并且只产生零收益。例如，考虑状态转移图

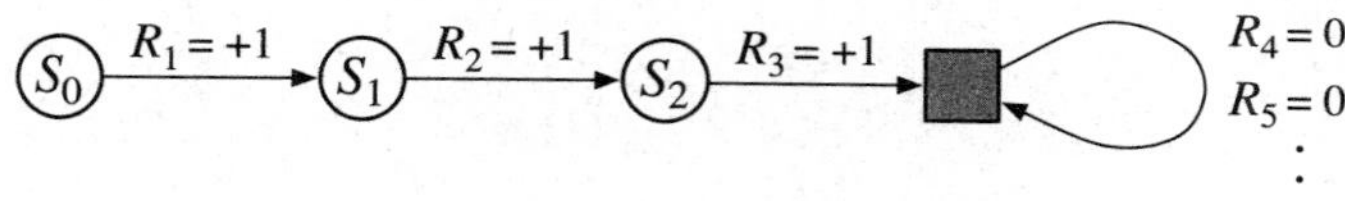

这里的方块表示与幕结束对应的吸收状态。从 S_0 开始，我们就会得到收益序列 $+1, +1, +1, 0, 0, 0, \ldots$。总之，无论我们是计算前 T 个收益 (这里 $T = 3$) 的总和，还是计算无限序列的全部总和，我们都能得到相同的回报。即使我们引入折扣，这也仍然成立。因此，一般来说，我们可以根据式 (3.8) 来定义回报。这个定义符合前述的省略幕编号的简化写法，并且考虑了 $\gamma = 1$ 且加和依然存在的情况 (例如，在分幕式任务中，所有幕都会在有限时长终止)。或者，我们也可以把回报表示为

$$G_t \doteq \sum_{k=t+1}^{T} \gamma^{k-t-1} R_k, \tag{3.11}$$

并允许上式包括 $T = \infty$ 或 $\gamma = 1$ (但不是二者同时) 的可能性。我们在本书的其他地方就会使用这些惯例来简化符号，并表达分幕式和持续性任务之间的紧密联系 (在第 10 章中，我们将介绍一个持续且没有折扣的形式化方法)。

3.5 策略和价值函数

几乎所有的强化学习算法都涉及*价值函数*的计算。价值函数是状态 (或状态与动作二元组) 的函数，用来评估当前智能体在给定状态 (或给定状态与动作) 下*有多好*。这里“有多好”的概念是用未来预期的收益来定义的，或者更准确地说，就是回报的期望值。当

然，智能体期望未来能得到的收益取决于智能体所选择的动作。因此，价值函数是与特定的行为方式相关的，我们称之为策略。

严格地说，策略是从状态到每个动作的选择概率之间的映射。如果智能体在时刻 t 选择了策略 π，那么 $\pi(a|s)$ 就是当 $S_t=s$ 时 $A_t=a$ 的概率。就像 p 一样，π 就是一个普通的函数；$\pi(a|s)$ 中间的“|”只是提醒我们它为每个 $s\in\mathcal{S}$ 都定义了一个在 $a\in\mathcal{A}$ 上的概率分布。强化学习方法规定了智能体的策略如何随着其经验而发生变化。

练习 3.11　如果当前状态是 S_t，并根据随机策略 π 选择动作，那么如何用 π 和四参数函数 p (式 3.2) 来表示 R_{t+1} 的期望呢？ □

我们把策略 π 下状态 s 的*价值函数*记为 $v_\pi(s)$，即从状态 s 开始，智能体按照策略 π 进行决策所获得的回报的概率期望值。对于 MDP，我们可以正式定义 v_π 为

$$v_\pi(s) \doteq \mathbb{E}_\pi[G_t \mid S_t=s] = \mathbb{E}_\pi\left[\sum_{k=0}^{\infty}\gamma^k R_{t+k+1} \,\middle|\, S_t=s\right], \text{对于所有 } s\in\mathcal{S}, \tag{3.12}$$

其中，$\mathbb{E}_\pi[\cdot]$ 表示在给定策略 π 时一个随机变量的期望值，t 可以是任意时刻。请注意，终止状态的价值始终为零。我们把函数 v_π 称为*策略 π 的状态价值函数*。

类似地，我们把策略 π 下在状态 s 时采取动作 a 的价值记为 $q_\pi(s,a)$。这就是根据策略 π，从状态 s 开始，执行动作 a 之后，所有可能的决策序列的期望回报

$$q_\pi(s,a) \doteq \mathbb{E}_\pi[G_t \mid S_t=s, A_t=a] = \mathbb{E}_\pi\left[\sum_{k=0}^{\infty}\gamma^k R_{t+k+1} \,\middle|\, S_t=s, A_t=a\right]. \tag{3.13}$$

我们称 q_π 为*策略 π 的动作价值函数*。

练习 3.12　写出用 q_π 和 π 来表达的 v_π 公式。 □

练习 3.13　写出用 v_π 和四参数函数 p 表达的 q_π 公式。 □

价值函数 v_π 和 q_π 都能从经验中估算得到。比如，如果一个智能体遵循策略 π，并且对每个遇到的状态都记录该状态后的实际回报的平均值，那么，随着状态出现的次数接近无穷大，这个平均值会收敛到状态价值 $v_\pi(s)$。如果为每个状态的每个动作都保留单独的平均值，那么类似地，这些平均值也会收敛到动作价值 $q_\pi(s,a)$。我们将这种估算方法称作*蒙特卡洛方法*，因为该方法涉及从真实回报的多个随机样本中求平均值。这些方法会在第 5 章中介绍。当然，当环境中有很多状态时，独立地估算每个状态的平均值是不切实际的。在这种情况下，我们可以将价值函数 v_π 和 q_π 进行参数化 (参数的数量要远少于状态的数量)，然后通过调整价值函数的参数来更好地计算回报值。将价值函数参数化也有可能得到精确的估计，但是这取决于参数化的近似函数的特性。这些可能性会在本书的第 Ⅱ 部分讨论。

在强化学习和动态规划中，价值函数有一个基本特性，就是它们满足某种递归关系，类似于我们前面为回报建立的递归公式 (3.9)。对于任何策略 π 和任何状态 s，s 的价值与其可能的后继状态的价值之间存在以下关系

$$
\begin{aligned}
v_\pi(s) &\doteq \mathbb{E}_\pi[G_t \mid S_t = s] \\
&= \mathbb{E}_\pi[R_{t+1} + \gamma G_{t+1} \mid S_t = s] \qquad \text{由式 (3.9)} \\
&= \sum_a \pi(a|s) \sum_{s'} \sum_r p(s', r|s, a)\Big[r + \gamma \mathbb{E}_\pi[G_{t+1}|S_{t+1} = s']\Big] \\
&= \sum_a \pi(a|s) \sum_{s', r} p(s', r|s, a)\Big[r + \gamma v_\pi(s')\Big], \text{对于所有 } s \in \mathcal{S}, \qquad (3.14)
\end{aligned}
$$

其中，动作 a 取自集合 $\mathcal{A}(s)$，下一时刻状态 s' 取自集合 $\mathcal{S}$ (在分幕式的问题中，取自集合 $\mathcal{S}^+$)，收益值 r 取自集合 $\mathcal{R}$。可以看到，在最后一个等式中我们是如何结合两个变量和的，其中一个是在 s' 的所有可能值上求和，另一个就是在 r 的所有可能值上求和。我们将用这种合并起来的求和写法来简化公式。可以很清楚地看出上面表达式的最后一项是一个期望值。实际上，上面的等式就是在三个变量 a、s' 和 r 上面的一种求和形式。对于每个三元组，我们首先计算 $\pi(a|s)p(s', r|s, a)$ 的概率值，并用该概率对括号内的数值进行加权，然后对所有可能取值求和得到最终的期望值。

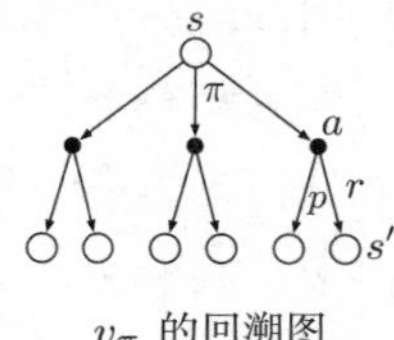

v_π 的回溯图

式 (3.14) 被称作 v_π 的*贝尔曼方程*。它用等式表达了状态价值和后继状态价值之间的关系。想象一下，从一个状态向后观察所有可能到达的后继状态，如右图所示。其中空心圆表示一个状态，而实心圆表示一个“状态-动作”二元组。从状态 s 开始，并将其作为根节点，智能体可以根据其策略 π，采取动作集合中的任意一个动作 (图中显示了三个动作)。对每一个动作，环境会根据其动态特性函数 p，以一个后继状态 s' (图中显示了两个状态) 及其收益 r 作为响应。贝尔曼方程 (3.14) 对所有可能性采用其出现概率进行了加权平均。这也就说明了起始状态的价值一定等于后继状态的 (折扣) 期望值加上对应的收益的期望值。

价值函数 v_π 是贝尔曼方程的唯一解。在接下来的章节中，我们会说明为什么贝尔曼方程是一系列计算、近似和学习 v_π 的基础。我们将类似上图的图叫作*回溯图*，因为图中的关系是*回溯*运算的基础，这也是强化学习方法的核心内容。通俗地讲，回溯操作就是将后继状态 (或“状态-动作”二元组) 的价值信息*回传*给当前时刻的状态 (或“状态-动作”二元组)。在整本书中都使用回溯图来对我们讨论的算法进行图示总结 (注意：与状态转移图不同的是，回溯图中的状态节点不需要彼此不同，举个例子，一个状态的后继状态可能仍是其本身)。

例 3.5 网格问题 图 3.2 (左) 所示的长方形网格代表的是一个简单的有限 MDP。网格中的格子代表的是环境中的状态。在每个格子中，有四个可选的动作：东、南、西和北，每个动作都会使智能体在对应的方向上前进一格。如果采取的动作使得其不在网格内，则智能体会在原位置不移动，并且得到一个值为 -1 的收益。除了将智能体从特定的状态 A 和 B 中移走的动作外，其他动作的收益都是 0。在状态 A 中，四种动作都会得到一个 +10 的收益，并且把智能体移动到 A′。在状态 B 中，四种动作都会得到一个 +5 的收益，并且把智能体移动到 B′。

图 3.2 网格示例。特殊情况下的状态跳转及其对应的收益 (左) 和等概率随机策略下的状态价值函数 (右)

假设智能体在所有状态下选择四种动作的概率都是相等的。图 3.2 (右) 就展示了这个策略下折扣系数 $\gamma = 0.9$ 时的价值函数 v_π。这个价值函数就是通过计算线性方程组 (3.14) 得到的。从价值函数图中可以知道，在底层边界附近都是负值，这是由于在随机策略下，出界的概率很高。状态 A 在这个策略下是最好的状态，但是其期望回报价值小于 10，也就是说比当前时刻的即时收益还要小。这是因为从状态 A 出发只能移动到状态 A′，继而产生很高的出界概率。另一方面，状态 B 的价值要比其当前时刻的即时收益 (5) 大，这是因为从状态 B 移动到状态 B′ 时的收益是一个正数。即从 B′ 出发时出界的期望惩罚值 (负收益值) 小于从 B′ 出发走到状态 A 或者 B 的期望收益值。 ■

练习 3.14 例 3.5 中图 3.2 (右) 所示价值函数 v_π 的每个状态都需要满足贝尔曼方程 (3.14)。请证明：当周围四个相邻的状态价值为 +2.3、+0.4、−0.4 和 +0.7 时，中心状态的价值为 +0.7 (数字精确到小数点后一位)。 □

练习 3.15 在网格问题这个例子中，到达目标时收益为正数，出界时收益为负数，其他情况均为零。请思考，是这些收益值的符号重要，还是收益值的相对大小更重要？用式 (3.8) 证明，对每个收益值都加上一个常数 c 就等于对每个状态价值都加上一个常数 v_c，因此在任何策略下，任何状态之间的相对价值不受其影响。在给定 c 和 γ 的情况下，求 v_c 的值。 □

练习 3.16 现在考虑在走迷宫之类的分幕式任务中，把所有的收益都加上一个常数 c。这

会对任务的结果产生影响吗？或者还会像前面讨论的持续性任务一样没有影响？说明原因并举例。□

例 3.6 高尔夫　为了把打高尔夫球抽象成强化学习任务，在球进洞之前，每次击球我们都给一个 -1 的惩罚 (负收益)。该任务中的状态就是球的位置。状态价值就是从当前位置到球进洞这段时间内，所击球次数的负值。我们的动作可以是如何瞄准及击球，也可以是选择哪种球杆 (推杆是轻击球杆，木杆是重击球杆)。假设前一个条件是给定的，仅仅考虑球杆的选择，我们假设要么选择推杆要么选择木杆。图 3.3 的上半部分表示一个可能的状态价值函数 $v_{\texttt{putt}}(s)$，对应于一直采用推杆的策略。终止状态，即进洞的价值为 0。在绿色区域上的任意位置，我们假设都可以进行一次推杆就进洞，因此这些状态的价值为 -1。而在绿色区域之外，我们无法直接采用推杆将球打到洞里 (因为太远了)，所以其价值的绝对值更大。如果从某个状态能够通过一次推杆将球打到绿色区域，那么这个状态必须有一个比绿色区域值还小的值，即 -2。为了简化问题，我们假设每次推杆都是精准和确定的，只是有一定的范围限制。这就给出了如图所示的标记为 -2 的尖锐轮廓，在该轮廓和绿色区域之间的任何位置都需要两次推杆才能进洞。类似地，在 -2 轮廓线之外的一次推杆范围内的任何位置，其值都必须为 -3。依此类推，就能得到图中所有的等值轮廓线。因为推杆在沙地上无法奏效，所以沙地上的值为 $-\infty$。总之，我们需要 6 次推杆才能从标杆处进洞。

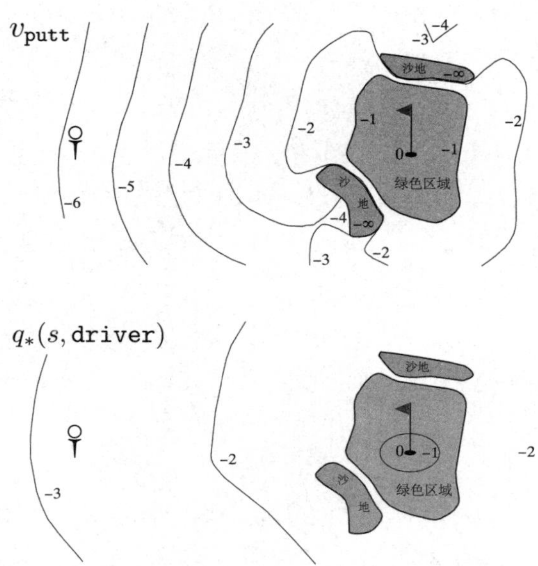

图 3.3　打高尔夫球的案例。推杆的状态价值函数 (上) 和木杆的最优动作价值函数 (下)

练习 3.17 动作价值 q_π 的贝尔曼方程是什么？将动作价值 $q_\pi(s,a)$ 用“状态-动作”二元组 (s,a) 的所有可能的后继动作价值 $q_\pi(s',a')$ 来表示。提示：右边的回溯图就对应这一等式。证明该公式与公式 (3.14) 形式类似，是其在动作价值函数情况下的推广。 □

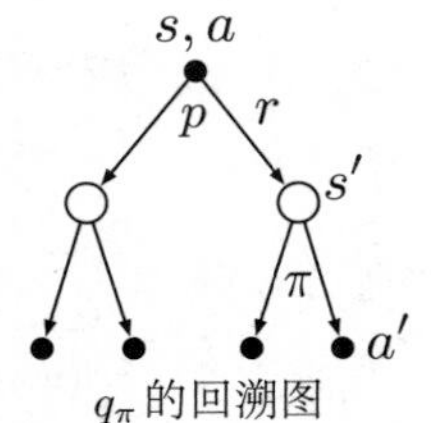

q_π 的回溯图

练习 3.18 状态的价值取决于在这个状态下所有可能的动作的价值，以及在当前策略下选取每个动作的概率。我们可以根据以该状态为根节点的小型回溯图来考虑这一点，并考虑每种可能的动作。

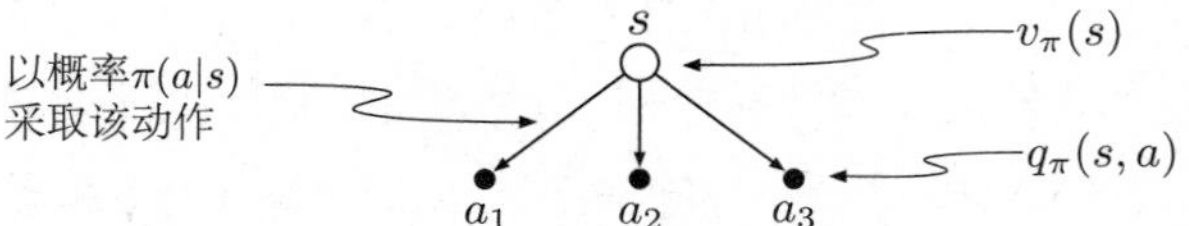

给定 $S_t=s$，根据预期的叶子节点的值 $q_\pi(s,a)$，给出对应于上图的根节点值 $v_\pi(s)$ 的计算公式。这个公式应该包括一个基于策略 π 的期望。然后给出第二个公式，其中期望值用 $\pi(a|s)$ 显式地写出，这样等式中就不会出现求期望的符号了。 □

练习 3.19 动作的价值 $q_\pi(s,a)$ 取决于后继收益的期望值和其余收益的总和的期望值。我们再次将其用一个小型回溯图来表示。这时，根节点代表一个动作（“状态-动作”二元组)，分支为下一时刻可能的状态。

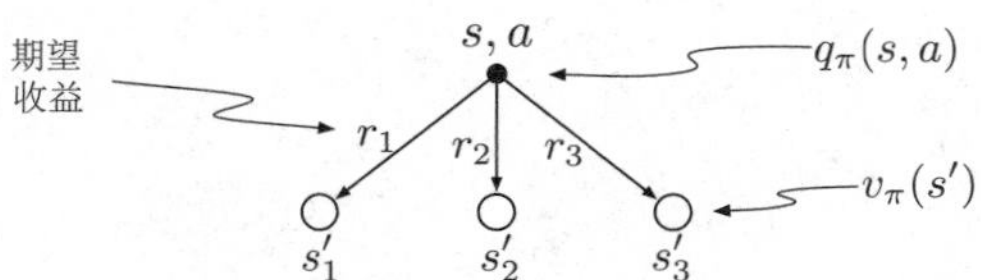

当给定 $S_t=s, A_t=a$ 以及期望后继收益 R_{t+1} 和期望后继状态价值 $v_\pi(S_{t+1})$ 时，给出对应于上图的动作价值函数 $q_\pi(s,a)$ 的计算公式。这个公式应该包括一个期望，但并不受限于所遵循的策略。然后给出第二个公式，用式 (3.2) 中定义的 $p(s',r|s,a)$ 来显式地表示期望值，这样等式中就不会出现求期望的符号了。 □

3.6 最优策略和最优价值函数

解决一个强化学习任务就意味着要找出一个策略，使其能够在长期过程中获得大量收益。对于有限 MDP，我们可以通过比较价值函数精确地定义一个最优策略。在本质上，价值函数定义了策略上的一个偏序关系。即如果要说一个策略 π 与另一个策略 π' 相差不多甚至其更好，那么其所有状态上的期望回报都应该等于或大于 π' 的期望回报。也就是说，若对于所有的 $s \in \mathcal{S}$，$\pi \geqslant \pi'$，那么应当 $v_\pi(s) \geqslant v_{\pi'}(s)$。总会存在至少一个策略不劣于其他所有的策略，这就是*最优策略*。尽管最优策略可能不止一个，我们还是用 π_* 来表示所有这些最优策略。它们共享相同的状态价值函数，称之为*最优状态价值函数*，记为 v_*，其定义为：对于任意 $s \in \mathcal{S}$，

$$v_*(s) \doteq \max_\pi v_\pi(s), \tag{3.15}$$

最优的策略也共享相同的*最优动作价值函数*，记为 q_*，其定义为：对于任意 $s \in \mathcal{S}, a \in \mathcal{A}$，

$$q_*(s,a) \doteq \max_\pi q_\pi(s,a), \tag{3.16}$$

对于“状态-动作”二元组 (s,a)，这个函数给出了在状态 s 下，先采取动作 a，之后按照最优策略去决策的期望回报。因此，我们可以用 v_* 来表示 q_*，如下所示

$$q_*(s,a) = \mathbb{E}[R_{t+1} + \gamma v_*(S_{t+1}) \mid S_t = s, A_t = a]\,. \tag{3.17}$$

例 3.7 高尔夫的最优价值函数　图 3.3 的下半部分描绘了一种最优动作价值函数 $q_*(s, \texttt{driver})$ 的等值轮廓线。这是每个状态的价值，如果我们在第一次击球时选择木杆，并在接下来的过程中在木杆和推杆之间择优击球，则木杆能够将球击得更远，但是精确度就要低一些。只有在球非常接近洞口时，木杆才能将球一次推进洞内。因此，$q_*(s, \texttt{driver})$ 的 -1 等值轮廓线仅覆盖绿色区域很小的一部分。但如果能两次击球，那么我们就可以从很远的地方冲向洞口，如 -2 轮廓线所示。在这种情况下，我们不必执着于那么小的 -1 轮廓线，而是注重绿色区域的任意位置；因为只要在绿色区域内，我们就可以用推杆进洞。最优动作价值函数给出了在执行特定的*第一个*动作后的价值，这种情况下就是选择木杆，在此之后，哪种球杆能取得最好结果，我们就选择哪种。-3 的等值轮廓线离绿地更远，并且包含了起始标杆。从标杆开始，最优的动作序列分别是两次木杆和一次推杆，进行三次击球将其送入洞内。■

因为 v_* 是策略的价值函数，它必须满足贝尔曼方程 (式 3.14) 中状态和价值的一致性条件。但因为它是最优的价值函数，所以 v_* 的一致性条件可以用一种特殊的形式表示，而不拘泥于任何特定的策略。这就是*贝尔曼最优方程*。我们可以直观地理解为，贝尔曼最优方程阐述了一个事实：最优策略下各个状态的价值一定等于这个状态下最优动作的期望回报

$$\begin{aligned} v_*(s) &= \max_{a \in \mathcal{A}(s)} q_{\pi_*}(s,a) \\ &= \max_a \mathbb{E}_{\pi_*}[G_t \mid S_t = s, A_t = a] \end{aligned}$$

$$
\begin{aligned}
&= \max_a \mathbb{E}_{\pi_*}[R_{t+1} + \gamma G_{t+1} \mid S_t = s, A_t = a] && \text{由式 (3.9)} \\
&= \max_a \mathbb{E}[R_{t+1} + \gamma v_*(S_{t+1}) \mid S_t = s, A_t = a] && (3.18) \\
&= \max_a \sum_{s',r} p(s', r \mid s, a)\big[r + \gamma v_*(s')\big]. && (3.19)
\end{aligned}
$$

最后两个等式就是 v_* 的贝尔曼最优方程的两种形式。q_* 的贝尔曼最优方程如下

$$
\begin{aligned}
q_*(s,a) &= \mathbb{E}\Big[R_{t+1} + \gamma \max_{a'} q_*(S_{t+1}, a') \;\Big|\; S_t = s, A_t = a\Big] \\
&= \sum_{s',r} p(s', r \mid s, a)\Big[r + \gamma \max_{a'} q_*(s', a')\Big]. \qquad (3.20)
\end{aligned}
$$

图 3.4 中的回溯图以图形化的方式展示了 v_* 和 q_* 的贝尔曼最优方程中所进行的后继状态和动作的扩展过程。除了在智能体的选择节点处加入了弧线表示应该在给定策略下取最大值而不是期望值之外，其他都与之前介绍的 v_π 和 q_π 的回溯图相同。回溯图 (左) 以图形化的方式表示了贝尔曼最优方程 (式 3.19)，回溯图 (右) 则图形化地表示了贝尔曼最优方程 (式 3.20)。

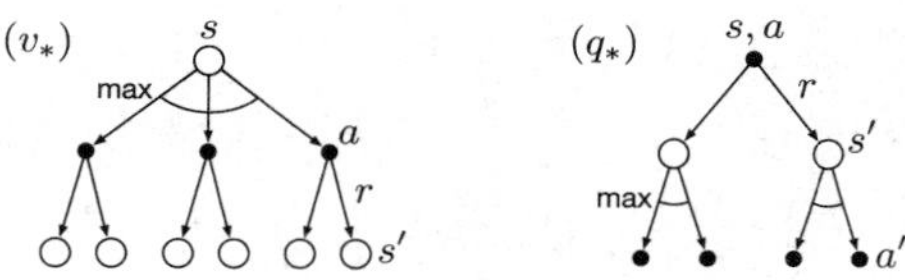

图 3.4 v_* 和 q_* 的回溯图

对于有限 MDP 来说，v_π 的贝尔曼最优方程 (式 3.19) 有独立于策略的唯一解。贝尔曼最优方程实际上是一个方程组，每个状态对应一个方程等式。也就是说，如果有 n 个状态，那么有 n 个含有 n 个未知量的方程。如果环境的动态变化特性 p 是已知的，那么原则上可以用解非线性方程组的方法来求解 v_* 方程组。类似地，我们也可以求得 q_* 的一组解。

一旦有了 v_*，确定一个最优策略就比较容易了。对于每个状态 s，都存在一个或多个动作，可以在贝尔曼最优方程的条件下产生最大的价值。如果在一个策略中，只有这些动作的概率非零，那么这个策略就是一个最优策略。你可以将其视为一个单步搜索。如果最优价值函数 v_* 已知，那么单步搜索后最好的动作就是全局最优动作。换句话说，对于最优价值函数 v_* 来说，任何贪心策略都是最优策略。在计算机科学中，术语贪心用来描述仅基于局部或者当前情况进行最优选择，完全不考虑未来的变数和影响，即贪心策略对于动作的选择仅仅基于短期的结果。v_* 让人感兴趣的地方就在于，使用它来评估动作的短期结果 (更准确地说，单步后果) 时，从长期来看贪心策略也是最优的，这是由于 v_* 本身

已经包含了未来所有可能的行为所产生的回报影响。定义 v_* 的意义就在于，我们可以将最优的长期 (全局) 回报期望值转化为每个状态对应的一个当前局部量的计算。因此，一次单步搜索就可以产生长期 (或说全局) 最优的动作序列。

在给定 q_* 的情况下，选择最优动作的过程变得更加容易。给定 q_*，智能体甚至不需要进行单步搜索的过程，也就是说，对于任意状态 s，智能体只要找到使得 $q_*(s,a)$ 最大化的动作 a 就可以了。动作价值函数有效地保存着所有单步搜索的结果。它将最优的长期回报的期望值表达为对应每个“状态-动作”二元组的一个当前局部量。因此，将价值函数表达为“状态-动作”二元组的函数而不仅仅是状态的函数后，最优动作的选取就不再需要知道后继状态和其对应的价值了，也就是说，不再需要知道任何环境的动态变化特性了。

例 3.8 求解网格问题　假设我们在例 3.5 的简单网格任务 (图 3.5 (左)) 中，对 v_* 的贝尔曼方程进行了求解。我们知道从状态 A 转移到状态 A′ 会得到 +10 的收益，从状态 B 转移到状态 B′ 会得到 +5 的收益。图 3.5 (中) 给出了最优的价值函数，图 3.5 (右) 给出了相应的最优策略。图中有些格子中有多个箭头，其对应的每个动作都是最优的。

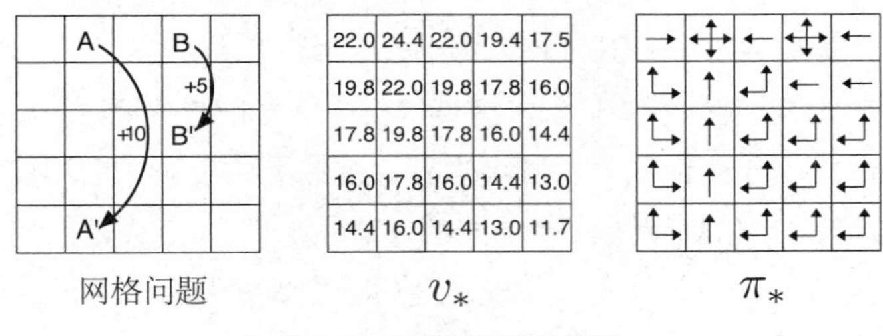

图 3.5　网格问题的最优解

■

例 3.9 回收机器人的贝尔曼最优方程　采用式 (3.19)，我们可以显式地给出回收机器人的贝尔曼最优方程。为了让公式更加紧凑，我们分别将状态 high 与 low，动作 search、wait 与 recharge 简写为 h、l、s、w和 re。由于这里只有两个状态，贝尔曼方程就由两个等式组成。$v_*(\mathtt{h})$ 的表示式为

$$\begin{aligned}
v_*(\mathtt{h}) &= \max\left\{\begin{array}{l} p(\mathtt{h}|\mathtt{h},\mathtt{s})[r(\mathtt{h},\mathtt{s},\mathtt{h})+\gamma v_*(\mathtt{h})]+p(\mathtt{l}|\mathtt{h},\mathtt{s})[r(\mathtt{h},\mathtt{s},\mathtt{l})+\gamma v_*(\mathtt{l})], \\ p(\mathtt{h}|\mathtt{h},\mathtt{w})[r(\mathtt{h},\mathtt{w},\mathtt{h})+\gamma v_*(\mathtt{h})]+p(\mathtt{l}|\mathtt{h},\mathtt{w})[r(\mathtt{h},\mathtt{w},\mathtt{l})+\gamma v_*(\mathtt{l})] \end{array}\right\} \\
&= \max\left\{\begin{array}{l} \alpha[r_{\mathtt{s}}+\gamma v_*(\mathtt{h})]+(1-\alpha)[r_{\mathtt{s}}+\gamma v_*(\mathtt{l})], \\ 1[r_{\mathtt{w}}+\gamma v_*(\mathtt{h})]+0[r_{\mathtt{w}}+\gamma v_*(\mathtt{l})] \end{array}\right\} \\
&= \max\left\{\begin{array}{l} r_{\mathtt{s}}+\gamma[\alpha v_*(\mathtt{h})+(1-\alpha)v_*(\mathtt{l})], \\ r_{\mathtt{w}}+\gamma v_*(\mathtt{h}) \end{array}\right\}.
\end{aligned}$$

$v_*(\texttt{l})$ 的表达式也是类似的

$$v_*(\texttt{l}) = \max \left\{ \begin{array}{l} \beta r_{\texttt{s}} - 3(1-\beta) + \gamma[(1-\beta)v_*(\texttt{h}) + \beta v_*(\texttt{l})], \\ r_{\texttt{w}} + \gamma v_*(\texttt{l}), \\ \gamma v_*(\texttt{h}) \end{array} \right\}.$$

对于任意的 $r_{\texttt{s}}$ 、$r_{\texttt{w}}$、α、β 和 γ，在符合 $0 \leqslant \gamma < 1$，$0 \leqslant \alpha, \beta \leqslant 1$ 的情况下，存在唯一的一对值，即 $v_*(\texttt{h})$ 和 $v_*(\texttt{l})$，是同时满足这两个非线性等式的解。 ■

显式求解贝尔曼最优方程给出了找到一个最优策略的方法，也就是一个解决强化学习问题的方法。但是，这个方法很少是直接有效的。这类似于穷举搜索，预估所有的可能性，计算每种可能性出现的概率及其期望收益。这种解法至少依赖于三条在实际情况下很难满足的假设：(1) 我们准确地知道环境的动态变化特性；(2) 有足够的计算资源来求解；(3) 马尔可夫性质。对于我们感兴趣的任务来说，如果不能满足这些假设中的某一项，我们便不能使用这个方法求解。例如，在西洋双陆棋游戏中，尽管假设 (1) 和假设 (3) 都没有什么问题，但是假设 (2) 却是无法满足的。原因是，这个游戏大概有 10^{20} 个状态，如果用贝尔曼方程求解 v_*，则当今最快的计算机也要计算上千年。求解 q_* 也是一样的。在强化学习中，我们通常只能用近似解法来解决这类问题。

许多不同的决策方法都被视为近似求解贝尔曼最优方程的途径。例如，启发式搜索方法可以被视为对公式 (3.19) 的等号右侧项进行一定深度的展开，以形成一个概率“树”，然后用启发式评估函数来估算“叶子”节点的 v_* (类似于 A^* 这样的启发式搜索方法几乎都基于分幕式的情况)。动态规划算法与贝尔曼最优方程的关系更近，它们都是基于实际经历过的历史经验来预估未来的长期或全局期望值。我们会在接下来的章节中介绍这些方法。

练习 3.20 画出或者描述高尔夫例子中的最优状态价值函数。 □

练习 3.21 画出或者描述在高尔夫例子中，对于推杆的最优动作价值函数 $q_*(s, \texttt{putter})$ 的等值轮廓线。 □

练习 3.22 考虑右图所示的一个持续性 MDP。在顶部状态下，可选的动作只有 left 和 right。线上的数值表示在做每个动作后获得的固定收益。我们有两个确定的策略 π_{left} 和 π_{right}。在 γ 分别为 0、0.9、0.5 时，哪个策略是最优的？ □

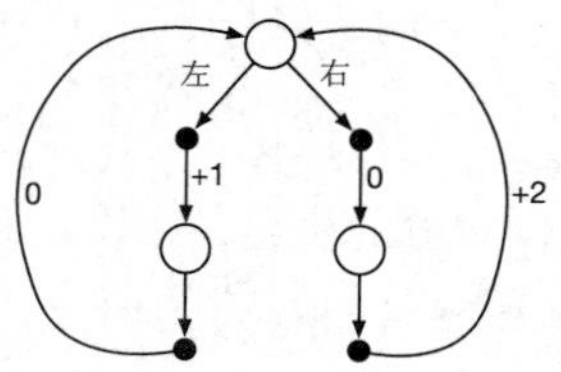

练习 3.23 给出回收机器人例子中，q_* 的贝尔曼方程。 □

练习 3.24 在图 3.5 给出的网格示例中，最好的状态的最优价值为 24.4 (精确到一位小

数)。请用你所理解的最优化策略，并结合式 (3.8) 来符号化地表示这个最优值，并重新计算，精确到三位小数。 □

练习 3.25　用含有 q_* 的等式来表示 v_*。 □

练习 3.26　在环境动态变化特性为 $p(s', r \mid s, a)$ 时，用含有 v_* 的等式来表示 q_*。 □

练习 3.27　用含有 q_* 的等式来表示 π_*。 □

练习 3.28　在环境动态变化特性为 $p(s', r \mid s, a)$ 时，用含有 v_* 的等式来表示 π_*。

练习 3.29　用三参数函数 p (式 3.4) 和双参数函数 r (式 3.5) 来重写前面的四个贝尔曼价值函数 (v_π、v_*、q_π 和 q_*)。 □

3.7　最优性和近似算法

我们已经定义了最优价值函数和最优策略。按照上面的方法，智能体可以很好地学习到最优策略，但是事实却不是这样。对于我们感兴趣的任务，最优策略通常需要极大量的计算资源。对最优性的完备严格定义对我们在本书中提到的学习方法进行了组织，并且提供了对这些不同学习算法的理论性质的理解方式。但实际情况是，这些都是理想情况，真实情况下的智能体只能采用不同程度的近似方法。正如我们上面所讨论的，即使我们有一个关于环境动态变化特性的完备精确模型，贝尔曼最优方程仍然不能简单地计算出一个最优策略。例如，类似象棋之类的棋类游戏只是人类经验的一小部分，但对于大型定制的计算机来说，其仍然十分复杂，以至于根本无法计算出最优的走棋策略。现在智能体面临的一个关键问题就是能用多少计算力，特别是每一步能用的计算力。

存储容量也是一个很重要的约束。价值函数、策略和模型的估计通常需要大量的存储空间。在状态集合小而有限的任务中，用数组或者表格来估计每个状态 (或“状态-动作”二元组) 是有可能的。我们称之为*表格型*任务，对应的方法我们称作表格型方法。但在许多实际情况下，经常有很多状态是不能用表格中的一行来表示的。在这些情况下，价值函数必须采用近似算法，这时通常使用紧凑的参数化函数表示方法。

我们对强化学习问题的上述认识使我们不得不认真面对近似的问题。当然，这也给了我们难得的机会，来设计和实现有用的近似算法。例如，在近似最优行为时，智能体可能会有大量的状态，每个状态出现的概率都很低，这使得选择次优的动作对整个智能体所获得的收益的影响很小。例如，Tesauro 的西洋双陆棋程序在与专业玩家对弈时当遇到从没遇到过的棋盘局面时，会选择出一些标新立异的出棋决策，而这些新奇的出棋决策其实很可能结果很差。实际上，当游戏状态集合很大时，Tesauro 的西洋双陆棋程序在大多数状态下做出的决策都是很差的。强化学习在线运行的本质使得它在近似最优策略的过程中，对于那些经常出现的状态集合会花更多的努力去学习好的决策，而代价就是对不经常出现的状态给予的学习力度不够。这是区分强化学习和其他解决 MDP 问题的近似方法的一个重要判断依据。

3.8 本章小结

我们总结一下本章介绍的强化学习的各个组成部分。强化学习是在交互中学习如何行动以实现某个目标的机器学习方法。在强化学习中，*智能体*及其*环境*在一连串的离散时刻上进行交互。这两者之间的接口定义了一个特殊的任务：*动作*由智能体来选择，*状态*是做出选择的基础，而*收益*是评估选择的基础。智能体内部的所有事物对于智能体来说是完全可知、完全可控的。而智能体外部的事物则是部分可控的，可能完全知道其知识，也可能不完全知道。*策略*是一个智能体选择动作的随机规则，它是状态的一个函数。智能体的目标，就是随着时间的推移来最大化总的收益。

当强化学习用完备定义的转移概率描述后，就构成了*马尔可夫决策过程* (MDP)。*有限* MDP 是指具有有限状态、动作、收益集合的 MDP。目前大多数强化学习理论都只局限于讨论有限 MDP，但是相关方法和思路的应用范围却可以更加广泛。

*回报*是智能体要最大化的全部未来收益的函数 (最大化概率期望值)。根据不同任务和是否希望对延迟的收益打*折扣*，它也有不同的定义。非折扣形式适用于*分幕式任务*，在这类任务中，智能体-环境交互会被自然分解为*幕*；折扣形式适用于*持续性任务*，在这类任务中，智能体-环境交互不会被分解为幕，而是会无限制持续下去。我们通过定义合理的回报形式，可以用同样的公式来统一描述分幕式和持续性任务这两种情况。

一旦智能体确定了某个策略，那么该策略的*价值函数*就可以对每个状态或“状态-动作”二元组给出对应的期望回报值。*最优价值函数*对每个状态或“状态-动作”二元组给出了所有策略中最大的期望回报值。一个价值函数最优的策略就叫作*最优策略*。对于给定的 MDP，尽管状态或“状态-动作”二元组对应的最优价值函数是唯一的，但最优策略可能会有好多个。在最优价值函数的基础上，通过*贪心*算法得到的策略肯定是一个最优策略。*贝尔曼最优方程*是最优价值函数必须满足的一致性条件，原则上最优价值函数是可以通过这个条件相对容易地求解得到的。

强化学习问题可以用不同的方式表示，这取决于智能体起初能获得的先验知识。对于完备知识问题，智能体会有一个完整精确的模型来表示环境的动态变化。如果环境是 MDP，那么这个模型就包含了一个四参数转移函数 p (式 3.2)。对于非完备知识问题来说，我们则没有完整的环境模型。

即使智能体有一个完整精确的环境模型，智能体通常也没有足够的计算能力在每一时刻都全面地利用它。可用的存储资源也是另一个重要的约束。精确的价值函数、策略和模型都需要占用存储资源。在大多数实际问题中，环境状态远远不是一个表格能装下的，这时就需要近似方法来解决问题。

对最优性的完备严格定义对我们在这本书中提到的学习方法进行了组织，并且提供了对这些不同学习算法的理论性质的理解方式。但实际情况是，这些都是理想情况，真实情况下的智能体只能采用不同程度的近似方法。在强化学习中，我们最关心的是最优解无法找到而必须采用某种近似方法来逼近最优解的情况。

参考文献和历史评注

强化学习问题很好地体现了从最优控制领域产生的马尔可夫决策过程 (MDP) 的思想。在第 1 章中，我们简要讲述了这些历史影响和其他心理学的主要影响。强化学习将 MDP 的研究聚焦于近似算法和对真实大规模问题中的不完备信息的处理。MDP 和强化学习问题与人工智能中的传统的学习和决策问题只有很弱的联系。然而，人工智能目前正在从各种角度积极研究用 MDP 表示的规划和决策问题。MDP 比早期人工智能中的相关理论更为普遍，因为它允许更一般性的目标和不确定性。

Bertsekas (2005)、White (1969)、Whittle (1982，1983) 和 Puterman (1994) 等文章都对 MDP 理论有重要贡献。尤其是 Ross (1983) 提出了针对有限 MDP 的一种紧凑的处理方法。MDP 也在随机最优控制的框架下被广泛研究，其中自适应最优控制方法与强化学习的联系最为紧密 (如 Kumar，1985；Kumar 和 Varaiya，1986)。

MDP 理论的发展源于对不确定性条件下的决策序列问题的研究，这种问题中的每个决策都依赖于之前的一系列决策及其结果。它有时被称为多阶段决策过程理论，或序列决策过程。并且它始于统计学文献中的序贯抽样方法，这是由 Thompson (1933，1934) 和 Robbins (1952) 提出的。我们在第 2 章中就引用了这些文章，将其与赌博机问题 (如果将其形式化为多情境问题，那么这就是 MDP 的一个原型) 的分析关联起来。

我们所知道的最早使用 MDP 形式进行强化学习建模的是 Andreae (1969b)，在其对学习机器的统一框架的描述中出现了该方法。Witten 和 Corbin (1973) 对强化学习系统进行了实验，后来 Witten (1977) 用 MDP 形式对此进行了分析。虽然他没有明确提到 MDP，但 Werbos (1977) 提出了与现代强化学习方法有关的随机最优控制问题的近似解法 (参见 Werbos, 1982，1987，1988，1989，1992)。虽然当时 Werbos 的想法并未得到广泛认可，但他们强调了采用近似方法解决各种领域的最优控制问题的重要性 (也包括人工智能)，这是非常有先见之明的。对强化学习和 MDP 最有影响力的整合则应当归功于 Watkins (1989)。

3.1 与其他文献稍有不同的是，我们用 $p(s', r|s, a)$ 表示 MDP 的动态特性。在 MDP 文献中更常见的是，用状态转移概率 $p(s'|s, a)$ 和后继收益的期望值 $r(s, a)$ 来描述动态特性变化。然而，在强化学习中，我们更多的时候需要谈及实际中的单个独立的收益或者它的某个采样值 (而不仅仅是它的期望值)。同时，我们这种符号表示也能更清楚地体现出 S_t 和 R_t 一般是共同决定的，因此它们肯定有相同的时间索引。在强化学习的教学中，我们发现这种符号表示在概念上更直接，且更容易理解。

关于状态的理论概念的更多直观的讨论，请参阅 Minsky (1967)。

生物反应器的例子是基于 Ungar (1990)、Miller 和 Williams (1992) 的工作。回收机器人的例子是受到 Jonathan Connell (1989) 制造的罐头收集机器人的启发。Kober 和 Peters (2012) 展示了一系列强化学习在机器人中的应用。

3.2 收益假设是由 Michael Littman 提出的 (参考文献是私人通信)。

3.3–4 分幕式和持续性任务中的术语与 MDP 文献中通常使用的术语也有所不同。在那些文献中，通常区分三种类型的任务：(1) 有限视界任务，其中交互在特定固定数量的时间步长之后终止；(2) 不定视界任务，其中交互可以任意长但必须最后终止；和 (3) 无限视界任务，其中交互永不终止。我们的分幕式和持续性任务分别与“不定视界”和“无限视界”任务相似，但我们更倾向于强调交互形态的本质差异。这似乎比传统术语体系中所强调的目标函数更为根本。通常分幕式任务使用基于不定视界的目标函数，而持续性任务使用基于无限视界的目标函数，但我们认为这只是一个常见的巧合，而不是基本的差异。

杆平衡的例子来自于 Michie 和 Chambers (1968) 以及 Barto、Sutton 和 Anderson (1983)。

3.5–6 自古以来，人们就会根据长期结果的好坏去分配价值。在控制论中，最优控制论的一个关键部分，就是将状态映射到代表控制决策的长期后果的数值，这是 20 世纪 50 年代通过扩展 19 世纪经典力学的“状态 -功能”理论而发展起来的方法 (参见 Schultz 和 Melsa，1967)。在描述如何通过编程使得电脑会下棋时，Shannon (1950) 提出了一种将长期的优缺点考虑在内的评估函数。

Watkins (1989) 用于估计 q_* 的 Q 学习算法 (第 6 章)，其使动作价值函数成为强化学习的重要部分，因此这些函数通常被称为“Q 函数”。但是，动作价值函数想法的出现时间远远早于此。Shannon (1950) 提出，一个下棋程序可以使用函数 $h(P\ M)$ 来决定从位置 P 开始的一次出棋 M 是否值得试探。Michie (1961，1963) 的 MENACE 系统，和 Michie 与 Chambers (1968) 的BOXES 系统都可以被理解为对动作价值函数的估计。在经典物理学中，哈密顿织数 (Hamilton's principal function) 就是一种动作价值函数；牛顿动力学对于这个函数是贪心的 (例如 Goldstein，1957)。在 Denardo (1967) 对基于压缩映射的动态规划的理论分析中，动作价值函数也发挥了重要作用。

贝尔曼最优方程式 (关于 v_* 的) 是由 Richard Bellman (1957a) 首先提出的，他称之为“基本函数方程”。在连续的时间和状态问题中，与贝尔曼最优方程地位相当的就是 Hamilton-Jacobi-Bellman 方程 (通常称之为 Hamilton-Jacobi 方程)，这表明其根源是经典物理学 (例如 Schultz 和 Melsa，1967)。

高尔夫的例子是由 Chris Watkins 提出的。

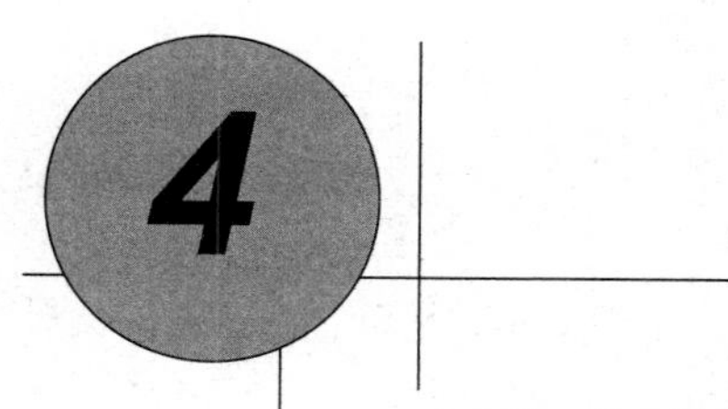

动态规划

动态规划 (Dynamic Programming，DP) 是一类优化方法，在给定一个用马尔可夫决策过程 (MDP) 描述的完备环境模型的情况下，其可以计算最优的策略。对于强化学习问题，传统的 DP 算法的作用有限。其原因有二：一是完备的环境模型只是一个假设；二是它的计算复杂度极高。但是，它依然是一个非常重要的理论。对于本书后面章节介绍的方法，DP 提供了一个必要的基础。事实上，所有其他方法都是对 DP 的一种近似，只不过降低了计算复杂度以及减弱了对环境模型完备性的假设。

在本章中，我们假设环境是一个有限 MDP。也就是说，我们假设状态集合 $\mathcal{S}$、动作集合 $\mathcal{A}$ 和收益集合 $\mathcal{R}$ 是有限的，并且整个系统的动态特性由对于任意 $s \in \mathcal{S}$、$a \in \mathcal{A}(s)$、$r \in \mathcal{R}$ 和 $s' \in \mathcal{S}^+$ ($\mathcal{S}^+$ 表示在分幕式任务下 $\mathcal{S}$ 加上一个终止状态) 的四参数概率分布 $p(s', r \mid s, a)$ 给出。尽管 DP 的思想也可以用在具有连续状态和动作的问题上，但是只有在某些特殊情况下才会存在精确解。一种常见的近似方法是将连续的状态和动作量化为离散集合，然后再使用有限状态下的 DP 算法。我们在第 9 章中讨论的方法可以用于具有连续状态和动作的问题及其扩展问题。

在强化学习中，DP 的核心思想是使用价值函数来结构化地组织对最优策略的搜索。在本章中，我们讨论如何使用 DP 来计算第 3 章中定义的价值函数。如前所述，一旦我们得到了满足贝尔曼最优方程的价值函数 v_* 或 q_*，得到最优策略就很容易了。对于任意 $s \in \mathcal{S}$、$a \in \mathcal{A}(s)$ 和 $s' \in \mathcal{S}^+$，有

$$\begin{aligned} v_*(s) &= \max_a \mathbb{E}[R_{t+1} + \gamma v_*(S_{t+1}) \mid S_t = s, A_t = a] \\ &= \max_a \sum_{s', r} p(s', r \mid s, a)\Big[r + \gamma v_*(s')\Big] \end{aligned} \tag{4.1}$$

或

$$
\begin{aligned}
q_*(s,a) &= \mathbb{E}\Big[R_{t+1} + \gamma \max_{a'} q_*(S_{t+1},a') \;\Big|\; S_t = s, A_t = a\Big] \\
&= \sum_{s',r} p(s',r|s,a)\Big[r + \gamma \max_{a'} q_*(s',a')\Big],
\end{aligned}
\tag{4.2}
$$

由上可见，通过将贝尔曼方程转化成为近似逼近理想价值函数的递归更新公式，我们就得到了 DP 算法。

4.1 策略评估 (预测)

首先，我们思考对于任意一个策略 π，如何计算其状态价值函数 v_π，这在 DP 文献中被称为策略评估。我们有时也称其为预测问题。回顾第 3 章的内容，对于任意 $s \in \mathcal{S}$

$$
\begin{aligned}
v_\pi(s) &\doteq \mathbb{E}_\pi[G_t \mid S_t = s] \\
&= \mathbb{E}_\pi[R_{t+1} + \gamma G_{t+1} \mid S_t = s] && \text{由式 (3.9)} \\
&= \mathbb{E}_\pi[R_{t+1} + \gamma v_\pi(S_{t+1}) \mid S_t = s] && (4.3) \\
&= \sum_a \pi(a|s) \sum_{s',r} p(s',r|s,a)\Big[r + \gamma v_\pi(s')\Big], && (4.4)
\end{aligned}
$$

其中，$\pi(a|s)$ 指的是处于环境状态 s 时，智能体在策略 π 下采取动作 a 的概率。期望的下标 π 表明期望的计算是以遵循策略 π 为条件的。只要 $\gamma < 1$ 或者任何状态在 π 下都能保证最后终止，那么 v_π 唯一存在。

如果环境的动态特性完全已知，那么式 (4.4) 就是一个有着 $|\mathcal{S}|$ 个未知数 ($v_\pi(s)$, $s \in \mathcal{S}$) 以及 $|\mathcal{S}|$ 个等式的联立线性方程组。理论上，这个方程的解可以被直接解出，但是计算过程有些烦琐。所以我们使用迭代法来解决此问题。考虑一个近似的价值函数序列，$v_0, v_1, v_2, \ldots$，从 $\mathcal{S}^+$ 映射到 $\mathbb{R}$ (实数集)。初始的近似值 v_0 可以任意选取 (除了终止状态值必须为 0 外)。然后下一轮迭代的近似使用 v_π 的贝尔曼方程 (式 4.4) 进行更新，对于任意 $s \in \mathcal{S}$

$$
\begin{aligned}
v_{k+1}(s) &\doteq \mathbb{E}_\pi[R_{t+1} + \gamma v_k(S_{t+1}) \mid S_t = s] \\
&= \sum_a \pi(a|s) \sum_{s',r} p(s',r|s,a)\Big[r + \gamma v_k(s')\Big],
\end{aligned}
\tag{4.5}
$$

显然，$v_k = v_\pi$ 是这个更新规则的一个不动点，因为 v_π 的贝尔曼方程已经保证了这种情况下的等式成立。事实上，在保证 v_π 存在的条件下，序列 $\{v_k\}$ 在 $k \to \infty$ 时将会收敛到 v_π。这个算法被称作迭代策略评估。

为了从 v_k 得到下一个近似 v_{k+1}，迭代策略评估对于每个状态 s 采用相同的操作：根据给定的策略，得到所有可能的单步转移之后的即时收益和 s 的每个后继状态的旧的价值函数，利用这二者的期望值来更新 s 的新的价值函数。我们称这种方法为*期望更新*。迭代策略评估的每一轮迭代都更新一次所有状态的价值函数，以产生新的近似价值函数 v_{k+1}。期望更新可以有很多种不同的形式，具体取决于使用*状态*还是“*状态-动作*”二元组来进行更新，或者取决于后继状态的价值函数的具体组合方式。在 DP 中，这些方法都被称为*期望更新*，这是因为这些方法是基于所有可能后继状态的期望值的，而不是仅仅基于后继状态的一个样本。我们可以通过上述公式或者第 3 章中的回溯图，了解更新过程的本质。比如第 57 页中的回溯图就是用于迭代策略评估的期望更新方法。

为了用顺序执行的计算机程序实现迭代策略评估 (见式 4.5)，我们需要使用两个数组：一个用于存储旧的价值函数 $v_k(s)$；另一个存储新的价值函数 $v_{k+1}(s)$。这样，在旧的价值函数不变的情况下，新的价值函数可以一个接一个地被计算出来。同样，也可以简单地使用一个数组来进行“就地”更新，即每次直接用新的价值函数替换旧的价值函数。在这种情况下，根据状态更新的顺序，式 (4.5) 的右端有时会使用新的价值函数，而不是旧的价值函数。这种就地更新的算法依然能够收敛到 v_π。事实上，由于采用单数组的就地更新算法，一旦获得了新数据就可以马上使用，它反而比双数组的传统更新算法收敛得更快。一般来说，一次更新是对整个状态空间的一次*遍历*。对于就地更新的算法，遍历的顺序对收敛的速率有着很大的影响。在之后我们讨论 DP 算法时，一般指的是就地更新的版本。

下面使用伪代码显示了一个迭代策略评估的完整就地更新的版本。请注意它

迭代策略评估算法，用于估计 $V \approx v_\pi$

输入待评估的策略 π
算法参数：小阈值 $\theta > 0$，用于确定估计量的精度
对于任意 $s \in \mathcal{S}^+$，任意初始化 $V(s)$，其中 V (*终止状态*) $= 0$
循环：
　$\Delta \leftarrow 0$
　对每一个 $s \in \mathcal{S}$ 循环：
　　$v \leftarrow V(s)$
　　$V(s) \leftarrow \sum_a \pi(a|s) \sum_{s',r} p(s',r|s,a)\big[r + \gamma V(s')\big]$
　　$\Delta \leftarrow \max(\Delta, |v - V(s)|)$
直到 $\Delta < \theta$

是如何处理程序终止的。从形式上来说，迭代策略评估只能在极限意义下收敛，但实际上

它必须在此之前停止。伪代码在每次遍历之后会测试 $\max_{s\in\mathcal{S}}|v_{k+1}(s)-v_k(s)|$，并在它足够小时停止。

例 4.1 考虑下方的一个 4×4 网格图。

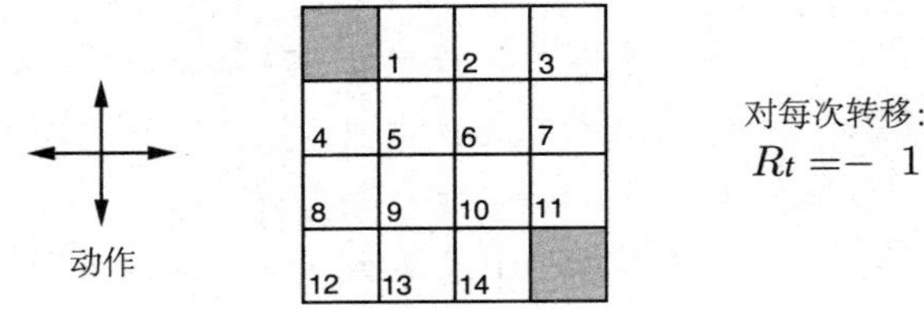

非终止状态集合 $\mathcal{S}=\{1,2,\ldots,14\}$。每个状态有四种可能的动作，$\mathcal{A}=\{$up, down, right,left$\}$。每个动作会导致状态转移，但当动作会导致智能体移出网格时，状态保持不变。比如，$p(6,-1|5,\texttt{right})=1$，$p(7,-1|7,\texttt{right})=1$ 和对于任意 $r\in\mathcal{R}$，都有 $p(10,r|5,\texttt{right})=0$。这是一个无折扣的分幕式任务。在到达终止状态之前，所有动作的收益均为 -1。终止状态在图中以阴影显示 (尽管图中显示了两个格子，但实际仅有一个终止状态)。对于所有的状态 s、s' 与动作 a，期望的收益函数均为 $r(s,a,s')=-1$。假设智能体采取等概率随机策略 (所有动作等可能执行)。图 4.1 (左) 显示了在迭代策略评估中价值函数序列 $\{v_k\}$ 的收敛情况。最终的近似估计实际上就是 v_π，其值为每个状态到终止状态的步数的期望值，取负。 ■

练习 4.1 在例 4.1 中，如果 π 是等概率随机策略，那么 $q_\pi(11,\texttt{down})$ 是多少？q_π $(7,\texttt{down})$ 呢？ □

练习 4.2 在例 4.1 中，假设一个新状态 15 加入到状态 13 的下方。从状态 15 开始，采取策略 `left`、`up`、`right` 和 `down`，分别到达状态 12、13、14 和 15。假设从原来的状态转出的方式不变，那么 $v_\pi(15)$ 在等概率随机策略下是多少？如果状态 13 的动态特性产生变化，使得采取动作 `down` 时会到达这个新状态 15，这时候的 $v_\pi(15)$ 在等概率随机策略下是多少？ □

练习 4.3 对于动作价值函数 q_π 以及其逼近序列函数 $q_0,q_1,q_2,\ldots$，类似于式 (4.3)、式 (4.4) 和式 (4.5) 的公式是什么？ □

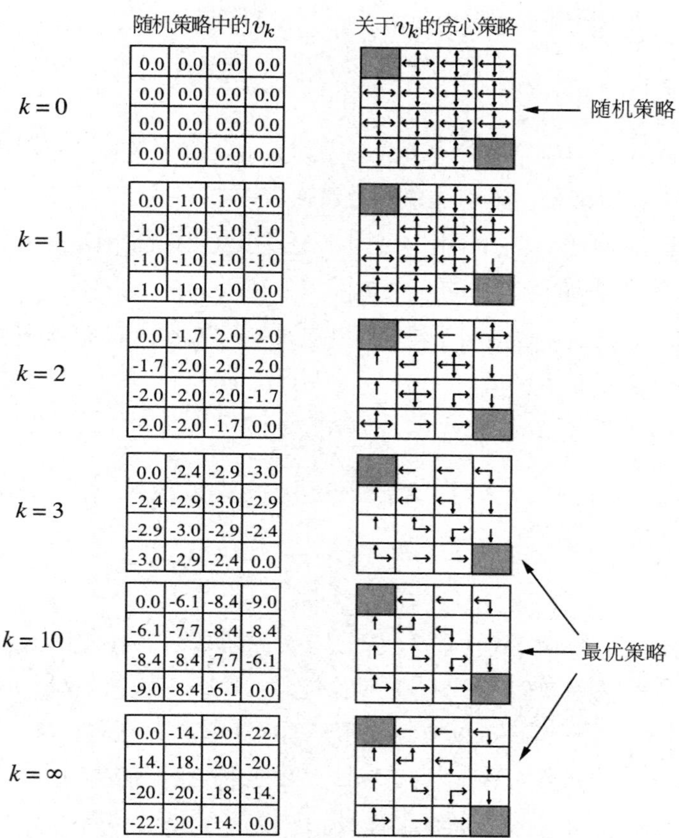

图 4.1 小型网格上迭代策略评估的收敛情况。左栏是随机策略的状态价值函数的近似值序列 (所有操作的可能性相同)。右列是与价值函数估计相对应的贪心策略序列 (箭头所指是所有能达到最大值的操作，其数字四舍五入为两位有效数字)。最后的策略只能保证随机策略的改进，但在这种情况下，第三次迭代后，所有策略都是最优的

4.2 策略改进

只所以计算一个给定策略下的价值函数，就是为了寻找更好的策略。假设对于任意一个确定的策略 π，我们已经确定了它的价值函数 v_π。对于某个状态 s，我们想知道是否应该选择一个不同于给定的策略的动作 $a \neq \pi(s)$。我们知道，如果从状态 s 继续使用现有策略，那么最后的结果就是 $v_\pi(s)$。但我们不知道换成一个新策略的话，会得到更好的还是更坏的结果。一种解决方法是在状态 s 选择动作 a 后，继续遵循现有的策略 π。这种方法的值为

$$q_\pi(s,a) \doteq \mathbb{E}[R_{t+1} + \gamma v_\pi(S_{t+1}) \mid S_t = s, A_t = a] \tag{4.6}$$
$$= \sum_{s',r} p(s',r \mid s,a)\Big[r + \gamma v_\pi(s')\Big].$$

一个关键的准则就是这个值是大于还是小于 $v_\pi(s)$。如果这个值更大，则说明在状态 s 选择一次动作 a，然后继续使用策略 π 会比始终使用策略 π 更优。事实上，我们期望的是在每次遇到状态 s 的时候，选择动作 a 总可以达到更好的结果。这个时候，我们就认为这个新的策略总体来说更好。

上述情况是*策略改进定理*的一个特例。一般来说，如果 π 和 π' 是任意的两个确定的策略，对任意 $s \in \mathcal{S}$，

$$q_\pi(s, \pi'(s)) \geqslant v_\pi(s). \tag{4.7}$$

那么我们称策略 π' 相比于 π 一样好或者更好。也就是说，对任意状态 $s \in \mathcal{S}$，这样肯定能得到一样或更好的期望回报

$$v_{\pi'}(s) \geqslant v_\pi(s). \tag{4.8}$$

并且，如果式 (4.7) 中的不等式在某个状态下是严格不等的，那么式 (4.8) 在这个状态下也会是严格不等的。考虑我们之前讨论的两个策略，一个是确定的策略 π，一个是改进的策略 π'。除去 $\pi'(s) = a \neq \pi(s)$ 以外，π 与 π' 完全相同。显然式 (4.7) 在除去 s 以外的状态下都成立。所以，如果 $q_\pi(s,a) > v_\pi(s)$，那么改进后的策略相比于 π 确实会更优。

策略改进定理的想法是很容易理解的。从式 (4.7) 开始，我们用式 (4.6) 不断扩展公式左侧的 q_π，并不断应用式 (4.7) 直到得到 $v_{\pi'}(s)$

$$\begin{aligned}
v_\pi(s) &\leqslant q_\pi(s, \pi'(s)) \\
&= \mathbb{E}[R_{t+1} + \gamma v_\pi(S_{t+1}) \mid S_t = s, A_t = \pi'(s)] \qquad \text{由式 (4.6)} \\
&= \mathbb{E}_{\pi'}[R_{t+1} + \gamma v_\pi(S_{t+1}) \mid S_t = s] \\
&\leqslant \mathbb{E}_{\pi'}[R_{t+1} + \gamma q_\pi(S_{t+1}, \pi'(S_{t+1})) \mid S_t = s] \\
&= \mathbb{E}_{\pi'}[R_{t+1} + \gamma \mathbb{E}_{\pi'}[R_{t+2} + \gamma v_\pi(S_{t+2}) | S_{t+1}] \mid S_t = s] \\
&= \mathbb{E}_{\pi'}\big[R_{t+1} + \gamma R_{t+2} + \gamma^2 v_\pi(S_{t+2}) \bigm| S_t = s\big] \\
&\leqslant \mathbb{E}_{\pi'}\big[R_{t+1} + \gamma R_{t+2} + \gamma^2 R_{t+3} + \gamma^3 v_\pi(S_{t+3}) \bigm| S_t = s\big] \\
&\ \ \vdots \\
&\leqslant \mathbb{E}_{\pi'}\big[R_{t+1} + \gamma R_{t+2} + \gamma^2 R_{t+3} + \gamma^3 R_{t+4} + \cdots \bigm| S_t = s\big] \\
&= v_{\pi'}(s).
\end{aligned}$$

到目前为止我们已经看到了，给定一个策略及其价值函数，我们可以很容易评估一个状态中某个特定动作的改变会产生怎样的后果。我们可以很自然地延伸到所有的状态和所有可能的动作，即在每个状态下根据 $q_\pi(s,a)$ 选择一个最优的。换言之，考虑一个新的贪心策略 π'，满足

$$\begin{aligned}\pi'(s) &\doteq \underset{a}{\arg\max}\, q_\pi(s,a)\\ &= \underset{a}{\arg\max}\, \mathbb{E}[R_{t+1} + \gamma v_\pi(S_{t+1}) \mid S_t = s, A_t = a]\\ &= \underset{a}{\arg\max} \sum_{s',r} p(s',r|s,a)\Big[r + \gamma v_\pi(s')\Big],\end{aligned} \tag{4.9}$$

这里 $\arg\max_a$ 表示能够使得表达式的值最大化的 a (如果相等则任取一个)。这个贪心策略采取在短期内看上去最优的动作，即根据 v_π 向前单步搜索。这样构造出的贪心策略满足策略改进定理的条件 (见式 4.7)，所以我们知道它和原策略相比一样好，甚至更好。这种根据原策略的价值函数执行贪心算法，来构造一个更好策略的过程，我们称为策略改进。

假设新的贪心策略 π' 和原有的策略 π 一样好，但不是更好。那么一定有 $v_\pi = v_{\pi'}$，再通过式 (4.9) 我们可以得到，对任意 $s \in \mathcal{S}$

$$\begin{aligned}v_{\pi'}(s) &= \max_a \mathbb{E}[R_{t+1} + \gamma v_{\pi'}(S_{t+1}) \mid S_t = s, A_t = a]\\ &= \max_a \sum_{s',r} p(s',r|s,a)\Big[r + \gamma v_{\pi'}(s')\Big].\end{aligned}$$

但这和贝尔曼最优方程 (4.1) 完全相同，因此 $v_{\pi'}$ 一定与 v_* 相同，而且 π 与 π' 均必须为最优策略。因此在除了原策略即为最优策略的情况下，策略改进一定会给出一个更优的结果。

到目前为止，我们考虑的都是一种特殊情况，即确定性策略。一般来说，一个随机策略 π 指定了在状态 s 采取 a 的概率 $\pi(a|s)$。我们不会再对此做详细说明，但事实上本节的方法可以很容易地扩展到随机策略中。特别地，策略改进定理在随机策略的情况下也是成立的。另外，在类似式 (4.9) 的策略改进步骤中如果出现了相等的情况，即有多个动作都可以得到最大值，那么在随机情况下我们不需要从中选取一个。相反，在新的贪心策略中，每一个最优的动作都能以一定概率被选中。这只要满足所有其他非最优动作的概率和为零即可。

图 4.1 的最后一行展示了随机策略的策略改进。这里初始的策略 π 为等概率随机策略，新策略 π' 是相对于 v_π 的贪心策略。价值函数 v_π 的值显示在了左下图中，而 π' 的

可能情况显示在了右下图中。π' 的图中有些状态有多个箭头，表示有多个动作在式 (4.9) 中都可以达到最大值；在这些动作中进行任意的概率分配都是可行的。新的策略的价值函数 $v_{\pi'}(s)$，在任意状态 $s \in \mathcal{S}$ 下可以是 -1、-2 或者 -3，而原有的 $v_\pi(s)$ 几乎达到了 -14。因而，对任意 $s \in \mathcal{S}$，都有 $v_{\pi'}(s) \geqslant v_\pi(s)$，这说明新的策略改进提高了。尽管在这个例子中，新策略 π' 已经是最优的，但是在一般情况下，这只能保证新策略相对于原策略更优。

4.3 策略迭代

一旦一个策略 π 根据 v_π 产生了一个更好的策略 π'，我们就可以通过计算 $v_{\pi'}$ 来得到一个更优的策略 π''。这样一个链式的方法可以得到一个不断改进的策略和价值函数的序列

$$\pi_0 \xrightarrow{\mathrm{E}} v_{\pi_0} \xrightarrow{\mathrm{I}} \pi_1 \xrightarrow{\mathrm{E}} v_{\pi_1} \xrightarrow{\mathrm{I}} \pi_2 \xrightarrow{\mathrm{E}} \cdots \xrightarrow{\mathrm{I}} \pi_* \xrightarrow{\mathrm{E}} v_*,$$

这里 $\xrightarrow{\mathrm{E}}$ 代表*策略评估*，而 $\xrightarrow{\mathrm{I}}$ 表示*策略改进*。每一个策略都能保证比前一个更优 (除非前一个已经是最优的)。由于一个有限 MDP 必然只有有限种策略，所以在有限次的迭代后，这种方法一定收敛到一个最优的策略与最优价值函数。

这种寻找最优策略的方法叫作*策略迭代*，下面给出了完整的算法描述。注意，每一次策略评估都是一个迭代计算过程，需要基于前一个策略的价值函数开始计算。这通常会使得策略改进的收敛速度大大提高 (很可能是因为从一个策略到另一个策略时，价值函数的改变比较小)。

策略迭代令人惊讶的是，它在几次迭代中就能收敛，如杰克租车问题和图 4.1。图 4.1 的左下图显示了等概率随机策略的价值函数，而右下图则是这种价值函数的贪心策略。策略改进定理保证了每一个新策略都比原随机策略更优。在这个具体例子中，新策略不仅仅是更优，而是直接达到了最优，直接在最少步数内到达终止状态。这里，策略迭代仅仅在一次迭代之后便找到了最优的策略。

例 4.2 杰克租车问题 杰克管理一家有两个地点的租车公司。每一天，一些用户会到一个地点租车。如果杰克有可用的汽车，便会将其租出，并从全国总公司那里获得 10 美元的收益。如果他在那个地点没有汽车，便会失去这一次业务。租出去的汽车在还车的第二天变得可用。为了保证每辆车在需要的地方使用，杰克在夜间在两个地点之间移动车辆，移动每辆车的代价为 2 美元。我们假设每个地点租车与还车的数量是一个泊松随机变量，即数量为 n 的概率为 $\frac{\lambda^n}{n!}\mathrm{e}^{-\lambda}$，其中 λ 是期望值。假设租车的 λ 在两个地点分别为 3 和 4，

而还车的 σ 分别为 3 和 2。为了简化问题，我们假设任何一个地点有不超过 20 辆车 (即额外的车会被直接退到全国总公司，所以在这个问题中就意味着自动消失)，并且每天最多移动 5 辆车。我们令折扣率 $\gamma = 0.9$，并将它描述为一个持续的有限 MDP，其中时刻按天计算，状态为每天结束时每个地点的车辆数，动作则为夜间在两个地点间移动的车辆数。图 4.2 显示了策略迭代的策略序列，该策略从不移动任何车辆开始。

算法 (使用迭代策略评估)，用于估计 $\pi \approx \pi_*$

1. 初始化

   对 $s \in \mathcal{S}$，任意设定 $V(s) \in \mathbb{R}$ 以及 $\pi(s) \in \mathcal{A}(s)$

2. 策略评估

   循环：

   $\Delta \leftarrow 0$

   对每一个 $s \in \mathcal{S}$ 循环：

   $v \leftarrow V(s)$

   $V(s) \leftarrow \sum_{s',r} p(s', r \mid s, \pi(s))\big[r + \gamma V(s')\big]$

   $\Delta \leftarrow \max(\Delta, |v - V(s)|)$

   直到 $\Delta < \theta$ (一个决定估计精度的小正数)

3. 策略改进

   policy-stable $\leftarrow$ *true*

   对每一个 $s \in \mathcal{S}$：

   old-action $\leftarrow \pi(s)$

   $\pi(s) \leftarrow \mathrm{argmax}_a \sum_{s',r} p(s', r \mid s, a)\big[r + \gamma V(s')\big]$

   如果 *old-action* $\neq \pi(s)$，那么 *policy-stable* $\leftarrow$ *false*

   如果 *policy-stable*为 true，那么停止并返回 $V \approx v_*$ 以及 $\pi \approx \pi_*$；否则跳转到 2

练习 4.4 上面这个策略迭代算法存在一个小问题，即如果在两个或多个同样好的策略之间不断切换，则它可能永远不会终止。所以上面的算法对于教学没有问题，但不适用于实际应用。请修改伪代码以保证其收敛。 □

练习 4.5 如何为动作价值定义策略迭代？请用类似于这里给出的关于 v_* 的算法写出关于 q_* 的完整算法。请特别注意这个练习，因为本书其他部分会使用到这个算法。 □

练习 4.6 假设只能考虑ε-柔性策略，即在每个状态 s 中选择每个动作的概率至少为 $\varepsilon/|\mathcal{A}(s)|$。请定性描述在 v_* 的策略迭代算法中，步骤 3、步骤 2 和步骤 1 所需的

更改。 □

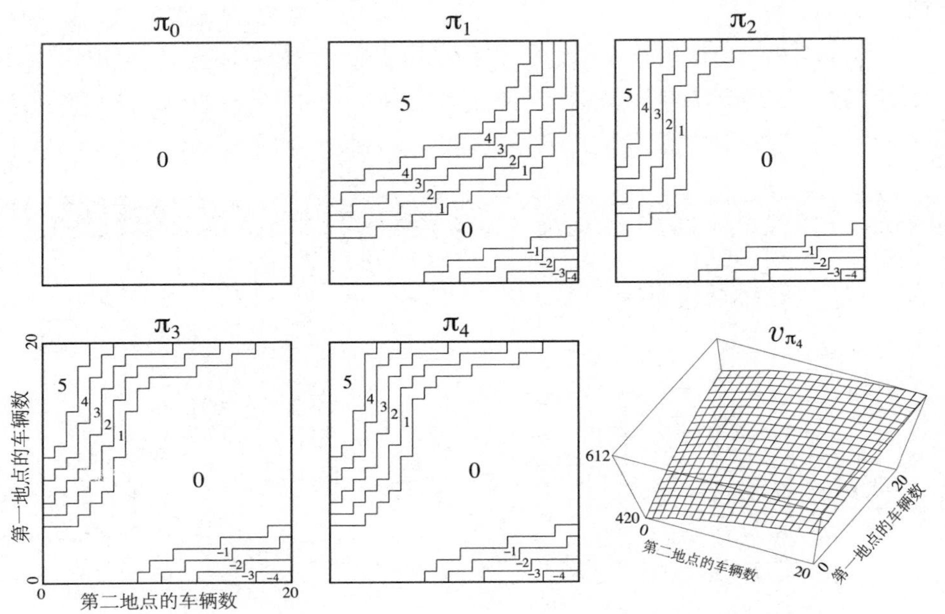

图 4.2 在杰克租车问题中，策略迭代得到的策略序列以及最终的状态价值函数。前五幅图显示了在一天结束时，在每种状态下 (即两地分别的车辆数)，从第一地点移动到第二地点的车辆数 (负数表示从第二地点转移到第一地点)，即采取的动作。每个后继策略都是对之前策略的严格改进，并且最后的策略是最优的 ■

练习 4.7 (编程) 编写一个策略迭代的程序，并解决下面这个更改过的杰克租车问题。杰克的一个员工在第一个地点工作，每晚坐公车到第二个地点附近的家。她乐于免费将一辆车从第一个地点移动到第二个地点。其他额外的车辆移动，包括反方向的任何移动依然耗费 2 美元。另外，杰克的停车空间是有限的，如果在某一个地点过夜的车辆 (车辆移动后) 超过 10 辆，他需要在另一个停车场支付 4 美元 (无论停多少辆车) 来停车。这种非线性、动态性的情况经常出现在实际问题中，且这类问题很难用动态规划以外的方法解决。为了检查你的程序，请先复现原问题的解。 □

4.4 价值迭代

策略迭代算法的一个缺点是每一次迭代都涉及了策略评估，这本身就是一个需要多次遍历状态集合的迭代过程。如果策略评估是迭代进行的，那么收敛到 v_π 理论上在极限处才成立。我们是否必须等到其完全收敛，还是可以提早结束？图 4.1 的例子很明显地说明，我们可以提前截断策略评估过程。在这个例子中，前三轮策略评估之后的迭代对其贪心策略没有产生任何影响。

事实上，有多种方式可以截断策略迭代中的策略评估步骤，并且不影响其收敛。一种重要的特殊情况是，在一次遍历后即刻停止策略评估 (对每个状态进行一次更新)。该算法被称为价值迭代。可以将此表示为结合了策略改进与截断策略评估的简单更新公式。对任意 $s \in \mathcal{S}$，

$$
\begin{aligned}
v_{k+1}(s) &\doteq \max_a \mathbb{E}[R_{t+1} + \gamma v_k(S_{t+1}) \mid S_t = s, A_t = a] \\
&= \max_a \sum_{s',r} p(s', r \mid s, a)\Big[r + \gamma v_k(s')\Big] \qquad (4.10)
\end{aligned}
$$

可以证明，对任意 v_0，在 v_* 存在的条件下，序列 $\{v_k\}$ 都可以收敛到 v_*。

另一种理解价值迭代的方法是借助贝尔曼最优方程 (见式 4.1)。值得注意的是，价值迭代仅仅是将贝尔曼最优方程变为一条更新规则。另外，除了从达到最大值的状态更新以外，价值迭代与策略评估的更新公式 (见式 4.5) 几乎完全相同。另一种观察它们紧密关系的方法是比较第 57 页中算法的回溯图 (策略评估) 和图 3.4 (左图) (价值迭代)。它们是计算 v_π 与 v_* 的自然的回溯操作。

最后，我们考虑价值迭代如何终止。和策略评估一样，理论上价值迭代需要迭代无限次才能收敛到 v_*。事实上，如果一次遍历中价值函数仅仅有细微的变化，那么我们就可以停止。下面给出了一个使用该终止条件的完整算法。

在每一次遍历中，价值迭代都有效结合了策略评估的遍历和策略改进的遍历。在每次策略改进遍历的迭代中间进行多次策略评估遍历经常收敛得更快。一般来说，可以将截断策略迭代算法看作一系列的遍历序列，其中某些进行策略评估更新，而另一些则进行价值迭代更新。由于式 (4.10) 中 max 操作是这两种更新方式的唯一区别，这就意味着我们仅仅需要将 max 操作加入部分的策略评估遍历过程中即可。这些算法在带折扣的有限 MDP 中均会收敛到最优策略。

价值迭代算法，用于估计 $\pi \approx \pi_*$

算法参数：小阈值 $\theta > 0$，用于确定估计量的精度
对于任意 $s \in \mathcal{S}^+$，任意初始化 $V(s)$，其中 $V(\text{终止状态}) = 0$
循环：
| $\Delta \leftarrow 0$
| 对每一个 $s \in \mathcal{S}$ 循环：
| $v \leftarrow V(s)$
| $V(s) \leftarrow \max_a \sum_{s',r} p(s',r|s,a)\big[r + \gamma V(s')\big]$
| $\Delta \leftarrow \max(\Delta, |v - V(s)|)$
直到 $\Delta < \theta$
输出一个确定的 $\pi \approx \pi_*$，使得
$\pi(s) = \operatorname{argmax}_a \sum_{s',r} p(s',r|s,a)\big[r + \gamma V(s')\big]$

例 4.3 赌徒问题 一个赌徒下注猜测一系列抛硬币实验的结果。如果硬币正面朝上，他获得这一次下注的钱；如果背面朝上则失去这一次下注的钱。这个游戏在赌徒达到获利目标 100 美元或者全部输光时结束。每一次抛硬币，赌徒必须从他的赌资中选取一个整数来下注。可以将这个问题表示为一个非折扣的分幕式有限 MDP。状态为赌徒的赌资 $s \in \{1\ 2\ \ldots, 99\}$，动作为赌徒下注的金额 $a \in \{0\ 1\ \ldots, \min(s, 100 - s)\}$。收益一般情况下均为 0，只有在赌徒达到获利 100 美元的终止状态时为 +1。状态价值函数给出了在每个状态下赌徒获胜的概率。这里的策略是赌资到赌注的映射。最优策略将会最大化这个概率。令 p_h 为抛硬币正面向上的概率。如果 p_h 已知，那么整个问题可以由价值迭代或其他类似算法解决。图 4.3 显示了在价值迭代遍历过程中价值函数的变化，以及在 $p_h = 0.4$ 时最终找到的策略。这个策略是最优的，但并不是唯一的。事实上存在一系列的最优策略，具体取决于在 arg max 函数相等时的动作选取。你能猜测一下这一系列的最优策略是什么样子吗? ■

练习 4.8 为什么赌徒问题的最优策略是一个如此奇怪的形式? 特别是，当赌资为 50 时，他会选择全部投注，而当赌资为 51 时却不是这样。为什么这是一个好的策略? □

练习 4.9 (编程) 编写程序，使用价值迭代解决当 $p_h = 0.25$ 和 $p_h = 0.55$ 时的赌徒问题。在编程时，你可以为了方便加入赌资为 0 和 100 的两个虚拟状态，其值分别为 0 与 1。将你的结果如图 4.3 一样图形化给出。当 $\theta \to 0$ 时，你的结果是否稳定? □

练习 4.10 与价值迭代更新公式 (4.10) 类似的动作价值函数 $q_{k+1}(s,a)$ 更新公式是什么? □

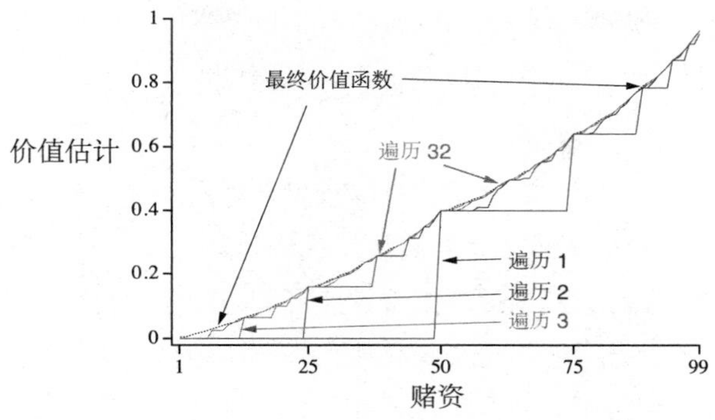

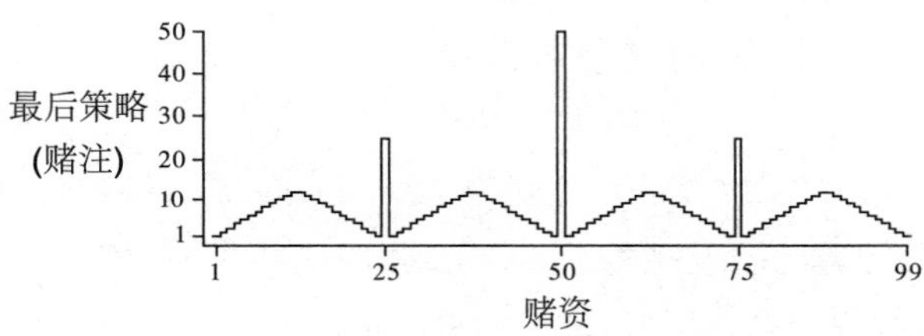

图 4.3　赌徒问题的解决方法 ($p_h = 0.4$)。上图显示了价值迭代连续遍历得到的价值函数。下图显示了最后的策略

4.5　异步动态规划

我们之前讨论过的 DP 方法的一个主要缺点是，它们涉及对 MDP 的整个状态集的操作，也就是说，它们需要对整个状态集进行遍历。如果状态集很大，那么即使是单次遍历也会十分昂贵。比如，西洋双陆棋有 10^{20} 多个状态。即使我们可以每秒对 100 万个状态进行价值迭代更新，完成一次遍历仍将需要一千多年的时间。

异步 DP 算法是一类就地迭代的 DP 算法，其不以系统遍历状态集的形式来组织算法。这些算法使用任意可用的状态值，以任意顺序来更新状态值。在某些状态的值更新一次之前，另一些状态的值可能已经更新了好几次。然而，为了正确收敛，异步算法必须要不断地更新所有状态的值：在某个计算节点后，它不能忽略任何一个状态。在选择要更新的状态方面，异步 DP 算法具有极大的灵活性。

例如，异步价值迭代的其中一个版本就是用价值迭代更新公式 (4.10)，在每一步 k 上都只就地更新一个状态 s_k 的值。如果 $0 \leqslant \gamma < 1$，则只要所有状态都在序列 $\{s_k\}$ 中出现无数次，就能保证渐近收敛到 v_* (这个序列甚至可以是随机的)。(在非折扣分幕式情况下，有些特定顺序的更新序列可能不收敛，但这个情况相对容易避免。) 类似地，结合策略评

估和价值迭代更新，产生一种异步截断的策略迭代也是有可能的。尽管这种算法和其他更特殊的 DP 算法的细节超出了本书的讨论范围，但显而易见，不同的更新方式可以在各种无遍历的 DP 算法中灵活组合使用。

当然，避免遍历并不一定意味着我们可以减少计算量。这只意味着，一个算法在改进策略前，不需要陷入任何漫长而无望的遍历。我们可以试着通过选择一些特定状态来更新，从而加快算法的速度。我们也可以试着调整更新的顺序，使得价值信息能更有效地在状态间传播。对于一些状态可能不需要像其他状态那样频繁地更新其价值函数。如果它们与最优行为无关，我们甚至可以完全跳过一些状态。第 8 章就讨论了这样的思路。

异步算法还使计算和实时交互的结合变得更加容易。为了解决给定的 MDP 问题，我们可以在一个智能体实际在 MDP 中进行真实交互的同时，执行迭代 DP 算法。这个智能体的经历可用于确定 DP 算法要更新哪个状态。与此同时，DP 算法的最新值和策略信息可以指导智能体的决策。比如，我们可以在智能体访问状态时将其更新。这使得将 DP 算法的更新聚焦到部分与智能体最相关的状态集成为可能。这种聚焦是强化学习中不断重复的主题。

4.6 广义策略迭代

策略迭代包括两个同时进行的相互作用的流程，一个使得价值函数与当前策略一致 (策略评估)，另一个根据当前价值函数贪心地更新策略 (策略改进)。在策略迭代中，这两个流程交替进行，每个流程都在另一个开始前完成。但这也不是必须的，例如，我们可以在每两次策略改进之间只执行一次策略评估迭代，而不是一直迭代到收敛。在异步 DP 方法中，评估和改进流程则以更细的粒度交替进行。在某些特殊情况下，甚至有可能仅有一个状态在评估流程中得到更新，然后马上就返回到改进流程。但只要两个流程持续更新所有状态，那么最后的结果通常是相同的，即收敛到最优价值函数和一个最优策略。

我们用广义策略迭代 (GPI) 一词来指代让策略评估和策略改进相互作用的一般思路，与这两个流程的粒度和其他细节无关。几乎所有的强化学习方法都可以被描述为 GPI。也就是说，几乎所有方法都包含明确定义的策略和价值函数，且如右图所示，策略总是基于特定的价值函数进行改进，价值函数也始终会向对应特定策略的真实价值函数收敛。显而易见，如果评估流程和改进流程都很稳定，即不再产生变化，那么价值函数和策略必定是最优的。价值函数只有在与当前策略一致时才稳定，

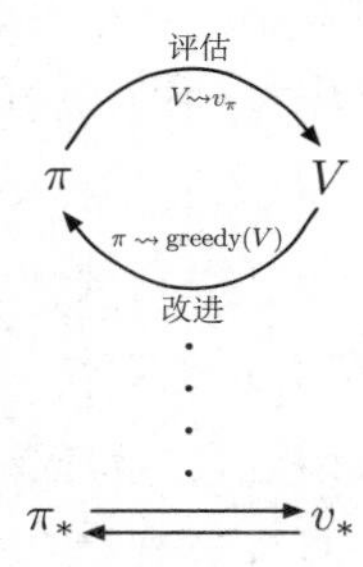

并且策略只有在对当前价值函数是贪心策略时才稳定。因此，只有当一个策略发现它对自己的评估价值函数是贪心策略时，这两个流程才能稳定下来。这意味着贝尔曼最优方程 (4.1) 成立，也因此这个策略和价值函数都是最优的。

可以将 GPI 的评估和改进流程看作竞争与合作。竞争是指它们朝着相反的方向前进。让策略对价值函数贪心通常会使价值函数与当前策略不匹配，而使价值函数与策略一致通常会导致策略不再贪心。然而，从长远来看，这两个流程会相互作用以找到一个联合解决方案：最优价值函数和一个最优策略。

我们也可以将 GPI 的评估和改进流程视为两个约束或目标之间的相互作用的流程，如右图所示的二维空间中的两条线。尽管实际的几何形状比这复杂得多，但该图也表明了在实际情况下会发生什么。每个流程都把价值函数或策略推向其中的一条线，该线代表了对于两个目标中的某一个目标的解决方案。因为这两条线不是正交的，所以两个目标之间会产生相互作用。直接冲向一个目标会导致某种程度地偏离另一个目标。然而，不可避免的是，整体流程的结果会更接近最优的总目标。该图中的箭头对应于策略迭代的行为，即每个箭头都表示系统每次都会完全地达到其中一个目标。在 GPI 中，我们也可以让每次走的步子小一点，部分地实现其中一个目标。无论是哪种情况，尽管没有直接优化总目标，但评估和改进这两个流程结合在一起，就可以最终达到最优的总目标。

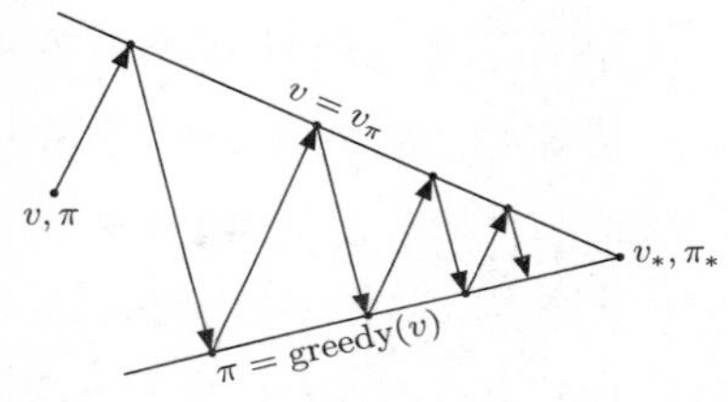

4.7　动态规划的效率

DP 算法也许对一些规模很大的问题并不是非常适用，但是和其他解决马尔可夫决策过程的方法相比，DP 算法实际上效率很高。如果我们忽略一些技术上的细节，动态规划算法找到最优策略的时间 (最坏情况下) 与状态和动作的数量是呈多项式级关系的。如果我们分别用 n 和 k 来表示状态和动作的数量，则意味着一个 DP 方法所需要的计算操作的数量少于 n 与 k 的某个多项式函数。即使 (确定) 策略的总量达到 k^n，DP 算法也能保证在多项式时间内找到一个最优策略。从这个意义上来说，DP 算法的效率指数级优于任何直接在策略空间搜索的方法，这是因为，为了找到最优策略，直接搜索的方法需要穷举每一种策略。线性规划方法同样可以用于解决马尔可夫决策过程，且在某些例子中，它们在最坏情况下的收敛是优于 DP 方法的。但是当状态数量较少时，线性规划方法就不如 DP 方法实用 (大约需要 100 倍的时间)。对那些极大规模的问题，只有动态规划算法是可行的。

DP 算法有时会由于*维度灾难*而被认为缺乏实用性。维度灾难指的是，状态的总数量经常随着状态变量的增加而指数级上升。状态集合太大的确会带来一些困难，但是这些是问题本身的困难，而非 DP 作为一种解法所带来的困难。事实上，相比于直接搜索和线性规划，DP 更加适合于解决大规模状态空间的问题。

在实际运用中，采用今天的计算机实现 DP 算法，可以解决拥有数百万个状态的马尔可夫决策过程。策略迭代和价值迭代都被广泛使用，并且目前仍没有定论到底这两种方法哪种更优。在实际运用中，这些方法的收敛速度常常比它们理论上的最坏情况要快，尤其是使用了好的初始价值函数或策略时。

对于那些有很大状态空间的问题，我们通常使用*异步* DP 算法。同步的算法仅仅完成一次遍历，就需要计算和存储每一个状态。对于某些问题来说，如此大的存储与计算量是不切实际的。但这些问题仍然是可解的，因为往往只有相对较少的状态会沿着最优解的轨迹出现。可以在这样的情况下应用异步方法以及 GPI 的一些变种，它们可能比同步方法更快地找到好的甚至最优的策略。

4.8 本章小结

在这一章中，我们熟悉了利用动态规划方法解决有限马尔可夫决策过程的基本思想和算法。*策略评估*通常指的是对一个策略的价值函数进行迭代计算。*策略改进*指的是给定某个策略的价值函数，计算一个改进的策略。将这两种计算统一在一起，我们得到了*策略迭代*和*价值迭代*，这也是两种最常用的 DP 算法。这两种方法中的任意一种都可以在给定马尔可夫决策过程完整信息的条件下，计算出有限马尔可夫决策过程的最优策略和价值函数。

传统的 DP 方法要遍历整个状态集合，并对每一个状态进行*期望更新*操作。每一次操作都基于所有可能的后继状态的价值函数以及它们可能出现的概率，来更新一个状态的价值。期望更新与贝尔曼方程关系密切：只不过是将那些等式变为赋值语句而已。当更新对结果不再产生数值上的变化时，就表示已经收敛并满足对应的贝尔曼方程。我们有四个基本价值函数 (v_π、v_*、q_π 和 q_*)，也有四个相应的贝尔曼方程和四个对应的期望更新。它们对应的*回溯图*就是 DP 更新操作的一种直观的表达。

用*广义策略迭代* (GPI) 的视角来分析，我们可以对 DP 算法和几乎所有的强化学习算法的本质有更深的理解。GPI 的主要思想是采用两个相互作用的流程围绕着近似策略和近似价值函数循环进行。一个流程根据给定的策略进行策略评估，使得价值函数逼近这个策略真实的价值函数。另一个流程根据给定的价值函数进行策略改进，在假设价值函数固定的条件下，使得这个策略更好。尽管每一个流程都改变了另一个流程，但它们的相互作用总体上可以一起找到一个联合的解：不会被任意一个流程改变的策略和价值函数，即最优解。在某些情况下，GPI 可以被证明是收敛的，尤其是我们在本章中提到的传统 DP 算法。在其他情况下，收敛性并不能被证明，但是广义策略迭代的思想仍然可以加深我们对这个方法的理解。

有时我们并不需要用 DP 算法来遍历整个状态集合。*异步* DP 算法就是一种以任意顺序更新状态的就地迭代方法，更新顺序甚至可以随机确定并可以使用过时的信息。其中许多方法可以被看作 GPI 的细粒度形式。

最后，我们注意到 DP 算法的一个特殊性质。所有的方法都根据对后继状态价值的估计，来更新对当前状态价值的估计。也就是说，它们基于其他估计来更新自己的估计。我们把这种普遍的思想称为*自举法*。许多的强化学习算法都采用了自举的思想，甚至是那些不像 DP 一样需要完整而准确的环境模型的算法也是如此。在下一章中，我们会讨论一些强化学习算法，它们不需要模型也不自举。在第 6 章我们会讨论另一种强化学习算法，它虽然不需要模型，但还是使用了自举的思想。这些主要的特征和性质都是可分的，但是也可以被巧妙地结合在一起。

参考文献和历史评注

Bellman (1957a) 提出了术语“动态规划”(Dynamic Programming，DP)，并展示了这些方法如何应用于更广泛的问题。此外还有许多文献都对 DP 进行了广泛的讨论，例如 Bertsekas (2005，2012) 、Bertsekas 和 Tsitsiklis (1996) 、Dreyfus 和 Law (1977)、Ross (1983)、White (1969) 和 Whittle (1982，1983) 。我们对 DP 的兴趣仅限于解决 MDP，但 DP 也适用于其他类型的问题。Kumar 和 Kanal (1988) 对 DP 进行了更全面的介绍。

据我们所知，Minsky (1961) 在评论 Samuel 的下棋程序时，第一次提出了 DP 与强化学习之间的关系。Minsky 在脚注中提到，某些问题可以被描述为具有闭合解析解的 Samuel 的回溯过程，这类问题可以采用 DP 来解决。这一说法可能误导了人工智能的研究人员，让他们误认为 DP 仅适用于解析上可推导的问题，而因此误认为 DP 在很大程度上与人工智能无关。尽管没有在 DP 和学习算法之间建立特定的联系，Andreae (1969b) 在强化学习的背景下提到了 DP，特别是策略迭代。Werbos (1977) 提出了一种近似 DP 的方法，称之为“启发式动态规划”，强调连续状态问题的梯度下降方法 (Werbos, 1982，1987，1988，1989，1992)。这些方法与我们在本书中讨论的强化学习算法密切相关。Watkins (1989) 明确地将强化学习与 DP 联系起来，并将一类强化学习方法表征为“增量动态规划”。

4.1–4 这几节描述了完善的 DP 算法，上面提及的任何一篇 DP 参考文献中都涵盖了这些算法。策略改进定理和策略迭代算法是由 Bellman (1957a) 和 Howard (1960) 提出的。我们的介绍受到了 Watkins (1989) 对策略改进的看法的影响。我们对将价值迭代视为截断策略迭代的一种形式的讨论基于 Puterman 和 Shin (1978) 提出的方法。他们提出了一类称为修正策略迭代的算法，其中将策略迭代和价值迭代作为了特例。Bertsekas (1987) 提出的一个分析说明了价值迭代是如何在有限的时间内找到最优策略的。

迭代策略评估是典型的逐次逼近算法用于求解线性方程组的一个例子。该算法的一个版本使用两个数组，其中一个用于保存旧值，而另一个进行更新。在 Jacobi 使用这种方法之后，这一版本通常被称为 *Jacobi* 型算法。它有时也被称为同步算法，因为其效果就好像所有值都在同一时间更新一样。注意，第二个数组是必需的，因为我们需要用顺序计算的方法来模拟并行更新。第二个版本的算法是“就地更新”算法，通常被称为 *Gauss-Seidel* 型算法，这源于经典的 Gauss-Seidel 算法被成功地用于求解线性方程组。不仅是迭代策略评估，其他的 DP 算法也都可以采用这些不同的版本来实现。Bertsekas 和 Tsitsiklis (1989) 对这些变化及其性能差异给出了极好的分析与研究。

4.5 Bertsekas (1982，1983) 提出异步 DP 算法，并称它们为分布式 DP 算法。异步 DP 算法的最初动机是想要在多处理器系统上实现，也就是说，在处理器之间存在通信延迟，并且没有全局同步时钟。Bertsekas 和 Tsitsiklis (1989) 对这些算法进行了广泛的讨论。*Jacobi* 型和 *Gauss-Seidel* 型的 DP 算法是异步版本的特例。Williams 和 Baird (1990) 提出了一类 DP 算法，这些算法在比我们讨论过的更细的粒度上是异步的：更新操作本身也被分解为可以异步执行的步骤。

4.7 在 Michael Littman 的帮助下，本节基于 Littman、Dean 和 Kaelbling (1995) 进行编写。“维度灾难”一词是 Bellman (1957a) 提出的。将线性规划应用于强化学习的奠基性工作是由 Daniela de Farias (de Farias, 2002；de Farias 和 Van Roy，2003) 做出的。

5 蒙特卡洛方法

在这一章中，我们考虑第一类实用的估计价值函数并寻找最优策略的算法。与第 4 章不同，在这里我们并不假设拥有完备的环境知识。蒙特卡洛算法仅仅需要经验，即从真实或者模拟的环境交互中采样得到的状态、动作、收益的序列。从真实经验中进行学习是非常好的，因为它不需要关于环境动态变化规律的先验知识，却依然能够达到最优的行为。从模拟经验中学习也是同样有效的，尽管这时需要一个模型，但这个模型只需要能够生成状态转移的一些样本，而不需要像动态规划 (DP) 算法那样生成所有可能转移的概率分布。在绝大多数情况下，虽然很难得到显式的分布，但从希望得到的分布进行采样却很容易。

蒙特卡洛算法通过平均样本的回报来解决强化学习问题。为了保证能够得到有良好定义的回报，这里我们只定义用于分幕式任务的蒙特卡洛算法。在分幕式任务中，我们假设一段经验可以被分为若干个幕，并且无论选取怎样的动作整个幕一定会终止。价值估计以及策略改进在整个幕结束时才进行。因此蒙特卡洛算法是逐幕做出改进的，而非在每一步 (在线) 都有改进。通常，术语“蒙特卡洛”泛指任何包含大量随机成分的估计方法。在这里我们用它特指那些对完整的回报取平均的算法 (而非在下一章中介绍的从部分回报中学习的算法)。

第 2 章中的赌博机算法采样并平均每个动作的*收益*，蒙特卡洛算法与之类似，采样并平均每一个“状态-动作”二元组的*回报* 。这里主要的区别在于，我们现在有多个状态，每一个状态都类似于一个不同的赌博机问题 (如关联搜索或者上下文相关的赌博机)，并且这些不同的赌博机问题是相互关联的。换言之，在某个状态采取动作之后的回报取决于在同一个幕内后来的状态中采取的动作。由于所有动作的选择都在随时刻演进而不断地学习，所以从较早状态的视角来看，这个问题是非平稳的。

为了处理其非平稳性，我们采用了类似于第 4 章中研究 DP 时提到的广义策略迭

代 (GPI) 算法的思想。当时我们从马尔可夫决策过程的知识中计算价值函数，而现在我们从马尔可夫决策过程采样样本的经验回报中学习价值函数。价值函数和其对应的策略依然以同样的方式 (GPI) 保证其最优性。与在 DP 的章节中一样，我们首先考虑预测问题 (对任意一个固定的策略 π 计算其 v_π 与 q_π)，然后再考虑策略的改进问题，最后讨论控制问题以及通过 GPI 所得到的解。DP 中的所有思想都会拓展到蒙特卡洛方法中，唯一的区别在于，这里我们只有通过采样获得的经验。

5.1 蒙特卡洛预测

我们首先考虑如何在给定一个策略的情况下，用蒙特卡洛算法来学习其状态价值函数。我们已经知道一个状态的价值是从该状态开始的期望回报，即未来的折扣收益累积值的期望。那么一个显而易见的方法是根据经验进行估计，即对所有经过这个状态之后产生的回报进行平均。随着越来越多的回报被观察到，平均值就会收敛于期望值。这一想法是所有蒙特卡洛算法的基础。

特别是，假设给定在策略 π 下途经状态 s 的多幕数据，我们想估计策略 π 下状态 s 的价值函数 $v_\pi(s)$。在给定的某一幕中，每次状态 s 的出现都称为对 s 的一次*访问*。当然，在同一幕中，s 可能会被多次访问到。在这种情况下，我们称第一次访问为 s 的*首次访问*。*首次访问型 MC 算法*用 s 的所有首次访问的回报的平均值估计 $v_\pi(s)$，而*每次访问型 MC 算法*则使用所有访问的回报的平均值。这两种蒙特卡洛 (MC) 算法十分相似但却有着不同的理论基础。“首次访问型 MC 算法”从 20 世纪 40 年代开始就被人们进行了大量的研究，是我们这一章主要关注的算法。“每次访问型 MC 算法”则能更自然地扩展到函数近似与资格迹方法，我们将分别在第 9 章和第 12 章中介绍这两个概念。下框中展示的是“首次访问型 MC 算法”的伪代码。除了无须检查 S_t 是否在当前幕的早期时段出现过之外，“每次访问型 MC 算法”的流程与此相同。

当 s 的访问次数 (或首次访问次数) 趋向无穷时，首次访问型 MC 和每次访问型 MC 均会收敛到 $v_\pi(s)$。对于首次访问型 MC 来说，这个结论是显然的。算法中的每个回报值都是对 $v_\pi(s)$ 的一个独立同分布的估计，且估计的方差是有限的。根据大数定理，这一平均值的序列会收敛到它们的期望值。每次平均都是一个无偏估计，其误差的标准差以 $1/\sqrt{n}$ 衰减，这里的 n 是被平均的回报值的个数。在每次访问型 MC 中，这个结论就没有这么显然，但它也会二阶收敛到 $v_\pi(s)$ (Singh 和 Sutton，1996)。

首次访问型 MC 预测算法，用于估计 $V \approx v_\pi$

输入：待评估的策略 π
初始化：
　　对所有 $s \in \mathcal{S}$，任意初始化 $V(s) \in \mathbb{R}$
　　对所有 $s \in \mathcal{S}$，$Returns(s) \leftarrow$ 空列表
无限循环 (对每幕)：
　　根据 π 生成一幕序列：$S_0, A_0, R_1, S_1, A_1, R_2, \ldots, S_{T-1}, A_{T-1}, R_T$
　　$G \leftarrow 0$
　　对本幕中的每一步进行循环，$t = T-1, T-2, \ldots, 0$：
　　　　$G \leftarrow \gamma G + R_{t+1}$
　　　　除非 S_t 在 $S_0, S_1, \ldots, S_{t-1}$ 中已出现过：
　　　　　　将 G 加入 $Returns(S_t)$
　　　　　　$V(S_t) \leftarrow \text{average}(Returns(S_t))$

下面我们通过一个例子来讲解如何应用蒙特卡洛算法。

例 5.1 二十一点　*二十一点*是一种流行于赌场的游戏，其目标是使得你的扑克牌点数之和在不超过 21 的情况下越大越好。所有的人头牌 (J、Q、K) 的点数为 10，A 既可当作 1 也可当作 11。假设每一个玩家都独立地与庄家进行比赛。游戏开始时会给各玩家与庄家发两张牌。庄家的牌一张正面朝上一张背面朝上。玩家直接获得 21 点 (一张 A 与一张 10) 的情况称之为*天和*。此时玩家直接获胜，除非庄家也是天和，那就是平局。如果玩家不是天和，那么他可以一张一张地继续*要牌*，直到他主动停止 (*停牌*) 或者牌的点数和超过 21 点 (*爆牌*)。如果玩家爆牌了就算输掉比赛。如果玩家选择停牌，就轮到庄家行动。庄家根据一个固定的策略进行游戏：他一直要牌，直到点数等于或超过 17 时停牌。如果庄家爆牌，那么玩家获胜，否则根据谁的点数更靠近 21 决定胜负或平局。

二十一点是一个典型的分幕式有限马尔可夫决策过程。可以将每一局看作一幕。胜、负、平局分别获得收益 +1、−1 和 0。每局游戏进行中的收益都为 0，并且不打折扣 ($\gamma = 1$)；所以最终的收益即为整个游戏的回报。玩家的动作为要牌或停牌。状态则取决于玩家的牌与庄家显示的牌。我们假设所有的牌来自无穷多的一组牌 (即每次取出的牌都会再放回牌堆)，因此就没有必要记下已经抽了哪些牌。如果玩家手上有一张 A，可以视作 11 且不爆牌，那么称这张 A 为*可用的*。此时这张牌总会被视作 11，因为如果视作 1 的话，点数总和必定小于等于 11，而这时玩家就无须进行选择，可以直接要牌，因为抽牌几乎一定会更优。所以，玩家做出的选择只会依赖于三个变量：他手牌的总和 (12∼21)，庄家显示的牌 (A∼10)，以及他是否有可用的 A。这样共计就有 200 个状态。

考虑下面这种策略，玩家在手牌点数之和小于 20 时要牌，否则停牌。为了通过蒙特卡洛法计算这种策略的状态价值函数，需要根据该策略模拟很多次二十一点游戏，并且计算每一个状态的回报的平均值。我们得到了如图 5.1 所示的状态价值函数。有可用的 A 的状态的估计会更不确定、不规律，因为这样的状态更加罕见。无论是哪种情况，在大约 500 000 局游戏后，价值函数都能很好地近似。

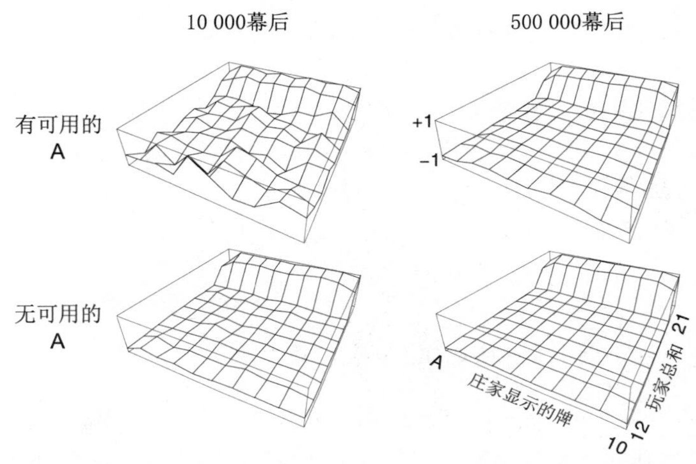

图 5.1 当玩二十一点游戏的策略为只在点数和为 20 或 21 停牌时，通过蒙特卡洛策略评估计算得到的近似状态价值函数 ■

练习 5.1 考虑图 5.1 右侧的图。为什么估计的价值函数在最后两行突然增高？为什么它在最靠左侧的一列降低？为什么上方图中靠前的值比下方图中对应位置要高？ □

练习 5.2 假如我们在解决二十一点问题时使用的不是首次访问型蒙特卡洛算法而是每次访问型蒙特卡洛算法，那么你觉得结果会非常不一样吗？为什么？ □

即使我们完全了解这个任务的环境知识，使用 DP 方法来计算价值函数也不容易。因为 DP 需要知道下一个时刻的概率分布，它需要知道表示环境动态的四元函数 p，而这在二十一点问题中是很难得到的。比如，假设玩家手牌的点数为 14，然后选择停牌。如果将玩家最后得到 +1 的收益的概率视作庄家显示的牌的函数，那么该如何进行求解？在 DP 之前必须计算得到所有的这些概率，然而这些计算通常既复杂又容易出错。相反，通过蒙特卡洛算法生成一些游戏的样本则非常容易，且这种情况很常见。蒙特卡洛算法只需利用若干幕采样序列就能计算的特性是一个巨大的优势，即便我们已知整个环境的动态特性也是如此。

我们是否能够将回溯图的思想应用到蒙特卡洛算法中呢？回溯图的基本思想是顶部为

待更新的根节点，下面则是中间与叶子节点，它们的收益和近似价值都会在更新时用到。

如右图所示，在蒙特卡洛算法中估计 v_π 时，根为一个状态节点，然后往下是某幕样本序列一直到终止状态为止的完整轨迹，其中包含该幕中的全部状态转移。DP 的回溯图 (第 57 页) 显示了所有可能的转移，而蒙特卡洛算法则仅仅显示在当前幕中采样到的那些转移。DP 的回溯图仅仅包含一步转移，而蒙特卡洛算法则包含了到这一幕结束为止的所有转移。回溯图上的这些区别清楚地体现了这两种算法之间的本质区别。

蒙特卡洛算法的一个重要的事实是：对于每个状态的估计是独立的。它对于一个状态的估计完全不依赖于对其他状态的估计，这与 DP 完全不同。换言之，蒙特卡洛算法并没有使用我们在之前章节中描述的自举思想。

特别需要注意的是，计算一个状态的代价与状态的个数是无关的。这使得蒙特卡洛算法适合在仅仅需要获得一个或者一个子集的状态的价值函数时使用。我们可以从这个特定的状态开始采样生成一些幕序列，然后获取回报的平均值，而完全不需要考虑其他的状态。这是蒙特卡洛方法相比于 DP 的第三个优势 (另外两个优势是：可以从实际经历和模拟经历中学习)。

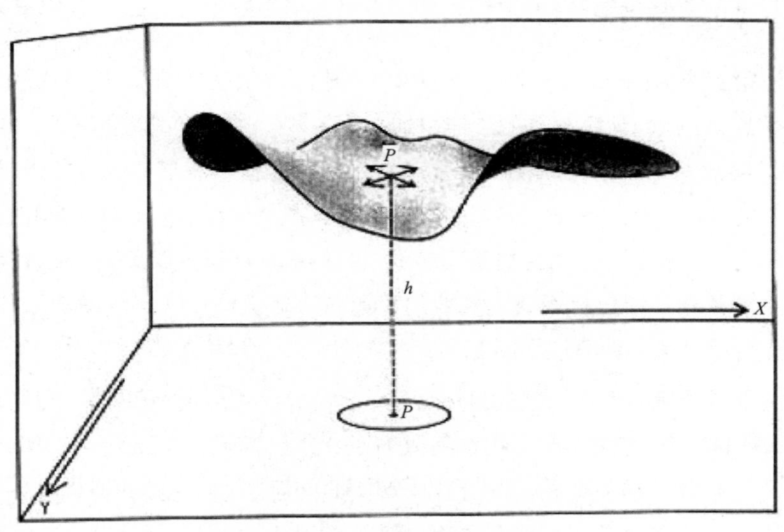

线框上的肥皂泡

原图来自 Hersh 和 Griego (1969)。转载许可。版权所有 (1969) Scientific American, a division of Nature America, Inc. 保留所有权利。

例 5.2 肥皂泡　假设一个闭合的线框浸泡在肥皂水中，沿着线框的边缘形成了一个肥皂泡。如果线框的几何形状不规则但是已知，我们该如何计算肥皂泡表面的形状呢？这个形状满足任意一点受到相邻部分施加的外力和为零 (否则形状会发生改变) 的条件。这意味着在表面上的任意一点，其高度等于它邻域的其他点的高度的平均值。此外，表面的边界必须恰好与线框重合。这个问题通常的解法是将整个表面网格化，然后通过迭代计算每个网格的高度。在线框上的网格的高度固定为线框的高度，其他的点则调整为四个相邻网格高度的平均值。就像 DP 的策略迭代一样，不停迭代这个过程，最终会收敛到一个所求表面的近似值。

蒙特卡洛算法最早用来解决的问题类型与这个问题十分相似。我们可以不进行上述的迭代计算，而是在表面上选一个网格点开始随机行走，每一步等概率地走到相邻的四个网格点之一，直到到达边界。这样到达的边界点的高度的期望值就是起点高度的一个近似 (事实上，之前迭代方法计算的也是此值)。因此，某个网格点的高度可以通过从此点开始的多次随机行走的终点的高度的平均值来近似。如果人们只对一个点，或者一小部分点组成的集合比较感兴趣，那么这种蒙特卡洛法比起迭代法更加有效率。 ■

5.2 动作价值的蒙特卡洛估计

如果无法得到环境的模型，那么计算*动作*的价值 (“状态-动作”二元组的价值，也即动作价值函数的值) 比起计算*状态*的价值更加有用一些。在有模型的情况下，单靠状态价值函数就足以确定一个策略：用在 DP 那一章讲过的方法，我们只需要简单地向前看一步，选取特定的动作，使得当前收益与后继状态的状态价值函数之和最大即可。但在没有模型的情况下，仅仅有状态价值函数是不够的。我们必须通过显式地确定每个动作的价值函数来确定一个策略。所以这里我们主要的目标是使用蒙特卡洛算法确定 q_*。因此我们首先考虑动作价值函数的策略评估问题。

动作价值函数的策略评估问题的目标就是估计 $q_\pi(s,a)$，即在策略 π 下从状态 s 采取动作 a 的期望回报。只需将对状态的访问改为对“状态-动作”二元组的访问，蒙特卡洛算法就可以用几乎和之前完全相同的方式来解决此问题。如果在某一幕中状态 s 被访问并在这个状态中采取了动作 a，我们就称“状态-动作”二元组 (s,a) 在这一幕中被访问到。每次访问型 MC 算法将所有“状态-动作”二元组得到的回报的平均值作为价值函数的近似；而首次访问型 MC 算法则将每幕第一次在这个状态下采取这个动作得到的回报的平均值作为价值函数的近似。和之前一样，在对每个“状态-动作”二元组的访问次数趋向无穷时，这些方法都会二次收敛到动作价值函数的真实期望值。

这里唯一的复杂之处在于一些“状态-动作”二元组可能永远不会被访问到。如果 π 是一个确定性的策略，那么遵循 π 意味着在每一个状态中只会观测到一个动作的回报。在无法获取回报进行平均的情况下，蒙特卡洛算法将无法根据经验改善动作价值函数的估计。这个问题很严重，因为学习动作价值函数就是为了帮助在每个状态的所有可用的动作之间进行选择。为了比较这些动作，我们需要估计在一个状态中可采取的*所有*动作的价值函数，而不仅仅是当前更偏好的某个特定动作的价值函数。

如同在第 2 章的 k臂赌博机问题中提及的一样，这是一个如何*保持试探*的普遍问题。为了实现基于动作价值函数的策略评估，我们必须保证持续的试探。一种方法是将指定的*“状态-动作”二元组作为起点*开始一幕采样，同时保证所有“状态-动作”二元组都有非零的概率可以被选为起点。这样就保证了在采样的幕个数趋向于无穷的时候，每一个“状态-动作”二元组都会被访问到无数次。我们把这种假设称为*试探性出发*。

试探性出发假设有时非常有效，但当然也并非总是那么可靠。特别是当直接从真实环境中进行学习时，这个假设就很难满足了。作为替代，另一种常见的确保每一个“状态-动作”二元组被访问到的方法是，只考虑那些在每个状态下所有动作都有非零概率被选中的随机策略。我们将在后文讨论此方法的两个重要的变种。现在，我们先保留试探性出发假设来完成完整的蒙特卡洛控制算法的展示。

练习 5.3　计算 q_π 的蒙特卡洛估计的回溯图是什么样的？ □

5.3　蒙特卡洛控制

现在已经可以考虑如何使用蒙特卡洛估计来解决控制问题了，即如何近似最优的策略。基本的思想是采用在 DP 章节中介绍的广义策略迭代 (GPI)。在 GPI 中，我们同时维护一个近似的策略和近似的价值函数。价值函数会不断迭代使其更加精确地近似对应当前策略的真实价值函数，而当前的策略也会根据当前的价值函数不断调优，右图显示了这一过程。这两个过程在一定程度上会相互影响，因为它们互相为对方确定了一个变化的优化目标，但它们整体会使得策略与价值函数趋向最优解。

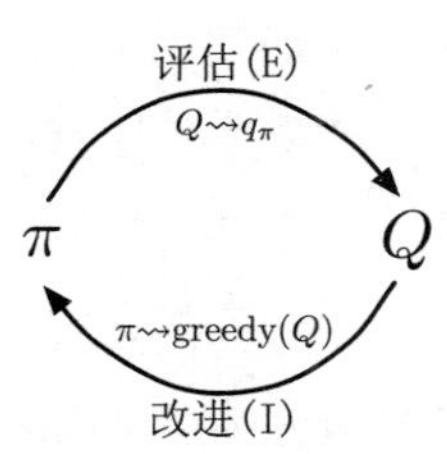

首先，我们讨论经典策略迭代算法的蒙特卡洛版本。这种方法从任意的策略 π_0 开始交替进行完整的策略评估和策略改进，最终得到最优的策略和动作价值函数

$$\pi_0 \xrightarrow{\mathrm{E}} q_{\pi_0} \xrightarrow{\mathrm{I}} \pi_1 \xrightarrow{\mathrm{E}} q_{\pi_1} \xrightarrow{\mathrm{I}} \pi_2 \xrightarrow{\mathrm{E}} \cdots \xrightarrow{\mathrm{I}} \pi_* \xrightarrow{\mathrm{E}} q_*,$$

这里，$\xrightarrow{\text{E}}$ 表示策略评估，而 $\xrightarrow{\text{I}}$ 表示策略改进。策略评估完全按照前一节所述的方法进行。经历了很多幕后，近似的动作价值函数会渐近地趋向真实的动作价值函数。现在假设我们观测到了无限多幕的序列，并且这些幕保证了试探性出发假设。在这种情况下，对于任意的 π_k，蒙特卡洛算法都能精确地计算对应的 q_{π_k}。

策略改进的方法是在当前价值函数上贪心地选择动作。由于我们有*动作价值函数*，所以在贪心的时候完全不需要使用任何的模型信息。对于任意的一个动作价值函数 q，对应的贪心策略为：对于任意一个状态 $s \in \mathcal{S}$，必定选择对应动作价值函数最大的动作

$$\pi(s) \doteq \arg\max_a q(s, a). \tag{5.1}$$

策略改进可以通过将 q_{π_k} 对应的贪心策略作为 π_{k+1} 来进行。这样的 π_k 和 π_{k+1} 满足策略改进定理 (4.2 节)，因为对所有的状态 $s \in \mathcal{S}$，

$$\begin{aligned}
q_{\pi_k}(s, \pi_{k+1}(s)) &= q_{\pi_k}(s, \arg\max_a q_{\pi_k}(s, a)) \\
&= \max_a q_{\pi_k}(s, a) \\
&\geqslant q_{\pi_k}(s, \pi_k(s)) \\
&\geqslant v_{\pi_k}(s).
\end{aligned}$$

我们在之前章节中讨论过，这个定理保证 π_{k+1} 一定比 π_k 更优，除非 π_k 已经是最优策略，这种情况下两者均为最优策略。这个过程反过来保证了整个流程一定收敛到最优的策略和最优的价值函数。这样，在只能得到若干幕采样序列而不知道环境动态知识时，蒙特卡洛算法就可以用来寻找最优策略。

我们在上文提出了两个很强的假设来保证蒙特卡洛算法的收敛。一个是试探性出发假设，另一个是在进行策略评估的时候有无限多幕的样本序列进行试探。为了得到一个实际可用的算法，我们必须去除这两个假设。第一个假设在本章后面讨论。

首先我们先讨论在进行策略评估时可以观测到无限多幕样本序列这一假设。这个假设比较容易去除。事实上，在经典 DP 算法，比如迭代策略评估中也出现了同样的问题，它的结果也仅仅是渐近地收敛于真实的价值函数。无论是 DP 还是蒙特卡洛算法，有两个方法可以解决这一问题。一种方法是想方设法在每次策略评估中对 q_{π_k} 做出尽量好的逼近。这就需要做一些假设并定义一些测度，来分析逼近误差的幅度和出现概率的上下界，然后采取足够多的步数来保证这些界足够小。这种方法可以保证收敛到令人满意的近似水平。然而在实际使用中，即使问题规模很小，这种方法也可能需要有大量的幕序列以用于计算。

第二种避免无限多幕样本序列假设的方法是不再要求在策略改进前就完成策略评估。在每一个评估步骤中，我们让动作价值函数逼近 q_{π_k}，但我们并不期望它在经过很多步之前非常接近真实的值。在 4.6 节中我们首次介绍 GPI 时就提及了这种思想。这种思想的一种极端实现形式就是价值迭代，即在相邻的两步策略改进中只进行一次策略评估，而不要求多次迭代后的收敛。价值迭代的“就地更新”版本则更加极端：在单个状态中交替进行策略的改进与评估。

对于蒙特卡洛策略迭代，自然可以逐幕交替进行评估与改进。每一幕结束后，使用观测到的回报进行策略评估，然后在该幕序列访问到的每一个状态上进行策略的改进。使用这个思路的一个简单的算法，称作*基于试探性出发的蒙特卡洛* (*蒙特卡洛 ES*)，下框中给出了这个算法。

蒙特卡洛 ES (试探性出发)，用于估计 $\pi \approx \pi_*$

初始化：
  对所有 $s \in \mathcal{S}$，任意初始化 $\pi(s) \in \mathcal{A}(s)$
  对所有 $s \in \mathcal{S}$，$a \in \mathcal{A}(s)$，任意初始化 $Q(s,a) \in \mathbb{R}$
  对所有 $s \in \mathcal{S}$，$a \in \mathcal{A}(s)$，$Returns(s,a) \leftarrow$ 空列表
无限循环 (对每幕)：
  选择 $S_0 \in \mathcal{S}$ 和 $A_0 \in \mathcal{A}(S_0)$ 以使得所有“状态-动作”二元组的概率都 > 0
  从 S_0, A_0 开始根据 π 生成一幕序列：$S_0, A_0, R_1, \ldots, S_{T-1}, A_{T-1}, R_T$
  $G \leftarrow 0$
  对幕中的每一步循环，$t = T-1, T-2, \ldots, 0$：
    $G \leftarrow \gamma G + R_{t+1}$
    除非二元组 S_t, A_t 在 $S_0, A_0, S_1, A_1 \ldots, S_{t-1}, A_{t-1}$ 中已出现过：
      将 G 加入 $Returns(S_t, A_t)$
      $Q(S_t, A_t) \leftarrow \text{average}(Returns(S_t, A_t))$
      $\pi(S_t) \leftarrow \text{argmax}_a Q(S_t, a)$

练习 5.4 该框中的蒙特卡洛 ES 伪代码效率不高。因为对于每一个“状态-动作”二元组，它都需要维护一个列表存放所有的回报值，然后反复地计算它们的平均值。我们其实可以采用更高效的方法来计算，类似 2.4 节中介绍的，我们仅需维护一个平均值和一个统计量 (对每一个“状态-动作”二元组)，然后增量式地去更新就可以了。描述一下如何修改伪代码来实现这个更高效的算法。 □

在蒙特卡洛 ES 中，无论之前遵循的是哪一个策略，对于每一个“状态-动作”二元组的所有回报都被累加并平均。可以很容易发现，蒙特卡洛 ES 不会收敛到任何一个次优策

略。因为如果真的收敛到次优策略，其价值函数一定会收敛到该策略对应的价值函数，而在这种情况下还会得到一个更优的策略。只有在策略和价值函数都达到最优的情况下，稳定性才能得到保证。因为动作价值函数的变化随着时间增加而不断变小，所以应该一定能收敛到这个不动点，然而这一点还没有得到严格的证明。我们认为这是强化学习基础理论中最重要的开放问题之一 (部分解法可以参见 Sitsiklis, 2002)。

例 5.3 解决二十一点问题 使用蒙特卡洛 ES 可以很直接地解决二十一点问题。由于所有幕都是模拟的游戏，因此可以很容易地使所有可能的起点概率都不为零，确保试探性出发假设成立。在这个例子中，只需要简单地随机等概率选择庄家的扑克牌、玩家手牌的点数，以及确定是否有可用的 A 即可。我们使用之前的例子中提及的策略作为初始策略：即只在 20 或 21 点停牌。初始的动作价值函数可以全部为零。图 5.2 显示了蒙特卡洛 ES 得出的二十一点游戏的最优策略。这个策略与 Thorp (1966) 发现的基础策略相比，除了其中不存在可用的 A 外，其他完全相同。我们不确定造成这一差异的原因，但是我们相信这是我们描述的二十一点游戏版本的最优策略。

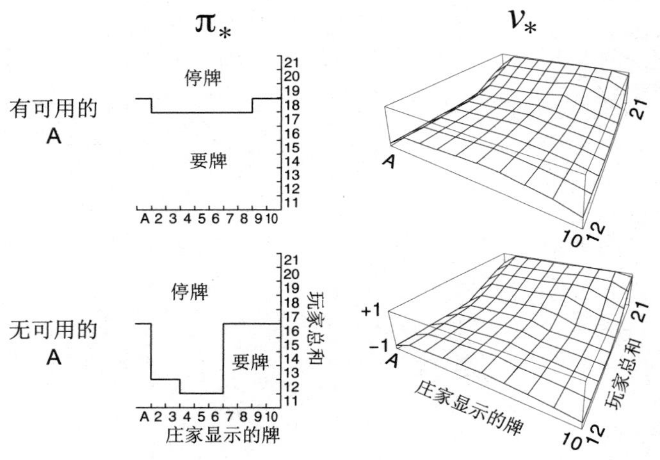

图 5.2 通过蒙特卡洛 ES 得到的二十一点游戏的最优策略和状态价值函数。这里的状态价值函数是由通过蒙特卡洛 ES 得到的动作价值函数计算得到的 ■

5.4 没有试探性出发假设的蒙特卡洛控制

如何避免很难被满足的试探性出发假设呢？唯一的一般性解决方案就是智能体能够持续不断地选择所有可能的动作。有两种方法可以保证这一点，分别被称为同轨策略 (*on-policy*) 方法和离轨策略 (*off-policy*) 方法。在同轨策略中，用于生成采样数据序列的策略和用于实际决策的待评估和改进的策略是相同的；而在离轨策略中，用于评估或者改进的策略与生成采样数据的策略是不同的，即生成的数据"离开"了待优化的策略所决定的决策序列轨迹。上文提及的蒙特卡洛 ES 算法是同轨策略方法的一个例子。这一节我们将介绍如何设计一个同轨策略的蒙特卡洛控制方法，使其不再依赖于不合实际的试探性出发假设。离轨策略方法将在下一节中介绍。

在同轨策略方法中，策略一般是"软性"的，即对于任意 $s \in \mathcal{S}$ 以及 $a \in \mathcal{A}(s)$，都有 $\pi(a|s) > 0$，但它们会逐渐地逼近一个确定性的策略。第 2 章中提到的很多方法都能做到这一点。在这一节中我们介绍的同轨策略方法称为 ε-贪心策略，意思是在绝大多数时候都采取获得最大估计值的动作价值函数所对应的动作，但同时以一个较小的 ε 概率随机选择一个动作。即对于所有的非贪心动作，都有 $\frac{\varepsilon}{|\mathcal{A}(s)|}$ 的概率被选中，剩余的大部分的概率为 $1-\varepsilon+\frac{\varepsilon}{|\mathcal{A}(s)|}$，这是选中贪心动作的概率。这种 ε-贪心策略是 ε-软性策略的一个例子，即对某个 $\varepsilon > 0$，所有的状态和动作都有 $\pi(a|s) \geqslant \frac{\varepsilon}{|\mathcal{A}(s)|}$。在所有 ε-软性策略中，ε-贪心策略在某种层面上是最接近贪心策略的。

同轨策略算法的蒙特卡洛控制的总体思想依然是 GPI。如同蒙特卡洛 ES 一样，我们使用首次访问型 MC 算法来估计当前策略的动作价值函数。然而，由于缺乏试探性出发假设，我们不能简单地通过对当前价值函数进行贪心优化来改进策略，否则就无法进一步试探非贪心的动作。幸运的是，GPI 并不要求优化过程中所遵循的策略一定是贪心的，只需要它逐渐逼近贪心策略即可。在我们的同轨策略算法中，我们仅仅改为遵循 ε-贪心策略。对于任意一个 ε-软性策略 π，根据 q_π 生成的任意一个 ε-贪心策略保证优于或等于 π。完整的算法在下框中给出。

同轨策略的首次访问型 MC 控制算法 (对于 ε-软性策略)，用于估计 $\pi \approx \pi_*$

算法参数：很小的 $\varepsilon > 0$
初始化：
　　$\pi \leftarrow$ 一个任意的 ε-软性策略
　　对所有 $s \in \mathcal{S}$，$a \in \mathcal{A}(s)$，任意初始化 $Q(s,a) \in \mathbb{R}$
　　对所有 $s \in \mathcal{S}$，$a \in \mathcal{A}(s)$，$Returns(s,a) \leftarrow$ 空列表
无限循环 (对每幕)：
　　根据 π 生成一幕序列：$S_0, A_0, R_1, \ldots, S_{T-1}, A_{T-1}, R_T$
　　$G \leftarrow 0$
　　对幕中的每一步循环，$t = T-1, T-2, \ldots, 0$：
　　　$G \leftarrow \gamma G + R_{t+1}$
　　　除非"状态-动作"二元组 S_t, A_t 在 $S_0, A_0, S_1, A_1 \ldots, S_{t-1}, A_{t-1}$ 已出

现过：
　　把 G 加入 $Returns(S_t, A_t)$
　　$Q(S_t, A_t) \leftarrow \text{average}(Returns(S_t, A_t))$
　　$A^* \leftarrow \arg\max_a Q(S_t, a)$　　(有多个最大值时任意选取)
　　对所有 $a \in \mathcal{A}(S_t)$：

$$\pi(a|S_t) \leftarrow \begin{cases} 1 - \varepsilon + \varepsilon/|\mathcal{A}(S_t)| & \text{if } a = A^* \\ \varepsilon/|\mathcal{A}(S_t)| & \text{if } a \neq A^* \end{cases}$$

根据策略改进定理，对于一个 ε-软性策略 π，任何一个根据 q_π 生成的 ε-贪心策略都是对其的一个改进。假设 π' 是一个 ε-贪心策略。策略改进定理成立，因为对任意的 $s \in \mathcal{S}$，

$$\begin{aligned} q_\pi(s, \pi'(s)) &= \sum_a \pi'(a|s) q_\pi(s, a) \\ &= \frac{\varepsilon}{|\mathcal{A}(s)|} \sum_a q_\pi(s, a) \ + \ (1-\varepsilon) \max_a q_\pi(s, a) \qquad (5.2) \\ &\geqslant \frac{\varepsilon}{|\mathcal{A}(s)|} \sum_a q_\pi(s, a) \ + \ (1-\varepsilon) \sum_a \frac{\pi(a|s) - \frac{\varepsilon}{|\mathcal{A}(s)|}}{1-\varepsilon} q_\pi(s, a) \end{aligned}$$

(由于期望累加和是一个用和为 1 的非负权重进行的加权平均值，所以一定小于等于其中的最大值)。

$$\begin{aligned} &= \frac{\varepsilon}{|\mathcal{A}(s)|} \sum_a q_\pi(s, a) \ - \ \frac{\varepsilon}{|\mathcal{A}(s)|} \sum_a q_\pi(s, a) \ + \ \sum_a \pi(a|s) q_\pi(s, a) \\ &= v_\pi(s). \end{aligned}$$

所以，根据策略改进定理，$\pi' \geqslant \pi$，即对于任意的 $s \in \mathcal{S}$，满足 $v_{\pi'}(s) \geqslant v_\pi(s)$。下面证明该式的等号成立的条件是：当且仅当 π' 和 π 都为最优的 ε-软性策略，即它们都比所有其他的 ε-软性策略更优或相同。

设想一个与原先环境几乎相同的新环境，唯一的区别是我们将策略是 ε-软性这一要求“移入”环境中。新的环境与旧的环境有相同的动作与状态集，并表现出如下的行为。在状态 s 采取动作 a 时，新环境有 $1-\varepsilon$ 的概率与旧环境的表现完全相同。然后以 ε 的概率重新等概率选择一个动作，然后有和旧环境采取这一新的随机动作一样的表现。在这个新环境中的最优策略的表现和旧环境中最优的 ε-软性策略的表现是相同的。令 $\widetilde{v}_*$ 和 $\widetilde{q}_*$ 为新环境的最优价值函数，则当且仅当 $v_\pi = \widetilde{v}_*$ 时，策略 π 是一个最优的 ε-软性策略。根据 $\widetilde{v}_*$ 的定义，我们知道它是下式的唯一解

$$\widetilde{v}_*(s) = (1-\varepsilon) \max_a \widetilde{q}_*(s, a) + \frac{\varepsilon}{|\mathcal{A}(s)|} \sum_a \widetilde{q}_*(s, a)$$

$$
\begin{aligned}
&= (1-\varepsilon)\max_a \sum_{s',r} p(s',r\,|\,s,a)\Big[r+\gamma\widetilde{v}_*(s')\Big] \\
&\quad + \frac{\varepsilon}{|\mathcal{A}(s)|}\sum_a\sum_{s',r} p(s',r\,|\,s,a)\Big[r+\gamma\widetilde{v}_*(s')\Big].
\end{aligned}
$$

当等式成立且 ε-软性策略 π 无法再改进的时候，由公式 (5.2) 我们有

$$
\begin{aligned}
v_\pi(s) &= (1-\varepsilon)\max_a q_\pi(s,a) + \frac{\varepsilon}{|\mathcal{A}(s)|}\sum_a q_\pi(s,a) \\
&= (1-\varepsilon)\max_a \sum_{s',r} p(s',r\,|\,s,a)\Big[r+\gamma v_\pi(s')\Big] \\
&\quad + \frac{\varepsilon}{|\mathcal{A}(s)|}\sum_a\sum_{s',r} p(s',r\,|\,s,a)\Big[r+\gamma v_\pi(s')\Big].
\end{aligned}
$$

然而，除了下标为 v_π 而不是 $\widetilde{v}_*$ 以外，这个等式和上一个完全相同。由于 $\widetilde{v}_*$ 是唯一解，因此一定有 $v_\pi=\widetilde{v}_*$。

实际上，这里我们已经介绍了如何让策略迭代适用于 ε-软性策略。将贪心策略的原生概念扩展到 ε-软性策略上，除了得到最优的 ε-软性策略外，每一步都能保证策略有改进。尽管这个分析假设了动作价值函数可以被精确计算，然而它与动作价值函数是如何计算的无关。这样我们就得到了和上一节几乎相同的结论。虽然现在我们只能获得 ε-软性策略集合中的最优策略，但我们已经不再需要试探性出发假设了。

5.5　基于重要度采样的离轨策略

所有的学习控制方法都面临一个困境：它们希望学到的动作可以使随后的智能体行为是最优的，但是为了搜索所有的动作 (以保证找到最优动作)，它们需要采取非最优的行动。如何在遵循试探策略采取行动的同时学习到最优策略呢？在前面小节中提到的同轨策略方法实际上是一种妥协 —— 它并不学习最优策略的动作值，而是学习一个接近最优而且仍能进行试探的策略的动作值。一个更加直接的方法是干脆采用两个策略，一个用来学习并最终成为最优策略，另一个更加有试探性，用来产生智能体的行动样本。用来学习的策略被称为*目标策略*，用于生成行动样本的策略被称为*行动策略*。在这种情况下，我们认为学习所用的数据“离开”了待学习的目标策略，因此整个过程被称为*离轨策略学习*。

在本书的后面章节我们同时考虑同轨策略和离轨策略方法。同轨策略方法通常更简单，更容易想到。离轨策略方法则需要一些额外的概念与记号，而且因为其数据来自一个不同的策略，所以离轨策略方法方差更大，收敛更慢。但另一方面，离轨策略方法更强

大，更通用。也可将同轨策略方法视为一种目标策略与行动策略相同的离轨策略方法的特例。离轨策略方法在实际应用中有许多其他用途。例如，它常用来学习通过传统的非学习型控制器或人类专家生成的数据。离轨策略学习也被视作学习外部世界动态特性的多步预测模型中的关键思想 (参见 17.2 节；Sutton，2009；Sutton et al.，2011)。

在本节中，我们通过讨论*预测*问题来开始对离轨策略方法的学习，在这个实例中，目标策略和行动策略都是固定的。假设我们希望预测 v_π 或 q_π，但是我们只有遵循另一个策略 b ($b \neq \pi$) 所得到的若干幕样本。在这种情况下，π 是目标策略，b 是行动策略，两个策略都固定且已知。

为了使用从 b 得到的多幕样本序列去预测 π，我们要求在 π 下发生的每个动作都至少偶尔能在 b 下发生。换句话说，对任意 $\pi(a|s) > 0$，我们要求 $b(a|s) > 0$。我们称其为*覆盖*假设。根据这个假设，在与 π 不同的状态中，b 必须是随机的。另一方面，目标策略 π 则可能是确定性的。实际上，这种情况是控制应用中很有趣的一类问题。在控制过程中，目标策略通常是一个确定性的贪心策略，它由动作价值函数的当前估计值所决定。而当行动策略是随机的且具有试探性时 (例如可使用 ε-贪心策略)，这个策略会成为一个确定性的最优策略。不过在本节中，我们仅仅讨论当 π 不变且已知时的“预测问题”。

几乎所有的离轨策略方法都采用了*重要度采样*，重要度采样是一种在给定来自其他分布的样本的条件下，估计某种分布的期望值的通用方法。我们将重要度采样应用于离轨策略学习，对回报值根据其轨迹在目标策略与行动策略中出现的相对概率进行加权，这个相对概率也被称为*重要度采样比*。给定起始状态 S_t，后续的状态-动作轨迹 $A_t, S_{t+1}, A_{t+1}, \ldots, S_T$ 在策略 π 下发生的概率是

$$
\begin{aligned}
&\Pr\{A_t, S_{t+1}, A_{t+1}, \ldots, S_T \mid S_t, A_{t:T-1} \sim \pi\} \\
&= \pi(A_t|S_t)p(S_{t+1}|S_t, A_t)\pi(A_{t+1}|S_{t+1}) \cdots p(S_T|S_{T-1}, A_{T-1}) \\
&= \prod_{k=t}^{T-1} \pi(A_k|S_k)p(S_{k+1}|S_k, A_k),
\end{aligned}
$$

这里，p 是在公式 (3.4) 中定义的状态转移概率函数。因此，在目标策略和行动策略轨迹下的相对概率 (重要度采样比) 是

$$
\rho_{t:T-1} \doteq \frac{\prod_{k=t}^{T-1} \pi(A_k|S_k)p(S_{k+1}|S_k, A_k)}{\prod_{k=t}^{T-1} b(A_k|S_k)p(S_{k+1}|S_k, A_k)} = \prod_{k=t}^{T-1} \frac{\pi(A_k|S_k)}{b(A_k|S_k)}. \tag{5.3}
$$

尽管整体的轨迹概率值与 MDP 的状态转移概率有关，而且 MDP 的转移概率通常是未知的，但是它在分子和分母中是完全相同的，所以可被约分。最终，重要度采样比只与两个策略和样本序列数据相关，而与 MDP 的动态特性 (状态转移概率) 无关。

回想一下，之前我们希望估计目标策略下的期望回报 (价值)，但我们只有行动策略中的回报 G_t。这些从行动策略中得到的回报的期望 $\mathbb{E}[G_t|S_t=s]=v_b(s)$ 是不准确的，所以不能用它们的平均来得到 v_π。这里就要用到重要度采样了。使用比例系数 $\rho_{t:T-1}$ 可以调整回报使其有正确的期望值

$$\mathbb{E}[\rho_{t:T-1}G_t \mid S_t=s]=v_\pi(s). \tag{5.4}$$

现在我们已经做好了准备工作，下面我们给出通过观察到的一批遵循策略 b 的多幕采样序列并将其回报进行平均来预测 $v_\pi(s)$ 的蒙特卡洛算法。为了方便起见，我们在这里对时刻进行编号时，即使时刻跨越幕的边界，编号也递增。也就是说，如果这批多幕采样序列中的第一幕在时刻 100 时在某个终止状态结束，下一幕就起始于 $t=101$。这样我们就可以使用唯一的时刻编号来指代特定幕中的特定时刻。特别地，对于每次访问型方法，我们可以定义所有访问过状态 s 的时刻集合为 $\mathcal{T}(s)$。而对于首次访问型方法，$\mathcal{T}(s)$ 只包含在幕内首次访问状态 s 的时刻。我们用 $T(t)$ 来表示在时刻 t 后的首次终止，用 G_t 来表示在 t 之后到达 $T(t)$ 时的回报值。那么 $\{G_t\}_{t\in\mathcal{T}(s)}$ 就是状态 s 对应的回报值，$\left\{\rho_{t:T(t)-1}\right\}_{t\in\mathcal{T}(s)}$ 是相应的重要度采样比。为了预测 $v_\pi(s)$，我们只需要根据重要度采样比来调整回报值并对结果进行平均即可

$$V(s)\doteq\frac{\sum_{t\in\mathcal{T}(s)}\rho_{t:T(t)-1}G_t}{|\mathcal{T}(s)|}. \tag{5.5}$$

通过这样一种简单平均实现的重要度采样被称为*普通重要度采样* 。

另一个重要的方法是*加权重要度采样*，它采用一种*加权*平均的方法，其定义为

$$V(s)\doteq\frac{\sum_{t\in\mathcal{T}(s)}\rho_{t:T(t)-1}G_t}{\sum_{t\in\mathcal{T}(s)}\rho_{t:T(t)-1}}, \tag{5.6}$$

如果分母为零，式 (5.6) 的值也定义为零。为了理解两种重要度采样方法的区别，我们讨论它们在首次访问型方法下，获得一个单幕回报之后的估计值。在加权平均的估计中，比例系数 $\rho_{t:T(t)-1}$ 在分子与分母中被约分，所以估计值就等于观测到的回报值，而与重要度采样比无关 (假设比例系数非零)。考虑到这个回报值是仅有的观测结果，所以这是一个合理的估计，但它的期望是 $v_b(s)$ 而不是 $v_\pi(s)$，在统计学意义上这个估计是有偏的。作为对比，使用简单平均公式 (5.5) 得到的结果在期望上总是 $v_\pi(s)$ (是无偏的)，但是其值可能变得很极端。假设比例系数是 10，这意味着，被观测到的决策序列轨迹遵循目标策略的可能性是遵循行动策略的 10 倍。在这种情况下，普通重要度采样的估计值会是观测到的回报值的 10 倍。也就是说，尽管该幕数据序列的轨迹应该可以非常有效地反映目标策略，但其估计值却会离观测到的回报值很远。

在数学上，两种重要度采样算法在首次访问型方法下的差异可以用偏差与方差来表示。普通重要度采样的估计是无偏的，而加权重要度采样的估计是有偏的 (偏差值渐近收敛到零)。另一方面，普通重要度采样的方差一般是无界的，因为重要度采样比的方差是无界的。而在加权估计中任何回报的最大权值都是 1。其实如果假设回报值有界，那么即使重要度采样比的方差是无穷的，加权重要度采样估计的方差仍能收敛到零 (Precup、Sutton 和 Dasgupta，2001)。在实际应用时，人们偏好加权估计，因为它的方差经常很小。尽管如此，我们不会完全放弃普通重要度采样，因为它更容易扩展到我们将在本书第 Ⅱ 部分提到的基于函数逼近的近似方法。

在 5.7 节中，我们将给出一个使用加权重要度采样进行离轨策略估计的完整的每次访问型 MC 算法。

练习 5.5　考虑只有一个非终止状态和一个单一动作的马尔可夫决策过程，动作设定为：以概率 p 跳回非终止状态，以概率 $1-p$ 转移到终止状态。令每一时刻所有转移的收益都是 +1，且 $\gamma=1$。假设你观察到一幕序列持续了 10 个时刻，获得了值为 10 的回报。则对这个非终止状态的首次访问型和每次访问型的价值估计分别是什么？ □

例 5.4 对二十一点游戏中的状态值的离轨策略估计　我们分别采用普通重要度采样和加权重要度采样，从离轨策略数据中估计单个二十一点游戏状态 (见例 5.1) 的值。之前的蒙特卡洛控制方法的优点之一是它们无须建立对其他状态的估计就能对单个状态进行估计。在这个例子中，我们评估这样一个状态，庄家露出一张牌 2，玩家的牌的和是 13，且玩家有一张可用的 A (也就是说，玩家有一张 A，一张 2，或者与之等价的情况有三张 A)。通过从这个状态开始等概率选择要牌或停牌 (行动策略) 可以得到采样数据。目标策略只在和达到 20 或 21 时停牌，这和在例 5.1 中一样。在目标策略中，这个状态的值大概

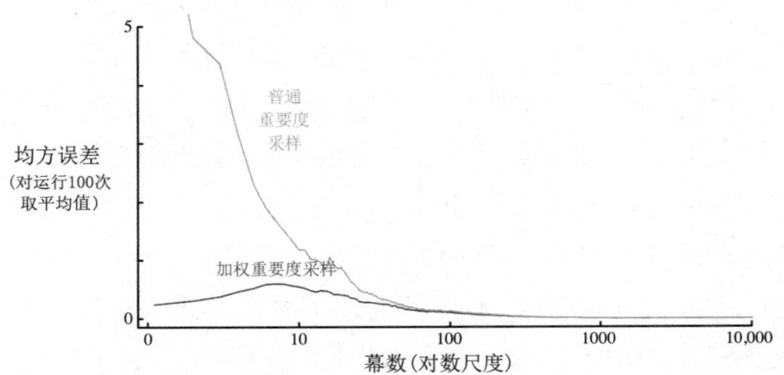

图 5.3　加权重要度采样可以从离轨策略数据中，对二十一点游戏中的状态的价值进行误差更小的估计 (见例 5.3)

是 −0.27726 (这是利用目标策略独立生成 1 亿幕数据后对回报进行平均得到的)。两种离轨策略方法在采用随机策略经过 1000 幕离轨策略数据采样后都很好地逼近了这个值。为了验证结果的可靠性，我们独立运行了 100 次，每一次都从估计为零开始学习 10 000 幕。图 5.3 展示了得到的学习曲线 —— 图中我们将每种方法的估计的均方误差视为幕数量的函数，并将运行 100 次的结果进行平均。两种算法的错误率最终都趋近于零，但是加权重要度采样在开始时错误率明显较低，这也是实践中的典型现象。■

例 5.5 无穷方差 普通重要度采样的估计的方差通常是无穷的，尤其当缩放过的回报值具有无穷的方差时，其收敛性往往不尽人意，而这种现象在带环的序列轨迹中进行离轨策略学习时很容易发生。图 5.4 显示了一个简单的例子。图中只有一个非终止状态 s 和两种动作：向左和向右。采取向右的动作将确定地向终止状态转移。采取向左的动作则有 0.9 的概率回到 s，0.1 的概率转移到终止状态，后一种转移的收益是 +1，其他转移则都是 0。我们讨论总是选择向左的动作的目标策略。所有在这种策略下的采样数据都包含了一些回到 s 的转移，最终转移到终止状态并返回 +1。所以，s 在目标策略下的价值始终是 1 ($\gamma = 1$)。假设我们正从离轨策略数据中估计这个价值，并且该离轨策略中的行动策略以等概率选择向右或向左的动作。

图 5.4 的下部展示了基于普通重要度采样的首次访问型 MC 算法的 10 次独立运行的结果。即使在数百万幕后，预测值仍然没有收敛到正确的值 1。作为对比，加权重要度采样算法在第一次以向左的动作结束的幕之后就给出了 1 的预测。所有不等于 1 的回报 (即

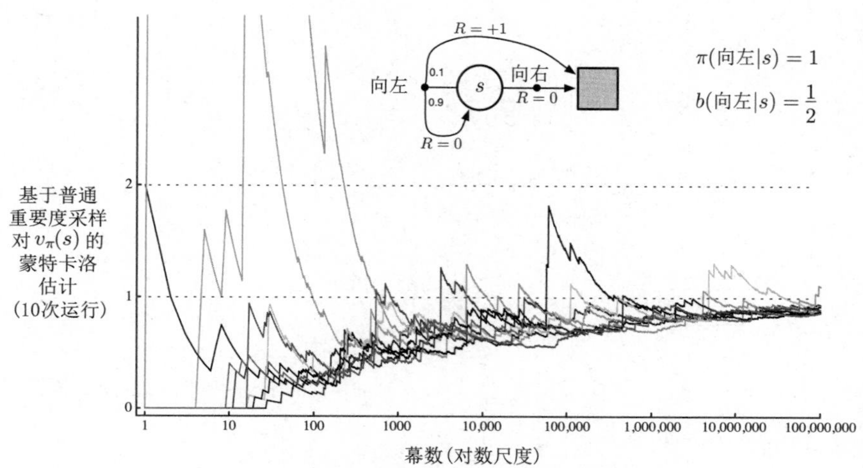

图 5.4 在图中的单状态 MDP 中 (见例 5.5)，普通重要度采样得到的估计值非常不稳定。这里正确的估计值是 1 ($\gamma = 1$)。尽管这确实是采样回报 (使用重要度采样) 的期望值，但这个采样的方差是无限大的，估计值并不会收敛到这个值。这些结果是通过离轨策略的首次访问型 MC 算法得到的

以向右的动作结束时得到的回报) 会与目标策略不符，因此重要度采样比 $\rho_{t:T(t)-1}$ 的值为零，对式 (5.6)中的分子与分母没有任何贡献。加权重要度采样算法只对与目标策略一致的回报进行加权平均，而所有这些回报值都是 1。

我们可以通过简单计算来确认，在这个例子中经过重要度采样加权过的回报值的方差是无穷的。随机变量 X 的方差的定义是其相对于均值 $\bar{X}$ 的偏差的期望值，可以写为

$$\mathrm{Var}[X] \doteq \mathbb{E}\Big[\big(X-\bar{X}\big)^2\Big] = \mathbb{E}\big[X^2 - 2X\bar{X} + \bar{X}^2\big] = \mathbb{E}\big[X^2\big] - \bar{X}^2.$$

因此，如果像在这个例子中这样，均值是有限的，那么当且仅当随机变量平方的期望是无穷时方差才为无穷。因此我们需要证明经过重要度采样加权过的回报的平方的期望是无穷

$$\mathbb{E}_b\left[\left(\prod_{t=0}^{T-1}\frac{\pi(A_t|S_t)}{b(A_t|S_t)}G_0\right)^2\right].$$

为了计算这个期望，我们把它根据幕的长度和终止情况进行分类。首先注意到，任意以向右的动作结束的幕，其重要度采样比都是零，因为目标策略永远不会采取这样的动作。这样的采样序列不会对期望产生贡献 (括号中的值等于零)，因此可以忽略。我们现在只需要考虑包含了一定数量 (可能是零) 的向左的动作返回到非终止状态，然后再接着一个向左的动作转移到终止状态的幕。所有这些幕的回报值都是 1，所以可以忽略 G_0 项。为了获得平方的期望，我们只需要考虑每种长度的幕，将每种长度的幕的出现概率乘以重要度采样比的平方，再将它们加起来：

$$\begin{aligned}
&= \frac{1}{2}\cdot 0.1\left(\frac{1}{0.5}\right)^2 && \text{(长度为 1 的幕)}\\
&\quad + \frac{1}{2}\cdot 0.9\cdot\frac{1}{2}\cdot 0.1\left(\frac{1}{0.5}\frac{1}{0.5}\right)^2 && \text{(长度为 2 的幕)}\\
&\quad + \frac{1}{2}\cdot 0.9\cdot\frac{1}{2}\cdot 0.9\cdot\frac{1}{2}\cdot 0.1\left(\frac{1}{0.5}\frac{1}{0.5}\frac{1}{0.5}\right)^2 && \text{(长度为 3 的幕)}\\
&\quad + \cdots\\
&= 0.1\sum_{k=0}^{\infty}0.9^k\cdot 2^k\cdot 2 = 0.2\sum_{k=0}^{\infty}1.8^k = \infty.
\end{aligned}$$

■

练习 5.6 给定用 b 生成的回报，类比公式 (5.6)，用动作价值函数 $Q(s,a)$ 替代状态价值函数 $V(s)$，得到的式子是什么？ □

练习 5.7 实际在使用普通重要度采样时，与图 5.3 所示的学习曲线一样，错误率随着训练一般都是下降的。但是对于加权重要度采样，错误率会先上升然后下降。为什么会这样？ □

练习 5.8　在图 5.4 和例 5.5 的结果中采用了首次访问型 MC 方法。假设在同样的问题中采用了每次访问型 MC 方法。估计器的方差仍会是无穷吗？为什么？ □

5.6　增量式实现

蒙特卡洛预测方法可以通过拓展第 2 章 (2.4 节) 中介绍的方法逐幕地进行增量式实现。我们在第 2 章中对*收益*进行平均，在蒙特卡洛方法中我们对*回报*进行平均。除此之外，在第 2 章中使用的方法可以以完全相同的方式用于*同轨策略*的蒙特卡洛方法中。对于*离轨策略*的蒙特卡洛方法，我们需要分别讨论使用*普通*重要度采样和*加权*重要度采样的方法。

在普通重要度采样的条件下，回报先乘上重要度采样比 $\rho_{t:T(t)-1}$ (式 5.3) 进行缩放再简单地取平均。对此，我们同样可以使用第 2 章中介绍的增量式方法，只要将第 2 章中的收益替换为缩放后的回报即可。下面需要讨论一下采用*加权*重要度采样的离轨策略方法。对此我们需要对回报加权平均，而且需要一个略微不同的增量式算法。

假设我们有一个回报序列 $G_1, G_2, \cdots, G_{n-1}$，它们都从相同的状态开始，且每一个回报都对应一个随机权重 W_i (例如，$W_i = \rho_{t:T(t)-1}$)。我们希望得到如下的估计，并且在获得了一个额外的回报值 G_n 时能保持更新。

$$V_n \doteq \frac{\sum_{k=1}^{n-1} W_k G_k}{\sum_{k=1}^{n-1} W_k}, \qquad n \geqslant 2, \tag{5.7}$$

我们为了能不断跟踪 V_n 的变化，必须为每一个状态维护前 n 个回报对应的权值的累加和 C_n。V_n 的更新方法是

$$V_{n+1} \doteq V_n + \frac{W_n}{C_n}\Big[G_n - V_n\Big], \qquad n \geqslant 1, \tag{5.8}$$

以及

$$C_{n+1} \doteq C_n + W_{n+1},$$

这里 $C_0 \doteq 0$ (V_1 是任意的，所以不用特别指定)。下方的框中包含了一个完整的用于蒙特卡洛策略评估的逐幕增量算法。这个算法表面上针对于离轨策略的情况，采用加权重要度采样，但是对于同轨策略的情况同样适用，只需要选择同样的目标策略与行动策略即可 (这种情况下 $\pi = b$，W 始终为 1)。近似值 Q 收敛于 q_π (对于所有遇到的“状态-动作”二元组)，而动作则根据 b 进行选择，这个 b 可能是一个不同的策略。

练习 5.9　对使用首次访问型蒙特卡洛的策略评估 (5.1 节) 过程进行修改，要求采用 2.4 节中描述的对样本平均的增量式实现。 □

离轨策略 MC 预测算法 (策略评估)，用于估计 $Q \approx q_\pi$

输入：一个任意的目标策略 π
初始化，对所有 $s \in \mathcal{S}$，$a \in \mathcal{A}(s)$：
  任意初始化 $Q(s,a) \in \mathbb{R}$
  $C(s,a) \leftarrow 0$
无限循环 (对每幕)：
  $b \leftarrow$ 任何能包括 π 的策略
  根据 b 生成一幕序列：$S_0, A_0, R_1, \ldots, S_{T-1}, A_{T-1}, R_T$
  $G \leftarrow 0$
  $W \leftarrow 1$
  对幕中的每一步循环，$t = T-1, T-2, \ldots, 0$，当 $W \neq 0$ 时：
    $G \leftarrow \gamma G + R_{t+1}$
    $C(S_t, A_t) \leftarrow C(S_t, A_t) + W$
    $Q(S_t, A_t) \leftarrow Q(S_t, A_t) + \frac{W}{C(S_t,A_t)} [G - Q(S_t, A_t)]$
    $W \leftarrow W \frac{\pi(A_t|S_t)}{b(A_t|S_t)}$
    如果 $W = 0$，则退出内层循环

练习 5.10 从式 (5.7) 推导出加权平均的更新规则 (式 5.8)。推导时遵循非加权规则 (式 2.3) 的推导思路。 □

5.7 离轨策略蒙特卡洛控制

我们下面讨论本书涉及的第二类学习控制方法 —— 离轨策略方法。之前介绍的同轨策略方法与其的区别在于，同轨策略方法在使用某个策略进行控制的同时也对那个策略的价值进行评估。在离轨策略方法中，这两个工作是分开的。用于生成行动数据的策略，被称为*行动策略*。行动策略可能与实际上被评估和改善的策略无关，而被评估和改善的策略称为*目标策略*。这样分离的好处在于当行动策略能对所有可能的动作继续进行采样时，目标策略可以是确定的 (例如贪心)。

离轨策略蒙特卡洛控制方法用到了在前两节中提及的一种技术。它们遵循行动策略并对目标策略进行学习和改进。这些方法要求行动策略对目标策略可能做出的所有动作都有非零的概率被选择。为了试探所有的可能性，我们要求行动策略是软性的 (也就是说它在所有状态下选择所有动作的概率都非零)。

下面的框中展示了一个基于 GPI 和重要度采样的离轨策略蒙特卡洛控制方法，用于

估计 π_* 和 q_*。目标策略 $\pi \approx \pi_*$ 是对应 Q 得到的贪心策略，这里 Q 是对 q_π 的估计。行动策略 b 可以是任何策略，但为了保证 π 能收敛到一个最优的策略，对每一个“状态-动作”二元组都需要取得无穷多次回报，这可以通过选择 ε-软性的 b 来保证。即使动作是根据不同的软策略 b 选择的，而且这个策略可能会在幕间甚至幕内发生变化，策略 π 仍能在所有遇到的状态下收敛到最优。

离轨策略 MC 控制算法，用于估计 $\pi \approx \pi_*$

初始化，对所有 $s \in \mathcal{S}$，$a \in \mathcal{A}(s)$：
　　$Q(s,a) \in \mathbb{R}$ (任意值)
　　$C(s,a) \leftarrow 0$
　　$\pi(s) \leftarrow \mathrm{argmax}_a\, Q(s,a)$ (出现平分的情况下选取方法应保持一致)
无限循环 (对每幕)：
　　$b \leftarrow$ 任意软性策略
　　根据 b 生成一幕数据：$S_0, A_0, R_1, \ldots, S_{T-1}, A_{T-1}, R_T$
　　$G \leftarrow 0$
　　$W \leftarrow 1$
　　对幕中的每一时刻循环，$t = T-1, T-2, \ldots, 0$：
　　　　$G \leftarrow \gamma G + R_{t+1}$
　　　　$C(S_t, A_t) \leftarrow C(S_t, A_t) + W$
　　　　$Q(S_t, A_t) \leftarrow Q(S_t, A_t) + \frac{W}{C(S_t, A_t)}\left[G - Q(S_t, A_t)\right]$
　　　　$\pi(S_t) \leftarrow \mathrm{argmax}_a\, Q(S_t, a)$ (出现平分的情况下选取方法应保持一致)
　　　　如果 $A_t \neq \pi(S_t)$ 那么退出内层循环 (处理下一幕数据)
　　　　$W \leftarrow W \frac{1}{b(A_t|S_t)}$

一个潜在的问题是，当幕中某时刻后剩下的所有动作都是贪心的时候，这种方法也只会从幕的尾部进行学习。如果非贪心的行为较为普遍，则学习的速度会很慢，尤其是对于那些在很长的幕中较早出现的状态就更是如此。这可能会极大地降低学习速度。目前，对于这个问题在离轨策略蒙特卡洛方法中的严重程度尚无足够的研究和讨论。但如果真的很严重，处理这个问题最重要的方法可能是时序差分学习，这一算法思想将在第 6 章中介绍。另外，如果 γ 小于 1，则下一节中提到的方法也可能对此有明显的帮助。

练习 5.11　在算法框内的离轨策略 MC 控制算法中，你也许会觉得 W 的更新应该采用重要度采样比 $\frac{\pi(A_t|S_t)}{b(A_t|S_t)}$，但它实际上却用了 $\frac{1}{b(A_t|S_t)}$。这为什么是正确的？ □

练习 5.12　*赛道问题 (编程)*　你正在像图 5.5 中所示的那样开赛车经过弯道。你想开得尽量快，但又不想因为开得太快而冲出赛道。简化的赛道是网格位置 (也就是图中的单元格) 的离散集合，赛车在其中一个格内。速度也同样是离散的，在每一步中，赛车可以在水平或垂直方向上同时移动若干格。动作是速度其中一个分量的变化量。在一个时刻中，任何一个分量的改变量可能为 +1、−1 或 0，总共就有 9 (3×3) 种动作。两种速度分量都限制在非负且小于 5，并且除非赛车在起点，否则两者不能同时为零。每幕起始于一个随机选择的起始状态，此时两个速度分量都为零。当赛车经过终点时幕终止。在赛车没有跨过终点线前，每步的收益都是 −1。如果赛车碰到了赛道的边缘，它会被重置到起点线上的一个随机位置，两个速度分量都被置为零且幕继续。在每步更新赛车的位置前，先检查赛车预计的路径是否与赛道边界相交。如果它和终点线相交，则该幕结束；如果它与其他任意的地方相交，就认为赛车撞到了赛道边界并把赛车重置回起点线。为了增加任务的挑战性，在每步中，不管预期的增量是多少，两个方向上的速度增量有 0.1 的概率可能同时为 0。使用蒙特卡洛控制方法来计算这个任务中最优的策略并展示最优策略的一些轨迹 (展示轨迹时不要加随机噪声)。 □

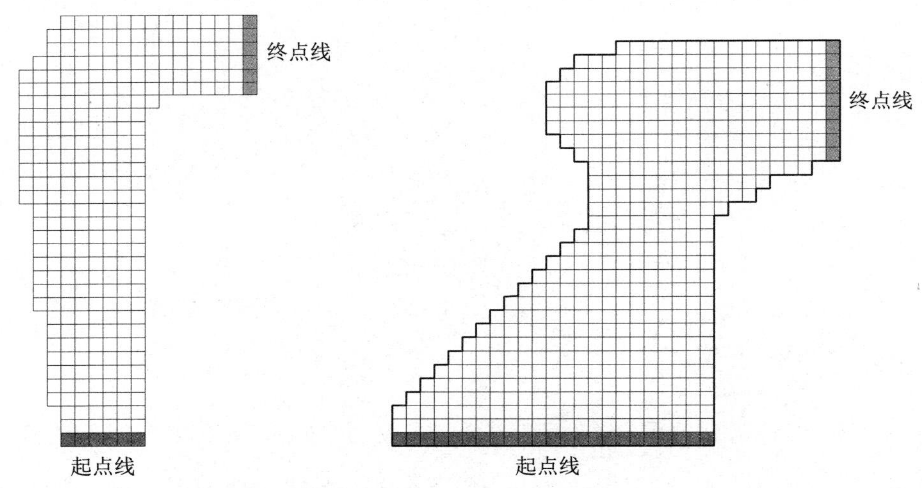

图 5.5 赛道任务中的两个右转弯赛道

5.8 * 折扣敏感的重要度采样

到目前为止，我们讨论的离轨策略都需要为回报计算重要度采样的权重，它把回报视为单一整体，而不考虑回报是每个时刻的折后收益之和这一内部结构。现在我们简要地介绍一些使用这种结构来大幅减少离轨策略估计的方差的前沿研究思想。

举例来说，考虑一种幕很长且 γ 显著小于 1 的情况。具体来说，假设幕持续 100 步并

且 $\gamma = 0$。那么 0 时刻的回报就会是 $G_0 = R_1$，但它的重要度采样比却会是 100 个因子之积，即 $\frac{\pi(A_0|S_0)}{b(A_0|S_0)}\frac{\pi(A_1|S_1)}{b(A_1|S_1)}\cdots\frac{\pi(A_{99}|S_{99})}{b(A_{99}|S_{99})}$。在普通重要度采样中会用整个乘积对回报进行缩放，但实际上只需要按第一个因子来衡量，即 $\frac{\pi(A_0|S_0)}{b(A_0|S_0)}$。另外 99 个因子：$\frac{\pi(A_1|S_1)}{b(A_1|S_1)}\cdots\frac{\pi(A_{99}|S_{99})}{b(A_{99}|S_{99})}$ 都是无关的，因为在得到首次收益之后，整幕回报就已经决定了。后面的这些因子与回报相独立且期望值为 1，不会改变预期的更新，但它们会极大地增加其方差。在某些情况下，它们甚至可以使得方差无穷大。下面我们讨论一种思路来避免这种与期望更新无关的巨大方差。

这个思路的本质是把折扣看作幕终止的概率，或者说，部分终止的程度。对于任何 $\gamma \in [0\ 1)$，我们可以把回报 G_0 看作在一步内，以 $1-\gamma$ 的程度部分终止，产生的回报仅仅是首次收益 R_1，然后再在两步后以 $(1-\gamma)\gamma$ 的程度部分终止，产生 $R_1 + R_2$ 的回报，依此类推。后者的部分终止程度对应于第二步的终止程度 $1-\gamma$，以及在第一步尚未终止的 γ。因此，第三步的终止程度是 $(1-\gamma)\gamma^2$，其中 γ^2 对应的是在前两步都不终止。这里的部分回报被称为平价部分回报

$$\bar{G}_{t:h} \doteq R_{t+1} + R_{t+2} + \cdots + R_h, \qquad 0 \leqslant t < h \leqslant T,$$

其中“平价”表示没有折扣，“部分”表示这些回报不会一直延续到终止，而在 h 处停止，h 被称为视界 (T 是幕终止的时间)。传统的全回报 G_t 可被看作上述平价部分回报的总和

$$\begin{aligned}
G_t &\doteq R_{t+1} + \gamma R_{t+2} + \gamma^2 R_{t+3} + \cdots + \gamma^{T-t-1} R_T \\
&= (1-\gamma) R_{t+1} \\
&\quad + (1-\gamma)\gamma\,(R_{t+1} + R_{t+2}) \\
&\quad + (1-\gamma)\gamma^2\,(R_{t+1} + R_{t+2} + R_{t+3}) \\
&\quad\ \vdots \\
&\quad + (1-\gamma)\gamma^{T-t-2}\,(R_{t+1} + R_{t+2} + \cdots + R_{T-1}) \\
&\quad + \gamma^{T-t-1}\,(R_{t+1} + R_{t+2} + \cdots + R_T) \\
&= (1-\gamma)\sum_{h=t+1}^{T-1} \gamma^{h-t-1}\bar{G}_{t:h} \ + \ \gamma^{T-t-1}\bar{G}_{t:T}.
\end{aligned}$$

现在我们需要使用一种类似的截断的重要度采样比来缩放平价部分回报。由于 $\bar{G}_{t:h}$ 只涉及到视界 h 为止的收益，因此我们只需要使用到 h 为止的概率值。我们定义了如下普通重要度采样估计器，它是式 (5.5) 的推广

$$V(s) \doteq \frac{\sum_{t\in\mathcal{T}(s)}\left((1-\gamma)\sum_{h=t+1}^{T(t)-1}\gamma^{h-t-1}\rho_{t:h-1}\bar{G}_{t:h} \ + \ \gamma^{T(t)-t-1}\rho_{t:T(t)-1}\bar{G}_{t:T(t)}\right)}{|\mathcal{T}(s)|}, \tag{5.9}$$

以及如下的加权重要度采样估计器，它是公式 (5.6) 的推广

$$V(s) \doteq \frac{\sum_{t\in\mathcal{T}(s)}\left((1-\gamma)\sum_{h=t+1}^{T(t)-1}\gamma^{h-t-1}\rho_{t:h-1}\bar{G}_{t:h} \;+\; \gamma^{T(t)-t-1}\rho_{t:T(t)-1}\bar{G}_{t:T(t)}\right)}{\sum_{t\in\mathcal{T}(s)}\left((1-\gamma)\sum_{h=t+1}^{T(t)-1}\gamma^{h-t-1}\rho_{t:h-1} \;+\; \gamma^{T(t)-t-1}\rho_{t:T(t)-1}\right)}. \tag{5.10}$$

我们将这两个估计器称为折扣敏感的重要度采样 估计。它们都考虑了折扣率，但当 $\gamma=1$ 时没有任何影响 (和 5.5 节中离轨策略的估计器一样)。

5.9 * 每次决策型重要度采样

还有一种方法也可以在离轨策略的重要度采样中考虑回报是收益之和的内部结构，这种方法即使在没有折扣 (即 $\gamma=1$) 时，也可以减小方差。在离轨策略估计器 (式 5.5) 和估计器 (式 5.6) 中，分子中求和计算中的每一项本身也是一个求和式

$$\begin{aligned}\rho_{t:T-1}G_t &= \rho_{t:T-1}\left(R_{t+1}+\gamma R_{t+2}+\cdots+\gamma^{T-t-1}R_T\right)\\ &= \rho_{t:T-1}R_{t+1}+\gamma\rho_{t:T-1}R_{t+2}+\cdots+\gamma^{T-t-1}\rho_{t:T-1}R_T.\end{aligned} \tag{5.11}$$

离轨策略的估计器依赖于这些项的期望值，那么我们看看是否可以用更简单的方式来表达这个值。注意，式 (5.11) 中的每个子项是一个随机收益和一个随机重要度采样比的乘积。例如，用式 (5.3) 可以将第一个子项写为

$$q\rho_{t:T-1}R_{t+1} = \frac{\pi(A_t|S_t)}{b(A_t|S_t)}\frac{\pi(A_{t+1}|S_{t+1})}{b(A_{t+1}|S_{t+1})}\frac{\pi(A_{t+2}|S_{t+2})}{b(A_{t+2}|S_{t+2})}\cdots\frac{\pi(A_{T-1}|S_{T-1})}{b(A_{T-1}|S_{T-1})}R_{t+1}. \tag{5.12}$$

现在可以注意到，在所有这些因子中，只有第一个和最后一个 (收益) 是相关的；所有其他比率均为期望值为 1 的独立随机变量

$$\mathbb{E}\left[\frac{\pi(A_k|S_k)}{b(A_k|S_k)}\right] \doteq \sum_a b(a|S_k)\frac{\pi(a|S_k)}{b(a|S_k)} = \sum_a \pi(a|S_k) = 1. \tag{5.13}$$

因此，由于独立随机变量乘积的期望是变量期望值的乘积，所以我们就可以把除了第一项以外的所有比率移出期望，只剩下

$$\mathbb{E}[\rho_{t:T-1}R_{t+1}] = \mathbb{E}[\rho_{t:t}R_{t+1}]. \tag{5.14}$$

如果我们对式 (5.11) 的第 k 项重复这样的分析，就会得到

$$\mathbb{E}[\rho_{t:T-1}R_{t+k}] = \mathbb{E}[\rho_{t:t+k-1}R_{t+k}].$$

这样一来，原来式 (5.11) 的期望就可以写成

$$\mathbb{E}[\rho_{t:T-1}G_t] = \mathbb{E}\left[\tilde{G}_t\right],$$

其中

$$\tilde{G}_t = \rho_{t:t}R_{t+1} + \gamma\rho_{t:t+1}R_{t+2} + \gamma^2\rho_{t:t+2}R_{t+3} + \cdots + \gamma^{T-t-1}\rho_{t:T-1}R_T.$$

我们可以把这种思想称为*每次决策型重要度采样*。借助这个思想，对于普通重要度采样估计器，我们就找到了一种替代方法来进行计算：使用 $\tilde{G}_t$ 来计算与公式 (5.5) 相同的无偏期望，以减小估计器的方差

$$V(s) \doteq \frac{\sum_{t\in\mathcal{T}(s)} \tilde{G}_t}{|\mathcal{T}(s)|}, \tag{5.15}$$

对于*加权*重要度采样，是否也有一个每次决策型的版本？我们还不知道。到目前为止，我们已知的所有为其提出的估计器都不具备统计意义上的一致性 (即数据无限时，它们也不会收敛到真实值)。

∗ *练习 5.13*　给出从公式 (5.12) 推导公式 (5.14) 的详细步骤。 □

∗ *练习 5.14*　使用截断加权平均估计器 (式 5.10) 的思想修改离轨策略的蒙特卡洛控制算法 (见 5.7 节)。注意，首先需要把这个式子转换为动作价值函数。 □

5.10　本章小结

本章介绍了从经验中学习价值函数和最优策略的蒙特卡洛方法，这些“经验”的表现形式是*多幕采样数据*。相比于 DP 方法，这样做至少有三个优点。首先，它们不需要描述环境动态特性的模型，而可以直接通过与环境的交互来学习最优的决策行为。其次，它们可以使用数据仿真或*采样模型*。在非常多的应用中，虽然很难构建 DP 方法所需要的显式状态概率转移模型，但是通过仿真采样得到多幕序列数据却是很简单的。第三，蒙特卡洛方法可以很简单和高效地*聚焦*于状态的一个小的子集，它可以只评估关注的区域而不评估其余的状态 (第 8 章会进一步讨论这一点)。

后文还会提到蒙特卡洛方法的第四个优点，蒙特卡洛方法在马尔可夫性不成立时性能损失较小。这是因为它不用后继状态的估值来更新当前的估值。换句话说，这是因为它不需要自举。

在设计蒙特卡洛控制方法时，我们遵循了第 4 章介绍的*广义策略迭代* (GPI) 的总体架构。GPI 包含了策略评估和策略改进的交互过程。蒙特卡洛方法提供了另一种策略评

估的方法。蒙特卡洛方法不需要建立一个模型计算每一个状态的价值，而只需简单地将从这个状态开始得到的多个回报平均即可。因为一个状态的价值就是回报的期望，因此这个平均值就是状态的一个很好的近似。在控制方法中，我们特别感兴趣的是去近似动作价值函数，因为在没有环境转移模型的情况下，它也可以用于改进策略。蒙特卡洛方法逐幕地交替进行策略评估和策略改进，并可以逐幕地增量式实现。

保证*足够多的试探*是蒙特卡洛控制方法中的一个重要问题。贪心地选择在当前时刻的最优动作是不够的，因为这样其他的动作就不会得到任何回报，并且可能永远不会学到实际上可能更好的其他动作。一种避免这个问题的方法是随机选择每幕开始的“状态-动作”二元组，使其能够覆盖所有的可能性。这种*试探性出发*方法有时可以在具备仿真采样数据的应用中使用，但不太可能应用在具有真实经验的学习中。在*同轨策略*方法中，智能体一直保持试探并尝试寻找也能继续保持试探的最优策略。在*离轨策略*方法中，虽然智能体也在试探，但它实际学习的可能是与它试探时使用的策略无关的另一个确定性最优策略。

*离轨策略预测*指的是在学习*目标策略*的价值函数时，使用的是另一个不同的*行动策略*所生成的数据。这种学习方法基于某种形式的*重要度采样*，即用在两种策略下观察到的动作的概率的比值对回报进行加权，从而把行动策略下的期望值转化为目标策略下的期望值。*普通重要度采样*将加权后的回报按照采样幕的总数直接平均，而*加权重要度采样* 则进行加权平均。普通重要度采样得到的是无偏估计，但具有更大甚至可能是无限的方差。在实践中更受青睐的是加权重要度采样，它的方差总是有限的。尽管离轨策略蒙特卡洛方法的概念很简单，但它在预测和控制问题中的应用问题还尚未解决，还正在研究中。

本章中讨论的蒙特卡洛方法与第 4 章中讨论的 DP 方法的不同之处在于以下两个方面。第一，蒙特卡洛方法是用样本经验计算的，因此可以无需环境的概率转移模型，直接学习。第二，蒙特卡洛方法不自举。也就是说，它们不通过其他价值的估计来更新自己的价值估计。这两个差异并不是绑定在一起的，而是可以分开的。在第 6 章中，我们考虑像蒙特卡洛方法一样从经验中学习，但也像 DP 方法一样自举的方法。

参考文献和历史评注

“蒙特卡洛”一词可以追溯到 20 世纪 40 年代，当时 Los Alamos 的物理学家设计了一些靠运气取胜的游戏，用来学习并帮助了解一些有关原子弹的复杂物理现象。从这一角度介绍蒙特卡洛方法的教科书有 Kalos 和 Whitlock，1986；Rubinstein，1981。

5.1–2 Singh 和 Sutton (1996) 区分了每次访问型和首次访问型这两种 MC 方法并证明了这些方法与强化学习存在关联。二十一点的例子基于 Widrow、Gupta 和 Maitra (1973) 使用的一个例子。肥皂泡的例子是经典的狄利克雷问题，其蒙特卡洛解决方案是由 Kakutani (1945；参见 Hersh 和 Griego，1969；Doyle 和 Snell，1984) 首次提出的。

Barto 和 Duff (1994) 在经典蒙特卡洛算法的背景下讨论了用于求解线性方程组的策略评估。他们用 Curtiss (1954) 的分析指出了蒙特卡洛策略评估在大尺度问题中的计算优势。

5.3–4 蒙特卡洛 ES 是在本书 1998 版中提出的。这个工作首次将基于策略迭代的蒙特卡洛估计和控制方法明确联系在了一起。Michie 和 Chambers (1968) 早期使用蒙特卡洛方法在强化学习的背景下估计动作价值。在杆平衡 (见 3.3 节的例 3.4) 中，他们使用平均幕长度来评估每个状态中每个可能动作的价值 (期望的平衡"生命周期")，然后他们使用这些评估来控制动作的选择。他们的方法在精神上与使用每次访问型 MC 估计的蒙特卡洛 ES 相似。Narendra 和 Wheeler (1986) 研究了有限遍历马尔可夫链的蒙特卡洛方法，此方法使用连续访问相同状态时累积的回报作为调整自动学习机动作概率的收益。

5.5 高效的离轨策略学习被认为是在多个领域出现的一个重要挑战。例如，这与概率图 (贝叶斯) 模型中的"干预"和"反设事实"的概念密切相关 (例如，Pearl，1995；Balke 和 Pearl，1994)。使用重要度采样的离轨策略有着悠久的历史，但仍未被充分理解。Rubinstein (1981)、Hesterberg (1988)、Shelton (2001) 和 Liu (2001) 等人讨论了加权重要度采样，有时其也被称为归一化重要度采样 (例如，Koller 和 Friedman，2009)。

注意，离轨策略方法里的目标策略有时在文献中被称为"估计"策略，本书的第 1 版就采用了这样的术语。

5.7 赛道那道练习题改编自 Barto、Bradtke、Singh (1995) 和 Gardner (1973) 。

5.8 我们对折扣敏感的重要度采样的研究是基于 Sutton、Mahmood、Precup 和 van Hasselt (2014) 的分析。到目前为止，Mahmood (2017；Mahmood、van Hasselt 和 Sutton，2014) 已经基本完成了这个工作。

5.9 Precup、Sutton 和 Singh (2000) 提出了"每次决策型重要度采样"。他们也将离轨策略与时序差分学习、资格迹和近似方法相结合，提出了我们在后面章节中会讨论的各类精细问题。

6 时序差分学习

在强化学习所有的思想中，*时序差分* (TD) 学习无疑是最核心、最新颖的思想。时序差分学习结合了蒙特卡洛方法和动态规划方法的思想。与前面提到的蒙特卡洛方法一致，时序差分方法也可以直接从与环境互动的经验中学习策略，而不需要构建关于环境动态特性的模型。与动态规划相一致的是，时序差分方法无须等待交互的最终结果 (它使用了自举思想)，而可以基于已得到的其他状态的估计值来更新当前状态的价值函数。时序差分、动态规划和蒙特卡洛这三个方法之间的关系是强化学习领域经常出现的话题，本章正式开始对这一话题进行探讨。我们将会看到这三种方法能够相互交融并能以多种方式结合在一起。在第 7 章中，我们将会介绍 n-步算法，这个算法将时序差分方法和蒙特卡洛方法联系在了一起。而在第 12 章中，我们将介绍的 TD (λ) 算法则能无缝地统一时序差分方法和蒙特卡洛方法。

和往常一样，我们首先关注策略评估 (或称预测) 问题，即如何对于一个给定的策略 π 估计它的价值函数 v_π。对于控制问题 (找到最优的策略)，DP、TD 和蒙特卡洛方法都使用了广义策略迭代 (GPI) 的某个变种。这些方法之间的主要区别在于它们解决预测问题的不同方式。

6.1 时序差分预测

TD 和蒙特卡洛方法都利用经验来解决预测问题。给定策略 π 的一些经验，以及这些经验中的非终止状态 S_t，这两种方法都会更新它们对于 v_π 的估计 V。大致来说，蒙特卡洛方法需要一直等到一次访问后的回报知道之后，再用这个回报作为 $V(S_t)$ 的目标进行估计。一个适用于非平稳环境的简单的每次访问型蒙特卡洛方法可以表示成

$$V(S_t) \leftarrow V(S_t) + \alpha\Big[G_t - V(S_t)\Big], \tag{6.1}$$

在这里，G_t 是时刻 t 真实的回报，α 是常量步长参数 (对比公式 (2.4))。我们把这个方法称作常量 α *MC*。蒙特卡洛方法必须等到一幕的末尾才能确定对 $V(S_t)$ 的增量 (因为只有这时 G_t 才是已知的)，而 TD 方法只需要等到下一个时刻即可。在 $t+1$ 时刻，TD 方法立刻就能构造出目标，并使用观察到的收益 R_{t+1} 和估计值 $V(S_{t+1})$ 来进行一次有效更新。最简单的 TD 方法在状态转移到 S_{t+1} 并收到 R_{t+1} 的收益时会立刻做如下更新

$$V(S_t) \leftarrow V(S_t) + \alpha\Big[R_{t+1} + \gamma V(S_{t+1}) - V(S_t)\Big] \tag{6.2}$$

实际上，蒙特卡洛更新的目标是 G_t，而 TD 更新的目标是 $R_{t+1} + \gamma V(S_{t+1})$。这种 TD 方法被称为 *TD(0)*，或单步 *TD*。它实际上是第 12 章将会谈到的 TD(λ) 和第 12 章将提到的多步 TD 方法的一种特例。下框中的算法完整地描述了 TD(0) 的过程。

表格型 TD(0) 算法，用于估计 v_π

输入：待评估的策略 π
算法参数：步长 $\alpha \in (0,1]$
对于所有 $s \in \mathcal{S}^+$，任意初始化 $V(s)$，其中 $V(\text{终止状态}) = 0$
对每幕循环：
  初始化 S
  对幕中的每一步循环：
    $A \leftarrow$ 策略 π 在状态 S 下做出的决策动作
    执行动作 A，观察到 R，S'
    $V(S) \leftarrow V(S) + \alpha\big[R + \gamma V(S') - V(S)\big]$
    $S \leftarrow S'$
  直到 S 为终止状态

由于 TD(0) 的更新在某种程度上基于已存在的估计，类似于 DP，我们也称它为一种*自举法*。我们在第 3 章中得知

$$v_\pi(s) \doteq \mathbb{E}_\pi[G_t \mid S_t = s] \tag{6.3}$$

$$= \mathbb{E}_\pi[R_{t+1} + \gamma G_{t+1} \mid S_t = s] \qquad \text{来自式 (3.9)}$$

$$= \mathbb{E}_\pi[R_{t+1} + \gamma v_\pi(S_{t+1}) \mid S_t = s]\,. \tag{6.4}$$

大致来说，蒙特卡洛方法把对 (6.3) 式的估计值作为目标，而 DP 方法则把对 (6.4) 式的估计值作为目标。蒙特卡洛的目标之所以是一个“估计值”，是因为公式 (6.3) 中的期望值是未知的，我们用样本回报来代替实际的期望回报。DP 的目标之所以是一个“估计值”则不是因为期望值的原因，其会假设由环境模型完整地提供期望值，真正的原因是因为真

实的 $v_\pi(S_{t+1})$ 是未知的，因此要使用当前的估计值 $V(S_{t+1})$ 来替代。TD 的目标也是一个"估计值"，理由有两个：它采样得到对式 (6.4)的期望值，并且使用当前的估计值 V 来代替真实值 v_π。因此，TD 算法结合了蒙特卡洛采样方法和 DP 自举法。我们之后会看到，只要大胆想象并小心实现，TD 方法可以很好地结合蒙特卡洛方法和 DP 方法的优势。

右侧的图是表格型 TD(0) 的回溯图。回溯图顶部状态节点的价值的估计值是根据它到一个直接后继状态节点的单次样本转移来更新的。我们将 TD 和蒙特卡洛更新称为 *采样更新*，因为它们都会通过采样得到一个后继状态 (或"状态-动作"二元组)，使用后继状态的价值和沿途得到的收益来计算回溯值，然后相应地改变原始状态 (或"状态-动作"二元组) 价值的估计值。*采样更新*和 DP 方法使用的*期望更新*不同，它的计算基于采样得到的单个后继节点的样本数据，而不是所有可能后继节点的完整分布。

最后，注意在 TD(0) 的更新中，括号里的数值是一种误差，它衡量的是 S_t 的估计值与更好的估计 $R_{t+1}+\gamma V(S_{t+1})$ 之间的差异。这个数值，如下面公式所示，被称为*TD 误差*，其在强化学习中会以各种形式出现

$$\delta_t \doteq R_{t+1}+\gamma V(S_{t+1})-V(S_t). \tag{6.5}$$

注意，每个时刻的 TD 误差是当前时刻估计的误差。由于 TD 误差取决于下一个状态和下一个收益，所以要到一个时刻步长之后才可获得。也就是说，$V(S_t)$ 中的误差 δ_t 在 $t+1$ 时刻才可获得。还要注意，如果价值函数数组 V 在一幕内没有改变 (例如，在蒙特卡洛方法中就是如此)，则蒙特卡洛误差可写为 TD 误差之和

$$\begin{aligned}
G_t-V(S_t) &= R_{t+1}+\gamma G_{t+1}-V(S_t)+\gamma V(S_{t+1})-\gamma V(S_{t+1}) && \text{来自式 (3.9)}\\
&= \delta_t+\gamma\big(G_{t+1}-V(S_{t+1})\big)\\
&= \delta_t+\gamma\delta_{t+1}+\gamma^2\big(G_{t+2}-V(S_{t+2})\big)\\
&= \delta_t+\gamma\delta_{t+1}+\gamma^2\delta_{t+2}+\cdots+\gamma^{T-t-1}\delta_{T-1}+\gamma^{T-t}\big(G_T-V(S_T)\big)\\
&= \delta_t+\gamma\delta_{t+1}+\gamma^2\delta_{t+2}+\cdots+\gamma^{T-t-1}\delta_{T-1}+\gamma^{T-t}\big(0-0\big)\\
&= \sum_{k=t}^{T-1}\gamma^{k-t}\delta_k. && (6.6)
\end{aligned}$$

如果 V 在该幕中变化了 (例如 TD(0) 的情况，V 不断被更新)，那么这个等式就不准确，但如果时刻步长较小，则等式仍能近似成立。这个等式的泛化在 TD 学习的理论和算法中很重要。

练习 6.1 如果 V 在幕中发生变化，那么式 (6.6) 只能近似成立；等式两侧差在哪里? 令 V_t 表示在 t 时刻在 TD 误差公式 (6.5) 和 TD 更新公式 (6.2) 中使用的状态价值的数组。重新进行上面的推导，推出为了让等式右侧仍等于左侧的蒙特卡洛误差，需要在 TD 误差之和上加上的额外项。 □

例 6.1 开车回家 当你每天从工作地点开车回家时，你会估计一下路上要花多久时间。当你离开办公室时，你会注意离开的时间、今天是星期几、当日天气，以及任何其他可能相关的因素。这个星期五，你在晚上六点整离开办公室，估计回家需要花费 30 分钟。当你到达你的车旁时，时间是 6:05，这时却开始下雨了。在雨中开车通常比较慢，所以你重新估计，觉得到家还需要 35 分钟，即总共需要 40 分钟。15 分钟后，你很快开完了高速路段，下高速后你将总时间的估计值减少到 35 分钟。不幸的是，这时你被堵在一辆缓慢的卡车后面，且道路太窄不能超车。最终你不得不跟着卡车，直到 6:40 才开到你居住的街道。3 分钟后你终于到家。在这个场景下，状态、时间和时长预测的序列如下：

状态	消耗的时间 (分钟)	估计剩余时间	估计总时间
周五晚上六点离开办公室	0	30	30
到车旁，开始下雨	5	35	40
下高速	20	15	35
在路上堵在卡车后面	30	10	40
开到居住的街道	40	3	43
到家	43	0	43

在这个例子中，收益是每一段行程消耗的时间[1]。过程不加折扣 ($\gamma = 1$)，因此每个状态的回报就是从这个状态开始直到回家实际经过的总时间。每个状态的价值是剩余时间的期望值。第二列数字给出了遇到的每个状态的价值的当前估计值。

如图 6.1 (左) 所示，一种描述蒙特卡洛方法的步骤的简单办法是在时间轴上画出行车总耗时的预测值 (最后一行数据)。箭头表示的是常量 α MC 方法 (式 6.1) 推荐的对预测值的改变 ($\alpha = 1$)。这个值正是每个状态的价值的估计值 (预估的剩余时间) 与实际回报 (真实的剩余时间) 之差。例如，当你下高速时，你估计还要 15 分钟就能到家，但实际上需要 23 分钟。此时就可以用公式 (6.1) 确定离开高速后的剩余时间估计的增量。这时的误差 $G_t - V(S_t)$ 是 8 分钟。假设步长参数 α 是 1/2，那么根据这一经验，离开高速后的预估剩余时间会增加 4 分钟。在当前这个例子中，这个改变可能过大了，因为堵在卡车

1 如果我们把这个问题看作一个求最短行程时间的控制问题，那么我们当然会使用负的消耗时间作为收益。但在这里我们只关心预测问题 (策略评估问题)，因此我们尽量使问题简单化，使用正的收益。

后面只是偶然运气不好。无论如何，这种更新只能离线进行，即只有到家以后才能进行更新，因为只有到这时你才知道实际的回报是多少。

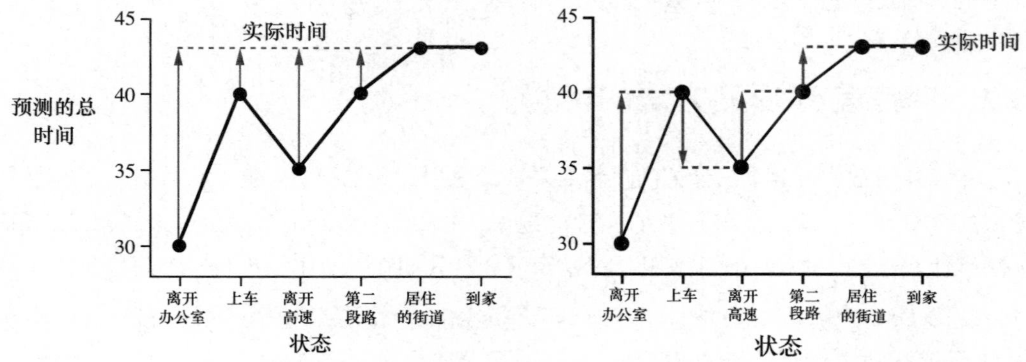

图 6.1　在开车回家这个例子中，蒙特卡洛方法 (左) 和 TD 方法 (右) 分别建议的改变

是否真的需要等到知晓最终结果后才能开始学习呢？假设在另一天，你在离开办公室时再次估计需要 30 分钟才能到家，但是之后你陷入了一场严重的交通堵塞，离开办公室 25 分钟后仍然堵在高速上寸步难行。这时你估计还要花 25 分钟才能到家，总共就要 50 分钟。在等待的过程中，你已经发现最初 30 分钟的估计过于乐观了。在这里你是否只有到家后才能增加对初始状态的估计值呢？如果使用蒙特卡洛方法，答案是肯定的，因为我们还不知道真正的回报。

但是根据 TD 方法，我们可以立刻进行学习，将初始估计从 30 分钟增加到 50 分钟。事实上，每一个估计都会跟着其直接后继的估计一起更新。回到我们第一天开车回家那个例子，图 6.1 (右图) 显示了根据 TD 规则 (式 6.2) 推荐的总时间预测值的变化 (这些改变基于 $\alpha = 1$ 情况下的更新规则)。每个误差都与预测值在时序上的变化，即预测中的*时序差分*，成正比。

除了让你在堵车时有事可做之外，直接根据当前预测值学习而不是等到最终知道实际回报之后再学习还有几个计算方面的优点。我们在 6.2 节中简要地讨论其中的几个优点。

■

练习 6.2　这个练习是为了帮助你更好地从直觉上理解为什么 TD 方法通常比蒙特卡洛方法更高效。首先仔细回顾和思考一下 TD 方法和蒙特卡洛方法是如何应用在开车回家这个例子中的。你能想到一个使用 TD 更新会在平均意义上比使用蒙特卡洛更新更好的场景吗？请举出一个你觉得 TD 更新会更好的例子，例子中需要包括对过去经验的描述以及当前的状态。提示：假设你有很多次从办公室驾车回家的经历，某天你搬到一个新的办公

楼和一个新的停车场 (但仍从同一个入口上高速)。现在你开始学习从新办公楼回家的时间预测。在这种情况下，你能否知道为什么 TD 更新至少在一开始时可能会好得多？同样的事情是不是可能在原来的任务中发生过呢？ □

6.2 时序差分预测方法的优势

在 TD 方法中，某个估计值的更新需要部分地用到其他的估计值。它是从一个猜测中学习另一个猜测，即它能够自举。这是好事吗？和蒙特卡洛方法以及 DP 方法相比，TD 方法有什么优势？本书不便于展开讨论这个问题。我们在本节中只进行一个简单介绍。

相比 DP 方法，TD 方法一个显而易见的优势在于它不需要一个环境模型，即描述收益和下一状态联合概率分布的模型。

另一个很显著的优势是，相比蒙特卡洛方法，它自然地运用了一种在线的、完全递增的方法来实现。蒙特卡洛方法必须等到一幕的结束，因为只有那时我们才能知道确切的回报值，而 TD 方法只需等到下一时刻即可。在非常多的情况下，这是在选择方法时的一个关键的考量点。在一些应用场景中，幕非常长，所以把学习推迟到整幕结束之后就太晚了。在另一些应用场景中可能是持续性任务，无法划分出“幕”的概念。最后，我们在上一章中已经提到过，有一些蒙特卡洛方法必须对那些采用实验性动作的幕进行打折或者干脆忽略掉，这可能会大大减慢学习速度。而 TD 方法则不太容易受到这些问题的影响，因为它们从每次状态转移中学习，与采取什么后续动作无关。

但 TD 方法有扎实的理论支撑吗？不必等待实际结果，直接从后一个猜测中学习前一个猜测当然是很方便，但我们是否仍然可以保证结果收敛到正确的值？幸运的是，答案是肯定的。对于任何固定的策略 π，TD(0) 都已经被证明能够收敛到 v_π。如果步长参数是一个足够小的常数，那么它的均值能收敛到 v_π。如果步长参数根据随机近似条件 (2.7) 逐渐变小，则它能以概率 1 收敛。大多数收敛性证明仅适用于在公式 (6.2) 之前讨论的基于表格的算法，但有些也适用于使用广义线性函数近似的情况，那些情况我们将在第 9 章中进一步讨论。

如果 TD 和蒙特卡洛方法都渐近地收敛于正确的预测，那么下一个问题自然就是：“哪个收敛更快？”换句话说，哪种方法学得更快？哪种方法能更有效地利用有限的数据？目前，这还都是开放性的问题，没有人能够在数学上证明某种方法比另一种方法更快地收敛。事实上，我们甚至不清楚如何来最恰当地形式化表述这个问题! 不过在实践中，如例 6.2 所示，TD 方法在随机任务上通常比常量 α MC 方法收敛得更快。

例 6.2 随机游走

在这个例子中，我们通过实验比较 TD(0) 和常量 α MC 在下图所示的马尔可夫收益过程中的预测能力：

■ ←0→ A ←0→ B ←0→ C ←0→ D ←0→ E —1→ ■

开始

马尔可夫收益过程 (Markov reward process, MRP) 是不包含动作的马尔可夫决策过程。在只关注预测问题时，因为并不需要区分到底是环境导致的变化还是智能体引起的变化，所以经常使用 MRP。在这个 MRP 中，所有阶段都从中心状态 C 开始，在每个时刻以相同的概率向左或向右移动一个状态。幕终止于最左侧或最右侧。终止于最右侧时，会有 +1 的收益；除此之外的收益均为零。例如，一个典型的幕可能包含以下“状态-收益”序列：C, 0, B, 0, C, 0, D, 0, E, 1。由于这个任务没有折扣，所以每个状态的真实价值是从这个状态开始并终止于最右侧的概率。因此，中心状态的真实价值为 $v_\pi(\mathsf{C}) = 0.5$。状态 A ~ E 的真实价值分别为：$\frac{1}{6}, \frac{2}{6}, \frac{3}{6}, \frac{4}{6}$ 和 $\frac{5}{6}$。

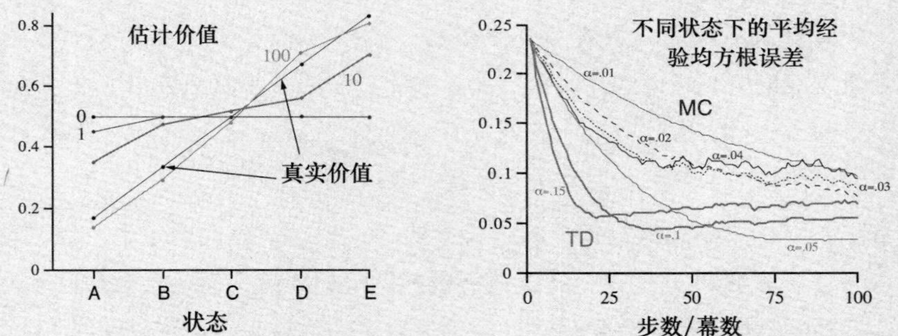

上方左侧的图显示了在经历了不同数量的幕采样序列之后，运行一次 TD(0) 所得到的价值估计值。在 100 幕后，估计值就已经非常接近真实值了。由于使用了常数步长参数 (在这个例子中 $\alpha = 0.1$)，所以估计值会反映较近的若干幕的结果，其不规律地上下波动。上方右侧的图给出了对于多个不同的 α 取值，两种方法的学习曲线。图中显示的性能衡量指标是学到的价值函数和真实价值函数的均方根 (RMS) 误差。图中显示的误差是在 5 个状态上的平均误差，并在 100 次运行中取平均的结果。在所有情况下，对于所有 s，近似价值函数都被初始化为中间值 $V(s) = 0.5$。在这个任务中，TD 方法一直比 MC 方法要好。

练习 6.3　在随机游走例子的左图中，第一幕只导致 $V(\mathsf{A})$ 发生了变化。由此，你觉得第一幕发生了什么？为什么只有这一个状态的估计值改变了？它的值到底改变了多少？ □

练习 6.4 在随机游走例子的右图中，具体结果与步长参数 α 的值是相关的。如果 α 从一个更宽广的值域中取值，会影响哪种算法更好的结论吗？是否存在另一个固定的 α，使得两种算法都能表现出比图中更好的性能？为什么？ □

练习 6.5 在随机游走例子的右图中，TD 方法的均方根误差先下降后上升，尤其在 α 较大时更明显。这是由什么导致的？你认为这种情况总是会发生，还是与近似价值函数如何初始化相关？ □

练习 6.6 在例 6.2 中的随机游走任务中，状态 A $\sim$ E 的真实价值分别是：$\frac{1}{6}$, $\frac{2}{6}$, $\frac{3}{6}$, $\frac{4}{6}$ 和 $\frac{5}{6}$。描述至少两种不同的计算这些值的方法。猜猜实际中我们使用的是哪种方法？为什么？ □

6.3 TD(0) 的最优性

假设只有有限的经验，比如 10 幕数据或 100 个时间步。在这种情况下，使用增量学习方法的一般方式是反复地呈现这些经验，直到方法最后收敛到一个答案为止。给定近似价值函数 V，在访问非终止状态的每个时刻 t，使用式 (6.1) 或式 (6.2) 计算相应的增量，但是价值函数仅根据所有增量的和改变一次。然后，利用新的值函数再次处理所有可用的经验，产生新的总增量，依此类推，直到价值函数收敛。我们称这种方法为*批量更新*，因为只有在处理了整批的训练数据后才进行更新。

在批量更新下，只要选择足够小的步长参数 α，TD(0) 就能确定地收敛到与 α 无关的唯一结果。常数 α MC 方法在相同条件下也能确定地收敛，但是会收敛到不同的结果。理解这两种不同的结果有助于我们理解这两种方法之间的差异。在正常情况下，这些方法不会一下子就直接得到它们各自的批量更新最终结果，但它们都是在朝那个最终方向做出某种程度的更新。在针对所有可能的任务，一般性地讨论上述两种方法的区别之前，我们首先来看几个具体例子。

例 6.3 批量更新的随机游走 在随机游走问题 (例 6.2) 这个例子中，批量更新版本的 TD(0) 和常数 α MC 是这样做的：每经过新的一幕序列之后，之前所有幕的数据就被视为一个批次。算法 TD(0) 或常数 α MC 不断地使用这些批次来进行逐次更新。这里 α 要设置得足够小以使价值函数能够收敛。最后将所得的价值函数与 v_π 进行比较，绘制在 5 个状态下的平均均方根误差 (以整个实验的 100 次独立重复为基础) 的学习曲线，如图 6.2 所示。注意批量 TD 方法始终优于批量蒙特卡洛方法。

在批量训练下，常数 α MC 的收敛值 $V(s)$ 是经过状态 s 后得到的实际回报的样本平均值。可以认为它们是最优估计，因为它们最小化了与训练集中实际回报的均方根误差。

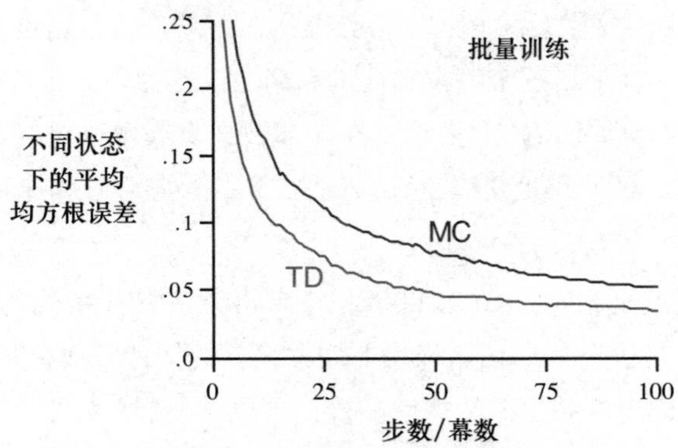

图 6.2 在随机游走任务中，在批量训练下的 TD(0) 和常量 α MC 的性能

但让人惊讶的是，如图 6.2 所示，批量 TD 方法居然能在均方根误差上比它表现得更好。批量 TD 怎么会比这种最佳方法表现得更好呢？答案是这样的：蒙特卡洛方法只是从某些有限的方面来说最优，而 TD 方法的最优性则与预测回报这个任务更为相关。 ■

例 6.4 你就是预测者 现在想象你是一个未知的马尔可夫收益过程中对于回报的预测者。假设你观察到以下 8 幕数据：

A 0 B 0	B 1
B 1	B 1
B 1	B 1
B 1	B 0

上面内容的意思是：第一幕从状态 A 开始，转移至状态 B，得到收益 0，然后终结于状态 B，最终收益为 0。其他 7 幕数据甚至更短，从状态 B 开始就立刻终结了。给定这批数据，你认为最佳预测是什么？最优估计值 V (A) 和 V (B) 是多少？每个人应该都会同意 V (B) 的最优估计值是 $\frac{3}{4}$，因为在状态 B 终结了 8 次，其中 6 次终结获得了 1 的回报，其他两次回报为 0。

但是在给定这些数据时，V(A) 的最优估计值是什么？下面有两个合理的答案。第一个答案基于如下观察：过程在状态 A 时，会以 100% 的概率立刻转移到状态 B (得到收益为 0)；并且我们已经得到了 B 的价值为 $\frac{3}{4}$，所以 A 的价值也一定是 $\frac{3}{4}$。这个答案的一种解读是认为它首先将其建模成一个如右图所示的马尔可夫过程，再根据模型计算出正确的预测值，而这个模型给出的就是 V(A) $= \frac{3}{4}$。这也是使用批量 TD(0) 方法会给出的答案。

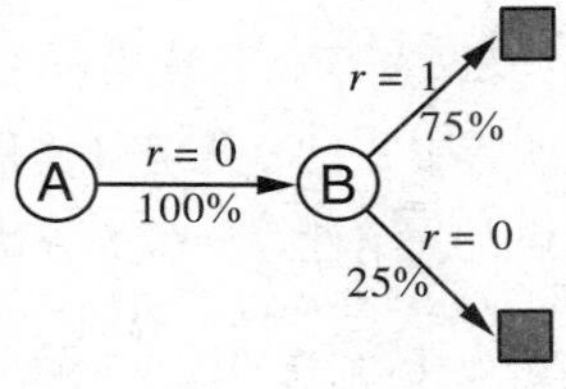

另一种合理的答案是简单地观察到状态 A 只出现了一次并且对应的回报为 0，因此

就估计 $V(\mathsf{A})=0$。这是批量蒙特卡洛方法会得到的答案。注意这也是使得训练数据上平方误差最小的答案。实际上，这个答案在这批数据上误差为零。尽管如此，我们仍认为前一个答案 $\frac{3}{4}$ 是更好的。即使蒙特卡洛答案在已知数据上表现得更好，但如果是马尔可夫过程，我们会预测前一种使用批量 TD(0) 方法得到的答案会在未来的数据上产生更小的误差。 ■

例 6.4 体现了通过批量 TD(0) 和批量蒙特卡洛方法计算得到的估计值之间的差别。批量蒙特卡洛方法总是找出最小化训练集上均方误差的估计，而批量 TD(0) 总是找出完全符合马尔可夫过程模型的最大似然估计参数。通常，一个参数的*最大似然估计*是使得生成训练数据的概率最大的参数值。在这个例子中，马尔可夫过程模型参数的最大似然估计可以很直观地从观察到的多幕序列中得到。从 i 到 j 的转移概率估计值，就是观察数据中从 i 出发转移到 j 的次数占从 i 出发的所有转移次数的比例。而相应的期望收益则是在这些转移中观察到的收益的平均值。我们可以据此来估计价值函数，并且如果模型是正确的，则我们的估计也就完全正确。这种估计被称为*确定性等价估计*，因为它等价于假设潜在过程参数的估计是确定性的而不是近似的。批量 TD(0) 通常收敛到的就是确定性等价估计。

这一点也有助于解释为什么 TD 方法比蒙特卡洛方法更快地收敛。在以批量的形式学习的时候，TD(0) 比蒙特卡洛方法更快是因为它计算的是真正的确定性等价估计。这就解释了在随机游走任务 (见图 6.2) 的批量学习结果中 TD(0) 为什么显示出优势。与确定性等价估计的关系也可以在一定程度上解释非批量 TD(0) 的速度优势 (如例 6.2 的右图)。尽管非批量 TD(0) 并不能达到确定性等价估计或最小平方误差估计，但它大致朝着这些方向在更新，因此它可能比常数 α MC 更快。目前对于在线 TD 和蒙特卡洛方法的效率的比较还没有明确的结论。

最后，值得注意的是，虽然确定性等价估计从某种角度上来说是一个最优答案，但直接计算它几乎是不可能的。如果 $n=|\mathcal{S}|$ 是状态数，那么仅仅建立过程的最大似然估计就可能需要 n^2 的内存，如果按传统方法，计算相应的价值函数则需要 n^3 数量级的步骤。相比之下，TD 方法则可以使用不超过 n 的内存，并且通过在训练集上反复计算来逼近同样的答案，这一优势确实是惊人的。对于状态空间巨大的任务，TD 方法可能是唯一可行的逼近确定性等价解的方法。

* *练习* 6.7　设计一个离轨策略版的 TD(0) 更新算法，使其可以用于任意的目标策略 π，且公式包含行动策略 b。注意：在每个时刻 t 要使用重要度采样比 $\rho_{t:t}$ (式 5.3)。 □

6.4 Sarsa：同轨策略下的时序差分控制

现在，我们使用时序差分方法来解决控制问题。按照惯例，我们仍遵循广义策略迭代 (GPI) 的模式，只不过这次我们在评估和预测的部分使用时序差分方法。和使用蒙特卡洛方法时一样，我们同样需要在试探和开发之间做出权衡，方法又同样能被划分为两类：同轨策略和离轨策略。在本节中，我们先展示一种同轨策略下的时序差分 (on-policy TD) 控制方法。

第一步先要学习的是动作价值函数而不是状态价值函数。特别对于同轨策略方法，我们必须对所有状态 s 以及动作 a，估计出在当前的行动策略下所有对应的 $q_\pi(s,a)$。这个估计可以使用与之前学习 v_π 时完全相同的方法。回想一下，所谓“一幕数据”，是指一个状态和动作交替出现的序列：

$$\cdots \; S_t \; A_t \; R_{t+1} \; S_{t+1} \; A_{t+1} \; R_{t+2} \; S_{t+2} \; A_{t+2} \; R_{t+3} \; S_{t+3} \; A_{t+3} \; \cdots$$

在 6.3 节中，我们讨论了状态之间的转移并学习了状态的价值。现在我们讨论“状态-动作”二元组之间的转移并学习“状态-动作”二元组的价值。在数学形式上这两者是相同的：它们都是带有收益过程的马尔可夫链。确保状态值在 TD(0) 下收敛的定理同样也适用于对应的关于动作值的算法上

$$Q(S_t,A_t) \leftarrow Q(S_t,A_t) + \alpha\Big[R_{t+1} + \gamma Q(S_{t+1},A_{t+1}) - Q(S_t,A_t)\Big]. \tag{6.7}$$

每当从非终止状态的 S_t 出现一次转移之后，就进行上面的一次更新。如果 S_{t+1} 是终止状态，那么 $Q(S_{t+1},A_{t+1})$ 则定义为 0。这个更新规则用到了描述这个事件的五元组 $(S_t,A_t,R_{t+1},S_{t+1},A_{t+1})$ 中的所有元素。我们根据这个五元组把这个算法命名为 *Sarsa*。Sarsa 的回溯图如右图所示。

Sarsa

基于 Sarsa 预测方法设计一个同轨策略下的控制算法是很简单和直接的。和所有其他的同轨策略方法一样，我们持续地为行动策略 π 估计其动作价值函数 q_π，同时以 q_π 为基础，朝着贪心优化的方向改变 π。下面框中给出了 Sarsa 控制算法的一般形式。

Sarsa 算法的收敛性取决于策略对于 Q 的依赖程度。例如，我们可以采用 ε-贪心或者 ε-软性策略。只要所有“状态-动作”二元组都被无限多次地访问到，并且贪心策略在极限情况下能够收敛 (这个收敛过程可以通过令 $\varepsilon = 1/t$ 来实现)，Sarsa 就能以 1 的概率收敛到最优的策略和动作价值函数。

Sarsa (同轨策略下的 TD 控制) 算法，用于估计 $Q \approx q_*$

算法参数：步长 $\alpha \in (0,1]$，很小的 $\varepsilon, \varepsilon > 0$

对所有 $s \in \mathcal{S}^+, a \in \mathcal{A}(s)$，任意初始化 $Q(s,a)$，其中 $Q(终止状态, \cdot) = 0$

对每幕循环：

  初始化 S

  使用从 Q 得到的策略 (例如 ε-贪心)，在 S 处选择 A

    对幕中的每一步循环：

    执行动作 A，观察到 R，S'

    使用从 Q 得到的策略 (例如 ε-贪心)，在 S' 处选择 A'

    $Q(S,A) \leftarrow Q(S,A) + \alpha\big[R + \gamma Q(S',A') - Q(S,A)\big]$

    $S \leftarrow S'$；$A \leftarrow A'$；

  直到 S 是终止状态

练习 6.8 证明公式 (6.6) 的“状态-动作”二元组版本也是成立的，“状态-动作”二元组版本的 TD 误差是 $\delta_t = R_{t+1} + \gamma Q(S_{t+1}\ A_{t+1}) - Q(S_t, A_t)$。注意，这里我们同样假设价值函数在不同时刻不发生改变。 □

例 6.5 有风的网格世界 下方展示的是一个带有起始状态和目标状态的网格世界。相比标准的网格世界，它有一点不同：在网格中存在穿过中间部分的向上的侧风。这里智能体的动作包括 4 种：向上、向下、向右、向左。不过在中间区域，智能体执行完动作所到达的状态的位置会被“风”向上吹一点。

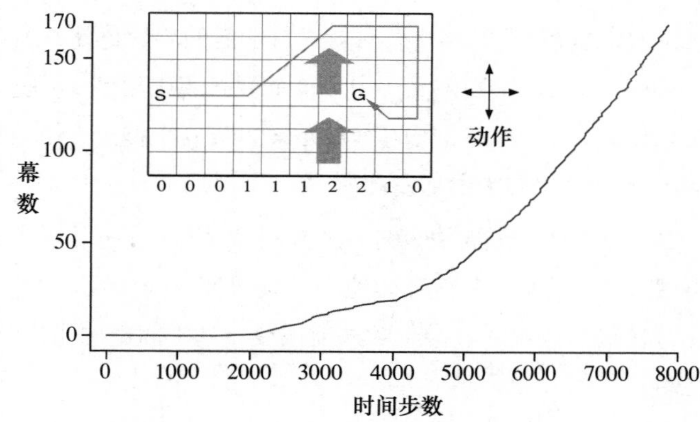

每一列的风力是不同的，风力的大小用向上吹的格数表示，写在了每列的下方。举个例子，如果你在目标状态右边的格子，那么向左这个动作会把你带到目标的格子上方的一格。这是一个不带折扣的分幕式任务。在这个任务中，在到达目标之前，每步会收到恒定

为 -1 的收益。

上图显示了在这个任务中使用 ε-贪心的 Sarsa 的任务的结果 (横轴是逐幕累积起来的智能体所走的总步数，纵轴则是智能体成功到达目标状态的总次数，也即完成任务的总幕数)，其中 $\varepsilon = 0.1$，$\alpha = 0.5$，对于所有的 s, a 进行同样的初始化 $Q(s, a) = 0$。通过图中逐渐变大的斜率可以看出，随着时间的推移，目标达成得越来越快。在 8000 时间步的时候，贪心策略已经达到最优很久了 (图中显示了它的一个轨迹)；持续的 ε-贪心试探导致每幕的平均长度 (即任务的平均完成时间) 保持在 17 步左右，比最小值 15 多了两步。需要注意，不能简单地将蒙特卡洛方法用在此任务中，因为不是所有策略都保证能终止。如果我们发现某个策略使智能体停留在同一个状态内，那么下一幕任务就永远不会开始。诸如 Sarsa 这样一步一步的学习方法则没有这个问题，因为它在当前幕的运行过程中很快就能学到当前的策略，而它不够好，然后就会切换到其他的策略。 ■

练习 6.9 在有风的网格世界中向 8 个方向移动 (编程) 重新解决有风的网格世界问题。这次假设可以向包括对角线在内的 8 个方向移动，而不是原来的 4 个方向。利用更多的动作，你得到的结果比原来能好多少？如果还有第 9 个动作，即除了风造成的移动之外不做任何移动，你能进一步获得更好的结果吗？ □

练习 6.10 随机强度的风 (编程) 重新解决在有风的网格世界中向 8 个方向移动的问题。假设有风且风的强度是随机的，即在每列的平均值上下可以有 1 的变化。也就是说，有三分之一的时间你和在之前问题中一样，精确地按照每列下标给出的数值移动，但另有三分之一的时间你会朝上多移动一格，还有三分之一的时间你会朝下多移动一格。举个例子，如果你在目标状态右边的一格，你向左移动，那么在三分之一的时间你会移动到目标上方的一格，在另一个三分之一的时间你会移动到目标上方的两格，在剩下的三分之一的时间你会正好移动到目标。 □

6.5 Q 学习：离轨策略下的时序差分控制

离轨策略下的时序差分控制算法的提出是强化学习早期的一个重要突破。这一算法被称为 *Q 学习* (Watkins, 1989)，其定义为

$$Q(S_t, A_t) \leftarrow Q(S_t, A_t) + \alpha\Big[R_{t+1} + \gamma \max_a Q(S_{t+1}, a) - Q(S_t, A_t)\Big]. \tag{6.8}$$

在这里，待学习的动作价值函数 Q 采用了对最优动作价值函数 q_* 的直接近似作为学习目标，而与用于生成智能体决策序列轨迹的行动策略是什么无关 (作为对比，Sarsa 的

学习目标中使用的是待学习的动作价值函数本身，由于它的计算需要知道下一时刻的动作 A_{t+1}，因此与生成数据的行动策略是相关的)。这大大简化了算法的分析，也很早就给出收敛性证明。当然，正在遵循的行动策略仍会产生影响，它可以决定哪些“状态-动作”二元组会被访问和更新。然而，只需要所有的“状态-动作”二元组可以持续更新，整个学习过程就能够正确地收敛。我们在第 5 章中已经看到，这是在一般情况下，任何方法要保证能找到最优的智能体行为的最低要求。基于这种假设以及步长参数序列的某个常用的随机近似条件，可以证明 Q 能以 1 的概率收敛到 q_*。Q 学习算法的流程如下面框中所示。

Q 学习 (离轨策略下的时序差分控制) 算法，用于预测 $\pi \approx \pi_*$

算法参数：步长 $\alpha \in (0,1]$，很小的 $\varepsilon, \varepsilon > 0$
对所有 $s \in \mathcal{S}^+, a \in \mathcal{A}(s)$，任意初始化 $Q(s,a)$，其中 $Q(\text{终止状态}, \cdot) = 0$
对每幕：
  初始化 S
  对幕中的每一步循环：
    使用从 Q 得到的策略 (例如 ε-贪心)，在 S 处选择 A
    执行 A，观察到 R，S'
    $Q(S,A) \leftarrow Q(S,A) + \alpha\big[R + \gamma \max_a Q(S',a) - Q(S,A)\big]$
    $S \leftarrow S'$
  直到 S 是终止状态

Q 学习的回溯图长什么样呢？规则 (式 6.8) 更新的是一个“状态–动作”二元组，因此顶部节点，也即更新过程的根节点，必须是一个代表动作的小实心圆点。更新也都来自于动作节点，即在下一个状态的所有可能的动作中找到价值最大的那个。因此回溯图底部的节点就是所有这些可能的动作节点。最后，你应该还记得，我们使用一条弧线跨过所有“下一步的动作节点”，来表示取这些节点中的最大值 (如图 3.4 的右图所示)。那么现在你能猜出这张图是什么样吗？如果你有想法，那么在看图 6.4 的答案前一定先做出自己的猜测。

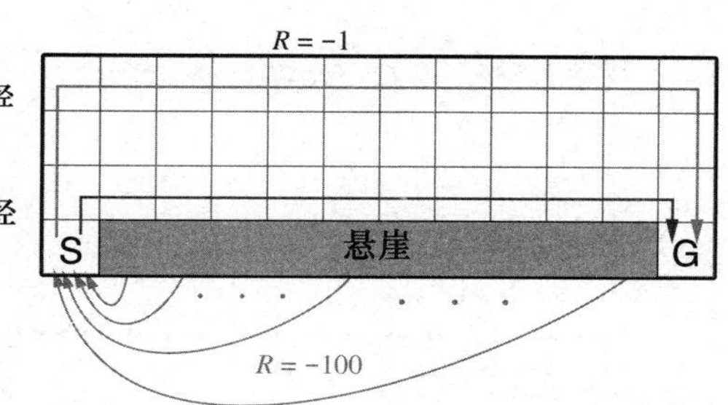

例 6.6 在悬崖边上行走 这里我们通过一个网格世界的例子来比较 Sarsa 和 Q 学习两个算法，比较的重点在于同轨策略 (Sarsa) 和离轨策略 (Q 学习) 两类方法间的区别。考虑右图所示的网格世界。这是一个标准的不含折扣的分幕式任务。它包含起点和目标状态，可以执行上下左右这些常见的动作。除了掉下悬崖之外，其

他的转移得到的收益都是 -1。而掉入悬崖将会得到 -100 的收益，同时会立即把智能体送回起点。

右图显示的是在使用 ε-贪心方法 (这里 $\varepsilon = 0.1$) 来选择动作时，Sarsa 和 Q 学习方法的表现。训练一小段时间后，Q 学习学到了最优策略，即沿着悬崖边上走的策略。不幸的是，由于动作是通过 ε-贪心的方式来选择的，因此在执行这个策略时，智能体会偶尔掉入悬崖。与之对比，Sarsa 则考虑了动作被选取的方式，学到了一条通过网格的上半部分的路径，这条路径虽然更长但更安全。虽然 Q 学习实际上学到了最优策略的价值，其在线性能却比学到迂回策略的 Sarsa 更差。当然，如果 ε 逐步减小，那么两种方法都会渐近地收敛到最优策略。 ■

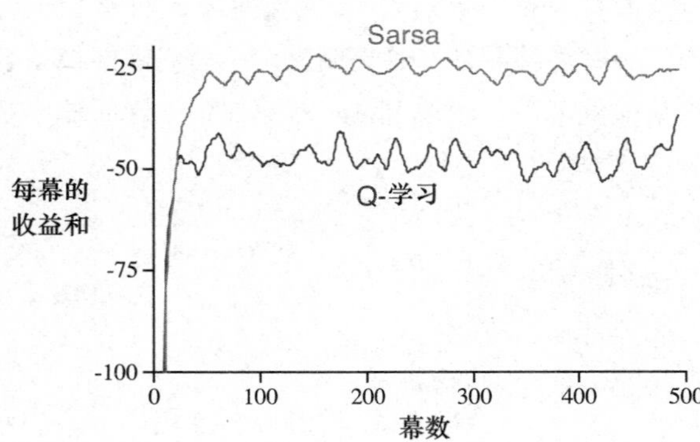

练习 6.11 为什么 Q 学习被认为是一种*离轨策略*控制方法? □

练习 6.12 假设使用贪心的方式选择动作，那么此时 Q 学习和 Sarsa 是完全相同的算法吗？它们会做出完全相同的动作选择，进行完全相同的权重更新吗? □

6.6 期望 Sarsa

考虑一种与 Q 学习十分类似但把对于下一个“状态-动作”二元组取最大值这一步换成取期望的学习算法。即考虑一种算法，它使用如下更新规则

$$
\begin{aligned}
Q(S_t, A_t) &\leftarrow Q(S_t, A_t) + \alpha\Big[R_{t+1} + \gamma\mathbb{E}[Q(S_{t+1}, A_{t+1}) \mid S_{t+1}] - Q(S_t, A_t)\Big] \\
&\leftarrow Q(S_t, A_t) + \alpha\Big[R_{t+1} + \gamma\sum_a \pi(a|S_{t+1})Q(S_{t+1}, a) - Q(S_t, A_t)\Big],
\end{aligned} \tag{6.9}
$$

但它又遵循 Q 学习的模式。给定下一个状态 S_{t+1}，这个算法*确定地*向期望意义上的 Sarsa 算法所决定的方向上移动。因此这个算法被叫作*期望 Sarsa*。图 6.4 的右侧是它的回溯图。

期望 Sarsa 在计算上比 Sarsa 更加复杂。但作为回报，它消除了因为随机选择 A_{t+1} 而产生的方差。在相同数量的经验下，我们可能会预想它的表现能略好于 Sarsa，期望 Sarsa 也确实表现更好。图 6.3 显示了在悬崖边上行走这个任务中，期望 Sarsa 与 Sarsa、Q 学习相比较的汇总结果。期望 Sarsa 保持了 Sarsa 优于 Q 学习的显著优势。此外，在步长

参数 α 大量不同的取值下，期望 Sarsa 都显著地优于 Sarsa。在悬崖边上行走这个例子中，状态的转移都是确定的，所有的随机性都来自于策略。在这种情况下，期望 Sarsa 可以放心地设定 $\alpha=1$，而不需要担心长期稳态性能的损失。与之相比，Sarsa 仅仅在 α 的值较小时能够有良好的长期表现，而启动期瞬态表现就很糟糕了。不管是在这个例子还是在其他例子中，期望 Sarsa 相比 Sarsa 在实验中都表现出了明显的优势。

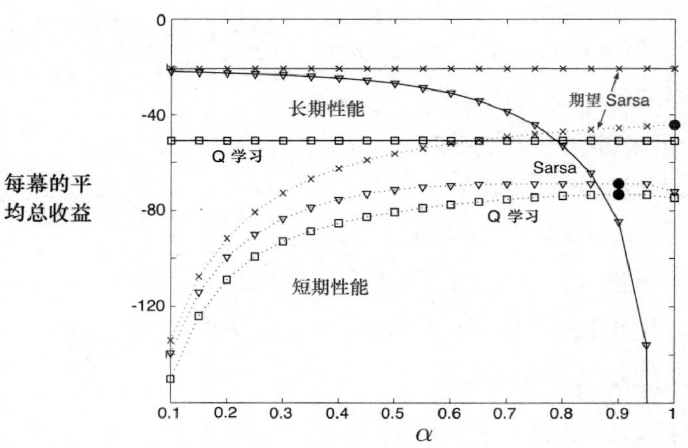

图 6.3 在悬崖边行走这个任务中，TD 控制方法的启动期瞬态性能和长期稳态性能与步长参数 α 之间的关系函数。这里所有算法都用的是 $\varepsilon = 0.1$ 的 ε-贪心策略。每次实验中，稳态性能是 100 000 幕数据上的平均值，而瞬态性能则是最初 100 幕数据上的平均值。图中启动期瞬态曲线和长期稳态曲线中的数据则分别是 50 000 次实验运行和 10 次实验运行的平均值。图中实心圆表示的是每种方法最佳的瞬态性能。本图改编自 van Seijen et al. (2009)

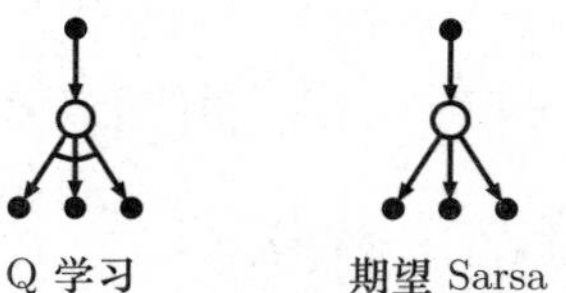

图 6.4 Q 学习和期望 Sarsa 的回溯图

在悬崖边上行走这个例子的实验结果中，期望 Sarsa 被用作一种同轨策略的算法。但在一般情况下，它可以采用与目标策略 π 不同的策略来生成行为。在这种情况下期望 Sarsa 就成了离轨策略的算法。举个例子，假设目标策略 π 是一个贪心策略，而行动策略却更注重于试探，那么此时期望 Sarsa 与 Q 学习完全相同。从这个角度来看，期望 Sarsa 推广了 Q 学习，可以将 Q 学习视作期望 Sarsa 的一种特例，同时期望 Sarsa 比起 Sarsa 也稳定地提升了性能。除了增加少许的计算量之外，期望 Sarsa 应该完全优于这两种更知名的时序差分控制算法。

6.7 最大化偏差与双学习

我们目前讨论的所有的控制算法在构建目标策略时都包含了最大化的操作。例如在 Q 学习算法中，目标策略就是根据所有动作价值的最大值来选取动作的贪心策略的；在 Sarsa 算法中，通常按照 ε-贪心算法选取目标策略，其中也包含了最大化操作。在这些算法中，在估计值的基础上进行最大化也可以被看作隐式地对最大值进行估计，而这就会产生一个显著的正偏差。我们举个例子来对其原因进行说明。假设在状态 s 下可以选择多个动作 a，这些动作在该状态下的真实价值 $q(s,a)$ 全为零，但是它们的估计值 $Q(s,a)$ 是不确定的，可能有些大于零，有些小于零。真实值的最大值是零，但估计值的最大值是正数，因此就产生了正偏差。我们将其称作*最大化偏差*。

例 6.7 最大化偏差的例子 最大化偏差会损害 TD 控制算法的性能。这里我们以图 6.5 中的那个简单的 MDP 为例说明。这个 MDP 有两个非终止节点 A 和 B。每幕都从 A 开始并选择向左或向右的动作。选择向右这个动作会立刻转移到终止状态并得到值为 0 的收益和回报。选择向左的动作则会使状态转移到 B，得到的收益也为 0。而在 B 这个状态下就有很多种可能的动作，每种动作被选择后都会立刻终止并得到一个从均值为 -0.1、方差为 1.0 的正态分布中采样得到的收益。因此，任何一个以向左开始的轨迹的期望回报

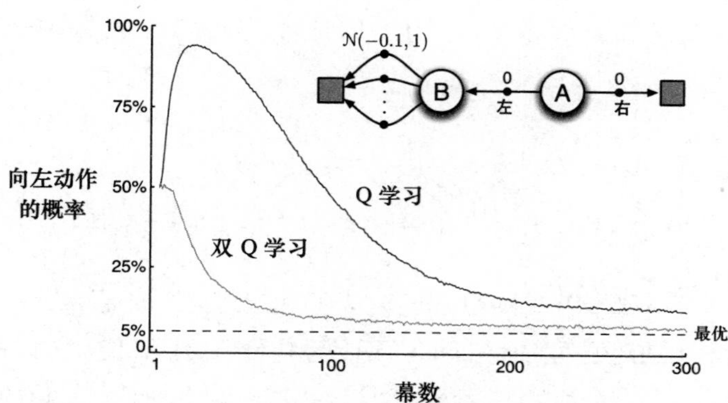

图 6.5 Q 学习和双 Q 学习在一个简单的分幕式 MDP (展示在了图内) 中的对比。Q 学习在开始阶段学到的行为是：执行向左的概率会远比执行向右来得高，并且向左的概率会一直显著地高于 5%。这个 5% 是使用 $\varepsilon = 0.1$ 的 ε-贪心策略选择动作而引起的最低的向左运动的概率。与之相比，双 Q 学习实质上并没有受到最大化偏差的影响。这些数据都是 10 000 次运行的平均值，动作价值都被初始化为零。在用 ε-贪心策略选择动作时，如果有多个最大值，那么会随机选择一个

均为 -0.1，在 A 这个状态中根本不该选择向左。尽管如此，我们的控制方法都会偏好向左，因为最大化偏差会让 B 呈现出正的价值。图 6.5 就显示了使用 ε-贪心策略来选择动作的 Q 学习算法会在开始阶段非常明显地偏好向左这个动作。即使在算法收敛到稳态时，它选择向左这个动作的概率也比在这里的参数设置条件 ($\varepsilon = 0.1$，$\alpha = 0.1$ 以及 $\gamma = 1$) 下的最优值高了大约 5%。 ■

有没有算法能够避免最大化偏差呢？让我们先考虑一个赌博机的例子。在这个例子中，我们对每个动作的价值做一个带噪声的估计，这是通过对该动作产生的所有收益进行简单平均得到的。正如前文所述，如果我们将估计值中的最大值视为对真实价值的最大值的估计，那么就会产生正的最大化偏差。对于这个问题，有一种看法是，其根源在于确定价值最大的动作和估计它的价值这两个过程采用了同样的样本 (多幕序列)。假如我们将这些样本划分为两个集合，并用它们学习两个独立的对真实价值 $q(a), \forall a \in A$ 的估计 $Q_1(a)$ 和 $Q_2(a)$，那么我们接下来就可以使用其中一个估计，比如 $Q_1(a)$，来确定最大的动作 $A^* = \arg\max_a Q_1(a)$，再用另一个 Q_2 来计算其价值的估计 $Q_2(A^*) = Q_2(\arg\max_a Q_1(a))$。由于 $\mathbb{E}[Q_2(A^*) \mid =] q(A^*)$，因此这个估计是无偏的。我们也可以交换两个估计 $Q_1(a)$ 和 $Q_2(a)$ 的角色再执行一遍上面这个过程，那么就又可以得到另一个无偏的估计 $Q_1(\arg\max_a Q_2(a))$。这就是**双学习**的思想。注意，在这里虽然我们一共学习了两个估计值，但是对每个样本集合只更新一个估计值。双学习需要两倍的内存，但每步无需额外的计算量。

双学习的思想很自然地就可以推广到那些为完备 MDP 设计的算法中。例如双学习版的 Q 学习就叫双 Q 学习。双 Q 学习把所有的时刻一分为二。假设用投硬币的方式进行划分，那么当硬币正面朝上时，进行如下的更新

$$Q_1(S_t, A_t) \leftarrow Q_1(S_t, A_t) + \alpha\Big[R_{t+1} + \gamma Q_2\big(S_{t+1}, \operatorname*{arg\,max}_a Q_1(S_{t+1}, a)\big) - Q_1(S_t, A_t)\Big]. \tag{6.10}$$

而如果硬币反面朝上，那么就交换 Q_1 和 Q_2 的角色进行同样的更新，这样就能更新 Q_2。这两个近似价值函数的地位是完全相同的。两种动作价值的估计值都可以在行动策略中使用。例如使用 ε-贪心策略的双 Q 学习算法可以使用两个动作价值估计值的平均值 (或和)。下面的框中展示了双 Q 学习的完整算法流程。这也是得到图 6.5 中的结果我们采用的算法。在那个例子中，双学习看上去消除了最大化偏差所带来的性能损失。当然双学习也可以应用到 Sarsa 和期望 Sarsa 中去。

* *练习* 6.13 使用 ε-贪心目标策略的双期望 Sarsa 的更新步骤是怎样的？ □

双 Q 学习，用于估计 $Q_1 \approx Q_2 \approx q_*$

算法参数：步长 $\alpha \in (0,1]$，很小的 $\varepsilon, \varepsilon > 0$
对所有 $s \in \mathcal{S}^+, a \in \mathcal{A}(s)$，初始化 $Q_1(s,a)$ 和 $Q_2(s,a)$，其中 $Q(\text{终止状态}, \cdot) = 0$
对每幕循环：
  初始化 S
  对幕中的每一步循环：
    基于 $Q_1 + Q_2$，使用 ε-贪心策略在 S 中选择 A
    执行动作 A，观察到 R，S'
    以 0.5 的概率执行：
      $Q_1(S,A) \leftarrow Q_1(S,A) + \alpha\Big(R + \gamma Q_2\big(S', \text{argmax}_a Q_1(S',a)\big) - Q_1(S,A)\Big)$
    或者执行：
      $Q_2(S,A) \leftarrow Q_2(S,A) + \alpha\Big(R + \gamma Q_1\big(S', \text{argmax}_a Q_2(S',a)\big) - Q_2(S,A)\Big)$
    $S \leftarrow S'$
  直到 S 是终止状态

6.8 游戏、后位状态和其他特殊例子

在本书中，我们试图为大量不同的任务找到一个统一的解决方案，但当然也总会有一些任务用特定的方法来解决会更好。例如，我们使用的通用方法需要学习一个*动作价值函数*，但在第 1 章中，我们展示了一种用来学习玩井字棋的时序差分方法，而它学到的更像是一个*状态价值函数*。仔细分析这个例子，我们会发现，从中学到的函数既不是动作价值函数也不是通常使用的状态价值函数。传统的状态价值函数估计的是在某个状态中，当智能体可以选择执行一个动作时，这个状态的价值，但是在井字棋中使用状态价值函数评估的是在智能体下完一步棋之后的棋盘局面。我们称之为*后位状态* (*afterstates*)，并将它们的价值函数称之为是*后位状态价值函数* 。当我们知道环境动态变化中初始的一部分信息，但是不知道完整的环境动态变化信息时，后位状态这个概念是很有用的。比如在一些游戏中，我们通常都能知道在我们采取一个动作后立刻会造成什么结果。在国际象棋中，对于每种可能的下法，我们都能知道下完之后会形成什么样的局面，但我们不知道对手将会采取什么动作。后位状态价值函数就是利用了这些先验知识的更加高效的学习方法。

通过井字棋的例子，我们可以清晰地看到使用后位状态来设计算法更为高效的原因。传统的动作价值函数将当前局面和出棋动作映射到价值的估计值。然而如右图所示，很多“局面-下法”二元组都会产生相同的局面。在这样的情形下，“局面-下法”二元组是不同

的，但是会产生相同的“后位状态”，因此它们的价值也必须是相同的。传统的价值函数会分别评估这两个“局面-下法”二元组，但是后位状态价值函数会将这两种情况看作是一样的。任何关于上图左边的“局面-下法”二元组的学习，都会立即迁移到右边去。

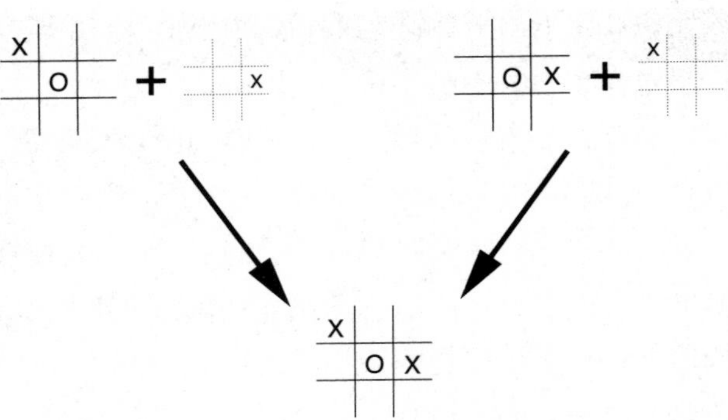

除了应用在游戏中外，后位状态也能应用在其他任务中。例如，在排队任务中，有分配服务器、拒绝用户和丢弃信息这三种动作。事实上在这里，这些动作就是根据它们完全能确定的即时效果而定义的。

我们无法在这里列出所有的特殊任务，以及可以对应使用的特殊学习算法。但本书中提到的这些原理应该是广泛适用的。例如，后位状态方法仍然符合广义策略迭代的框架，在算法中，策略和 (后位状态) 价值函数以类似的方式产生相互作用。在很多种情况下，为了持续进行试探，我们也会面临在同轨策略和离轨策略方法之间的选择。

练习 6.14 描述如何使用后位状态来对杰克租车问题 (例 4.2) 进行建模。为什么在这个任务中使用后位状态能够加速收敛? □

6.9 本章小结

我们在这一章中介绍了一类新的学习方法，即时序差分 (TD) 学习，并且展示了如何将其应用于强化学习问题中。按照惯例，我们将整个问题划分为预测问题与控制问题。在预测问题中，TD 方法可以用来代替蒙特卡洛方法。对于这两种方法，为了将它们扩展到控制问题中，我们都需要借用在动态规划章节中提到的广义策略迭代 (GPI) 的思想，即近似的策略和价值函数需要相互作用，以使得它们都向自己的最优值的方向优化。

GPI 由两个过程组成，其中一个驱使价值函数去准确地预测当前策略的回报，这就是所谓的“预测问题”。而另一个过程则驱使策略根据当前的价值函数来进行局部改善 (例如可以使用 ε-贪心策略)，这就是所谓的“控制问题”。当第一个过程需要使用经验时，如何维持足够的试探就成为一个难题。在解决这个难题时，根据使用的是同轨策略方法还是离轨策略方法，我们可以将 TD 控制方法分为两类。Sarsa 是一种同轨策略的方法，而 Q 学习则是一种离轨策略的方法。我们在这里介绍的期望 Sarsa 也是一种离轨策略的方法。

其实将 TD 方法扩展到解决控制问题还可以用第三种方法。这种在本章中并未介绍的方法叫作“行动器 -评判器”方法，第 13 章中会进行介绍。

本章中介绍的这些方法是现在最为常用的强化学习方法。它们的流行也许是因为这些方法惊人地简洁：可以在线地应用它们，而且用几个简单的等式就可以描述，用小型程序就可以实现。在接下来的几章中，我们会扩展这些算法，它们会变得稍微复杂一些，但同时也会明显地更为强大。所有的这些新算法都会保留在这里介绍的一些特性：它们可以在线地用相对较少的计算量处理经验，它们也由 TD 误差驱动。在这一章中介绍的 TD 方法的一个特例更准确的叫法应该是*单步、表格型、无模型*的 TD 方法。在接下来的两章中，我们会将其扩展到 n 步的形式 (与蒙特卡洛方法相联系)，再扩展到包含一个环境的模型 (与规划和动态规划算法相联系)。之后，在本书的第 Ⅱ 部分，我们会把它们扩展到使用函数近似而不是表格的方法 (与深度学习和人工神经网络相联系)。

最后，在本章中我们完全是在强化学习问题的背景下讨论 TD 方法，但 TD 方法事实上是更为一般性的方法。它们是用来学习如何在动态系统中做出长期预测的一般方法。比如 TD 方法也许能用于预测金融数据、寿命、选举结果、天气规律、动物行为、发电厂需求或顾客的购买行为。只有在脱离了强化学习框架，把 TD 方法当作一种单纯的预测方法去看待的时候，研究者们才深刻地理解了它的许多理论性质。即便是这样，TD 学习方法仍有许多的潜在应用尚未被深入地研究。

参考文献和历史评注

正如我们在第 1 章的概述中提到的，时序差分学习的理念源于动物学习心理学和人工智能，其中最重要的工作是 Samuel (1959) 和 Klopf (1972)。Samuel 的工作会在 16.2 节中作为一个案例研究进行介绍。与时序差分学习相关的工作还有Holland (1975，1976) 早期关于价值预测一致性的观点。这些观点影响了本书的作者之一 (Barto)。Holland 在 1970—1975 年间在密歇根大学教课，而他当时是密歇根大学的一名研究生。Holland 的想法促使了一些与时序差分相关的系统出现，其中包括 Booker 的工作 (1982) 和 Holland 的“救火队算法”(1986)，“救火队算法”这一工作和 Sarsa 有关，下面会讨论。

6.1–2 本节中所用的大部分具体的材料来自 Sutton (1988)，包括 TD(0) 算法、随机游走的例子以及“时序差分学习”这个术语。这里提到的它与动态规划和蒙特卡洛方法相联系的特点是受到 Watkins (1989)、Werbos (1987) 以及其他人的影响。回溯图是在本书的第 1 版中首次引入的。

基于 Watkins 和 Dayan 的工作 (1992) ，Sutton (1988) 证明了表格型 TD(0) 的均值是收敛的，Dayan (1992) 证明了它以概率 1 收敛。Jaakkola、Jordan 和 Singh (1994) 以及 Tsitsiklis (1994) 使用随机逼近理论扩展和加强了这些结论。其他的扩展和推广将在后面的章节介绍。

6.3 在批量训练下最优的 TD 算法是由 Sutton (1988) 提出的。这个结果的提出受到了 Barnard (1993) 的启发，他对 TD 算法的推导是两个步骤的结合，一个步骤是马尔可夫链模型的增量式学习，另一个步骤则是模型的预测。确定性等价这个术语来自于自适应控制的文献 (例如，Goodwin 和 Sin，1984)。

6.4 Sarsa 算法是由 Rummery 和 Niranjan(1994) 提出的。他们探索了它与神经网络的结合，并将其称为“改进的联结式 Q 学习”。“Sarsa”这个名字是由 Sutton (1996) 提出的。单步表格型 Sarsa (即本章中处理的形式) 的收敛性是由 Singh、Jaakkola、Littman 和 Szepesvári (2000) 证明的。Tom Kalt 建议我们加入“有风的网格世界”的例子。

Holland (1986) 的“救火队算法”的思想演变成了与 Sarsa 密切相关的一个算法。“救火队算法”的最初思路涉及了相互触发的规则链。它的重点在于从当前的规则将信度传回触发它的规则。随着时间的推移，“救火队算法”会将信度传回到所有的前序规则，而不仅仅是触发它的规则，从这一点上来看它越来越像时序差分学习。现代形式的“救火队算法”做了很多自然的简化，已经和单步 Sarsa 几乎完全相同，详见 Wilson (1994)。

6.5 Q 学习是由 Watkins (1989) 提出的，但他只提出了收敛性证明的一个梗概。Watkins 和 Dayan (1992) 将这一收敛性证明严格化。Jaakkola、Jordan 和 Singh (1994) 以及 Tsitsiklis (1994) 也提出了更多关于其收敛性的结果。

6.6 期望 Sarsa 是由 George John (1994) 提出的，他称这种算法为“$\overline{\mathrm{Q}}$ 学习”，并强调了作为一种离轨策略算法，它相对 Q 学习的优势。在本书第 1 版的练习题中引入期望 Sarsa 时，我们还不知道 John 的工作。van Seijen、van Hasselt、Whiteson 和 Weiring (2009) 在发表他们的工作时，也不知道 John 的工作。van Seijen 等人提出了期望 Sarsa 的收敛性，以及它比普通的 Sarsa 和 Q 学习表现更好的条件。图 6.3 改编自他们的结果。van Seijen 将“期望 Sarsa”仅仅定义为一种同轨策略方法 (就像我们在第 1 版中做的那样)，而我们则用这个名称指代更一般的目标策略和行动策略不同的算法。van Hasselt (2011) 首次注意到了期望 Sarsa 作为一般的离轨策略算法的形式，他称其为“广义 Q 学习”。

6.7 van Hasselt (2010，2011) 提出并深入研究了最大化偏差和双学习。图 6.5 中 MDP 的例子是由 (van Hasselt, 2011) 中的图 4.1 改编的。

6.8 “后位状态”的概念和“决策后位状态”(Van Roy、Bertsekas、Lee 和 Tsitsiklis, 1997; Powell, 2011) 是相同的。

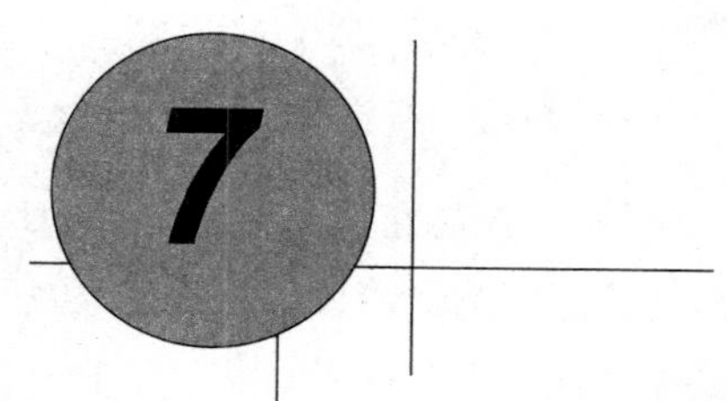

n 步自举法

在本章中，我们将统一前两章介绍的两种方法。单独的蒙特卡洛方法或时序差分方法都不会总是最好的方法。*n 步时序差分方法*是这两种方法更一般的推广，在这个框架下可以更加平滑地切换这两种方法。蒙特卡洛方法和时序差分方法是这个框架中的两种极端的特例，中间方法的性能一般要比这两种极端方法好。

从另一个角度来看，n 步时序差分方法的另一个好处是可以解决之前更新时刻的不灵活问题。在单步时序差分方法中，相同的时刻步长 (单步) 决定了动作变化的频度以及执行自举操作的时间段。在很多应用中，我们希望能够尽可能快地根据任何变化来更新动作，但自举法往往需要在一个时间段中操作才能得到好的效果，在这个时间段需要有显著的状态变化。而在单步时序差分方法中，时间间隔 (即时刻步长) 总是一样的，所以需要进行折中。n 步方法能够使自举法在一个较长的时间段内进行，从而解决单步时序差分方法的不灵活问题。

n 步时序差分方法的思想一般会作为*资格迹* (第 12 章) 算法思想的一个引子，资格迹算法允许自举法在多个时间段同时开展操作。但是在本章中，我们将只从 n 步时序差分方法自己的角度进行讨论，稍后我们将在第 12 章介绍资格迹相关的方法。这可以让我们更好地把问题进行分解，在 n 步时序差分方法的框架下进行尽可能详细的讨论。

和之前一样，我们首先考虑预测问题，再考虑控制问题，即我们首先讨论 n 步方法如何能够更好地对一个固定的策略预测其状态价值函数 v_π。然后，我们将此方法扩展到估计动作价值函数并讨论控制问题。

7.1 n 步时序差分预测

介于蒙特卡洛和时序差分两种方法中间的方法是什么样呢？考虑在固定策略 π 下利用多幕采样序列估计 v_π 的情况。蒙特卡洛方法根据从某一状态开始到终止状态的收益序列，对这个状态的价值进行更新。而时序差分方法则只根据后面的单个即时收益，在下一个后继状态的价值估计值的基础上进行自举更新。在这里，用于自举的后继状态价值代表了后面所有剩余时刻的累积收益。因此，一种介于两者之间的方法根据多个中间时刻的收益来进行更新：多于一个时刻的收益，但又不是到终止状态的所有收益。例如，两步更新基于紧接着的两步收益和两步之后的价值函数的估计值。类似地，可以有三步更新、四步更新，等等。图 7.1 是 v_π 的一个 n 步更新的回溯图，最左边是时序差分更新示意图，最右边是蒙特卡洛更新示意图。

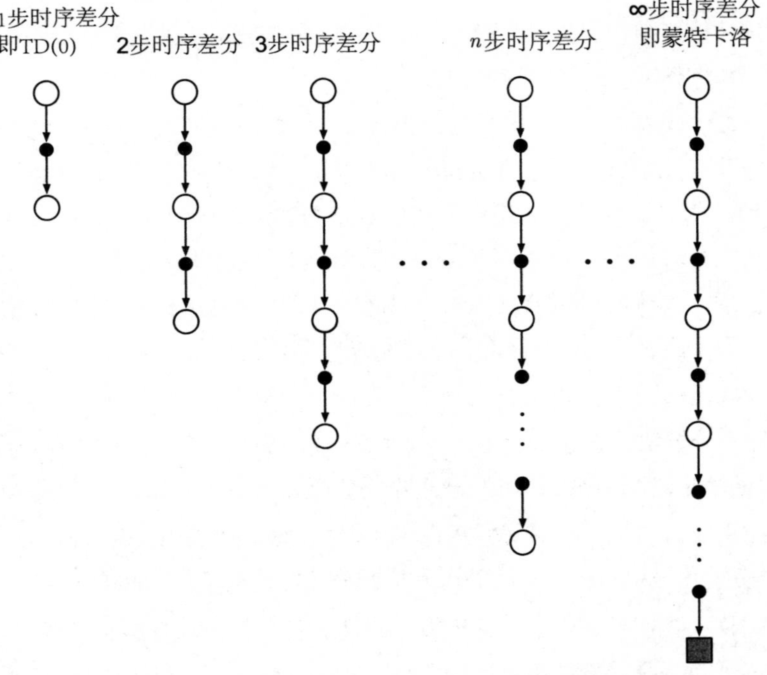

图 7.1 n 步方法的回溯图。这些方法构成了一个从单步时序差分到蒙特卡洛的方法族

n 步更新的方法依然属于时序差分方法，因为在这些方法中，前面状态的估计值会根据它与后继状态的估计值的差异进行更新。不同的是，这里的后继状态是 n 步后的状态，而不是紧接当前状态的下一个时刻的状态。时序差分量被扩展成 n 步的方法被称为 *n 步时序差分方法*。在前一章介绍的时序差分方法都采用的是单步更新，这也是为什么它们被

称为单步时序差分方法的原因。

更严格地讲，考虑根据“状态-收益”序列 $S_t, R_{t+1}, S_{t+1}, R_{t+2}, \ldots, R_T, S_T$ (为了简便，这里省略了动作) 来进行状态 S_t 的更新。我们知道，在基于蒙特卡洛的更新中，$v_\pi(S_t)$ 的估计值会沿着完整回报的方向进行更新，即

$$G_t \doteq R_{t+1} + \gamma R_{t+2} + \gamma^2 R_{t+3} + \cdots + \gamma^{T-t-1} R_T,$$

其中，T 是终止状态的时刻，G_t 是更新的目标。尽管在蒙特卡洛更新中的目标是上面的累积收益 (也即回报) G_t，但是在单步时序差分更新中的目标，却是即时收益加上后继状态的价值函数估计值乘以折扣系数，称其为*单步回报*

$$G_{t:t+1} \doteq R_{t+1} + \gamma V_t(S_{t+1}),$$

其中，$V_t : \mathcal{S} \to \mathbb{R}$ 是在 t 时刻 v_π 的估计值。$G_{t:t+1}$ 的下标表示这是一种截断回报，它由当前时刻 t 到时刻 $t+1$ 的累积收益和折后回报 $\gamma V_t(S_{t+1})$ 组成，其中 $\gamma V_t(S_{t+1})$ 替代了完整回报中的 $\gamma R_{t+2} + \gamma^2 R_{t+3} + \ldots + \gamma^{T-t-1} R_T$。类似地，这种想法也能扩展到两步的情况。两步更新的目标是*两步回报*

$$G_{t:t+2} \doteq R_{t+1} + \gamma R_{t+2} + \gamma^2 V_{t+1}(S_{t+2}),$$

其中，$\gamma^2 V_{t+1}(S_{t+2})$ 替代了 $\gamma R_{t+3} + \gamma^2 R_{t+4} + \cdots + \gamma^{T-t-1} R_T$。类似地，任意 n 步更新的目标是 *n 步回报*

$$G_{t:t+n} \doteq R_{t+1} + \gamma R_{t+2} + \cdots + \gamma^{n-1} R_{t+n} + \gamma^n V_{t+n-1}(S_{t+n}), \tag{7.1}$$

其中，$n \geqslant 1$，$0 \leqslant t < T-n$。所有的 n 步回报都可以被看作完整回报的近似，即在 n 步后截断得到 n 步回报，然后其余部分用 $V_{t+n-1}(S_{t+n})$ 来替代。如果 $t+n \geqslant T$ (即 n 步回报超出了终止状态)，则其余部分的值都为 0，即 n 步回报等于完整的回报 (如果 $t+n \geqslant T$，则 $G_{t:t+n} = G_t$)。

注意，计算 n 步回报 ($n > 1$) 需要涉及若干将来时刻的收益和状态，当状态从当前时刻 t 转移到下一时刻 $t+1$ 时，我们没法获取这些收益和状态。n 步回报只有在获取到 R_{t+n} 和 V_{t+n-1} 后才能计算，而这些值都只能在时刻 $t+n$ 时才能得到。一个比较自然的基于 n 步回报的状态价值函数更新算法是

$$V_{t+n}(S_t) \doteq V_{t+n-1}(S_t) + \alpha\big[G_{t:t+n} - V_{t+n-1}(S_t)\big],\ 0 \leqslant t < T, \tag{7.2}$$

而对于任意其他状态 $s(s \neq S_t)$ 的价值估计保持不变：$V_{t+n}(S) = V_{t+n-1}(S)$。这个算法被称为 *$n$ 步时序差分* (n 步 TD) 算法。注意，在最开始的 $n-1$ 个时刻，价值函数不会被

更新。为了弥补这个缺失，在终止时刻后还将执行对应次数的更新。完整的伪代码如下框中所示。

n 步时序差分算法，用于估计 $V \approx v_\pi$

输入：一个策略 π
算法参数：步长 $\alpha \in (0,1]$，一个正整数 n
对所有的 $s \in \mathcal{S}$，任意初始化 $V(s)$
所有存取操作 (对于 S_t 和 R_t) 的索引可以对 $n+1$ 取模
对每幕循环：
  初始化和存储 $S_0, S_0 \neq$ 终止状态
  $T \leftarrow \infty$
  循环 $t = 0, 1, 2, \ldots$ ：
  | 如果 $t < T$，那么：
  | 根据 $\pi(\cdot|S_t)$ 采取策略
  | 观察和存储下一时刻的收益 R_{t+1} 和状态 S_{t+1}
  | 如果 S_{t+1} 是终止状态，则 $T \leftarrow t+1$
  | $\tau \leftarrow t - n + 1$ (τ 是当前正在更新的状态所在时刻)
  | 如果 $\tau \geqslant 0$：
  | $G \leftarrow \sum_{i=\tau+1}^{\min(\tau+n,T)} \gamma^{i-\tau-1} R_i$
  | 如果 $\tau + n < T$，那么：$G \leftarrow G + \gamma^n V(S_{\tau+n})$ $(G_{\tau:\tau+n})$
  | $V(S_\tau) \leftarrow V(S_\tau) + \alpha\left[G - V(S_\tau)\right]$
  直到 $\tau = T - 1$

练习 7.1 在第 6 章，我们注意到，如果价值函数的估计值不是每步都被更新，则蒙特卡洛误差可以被改写成时序差分 (式 6.6) 的和。请推广该结论，即将式 (7.2) 中的 n 步误差也改写为时序差分误差之和的形式 (同样假设在此过程中价值估计不更新)。 □

练习 7.2 (编程) 在 n 步方法中，价值函数需要每步都更新，所以利用时序差分误差之和来替代公式 (7.2) 中的错误项的算法将会与之前有些不同。这种算法是一个更好的还是更差的算法？请设计一个小实验并编程验证这个问题。 □

n 步回报利用价值函数 V_{t+n-1} 来校正 R_{t+n} 之后的所有剩余收益之和。n 步回报的一个重要特性是：在最坏的情况下，采用它的期望值作为对 v_π 的估计可以保证比 V_{t+n-1} 更好。换句话说，n 步回报的期望的最坏误差能够保证不大于 V_{t+n-1} 最坏误差的 γ^n 倍

$$\max_s \left|\mathbb{E}_\pi[G_{t:t+n}|S_t = s] - v_\pi(s)\right| \leqslant \gamma^n \max_s \left|V_{t+n-1}(s) - v_\pi(s)\right| \tag{7.3}$$

此式对于任意 $n \geqslant 1$ 都成立。这被称为 n 步回报的*误差减少性质*。根据这个性质，可以

证明所有的 n 步时序差分方法在合适的条件下都能收敛到正确的预测。因此，n 步时序差分方法是一类有坚实数学基础的方法，其中单步时序差分方法和蒙特卡洛方法是两个极端特例。

例 7.1 n 步时序差分方法在随机游走上的应用 在例 6.2 中描述的随机游走任务中使用 n 步时序差分方法。假设从中间状态开始，往右边走，经过 D 和 E，最后停在右边，收到回报 1。最开始，所有的状态价值都是 0.5，即 $V(s) = 0.5$。有过这样一次经验后，单步时序差分方法只能更新最后一个状态的值 $V(E)$，即向着 1 的方向更新。然而，两步差分方法能够更新两个状态的值：$V(D)$ 和 $V(E)$，它们都要朝着 1 的方向增大。三步差分方法或者任意 n 步方法 ($n > 2$) 都可以向 1 的方向更新所有经过的状态的价值函数，并且更新的大小相同。

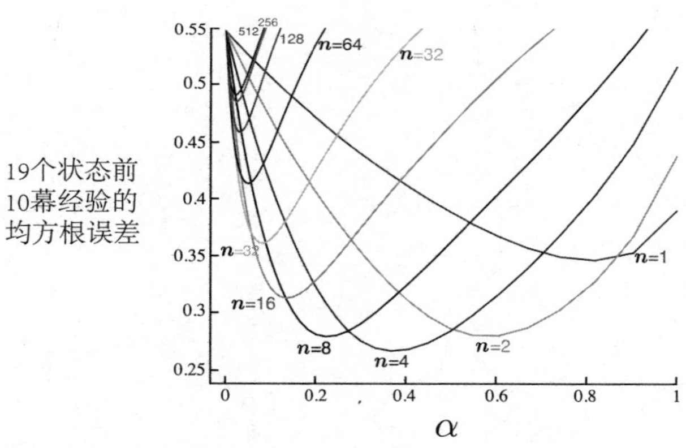

图 7.2 在 19 个状态的随机游走任务中 (例 7.1)，对于不同的 n，作为 α 的函数的 n 步时序差分方法的性能

n 为多少时是最好的呢？图 7.2 展示了一个有 19 个状态的随机游走过程的实验结果，其中在左边的收益为 –1，所有的初始状态价值为 0。在本章的后面我们也将使用这个例子。结果展示了在不同的 n 和 α 情况下 n 步方法的性能。不同情况下的性能测试指标 (纵坐标表示) 是最后 19 个状态在每幕终止时的价值函数的估计值和真实值的均方误差的平均值的开方，图中展示的是最开始 10 幕，并重复 100 次 (在所有的设置下动作的集合相同) 的平均结果。从图中可以看出，n 取中间大小的值时效果最好。这也证明了将单步时序差分方法和蒙特卡洛方法推广到 n 步时序差分方法可能会得到更好的结果。 ■

练习 7.3 你认为使用一个更大随机游走任务 (19 个状态取代 5 个状态) 的原因是什么呢？在小任务上 n 的不同值的优势会改变吗？把左边的收益从 0 改到 –1 的原因呢？这会改变 n 的最优值吗？ □

7.2 n 步 Sarsa

如何使得 n 步方法不单用来进行预测，同时也可以用作控制呢？在本章中，我们将展示 n 步方法是如何和 Sarsa 直接结合来产生同轨策略下的时序差分学习控制方法的。这种 n 步版本的 Sarsa 我们称为 n 步 *Sarsa*，并且从此开始，之前章节介绍的初始版本的 Sarsa 我们会统称为单步 *Sarsa* 或者 *Sarsa*(0)。

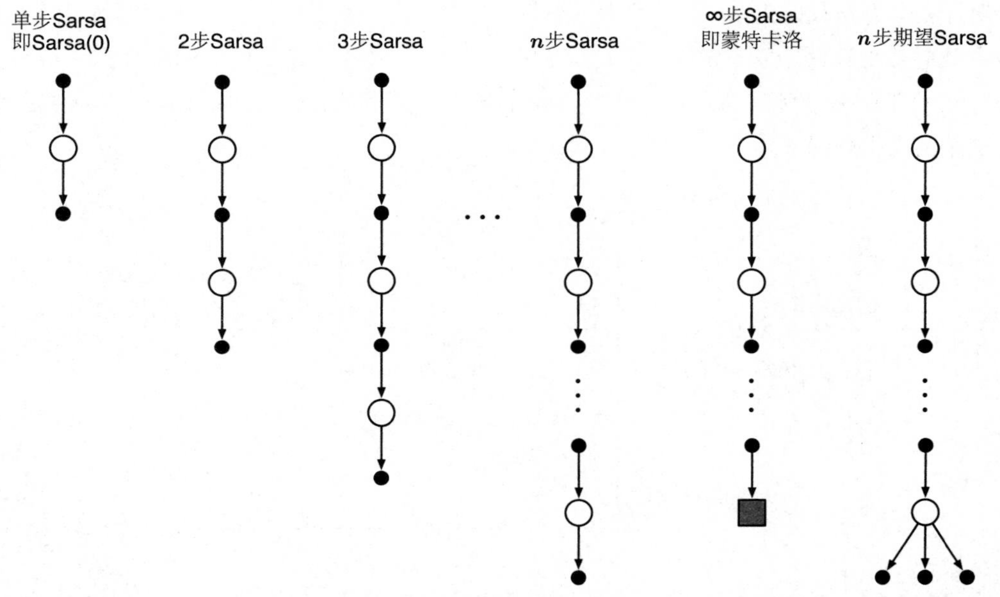

图 7.3 基于“状态-动作”二元组的 n 步方法的回溯图，这些方法构成了一个从单步更新的 Sarsa(0) 到基于终止状态更新的蒙特卡洛算法的方法族。介于两者之间的是 n 步更新，它由 n 步真实收益和对第 n 步“状态-动作”二元组的价值的估计值组成，所有价值都有适当的折扣。最右边的图是 n 步期望 Sarsa 的回溯图

该方法的核心思想是将状态替换为“状态-动作”二元组，然后使用 ε-贪心策略。n 步 Sarsa 的回溯图 (见图 7.3) 和 n 步时序差分方法的回溯图类似，都是由交替出现的状态和动作构成，唯一的不同是 Sarsa 的回溯图的首末两端都是动作而不是状态。我们重新根据动作的价值估计定义如下的n步方法的回报 (更新目标)

$$G_{t:t+n} \doteq R_{t+1} + \gamma R_{t+2} + \cdots + \gamma^{n-1} R_{t+n} + \gamma^n Q_{t+n-1}(S_{t+n}, A_{t+n}),\ n \geqslant 1, 0 \leqslant t < T-n, \tag{7.4}$$

当 $t+n \geqslant T$ 时，$G_{t:t+n} = G_t$。基于此，很自然可以得到如下算法

$$Q_{t+n}(S_t, A_t) \doteq Q_{t+n-1}(S_t, A_t) + \alpha \left[G_{t:t+n} - Q_{t+n-1}(S_t, A_t)\right],\ 0 \leqslant t < T, \tag{7.5}$$

除了上面更新的状态之外，所有其他状态的价值都保持不变，即对于所有满足 $s \neq S_t$ 或 $a \neq A_t$ 的 s，a 来说，有 $Q_{t+n}(s,a) = Q_{t+n-1}(s,a)$。这就是 n 步 *Sarsa* 算法。算法伪代码展示在下框中。关于为什么 n 步 Sarsa 相较于单步 Sarsa 能够加速学习，参见图 7.4 的例子。

n 步 Sarsa，用于预估 $Q \approx q_*$ 或 q_π

```
对于所有的 s ∈ S, a ∈ A，任意初始化 Q(s,a)
将 π 初始化为对应 Q 的 ε-贪心策略，或者某个固定的给定策略
算法参数：步长 α ∈ (0,1]，很小的 ε, ε > 0，正整数 n
所有存取操作 (对于 S_t、A_t 和 R_t) 的索引可以对 n+1 取模
对每幕循环
  初始化和存储状态 S_0 ≠ 终止状态
  选择并保存动作 A_0 ~ π(·|S_0)
  T ← ∞
  循环 t = 0, 1, 2, ...:
  |  如果 t < T，那么:
  |    采取动作 A_t
  |    观察并存储下一时刻的收益 R_{t+1} 和状态 S_{t+1}
  |    如果 S_{t+1} 是终止状态，那么:
  |      T ← t + 1
  |    否则:
  |      选择并存储动作 A_{t+1} ~ π(·|S_{t+1})
  |  τ ← t − n + 1 (τ 是估计值更新的时刻)
  |  如果 τ ⩾ 0:
  |    G ← Σ_{i=τ+1}^{min(τ+n,T)} γ^{i−τ−1} R_i
  |    如果 τ + n < T，那么 G ← G + γ^n Q(S_{τ+n}, A_{τ+n})        (G_{τ:τ+n})
  |    Q(S_τ, A_τ) ← Q(S_τ, A_τ) + α [G − Q(S_τ, A_τ)]
  |    如果处于学习 π 的过程中，那么需要确保 π(·|S_τ) 是基于 Q 的 ε-贪心
  |        策略
  直到 τ = T − 1
```

练习 7.4　证明 Sarsa 算法的 n 步回报 (式 7.4) 可以被严格写成一个新的时序差分的形式，如下所示

$$G_{t:t+n} = Q_{t-1}(S_t, A_t) + \sum_{k=t}^{\min(t+n,T)-1} \gamma^{k-t} \left[R_{k+1} + \gamma Q_k(S_{k+1}, A_{k+1}) - Q_{k-1}(S_k, A_k)\right]. \tag{7.6}$$

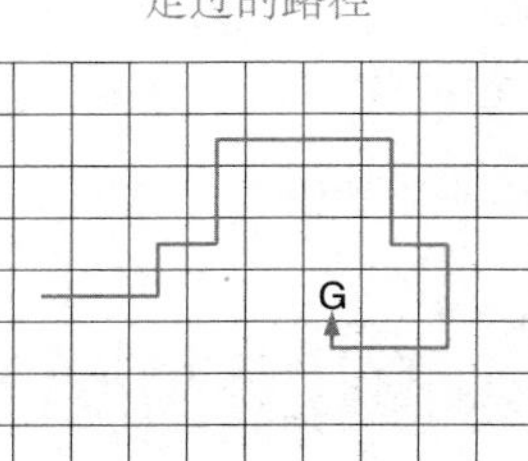

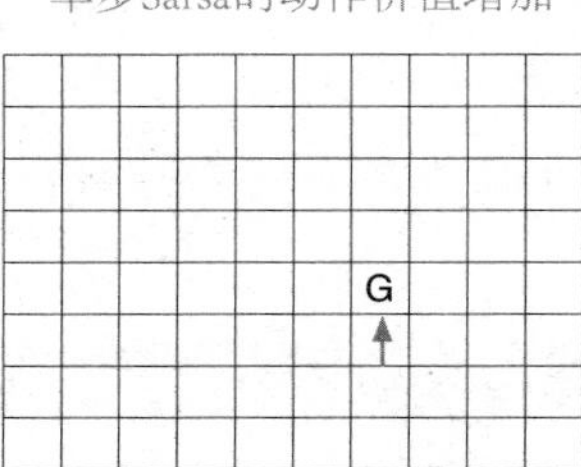

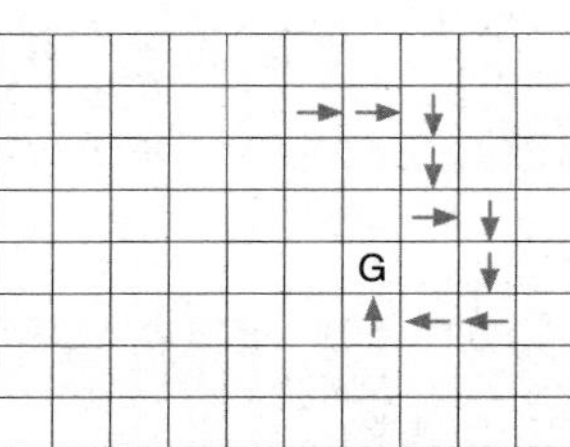

图 7.4 在网格世界的例子中，使用 n 步方法而导致的策略学习加速。第一张图显示了在一幕中智能体所走过的路径，最终停在一个具有高收益的位置，将其标记为 G。在这个例子中，收益全部被初始化为 0，并且除了在 G 位置设置了正的收益之外，所有的收益都初始化为 0。其他两张图的箭头显示了在单步 Sarsa 和 n 步 Sarsa 方法中，按照第一张图的路径，哪一个动作的价值得到了增强。单步 Sarsa 仅仅增强了这一系列动作中的最后一个，使得这个动作得到一个高收益；而 n 步 Sarsa 则将这一系列动作中的最后 n 个动作都增强了，这样从一幕序列中可以学习到更多知识

□

期望 Sarsa 是什么样呢？n 步期望 Sarsa 的回溯图展示在图 7.3 最右边。它和 n 步 Sarsa 的回溯图一样，包括一个由采样动作和状态组成的线性串，不同之处在于它最后一个节点是一个分支，其对所有可能的动作采用策略 π 下的概率进行了加权。这个算法也可以用 n 步 Sarsa 的公式来描述，不同之处是需要重新定义n 步回报

$$G_{t:t+n} \doteq R_{t+1} + \cdots + \gamma^{n-1} R_{t+n} + \gamma^n \bar{V}_{t+n-1}(S_{t+n}),\ t+n < T, \tag{7.7}$$

当 $t+n \geqslant T$ 时，$G_{t:t+n} \doteq G_t$。其中，$\bar{V}_t(s)$ 是状态 s 的期望近似价值，它采用了在目标策略下，t 时刻的动作的价值估计值来计算

$$\bar{V}_t(s) \doteq \sum_a \pi(a|s) Q_t(s,a),\quad \text{对所有的} s \in \mathcal{S}. \tag{7.8}$$

期望估计价值在本书接下来提及的很多动作价值函数方法中会用到。如果 s 是终止状态，那么我们定义它的期望估计价值为零。

7.3 n 步离轨策略学习

回顾一下，离轨策略学习是在学习策略 π 时，智能体却遵循另一个策略 b 的学习方法。通常 π 是针对当前的动作价值函数的贪心策略，而 b 是一个更具试探性的策略，例如 ε-贪心策略。为了使用遵循策略 b 得到的数据，我们必须考虑两种策略之间的不同，使用它们对应动作的相对概率 (详见 5.5 节)。在 n 步方法中，回报根据 n 步来建立，所以

我们感兴趣的是这 n 步的相对概率。例如，实现一个简单离轨策略版本的 n 步时序差分学习，对于 t 时刻的更新 (实际上在 $t+n$ 时刻)，可以简单地用 $\rho_{t:t+n-1}$ 来加权

$$V_{t+n}(S_t) \doteq V_{t+n-1}(S_t) + \alpha\,\rho_{t:t+n-1}\left[G_{t:t+n} - V_{t+n-1}(S_t)\right],\ 0 \leqslant t < T, \tag{7.9}$$

其中，$\rho_{t:t+n-1}$ 叫作重要度采样率，是两种策略采取 $A_t \sim A_{t+n}$ 这 n 个动作的相对概率 (参见式 5.3)

$$\rho_{t:h} \doteq \prod_{k=t}^{\min(h,T-1)} \frac{\pi(A_k|S_k)}{b(A_k|S_k)}. \tag{7.10}$$

例如，假定策略 π 永远都不会采取某个特定动作 ($\pi(A_k|S_k)=0$)，则 n 步回报的权重应为 0，即完全忽略。另一方面，假如碰巧某个动作在策略 π 下被采取的概率远远大于行动策略 b ，那么将增加对应回报的权重。这是有意义的，因为该动作是策略 π 的特性 (因此我们需要学习它)，但是该动作很少被 b 选择，因此也很少出现在数据中。为了弥补这个缺陷，当该动作发生时，我们不得不提高它的权重。注意，如果这两种策略实际上是一样的，那么重要度采样率总是 1。所以，更新公式 (7.9) 是之前的 n 步时序差分学习方法的推广，并且可以完整代替它。同样，之前的 n 步 Sarsa 的更新方法可以完整地被如下简单的离轨策略版方法代替。对于 $0 \leqslant t < T$，

$$Q_{t+n}(S_t,A_t) \doteq Q_{t+n-1}(S_t,A_t) + \alpha\,\rho_{t+1:t+n}\left[G_{t:t+n} - Q_{t+n-1}(S_t,A_t)\right], \tag{7.11}$$

注意，这里的重要度采样率，其起点和终点比 n 步时序差分学习方法 (式 7.9) 都要晚一步。这是因为在这里我们更新的是“状态-动作”二元组。这时我们并不需要关心这些动作有多大概率被选择，既然我们已经确定了这个动作，那么我们想要的是充分地学习发生的事情，这个学习过程会使用基于后继动作计算出的重要度采样加权系数。这个算法的完整伪代码展示在下面的框里。

离轨策略版本的 n 步期望 Sarsa 使用上文中和 Sarsa 相同的更新方法，除了重要度采样率少一个参数外。上面等式使用 $\rho_{t+1:t+n-1}$ 而不是 $\rho_{t+1:t+n}$，以及使用期望 Sarsa 版本的 n 步回报。这是因为在期望 Sarsa 方法中，所有可能的动作都会在最后一个状态中被考虑，实际采取的那个具体动作对期望 Sarsa 的计算没有影响，也就不需要去修正。

离轨策略下的 n 步 Sarsa，用于估计 $Q \approx q_*$，或 q_π

输入：一个任意的满足 $b(a|s) > 0$ 的行动策略 b，对于所有的 $s \in S, a \in A$
对于所有的 $s \in S, a \in A$，任意初始化 $Q(s,a)$
将 π 初始化为对应 Q 的 ε-贪心策略或者某个固定的给定策略
算法参数：步长 $\alpha \in (0,1]$，很小的 $\epsilon, \varepsilon > 0$，正整数 n
所有存取操作 (对 S_t、A_t 和 R_t) 的索引可以对 $n+1$ 取模
对每幕循环：
　初始化和存储状态 $S_0 \neq$ 终止状态
　选择并保存动作 $A_0 \sim b(\cdot|S_0)$
　$T \leftarrow \infty$
　循环 $t = 0, 1, 2, \ldots$:
　| 如果 $t < T$，那么：
　| 　选择动作 A_t
　| 　观察并存储下一时刻的收益 R_{t+1} 和状态 S_{t+1}
　| 　如果 S_{t+1} 是终止状态，那么：
　| 　　$T \leftarrow t+1$
　| 　否则：
　| 　　选择和存储动作 $A_{t+1} \sim b(\cdot|S_{t+1})$
　| $\tau \leftarrow t - n + 1$ (τ 是估计值更新的时刻)
　| 如果 $\tau \geqslant 0$：
　| 　$\rho \leftarrow \prod_{i=\tau+1}^{\min(\tau+n-1, T-1)} \frac{\pi(A_i|S_i)}{b(A_i|S_i)}$ 　　　　$(\rho_{\tau+1:t+n-1})$
　| 　$G \leftarrow \sum_{i=\tau+1}^{\min(\tau+n, T)} \gamma^{i-\tau-1} R_i$
　| 　如果 $\tau + n < T$，那么：$G \leftarrow G + \gamma^n Q(S_{\tau+n}, A_{\tau+n})$ 　　　　$(G_{\tau:\tau+n})$
　| 　$Q(S_\tau, A_\tau) \leftarrow Q(S_\tau, A_\tau) + \alpha\rho\left[G - Q(S_\tau, A_\tau)\right]$
　| 　如果处于学习 π的过程中，那么需要确保 $\pi(\cdot|S_\tau)$ 是基于 Q的贪心策略
　直到 $\tau = T - 1$

7.4 * 带控制变量的每次决策型方法

之前章节展示的多步离轨策略方法非常简单，在概念上很清晰，但是可能不是最高效的。一种更精巧、复杂的方法采用了 5.9 节中介绍的“每次决策型重要度采样”思想。为理解这种方法，首先要注意普通的 n 步方法的回报，像所有的回报一样，其可以写成递归形式。对于视界终点为 h 的 n 个时刻，n 步回报可以写成

$$G_{t:h} = R_{t+1} + \gamma G_{t+1:h}, \quad t < h < T, \tag{7.12}$$

其中，$G_{h:h} \doteq V_{h-1}(S_h)$ (回顾一下，这个回报是在时刻 h 使用的，之前的公式中它的角标时刻的写法是 $t+n$)。现在考虑遵循不同于目标策略 π 的行动策略 b 而产生的影响。所有产生的经验，包括对于 t 时刻的第一次收益 R_{t+1} 和下一个状态 S_{t+1} 都必须用重要度采样率 $\rho_t = \frac{\pi(A_k|S_k)}{b(A_k|S_k)}$ 加权。也许有人觉得，对上述等式右侧直接加权不就行了吗？但其实我们有更好的方法。假设 t 时刻的动作永远都不会被 π 选择，则 ρ_t 为零。那么简单加权会让 n 步方法的回报为 0，当它被当作目标时可能会产生很大的方差。而在更精巧的方法中，我们采用一个替换定义。在视界 h 结束的 n 步回报的离轨策略版本的定义可以写成

$$G_{t:h} \doteq \rho_t\left(R_{t+1} + \gamma G_{t+1:h}\right) + (1-\rho_t)V_{h-1}(S_t),\ t < h < T, \tag{7.13}$$

其中，依然有 $G_{h:h} \doteq V_{h-1}(S_h)$。在这个方法中，如果 ρ_t 为 0，则它并不会使得目标为 0 并导致估计值收缩，而是使得目标和估计值一样，因而其不会带来任何变化。重要度采样率为 0 意味着我们应当忽略样本，所以让估计值保持不变看起来是一个合理的结果。在式 (7.13) 中额外添加的第二项被称为*控制变量*。注意，这个控制变量并不会改变更新值的期望：重要度采样率的期望为 1 (参见 5.9 节) 并且与估计值没有关联，所以第二项的期望值为 0。注意，n步回报的离轨策略版本的定义 (式 7.13) 是前面同轨策略版本的定义 (式 7.1) 的严格推广。当 ρ_t 恒为 1 时，这两个式子是完全等价的。

对于一个传统的 n 步方法，对应公式 (7.13) 的学习规则是 n 步 TD 更新 (式 7.2)。它没有明显的重要度采样率 (除了嵌入在回报当中的部分)。

练习 7.5　写出上述离轨策略下的“状态-动作”二元组预测算法的伪代码。　□

对于动作价值，n 步回报的离轨策略版本定义稍有不同。这是因为第一个动作在重要度采样中不起作用。当学习该动作的价值时，它在目标策略下有没有可能出现都不是很重要，毕竟它已经发生，且它之后获得的收益以及后继状态所对应的权重都是满格的单位权重。重要度采样只会作用在这之后的动作上。

首先需要注意，对动作价值而言，终止于视界 h 的同轨策略下的 n 步回报 (式 7.7 的期望形式) 可以像式 (7.12) 一样写成递归公式，唯一的不同是对动作价值来说，这个递归公式结束于 $G_{h:h} \doteq \bar{V}_{h-1}(S_h)$，如式 (7.8) 所示。而使用控制变量的离轨策略的形式可以为

$$\begin{aligned} G_{t:h} &\doteq R_{t+1} + \gamma\Big(\rho_{t+1}G_{t+1:h} + \bar{V}_{h-1}(S_{t+1}) - \rho_{t+1}Q_{h-1}(S_{t+1}, A_{t+1})\Big), \\ &= R_{t+1} + \gamma\rho_{t+1}\Big(G_{t+1:h} - Q_{h-1}(S_{t+1}, A_{t+1})\Big) + \gamma\bar{V}_{h-1}(S_{t+1}),\ t < h \leqslant T. \end{aligned} \tag{7.14}$$

如果 $h < T$，则上面递归公式结束于 $G_{h:h} \doteq Q_{h-1}(S_h, A_h)$；如果 $h \geqslant T$，则递归公式结束于 $G_{T-1:h} \doteq R_T$。由此得到的预测算法 (结合了式 7.5 之后) 是期望 Sarsa 的扩展。

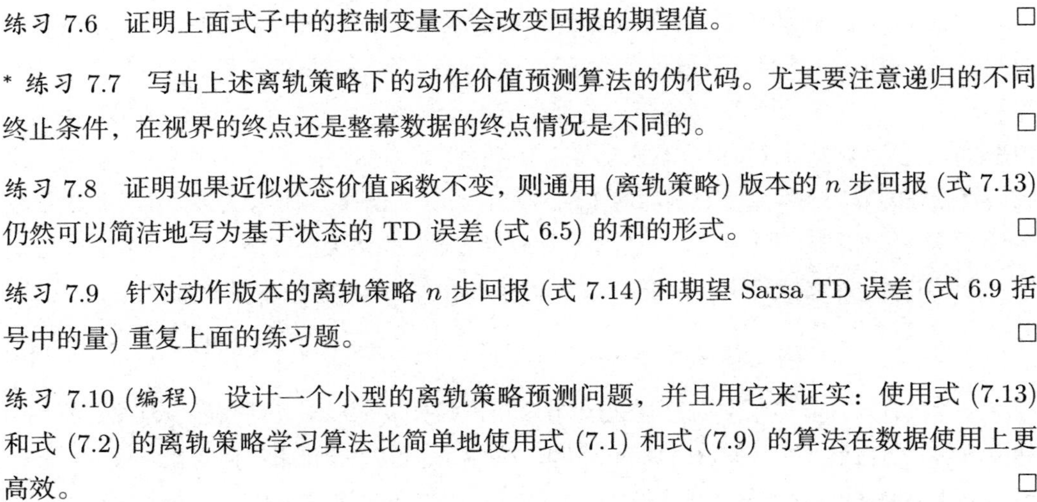

练习 7.6　证明上面式子中的控制变量不会改变回报的期望值。□

* 练习 7.7　写出上述离轨策略下的动作价值预测算法的伪代码。尤其要注意递归的不同终止条件，在视界的终点还是整幕数据的终点情况是不同的。□

练习 7.8　证明如果近似状态价值函数不变，则通用 (离轨策略) 版本的 n 步回报 (式 7.13) 仍然可以简洁地写为基于状态的 TD 误差 (式 6.5) 的和的形式。□

练习 7.9　针对动作版本的离轨策略 n 步回报 (式 7.14) 和期望 Sarsa TD 误差 (式 6.9 括号中的量) 重复上面的练习题。□

练习 7.10 (编程)　设计一个小型的离轨策略预测问题，并且用它来证实：使用式 (7.13) 和式 (7.2) 的离轨策略学习算法比简单地使用式 (7.1) 和式 (7.9) 的算法在数据使用上更高效。□

我们在本节和上一节以及第 5 章中用到的重要度采样方法使得离轨策略学习有了坚实的基础，但代价是增加了更新过程的方差。这就迫使我们使用很小的步长参数，因而导致学习过程非常缓慢。离轨策略学习比同轨策略学习更缓慢可能是无法避免的 —— 毕竟数据与所学的东西相关性更少。但是，我们这里展示的方法也是有可能改进的。一种可能是快速地改变步长参数来适应观察到的方差，就像在 Autostep 方法 (Mahmood、Sutton、Degris 和 Pilarski，2012) 中实现的那样。另一个有前景的方法是 Karampatziakis 和 Langford (2010) 提出的“不变更新”，这个方法进一步被 Tian (成稿中) 拓展到了 TD。Mahmood (2017；Mahmood 和 Sutton，2015) 所使用的技巧也可以是解决方案的一部分。在下一节中，我们会讨论一个不使用重要度采样的离轨策略学习方法。

7.5　不需要使用重要度采样的离轨策略学习方法：n 步树回溯算法

不使用重要度采样的离轨策略学习方法可能存在吗？在第 6 章中我们讨论了单步的 Q 学习和期望 Sarsa 方法，但是有没有相对应的多步算法呢？本节中我们就要展示这样一个 n 步算法，叫作树回溯算法。

这个算法的思想受到右图所示的三步树回溯图的启发。沿着中心轴向下，图中标出的是三个采样状态和收益，以及两个采样动作。这些都是随机变量，表示在初始“状态-动作”二元组 S_t, A_t 之后发生的事件。连接在每个状态侧边的是没有被采样选择的动作 (对于最后一个状态，所有的动作都被认为是还没有被选择的)。由于我们没有未被选择的动

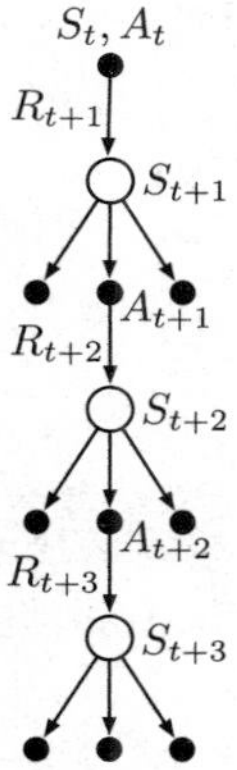

作的样本数据，因此我们采用自举方法并且使用它们的估计价值来构建用于价值函数更新的目标。这稍稍扩展了回溯图的思想。迄今为止我们总是更新图顶端的节点的估计价值，使其向更新目标前进，这个目标是由沿途所有的收益 (经过适当的打折) 和底部节点的估计价值组合而成的。在树回溯中，目标包含了所有的这些东西再加上每一层悬挂在两侧的动作节点的估计价值。这也是为什么它被称为*树回溯*：它的更新来源于整个树的动作价值的估计。

三步树回溯更新

更精确地说，更新量是从树的*叶子节点*的动作价值的估计值计算出来的。内部的动作节点 (对应于实际采取的动作)，并不参与回溯。每个叶子节点的贡献会被加权，权值与它在目标策略 π 下出现的概率成正比。因此除了实际被采用的动作 A_{t+1} 完全不产生贡献之外，一个一级动作 a 的贡献权值为 $\pi(a|S_{t+1})$。它的 $\pi(A_{t+1}|S_{t+1})$ 被用来给所有二级动作的价值加权。所以每个未被选择的二级动作 a' 的贡献权值为 $\pi(A_{t+1}|S_{t+1})\pi(a'|S_{t+2})$，每个三级动作的贡献权值为 $\pi(A_{t+1}|S_{t+1})\pi(A_{t+2}|S_{t+2})\pi(a''|S_{t+3})$，依此类推。就好像每个指向动作节点的箭头得到了加权，权重就是该动作在目标策略中被选择的概率。如果在这个动作的下面还有一棵树，则对应的权值会对它下面的整棵树都产生作用。

我们可以把三步树回溯看成由 6 个子步骤组成。“采样子步骤”是从一个动作到其后继状态的过程；“期望子步骤”则是从这个状态到所有可能的动作的选择过程，每个动作同时带上了在目标策略下的出现概率。

现在我们来详细介绍 n 步树回溯算法的公式细节。树回溯算法的单步回报与期望 Sarsa 相同，对于 $t < T-1$，有

$$G_{t:t+1} \doteq R_{t+1} + \gamma \sum_a \pi(a|S_{t+1}) Q_t(S_{t+1}, a), \tag{7.15}$$

对于 $t < T-2$，两步树回溯的回报是

$$\begin{aligned}
G_{t:t+2} &\doteq R_{t+1} + \gamma \sum_{a \neq A_{t+1}} \pi(a|S_{t+1}) Q_{t+1}(S_{t+1}, a) \\
&\quad + \gamma \pi(A_{t+1}|S_{t+1}) \Big(R_{t+2} + \gamma \sum_a \pi(a|S_{t+2}) Q_{t+1}(S_{t+2}, a) \Big) \\
&= R_{t+1} + \gamma \sum_{a \neq A_{t+1}} \pi(a|S_{t+1}) Q_{t+1}(S_{t+1}, a) + \gamma \pi(A_{t+1}|S_{t+1}) G_{t+1:t+2},
\end{aligned}$$

后者显示了树回溯的 n 步回报的递归定义的一般形式。对于 $t < T-1, n \geqslant 2$，有

$$G_{t:t+n} \doteq R_{t+1} + \gamma \sum_{a \neq A_{t+1}} \pi(a|S_{t+1}) Q_{t+n-1}(S_{t+1}, a) \;+\; \gamma \pi(A_{t+1}|S_{t+1}) G_{t+1:t+n}, \tag{7.16}$$

除了 $G_{T-1:t+n} \doteq R_T$ 之外，$n=1$ 的情况可由公式 (7.15) 解决。这个目标就可以用于 n 步 Sarsa 的动作价值更新规则，对于 $0 \leqslant t < T$，有

$$Q_{t+n}(S_t, A_t) \doteq Q_{t+n-1}(S_t, A_t) + \alpha \left[G_{t:t+n} - Q_{t+n-1}(S_t, A_t)\right],$$

其他所有“状态-动作”二元组的价值保持不变，即对于所有满足 $s \neq S_t$ 或 $a \neq A_t$ 的 s, a，有 $Q_{t+n}(s,a) = Q_{t+n-1}(s,a)$。下面框中显示了这一算法的伪代码。

n 步树回溯算法，用于估计 $Q \approx q_*$ 或 q_π

```
对于所有的 s ∈ S, a ∈ A，任意初始化 Q(s,a)
将 π 初始化为对应 Q 的 ε-贪心策略或者某个固定的给定策略
算法参数：步长 α ∈ (0,1]，正整数 n
所有存取操作的索引可以对 n+1 取模
对每幕循环：
  初始化和储存状态 S_0 ≠ 终止状态
  根据 S_0 任意选择动作 A_0；并存储 A_0
  T ← ∞
  循环 t = 0,1,2,... :
  |  如果 t < T，那么：
  |     采取动作 A_t；观察并存储下一时刻的收益和状态 R_{t+1}, S_{t+1}
  |     如果 S_{t+1} 是终止状态：
  |        T ← t+1
  |  否则：
  |        根据 S_{t+1} 任意选择一个动作 A_{t+1}；存储 A_{t+1}
  |  τ ← t+1-n (τ 是估计值更新的时间)
  |  如果 τ ≥ 0：
  |     如果 t+1 ≥ T：
  |        G ← R_T
  |     否则
  |        G ← R_{t+1} + γ Σ_a π(a|S_{t+1}) Q(S_{t+1}, a)
  |     循环 k = min(t, T-1) 递减到 τ+1：
  |        G ← R_k + γ Σ_{a≠A_k} π(a|S_k) Q(S_k, a) + γ π(A_k|S_k) G
  |     Q(S_τ, A_τ) ← Q(S_τ, A_τ) + α [G - Q(S_τ, A_τ)]
  |     如果处于学习 π 的过程中，那么需要确保 π(·|S_τ) 是基于 Q 的贪心策略
  直到 τ = T-1
```

练习 7.11 证明如果近似动作价值不变，那么树回溯的回报 (式 7.16) 可以写成期望 TD 误差之和

$$G_{t:t+n} = Q(S_t, A_t) + \sum_{k=t}^{\min(t+n-1, T-1)} \delta_k \prod_{i=t+1}^{k} \gamma\pi(A_i|S_i),$$

其中，$\delta_t \doteq R_{t+1} + \gamma \bar{V}_t(S_{t+1}) - Q(S_t, A_t)$，$\bar{V}_t$ 由式 (7.8) 给出。□

7.6　* 一个统一的算法：n 步 $Q(\sigma)$

到目前为止，我们已经考虑了三种不同的动作价值回溯算法，分别与图 7.5 中展示的前三个回溯图相对应。n 步 Sarsa 算法中的节点转移全部基于采样得到的单独路径，而树回溯算法对于状态到动作的转移，则是将所有可能路径分支全部展开而没有任何采样，n 步期望 Sarsa 算法则只对最后一个状态到动作的转移进行全部分支展开 (用期望值)，其余转移则都是基于采样进行的。这些算法在多大程度上可以统一？

一种统一框架的思想如图 7.5 中的第四个回溯图所示。这个思想就是：对状态逐个决定是否要采取采样操作，即依据分布选取某一个动作作为样本 (Sarsa 算法的情况)，或者考虑所有可能动作的期望 (树回溯算法的情况)。如果一个人总是用采样操作，他就会得到 Sarsa 算法；反之，如果从不采样，就会得到树回溯算法。期望 Sarsa 算法是在最后一步之前进行采样。当然还有很多其他的可能性，正如图 7.5 中最后一个图所揭示的。为了

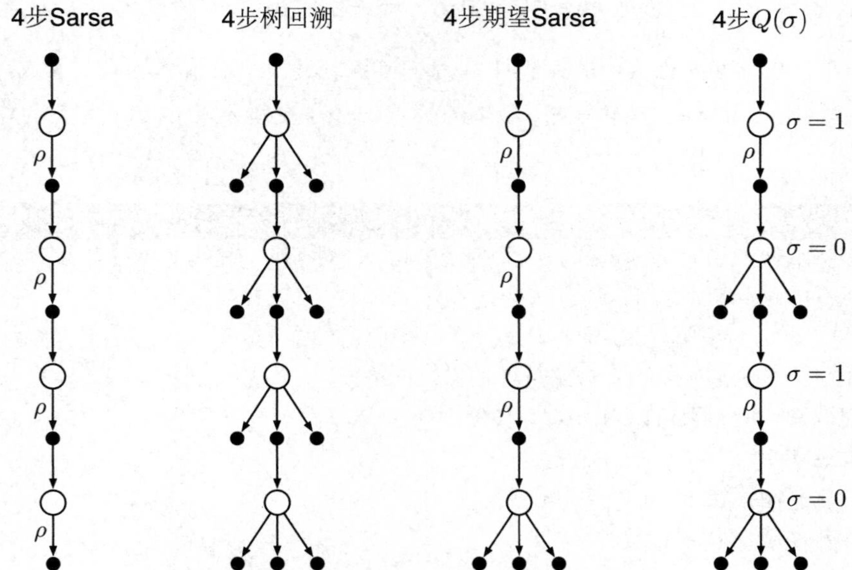

图 7.5　本章中的三种 n 步动作价值更新的回溯图 (4 步方法的例子) 和第四种将它们全部统一在一起的算法的回溯图。ρ 表示转移过程在离轨策略下需要使用重要度采样。第四种更新算法统一了其他所有算法，其通过引入对每个状态的采样操作标识来实现，$\sigma_t = 1$ 表示进行采样操作，$\sigma_t = 0$ 表示不采样

进一步增加可能性，我们可以考虑采样和期望之间的连续变化。令 $\sigma_t \in [0,1]$ 表示在步骤 t 时采样的程度，$\sigma = 1$ 表示完整的采样，$\sigma = 0$ 则表示求期望而不进行采样。随机变量 σ_t 可以表示成在时间 t 时，关于状态、动作或者“状态-动作”二元组的函数。我们称这个新的算法为 n 步 $Q(\sigma)$。

现在我们来推导 n 步 $Q(\sigma)$ 的公式。首先我们写出视界 $h = t + n$ 时的树回溯算法的 n 步回报 (式 7.16)，然后再将其用期望近似价值$\bar{V}$ (式 7.8) 来表达

$$
\begin{aligned}
G_{t:h} &= R_{t+1} + \gamma \sum_{a \neq A_{t+1}} \pi(a|S_{t+1}) Q_{h-1}(S_{t+1}, a) \; + \; \gamma \pi(A_{t+1}|S_{t+1}) G_{t+1:h} \\
&= R_{t+1} + \gamma \bar{V}_{h-1}(S_{t+1}) - \gamma \pi(A_{t+1}|S_{t+1}) Q_{h-1}(S_{t+1}, A_{t+1}) + \gamma \pi(A_{t+1}|S_{t+1}) G_{t+1:h} \\
&= R_{t+1} + \gamma \pi(A_{t+1}|S_{t+1}) \Big(G_{t+1:h} - Q_{h-1}(S_{t+1}, A_{t+1}) \Big) + \gamma \bar{V}_{h-1}(S_{t+1}),
\end{aligned}
$$

经过上面重写后，这个式子的形式就很像带控制变量的 n 步 Sarsa 的回报，不同之处是用动作概率 $\pi(A_{t+1}|S_{t+1})$ 代替了重要度采样比 ρ_{t+1}。对于 $Q(\sigma)$，我们会将两种线性情形组合起来，即对 $t < h \leqslant T$，有

$$
\begin{aligned}
G_{t:h} \doteq R_{t+1} + \gamma \Big(\sigma_{t+1} \rho_{t+1} + (1 - \sigma_{t+1}) \pi(A_{t+1}|S_{t+1}) \Big) \\
\Big(G_{t+1:h} - Q_{h-1}(S_{t+1}, A_{t+1}) \Big) + \gamma \bar{V}_{h-1}(S_{t+1}),
\end{aligned} \tag{7.17}
$$

上面递归公式的终止条件为：$h < T$ 时 $G_{h:h} \doteq Q_{h-1}(S_h, A_h)$，或者 $h = T$ 时 $G_{T-1:T} \doteq R_T$。然后我们使用通用 (离轨策略) 版本的 n 步 Sarsa 更新公式 (7.5)。完整的算法如下框中所示。

n 步离轨策略下的 $Q(\sigma)$ 算法，用于估计 $Q \approx q_*$ 或 q_π

输入：一个任意的满足 $b(a|s) > 0$ 的行动策略 b，对于所有的 $s \in S, a \in A$
对于所有的 $s \in \mathcal{S}, a \in \mathcal{A}$，任意初始化 $Q(s,a)$
将 π 初始化为对应 Q 的 ε-贪心策略或者某个固定的给定策略
算法参数：步长 $\alpha \in (0,1]$，小的 $\varepsilon, \varepsilon > 0$，正整数 n
所有存取操作的索引可以对 $n+1$ 取模
对每幕循环：
  初始化并储存状态 $S_0 \neq$ 终止状态
  选择并存储 $A_0 \sim b(\cdot|S_0)$
  $T \leftarrow \infty$
  循环 $t = 0, 1, 2, \ldots$：
    如果 $t < T$：

```
|     采取动作 A_t；观察并存储下一时刻的收益和状态 R_{t+1}, S_{t+1}
|     如果 S_{t+1} 是终止状态：
|        T ← t+1
|     否则：
|        选择并存储动作 A_{t+1} ~ b(·|S_{t+1})
|        选择并存储 σ_{t+1}
|        存储 π(A_{t+1}|S_{t+1}) / b(A_{t+1}|S_{t+1}) 为 ρ_{t+1}
|  τ ← t − n + 1 (τ 是估计值更新的时间)
|  如果 τ ⩾ 0：
|     G ← 0：
|     循环 k = min(t+1, T) 递减到 τ+1：
|        如果 k = T：
|           G ← R_T
|        否则：
|           V̄ ← Σ_a π(a|S_k)Q(S_k, a)
|           G ← R_k + γ(σ_k ρ_k + (1 − σ_k)π(A_k|S_k))(G − Q(S_k, A_k)) + γV̄
|     Q(S_τ, A_τ) ← Q(S_τ, A_τ) + α[G − Q(S_τ, A_τ)]
|     如果处于学习 π的过程中，那么需要确保π(·|S_τ) 是基于 Q 的贪心策略
直到 τ = T − 1
```

7.7　本章小结

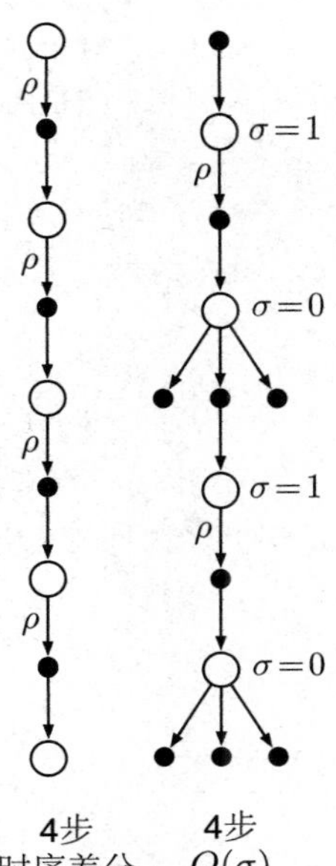

在本章中，我们介绍了一系列时序差分学习方法，它们介于上一章中的单步时序差分方法和第 5 章中的蒙特卡洛方法之间。在学习方法中使用数量适中的自举操作是非常重要的，因为它们的表现通常优于纯粹的 TD 方法和蒙特卡洛方法。

本章侧重介绍了 n 步方法，这类方法会向前看若干步的收益、状态和动作。右边的两个 4 步回溯图汇总了介绍的大部分方法。图中所示的“状态-动作”二元组更新对应于带重要度采样的 n 步 TD，动作价值更新对应于 n 步 $Q(\sigma)$，它是期望 Sarsa 和 Q 学习方法的推广。所有 n 步方法都要在更新之前延迟 n 个时刻步长，因为这些方法必须知道一些未来发生的事件才能进行计算。另一个缺点是，它们涉及的计算量比以前的方法要大。与单步方法相比，n步方法还需要更多的内存来记忆最近的 n 步中的状态、动作、收益以

及其他变量。在第 12 章中，我们将看到如何借助资格迹，用最少的内存和最小的计算复杂度来实现多步 TD 方法。当然，相比单步方法，多步方法总会有一些额外的计算。但这样的代价还是值得的，毕竟我们可以很好地摆脱使用单步方法时带来的限制。

尽管 n 步方法比使用资格迹的方法复杂得多，但在概念上它更清楚一些。我们试图利用这一点，在 n 步的情况下开发两种方法来进行离轨策略学习。其一，基于重要度采样的方法。这个方法在概念上简单但方差大。如果目标策略和行动策略差别很大，则需要使用一些新的算法思想，其才能真正变得高效和实用。另一种是基于树回溯的方法，它是 Q 学习方法在使用随机目标策略的多步情况下的自然扩展。它不涉及任何重要度采样，但如果目标策略和行动策略显著不同，则即使 n 很大，自举操作也只能跨越几个有限的时刻。

参考文献和历史评注

n 步回报的概念是由 Watkins (1989) 提出的，他首先讨论了它们可以减小误差的性质。在本书的第 1 版中探讨了 n 步算法，那时认为它们是有趣的概念，但在实践中是不可行的。Cichosz (1995)，特别是 van Seijen (2016) 的研究表明，它们实际上是很实用的算法。基于这一点，以及它们清晰和简洁的概念，我们选择在第 2 版中重点介绍。特别是，我们现在将所有关于后向视角和资格迹的讨论放到第 12 章。

7.1–2 随机游走的例子中展示的结果是基于 Sutton (1998) 以及 Singh 和 Sutton (1996) 的工作。用回溯图来描述这些例子以及本章中介绍的其他算法是新的研究结果。

7.3–5 这几节的内容基于 Precup、Sutton、Singh (2000)、Precup、Sutton、Dasgupta (2001)、Sutton、Mahmood、Precup 和 van Hasselt (2014) 的工作。

树回溯算法是由 Precup、Sutton 和 Singh (2000) 提出的，但这里介绍的方法是新的研究结果。

7.6 $Q(\sigma)$ 算法对本书来说是新的，但 De Asis、Hernandez-Garcia、Holland 和 Sutton (2017) 对相关的算法进行了进一步的探索。

8 基于表格型方法的规划和学习

在本章中，我们将从一个统一视角来考虑一系列强化学习方法，既有具备环境模型的方法，如动态规划和启发式搜索，也包括没有环境模型的方法，如蒙特卡洛方法和时序差分方法。这些方法分别被称为*基于模型*和*无模型*的强化学习方法。基于模型的方法将*规划*作为其主要组成部分，而无模型的方法则主要依赖于*学习*。虽然这两种方法之间存在着很大的差异，但它们也有很多相似之处，特别是这两类方法的核心都是价值函数的计算。此外，所有的方法都基于对未来事件的展望，来计算一个回溯价值，然后使用它作为目标来更新一个近似价值函数。在本章之前，我们提出了蒙特卡洛方法和时序差分方法作为不同的选择，然后展示了 n 步方法如何将它们统一起来 (我们会在第 12 章中用资格迹再做一遍类似的事情)。本章的目标是将基于模型的方法和无模型的方法整合起来。在前面的章节中，我们讨论了它们之间的差异，现在我们研究它们可以混合在一起的程度。

8.1 模型和规划

我们所说的环境的*模型*，指的是一个智能体可以用来预测环境对其动作的反应的任何事物。给定一个状态和一个动作，作为环境的反应结果，模型就会产生后继状态和下一个收益的预测。如果模型是随机的，那么后继状态和下一个收益有好几种可能，每个都有一定的发生概率。一些模型生成对所有可能的结果的描述及其对应的概率分布，这种模型被称为*分布模型*。另一种模型从所有可能性中生成一个确定的结果，这个结果通过概率分布采样得到，我们称这种模型为*样本模型*。例如，考虑对 12 个骰子的总和进行建模。分布模型会产生所有可能结果的发生概率，而样本模型会根据这个概率分布产生一个单独的、确定的总和。在动态规划中，对 MDP 动态特性 $p(s', r|s, a)$ 的预测模型是分布模型；在第 5 章中的二十一点游戏实例中使用的模型则是样本模型。分布模型比样本模型更强大，

因为它们可以用来生成样本模型。然而在许多场景下，获得样本模型会比获得分布模型容易得多。掷骰子就是一个简单的例子。编写一个计算机程序来模拟掷骰子的结果并返回它们的总和是很容易的，但是要计算出所有可能的总和以及它们出现的概率就很困难，也很容易出错。

模型可以用来模拟 (或称仿真) 经验。给定一个开始状态和动作，一个样本模型会产生一个可能的转移，而分布模型会根据发生的概率产生所有可能的转移。给定一个初始状态和一个策略，一个样本模型可以生成整幕事件，一个分布模型可以生成所有可能的事件幕和它们发生的概率。在这两种情况下，我们都说模型是用来*模拟*环境和产生*模拟经验*的。

*规划*这个词在不同领域中有几种不同的使用方式。我们用这个术语来代表任何以环境模型为输入，并生成或改进与它进行交互的策略的计算过程

$$\text{模型} \xrightarrow{\text{规划}} \text{策略}$$

在人工智能中，根据我们的定义，有两种不同的规划方法。第一种是*状态空间规划*，包括我们在本书中所采用的方法，可以将它们视为一种“搜索”方法，即在状态空间中寻找最优策略或实现目标的最优决策路径。每个动作都会引发状态之间的转移，价值函数的定义和计算都是基于状态的。而在所谓的*方案空间规划*中，规划是在“方案空间”中进行的。我们需要定义一些操作将一个“方案”(即一个具体的决策序列) 转换成另一个，并且如果价值函数存在，它是被定义在不同“方案”所构成的空间中的。方案空间的规划包括进化算法和“偏序规划”(这是人工智能中的一种常见规划方法，在规划过程中并非所有阶段里的步骤都有完全确定的顺序)。方案空间方法很难有效地应用于随机性序列决策问题中，而这些问题是强化学习的重点，所以我们不会在本书中进一步讨论它们 (需要的话请参考 Russell 和 Norvig，2010)。

我们在本章中提出一个统一的视角，即所有的状态空间规划算法都有一个通用的结构，在本书所讨论的学习方法中也体现了这个结构。本章的目标就是阐述这个观点。这里有两个基本的思想：(1) 所有的状态空间规划算法都会利用计算价值函数作为改善策略的关键中间步骤；(2) 它们通过基于仿真经验的回溯操作来计算价值函数。这种通用的结构如下所示

$$\text{模型} \longrightarrow \text{模拟经验} \xrightarrow{\text{回溯}} \text{价值函数} \longrightarrow \text{策略}$$

显然，动态规划算法很适合这种结构：它们会先遍历状态空间，为每个状态生成可能的转移，然后利用概率分布来计算回溯值 (更新目标)，并更新状态的价值函数估计值。在本章

中，我们认同各种其他的状态空间规划方法也适用于这种结构，不同的方法只在它们所做的回溯操作、它们执行操作的顺序，以及回溯的信息被保留的时间长短上有所不同。

以这种视角看待“规划方法”，强调了规划方法和在本书中讨论的“学习方法”之间的关系。学习方法和规划方法的核心是通过回溯操作来评估价值函数。不同之处在于，规划利用模拟仿真实验产生的经验，学习方法使用环境产生的真实经验。当然，这种差异导致了许多其他的差异，例如，如何评估性能，以及如何产生丰富的经验。但是通用结构意味着许多思想和算法可以在规划和学习之间迁移。特别是，在许多情况下，学习算法可以代替规划方法的关键回溯步骤。学习方法只需要经验作为输入，而且在许多情况下，它们可以被应用到模拟经验中，就像应用到真实经验中一样。下面的算法流程展示了一个简单的例子，它是基于单步骤表格型的 Q 学习和样本模型的随机采样方法。这种方法，我们称为*随机采样单步表格型 Q 规划算法*。它可以收敛到相应环境模型下的最优策略，其收敛条件与面向真实环境的单步表格型 Q 学习的最优策略收敛条件相同 (每个“状态-动作”二元组必须在步骤 1 中被无限次地选中，并且随着时间的推移，α 需要适当地减小)。

随机采样单步表格型 Q 规划

无限循环：

1. 随机选择一个状态，$S \in \mathcal{S}$，和一个动作，$A \in \mathcal{A}(S)$
2. 发送 S, A 到一个采样模型，得到
   下一个收益 R，以及后继状态 S'
3. 利用 S, A, R, S' 进行单步表格型 Q-规划：
   $Q(S,A) \leftarrow Q(S,A) + \alpha\big[R + \gamma \max_a Q(S',a) - Q(S,A)\big]$

除了提出规划和学习方法的统一视角之外，本章第二个要讨论的主题是采用较小的增量式步长的规划方法的好处。这可以使得能在任何时候中断或重定向规划，而几乎不浪费计算资源，这也是高效地融合行动规划和模型学习的关键前提。对于那些尺度大到无法精确求解的规划问题，基于极小步长的规划可能是最有效的方法。

8.2　Dyna：集成在一起的规划、动作和学习

对于在线完成的规划，智能体与环境相交互时会出现一些有趣的问题。从交互中获得的新信息可能会改变模型，从而与规划过程产生相互作用。我们可能需要以某种方式对规划过程进行定制化调整，使其适应当前或后继预期的状态或决策。如果决策确定和模型学习都是计算密集型的过程，那么可能需要在它们之间分配有限的可用计算资源。为了探索

这些问题，在本节中，我们介绍一个简单的架构 Dyna-Q，其集成了进行在线规划的智能体所需要的主要功能。在 Dyna-Q 中，每个功能都以一种极其简单的形式出现。在随后的各节中，我们会详细阐述每个功能的一些不同实现方法，以及它们之间的利弊权衡。目前，我们只是阐明相关思想让读者有一个直观的概念。

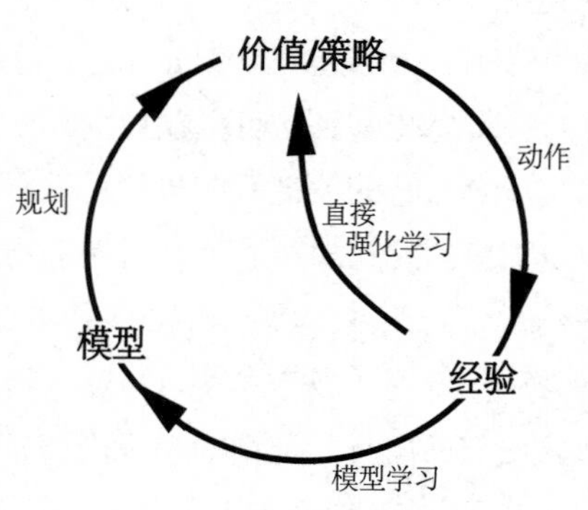

对一个规划智能体来说，实际经验至少扮演了两个角色：它可以用来改进模型 (使模型与现实环境更精确地匹配)；另外，它可用于直接改善前几章中介绍的强化学习中的价值函数和策略。前者称为*模型学习*，后者则称为*直接强化学习* (direct RL)。经验、模型、价值和策略之间可能的关系如右图所示，每个箭头表示产生影响和改进的关系方向。请注意看“经验”是如何直接地或通过模型间接地改善价值函数和策略的。这其中与“规划”相关的是后面一种方式，即所谓的*间接强化学习*。

无论是直接还是间接的方法都有各自的优点和缺点。间接方法往往能更充分地利用有限的经验，从而获得更好的策略，减少与环境的相互作用。另一方面，直接方法则简单得多，它不受模型的设计偏差的影响。有些人认为间接方法总是优于直接的方法，而另一些人则认为直接方法更合理和可靠，因为它是人类和动物学习的主要方式。心理学和人工智能对它们的争论焦点主要在“原理认知”和“试错学习”哪个相对更重要，以及“主动的预谋性规划”和“被动的反应式决策”哪个相对而言更重要 (参见第 14 章中的一些关于心理学方面的讨论) 上。我们的观点是，在所有这些争论中，不同观点之间的差异性被夸大了。其实，分析两种观点的相似性比将它们对立起来反而能给我们更多的启发，使我们有更多的认识。例如，在本书中，我们强调了动态规划和时序差分方法之间的内在相似性，尽管其中一个是为规划而设计的，另一个是为无模型学习而设计的。

Dyna-Q 包括了上图所示的所有过程，规划、动作、模型学习和直接强化学习，该过程会持续迭代。这里的规划方法是 8.1 节中给出的随机采样单步表格型 Q 规划方法。直接强化学习方法是单步表格型 Q 学习。模型学习方法也是基于表格的，并且假设环境是确定的。在每一次转移 $S_t, A_t \to R_{t+1}, S_{t+1}$ 之后，模型在它的表格中会为 S_t, A_t 建立条目，记录环境在这种情况下产生的转移结果的预测值 R_{t+1}, S_{t+1}。因此，如果对模型之前经历过的“状态-动作”二元组进行查询，将返回最后观察到的后继状态和后继收益作为其预测值。在规划过程中，Q 规划算法随机从之前经历过的“状态-动作”二元组 (算法的第 1 步) 中进行采样，因此模型永远不会查询没有信息的“状态-动作”二元组。

图 8.1 给出了 Dyna 智能体的总体架构，它也是 Dyna-Q 算法的一个样例。中间一列代表智能体与环境之间的基本交互关系，这些交互产生了真实经验。图左边的箭头表示直接强化学习操作，它直接通过实际经验改善价值函数和策略。图中右边的部分是基于模型的过程。模型从实际经验中学习，并进行仿真产生模拟经验。我们使用术语*搜索控制*来指代为模型生成的模拟经验选择初始状态和动作的过程。最后，通过将强化学习方法应用于模拟经验得到规划，就像它们真的发生过一样。通常情况下，在 Dyna-Q 中，同样的强化学习方法既可以从真实的经验中学习，也可以应用于模拟经验以进行规划。因此，强化学习方法是学习和规划的“最终共同路径”。学习和规划是紧密地结合在一起的，它们分享几乎所有相同的计算资源，不同的只是它们的经验的来源。

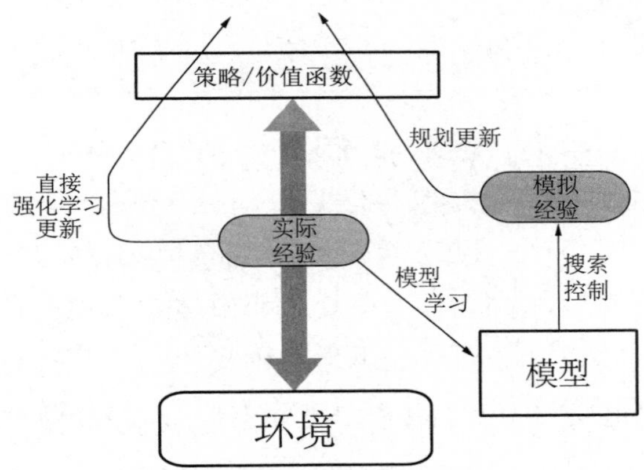

图 8.1　一般的 Dyna 架构。真正的经验在环境和策略之间来回传递，影响策略和价值函数，就像环境模型产生的模拟经验一样

从概念上讲，规划、动作、模型学习和直接强化学习在 Dyna 的智能体中是同时发生并行进行的。然而，对于在串行计算机中的具体实现，在每一步我们都需要指定它们发生的顺序。在 Dyna-Q 中，动作执行、模型学习和直接强化学习过程只需要很少的计算，我们假设它们只消耗一小部分时间。每一步的剩余时间都可以用于规划过程，而这个过程是计算密集型的。我们假设在每个步骤之后，即动作执行、模型学习和直接强化学习之后，都有时间来完成 Q-规划算法的 n 次迭代 (算法步骤 1~3)。在下面的框中给出了 Dyna-Q 的算法流程伪代码，其中，$Model(s,a)$ 表示基于“状态-动作”二元组 (s,a) 预测的后继状态和收益的内容。直接强化学习、模型学习和规划分别由步骤 (d)、(e) 和 (f) 来实现。如果省略 (e) 和 (f)，则剩下的算法是单步表格型 Q 学习算法。

表格型 Dyna-Q 算法

对所有的 $s \in \mathcal{S}$ 和 $a \in \mathcal{A}(s)$，初始化 $Q(s,a)$ 和 $Model(s,a)$
无限循环：
(a) $S \leftarrow$ 当前 (非终止) 状态
(b) $A \leftarrow \varepsilon$-贪心(S,Q)
(c) 采取动作 A；观察产生的收益 R 以及状态 S'
(d) $Q(S,A) \leftarrow Q(S,A) + \alpha\big[R + \gamma \max_a Q(S',a) - Q(S,A)\big]$
(e) $Model(S,A) \leftarrow R, S'$ (假设环境是确定的)
(f) 重复 n 次循环：
$S \leftarrow$ 随机选择之前观察到的状态
$A \leftarrow$ 随机选择之前在状态 S 下采取过的动作 A
$R, S' \leftarrow Model(S,A)$
$Q(S,A) \leftarrow Q(S,A) + \alpha\big[R + \gamma \max_a Q(S',a) - Q(S,A)\big]$

例 8.1 Dyna 迷宫 现在我们讨论图 8.2 所示的简单迷宫。在 47 个状态中，每一个状态都有四种动作：上、下、左、右，这使得智能体一定会走到紧挨它周围的某个状态，除非移动被屏障或迷宫的边缘阻挡。在遮挡情况下，智能体仍然保持它原来的位置。在所有的转移中，收益都是零，除了目标状态是 +1 外。到达目标状态 (G) 后，智能体返回到开始状态 (S) 以开始新的一幕。这是一个带折扣的分幕式任务，其中 $\gamma = 0.95$。

图 8.2 的主要部分显示了在迷宫任务中使用 dyna-Q 智能体的实验的平均学习曲线。

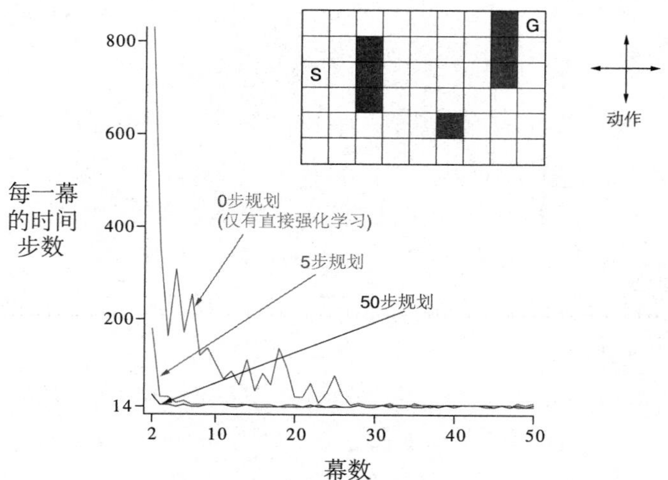

图 8.2 一个简单的迷宫 (见图中图) 以及 Dyna-Q 智能体在每一真实时间步长内不同规划步数的平均学习曲线。这个任务要求它们从 S 移动到 G，越快越好

最初的动作价值是零，步长参数 $\alpha = 0.1$，试探参数 $\varepsilon = 0.1$。在进行贪心动作选择的时候，遇到概率相等时会进行随机选取。智能体根据每个真实时刻里面规划的步骤数量 n 的不同而有所不同。对于每个 n，曲线显示的是在每幕达到目标时智能体所花费的步数，这个数字是 30 次重复实验的平均结果。在每次重复实验中，随机数字发生器的初始种子在算法之间保持不变。正因为如此，对于所有的 n 值，第一幕是完全相同的 (大约是 1700 步)，这个数据没有体现在图中。在第一幕之后，对于所有的 n 值，性能都有所改善，但是对于更大的 n 值来说则改善要快得多。回想一下，$n = 0$ 的智能体是一个无规划的智能体，只使用直接强化学习 (单步表格型 Q 学习) 方法。尽管对参数值 (α 和 ε) 进行了优化，但它仍然是在这个问题上最慢的智能体。无规划智能体用了大约 25 幕才取得 (ε-) 最优性能，然而 $n = 5$ 的智能体只用了 5 幕，$n = 50$ 时只用了 3 幕。

图 8.3 显示了带规划的智能体为什么比无规划的智能体能更快地找到解决方案。图中显示的是 $n = 0$ 和 $n = 50$ 时的智能体在第二幕的中间所找到的策略。如果没有规划 ($n = 0$)，则每一幕只会给策略学习增加一次学习机会，即智能体仅仅在一个特定时刻 (该幕最后一个时刻) 进行了学习。而有规划的时候，虽然在第一幕中仍然只有一步的学习，但是到第二幕时，可以学出一个宽泛的策略，于是不用等到这一幕结束就可以做多次回溯更新计算，这些计算几乎可以回溯到初始状态。这个策略是智能体在初始状态附近徘徊时通过规划过程构建的。到第三幕结束时，将找到一个完整的最优策略，达到完美的性能表现。

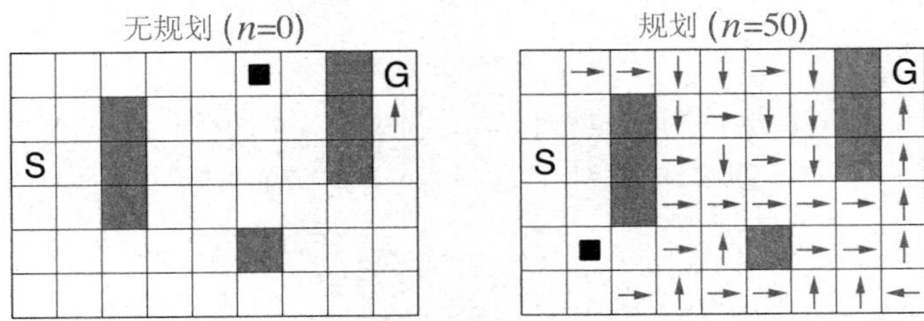

图 8.3　带规划与无规划的 Dyna-Q 智能体在第二幕中间时学习到的策略。箭头表示在每个状态下的贪心动作；如果在某个状态上没有箭头，那么所有的动作价值在那个状态下是相等的。黑色方块表示智能体的位置　■

在 Dyna-Q 中，学习和规划是由完全相同的算法完成的，真实经验用于学习，模拟经验用于规划。因为规划是增量式进行的，所以将规划和动作融合起来是很简单的，两者都以尽可能快的速度进行。智能体既是反应式的也是预谋式的，它总是立即对最新的传感信息给予反馈回应，但也同时总是在后台不断地进行规划。同样在后台运行的还有模型学习过程。随着新信息的获得，模型不断更新以更好地匹配现实。随着模型的改变，进行中的规划过程也将逐渐计算出一种不同的动作方式来匹配新的模型。

练习 8.1 图 8.3 中的无规划方法看起来特别差，这是因为它是单步法。使用多步自举法会得到更好的结果。你认为第 7 章中的多步自举法可以和 Dyna 方法一样好吗？解释为什么是或者为什么不是。 □

8.3 当模型错误的时候

在上一节中给出的迷宫示例中，模型的变化是相对有限的。该模型最初是空的，然后只填充完全正确的信息。一般来说，我们不见得总能如此幸运。因为在随机环境中只有数量有限的样本会被观察到，或者因为模型是通过泛化能力较差的函数来近似的，又或者仅仅是因为环境发生改变且新的动态特性尚未被观察到，模型都可能不正确。当模型不正确时，规划过程就可能会计算出次优的策略。

在某些情况下，规划计算出的次优策略会使得我们很快发现并修正模型错误。这种情形往往会在模型比较“乐观”的时候发生，即模型倾向于预测出比真实可能情况更大的收益或更好的状态转移。规划得出的策略会尝试开发这些机会，这样，智能体很快就能发现其实这些机会根本不存在，于是就感知到模型错误，继而修正错误。

例 8.2 屏障迷宫 图 8.4 展示了一个有较小的建模错误然后得到修复的迷宫示例。最初，如左图所示，从开始到目标的最短路径是从屏障右边绕过。经过 1000 次学习后，该最短路径被封锁了，取而代之的是一条从屏障左边绕过的路径，如右图所示。图表展示

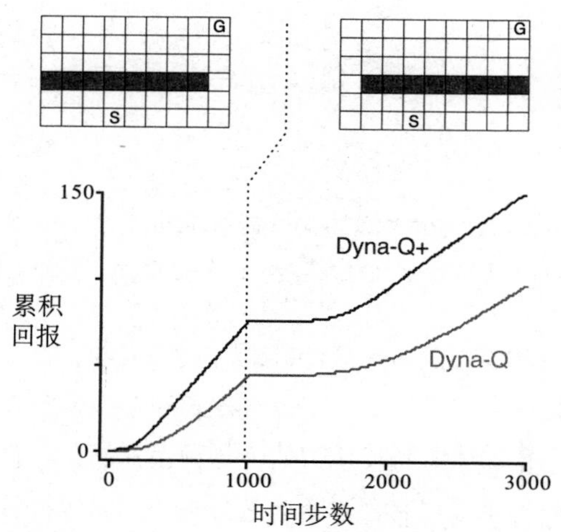

图 8.4 Dyna 智能体在屏障迷宫任务上的平均性能。左图环境用于开始的 1000 步，右图的环境用于之后的步数。Dyan-Q+ 在 Dyan-Q 的基础上增加了额外的试探收益来鼓励试探性动作 ■

了 Dyna-Q 智能体和 Dyna-Q+ 智能体的平均累积收益。图中的第一部分表明，Dyna-Q 和 Dyna-Q+ 都在 1000 步之内找到了最短路径。当环境改变时，曲线变平，表明在这一段智能体没有得到收益，因为它们在屏障后面徘徊。但是过了一段时间后，它们依然能够学习到新的最优动作。

当环境变得比以前*更好*，但以前正确的策略并没有反应出这些改善时，智能体的学习就会遇到很大困难。在这些情况下，建模错误可能在很长时间甚至一直都不会被检测到。

例 8.3 捷径迷宫 这种环境变化引起的问题由图 8.5 所示的捷径迷宫示例所示。最初，最优路径绕过屏障的左侧 (左上)。然而，在 3000 步之后，沿着右侧打开一条较短的路径，而它不会影响较长的路径 (右上角)。图表显示，普通 Dyna-Q 不会切换到捷径。事实上，它从未意识到新路径的存在。它的模型说没有捷径，所以它规划得越多，就越不可能走到右边发现它。即使使用了一个 ϵ-贪心策略，智能体也不太可能采取足够大量的试探动作来发现捷径。 ■

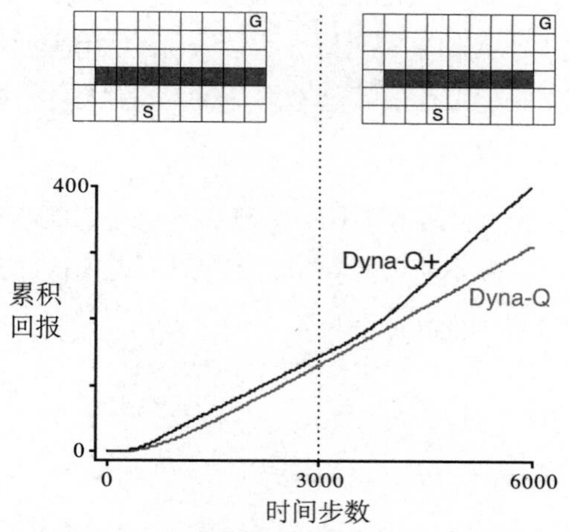

图 8.5 Dyna 智能体在捷径迷宫任务上的平均性能。左图环境用于开始的 3000 步，右图的环境用于之后的步数

我们在这里遇到的问题是试探和开发之间矛盾的另一种版本。在“规划”的语境中，“试探”意味着尝试那些改善模型的动作，而“开发”则意味着以当前模型的最优方式来执行动作。我们希望智能体通过试探发现环境的变化，但又不希望试探太多使得平均性能大大降低。正如之前阐述“试探”和“开发”之间的矛盾时讨论的，可能并不存在既完美又实用的解决方案，但简单的启发式方法常常很有效。

解决了捷径迷宫问题的 Dyna-Q+ 智能体就采用了这种启发式方法。该智能体对每一个“状态-动作”二元组进行跟踪，记录它自上一次在与环境进行真实交互时出现以来，已经过了多少时刻。时间越长，我们就越有理由推测这个二元组相关的环境动态特性会产生变化，也即关于它的模型是不正确的。为了鼓励测试长期未出现过的动作，一个特殊的为该动作相关的模拟经验设置的“额外收益”将会提供给智能体。特别是，如果模型对单步转移的收益是 r，而这个转移在 τ 时刻内没有被尝试，那么在更新时就会采用 $r+\kappa\sqrt{\tau}$ 的收益，其中 κ 是一个比较小的数字。这会鼓励智能体不断试探所有可访问的状态转移，甚至使用一长串的动作来完成这种试探[1]。当然，所有这些试探动作都有代价，但在许多情况下，就像在捷径迷宫中一样，这种“计算上的好奇心”是非常值得付出额外代价的。

练习 8.2　为什么带额外试探收益的 Dyna 智能体 (Dyma-Q+) 会在“屏障迷宫”和“捷径迷宫”任务的第一和第二个阶段都表现得比原来的 Dyan-Q 智能体要好？ □

练习 8.3　仔细观察图 8.5 可以发现，Dyna-Q+ 与 Dyna-Q 的差距在第一阶段推进过程中有微小的收窄。这是为什么？ □

练习 8.4 (编程)　上面所述的对应试探的额外收益改变了对状态和动作价值函数的估计值。这是必然的吗？事实上，我们是否可以让收益 $\kappa\sqrt{\tau}$ 只用于动作选择，而不用于更新价值函数，也就是说，动作总是根据最大化 $Q(S_t,a)+\kappa\sqrt{\tau(S_t,a)}$ 来选择？请在网格世界的实验中验证这种替代方法的优缺点。 □

练习 8.5　如何修改上文展示的表格型 Dyna-Q 算法，使得它能够处理随机的环境？这一修改在一个变化的环境中 (如本章所考虑) 有多大可能会表现得非常差？如何修改算法使得它能够同时适应随机的环境和变化的环境？ □

8.4　优先遍历

对于前面几节介绍的 Dyna 智能体，模拟转移是从所有先前经历过的每个“状态-动作”二元组中随机均匀采样得到的。但均匀采样通常不是最好的。如果模拟转移和价值函数更新集中在某些特定的“状态-动作”二元组上，则 规划可能会高效得多。例如，考虑在第一个迷宫任务的第二幕发生的事情 (图 8.3)。在第二幕开始时，只有能够直接到达终点目标的“状态-动作”二元组才具有正的价值；所有其他二元组的价值仍然是零。这意味着对绝大多数转移而言，更新价值函数是毫无意义的，因为它们只是将智能体从一个零值状态转移到另一个零值状态，这时进行更新计算将不会有任何影响。只有那些跳入终点目标之前的状态或者从这个状态跳出的转移过程才会导致价值估计的改变。如果使用均匀

1　Dyna-Q+ 智能体在两方面有所变化。首先它允许在表格型 Dyna-Q 的规划步骤 (f) 中考虑从某个状态出发的从未尝试过的动作。第二，这些动作对应的初始模型是：它们会以零收益回到相同的状态。

采样的模拟转移，那么在达到其中一个有用的更新之前将进行很多没用的更新。随着规划的进行，有效更新的范围也会不断扩大，但是与那些把更新重点放在最有用的地方的方法相比，规划过程的效率还是非常低的。如果我们真正的目标是一个更大尺度的问题，其有非常大的状态空间，那么采用均匀采样来更新的方式将是极其低效的。

这个例子表明，从终点目标状态进行反向工作可能使得搜索范围更为集中。当然，我们并不想使用任何依赖于“目标状态”的方法。我们预想的方法应该是一般性的收益函数都可以使用的。目标状态只是一种特殊情况，便于启发我们思考。一般来说，我们希望不仅从目标状态反向计算，而且还要从能使得价值发生变化的任何状态进行反向计算。假设在给定的环境模型下，初始的价值在达到目标之前都是正确的，如迷宫示例中所示，同时假设智能体在环境中发现了一个变化，改变了它的某个状态的估计价值，无论是增加还是减少。通常这将意味着也应该改变许多其他状态的价值，但是唯一有用的单步更新是与特定的一些动作相关的，这些动作直接使得智能体进入价值被改变的状态。如果这些动作的价值被更新，则它们的前导状态的价值也会依次改变。若以上分析成立，那么我们就首先需要更新相关的前导动作的价值，然后改变它们的前导状态的价值。通过这种方式，我们可以从任意的价值发生变化的状态中进行反向操作，要么进行有用的更新，要么就终止信息传播。这个总体思路可以称为规划计算的*反向聚焦*。

当有用更新的边界不断反向推演传播时，它的范围常常迅速扩大，产生许多可以有效更新的“状态-动作”二元组。但并不是所有这些二元组都同样有用。一些状态的价值可能发生了很大的变化，而另一些状态的价值可能变化不大。价值改变很大的状态的前导状态的价值也更有可能改变很大。在随机环境中，转移概率估计值的波动也会影响价值变化的大小以及“状态-动作”二元组更新的优先级。根据某种更新迫切性的度量对更新进行优先级排序是很自然的。这就是*优先级遍历*背后的基本思想。如果某个“状态-动作”二元组在更新之后的价值变化是不可忽略的，就可以将它放入优先队列维护，这个队列是按照价值改变的大小来进行优先级排序的。当队列头部的“状态-动作”二元组被更新时，也会计算它对其前导“状态-动作”二元组的影响。如果这些影响大于某个较小的阈值，我们就把相应的前导“状态-动作”二元组也插入优先队列中 (如果已经在队列中，则保留优先级高的那一个)。通过这种方法，价值变化的影响被有效地反向传播直到影响消失。下面的框中给出了在确定性环境下的完整算法描述。

在确定性环境下的优先级遍历算法

对所有 $s \in \mathcal{S}$ 和 $a \in \mathcal{A}(s)$，初始化 $Q(s,a)$ 和 $Model(s,a)$，并初始化 $PQueue$ 为空

无限循环：

(a) $S \leftarrow$ 当前 (非终止) 状态

(b) $A \leftarrow policy(S,Q)$

(c) 采取动作 A；观察产生的收益 R，以及状态 S'

(d) $Model(S,A) \leftarrow R, S'$

(e) $P \leftarrow |R + \gamma \max_a Q(S',a) - Q(S,A)|$.

(f) 如果 $P > \theta$，那么将 S, A 以优先级 P 插入 $PQueue$ 中

(g) 循环 n 次，同时 $PQueue$ 非空：

$S, A \leftarrow first(PQueue)$

$R, S' \leftarrow Model(S,A)$

$Q(S,A) \leftarrow Q(S,A) + \alpha\big[R + \gamma \max_a Q(S',a) - Q(S,A)\big]$

对所有的预测可以到达 S 的 $\bar{S}, \bar{A}$ 进行循环：

$\bar{R} \leftarrow$ 对于$\bar{S}, \bar{A}$，S 预测的收益

$P \leftarrow |\bar{R} + \gamma \max_a Q(S,a) - Q(\bar{S},\bar{A})|$.

如果 $P > \theta$，那么将 $\bar{S}, \bar{A}$ 以优先级 P 插入 $PQueue$ 中

例 8.4 迷宫问题中的优先遍历 优先遍历通常能够显著提高在迷宫任务中发现最优解决方案的速度，通常可以快 5~10 倍。一个典型例子如右图所示。这些数据对应于图 8.2 中所示结构完全相同的一系列的迷宫任务，只是它们在网格世界的分辨率有所不同。与无优先的 Dyna-Q 相比，优先遍历保持了明显的优势。两个系统在每次环境交互中最多可以完成 $n = 5$ 次更新。改自 Peng 和 Williams (1993)。 ■

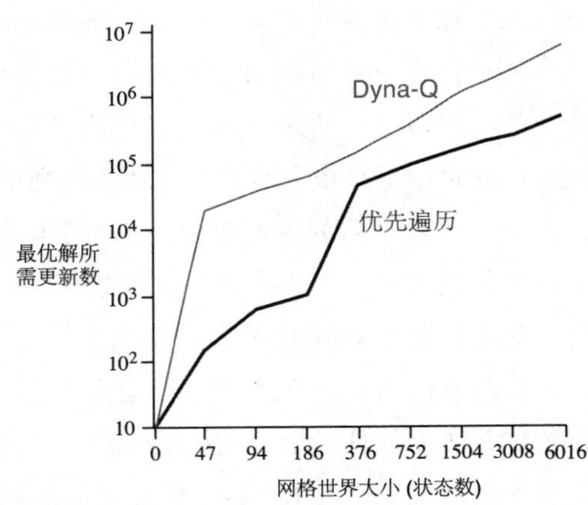

将优先遍历方法推广到随机环境是很直接的。模型维护就是记录每个“状态-动作”二元组的出现次数和它们的后继状态的出现次数。然后很自然地，我们不会像之前一样采用单个样本来更新“状态-动作”二元组的价值函数，而是采用概率期望意义下的更新，即需要顾及所有可能的后继状态及其发生概率。

例 8.5　杆子操控问题中的优先遍历

这个任务的目的是在一个有限的矩形工作空间内，以最少数量的步骤，将一个杆子绕过一些放置在奇怪位置的屏障，移动到目标位置。杆子可以沿其长轴或垂直于该轴移动，或者可以围绕其中心的任一方向旋转。每个动作的距离约为工作空间的 1/20，旋转增量为 10 度。平移是确定性的，且量化为 20 × 20 个位置之一。右图是采用优先遍历的结果，显示了所发现的屏障以及所找到的从起始点到目标的最短解决方案。这个问题仍然是确定性的，但有 4 个动作和 14 400 个潜在的状态 (其中有些是由于有屏障而无法达到的状态)。这个问题可能已经大到无法用非优先遍历的方法来解决。图片来自 Moore 和 Atkeson (1993)。

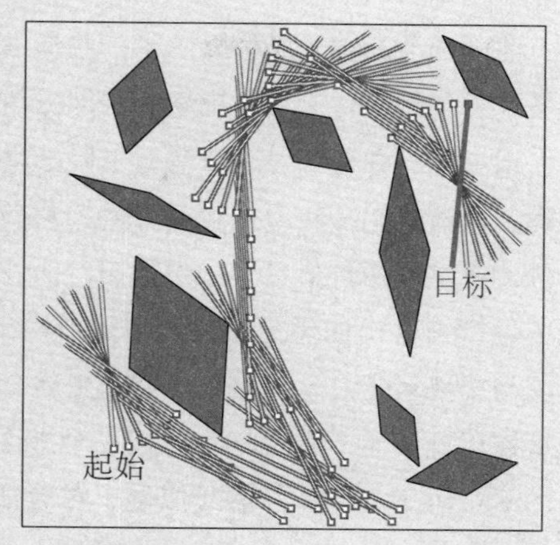

优先遍历只是分配计算量以提高规划效率的一种方式。这可能不是最好的方法。优先遍历的局限之一是它采用了期望更新，这在随机环境中可能会浪费大量计算来处理低概率的转移。正如我们在下一节展示的，在许多情况下，采样更新方法可以用更小的计算量得到更接近真实价值函数的估计，虽然它会引入一些估计方差。采样更新的方法具有优势，因为它将总体回溯计算分解成更小的片断 (对应于单步转移)，从而使得它可以将焦点收窄到那些具有最大影响的小片段上。这个思想后来被进一步发展到极致，从而 van Seijen 和 Sutton (2013) 提出了“小范围回溯”。在小范围回溯中，更新操作是沿着单个转移进行的，就像采样更新一样；但它又是基于转移的概率而非采样样本进行计算的，这又和期望更新类似。通过选择小范围回溯更新的顺序，规划的效率可以大大提升，超过优先遍历方法。

我们在本章中的观点是，各种状态空间规划可以被视为一系列价值更新，只是更新的方式各有差异，如期望或采样、大或小，以及更新的完成顺序有所不同。在本节中，我们强调了反向聚焦方法，但这只是一种思路。例如，另外一种思路就是从当前策略下经常能访问到的状态出发，估计哪些后继状态是容易到达的，然后聚焦于那些容易到达的状态。这可以称为前向聚焦。Peng 和 Williams (1993) 以及 Barto、Bradtke 和 Singh (1995) 探讨了前向聚焦的若干版本，接下来的几节将会充分讨论相关的方法。

8.5 期望更新与采样更新的对比

前面几节的例子已经显示了一些将学习 (learning) 和规划 (planing) 相结合的可能性。接下来，我们从讨论期望更新和采样更新的相对优势入手，分析一些相关的基本思想。

本书的大部分内容都是关于不同类型的价值函数更新的，我们已经讨论过很多不同的种类。目前我们关注单步更新方法，它们主要沿着三个维度产生变化。一个是它们更新状态价值还是动作价值；第二是它们所估计的价值对应的是最优策略还是任意给定策略。这两个维度组合出四类更新，用于近似四个价值函数：q^*、v^*、q_π 和 v_π。最后一个维度是采用期望更新还是采样更新。期望更新会考虑所有可能发生的转移；而采样更新则仅仅考虑采样得到的单个转移样本。这三个维度产生了 8 种情况，其中 7 种对应于特定的算法，如图 8.6 所示 (第 8 种情况似乎不对应任何有用的更新)。这些单步更新中的任何一种都

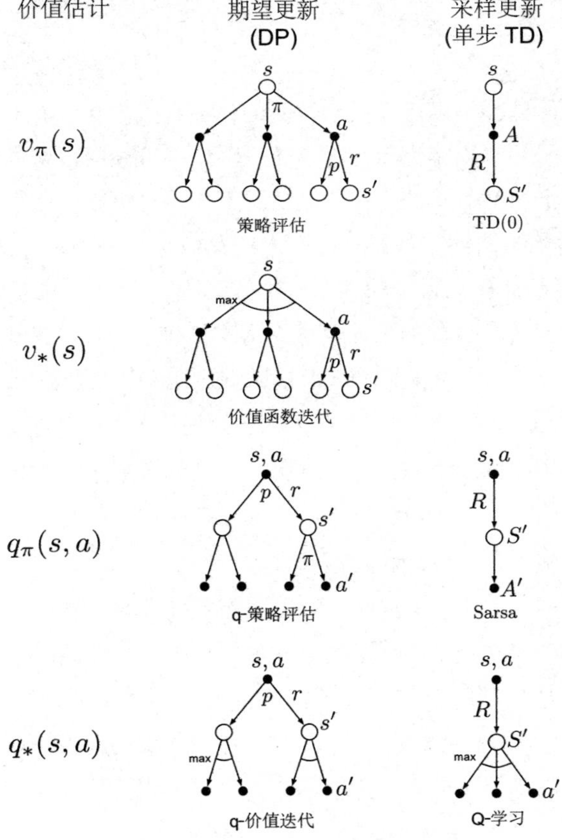

图 8.6 本书中所有单步更新方法的回溯图

可用于规划。前面讨论的 Dyna-Q 智能体使用 q^* 采样更新，但是也可以使用 q^* 期望更新，或者对 q_π 采用期望或采样更新。Dyna-AC 系统使用 v_π 采样更新和基于学习的策略结构 (参见第 13 章)。对于随机环境问题，总是使用某种期望更新方法来完成优先遍历。

我们在第 6 章中介绍单步采样更新时，将其作为期望更新的替代方法。在没有概率分布模型的情况下，进行期望更新是不可能的，但我们可以使用真实环境得到转移样本或从采样模型中得到转移样本来完成采样更新。这里隐含的观点是，如果可能，我们更喜欢采用期望更新而不是采样更新。但事实真是这样吗？期望更新肯定会产生更好的估计，因为它们没有受到采样误差的影响，但是它们也需要更多的计算，计算往往是规划过程中的限制性资源。要正确评估期望更新和采样更新的相对优势，我们必须控制不同的计算量需求。

具体来说，我们讨论一种将期望更新和采样更新用于近似 q^* 的特殊例子。在这个例子中，状态和动作都是离散的，近似价值函数 Q 采用表格来表示，环境模型的估计采用 $p(s',r|s,a)$ 来表示。则“状态-动作”二元组 s,a 的期望更新是

$$Q(s,a) \leftarrow \sum_{s',r} \hat{p}(s',r\,|\,s,a)\Big[r + \gamma \max_{a'} Q(s',a')\Big]. \tag{8.1}$$

与之对应的 s,a 的采样更新则是一种类似 Q 学习的更新。给定后继状态 S' 和收益 R (来自模型) 的采样更新是

$$Q(s,a) \leftarrow Q(s,a) + \alpha\Big[R + \gamma \max_{a'} Q(S',a') - Q(s,a)\Big], \tag{8.2}$$

其中，α 是一个通常为正数的步长参数。

当环境是随机环境时，期望更新和采样更新之间的差异是显著的，特别是在给定状态和动作的情况下，后继状态一般有多种可能，并且概率各不相同。如果只有一个后继状态是可能的，那么上面给出的期望更新和采样更新是相同的 (取 $\alpha = 1$)。如果后继状态有很多种可能，那么就可能会有显著差异。期望更新的一个优势是它是一个精确的计算，这使得一个新的 $Q(s,a)$ 的正确性仅仅受限于 $Q(s',a')$ 在后继状态下的正确性。而采样更新除此之外，还会受到采样错误的影响。但另一方面，采样更新在计算上复杂度更低，因为它只考虑单个后继状态，而不是所有可能的后继状态。在实践中，价值函数更新操作所需的计算量通常由需要进行 Q 函数评估的“状态-动作”二元组的数量决定。对于一个特定的初始二元组 s,a，设 b 是*分支因子* (即对于所有可能的后继状态 s'，其中 $\hat{p}(s'|s,a) > 0$ 的数目)，则这个二元组的期望更新需要的计算量大约是采样更新的 b 倍。

如果有足够的时间来完成期望更新，则所得到的估计总体上应该比 b 次采样更新更好，因为没有采样误差。但是如果没有足够的时间来完成一次期望更新，那么采样更新

总是比较可取的，因为它们至少可以通过少于 b 次的更新来改进估计值。在有许多“状态-动作”二元组的大尺度问题中，我们往往处于后一种情况，大量的“状态-动作”二元组使得期望更新消耗非常长的时间。这种情况下，我们最好先在很多“状态-动作”二元组中进行若干次采样更新，而不是直接进行期望更新。那么给定一个单位的计算量，是否采用期望更新比采用 b 倍次数的采样更新会更好呢?

图 8.7 展示了对这个问题的分析结果。图中显示了在多个不同的分支因子 b 下，期望更新和采样更新的估计误差对计算次数的函数变化。这里讨论的情况是：所有 b 个后继状态都是等概率发生的，并且其中初始估计的误差是 1。后继状态的价值假定是正确的，所以期望更新在完成时会将误差减小到零。在这种情况下，采样更新会使得误差以比例系数 $\sqrt{\frac{b-1}{bt}}$ 减小，其中 t 是已经进行过的采样更新的次数 (假定采样平均值，即 $\alpha = 1/t$)。图 8.7 中显示出的一个关键现象是，对于中等大小的 b 来说，估计误差的大幅下降只需要消耗很少的一部分计算次数。我们的解释是，在这些情况中，许多“状态-动作”二元组都可以使其价值得到显著的改善，甚至达到和期望更新差不多的效果；但在同样的时间里，却只有一个“状态-动作”二元组可以得到期望更新。

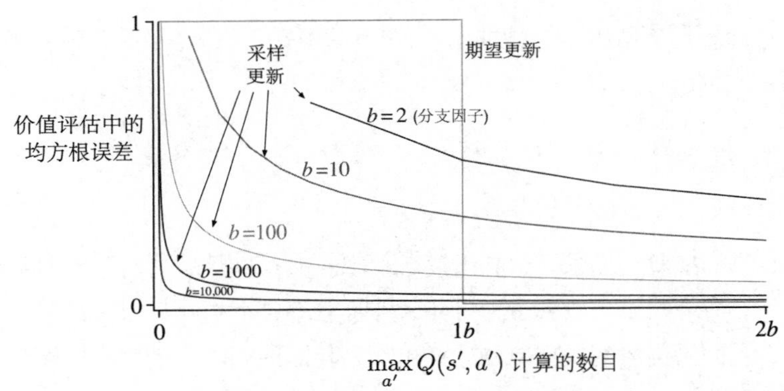

图 8.7 期望更新和采样更新的效率比较

图 8.7 中的采样更新的优势很可能被低估。在一个真实的问题中，后继状态的价值自身就是不断被更新的估计值。由于后继状态的价值经过更新后变得更准确，因此回溯之后的状态价值也会更快地变得准确，这是采样更新具有的第二个优势。这些都表明，对于拥有很大的随机分支因子并要求对大量状态价值准确求解的问题，采样更新可能比期望更新要好。

练习 8.6 上述分析都是基于一个假设：可能的 b 种后继状态是以相同概率出现的。假设我们的分布具有偏峰而不是均匀的，则 b 中有一些状态会比其他状态出现的可能性大得

多。这会加强还是减弱采样更新相对于期望更新的优势？请论证你的观点。 □

8.6 轨迹采样

在本节中，我们比较两种状态更新过程的算力分配方法。基于动态规划的经典方法是遍历整个状态 (或“状态-动作”二元组) 空间，每遍历一次就对每个状态 (或“状态-动作”二元组) 的价值更新一次。这对大规模任务是有问题的，因为很可能根本没有时间完成一次遍历。在许多任务中，绝大多数状态是无关紧要的，因为只有在非常糟糕的策略中才能访问到这些状态，或者访问到这些状态的概率很低。穷举式遍历将计算时间均匀地用于状态空间的所有部分，而不是集中在需要的地方。正如我们在第 4 章中讨论的，穷举式遍历以及对所有状态均匀分配时间的处理并非动态规划的必要属性。原则上，价值函数更新所使用的算力可以用任何方式分配 (为确保收敛，所有状态或“状态-动作”二元组必须被无限次访问，但是在 8.7 节中讨论了例外的情况)，但是在实践中，我们经常使用穷举式遍历。

第二种方法是根据某些分布从状态或“状态-动作”二元组空间中采样。我们可以像 Dyna-Q 智能体一样进行随机均匀采样，但这样做可能会遇到一些和穷举式遍历相同的问题。更让人感兴趣的一种方式是根据同轨策略下的分布来分配用于更新的算力，也就是根据在当前所遵循的策略下观察到的分布来分配算力。这种分布的一个优点是容易生成，我们只需要按部就班地与模型交互并遵循当前的策略就可以了。在一个分幕式任务中，任务从初始状态 (或根据初始状态的分布) 开始运行，并进行模拟仿真直到终止状态。在一个持续性任务中，任务从任何地方开始运行，只是需要继续模拟仿真。在任一种情况下，样本状态转移和收益都由模型给出，并且样本动作由当前策略给出。换句话说，我们通过模拟仿真得到独立且明确的完整智能体运行轨迹，并对沿途遇到的状态或“状态-动作”二元组执行回溯更新。我们称这种借助模拟生成经验来进行回溯更新的方法为*轨迹采样*。

如果要根据同轨策略分布 (即遵循同轨策略所产生的状态和动作序列的概率分布) 来进行更新算力的分配，除了对完整轨迹采样外，我们很难想象出其他有效的方式来进行算力分配。如果我们明确地知道同轨策略的概率分布，那么它可以遍历所有的状态，根据同轨策略分布来对每个状态的回溯更新进行加权，但这又产生了与穷举式遍历一样的计算成本问题。一种可能是从分布中采样并更新单个的“状态-动作”二元组，但是即使这样做可以解决效率问题，但它又将为轨迹的模拟仿真带来什么好处呢？甚至找到同轨策略分布的显式表达都几乎是不可能的。每当策略发生变化时，分布情况也会发生变化，而计算分布本身所需要的算力几乎会与完整的策略评估相当。考虑到类似的各种问题，轨迹采样似乎是一个既有效又精巧的方法。

那么基于同轨策略分布对更新过程进行算力分配是否是个好主意呢？从直觉上来说，这似乎是一个不错的选择，至少比均匀分布更好。例如，如果你正在学习下棋，你学习的是真实游戏中可能出现的位置，而不是棋子的随机位置。后者虽然可能是合法的状态，但是能够准确地评估它们的价值与评估真实游戏中的位置是不同的技能。我们在第 II 部分中也会看到，当使用函数逼近时，同轨策略分布具有显著的优势。不管是否使用函数逼近，我们都认为同轨策略会显著提高规划的速度。

聚焦于同轨策略分布可能是有益的，因为这使得空间中大量不重要的区域被忽略。但这也可能是有害的，因为这使得空间中的某些相同的旧区域一次又一次地被更新。我们做一个小型实验来评估相关的影响。为了隔离分布函数具体形式的影响，我们使用式 (8.1) 定义的单步表格型期望更新。在均匀分布的情况下，我们需要遍历所有的“状态-动作”二元组进行就地更新。在同轨策略的情况下，我们模拟多幕数据，所有幕都从同样的初始状态开始，对 ε-贪心策略 ($\varepsilon=0.1$) 下出现的每个“状态-动作”二元组进行回溯更新。这些任务是没有折扣的分幕式任务，按照如下步骤随机生成。对 $|\mathcal{S}|$ 个状态中的每个状态，有两个可能的动作，每个动作都导致 b 种后继状态中的一个，针对每个“状态-动作”二元组进行 b 种后继状态选择时采用不同的概率分布。分支因子 b 对于所有“状态-动作”二元组都是相同的。另外，在所有的转移中，跳到终止状态结束整幕交互的概率为 0.1。每一次转移的期望收益是从一个标准高斯分布 (均值为 0，方差为 1) 中得到的。在规划过程的任何时刻，我们都可以停下来，采用穷举方法计算 $v_{\tilde{\pi}}(s_0)$，它是在贪心策略下给定当前的动作价值函数 Q 时初始状态的真实价值 $\tilde{\pi}$。这个值可以反映智能体使用贪心策略在新的一幕数据上运行时的性能 (所有这一切都假定环境模型是确定的)。

图 8.8 的上半部分显示了超过 200 个采样任务的平均结果，每个任务有 1000 个状态，分支因子分别为 1、3 和 10 。图中画出的是策略质量对期望更新次数的函数。在所有情况下，根据同轨策略分布进行抽样都显示出类似的趋势：初始阶段规划速度更快，但长期看却变化迟缓。分支因子越小时，这个效应就越强，且初始的快速规划的时间也越长。在其他实验中，我们发现随着状态数量的增加，这些效应也变得更强。例如，图 8.8 的下半部分显示了分支因子为 1 的 10 000 个状态的任务的结果。在这种情况下，同轨策略的优势很大而且可以保持很长时间。

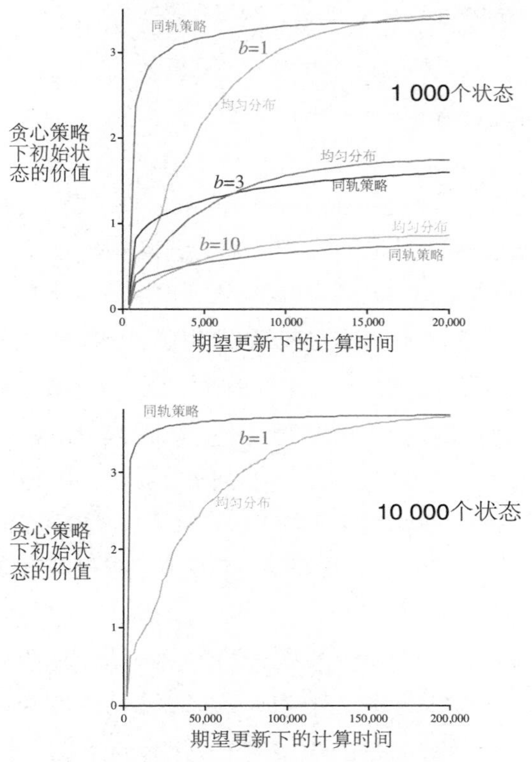

图 8.8　在状态空间中随机均匀分配算力与将算力聚焦于模拟仿真生成的同轨策略轨迹上的相对效率比较。它们都从相同的状态开始。我们在这里使用了随机生成的两种不同尺度的任务以及不同的分支因子 b

所有这些结果都是有道理的。在短期内，根据同轨策略分布进行采样有助于聚焦于接近初始状态的后继状态。如果有很多状态且分支因子很小，则这种效应会很大而且持久。从长期来看，聚焦于同轨策略分布则可能存在危害，因为通常发生的各种状态都已经有了正确的估计值。采样到它们是没什么用的，只有采样到其他的状态才会使得更新过程有价值。这可能就是从长远来看穷举式的、分散的采样方式表现得更好的原因，至少对于小问题来说是如此。上述结果还不能形成一般性的结论，因为它们仅适用于以特定的随机方式产生的问题。但是它们确实表明，根据同轨策略分布的采样对于大尺度问题可能具有很大的优势，特别是对那些在同轨策略分布下只有一个很小的“状态-动作”二元组空间区域会被访问的问题就更是如此。

练习 8.7　图 8.8 中有一些曲线看起来早期性能不太好，尤其是最上面 $b=1$ 且按均匀分布更新的曲线。为什么会这样呢？数据的哪一方面支持了你的分析？ □

练习 8.8 (编程)　复现图 8.8 中下半部分的实验结果。然后在 $b=3$ 的设定下进行相同实

验。你得到的实验结果说明了什么？ □

8.7 实时动态规划

实时动态规划 (real-time dynamic programming，RTDP)，是动态规划 (dynamic programming，DP) 价值迭代算法的同轨策略轨迹采样版本。由于它与传统的基于遍历的策略迭代密切相关，所以 RTDP 以特别明确的方式说明了同轨策略轨迹采样具有的一些优点。RTDP 通过式 (4.10) 定义的表格型价值迭代期望更新的方式来更新在真实或模拟轨迹中访问过的状态的价值。这就是生成图 8.8 所示的同轨策略结果的算法。

RTDP 和传统 DP 之间的紧密联系使得通过已有理论可以得出一些理论结果。如 4.5 节中所讨论的，RTDP 是异步 DP 算法的一个例子。异步 DP 算法不是根据对状态集合的系统性遍历来组织的，它可以采用任何顺序和其他状态恰好可用的任何价值来计算某个状态的价值函数更新。在 RTDP 中，更新顺序是由真实或模拟轨迹中状态被访问的顺序决定的。

如果轨迹只能从指定的一组初始状态开始，并且如果你对给定策略下的预测问题感兴趣，则同轨策略轨迹采样允许算法完全跳过那些给定策略从任何初始状态开始都无法到达的状态 (不可到达的状态与预测问题无关)。对于一个控制问题，其目标是找到最优策略，而不是像预测问题一样评估给定的策略。这时可能存在一些状态，来自任何初始状态的任何最优策略都无法到达它们。对于这些不相关的状态，我们就不需要指定最优动作。我们需要的是最优部分策略，即策略对于相关的状态是最优的，而对于不相关的状态则可以指定任意的甚至是未定义的动作。

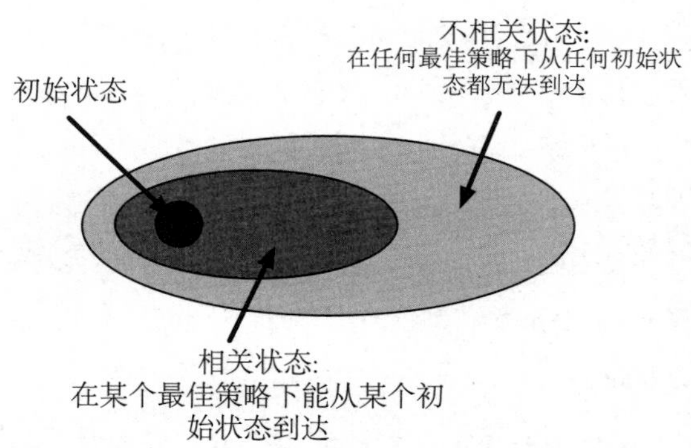

但是，通过采取同轨策略下的轨迹采样控制方法 (如 Sarsa) (6.4 节) 来寻找这样一个最优部分策略，通常需要无数次访问所有的“状态-动作”二元组 —— 也包括那些不相关

的状态。这可以通过使用“试探性出发”来完成 (5.3 节)。对于 RTDP 也是如此。对于采用试探性出发的分幕式任务，RTDP 是一种异步价值迭代算法，它会收敛到带折扣的有限马尔可夫决策过程 (在某些条件下也适用于不带折扣的情况) 的最优策略。与预测问题的情况不同的是，如果收敛到最优策略很重要，则通常不可能停止对任何状态或“状态-动作”二元组的更新。

RTDP 最有趣的是，对于满足某些合理条件的特定类型的问题，RTDP 可以保证找到相关状态下的最优策略，而无须频繁访问每个状态，甚至可以完全不访问某些状态。事实上，在某些问题上，只需要访问一小部分状态。这对于具有大尺度状态集的问题来说可能是一个很大的优势，因为对于它们来说即使单次遍历也是不可行的。

使上述结论成立的任务是 3.4 节中讨论的不带折扣的分幕式任务，这些任务都是目标状态的收益为零的 MDP。在真实或模拟轨迹中的每个时刻中，RTDP 选择一个贪心动作 (概率相等时就随机选择)，并对当前状态进行期望价值迭代更新操作。RTDP 也可以在每个时刻对其他状态的任意集合进行价值更新，例如，它可以对当前状态的有限视界内通过前瞻搜索 (look-ahead search) 访问到的状态的价值进行更新。

在很多问题中，每一幕序列开始于从若干初始状态中随机选择的一个状态，并且在目标状态结束。对于这类问题，RTDP 可以 (概率为 1) 收敛于对所有相关状态的最优策略。这时需要满足的前提条件如下：1) 每个目标状态的初始值为零；2) 存在至少一个策略，保证从任何初始状态都能够 (概率为 1) 达到目标状态；3) 从非目标状态跳出的转移所对应的所有收益都严格为负；4) 所有初始值都大于等于其最优值 (可以通过简单地将所有状态的初始值设置为零来满足)。Barto、Bradtke 和 Singh (1995) 通过将异步 DP 的结果与由 Korf (1990) 所提出的启发式搜索 (又称实时 $A*$ 学习) 算法的结果相结合，证明了上述结论 。

随机最优路径问题的很多具体例子都是具有上述属性的任务，只是它们通常以最小化代价函数来表示，而不是像这里一样最大化累积收益。本书中的最大化负回报就等价于最小化从初始状态到目标状态的路径的代价。这类任务的一个例子就是“最短时间控制”任务，其中到达目标所需的每个时间步长产生值为 -1 的收益；另一个例子就是像 3.5 节中的高尔夫例子那样的问题，其目标是以最少的杆数进洞。

例 8.6 赛道问题中的 RTDP　练习题 5.12 的赛道问题是一个随机最优路径问题。下面我们通过赛道问题的例子来比较 RTDP 和传统的 DP 价值迭代算法，说明同轨策略轨迹采样的优点。

回顾该练习题，智能体必须学习如何驾驶赛车转弯，如图 5.5 所示，并保持在赛道上，且尽可能快地穿过终点线。状态集合包括了所有离散的网格位置，以及非负的横向或纵向速度。速度就是每个时间步长里面赛车走过的横向和纵向的格子数目。动作表示对速度产生增量，每步中的变化可以是 +1、−1 或 0；在每步中，还有 0.1 的概率赛车的速度增量并不是选手想达到的增量，而是 0。初始状态是起跑线上所有的零速状态；目标状态是在一个时间步长里面从赛道内穿过终点线可到达的所有状态。与练习题 5.12 不同，这里的赛车速度没有限制，所以状态集可能是无限的。然而，无论采用何种策略，从初始状态出发可能到达的状态集合都是有限的，并且可以认为它是对应该问题的实际可能的状态集合。每一幕都从随机选择的初始状态出发，当赛车越过终点线时结束。每一步的收益是 −1，直到赛车越过终点线。如果赛车撞到轨道边界，它将被移回到随机初始状态，然后该幕比赛继续。

类似于图 5.5 左边的小赛道有 9115 个状态可以在某个策略下从初始状态到达，但其中只有 599 个是最优策略相关的，即它们在一些最优策略下可以从一些初始状态到达 (相关状态的数量是通过对 10^7 幕数据执行最优动作时访问的状态进行计数来估计的)。

下表给出了运用传统 DP 和 RTDP 方法解决此任务的结果比较。这些结果是运行 25 次以上的平均值，每次开始时都使用不同的随机数种子。在这种情况下，传统 DP 是使用状态集的穷举式遍历的价值迭代算法，一次只更新一个状态，这意味着每个状态的更新会使用其他状态的最新估计值 (这是 Gauss-Seidel 版本的价值迭代，在这个问题上大约是 Jacobi 版本的两倍快，参见 4.8 节)。我们没有特别注意更新的顺序，其他顺序可能会产生更快的收敛。两种方法每次运行的初始值都为零。当一次遍历中状态价值的最大变化小于 10^{-4} 时，判断 DP 收敛；而当超过 20 幕比赛的撞线平均时间趋于某个稳定数值时，判断 RTDP 收敛。此版本的 RTDP 在每一步仅仅更新当前状态的价值。

	DP	RTDP
到收敛时平均所需计算	28 次遍历	4000 幕序列
到收敛时平均更新次数	252 784	127 600
每幕中的平均更新次数	—	31.9
更新 $\leqslant$ 100 次的状态百分比 (%)	—	98.45
更新 $\leqslant$ 10 次的状态百分比 (%)	—	80.51
更新 0 次的状态百分比 (%)	—	3.18

这两种方法得到的策略都平均需要用 14~15 步来撞线，但 RTDP 只需要大约 DP 一半的更新次数就可以找到这样的策略。这是 RTDP 在同轨策略下的轨迹采样的结果。每个状态的价值都在 DP 的每一次遍历中进行更新，而 RTDP 则将更新集中在较少的状态上。平均来说，RTDP 更新的状态有 98.45% 不超过 100 次，80.51% 的状态不超过 10 次。在平均水平上，有 290 个状态完全没有更新。 ■

RTDP 相比于传统价值迭代方法的另一个优点是，随着价值函数接近最优价值函数 v_*，智能体产生轨迹所使用的策略也会接近最优策略，因为它相对于当前价值函数总是贪心的。这与传统价值迭代方法的情况形成了对比。在实践中，当价值函数在某次遍历中的改变量很小时，价值迭代将终止，这种终止方式就是获得上表中的结果的方式。这时，价值函数已经非常接近 v_*，贪心策略也非常接近最优策略。然而，其实远在价值迭代终止之前，那些对最新的价值函数贪心的策略就有可能已经是最优的了 (回顾第 4 章的讨论：最优策略对于多个不同价值函数而言都可以是贪心的，而不仅仅是 v_*)。在价值迭代收敛之前检查最优策略的出现不是传统 DP 算法的一部分，并且需要大量的额外计算。

在赛道的例子中，我们可以在每次 DP 遍历之后都运行多幕测试，测试中智能体根据当前遍历得到的结果贪心地选择动作。这样我们就可能找到 DP 计算中一个最早的时间点，在这个时间点上得到的近似最优评估函数已经足够好了，能够使得对应的贪心策略几乎是最优的。对于这条赛道，经过 15 次价值迭代的遍历或者 136 725 次价值迭代更新之后，出现了一个接近最优的策略。这远远低于 DP 方式收敛到 v_* 所需的 252 784次更新，但是超过了 RTDP 方式所需的 127 600次更新。

虽然这些模拟实验肯定不是 RTDP 与传统的基于遍历的价值迭代方法的决定性比较，但这说明了同轨策略轨迹采样的一些优势。传统的价值迭代方法更新所有状态的价值，而 RTDP 则关注与问题目标相关的状态子集。随着学习的进行，这一关注点范围越来越窄。因为 RTDP 的收敛定理适用于模拟情况，所以我们知道 RTDP 最终将只关注相关状态，即构成最优路径的状态。RTDP 只用了传统遍历价值迭代方法所需计算量的 50% 就实现了几乎最优的控制。

8.8　决策时规划

“规划”过程至少有两种运行方式。本章到目前为止所讨论的，是以动态规划和 Dyna 为代表的方法。它们从环境模型 (单个样本或概率分布) 生成模拟经验，并以此为基础采用规划来逐步改进策略或价值函数。这里，动作选择要么是从表格中比较当前状态下的动作价值 (表格型方法的情况)，要么是通过近似方法中的数学表达式进行评估 (第 Ⅱ 部分中讨论)。在为当前状态 S_t 进行动作选择之前，规划过程都会预先针对多个状态 (包括 S_t) 的动作选择所需要的表格条目 (表格型方法) 或数学表达式 (近似方法) 进行改善。在这种运行方式下，规划并不仅仅聚焦于当前状态，而是还要预先在后台处理其他的多个状态。我们称这种规划方式为*后台规划*。

规划过程的另一种运行方式是在遇到每个新状态 S_t *之后*才开始并完成规划，这个计算过程的输出是单个动作 A_t，在下一时刻，规划过程将从一个新的状态 S_{t+1} 开始，产生 A_{t+1}，依此类推。使用这种规划运行方式的最简单的例子就是：状态的价值是已知的，对于每个可选的动作，都可以得到环境模型预测出的后继状态的价值，我们通过比较这些价值来进行动作的选择 (或者如第 1 章中的井字棋例子，通过比较“后位状态”的价值来进行动作选择)。更一般来说，以这种方式运行的规划过程可以比单步前瞻看得更远，同时对于动作选择的评估会产生许多不同的预测状态和收益轨迹。与第一种规划的运行方式不同，这里的规划聚焦于特定的状态，我们称之为*决策时规划*。

我们可以用两种方式来解读“规划”—— 一是使用模拟经验来逐步改进策略或价值函数；二是使用模拟经验为当前状态选择一个动作，这两种方式可以很自然地以有趣的方式融合在一起，但其实往往是分开研究它们的。我们首先仔细分析“决策时规划”。

即使只在决策的时刻进行规划，我们仍然可以像在第 8 章中那样，从模拟经验到更新和价值，以及最终的策略来分析它。只不过现在的情况下，价值和策略不是普适的，而是对于当前状态和可选动作是特定的。因此，在选择了当前状态下的动作之后，我们通常可以丢弃规划过程中创建的特定的价值和策略。在许多应用中，这并不是一个巨大的损失，因为一个应用往往存在很多的状态，而我们不可能在短时间内回到同一个状态。一般来说，我们也许想要做以下两个方面的结合：对当前状态的重点规划*以及*存储规划的结果，以便在以后从很远的地方也能再回到同一个状态。决策时规划在不需要快速响应的应用程序中是最有用的。例如，在下棋程序中，每次走棋都可以允许数秒甚至数分钟的计算，强大的程序可以在此时间内规划出之后的几十步走棋方式。另一方面，如果低延迟动作选择优先，则在后台进行规划通常能够更好地计算出一个策略，以便可以将其迅速地应用于每个新遇到的状态。

8.9 启发式搜索

人工智能中经典的状态空间规划方法就是决策时规划，整体被统称为*启发式搜索*。在启发式搜索中，对于遇到的每个状态，我们建立一个树结构，该结构包含了后面各种可能的延续。我们将近似价值函数应用于叶子节点，然后以根状态向当前状态回溯更新。搜索树中的回溯更新与在本书中讨论的最大值的期望更新 (对于 v_* 和 q_*) 完全相同。回溯更新在当前状态的状态动作节点处停止。计算了这些节点的更新值后，则选择其中最好的值作为当前动作，然后舍弃所有更新值。

在传统的启发式搜索中，不需要通过改变近似价值函数来保存回溯更新的价值。实际上，价值函数一般是由人们设计的，而不会因为搜索而改变。不过，让价值函数随着时间推移得到改善是很自然的想法，这可以通过使用启发式搜索来计算回溯更新价值或本书中提出的任何其他方法来实现。其实在某种意义上我们一直采取这种做法。我们讲述的贪心策略、ε-贪心策略和 UCB (2.7 节) 动作选择方法与启发式搜索并没有那么不同，尽管它们的规模更小。例如，为了计算给定模型和状态价值函数下的贪心动作，我们必须从每个可能的动作出发，将所有可能的后继状态的收益考虑进去并进行价值估计，然后再选择最优动作。与传统的启发式搜索类似，此过程计算各种可能动作的更新价值，但不会尝试保存它们。可以将启发式搜索视为单步贪心策略的某种扩展。

我们需要采用比单步搜索更深的搜索方式的根本原因是为了获得更好的动作选择。如果有一个完美的环境模型和一个不完美的动作价值函数，那么实际上更深的搜索通常会产生更好的策略。[1] 当然，如果搜索一直持续到整幕序列结束的位置，那么不完美的价值函数的影响就被消除了，这时确定的动作一定是最优的。如果搜索具有足够的深度 k 使得 γ^k 非常小，则动作也将相应地接近最优。另一方面，搜索越深，需要的计算越多，通常导致响应时间越长。Tesauro 的大师级西洋双陆棋玩家 TD-Gammon (16.1 节) 提供了一个很好的例子。该系统使用 TD 学习方法，通过许多游戏的自玩功能去学习后位状态的价值函数，使用一种启发式搜索来控制走棋。作为一个模型，TD-Gammon 使用了投骰子概率的先验知识，并假设对手总是选择 TD-Gammon 评为最优的动作。Tesauro 发现，启发式搜索越深，TD-Gammon 做出的动作越好，但是每次走棋所花的时间也越长。西洋双陆棋有一个很大的分支因子，但它却必须在数秒内进行走棋，因此只能选择性地搜索有限几步，但即使这样，搜索也会产生明显更好的动作选择。

我们应该能够看到启发式搜索中算力聚焦的最明显的方式：关注当前状态。在启发式搜索中，由于其搜索树很紧地聚焦于当前状态的即时后继状态和动作，因此表现出明显的效果。虽然你可能在生活中会花更多的时间玩国际象棋而不是跳棋，但是当你玩跳棋的时候，你就要用跳棋的思维来思考，考虑特定的跳棋位置，下一步走什么，以及随后棋子的位置，等等。无论你如何选择走棋动作，这些“当前”的状态和动作对更新至关重要，与它们相关的近似价值函数也是你最迫切希望能够准确估计的。你的计算和有限内存资源都应优先用于即将发生的事件。例如在国际象棋中，有太多可能的位置可以用来存储不同的价值估计，但是基于启发式搜索的象棋程序，可以轻松地存储从单个位置进行前瞻搜索所遇到的数百万个位置的不同估计值。内存和计算资源对当前决策的高度聚焦可能是启发式搜索如此有效的原因。

1　也有一些有趣的例外 (比如参见 Pearl，1984)。

可以以类似的方式改变更新的算力分配，以聚焦于当前状态及其可能的后继状态。作为一种极端情况，我们可以使用启发式搜索的方法来构建搜索树，然后从下到上执行单步回溯更新，如图 8.9 所示。如果以这种方式对回溯更新进行排序并使用表格型表示，那么我们将得到与深度优先的启发式搜索完全相同的回溯更新方式。对于任何状态空间搜索，都能够以这种视角将其看作拼接在一起的大量的单步回溯更新。因此，我们所观察到的深度搜索的性能提升并不是由于使用了多步回溯更新，而是由于回溯更新聚焦于当前状态后面的即时后继状态和动作。通过进行大量特定的与候选动作相关的计算，决策时规划产生的决策会比依靠不集中的回溯更新产生的决策更好。

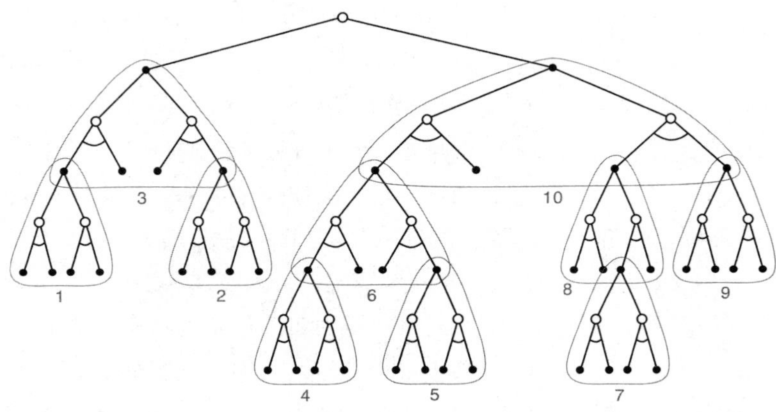

图 8.9 启发式搜索可以由一系列的由叶子节点朝根节点的单步更新来实现 (细线轮廓)。这里显示的顺序是一个挑选出来的深度优先搜索使用的顺序

8.10 预演算法

预演 (rollout) 算法是一种基于蒙特卡洛控制的决策时规划算法，这里的蒙特卡洛控制应用于以当前环境状态为起点的采样模拟轨迹。预演算法通过平均许多起始于每一个可能的动作并遵循给定的策略的模拟轨迹的回报来估计动作价值。当动作价值的估计被认为足够准确时，对应最高估计值的动作 (或多个动作中的一个) 会被执行，之后这个过程再从得到的后继状态继续进行。正如 Tesauro 和 Galperin (1997) 所解释的，他们曾用预演算法玩西洋双陆棋。“预演” (rollout) 这一术语来源于在西洋双陆棋中通过“预演” (playing out/rolling out) 来估计棋盘局面的价值，即利用随机生成的骰子序列以及某个固定的走棋策略来推演从当前局面到棋局结束的结果，之后利用多次预演的完整棋局来估计当前局面的价值。

预演算法是蒙特卡洛控制算法的一个特例，因为它计算模拟轨迹的平均回报，这些模拟轨迹由随机生成的状态转移构成。但与第 5 章中介绍的蒙特卡洛控制算法不同的是，预演算法的目标不是估计一个最优动作价值函数 q_*，或对于给定的策略 π 的完整的动作价值函数 q_π。相反，它们仅对每一个当前状态以及一个给定的被称为预演策略的策略做出动作价值的蒙特卡洛估计。作为一种决策时规划算法，预演算法只是即时地利用这些动作价值的估计值，之后就丢弃它们。这一特点使得预演算法的实现是相对简单的，因为既没有必要采样每一个“状态-动作”二元组的结果，也没有必要估计一个涵盖状态空间或“状态-动作”二元组空间的函数。

那么预演算法到底能得到什么？4.2 节中的策略改进定理告诉我们，给定两个策略 π 与 π'，它们几乎完全相同，只在某个特定的状态 s 上会有 $\pi'(s) = a \neq \pi(s)$；则如果 $q_\pi(s,a) \geqslant v\pi(s)$，那么策略 π' 一定不差于 π。更进一步，如果不等式严格成立，那么事实上 π' 会严格优于 π。用 s 代表当前状态，π 代表预演策略，这一结论就可以应用到预演算法中。将模拟轨迹的结果平均就可以得到对于每个动作 $a' \in \mathcal{A}(s)$ 的 $q_\pi(s,a')$ 的估计。那么在 s 状态下选取使估计值最大的动作并在其他情况下遵循 π 的策略就是一个从 π 提高性能的不错的选择。这一结果很像 4.3 节中提到的动态规划中的策略迭代算法中的一步 (尽管它更像 4.5 节中提到的异步价值迭代中的一步，因为它只改变当前状态的动作)。

换句话说，预演算法的目的是为了改进预演策略的性能，而不是找到最优的策略。从过去的经验来看，预演算法表现得出人意料地有效。Tesauro 和 Galperin (1997) 就曾经惊讶于预演算法在西洋双陆棋中的巨大性能提升。在一些应用场合下，即使预演策略是完全随机的，预演算法也能产生很好的效果。但是改进后的策略的性能取决于预演策略的性质以及基于蒙特卡洛价值估计的动作的排序。从直观上来看，基础预演策略越好，价值的估计越准确，预演算法得到的策略就越可能更好 (参见 Gelly 和 Silver，2007)。

这就涉及了一个重要的权衡，因为更好的预演策略一般都意味着要花更多的时间来模拟足够多的轨迹从而得到一个良好的价值估计。作为决策时规划方法，预演算法常常不得不面对严格的时间约束。预演算法需要的计算时间取决于每次决策时需要评估的动作的个数、为了获得有效的回报采样值而要求模拟轨迹具备的步数、预演策略进行决策所花费的时间，以及为了得到良好的蒙特卡洛动作价值估计所需的模拟轨迹的数量。

平衡这些因素在任何预演算法的应用中都是很重要的，不过有一些方法能够缓解这个问题。由于蒙特卡洛实验之间是相互独立的，因此可以在多个独立的处理器上并行地进行多次实验。另一个技巧是在尚未完成时就截断模拟轨迹，利用预存的评估函数来更

正截断的回报值 (我们在前几章讲述的所有关于截断回报和更新的方法都可以在此使用)。Tesauro 和 Galperin (1997) 提出了另一种可行的方法，即监控蒙特卡洛模拟过程并对那些不太可能是最优的，或其值与当前的最优值很接近以至于选择它们不会带来任何区别的动作进行剪枝 (虽然 Tesauro 和 Galperin 指出，这会使并行实现变得很复杂)。

我们一般不认为预演算法是一种学习算法，因为它们不保持对于价值或策略的长时记忆。但是这类算法利用了我们在本书中强调的一些强化学习的特点。以蒙特卡洛控制为例，它们通过平均一组采样轨迹的回报值来估计动作价值，这里的轨迹是通过与一个环境的采样模型进行模拟交互得到的。在这方面它们和强化学习是类似的：它们都通过轨迹采样来避免对于动态规划的穷举式遍历，都通过使用采样更新而非期望更新来避免使用概率分布模型。最后，预演算法贪心地根据估计的动作价值选择动作，这就有效利用了策略改进的性质。

8.11 蒙特卡洛树搜索

蒙特卡洛树搜索 (Monte Carlo Tree Search，MCTS) 是最近的一个引人注目的决策时规划的成功例子。MCTS 和上面介绍的一样，是一种预演算法，但是它的进步在于引入了一种新手段，通过累积蒙特卡洛模拟得到的价值估计来不停地将模拟导向高收益轨迹。计算机围棋从 2005 年的业余水平到 2015 年的大师水平 (大于等于 6 段) 的进步大部分归功于 MCTS。从这一基本算法发展出了很多变体，其中我们在 16.6 节中讨论的一种变体，对于 2016 年程序 AlphaGo 对阵 18 届世界围棋冠军所取得的令人震惊的胜利是十分关键的。MCTS 已经在很多其他高难度的任务中也被证明是有效的，这些任务包括普通的游戏 (例如，Finnsson 和 Björnsson，2008；Genesereth 和 Thielscher，2014)，但不仅限于游戏，如果有一个简单到可以进行快速多步模拟的环境模型，它也可以有效地解决单智能体序列决策问题。

在遇到一个新状态后，MCTS 首先用来选择智能体在这个状态下的动作，之后它又会被用来选择后继状态下的动作，依此类推。就像在预演算法中一样，每一次的执行都是一个循环重复的过程：模拟许多从当前状态开始运行到终止状态 (或运行到步数足够多，以至于折扣系数使得更遥远的收益对回报值的贡献小到可以忽略为止) 的轨迹。MCTS 的核心思想是对从当前状态出发的多个模拟轨迹不断地聚焦和选择，这是通过扩展模拟轨迹中获得较高评估值的初始片段来实现的，而这些评估值则是根据更早的模拟样本计算的。MCTS 不需要保存近似价值函数或每次动作选择的策略。不过在很多实现中它还是会保存选中的动作价值，在下一次的执行中很可能会有用。

在多数情况下，模拟轨迹生成过程中的动作是用一个简单的策略生成的，一般将其称之为预演策略 (因为它经常用在更简单的预演算法中)。当预演策略和模型都不需要大量的计算时，在短时间内就可以生成大量的模拟轨迹。正如在任何表格型蒙特卡洛方法中一样，“状态-动作”二元组的价值估计就是从这个“状态-动作”二元组出发的 (模拟) 后续轨迹的回报的平均值。在计算过程中，我们只维护部分的蒙特卡洛估计值，这些估计值对应于会在几步之内到达的“状态-动作”二元组所形成的子集，这就形成了一棵以当前状态为根节点的树，如图 8.10 所示。MCTS 会增量式地逐步添加节点来进行树扩展，这些节点代表了从模拟轨迹的结果上看前景更为光明的状态。任何一条模拟轨迹都会沿着这棵树运行，最后从某个叶子节点离开。在树的外部以及叶子节点上，通过预演策略选择动作，但对树内部的状态可能有更好的方法。对于内部状态，至少对部分动作有价值估计，所以我们可以用一个知晓这些信息的策略来从中选取。这个策略可以被称为*树策略*，它能够平衡试探和开发。例如，树策略可以使用 ϵ-贪心策略或 UCB 选择规则 (第 2 章) 来选择动作。

具体来说，如图 8.10 所示，一个基本版的 MCTS 的每一次循环中包括下面四个步骤：

1. **选择**。从根节点开始，使用基于树边缘的动作价值的*树策略*遍历这棵树来挑选一个叶子节点。
2. **扩展**。在某些循环中 (根据应用的细节决定)，针对选定的叶子节点找到采取非试探性动作可以到达的节点，将一个或多个这样的节点加为该叶子节点的子节点，以此来实现树的扩展。
3. **模拟**。从选定的节点，或其中一个它新增加的子节点 (如果存在) 出发，根据预演策略选择动作进行整幕的轨迹模拟。得到的结果是一个蒙特卡洛实验，其中动作首先由树策略选取，而到了树外则由预演策略选取。
4. **回溯**。模拟整幕轨迹得到的回报值向上回传，对在这次 MCTS 循环中，树策略所遍历的树边缘上的动作价值进行更新或初始化。预演策略在树外部访问到的状态和动作的任何值都不会被保存下来。图 8.10 说明了这一过程，图中展示了从模拟轨迹的终止节点直接到预演策略开始的状态-动作节点的回溯过程 (虽然一般情况下，向上回溯到这个状态-动作节点的应该是整个模拟轨迹的回报值)。

MCTS 首次被提出时是为了在用程序玩围棋等双人竞技游戏时选择走法。对于玩游戏来说，每一个模拟的“幕”都是双方玩家通过树策略和预演策略选择走法的一局完整的游戏。16.6 节介绍了在 AlphaGo 程序中使用的一种 MCTS 的扩展，它将 MCTS 中的蒙特卡洛估值与在自我对弈强化学习的过程中使用一个深度神经网络学得的动作价值融合在一起。

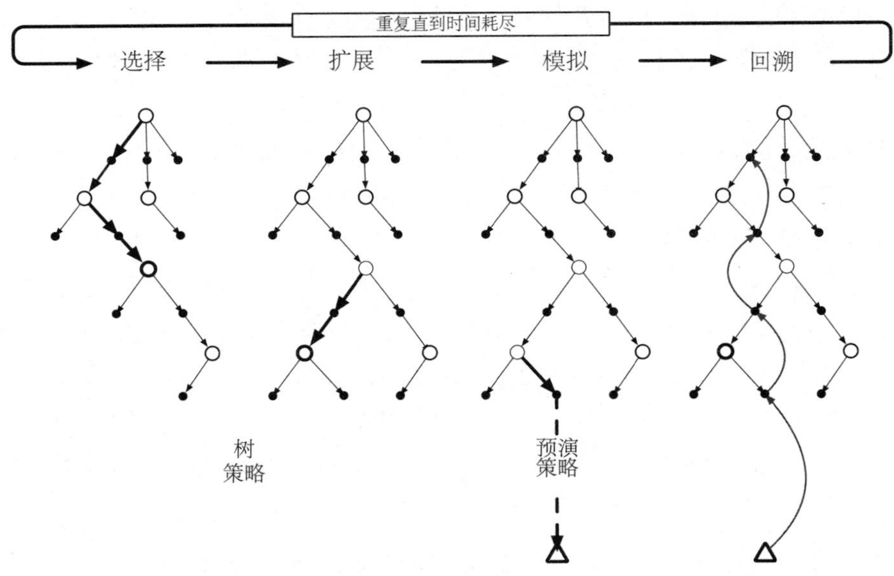

图 8.10 蒙特卡洛树搜索。当环境转移到一个新的状态时，MCTS 会在动作被选择前执行尽可能多次迭代，逐渐构建一个以根为当前状态的树。每一次迭代又包括四步操作：**选择**、**扩展** (可以跳过某些循环)、**模拟**和**回溯**，如图中箭头和文字所示。该图修改自 Chaslot、Bakkes、Szita 和 Spronck (2008)

将 MCTS 与本书中所介绍的强化学习原理相联系，可以对为什么它能取得如此引人注目的结果这一问题，进行一些深入的分析。在本质上，MCTS 将基于蒙特卡洛控制的决策时规划算法应用到了从根节点开始的模拟中，换句话说，这是一种在前一节中所介绍的预演算法。因此，它也受益于在线、增量的、基于采样的价值估计和策略改进。除此之外，它保存了树边缘上的动作-价值估计值并用强化学习中的采样更新方法来进行更新。这样做可以使 MCTS 实验聚焦于某些特定轨迹，这些轨迹的初始片段与之前模拟实验中高收益的轨迹的初始片段是相同的。另外，通过逐步扩展这棵树，MCTS 成功地产生了一张用来储存部分动作价值函数的查找表，其中的内存分配给了某些特定的“状态-动作”二元组估计值，它们对应于高收益采样轨迹的开始片段所访问过的“状态-动作”二元组。因此，MCTS 避免了估计一个全局的动作价值函数，但同时其依然可以通过过去的经验来引导试探过程。

通过 MCTS 进行决策时规划的巨大成功对人工智能产生了深刻的影响，许多研究者正在研究这一基础过程的改进与扩展，以将其用于游戏以及单智能体的应用任务中。

8.12 本章小结

进行规划时需要有一个描述环境的模型。*概率分布模型*由后继状态的概率和可能动作的收益组成。而采样模型根据这些概率生成单个状态转移以及相应的收益。进行动态规划需要概率分布模型，因为它要做*期望更新*，而这需要计算对所有可能的后继状态和收益的期望。另一方面，为了模拟与环境交互的过程，我们需要一个*采样模型*，在这个过程中我们会使用许多强化学习算法都用到的*采样更新*。一般来说，采样模型比概率分布模型更容易获得。

规划最优行为和学习最优行为之间具有惊人的密切关系，我们在本章中已经从这个角度做了很多介绍。这两者都需要估计同样的价值函数，而且都很自然地通过一长串的简单回溯操作来增量式地更新估计值。这使得可以很方便直接地将学习与规划整合在一起：只需要让两者更新同一个价值函数就可以了。此外，通过简单地将算法应用于模拟的 (基于模型的) 经验而不是实际经验，就可以将任何学习方法转化成规划方法。在这一点上学习和规划变得更相似；它们只不过是完全相同的算法应用在两种不同来源的经验上。

将增量式规划方法与动作以及模型学习相结合是十分直接的。规划、动作和模型学习以一种循环的方式 (见第 160 页中的图示) 相互作用，每一部分输出的正是改善其他部分所需要的信息。不禁止它们之间的其他交互，但也并不需要那些交互。最自然的方法是让所有的过程异步同时进行。如果一些过程必须共享计算资源，那么就可以几乎任意地划分资源，怎么划分最方便或使得正在进行的任务效率最高就怎么划分。

在这一章中，我们讨论了状态空间规划方法的很多变种，这些变种可以从几个不同的维度来分类。一个维度是更新跨度的大小。更新的规模越小，规划方法就越容易倾向于增量式地运行。最小规模的更新就应该是单步采样回溯了，例如 Dyna。另一个重要的维度是更新算力的分配，也就是搜索过程中的算力聚焦。优先遍历方法在回溯时聚焦于那些估计值刚刚发生变化的状态的前导节点。同轨策略轨迹采样聚焦在那些智能体在控制环境的过程中最可能碰到的状态或“状态-动作”二元组。这使得在计算时可以跳过状态空间中与预测或控制问题无关的部分。实时动态规划作为一种基于同轨策略轨迹采样的价值迭代算法，体现出了这种思路相对于传统的基于遍历的策略迭代算法的一些优势。

规划过程也可以从某些适当的状态向未来聚焦，比如那些曾经在智能体-环境的交互中遇到过的状态。这其中最重要的一种形式就是决策时规划，即规划是动作选择过程的一部分。人工智能领域中研究的经典启发式搜索是这类方法的一个很好的例子。其他的例子还有预演算法和蒙特卡洛树搜索等，这些方法都受益于在线、增量式、基于采样的价值估计和策略改进。

8.13 第 I 部分总结

这里对本书的第 I 部分做一个总结。在这一部分，我们试图对强化学习做一个综合完整的介绍。我们并不是把强化学习当作几个独立方法的组合，而是把它当作横跨不同方法的一组逻辑连贯的思想来介绍。每个思想都可以被看作方法变种的一个设计维度。这一组维度组合在一起，就构成了对应各种可能方法的一个巨大的空间。通过在这个方法空间中沿着不同维度进行探索，读者能够获得对强化学习最宽泛和最深刻的理解。在本节中，我们将用方法空间中不同维度对应的概念来对前面介绍过的各种强化学习方法进行概括总结。

在本书中目前提到的所有方法都包含三个重要的通用思想：首先，它们都需要估计价值函数；第二，它们都需要沿着真实或模拟的状态轨迹进行回溯操作来更新价值估计；第三，它们都遵循广义策略迭代 (GPI)的通用流程，也就是说它们会维护一个近似价值函数和一个近似策略，并且持续地基于一方的结果来改善另一方。这三个思想也是贯穿全书的核心内容。我们认为价值函数、基于回溯的价值更新和广义策略迭代 (GPI) 几乎是任何一种智能模型都用到的有效组织原理，无论是人工智能还是自然智能都不例外。

不同方法变种的最重要的两个维度如图 8.11 所示。这两个维度是与改善价值函数的更新操作的类型联系在一起的。水平方向代表的是：使用采样更新 (基于一个采样序列) 还是期望更新 (基于可能序列的分布)。期望更新需要一个概率分布模型；与此不同的是，采样更新只需要一个采样模型即可，或者在没有模型的情况下，通过与真实环境交互也能完成 (另一个维度)。图 8.11 的纵轴方向对应的是更新的深度，也即“自举”的程度。在图示空间的四个角，有三个用于估计价值的最重要的方法：动态规划、时序差分和蒙特卡洛。此空间的左边沿代表的是采样更新方法，从单步时序差分更新到蒙特卡洛更新。中间部分包括了基于 n 步更新的方法谱系 (在第 12 章中，我们会将其扩展为 n 步更新的组合，例如基于资格迹的 λ-更新)

动态规划方法在图示空间的右上方，因为动态规划属于单步期望更新。右下角是期望更新的一个极端情况，每次更新都会遍历所有可能的情况直到到达最后的终止状态 (或者在持续性任务中，折扣系数的累乘导致之后的收益对当前的回报不再有影响为止)。这是启发式搜索中的一种情况。这个维度中间部分的方法包括启发式搜索和相关的方法 (搜索和更新到一个固定的深度)。还有一些在水平方向上处于中间的方法，包括期望和采样混合更新方法和在单次更新中混合采样样本和分布概率方法。正方形的内部代表的就是所有这些中间方法的空间。

本书强调的第三个维度是同轨策略和离轨策略的维度。对于前一种情况，智能体在当前策略下学习价值函数，而后一种情况则学习一个对应于不同策略的价值函数，通常是智能体认为的当前最好的策略。由于需要试探，行动策略通常并不被认为是最好的策略。第三个维度可以被可视化为与图 8.11 中的平面垂直的维度。

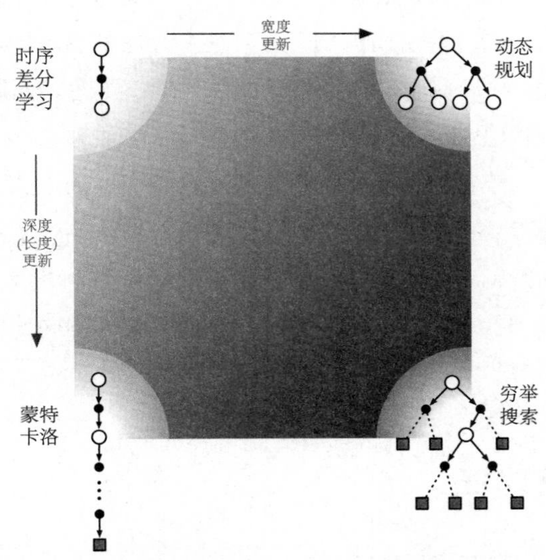

图 8.11　强化学习方法空间的一个横截面，突出了本书第 I 部分提到的两个重要维度：更新的深度和宽度

除了刚刚讨论的三个维度之外，我们还给出了其他的分类标准，以供参考。

回报的定义　任务是分幕式还是持续性的，带折扣的还是不带折扣的？

动作价值、状态价值还是后位状态价值　需要估计哪种价值？如果是状态价值，则在进行动作选择时，要么有一个模型，要么有一个独立的策略 (如“行动器 -评判器”方法)。

动作选择/试探　怎样进行动作选择来确保在试探和开发之间做一个合理的平衡？我们已经讨论了一些很简单的方法：ε-贪心、价值的乐观初始化、柔性最大化和上确界。

同步还是异步　对于所有状态来说，更新是同时进行的还是按照某种顺序一个接着一个更新？

真实还是模拟仿真　更新基于真实的经验还是模拟的经验？如果两者都有，它们的比例是怎样的？

更新的位置 哪个状态或“状态-动作”二元组应该被更新？无模型的方法只能从真实遇到的状态和“状态-动作”二元组中进行选择，但是基于模型的方法就可以任意选择。这里有很多种可能的情况。

更新的时机 更新是动作选择的一部分，还是在动作选择之后进行？

更新的记忆 更新的价值应该被保存多久？它们应该被永久保存，还是像在启发式搜索中那样仅仅在动作选择期间保存？

当然，这些并不是全部的维度，而且它们之间也不完全是互斥的。每个独立的算法都会在不同的维度上和其他的方法有所区别，并且很多算法处于不同维度的不同位置上。例如，Dyna 方法会用真实和模拟的数据来更新同一个价值函数。而同时维护多个价值函数也是非常合理的，这些价值函数可以用不同的方法计算，或者基于不同的状态和动作的表示。这些维度构成了一组连贯的思想，用于描述和探索广阔的方法空间。

最重要的一个维度没有在这里提及，因为它并没有在本书的第 I 部分出现，这个维度就是函数逼近。函数逼近可以被看作与之前维度正交的另一个维度，它包含了一系列的方法谱系，从表格型方法到状态聚类，到各种线性方法，再到不同的非线性方法。这个维度将会在第 Ⅱ 部分展开介绍。

参考文献和历史评注

8.1 这里讨论的关于规划和学习的总体观点是在多年中一步一步发展起来的，本书的作者参与的有 (Sutton，1990，1991a，1991b；Barto、Bradtke 和 Singh，1991，1995；Sutton 和 Pinette，1985；Sutton 和 Barto，1981b)。相关观点受到了 Agre 和 Chapman (1990；Agre 1988)、Bertsekas 和 Tsitsiklis (1989)、Singh (1993) 等人的很大影响。作者的观点也受到了心理学研究中的隐式学习 (Tolman，1932) 和关于思考行为的本质的心理学观点 (例如，Galanter 和 Gerstenhaber，1956；Craik，1943；Campbell，1960；Dennett, 1978) 的影响。在本书的第 Ⅲ 部分中，14.6 节介绍了基于模型和无模型方法与心理学中的学习和行为之间的关系。15.11 节讨论了人类大脑是如何实现这些方法的。

8.2 用于描述强化学习种类的术语*直接* 和*间接*来自于自适应控制的文献 (例如，Goodwin 和 Sin，1984)。自适应控制中的术语*系统识别*在强化学习中叫作*模型学习* (例如，Goodwin 和 Sin，1984；Ljung 和 Söderstrom，1983；Young，1984)。Dyna 结构来自于 Sutton (1990)，本节和下一节的结果都来自这篇报告。Barto 和 Singh (1990) 提及了一些对比直接和间接强化学习方法时需要考虑的问题。

8.3 有几个基于模型的强化学习工作将试探奖励和乐观初始化的思想发展到了逻辑上的极致，这些方法假设所有尚未完全试探过的动作选择会有最大的收益值，并且用最优的路径来测试它们。Kearns 和 Singh (2002) 的 E^3 算法和 Brafman 和 Tennenholtz (2003) 的 R-max 算法都能够保证在多项式时间内找到最优结果。这通常对于实际情况来说太慢了，但却可能是在最坏情况下能够做得最好的方法。

8.4 优先遍历同时被 Moore 和 Atkeson (1993) 以及 Peng 和 Williams (1993) 提出。第 168 页第一个框中的结果来自于 Peng 和 Williams (1993)，第 169 页第二个框中的结果来自于 Moore 和 Atkeson。这个领域接下来主要的工作包括 McMahan 和 Gordon (2005) 以及 van Seijen 和 Sutton (2013)。

8.5 这一节主要受到 Singh (1993) 中实验的影响。

8.6–7 轨迹采样从一开始就自然地成为强化学习的一部分，但是被 Barto、Bradtke 和 Singh (1995) 在介绍 RTDP 时作为重点内容显式地提出来了。实时 A^* 学习 (LRTA*) 算法是一种能够同时用在 Korf 关注的随机问题和确定问题中的异步动态规划算法。比 LRTA* 更进一步，RTDP 能够在动作执行的时间间隔内更新多个状态的价值。Barto et al. (1995) 证明了这里的收敛结果，这个证明结合了 Korf (1990) 对 LRTA* 的收敛性证明和 Bertsekas (1982) (还有 Bertsekas 和 Tsitsiklis, 1989) 的结果，该结果可以保证在没有折扣的情况下随机最短路径问题收敛。通过结合模型学习和 RTDP，可以得到*自适应* RTDP，这在 Barto et al. (1995) 和 Barto (2011) 都有介绍。

8.9 对于启发式搜索，我们推荐读者查阅 Russell 和 Norvig (2009) 和 Korf (1988) 的工作。Peng 和 Williams (1993) 对更新的前向聚焦进行了很多探索。

8.10 Abramson (1990) 的期望产出模型是应用在双人游戏的一种预演算法，在这个游戏中双方都是模拟器并采取随机动作。他认为就算是随机进行游戏，这个游戏也有“强大的启发信息”，而且是“清晰的，准确的，易估计的，可有效计算的和领域独立的。” Tesauro 和 Galperin (1997) 通过提升西洋双陆棋程序的性能说明了预演算法的有效性。其中的术语“预演”来自于评估西洋双陆棋局面的方法，这种方法从当前局面通过随机生成骰子序列来推演棋局结果，并根据其回报来进行当前局面的评估。Bertsekas、Tsitsiklis 和 Wu (1997) 研究了预演算法并将其应用于组合优化问题。Bertsekas (2013) 对它们在离散确定性优化问题中的应用进行了综述，得出“它们经常是很有效的”的结论。

8.11 MCTS 的核心思想在 Coulom (2006) 以及 Kocsis 和 Szepesvári (2006) 中被提出，并且是在以前的蒙特卡洛规划算法研究的基础上提出的。Browne、Powley、Whitehouse、Lucas、Cowling、Rohlfshagen、Tavener、Perez、Samothrakis 和 Colton(2012) 给出了关于 MCTS 方法及其应用的很好的综述。图 8.10 基于 Chaslot et al. (2008) 中的插图。David Silver 为本节中的思想和表述做出了贡献。

第 II 部分　表格型近似求解方法

在本书的第 II 部分，我们会将第 I 部分的表格型方法扩展到拥有任意大的状态空间的问题上。很多我们想要应用强化学习的任务都具有组合性的、巨大的状态空间，以照片为例，通过照相所得到的所有可能的图片的数量远远大于宇宙中原子的数量。在这种情况下，即使有近乎无限的时间与数据，我们也不能期望能够找到最优的策略或最优价值函数，我们的目标转而为使用有限的计算资源找到一个比较好的近似解。在本书的这部分，我们将探讨这种近似求解的方法。

巨大的状态空间所面临的问题不仅仅是大型表格所需要的内存，还在于精确地填充它们所需要的时间和数据。在许多任务中，几乎遇到的所有状态都是以前从未见过的。为了在这些状态下做出合理的决定，就必须从以往经历的与当前状态在某种程度上相似的状态中去归纳。换句话说，关键问题是*泛化*能力。如何将状态空间中一个有限子集的经验进行推广来很好地近似一个大得多的子集呢？

幸运的是，从样例中进行泛化的方法已经得到了广泛的研究，我们不需要在强化学习中发明新的方法。在某种程度上，我们只需要将强化学习方法与现有的泛化方法结合起来。我们所需要的泛化通常被称为*函数逼近*，因为它从一个预期的函数 (例如一个价值函数) 中获取实例，并试图对它们进行泛化来逼近整个函数。函数逼近是一种*有监督学习*的例子，是机器学习、人工神经网络、模式识别和统计曲线拟合的基础方法。从理论上讲，这些领域中所研究的任何一个方法都可以作为函数逼近方法用在强化学习中，然而在实践中，这些函数逼近方法之间通常会有差异，其中某些方法在特定问题上会比其他方法表现得更为出色。

然而，使用函数逼近的强化学习会出现在传统的有监督学习中一般不会出现的新问题，如非平稳性、自举和延时目标。我们会在本部分接下来的 5 章中依次介绍这些以及其他的一些问题。首先，我们关注同轨策略的训练，第 9 章讨论预测问题，即给定策略，仅仅去逼近其价值函数；然后在第 10 章的控制问题中，介绍最优策略的近似。对离轨策略进行函数逼近的挑战性问题在第 11 章中讨论。在这 3 个章节中，我们需要返回最基本的原理，然后重新定义使用了函数逼近的学习目标。第 12 章介绍并分析*资格迹*，这种算法机制在大多数情况下可以极大地提高多步强化学习方法的计算性能。本部分的最后一章探讨了一种不同的算法来解决控制问题，即*策略梯度方法*，它直接对最优策略进行逼近，且完全不需要近似的价值函数 (尽管同样近似一个价值函数可能会更有效率)。

9 基于函数逼近的同轨策略预测

在这一章中，我们开始研究强化学习中的函数逼近法，该方法使用同轨策略数据来估计状态价值函数，换句话说，就是从已知的策略 π 生成的经验来近似一个价值函数 v_π。在本章中比较特殊的是，近似的价值函数不再表示成一个表格，而是一个具有权值向量 $\mathbf{w} \in \mathbb{R}^d$ 的参数化函数。我们将给定权值向量 $\mathbf{w}$ 在状态 s 的近似价值函数写作$\hat{v}(s, \mathbf{w}) \approx v_\pi(s)$。例如，$\hat{v}$ 可能是一个状态的特征空间里的线性函数，$\mathbf{w}$ 是特征向量的权值。更一般的情况，$\hat{v}$ 可能是由多层的人工神经网络计算得到的函数，而 $\mathbf{w}$ 是层与层之间连接的权值向量。通过调整权值，神经网络可以实现各种不同的函数。或者 $\hat{v}$ 可能是一个由决策树计算得到的函数，$\mathbf{w}$ 是树的所有分支节点和叶子节点的值。通常来说，权值的数量 ($\mathbf{w}$ 的维度) 远远小于状态的数量 ($d \ll |\mathcal{S}|$)。另外改变一个权值将改变许多状态的估计值。因此，当一个状态被更新时，许多其他状态的价值函数也会被更改。这样的*泛化*可能使得学习能力更为强大，但也可能更加难以控制与理解。

可能令人惊讶的是，将强化学习扩展到函数逼近还有助于解决“部分观测”问题，即智能体无法观测到完整的状态的情况。如果参数化函数 $\hat{v}$ 的形式化表达并不依赖于状态的某些特定的部分，那么可以认为状态的这些部分是不可观测的。事实上，本书这一部分所有使用函数逼近获得的理论结果都能有效地用到部分观测问题上。但是，函数逼近无法根据过往的部分观测记忆来对状态表达进行扩充。我们会在 17.3 节中简要讨论一些可能的扩展。

9.1 价值函数逼近

本书中所有的预测方法都可以表示为对一个待估计的价值函数的更新，这种更新使得某个特定状态下的价值移向一个“回溯值”，或称该状态下的*更新目标*。我们使用

符号 $s \mapsto u$ 表示一次单独的更新，这里 s 表示更新的状态，而 u 表示 s 的估计价值朝向的更新目标。比如，蒙特卡洛的价值函数预测的更新是 $S_t \mapsto G_t$，TD(0) 的更新是 $S_t \mapsto R_{t+1} + \gamma\hat{v}(S_{t+1},\mathbf{w}_t)$，然后 n 步 TD 更新是 $S_t \mapsto G_{t:t+n}$。在 DP (动态规划) 的策略评估更新中，$s \mapsto \mathbb{E}_\pi[R_{t+1} + \gamma\hat{v}(S_{t+1},\mathbf{w}_t) \mid S_t = s]$，DP 的任意一个状态 s 都会被更新，而其他的方法只会更新在经验中遇到的状态 S_t。

很自然地，我们可以将每一次更新解释为给价值函数指定一个理想的“输入 - 输出”范例样本。从某种意义上来说，更新 $s \mapsto u$ 意味着状态 s 的估计价值需要更接近更新目标 u。到目前为止，实际使用的更新是简单的：s 的估计价值只是简单地向 u 的方向进行了一定比例的移动，而其他状态的估计价值保持不变。现在我们允许使用任意复杂的方法来进行更新，在 s 上进行的更新会泛化，使得其他状态的估计价值同样发生变化。学习拟合“输入-输出”样例的机器学习方法叫作*有监督学习*，当输出 u 为数字时，这个过程通常被称为*函数逼近*。函数逼近需要获取它所逼近的函数的理想“输入-输出”样本。我们简单地把每次更新使用的 $s \mapsto u$ 作为使用函数逼近的价值函数预测的训练样本，然后把产生的近似函数作为估计价值函数。

我们可以将每一次更新都视为一个常规的训练样本，这使得我们可以使用几乎所有现存的函数逼近方法来进行价值函数预测。原则上我们可以使用任何的有监督学习的方法，包括人工神经网络、决策树以及各种多元回归。然而，并不是所有的函数逼近方法都适用于强化学习。最为复杂的人工神经网络和统计方法都假设存在一个静态训练集，并在此集合上可以进行多次训练。然而，在强化学习中，能够在线学习是很重要的，即智能体需要与环境或环境的模型进行交互。想要做到这一点，就需要算法能够从逐步得到的数据中有效地学习。此外，强化学习通常需要能够处理非平稳目标函数 (即随时间变化的目标函数) 的函数逼近方法。例如，在基于 GPI (通用策略迭代) 的控制方法中，我们经常需要在 π 变化时学习 q_π。即使策略保持不变，使用自举法 (DP 以及 TD 学习) 产生的训练样例也是非平稳的。难以处理这种非平稳性的算法就不太适合强化学习。

9.2 预测目标 ($\overline{\text{VE}}$)

到目前为止，我们还没有确定一个清晰明确的预测目标。在表格型情况下，不需要对预测质量的连续函数进行衡量，这是因为学习到的价值函数完全可以与真实的价值函数精确相等。此外，在每个状态下学习的价值函数都是解耦的 —— 一个状态的更新不会影响其他状态。但是在函数逼近中，一个状态的更新会影响到许多其他状态，而且不可能让所有状态的价值函数完全正确。根据假设，状态的数量远多于权值的数量，所以一个状态的估计价值越准确就意味着别的状态的估计价值变得不那么准确。所以我们需要给出哪些状态是我们最关心的。我们必须指定一个状态的分布 $\mu(s) \geqslant 0$，$\sum_s \mu(s) = 1$ 来表示我们对于每个状态 s 的误差的重视程度。一个状态 s 的误差表示近似价值函数 $\hat{v}(s,\mathbf{w})$ 和真实价值函数 $v_\pi(s)$ 的差的平方。将分布 μ 作为这些误差的权值，我们就得到一个自然的目标函数，即*均方价值误差*，记作 $\overline{\mathrm{VE}}$

$$\overline{\mathrm{VE}}\,(\mathbf{w}) \doteq \sum_{s\in\mathcal{S}} \mu(s)\Big[v_\pi(s) - \hat{v}(s,\mathbf{w})\Big]^2. \tag{9.1}$$

这个度量的平方根，即 $\overline{\mathrm{VE}}$ 方根，给出了一个粗略的对近似价值函数与真实价值差异大小的度量，这经常在画图时使用。通常情况下，我们将在状态 s 上消耗的计算时间的比例定义为 $\mu(s)$。在同轨策略训练中称其为*同轨策略分布*，本章着重研究这种情形。在持续性任务中，同轨策略分布是 π 下的平稳分布。

分幕式任务中的同轨策略分布

在分幕式任务中，同轨策略分布与上文有些区别，因为它与幕的初始状态的选取有关。令 $h(s)$ 表示从状态 s 开始一幕交互序列的概率，令 $\eta(s)$ 表示 s 在单幕交互中消耗的平均时间 (时刻步数)。所谓“在状态 s 上的消耗时间”是指，由 s 开始的一幕序列，或者发生了一次由前导状态 $\bar{s}$ 到 s 的转移

$$\eta(s) = h(s) + \sum_{\bar{s}} \eta(\bar{s}) \sum_a \pi(a|\bar{s})p(s|\bar{s},a),\ \text{对所有}\, s \in \mathcal{S}. \tag{9.2}$$

可以求解这个方程组得到期望访问次数 $\eta(s)$。同轨策略 分布被定义为其归一化的时间消耗的比例

$$\mu(s) = \frac{\eta(s)}{\sum_{s'} \eta(s')},\ \text{对所有}\, s \in \mathcal{S}. \tag{9.3}$$

这是一个对没有折扣问题的自然考虑。如果存在折扣 ($\gamma < 1$)，那么可以将它表示为某种形式的幕终止条件 (软性终止)，为此，可以简单地在式 (9.2) 中的第二项加入因子 γ。

在持续性和分幕式任务的两种情况下智能体的行为是类似的，但是在进行近似求解的时候必须将它们分开来进行严格的讨论，我们在本书这一部分会多次看到这一点。这使得学习目标的设定更加规范。

目前还不确定 $\overline{\mathrm{VE}}$ 是否是强化学习正确的性能目标。不要忘记我们的终极目标，学习价值函数的目的是要寻找更好的策略。达到这个目的的最优价值函数不一定是满足最小化 $\overline{\mathrm{VE}}$ 的价值函数。然而，对于价值函数预测来说，我们还不清楚是否存在一个更清晰的目标。所以现在，我们主要关注 $\overline{\mathrm{VE}}$ 。

对于 $\overline{\mathrm{VE}}$ 而言，最理想的目标是对于所有可能的 $\mathbf{w}$ 找到一个*全局最优*的权值向量 $\mathbf{w}^*$，满足 $\overline{\mathrm{VE}}(\mathbf{w}^*) \leqslant \overline{\mathrm{VE}}(\mathbf{w})$。对于一些简单的函数逼近模型 (如线性模型) 可能会寻找到最优解，然而对于复杂模型 (如人工神经网络和决策树) 则比较困难。因此，对于复杂的函数逼近模型可能转而寻求*局部最优*，即对于一个权值向量 $\mathbf{w}^*$ 以及其附近的所有向量 $\mathbf{w}$，满足 $\overline{\mathrm{VE}}(\mathbf{w}^*) \leqslant \overline{\mathrm{VE}}(\mathbf{w})$。尽管这不能让人完全放心，然而对于非线性函数逼近模型，通常这就是最好的选择，而且一般来说得出的结果是可以接受的。但是，在许多我们感兴趣的强化学习的案例中，最优收敛性仍然是无法保证的，甚至无法保证收敛到最优值附近的某个边界距离之内。事实上很多方法会发散，这种情况下它们的 $\overline{\mathrm{VE}}$ 趋向于无穷。

在之前的两节中，我们概述了一个能够将用于价值函数预测的众多强化学习方法和大量的函数逼近方法结合的框架：使用前者的更新来生成后者的训练数据。我们还描述了这些方法可能试图最小化的性能度量：$\overline{\mathrm{VE}}$ 。函数逼近方法太多了，以至于我们不可能讨论所有这些方法，而且对于大多数函数逼近方法，我们对其知之甚少，因而难以对其进行可靠的评估。我们只讨论很少的一些函数逼近方法。在本章的后面，我们主要关注基于梯度的函数逼近方法，特别是线性梯度下降法。我们关注这些方法，一部分原因是我们认为它们揭示了关键的理论问题因而很有前途，另一方面它们相对简单，在本书有限的篇幅中比较容易解释。

9.3 随机梯度和半梯度方法

我们下面详细研究一类用于价值函数预测的基于随机梯度下降 (SGD) 的函数逼近方法。SGD 是应用最为广泛的函数逼近方法之一，并且其特别适用于在线强化学习。

在梯度下降法中，权值向量是一个由固定实数组成的列向量，写作 $\mathbf{w} \doteq (w_1, w_2, \ldots, w_d)^\top$，[1] 近似价值函数 $\hat{v}(s,\mathbf{w})$ 满足对所有 $s \in \mathcal{S}$，函数对 $\mathbf{w}$ 都是可微的。我们会在一系列的离散时刻 $t = 0, 1, 2, 3, \ldots$ 上对 $\mathbf{w}$ 进行更新，所以定义符号 $\mathbf{w}_t$ 为每个时刻的权值向量。现在，假设在每一步，我们观察到一个新样本 $S_t \mapsto v_\pi(S_t)$，这个样本包括一个 (可能是随机选择的) 状态 S_t 以及它在给定策略下的真实价值。这些状态可能是与环境交互产生的一个后继状态，但现在我们不做假设。即使我们获得了关于每个 S_t 完全正确的价值函数 $v_\pi(S_t)$，但函数逼近器能调度的计算资源是有限的，因此仍然会给出受限的精确度。特别地，一般来说不会存在 $\mathbf{w}$ 使得价值函数能够精确计算所有的状态，甚至连精确计算所有的样本都做不到。更何况，我们还必须将它推广到没有出现在样本中的其他状态。

1　这里 $^\top$ 表示转置，用于将文中水平的行向量转换为垂直的列向量。除非明确写出其为行向量或者表明转置符号，在本书中向量统一为列向量。

我们假设状态在样本中的分布 μ 和式 (9.1) 中试图最小化的 $\overline{\text{VE}}$ 中的分布相同。在这种情况下，一个好的策略就是尽量减少观测到的样本的误差。*随机梯度下降* (stochastic gradient-descent, SGD) 的方法对于每一个样本，将权值向量朝着能够减小这个样本的误差的方向移动一点点

$$\mathbf{w}_{t+1} \doteq \mathbf{w}_t - \frac{1}{2}\alpha\nabla\Big[v_\pi(S_t) - \hat{v}(S_t,\mathbf{w}_t)\Big]^2 \tag{9.4}$$

$$= \mathbf{w}_t + \alpha\Big[v_\pi(S_t) - \hat{v}(S_t,\mathbf{w}_t)\Big]\nabla\hat{v}(S_t,\mathbf{w}_t), \tag{9.5}$$

其中，α 是一个正的步长参数。然后对于任何一个关于向量 (这里是 $\mathbf{w}$) 的标量函数 $f(\mathbf{w})$，$\nabla f(\mathbf{w})$ 表示一个列向量，其每一个分量是该函数对输入向量对应分量的偏导数

$$\nabla f(\mathbf{w}) \doteq \left(\frac{\partial f(\mathbf{w})}{\partial w_1}, \frac{\partial f(\mathbf{w})}{\partial w_2}, \ldots, \frac{\partial f(\mathbf{w})}{\partial w_d}\right)^\top. \tag{9.6}$$

这个导数向量是 f 关于 $\mathbf{w}$ 的*梯度*。之所以说 SGD 是一种“梯度下降”方法，是因为 $\mathbf{w}_t$ 在整个时刻中按比例向样本的平方误差 (式 9.4) 的负梯度移动。这就是误差下降最快速的方向。梯度下降方法被称为“随机的”体现在更新仅仅依赖于一个样本来完成，而且该样本很有可能是随机选择的。在许多例子中，通过小步长的更新，总体的效果就是最小化一个平均的性能度量，如 $\overline{\text{VE}}$ 。

SGD 在梯度方向上只更新一小步的原因并不是很明显。我们能否沿着这个方向移动，直到完全消除这个样本的误差呢？在大多数情况下，这是可以做到的，但这通常是不可取的。请记住，我们不寻求或期望找到一个对所有状态都具有零误差的价值函数，我们只是期望找到能够在不同状态平衡其误差的一个近似的价值函数。如果我们在一个时刻中完全修正了每个样本，那么我们就无法找到这样的平衡。事实上，SGD 方法的收敛性建立在 α 随时间减小的假设上。如果 α 以满足标准随机近似条件 (式 2.7) 的方式减小，那么 SGD 方法 (式 9.5) 能保证收敛到局部最优解。

现在我们讨论一种新情况：第 t 个训练样本 $S_t \mapsto U_t$ 的目标输出 $U_t \in \mathbb{R}$ 不是真实的价值 $v_\pi(S_t)$，而是它的一个随机近似。例如，U_t 可能是 $v_\pi(S_t)$ 的一个带噪版本，或者是用前一节的 $\hat{v}$ 获得的一个基于自举法的目标。在这种情况下，由于 $v_\pi(S_t)$ 未知，因此我们不能直接使用式 (9.5) 进行更新，但是我们可以用 U_t 近似取代 $v_\pi(S_t)$。这就产生了以下用于进行状态价值函数预测的通用 SGD 方法

$$\mathbf{w}_{t+1} \doteq \mathbf{w}_t + \alpha\Big[U_t - \hat{v}(S_t,\mathbf{w}_t)\Big]\nabla\hat{v}(S_t,\mathbf{w}_t). \tag{9.7}$$

如果 U_t 是一个*无偏估计*，即满足对任意的 t，有 $\mathbb{E}[U_t|S_t\!=\!s] = v_\pi(S_t)$，那么在 α 的下降满足随机近似条件 (式 2.7) 的情况下，$\mathbf{w}_t$ 一定会收敛到一个局部最优解。

例如，假设样本中的状态是通过使用策略 π 与环境进行交互 (或模拟交互) 而产生的。因为一个状态的真实价值是它之后所有回报的期望，蒙特卡洛目标 $U_t \doteq G_t$ 根据定义就是 $v_\pi(S_t)$ 的无偏估计。在这种选择下，通用 SGD 方法 (9.7) 会收敛到 $v_\pi(S_t)$ 的一个局部最优近似。因此，蒙特卡洛状态价值函数预测的梯度下降版本可以保证找到一个局部最优解。下框中展示了完整算法的伪代码。

梯度蒙特卡洛算法，用于估计 $\hat{v} \approx v_\pi$

输入：待评估的策略 π
输入：一个可微的函数 $\hat{v} : \mathcal{S} \times \mathbb{R}^d \to \mathbb{R}$
算法参数：步长 $\alpha > 0$
对价值函数的权值 $\mathbf{w} \in \mathbb{R}^\mu$ 进行任意的初始化 (比如 $\mathbf{w} = \mathbf{0}$)

无限循环 (对每一幕)：
  根据 π 生成一幕交互数据 $S_0, A_0, R_1, S_1, A_1, \cdots, R_T, S_T$
  对该幕的每一步，$t = 0, 1, \cdots, T-1$：
    $\mathbf{w} \leftarrow \mathbf{w} + \alpha\big[G_t - \hat{v}(S_t,\mathbf{w})\big]\nabla\hat{v}(S_t, \mathbf{w})$

如果使用 $v_\pi(S_t)$ 的自举估计值作为式 (9.7) 中的目标 U_t，则无法得到相同的收敛性保证。自举目标，如 n 步回报 $G_{t:t+n}$ 或 DP 目标 $\sum_{a\ s',r} \pi(a|S_t)p(s',r\,|\,S_t,a)[r + \gamma\hat{v}(s',\mathbf{w}_t)]$ 都取决于权值向量 $\mathbf{w}_t$ 的当前值，这意味着它们是有偏的，所以它们无法实现真正的梯度下降法。一种看待此问题的方法是，从式 (9.4) 到式 (9.5) 的关键步骤依赖于与 $\mathbf{w}_t$ 无关的目标。如果使用自举估计来代替 $v_\pi(S_t)$，那么这个步骤将是无效的。自举法实际上并不是真正的梯度下降的实例 (Barnard，1993)。它只考虑了改变权值向量 $\mathbf{w}_t$ 对估计的影响，却忽略了对目标的影响。由于只包含了一部分梯度，我们称之为*半梯度方法*。

尽管半梯度 (自举法) 方法不像梯度方法那样稳健地收敛，但它们在一些重要情况下依然可以可靠地收敛，比如下一节会讨论的线性情况。此外，它们还有其他重要的优点，所以它们通常是首选方案。其中一个优点是，正如我们在第 6 章和第 7 章中看到的，它们的学习速度通常比较快。另一个是它们支持持续地和在线地学习，而不需要等待一幕的结束。这使它们能够用于持续性的问题，并有一些计算优势。半梯度 TD(0) 是一个在原型意义上的半梯度方法，它使用 $U_t \doteq R_{t+1} + \gamma\hat{v}(S_{t+1},\mathbf{w})$ 作为其目标。下框中给出了完整的伪代码。

半梯度 TD(0)，用于估计 $\hat{v} \approx v_\pi$

输入：待评估的策略 π
输入：一个可微的函数 $\hat{v} : \mathcal{S}^+ \times \mathbb{R}^d \rightarrow \mathbb{R}$，满足 $\hat{v}$(终止状态,$\cdot$) $= 0$
算法参数：步长 $\alpha > 0$
对价值函数的权值 $\mathbf{w} \in \mathbb{R}^d$ 进行任意的初始化 (比如 $\mathbf{w} = \mathbf{0}$)

对每一幕循环：
　初始化 S
　对该幕的每一步循环：
　　选取 $A \sim \pi(\cdot|S)$
　　采取动作 A，观察 R, S'
　　$\mathbf{w} \leftarrow \mathbf{w} + \alpha\big[R + \gamma\hat{v}(S',\mathbf{w}) - \hat{v}(S,\mathbf{w})\big]\nabla\hat{v}(S,\mathbf{w})$
　　$S \leftarrow S'$
　直到 S' 为终止状态

状态聚合是一种简单形式的泛化函数逼近，这里状态被分成不同组，每个组对应一个估计值 (对应权值向量 $\mathbf{w}$ 的一个维度分量)。状态的价值估计就是所在组对应的分量，当状态被更新时，只有这个对应分量被单独更新。状态聚合是 SGD(9.7) 的一个特殊情况，其梯度 $\nabla\hat{v}(S_t,\mathbf{w}_t)$ 对于 S_t 所在组为 1，对于其余组为 0。

例 9.1 使用状态聚合的 1000 个状态的随机游走　考虑随机游走任务的 1000 个状态的版本 (例 6.2 和例 7.1)。状态从左到右以 1～1000 编号，并且所有幕都在中心状态 500 的附近开始。状态转移为从当前状态向左侧的 100 个邻居状态中的一个移动，或者向右侧的 100 个邻居状态中的一个移动，所有转移都是等概率的。如果当前状态临近边缘，那么在该方向上可能少于 100 个邻居。在这种情况下，所有进入这些不存在的邻居的概率变为在对应边界终止的概率 (因此，状态 1 有 0.5 的概率在左侧终止，状态 950 有 0.25 的概率在右侧终止)。和之前一样，于左侧终止产生 -1 的收益，于右侧终止产生 $+1$ 的收益。所有其他转移都是零收益。在本节中，我们以此任务作为示例。

图 9.1 显示了这个任务真实的价值函数 v_π。它几乎是一条直线，仅仅在最后 100 个状态有些弯曲，向水平方向倾斜。图中还显示了使用状态聚合的梯度蒙特卡洛算法在 100 000 幕后，以步长 $\alpha = 2 \times 10^{-5}$ 最终获得的近似价值函数。对于状态集合，1000 个状态分成 10 组，每组 100 个状态 (即状态 1～100 是一个组，状态 101～200 是另一个组，依此类推)。图中所示的阶梯效果是状态聚合的典型特征。在每组内，近似值是常数，并且从一组突变到另一组。这些近似值接近 $\overline{\mathrm{VE}}$ 的全局最小值 (式 9.1)。

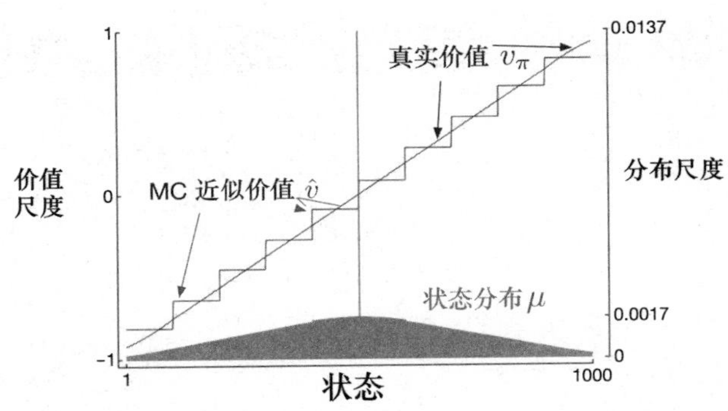

图 9.1 使用状态聚合的梯度蒙特卡洛 (第 200 页) 算法，对 1000 个状态的随机游走任务的函数逼近结果

通过参考该任务的状态分布 μ，你会注意到近似价值函数的一些细节，可以参看图的下半部分以及对应的右侧标尺。中心状态 500 是每幕的第一个状态，但很少再次被访问到。平均而言，约有 1.37% 的时刻花费在了开始状态。从开始状态能够一步到达的状态是被访问次数第二多的，其中每个状态大约花费的时刻为 0.17%。从那里开始，μ 几乎线性下降，在边界状态 1 和 1000 处达到约 0.0147%。该分布最明显的效果体现在，最左边的组的估计值明显高于真实状态价值的不带权平均值，而最右边的组，其估计值明显偏低。这是由于这一部分的状态在 μ 的权值分布上最不对称。例如，在最左边的一组中，状态 100 的权重比起状态 1 要大 3 倍以上。因此，组的估计偏向于状态 100 的真实价值，而这个估计高于状态 1 的真实价值。 ■

9.4 线性方法

函数逼近最重要的特殊情况之一是其近似函数 $\hat{v}(\cdot,\mathbf{w})$ 是权值向量 $\mathbf{w}$ 的线性函数。对应于每个状态 s，存在一个和 $\mathbf{w}$ 相同维度的实向量 $\mathbf{x}(s) \doteq (x_1(s), x_2(s), \ldots, x_d(s))^\top$。线性近似的状态价值函数可以写作 $\mathbf{w}$ 和 $\mathbf{x}(s)$ 的内积

$$\hat{v}(s,\mathbf{w}) \doteq \mathbf{w}^\top \mathbf{x}(s) \doteq \sum_{i=1}^{d} w_i x_i(s). \tag{9.8}$$

在这种情况下，我们称近似价值函数是*依据权值线性的*，或者简单地说是*线性的*。

向量 $\mathbf{x}(s)$ 表示 s 的*特征向量*。$\mathbf{x}(s)$ 的每一个分量 $x_i(s)$ 是一个函数 $x_i : \mathcal{S} \to \mathbb{R}$。我们所说的一个*特征*就是一个完整的函数，状态 s 对应的函数值称作 s 的*特征*。对于线性方法，特征被称作*基函数*，这是因为它们构成了可能的近似函数集合的线性基。构造 d 维特征向量来表示一个状态与选择一组 d 个基函数是相同的。还能以其他多种方式定义特

征。接下来的章节介绍其中一些方式。

对于线性函数逼近，使用 SGD 更新是非常自然的。在这种情况下，近似价值函数关于 $\mathbf{w}$ 的梯度是

$$\nabla \hat{v}(s,\mathbf{w}) = \mathbf{x}(s).$$

因此，通用 SGD 更新式 (9.7) 在线性情况下可以简化为一个特别简单的形式

$$\mathbf{w}_{t+1} \doteq \mathbf{w}_t + \alpha\Big[U_t - \hat{v}(S_t,\mathbf{w}_t)\Big]\mathbf{x}(S_t).$$

因为线性 SGD 非常简单，所以它是最受欢迎的数学分析方法之一。对于各种学习系统，几乎所有有用的收敛性结果都是基于线性 (或更简单的) 函数逼近方法获得的。

特别是，在线性情况下，函数只存在一个最优值 (或者在一些退化的情况下，有若干同样好的最优值)，因此保证收敛到或接近局部最优值的任何方法，也都自动地保证收敛到或接近全局最优值。例如，如果 α 按照常规条件随时间减小，则前一节提到的梯度蒙特卡洛算法在线性函数逼近下收敛到 $\overline{\mathrm{VE}}$ 的全局最优值。

前一节提到的半梯度 TD(0) 算法也在线性函数逼近下收敛，但它并不遵从 SGD 的一般通用结果，对此，我们需要有一个额外定理来证明。权值向量也不是收敛到全局最优，而是靠近局部最优的点。仔细考虑这个重要的情况是很有帮助的，特别是在持续性任务的情况下。在每个时刻 t 的更新是

$$\begin{aligned}\mathbf{w}_{t+1} &\doteq \mathbf{w}_t + \alpha\Big(R_{t+1} + \gamma\mathbf{w}_t^\top\mathbf{x}_{t+1} - \mathbf{w}_t^\top\mathbf{x}_t\Big)\mathbf{x}_t \qquad (9.9)\\ &= \mathbf{w}_t + \alpha\Big(R_{t+1}\mathbf{x}_t - \mathbf{x}_t\big(\mathbf{x}_t - \gamma\mathbf{x}_{t+1}\big)^\top\mathbf{w}_t\Big),\end{aligned}$$

在这里我们使用简写 $\mathbf{x}_t = \mathbf{x}(S_t)$。一旦系统到达一个稳定状态，对于任意给定的 $\mathbf{w}_t$，下一个更新的权值向量的期望可以写作

$$\mathbb{E}[\mathbf{w}_{t+1}|\mathbf{w}_t] = \mathbf{w}_t + \alpha(\mathbf{b} - \mathbf{A}\mathbf{w}_t), \qquad (9.10)$$

其中，

$$\mathbf{b} \doteq \mathbb{E}[R_{t+1}\mathbf{x}_t] \in \mathbb{R}^d \text{ 以及 } \mathbf{A} \doteq \mathbb{E}\Big[\mathbf{x}_t\big(\mathbf{x}_t - \gamma\mathbf{x}_{t+1}\big)^\top\Big] \in \mathbb{R}^d \times \mathbb{R}^d \qquad (9.11)$$

从式 (9.10) 可以清楚地看出，如果系统收敛，它必须收敛于满足下式的权值向量 $\mathbf{w}_{\mathrm{TD}}$

$$\begin{aligned}\mathbf{b} - \mathbf{A}\mathbf{w}_{\mathrm{TD}} &= \mathbf{0}\\ \Rightarrow \qquad \mathbf{b} &= \mathbf{A}\mathbf{w}_{\mathrm{TD}}\\ \Rightarrow \qquad \mathbf{w}_{\mathrm{TD}} &\doteq \mathbf{A}^{-1}\mathbf{b}. \qquad (9.12)\end{aligned}$$

这个量被称为 *TD 不动点*。事实上，线性半梯度 TD(0) 就收敛到这个点上。下框中给出了收敛性以及逆的存在性的证明。

线性 TD(0) 收敛性的证明

是什么保证了线性 TD(0) 算法 (式 9.9) 的收敛性？我们可以通过重写式 (9.10) 得到

$$\mathbb{E}[\mathbf{w}_{t+1}|\mathbf{w}_t] = (\mathbf{I} - \alpha\mathbf{A})\mathbf{w}_t + \alpha\mathbf{b}. \tag{9.13}$$

注意，是矩阵 $\mathbf{A}$ 与 $\mathbf{w}_t$ 相乘而不是 $\mathbf{b}$，所以只有 $\mathbf{A}$ 与收敛性有关。为了更直观地考虑，不妨设 $\mathbf{A}$ 是对角矩阵。如果任意的对角线元素是负的，那么 $\mathbf{I} - \alpha\mathbf{A}$ 中对应的元素将大于 1，则 $\mathbf{w}_t$ 对应元素会被放大，最终造成发散。换言之，如果 $\mathbf{A}$ 的所有对角线元素为正，那么选取比最大元素的倒数小的 α，这样 $\mathbf{I} - \alpha\mathbf{A}$ 的对角线元素均在 0~1 之间。这样在更新中会促使 $\mathbf{w}_t$ 收缩，从而保证稳定性。一般，当 $\mathbf{A}$ 是正定的时候 $\mathbf{w}_t$ 会趋向于零，正定指的是对任意实向量 y 满足 $y^\top\mathbf{A}y > 0$。正定同样可以保证逆 $\mathbf{A}^{-1}$ 存在。

对于线性 TD(0)，在 $\gamma < 1$ 的连续情况中，矩阵 $\mathbf{A}$ (式 9.11) 可以写作

$$\begin{aligned}
\mathbf{A} &= \sum_s \mu(s) \sum_a \pi(a|s) \sum_{r,s'} p(r,s'|s,a)\mathbf{x}(s)\big(\mathbf{x}(s) - \gamma\mathbf{x}(s')\big)^\top \\
&= \sum_s \mu(s) \sum_{s'} p(s'|s)\mathbf{x}(s)\big(\mathbf{x}(s) - \gamma\mathbf{x}(s')\big)^\top \\
&= \sum_s \mu(s)\mathbf{x}(s)\bigg(\mathbf{x}(s) - \gamma\sum_{s'} p(s'|s)\mathbf{x}(s')\bigg)^\top \\
&= \mathbf{X}^\top\mathbf{D}(\mathbf{I} - \gamma\mathbf{P})\mathbf{X},
\end{aligned}$$

这里 $\mu(s)$ 是 π 下的平稳分布，$p(s'|s)$ 是策略 π 下从 s 到 s' 的转移概率，$\mathbf{P}$ 是这个概率对应的 $|\mathcal{S}| \times |\mathcal{S}|$ 的矩阵，$\mathbf{D}$ 是对角线为 $\mu(s)$ 的 $|\mathcal{S}| \times |\mathcal{S}|$ 的对角阵，$\mathbf{X}$ 是行向量为 $\mathbf{x}(s)$ 的 $|\mathcal{S}| \times d$ 的矩阵。可以发现，中间的矩阵 $\mathbf{D}(\mathbf{I} - \gamma\mathbf{P})$ 是 $\mathbf{A}$ 正定性的关键。

对于这样的关键矩阵，当它所有列的和为非负数时，正定性可以得到保证。Sutton (1988，27 页) 中基于两个前提定理给出了证明。其中一个定理是，任意矩阵 $\mathbf{M}$ 是正定的条件为当且仅当其对称矩阵 $\mathbf{S} = \mathbf{M} + \mathbf{M}^\top$ 正定 (Sutton 1998，附录)。第二个定理是，对于任意一个对称实矩阵 $\mathbf{S}$，如果它的所有对角线元素为正且大于对应的非对角线元素绝对值之和，那么它是正定的 (Varga 1962，23 页)。对于我们的关键矩阵 $\mathbf{D}(\mathbf{I} - \gamma\mathbf{P})$，对角线元素为正，非对角线元素为负，所以问题转化为证明每个行和加上对应的列和为正。因为 $\mathbf{P}$ 是一个概率矩阵且 $\gamma < 1$，所以行和为正。所以问题变为证明列和非负。注意，任意矩阵 $\mathbf{M}$ 对应的分量为列和的行向

量，可以写作 $\mathbf{1}^\top\mathbf{M}$，这里 $\mathbf{1}$ 是所有分量为 1 的列向量。令 $\boldsymbol{\mu}$ 为 $\mu(s)$ 组成的 $|\mathcal{S}|$ 维向量，由于 μ 是一个平稳分布，则有 $\boldsymbol{\mu} = \mathbf{P}^\top\boldsymbol{\mu}$。我们的关键矩阵的列和，可以写作

$$\begin{aligned}
\mathbf{1}^\top\mathbf{D}(\mathbf{I}-\gamma\mathbf{P}) &= \boldsymbol{\mu}^\top(\mathbf{I}-\gamma\mathbf{P}) \\
&= \boldsymbol{\mu}^\top - \gamma\boldsymbol{\mu}^\top\mathbf{P} \\
&= \boldsymbol{\mu}^\top - \gamma\boldsymbol{\mu}^\top \qquad \text{(因为 } \boldsymbol{\mu} \text{ 是平稳分布)} \\
&= (1-\gamma)\boldsymbol{\mu}^\top,
\end{aligned}$$

所有分量均为正。所以，关键矩阵与矩阵 $\mathbf{A}$ 都是正定的，进而同轨策略 TD(0) 是稳定的。(如果需要证明概率版本的收敛性，则需要考虑一些额外情况以及 α 随时间减小的方式。)

在 TD 不动点处，已经证明 (在持续性任务的情况下) $\overline{\mathrm{VE}}$ 在可能的最小误差的一个扩展边界内

$$\overline{\mathrm{VE}}\,(\mathbf{w}_{\mathrm{TD}}) \;\leqslant\; \frac{1}{1-\gamma}\min_{\mathbf{w}}\overline{\mathrm{VE}}\,(\mathbf{w}). \tag{9.14}$$

也就是说，TD 法的渐近误差不超过使用蒙特卡洛法能得到的最小可能误差的 $\frac{1}{1-\gamma}$ 倍。因为 γ 常常接近于 1，所以这个扩展因子可能相当大，所以 TD 方法在渐近性能上有很大的潜在损失。另一方面，回想一下我们在第 6 章与第 7 章看到的，与蒙特卡洛方法相比，TD 方法的方差大大减小，因此速度更快。所以哪种方法最好取决于近似和问题的性质，以及学习能够持续多久。

类似于式 (9.14) 的误差边界也适用于其他同轨策略的自举方法。例如，线性半梯度 DP (满足 $U_t \doteq \sum_a \pi(a|S_t)\sum_{s',r} p(s',r\,|S_t,a)[r+\gamma\hat{v}(s',\mathbf{w}_t)]$ 的式 (9.7))，如果根据同轨策略分布更新也会收敛到 TD 不动点。单步的半梯度动作价值函数方法，例如下一章讨论的半梯度 Sarsa(0) 会收敛到一个类似的不动点和一个类似的误差边界。对于分幕式的情况，有一个略微不同但相似的边界 (见 Bertsekas 和 Tsitsiklis, 1996)。这里省略了一些关于收益、特征以及步长参数减小这样一些技术细节。完整的细节可以在原始文献中找到 (Tsitsiklis 和 Van Roy，1997)。

得到这些收敛结果的关键在于状态是按照同轨策略分布来更新的。对于按照其他分布的更新，使用函数逼近的自举法可能发散到无穷大。第 11 章讨论了一个这样的例子以及可能的解决方法。

例 9.2 1000 状态随机游走任务上的自举法　状态聚合是线性函数逼近的一个特例，所以

我们回到 1000 状态随机游走任务来说明本章的一些观点。图 9.2 的左半部分展示了使用与例 9.1 中相同的状态聚合的半梯度 TD(0) 算法 (201 页) 学习到的最终的价值函数。我们看到，渐近 TD 近似法比图 9.1 所示的蒙特卡洛近似法更加远离真实价值函数。

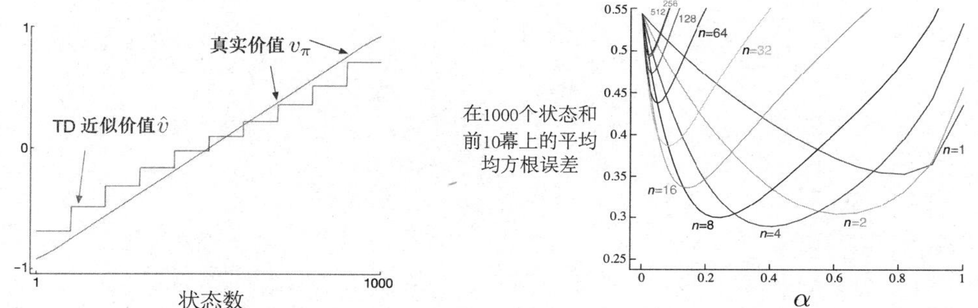

图 9.2 在 1000 状态的随机游走任务上使用带状态聚合的自举法。*左*：半梯度 TD 的渐近估计值比图 9.1 中的渐近蒙特卡洛估计值要差一些。*右*：带状态聚合的 n 步方法的性能与采用表格型表示的方法的性能非常相似 (对比图 7.2)。这些数据是 100 次运行的平均值

尽管如此，TD 方法在学习速率方面仍然有很大的潜在优势，而且如同我们在第 7 章的 n 步 TD 法中发现的，它是蒙特卡洛方法的推广。图 9.2 的右半部分显示了使用状态聚合的 n 步半梯度 TD 方法在 1000 状态的随机游走问题的结果，与我们之前用表格型方法解决的 19 状态随机游走 (见图 7.2) 的结果非常相似。为了获得数量上相似的结果，我们将状态聚合为 20 组，每组 50 个状态。这样，20 个聚类组就在数量上接近表格型问题中的 19 个状态。特别地，根据问题定义，每个状态可以等概率地向右或左移动最多 100 个状态，在这样的设置下，比较典型的转移就是向左或右移动 50 个状态，这就从数量上和 19 状态的表格型问题的单状态移动十分类似了。为了全方位地比较，我们也使用相同的性能指标：前 10 幕在所有状态上的不带权 RMS 误差。没有使用 $\overline{\text{VE}}$ 是因为前者更适用于函数逼近。 ■

这个例子中所使用的半梯度 n 步 TD 算法是第 7 章提出的表格型 n 步 TD 算法在半梯度函数逼近下的自然延伸。其伪代码在下框中给出。

n 步半梯度 TD 算法，用于估计 $\hat{v} \approx v_\pi$

输入：待评估的策略 π
输入：一个可微的函数 $\hat{v} : \mathcal{S}^+ \times \mathbb{R}^d \to \mathbb{R}$，满足 $\hat{v}$(终止状态,$\cdot$) $= 0$
算法参数：步长 $\alpha > 0$，正整数 n
对价值函数权值 $\mathbf{w}$ 进行任意的初始化 (比如 $\mathbf{w} = \mathbf{0}$)
所有的存取操作 (对 S_t 和 R_t) 的索引可以对 $n+1$ 取模

对每一幕循环：
　初始化并存储 $S_0 \neq$ 终止状态
　$T \leftarrow \infty$
　对 $t = 0, 1, 2, \ldots$ 循环：
　| 如果 $t < T$，那么：
　|　根据 $\pi(\cdot|S_t)$ 采取动作
　|　观察并存储下一个收益 R_{t+1} 和下一个状态 S_{t+1}
　|　如果 S_{t+1} 为终止状态，那么 $T \leftarrow t+1$
　| $\tau \leftarrow t - n + 1$ (τ 是正在被更新的状态所在的时刻)
　| 如果 $\tau \geqslant 0$：
　|　$G \leftarrow \sum_{i=\tau+1}^{\min(\tau+n,T)} \gamma^{i-\tau-1} R_i$
　|　如果 $\tau + n < T$，那么：$G \leftarrow G + \gamma^n \hat{v}(S_{\tau+n},\mathbf{w}) \quad (G_{\tau:\tau+n})$
　|　$\mathbf{w} \leftarrow \mathbf{w} + \alpha\left[G - \hat{v}(S_\tau,\mathbf{w})\right] \nabla \hat{v}(S_\tau,\mathbf{w})$
　直到 $\tau = T - 1$

与式 (7.2) 类似，这个算法的关键方程是

$$\mathbf{w}_{t+n} \doteq \mathbf{w}_{t+n-1} + \alpha\left[G_{t:t+n} - \hat{v}(S_t,\mathbf{w}_{t+n-1})\right] \nabla \hat{v}(S_t,\mathbf{w}_{t+n-1}),\ 0 \leqslant t < T \tag{9.15}$$

这里 n 步回报从式 (7.1) 推广为

$$G_{t:t+n} \doteq R_{t+1} + \gamma R_{t+2} + \cdots + \gamma^{n-1} R_{t+n} + \gamma^n \hat{v}(S_{t+n},\mathbf{w}_{t+n-1}),\ 0 \leqslant t \leqslant T - n. \tag{9.16}$$

练习 9.1　证明本书第 I 部分讲述的表格型方法是线性函数逼近的一个特例。在这种情况下特征向量是什么？ □

9.5　线性方法的特征构造

线性方法是非常有趣的，这不仅因为它们有收敛性保证，而且在实践中，它们在数据和计算方面可以非常高效。然而，是否会具有这些优势很大程度上取决于我们如何选取用来表达状态的特征，这就是本节讨论的内容。选择适合于任务的特征是将先验知识加入强化学习系统的一个重要方式。直观地说，这些特征应该提取状态空间中最通用的信息。例如，如果我们要对几何对象进行评估，那么我们可以选取形状、颜色、大小或功能等作为特征。如果我们正在评估一个移动机器人的状态，那么特征应该包括位置、电池电量、最近的声呐读数，等等。

线性形式的一个局限性在于它无法表示特征之间的相互作用，比如特征 i 仅仅在特征 j 不存在的情况下才是好的。一个具体例子是：在杆平衡任务 (例 3.4) 中，高角速度既可能是好的也可能是坏的，取决于角度。如果角度很高，那么高角速度可能存在坠落的危险，这是一个坏的状态；然而如果角度较低，那么高角速度意味着杆正在自我调整，这是一个好的状态。如果我们将角度和角速度分开编码到特征中，一个线性的价值函数无法表征这种情况。我们需要把这两个状态维度结合起来加入特征中。接下来我们讨论多种通用的方法。

9.5.1 多项式基

很多问题的状态是通过数字表达的，例如杆平衡问题 (例 3.4) 中的位置和速度，杰克租车问题 (例 4.2) 中的车辆数，赌徒问题 (例 4.3) 中的赌本，等等。在这类问题中，强化学习的函数逼近与我们熟知的插值与回归任务有许多相似之处。常用于插值与回归任务的各种特征族也可用于强化学习。多项式是用来解决插值与回归问题的一类最简单的特征族。尽管这里讨论的多项式特征没有其他类型的特征在强化学习中表现得好，但是由于它们足够简单并且我们熟知，所以可以从它们开始研究。

举个例子，假设一个强化学习问题的状态空间是二维的。单个状态 s 对应的两个数字分别是：$s_1 \in \mathbb{R}$ 和 $s_2 \in \mathbb{R}$。你可以简单地选择直接使用 s 的两个维度来作为特征，即 $\mathbf{x}(s) = (s_1, s_2)^\top$，但这样就无法表示两个维度之间的相互关系。此外，如果 s_1 与 s_2 均为零，那么近似价值也一定为零。这些局限性都可以通过把 s 表征为四维的特征向量 $\mathbf{x}(s) = (1, s_1, s_2, s_1 s_2)^\top$ 来解决。第一个特征 1 用于构造仿射函数中的常数项，而乘积 $s_1 s_2$ 可以表示两个维度的相互作用。当然，你也可以选择更高维度的特征，如 $\mathbf{x}(s) = (1, s_1, s_2, s_1 s_2, s_1^2, s_2^2, s_1 s_2^2, s_1^2 s_2, s_1^2 s_2^2)^\top$ 来表征更为复杂的相互作用。这样的特征向量使得模型能够近似关于状态分量的任意一个二次函数，尽管近似模型的权值依然是线性的，但这些权值是可学习的。把这个例子从两个数字分量一般化到 k 个数字分量，我们可以表达特征维度之间高度复杂的相互作用。

> 假设每一个状态 s 对应 k 个数字分量 $s_1, s_2, \ldots, s_k$，每一个 $s_i \in \mathbb{R}$。对这个 k 维的状态空间，每一个 n 阶多项式基特征 x_i 可以写作
>
> $$x_i(s) = \Pi_{j=1}^{k} s_j^{c_{i,j}}, \tag{9.17}$$
>
> 这里 $c_{i\,j}$ 是集合 $\{0\ 1\ \ldots, n\}$ $n \geqslant 0$ 中的一个整数。用于 k 维状态的 n 阶多项式基特征，含有 $(n+1)^k$ 个不同的特征。

高阶多项式基可以更精确地近似更复杂的函数。但是，由于 n 阶多项式基的特征数量随着状态空间维数 k 呈指数增长 (如果 $n>0$)，通常需要选择一个子集来进行函数逼近。可以采用待近似函数的先验知识来进行特征选择，也可以使用一些多项式回归中常用的特征自动选择方法，但需要做一些调整来适应强化学习的增量特性和非平稳特性。

练习 9.2　为什么在式 (9.17) 中对于 k 维状态能够定义 $(n+1)^k$ 个不同特征？ □

练习 9.3　特征向量 $\mathbf{x}(s)=(1,s_1,s_2,s_1s_2,s_1^2,s_2^2,s_1s_2^2,s_1^2s_2,s_1^2s_2^2)^\top$ 中的 n 和 $c_{i,j}$ 分别是多少？ □

9.5.2　傅立叶基

另一种线性函数逼近方法基于历史悠久的傅立叶级数，它会将周期函数表示为正弦和余弦基函数 (特征) 的加权和 (如果对于所有的 x 和某个周期值 τ，都有 $f(x)=f(x+\tau)$，那么函数 f 是周期函数)。傅立叶级数和更通用的傅立叶变换在应用科学中被广泛运用，这是因为如果需要近似的函数是已知的，那么基函数的权值可以由简单的公式得出，更进一步，只要有足够的基函数，就能足够精确地近似任意函数。在强化学习中，待近似的函数通常是未知的，傅立叶基函数通常很受青睐，因为它们易于使用并且在一系列强化学习问题中表现良好。

首先考虑一维情况。周期为 τ 的一维函数的傅立叶级数通常表达为正弦函数和余弦函数的线性组合，这些正余弦函数的周期可以被 τ 整除 (换句话说，其频率是基频 $1/\tau$ 的整数倍)。如果你对有界区间内定义的非周期函数的近似感兴趣，也可以使用这些傅立叶基函数，并将 τ 设置为区间的长度。那么感兴趣的函数就是正弦和余弦基函数的周期性线性组合中的一个周期。

此外，如果将 τ 设置为感兴趣区间长度的两倍，并将注意力集中在半区间 $[0,\tau/2]$ 上的近似值，则可以只使用余弦特征。这是可行的，因为我们可以仅仅用余弦基函数来表示任何偶函数，即任何关于原点对称的函数。因此，半周期 $[0,\tau/2]$ 上的任何函数都可以用足够多的余弦基函数来尽可能地近似 (说“任何函数”并不完全正确，因为这些函数必须在数学上表现良好，但是我们这里不考虑这些)。或者，我们也可以只使用正弦基函数，其线性组合总是奇函数，即关于原点的反对称函数。但是通常只保留余弦函数是较好的。因为“半偶”函数比“半奇”函数更容易近似，后者在原点处通常是不连续的。当然，这并不意味着不能同时在区间 $[0,\tau/2]$ 上使用正弦和余弦函数，在某些情况下同时使用是有利的。

根据这一思路，我们令 $\tau=2$ 以便将函数定义在半 τ 区间 $[0,1]$，一维 n 阶傅立叶余

弦基由 $n+1$ 个特征构成

$$x_i(s) = \cos(i\pi s), \quad s \in [0,1],$$

其中，$i=1,\cdots,n$。图 9.3 展示了一维傅立叶余弦基函数 x_i，其中 $i=1,2,3,4$，x_0 是一个常数函数。

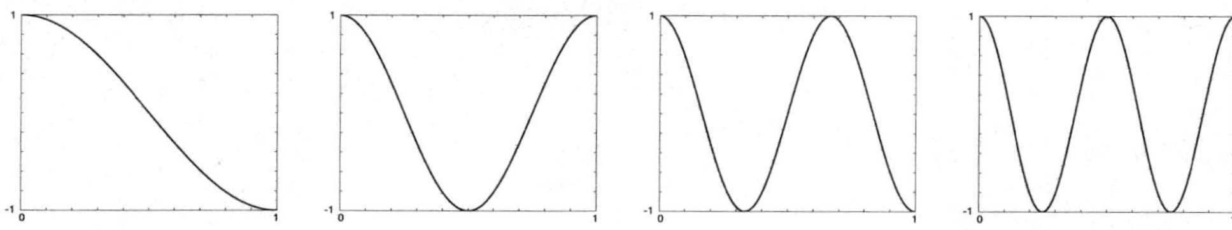

图 9.3 一维傅立叶余弦基特征 $x_i, i=1,2,3,4$，用于近似区间为 $[0,1]$ 的函数。见 Konidaris 等 (2011)。

同样的推理适用于多维情况下的傅立叶余弦级数近似，下框中给出了详细描述。

> 假设每个状态 s 对应一个 k 维向量，$\mathbf{s}=(s_1,s_2,\ldots,s_k)^\top$，这里 $s_i \in [0,1]$。n 阶傅立叶余弦基的第 i 个特征可以写作
>
> $$x_i(s) = \cos\left(\pi \mathbf{s}^\top \mathbf{c}^i\right), \tag{9.18}$$
>
> 这里 $\mathbf{c}^i=(c_1^i,\ldots,c_k^i)^\top$ 且 $c_j^i \in \{0,\ldots,n\}; j=1,\ldots,k; i=1,\ldots,(n+1)^k$。这样，我们就对于 $(n+1)^k$ 种可能的每一个整数向量 $\mathbf{c}^i$ 定义了一个特征。内积 $\mathbf{s}^\top\mathbf{c}^i$ 的作用是把 $\{0,\ldots,n\}$ 中的一个整数赋给 $\mathbf{s}$ 中的每一维。如同一维的情况，该整数确定了特征在这一维上的频率。当然，也可以平移与缩放特征来对应特定应用的有界状态空间。

作为一个例子，考虑 $k=2$ 的情况，其中 $\mathbf{s}=(s_1,s_2)^\top$，每个 $\mathbf{c}^i=(c_1^i,c_2^i)^\top$。图 9.4 选取了 6 个傅立叶余弦特征进行展示，每个都由定义它的向量 $\mathbf{c}^i$ 标记 (s_1 是水平轴，$\mathbf{c}^i$ 的索引 i 被省略掉以显得简洁)。$\mathbf{c}$ 中的任意零都表示特征在该维上是常数。所以如果 $\mathbf{c}=(0,0)^\top$，那么这个函数在两个维度上都是常数；如果 $\mathbf{c}=(c_1,0)^\top$，则特征在第二维上是常数，且根据第一维的频率 c_1 的变化而变化；$\mathbf{c}=(0,c_2)^\top$ 时同理。当 $\mathbf{c}=(c_1,c_2)^\top$ 且没有一个 $c_j=0$ 时，特征沿两个维度变化，表征出两个状态变量之间的相互作用。c_1 和 c_2 的值决定了每个维度上的频率，它们的比例则给出了相互作用的方向。

在一些学习算法中使用傅立叶余弦特征时，如式 (9.7)、半梯度 TD(0) 或半梯度 Sarsa，对于不同的特征最好使用不同的步长参数。令 α 为基础的步长参数，Konidaris、Osentoski 以及 Thomas (2011) 建议对于每一个特征 x_i，将步长参数设置为：$\alpha_i = \alpha/\sqrt{(c_1^i)^2+\ldots+(c_k^i)^2}$ (除非每一个 $c_j^i=0$，这时令 $\alpha_i=\alpha$)。

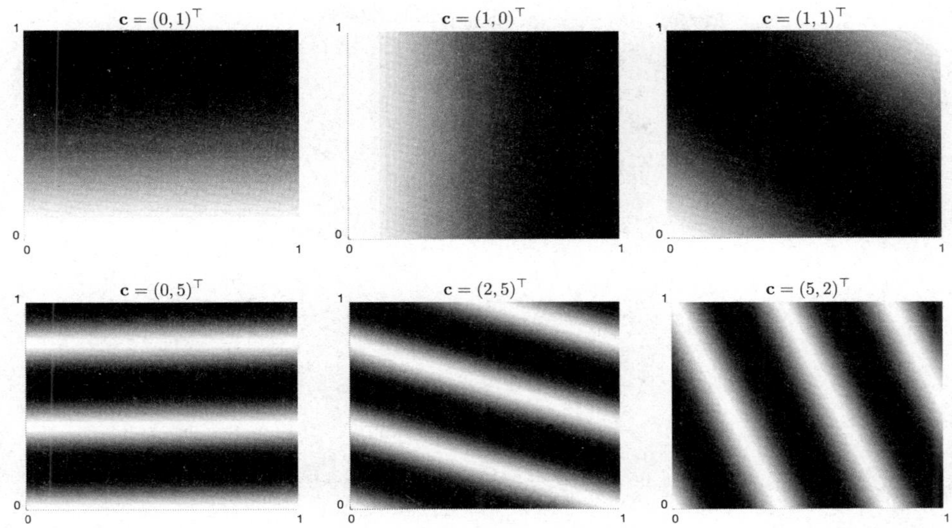

图 9.4　6 个二维傅立叶余弦特征示例，每个都由定义它的向量 $\mathbf{c}^i$ 标记 (s_1 是水平轴，$\mathbf{c}^i$ 中的索引 i 被省略掉以显得简洁)。见 Konidaris et al. (2011)

使用傅立叶余弦特征的 Sarsa，相比于其他一些基函数的集合，包括多项式与径向基函数，有更好的表现。然而，不足为奇的是，傅立叶特征在不连续性方面存在问题，除非包含非常高频的基函数，否则很难避免不连续点周围的“波动”问题。

n 阶傅立叶基的特征个数随状态空间维数呈指数增长，但是如果这个空间足够小 (如 $k \leqslant 5$)，那么便可以选择 n 使得所有的 n 阶傅立叶特征均被使用上。这使得特征的选择或多或少都是自动的。然而对于高维度状态空间的情况，选取一个特征的子集就是必要的。这可以通过引入待近似函数的先验知识来完成，或使用一些自动选择方法来处理强化学习本质上的增量特性和非平稳特性。傅立叶基特征在这方面的优点是，可以通过设置 $\mathbf{c}^i$ 向量来描述状态变量之间的相互作用，以及通过限制向量 $\mathbf{c}^j$ 的值来近似去除那些被认为是噪音的高频成分。另一方面，由于傅立叶特征在整个状态空间上几乎是非零的 (仅包含可忽略的零点)，所以可以说它们表征了状态的全局特性，然而这却使得表征局部特性变得比较困难。

图 9.5 所示是 1000 状态随机游走例子的基于傅立叶基和多项式基的学习曲线。一般来说，我们不建议使用多项式基进行在线学习。[1]

1　有一类比我们讨论的多项式更复杂的多项式，如正交多项式，使用它们可能会得到更好的结果，但是目前对它们在强化学习中的应用仅有少量的研究。

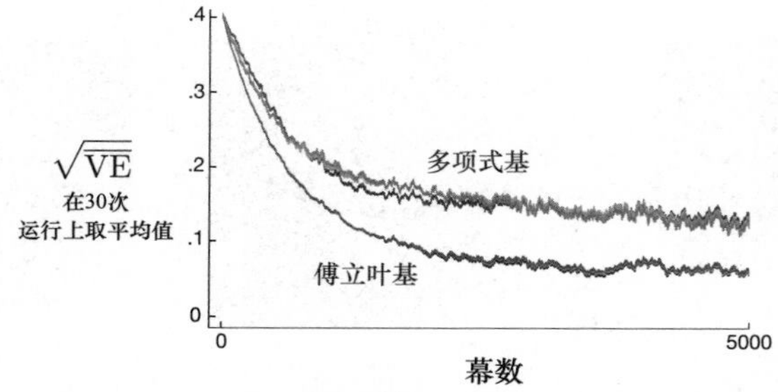

图 9.5 傅立叶基与多项式基在 1000 状态 随机游走问题上的结果。这里显示的是梯度蒙特卡洛法使用 5、10 、20 阶傅立叶基和多项式基的学习曲线。步长参数对于每种情况大致都是最优的：多项式基 $\alpha = 0.0001$，傅立叶基 $\alpha = 0.00005$。性能评价指标 (y 轴) 是均方根价值误差 (式 9.1)

9.5.3 粗编码

考虑一个任务，其状态集在一个连续二维空间上。在这种情况下，一种表征的方式是将特征表示为如图 9.6 所示的状态空间中的圆。如果状态在圆内，那么对应的特征为 1 并称作*出席*；否则特征为 0 并称作*缺席*。这样的 0-1 特征被称为 *二值特征*。给定一个状态，其中二值特征表示该状态位于哪个圆内，因此就可以粗略地对其位置进行编码。这种表示状态重叠性质的特征 (不一定是圆或者二值) 被称为*粗编码*。

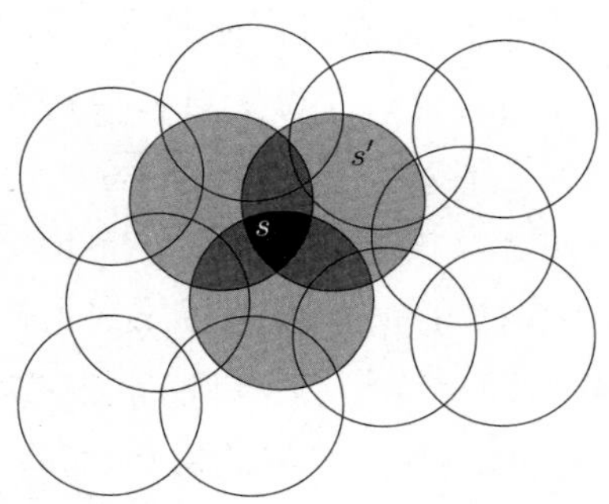

图 9.6 粗编码。从状态 s 到 s' 的泛化能力取决于它们感受野 (这里是圆) 的重叠度。这两个状态有一个特征是重合的，所以它们之间有一定的泛化能力

假设使用线性梯度下降进行函数逼近，考虑圆的大小和密度的影响。每个圆受学习影响的是对应的单一权值 ($\mathbf{w}$ 的一个分量)。如果我们训练一个状态，即空间中的一个点，那么所有与这个状态相交的圆的权值将受到影响，这就产生了“泛化”。因此，根据式 (9.8)，这些圆的并集内的所有状态的近似价值函数都会受到影响，就如图 9.7 所示，一个状态点所“共有”的圆越多，其影响就越大。如果如图 9.6 (左) 一样圆很小，那么泛化的距离范

围就比较小，而如果像图 9.6 (中) 一样很大，那么泛化距离范围就比较大。此外，特征的形状决定泛化的性质。例如，如果它们不是严格的圆形，而是沿一个方向拉长，那么泛化能力也会同样受到影响，如图 9.6 (右) 所示。

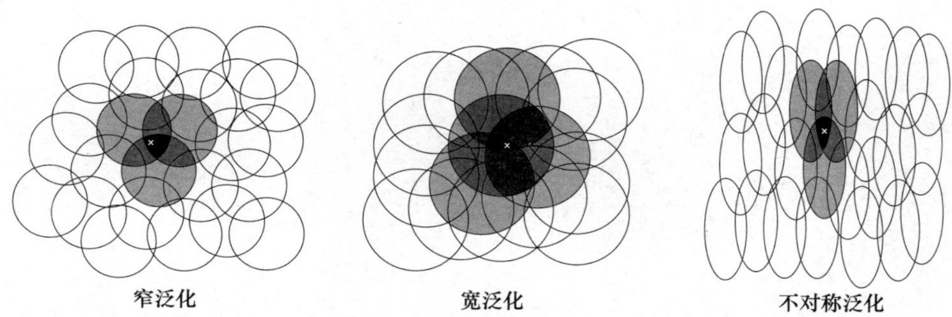

图 9.7　线性函数逼近的推广能力取决于特征的感受野的大小与形状。这三幅图有几乎相同的特征个数与密度

具有更大感受野的特征可以带来更强的泛化能力，但似乎这也会限制学到的函数的表达能力，使其成为一个粗近似而不能做出比感受野的宽度更细致的判别。令人高兴的是，事实并非如此。初始时从一个点推广到其他点的泛化能力确实是由感受野的大小与形状控制的，但最终可达到的精细判别能力 (敏锐度)，则更多地是由特征的数量控制的。

例 9.3 粗编码的粗度　这个例子介绍了粗编码中感受野的大小对学习的影响。我们使用基于粗编码的线性函数逼近及式 (9.7) 来学习一个一维方波函数 (如图 9.8 顶部所示)。函数值 U_t 被当作学习目标。在只有一维时，感受野不是圆而是区间。正如图底部所示，我们使用三种不同大小的窄、中、宽的区间反复进行学习。在所有这三种情况中，特征的密度都是相同的，大约每个区间有 50 个特征。训练样本是在这个区间范围内均匀随机生成的。步长参数 $\alpha = \frac{0.2}{n}$，其中 n 是每次“出席”的特征数量。图 9.8 展示了在三种情况中学到的函数。我们可以观察到，特征的宽度对于早期的学习有着巨大的影响。选用较宽的特征，泛化能力就可以更强；而用较窄的特征，就只有每个训练点的邻域会被改变，这导致学到的函数更为起伏。但是，最后学到的函数仅仅受到特征的宽度微弱的影响。感受野的形状对于泛化有着巨大的影响，但对于渐进解的质量影响很小。

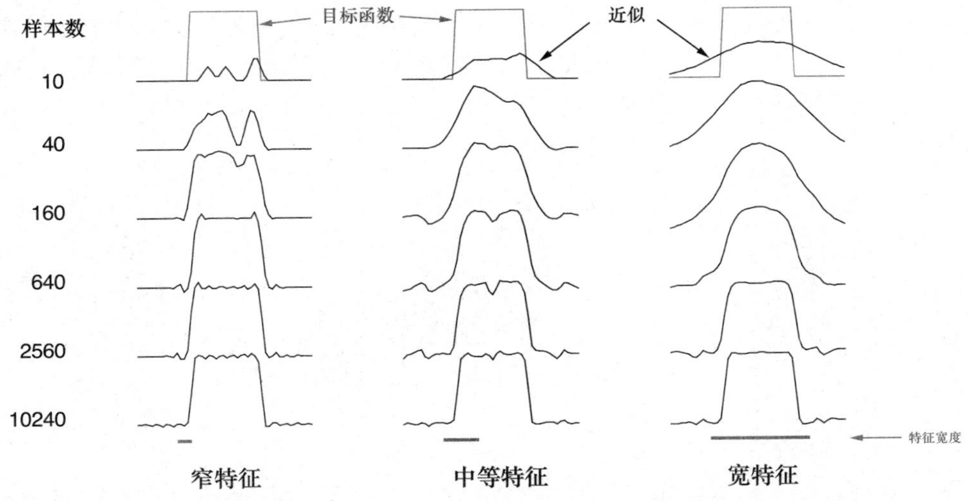

图 9.8 特征宽度对初始泛化的巨大影响 (第一行) 和对最终渐近准确率的微弱影响 (最后一行) ■

9.5.4 瓦片编码

瓦片编码是一种用于多维连续空间的粗编码，具有灵活并且计算高效的特性。对于现代的时序数字计算机来说，它也许是最为实用的特征表达形式。

在瓦片编码中，特征的感受野组成了状态空间中的一系列划分。每个划分被称为一个*覆盖*，划分中的每一个元素被称为一个*瓦片*。例如二维空间中最简单的划分就是图 9.9 左侧所示的均匀网格。这里的瓦片或感受野是正方形而不是图 9.7 中所示的圆形。如果仅仅使用单一的划分，那么白点所示的状态就会被它所处的瓦片这一单一特征所表达。泛化的影响涉及同一瓦片内的其他状态，而对外部的状态则毫无影响。仅使用一次覆盖，我们得到的并不是粗编码而只是状态聚合的一个特例。

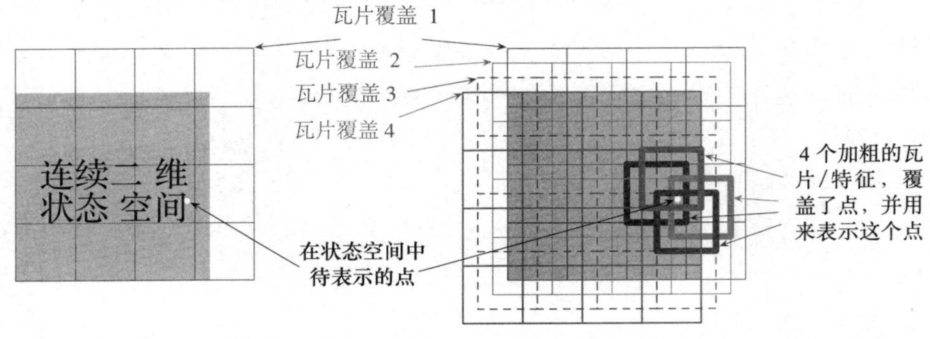

图 9.9 有限二维空间上的多个重叠的网格覆盖。不同的覆盖在每个维度上有一个统一的偏移

为了拥有粗编码的优点，我们需要相互重叠的感受野，而根据定义，一个覆盖的各个瓦片是不重叠的。为了得到使用瓦片编码的真正粗编码，我们需要使用多个覆盖，每一个都相对于瓦片宽度进行一定比例的偏移。图 9.9 右侧展示了一个包含 4 个覆盖的简单情况。每一个状态，比如白点表示的那个，在每个覆盖中都只位于一个瓦片内。这 4 个瓦片代表了这个状态发生时会激活的 4 个特征。具体来说，特征向量 $\mathbf{x}(s)$ 对应每个覆盖中的每一个瓦片有一个分量。在这个例子中总共有 $4\times4\times4=64$ 个分量，除了 s 落在的 4 个瓦片对应的分量之外其余的值都为 0。图 9.10 展示了在 1000 个状态 随机游走的例子中使用多个带偏移的覆盖 (粗编码) 相比于只使用单个覆盖的优势。

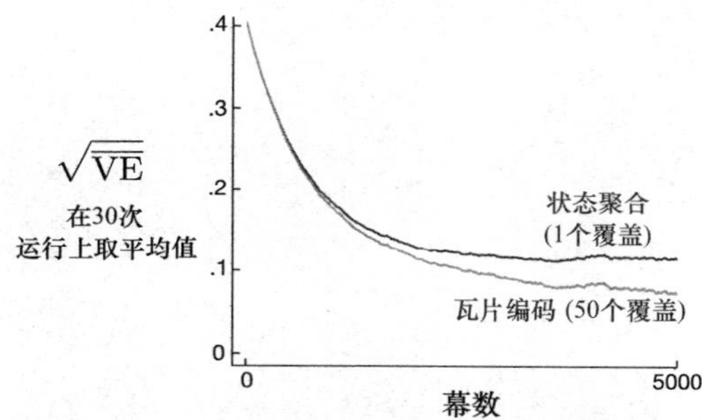

图 9.10　为什么我们要使用粗编码。图中展示的是 1000 状态 随机游走例子中梯度蒙特卡洛算法分别使用单覆盖和多重覆盖的学习曲线。1000 个状态组成的空间被当作单个连续的维度来处理，使用 200 个状态宽的瓦片进行覆盖。多重覆盖彼此之间的偏移量为 4 个状态。为了使两种情况下的初始学习率相同，在单覆盖时步长参数 $\alpha=0.0001$，而在 50 个多重覆盖时，$\alpha=0.0001/50$

使用瓦片编码的一个直接的优点是，由于是整体空间的划分，所以任何状态在每一时刻激活的特征的总数是相同的。每一个覆盖中有且只有一个特征被激活，所以特征的总数总是等于覆盖的个数。这使得步长参数 α 的取值简单而且符合直觉。例如，可以选 $\alpha=\frac{1}{n}$，其中 n 是覆盖个数，这就是单次尝试学习。如果在样本 $s\mapsto v$ 上训练，那么无论先验估计 $\hat{v}(s,\mathbf{w}_t)$ 是多少，新的估计总是 $\hat{v}(s,\mathbf{w}_{t+1})=v$。通常为了使得目标输出具有较好的泛化性以及一定的随机波动，我们会希望更新的变化比这更慢一些。例如，我们可以选取 $\alpha=\frac{1}{10n}$，在这个情况下，一次更新中被训练的状态的估计值只朝着目标值接近十分之一的距离移动，而邻近的状态会靠近得更少，变化幅度与它们重叠的瓦片数成比例。

瓦片编码由于使用二值特征向量，因此也有着计算上的优势。因为每个分量都是 0 或 1，所以近似价值函数 (式 9.8) 的加权和的计算是极其简单的。不需要进行 d 次乘法和加法，而只需要简单地计算 $n\ll d$ 个激活的特征对应的下标，然后将 n 个对应的权值向量的分量加起来就可以了。

如果某个状态与被训练的那个状态处于相同的瓦片之内，它就会受到被训练状态的泛化影响，这种影响的强度与该状态与被训练状态共同隶属的瓦片数量成比例。甚至如何选择覆盖之间的偏移都会影响泛化能力。如果它们像在图 9.9 中一样在各个维度上有着均匀的偏移，那么如图 9.11 的上半部分所示，不同的状态可以在不同的方向上有性质上不同的泛化。8 个子图中的每一个都展示了从一个被训练的状态到附近其他状态的泛化模式。在这个例子中有 8 个覆盖，所以在一个瓦片中有 64 个独立的泛化影响区，但它们的泛化都是这 8 种模式中的一种。注意，在许多模式中，均匀偏移会在对角线上产生巨大的影响。如图的下半部分所示，这一现象可以通过使用非对称偏移来避免。下方的这些泛化模式是更好的，因为它们都很好地集中在被训练状态周围并且没有明显的不对称性。

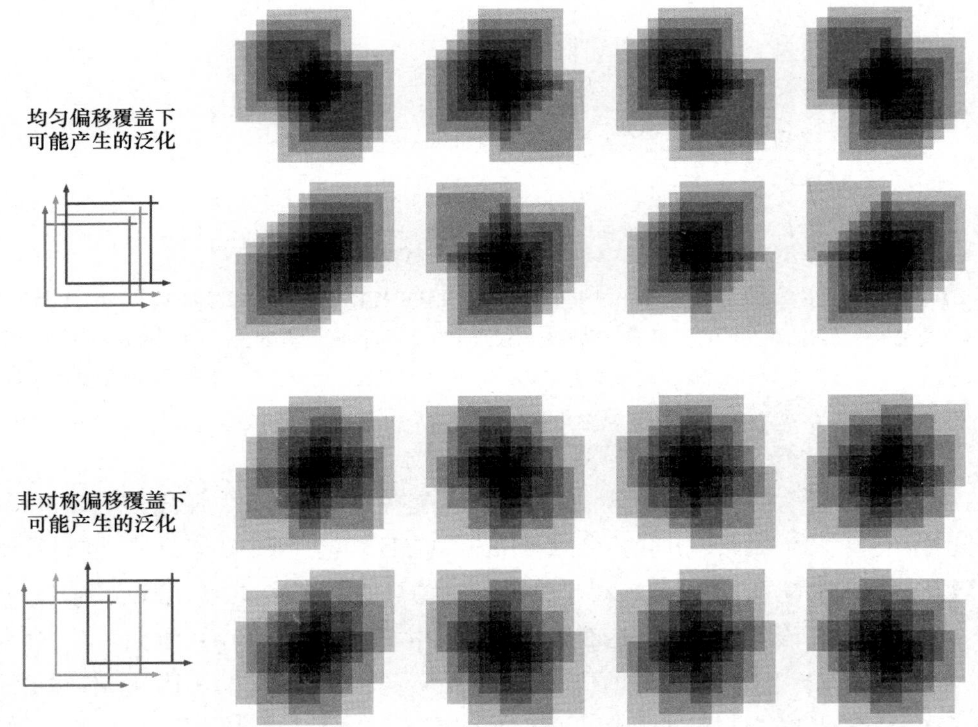

图 9.11 为什么在瓦片编码中更推荐使用非对称偏移。图中展示了在 8 个覆盖的情况下，被训练状态向附近的状态进行泛化的强度，黑色的小加号表示被训练的状态。如果覆盖是均匀偏移的 (上方)，则会产生对角线形状的畸变和显著的泛化影响波动；而使用非对称偏移的划分，泛化就会更均匀，更接近球形

在所有例子中，不同覆盖之间的偏移量在每个维度上都与瓦片宽度成比例。如果用 w 来表示瓦片的宽度，n 来表示覆盖的数量，那么 $\frac{w}{n}$ 是一个基本单位。在一个边长为 $\frac{w}{n}$ 的小方块内，所有的状态都会激活同样的瓦片，因此有着同样的特征表示和近似价值函数。

如果一个状态在任意一个笛卡儿方向上移动了 $\frac{w}{n}$，其特征表示的一个维度分量就会变化。均匀偏移覆盖的偏移量就正好是这个单位距离。在二维空间中，如果我们说每个覆盖都以位移向量 (1 1) 偏移，则意思是每个覆盖相对前一个覆盖的偏移量是 $\frac{w}{n}$ 乘上这个向量。在这种表示体系下，图 9.11 下半部分的非对称偏移覆盖以位移向量 (1 3) 偏移。

有许多研究关注过不同的位移向量对瓦片编码的泛化能力的影响 (Parks 和 Militzer，1991；An，1991；An、Miller 和 Parks, 1991；Miller、An、Glanz 和 Carter，1990)。这些研究会评估它们的各向同质性以及出现对角线畸变 (如在位移向量 (1 1) 中看到的) 的趋势。基于这些工作，Miller 和 Glanz (1996) 推荐使用由较小的奇数组成的位移向量。具体来说，对一个 k 维的连续空间，一个好的选择是使用较小的奇数 $(1, 3, 5, 7, \ldots, 2k-1)$，并取 n (覆盖的个数) 为 2 的整数次幂，且保证 n 大于等于 $4k$。这就是我们如何产生图 9.11 下半部分的那些覆盖的方法，在这里 $k=2$，$n=2^3 \geqslant 4k$，并且位移向量是 $(1, 3)$。在三维空间的情形下，前四个覆盖相对于基础位置的偏移量分别会是 $(0, 0, 0)$，$(1, 3, 5)$，$(2, 6, 10)$ 和 $(3, 9, 15)$。对于任何可行的 k，开源软件都可以高效地生成这样的覆盖。

在选择覆盖策略时，我们需要挑选覆盖的个数以及瓦片的形状。覆盖的个数和瓦片的形状一起决定了这个渐近近似的分辨率或细度，这与图 9.8 展示的一般的粗编码的情况相同。瓦片的形状像图 9.6 中展示的决定泛化的本质。方形的瓦片像图 9.11 (下半部分) 所显示的在各个维度上均匀地泛化。在一个维度上被拉长的瓦片，比如图 9.12 (中) 所示的条形瓦片，会促进这个方向上的泛化。图 9.12 (中) 所示的覆盖在左侧也更密更细，这会增进在水平轴上值比较小时的区分程度。图 9.12 (右) 所示的对角条形覆盖会促进在一个对角线方向上的泛化。在更高维的情形下，沿着坐标轴的条形意味着忽视覆盖中的某些维度，即相当于用超平面去切割。如图 9.12 (左) 中所示的不规则瓦片也可能会出现，尽管在实际中非常罕见并且不被标准软件所支持。

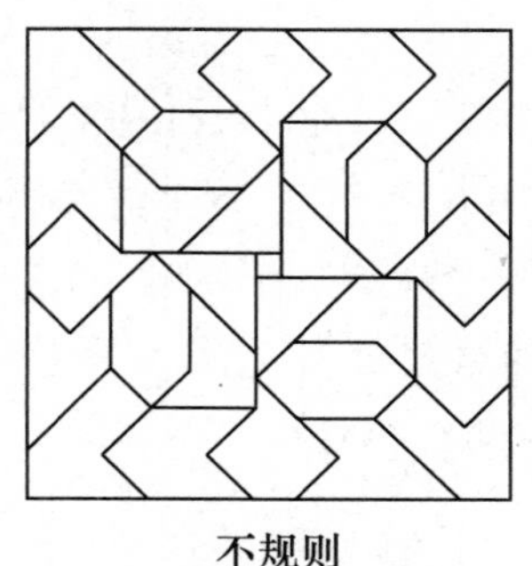

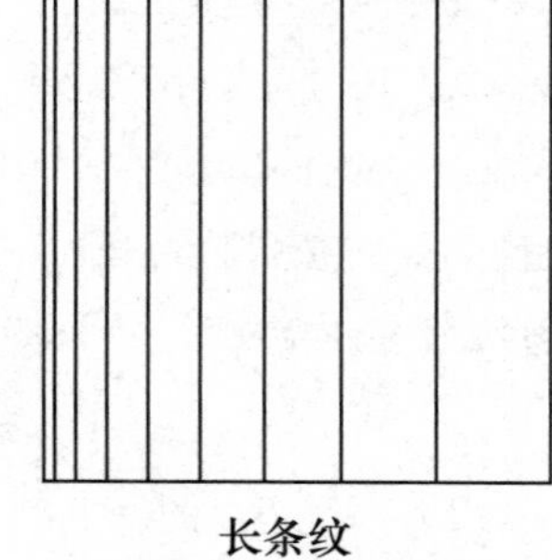

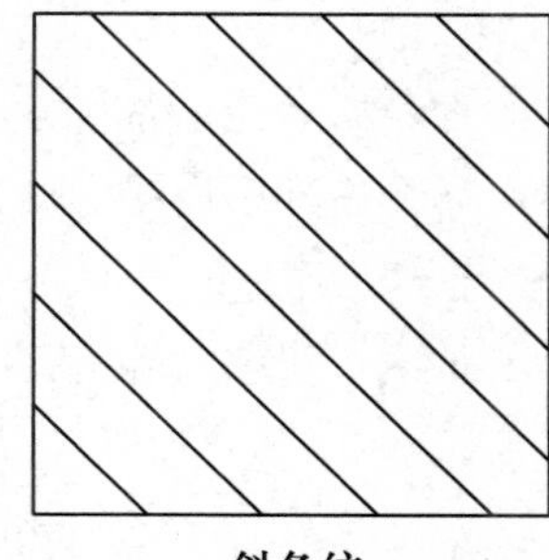

图 9.12　覆盖不一定要是网格状，它们可以是任意的形状，可以是不均匀的。尽管如此，在很多种情况下依然可以高效地计算

在实际运用中，最好在不同的覆盖中使用不同形状的瓦片。比如可能会用一些竖条形瓦片和一些横条形的瓦片。这样做可以促进两个方向上的泛化。但是仅仅使用条形的瓦片不可能学到，对任意的横纵坐标组合都有一个不同的值 (不管学到了什么，学到的值都会被融入有着相同的横坐标和纵坐标的多个状态中去)。为了达到这一点，我们需要使用图 9.9 中所示的正方形瓦片的组合。通过使用多个覆盖 (一些横条，一些竖条，和一些正方的) 我们就可以得到所有想要的特性：优先沿着每个维度泛化，同时拥有学习特定的组合值的能力 (例子参见 Sutton，1996)。覆盖的选择决定了泛化能力，在这个选择可以被有效地自动生成之前，使用丰富的瓦片编码使得选择既灵活又符合常识是非常重要的。

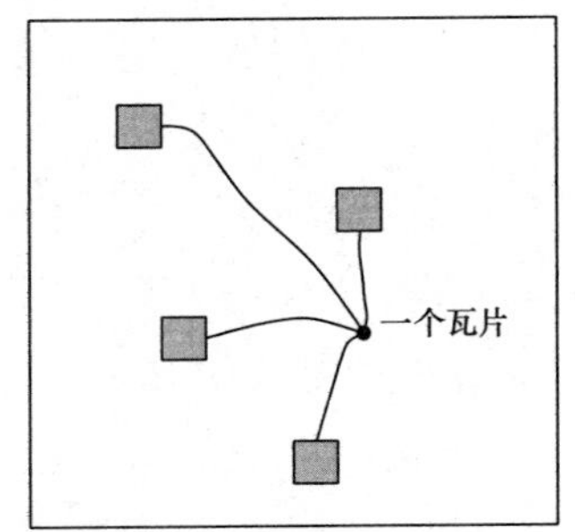

另一个用于减小内存的重要技巧是哈希 —— 一种伪随机地将一个大覆盖分解成一组小得多的瓦片的集合的方法。哈希产生的瓦片由随机散布于整个状态空间中的不连续且互斥的区域所组成，但它们合在一起仍然完整覆盖了整个状态空间。例如右图，一个瓦片可能由四个子瓦片组成。通过哈希，内存需求可以大幅度降低，同时几乎没有性能损失。可以这样做是因为状态空间只有一小部分需要高分辨率。哈希使我们免受维度灾难影响，内存需求不再随着维度指数级增长，而只需要与实际问题规模匹配就可以。关于瓦片编码的优秀开源代码实现往往都包含哈希方法。

练习 9.4 假如我们相信两个维度中的一个比起另一个在价值函数中起的作用更大，那么泛化应该主要发生在该维度的方向上而不是另一个维度。什么样的覆盖最能够利用这一先验知识？ □

9.5.5 径向基函数

径向基函数 (radial basis function，RBF) 是粗编码在连续特征 (实值特征) 中的自然推广。每个特征不再要么是 0 要么是 1，而可以是区间 $[0,1]$ 中的任何值，这个值反映了这个特征“出席”的程度。一个典型的径向基函数特征 x_i，有一个高斯 (钟形) 响应 $x_i(s)$，其值只取决于状态 s 和特征的中心状态 c_i 的距离，并与特征的宽度 σ_i 相关

$$x_i(s) \doteq \exp\left(-\frac{||s-c_i||^2}{2\sigma_i^2}\right).$$

公式中的范数，或称距离度量，可以根据要处理的状态和任务的情况来选取。图 9.13 展示了欧几里得距离下的一个一维的例子。

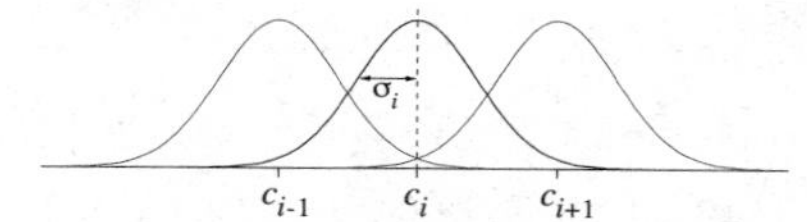

图 9.13　一维径向基函数

RBF 相对于二值特征的主要优点在于它们可以生成光滑且可微的近似函数。虽然这很吸引人，但其实在大多数情况下这并没有实际的意义。尽管如此，在瓦片编码的相关研究中，仍有大量关于 RBF 这类分级响应函数的研究 (An，1991；Miller 等，1991；An 等，1991；Lane、Handelman 和 Gelfand，1992)。所有这些方法都带来大量额外的计算复杂度 (相比瓦片编码)，并且通常在多于两个状态维度时性能会下降。在高维的情况下，瓦片的边界更为重要，而在边界附近获得良好的分级瓦片激活被证明是困难的。

一个 *RBF* 网络是一个使用 RBF 作为特征的线性函数逼近器。和其他的线性函数逼近器一样，其学习过程使用式 (9.7) 和式 (9.8)。此外，RBF 网络的某些学习方法也会改变特征的中心位置和宽度，使它们成为非线性函数逼近器。非线性方法可能会更准确地拟合目标函数。RBF 网络，尤其是非线性 RBF 网络的缺点是其巨大的计算复杂度，以及经常需要更多地手动调参来使得学习变得既鲁棒又高效。

9.6　手动选择步长参数

大部分 SGD 方法需要设计者选取适当的步长参数 α。在理想的情况下，这是可以自动完成的。在某些情况下确实如此，但按照惯例在大多数情况下依然是手动进行的。要做到这一点，并且更好地理解这些算法，我们需要对步长参数的作用有直观的感觉。那么，我们能在一般情况下给出它的设置方法吗？

遗憾的是，理论上的分析并不会有多少帮助。随机近似的理论给出了缓慢减小的步长序列上的条件 (式 2.7)，可以保证收敛，然而这会使得学习变得很慢。在表格型 MC 方法中，产生随机样本的经典选择 $\alpha_t = 1/t$，不适用于 TD 方法，不适用于非稳定问题，也不适用于任何函数逼近。对于线性方法，存在通过递归最小二乘法设定的最优矩阵步长，且这种方法可以被推广到时序差分学习 (比如 9.8 节中描述的 LSTD) 中，但是它所需要的步长参数个数是 $O(d^2)$ 级别的，或是正在学习的参数量的 d 倍以上。所以在需要函数逼近的大规模问题上，我们不得不抛弃它们。

为了更直观地感受应该如何手动设置步长参数，最好暂时回到表格型的情况。在此种情况下，我们可以理解步长 $\alpha = 1$ 会导致更新后的样本误差被完全抹除 (见式 2.4 中步长为 1 的情况)。如之前我们所讨论的，我们通常希望学习比这要慢一些。在表格型的情况下，步长 $\alpha = \frac{1}{10}$ 大约需要 10 次经验来大致收敛到它们的目标均值，如果我们希望从 100 次经验中学习，应该设置 $\alpha = \frac{1}{100}$。一般情况下，如果 $\alpha = \frac{1}{\tau}$，那么一个状态的表格型估计将在大约 τ 次经验之后接近它的目标均值，且更近的目标的影响更大。

对于一般的函数逼近，则没有一个清晰的"状态的经验数量"的概念，因为每一个状态都可能与其他状态存在某种程度上的相似性或不相似性。然而，在线性函数逼近的情况下，有一个类似的规则可以给出类似的行为。假设你希望从基本上相同的特征向量的 τ 次经验来学习，一个好的粗略经验法则是将线性 SGD 的步长参数设置为

$$\alpha \doteq \left(\tau \mathbb{E}[\mathbf{x}^\top \mathbf{x}]\right)^{-1}, \tag{9.19}$$

这里 $\mathbf{x}$ 是从 SGD 的输入向量的分布中选取的一个随机特征向量。这种方法在特征向量的长度变化不大时特别有效。在理想情况下，$\mathbf{x}^\top \mathbf{x}$ 为常数。

练习 9.5　假设你使用瓦片编码将一个七维连续状态空间映射到一个二值特征向量空间来估计状态价值函数 $\hat{v}(s,\mathbf{w}) \approx v_\pi(s)$。你认为不同维度间没有很强的相互作用，所以决定每个维度分别使用 8 个覆盖 (条状覆盖)，共 $7 \times 8 = 56$ 个覆盖。除此之外，为描述不同维度之间确实出现两两相互作用的情况，你又对所有 $\binom{7}{2} = 21$ 种组合使用了方形覆盖。对于每对可能的两两维度的组合，你使用了两个覆盖，所以共计 $21 \times 2 + 56 = 98$ 个覆盖。给定这些特征向量，你认为你依然需要消除一些噪音的影响，所以决定进行渐进地学习，在接近渐近线前需要看到同一个特征向量大约出现 10 次。那么你应该选择怎样的步长参数 α？为什么？ □

9.7 非线性函数逼近：人工神经网络

人工神经网络 (artificial neural networks, ANN) 被广泛应用于非线性函数逼近。一个 ANN 是由相互连接的单元组成的网络，这些单元拥有神经系统主要部分的神经元的某些性质。ANN 具有悠久的历史，最近深层的 ANN (深度学习) 在一些机器学习系统，包括强化学习系统中展现了惊人的成果。在第 16 章，我们将展示一些令人惊叹的采用 ANN 进行函数逼近的强化学习系统的例子。

图 9.14 展示了一个普通的前向 ANN，这种网络在网络内部没有环，也就是在网络中没有一个单元的输出可以影响它自身的输入。图中网络的输出层有两个单元，输入层有四个单元，同时有两个"隐层"：网络中既不是输入也不是输出的层。每条连接的边有一个实值权值。这些权值大致相当于真实神经系统中突触连接的角色 (参见 15.1 节)。如果一

个 ANN 中至少有一个环，那它就是一个循环神经网络，而不是前向神经网络。虽然前向和循环 ANN 在强化学习系统中都会使用，但在这里我们仅以简单的前向神经网络为例来进行探讨。

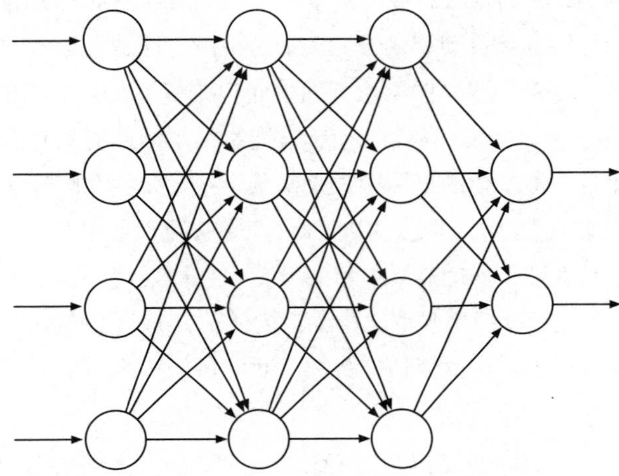

图 9.14　具有四个输入单元，两个输出单元，两个隐层的前向 ANN

ANN 的计算单元 (图 9.14 中的圆圈) 一般是半线性的，也就是它首先求输入信号的加权和，然后再对结果应用非线性函数，称作*激活函数*，最后得到单元的输出 (或称"激活")。有许多不同的激活函数，它们一般都是 S 形函数，或 sigmoid 函数，例如 logistic 函数 $f(x) = 1/(1+e^{-x})$；有时也使用非线性整流函数 $f(x) = \max(0, x)$。或是阶梯函数，例如当 $x \geqslant \theta$ 时 $f(x) = 1$，否则为 0；通过使用阈值 θ 可以使得计算单元的输出是二值的。网络的输入层单元有些不同，它们的激活依靠从外部来的值，这些值也是该网络去近似的函数的输入值。

前向 ANN 的每一个输出单元的激活是网络输入单元的激活的非线性函数。网络中的连接权值就是函数的参数。一个没有隐层的 ANN 只能表示一小部分可能的"输入-输出"映射函数。然而，如果 ANN 拥有一个隐层，并且这个隐层包含足够多数量的 sigmoid 激活单元，则这个 ANN 可以在网络输入空间的一个紧凑区域内以任意精度逼近任意的连续函数 (Cybenko，1989) 。对于其他满足适当条件的非线性激活函数，此结论也成立。注意，非线性在这里很重要：如果一个多层 ANN 的所有单元的激活函数都是线性的，那么这个网络等价于一个没有隐层的网络 (因为线性函数的线性函数仍然是线性的)。

尽管存在上述单隐层 ANN 的"泛逼近"性质，但实践和理论都表明，对于许多人工智能任务所需要的复杂函数而言，采用层次化的抽象可以使得逼近过程更容易。在这里，高层的抽象是许多低层抽象的层次化组合，例如多隐层的 ANN 深度结构 (更多综述参见 Bengio，2009) 。深度 ANN 的各层逐步计算 ANN 网络的“原始”输入的越来越抽象的表示，每一个计算单元提供了整个“输入-输出”网络函数的层次化表示中的一个特征。

这样一来，训练 ANN 的隐层就成为对于给定问题自动发现特征的一种方法。它不需要人工设计的特征，可以直接自动获得分层表示的特征。这是人工智能领域的一个持续的挑战，也是为什么多隐层的 ANN 的学习算法多年以来受到如此重视的原因。ANN 一般用随机梯度下降法 (9.3 节) 训练。每个权值朝着网络的整体性能上升的方向调整，性能一般用一个需要最大化或者最小化的目标函数来衡量。在大多数有监督学习中，目标函数一般是带标注的训练样本上的期望误差，或者损失。在强化学习中，ANN 可以使用 TD 误差来学习价值函数，或者像在梯度赌博机 (2.8 节) 中一样最大化期望收益，或者使用策略梯度算法 (第 13 章)。在所有的这些情况中，都需要估计每一个权值的变化如何影响网络的整体性能，也就是，在当前权值下估计目标函数对每个权值的偏导。梯度是所有这些偏导组成的向量。

求包含隐层 (假设单元的激活函数可导) 的 ANN 的梯度最有效的是反向传播算法，它包括交替的前向和反向传播过程。前向过程通过给定网络输入单元的当前激活来计算网络中每一个单元的激活输出。在每个前向传播过程后，反向传播过程可以高效地计算每个权值的偏导 (和其他随机梯度学习算法一样，这些偏导组成的向量是真实梯度的估计)。在后面的 15.10 节，我们讨论利用强化学习原理而不是反向传播算法来训练带隐层的 ANN。这些方法没有反向传播算法高效，但是它们可能更像真实神经系统的学习过程。

对于包含 1 到 2 个隐层的浅层网络，反向传播算法可以得到很好的结果，但是对于更深的 ANN 可能并不奏效。实际上，训练一个 $k+1$ 层网络的效果可能比 k 层网络的效果还要差，尽管更深的网络可以表示浅层网络可以表示的所有函数 (Bengio，2009)。解释这种现象不是很容易，但是其中有些因素是很重要的。首先，深度 ANN 中拥有大量的参数，这使得它很难避免过拟合的问题，也就是，网络很难正确泛化到训练数据中没有的情况。其次，反向传播算法在深度 ANN 中效果不是很好，因为反向过程中计算的偏导在向输入层传播的过程中要么很快减小使学习变慢，要么快速变大使学习不稳定。现在深度 ANN 取得的一系列令人印象深刻的成果，在很大程度上源于成功解决了这些问题。

过拟合是任何函数逼近方法在有限的数据上训练多自由度函数都会遇到的问题。对于在线的强化学习，这个问题相对来说不突出，因为它不依赖于有限的训练集，但是有效地泛化依然是一个重要的问题。过拟合是 ANN 的一个普遍问题，但在深度 ANN 中由于参数量巨大，这个问题就显得尤其突出。有许多防止过拟合的方法，包括：当模型的性能开始在校验集上下降时停止训练 (交叉验证)，修改目标函数限制近似函数的复杂度 (正则化)，引入参数依赖减小自由度 (如参数共享) 等。

一个特别有效的防止深度 ANN 过拟合的方法是由 Srivastava、Hinton、Krizhe-vsky、Sutskever 和 Salakhutdinov (2014) 提出的随机丢弃法。在训练时，网络中的单元包括对应的连接会被随机丢弃。这好比是训练了很多“瘦身”后的网络。在测试阶段将这些网络的结果组合在一起，是提高泛化能力的有效途径。一种有效的组合方法就是将每个单元的输出连接的权值乘以该单元在训练过程中被保留的概率 (这个概率就是 1 减去随机丢弃的概率)。Srivastava 等人发现这种方法能够显著提高泛化性能。它促使每个独立的隐层单元学到的特征能够适应其他特征的随机组合。这增加了隐层单元所形成的特征的多方适用性，使网络不至于过分地关注那些罕见的样本。

Hinton、Osindero 和 Teh (2006) 在如何训练深层的 ANN 方面取得了重要的进展，当时他们使用的是深度置信网络，这种网络也是层级连接的网络，和我们这里讨论的深度 ANN 很像。在他们的方法中，网络的较深层利用无监督学习算法逐层训练。逐层无监督学习使得优化是每层局部的，不依赖于整个网络整体的目标函数，这可以有效地抽取能够捕捉输入统计特性的特征。首先训练最深的层，然后固定这一层，训练第二深的层，依此类推，直到所有或者绝大部分权值都训练了。这些权值会作为有监督学习的初始权值，接下来根据目标函数利用反向传播算法继续调整权值。研究表明，这种方法的效果比随机初始化权值的效果明显要好。这种方法效果好的原因可能有很多，其中一个解释是这种方法可以把网络的权值预训练到一个比较适合梯度方法调整的区域。

批量块归一化 (Ioffe 和 Szegedy，2015) 是另一种可以使深度 ANN 更容易训练的技术。人们早已发现如果输入数据的值域是归一化的，那么 ANN 会更容易训练。基于这个认识，一种简单做法就是将输入变量的值域调整为均值为 0，方差为 1。深度 ANN 的批量块归一化方法将较深的层的输出在输入给下一层之前进行归一化。Ioffe 和 Szegedy (2015) 使用训练样本的一个子集，或称“小批量块”，在层与层之间进行归一化来改进深度 ANN 的学习率。

另一种适合训练深度 ANN 的方法是*深度残差学习* (He、Zhang、Ren 和 Sun，2016)。有时候，知道一个函数与恒等函数的差别可以帮助我们更好地学习这个函数。那么我们就可以把这个差值，或称为残差，输入给待学习的函数。在深度 ANN 中，可以将若干隐层组成一个模块，通过在模块旁边加入“捷径连接”(或称“翻越连接”) 来学习一个残差函数。这些连接将模块的输入直接送给它的输出，且没有增加额外的权值。He 等人 (2016) 使用相邻层带翻越连接的深度卷积网络评估了这种方法，发现它在基本的图像分类问题上的表现比没有带翻越连接的网络有极大的提升。批量块归一化与深度残差学习被同时用在了强化学习的著名应用“围棋”游戏上，第 16 章会详细描述这些内容。

*深度卷积网络*是一类典型的深度 ANN，它在包括强化学习 (第 16 章) 在内的许多应用中取得了良好的效果。这种类型的网络比较适合于处理高维空间数据，比如图像。这个模型是受大脑中早期视觉信号处理工作机制的启发而建立的 (LeCun、Bottou、Bengio 和 Haffner，1998) 。由于它的特殊结构，深度卷积网络可以直接利用反向传播算法来优化，而不需借助前面介绍的训练深层网络的各种方法。

图 9.15 是一个深度卷积网络的示意图，它来源于 LeCun 等 (1998) 为手写字母识别建立的模型。它包含交替出现的卷积层和下采样层，最后是几个全连接层。每一个卷积层产生一些“特征图”。每个特征图是一个单元阵列上的激活模式，每个单元对它的感受野内的数据执行相同的操作，这个“感受野”就是该单元能够“看到“的前一层的输出 (如果是第一层卷积，则是网络输入) 中的一部分。特征图中的每个单元除了它们的感受野不同之外，其他都是相同的；而且这些感受野的形状相同，只是在输入数据的不同的位置之间挪动。同一特征图中的不同单元共享相同的权值。这意味着特征图不管输入数据的位置在哪儿，都在检测相同的特征。例如图 9.15 所示的网络，第一个卷积层有 6 个特征图，每一个包含 28×28 个单元。每个特征图中的每一个单元有 5× 5 的输入区域，不同单元的输入数据互相重叠 (在这里有五行四列重叠)。因此，6 个特征图的每个各有 25 个可以调整的权值。

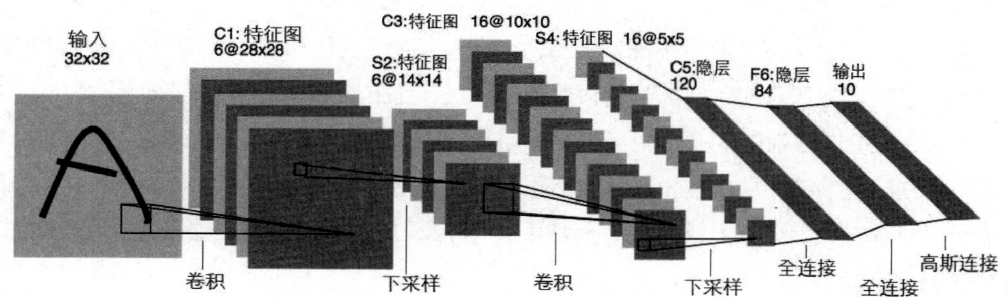

图 9.15 深度卷积网络。已获得 Proceedings of the IEEE 的使用许可，来源于“应用于文本识别的梯度学习”一文，作者是 LeCun、Bottou、Bengio 和 Haffner，发表于 86 卷，1998 年。该许可通过 IEEE Clearance Center，Inc. 授权

深度卷积网络中的下采样层的作用是降低特征图的空间分辨率。在下采样层中，特征图中的每一个单元是前一个卷积层的特征图中感受野内的单元的平均。例如，在图 9.15 中第一个下采样层中的 6 个特征图中，每个特征图中的一个单元是第一个卷积层的一个

特征图中的 2×2 非重叠区域的平均，产生了 6 个 14×14 的特征图。下采样层使得网络对特征所处的空间位置不敏感，也就是说可以使网络的输出有空间不变性。这是很有用的，因为在一个位置检测的特征很可能在其他位置也有用。

上文中仅仅提到了一点点 ANN 的设计和训练的进展，这些都对强化学习非常有用。尽管目前的强化学习理论主要集中在表格型或者线性函数逼近方法上，大量的强化学习应用的巨大成功要归功于多层 ANN 对非线性函数的近似。我们将在第 16 章讨论一些这样的应用。

9.8　最小二乘时序差分

本章到目前为止讨论的所有方法都需要在每一个时刻进行正比于参数个数的计算。然而，通过更多的计算其实可以做得更好。在这一节我们介绍一种线性函数逼近的方法。有观点认为，该方法可能是所有计算方法中最好的一个。

如 9.4 节中所述，使用线性函数逼近的 TD(0) 可以渐进地收敛 (要求步长参数适当地减小) 到 TD 的不动点

$$\mathbf{w}_{\mathrm{TD}} = \mathbf{A}^{-1}\mathbf{b},$$

这里

$$\mathbf{A} \doteq \mathbb{E}[\mathbf{x}_t(\mathbf{x}_t - \gamma\mathbf{x}_{t+1})^\top] \quad \text{以及} \quad \mathbf{b} \doteq \mathbb{E}[R_{t+1}\mathbf{x}_t].$$

可能有人会问，为什么我们必须迭代地求解呢？这是对数据的一种浪费！我们能否通过对 $\mathbf{A}$ 和 $\mathbf{b}$ 的估计，然后直接计算 TD 不动点呢？*最小二乘时序差分* (Least-Squares TD) 算法，或者简称 *LSTD*，就是这样做的。它首先估计

$$\widehat{\mathbf{A}}_t \doteq \sum_{k=0}^{t-1} \mathbf{x}_k(\mathbf{x}_k - \gamma\mathbf{x}_{k+1})^\top + \varepsilon\mathbf{I} \quad \text{以及} \quad \widehat{\mathbf{b}}_t \doteq \sum_{k=0}^{t-1} R_{t+1}\mathbf{x}_k, \tag{9.20}$$

这里 $\mathbf{I}$ 是单位矩阵，然后当比较小的 $\varepsilon > 0$ 时，$\varepsilon\mathbf{I}$ 可以保证 $\widehat{\mathbf{A}}_t$ 总是可逆。看起来似乎这两个估计都应该除以 t，实际上确实是这样。按照此处的定义，真正的估计是 t 乘以 $\mathbf{A}$ 和 t 乘以 $\mathbf{b}$。然而这个附加的系数 t 并不重要，LSTD 使用这些估计值来计算 TD 不动点时，这个系数会被约掉，如下面公式所示

$$\mathbf{w}_t \doteq \widehat{\mathbf{A}}_t^{-1}\widehat{\mathbf{b}}_t. \tag{9.21}$$

上式是线性 TD(0) 算法的数据效率最高的一种形式，但是计算复杂度也更高。回顾一下，半梯度 TD(0) 要求的内存和每步的计算复杂度都只有 $O(d)$。

LSTD 的复杂度是多少呢？根据上面的描述，复杂度似乎随着 t 的增加而增加，但是式 (9.20) 中的两个近似量可以用我们之前 (如第 2 章) 介绍的增量式算法实现，所以每步的计算时间可以保持在常数复杂度内。即使如此，$\widehat{\mathbf{A}}_t$ 的更新会涉及外积计算 (一个列向量乘以一个行向量)，这是一个矩阵更新，它的计算复杂度是 $O(d^2)$，当然它的空间复杂度也是 $O(d^2)$。

一个潜在的更大的问题是最终的计算式 (9.21) 用到了 $\widehat{\mathbf{A}}_t$ 的逆，计算复杂度是 $O(d^3)$。幸运的是，在我们这个特殊的式子，即外积的和里，矩阵的求逆运算可以采用复杂度为 $O(d^2)$ 的增量式更新。对于 $t > 0$，有

$$
\begin{aligned}
\widehat{\mathbf{A}}_t^{-1} &= \left(\widehat{\mathbf{A}}_{t-1} + \mathbf{x}_{t-1}(\mathbf{x}_{t-1} - \gamma\mathbf{x}_t)^\top\right)^{-1} && \text{由式 (9.20)} \\
&= \widehat{\mathbf{A}}_{t-1}^{-1} - \frac{\widehat{\mathbf{A}}_{t-1}^{-1}\mathbf{x}_{t-1}(\mathbf{x}_{t-1} - \gamma\mathbf{x}_t)^\top\widehat{\mathbf{A}}_{t-1}^{-1}}{1 + (\mathbf{x}_{t-1} - \gamma\mathbf{x}_t)^\top\widehat{\mathbf{A}}_{t-1}^{-1}\mathbf{x}_{t-1}}, && (9.22)
\end{aligned}
$$

而 $\widehat{\mathbf{A}}_0 \doteq \varepsilon\mathbf{I}$。尽管被称为 *Sherman-Morrison* 公式的等式 (9.22) 看起来很复杂，但它只涉及“向量 - 矩阵”和“向量 -向量”的乘法，因此复杂度是 $O(d^2)$。因此，我们可以使用式 (9.22) 存储和维护逆矩阵 $\widehat{\mathbf{A}}_t^{-1}$，然后在式 (9.21) 中使用，每步计算只需要 $O(d^2)$ 的时空复杂度。完整的算法在下面的方框中给出。

当然，$O(d^2)$ 仍然显著高于半梯度 TD 的 $O(d)$ 复杂度。LSTD 数据效率更高的特性是否值得这个计算花费取决于 d 有多大，学得快有多重要，以及系统其他部分的花费。事实上，虽然 LSTD 经常被宣扬具有不需要设置步长参数的优势，但这个优势可能被夸大了。虽然 LSTD 不需要设置步长，但是需要参数 ε；如果 ε 设置得太小，则这些逆可能变化非常大，如果 ε 设置得过大，则学习过程会变得很慢。另外，LSTD 没有步长意味着它没有遗忘机制。虽然有时候这是我们想要的，但是当目标策略 π 像在强化学习和 GPI 中那样不断变化时，这就会产生问题。在控制应用中，LSTD 经常和其他有遗忘机制的方法相结合，这使得它不需要设置步长的优势消失了。

$O(d^2)$ 版本 LSTD，用于估计 $\hat{v} = \mathbf{w}^\top\mathbf{x}(\cdot) \approx v_\pi$

输入：特征表示 $\mathbf{x}\ \mathcal{S}^+ \to \mathbb{R}^d$ 满足 $\mathbf{x}$(终止状态) $= \mathbf{0}$
算法参数：很小的 $\varepsilon, \varepsilon > 0$
$\widehat{\mathbf{A}^{-1}} \leftarrow \varepsilon^{-1}\mathbf{I}$　　　　一个 $d \times d$ 的矩阵
$\widehat{\mathbf{b}} \leftarrow \mathbf{0}$　　　　一个 d 维向量

对每一幕循环：
　初始化 S；$\mathbf{x} \leftarrow \mathbf{x}(S)$
　对该幕的每一步循环：
　　选择并采取动作 $A \sim \pi(\cdot|S)$，观测 $R\ S'$；　　$\mathbf{x}' \leftarrow \mathbf{x}(S')$
　　$\mathbf{v} \leftarrow \widehat{\mathbf{A}^{-1}}^{\top}(\mathbf{x} - \gamma\mathbf{x}')$
　　$\widehat{\mathbf{A}^{-1}} \leftarrow \widehat{\mathbf{A}^{-1}} - (\widehat{\mathbf{A}^{-1}}\mathbf{x})\mathbf{v}^{\top}/(1 + \mathbf{v}^{\top}\mathbf{x})$
　　$\widehat{\mathbf{b}} \leftarrow \widehat{\mathbf{b}} + R\mathbf{x}$
　　$\mathbf{w} \leftarrow \widehat{\mathbf{A}^{-1}}\widehat{\mathbf{b}}$
　　$S \leftarrow S'$；$\mathbf{x} \leftarrow \mathbf{x}'$
　直到 S' 为终止状态

9.9 基于记忆的函数逼近

到目前为止，我们已经讨论了逼近价值函数的*参数化*方法。在这种方法中，我们通过某种学习算法去调整某个逼近函数的参数，以近似在整个状态空间上定义的价值函数。在每一次更新中，$s \mapsto \mu$ 是一个训练样本，它被学习算法用于改变逼近函数的参数使得近似误差减小。每次更新后，训练样本就可以被丢弃 (尽管也可以储存下来以备再次使用)。当我们需要使用某个状态的价值的估计值时 (我们称之为*查询状态*)，可以简单地在该状态对逼近函数进行评估 (即计算函数输出值)，评估中使用通过学习算法得到的最新的参数。

基于记忆的函数逼近方法则非常不同。它们仅仅在记忆中保存看到过的训练样本 (至少保存样本的子集) 而不更新任何的参数。每当需要知道查询状态的价值估计值时，就从记忆中检索查找出一组样本，然后使用这些样本来计算查询状态的估计值。这种方法有时被称为*拖延学习* (lazy learning)，因为处理训练样本被推迟到了系统被查询的时候。

基于记忆的函数逼近方法是*非参数化*方法的主要例子。与参数化方法不同，非参数化方法逼近函数的形式不局限于一个固定的参数化的函数类 (例如线性函数或者多项式函数)，而是由训练样本本身和一些将它们们结合起来为查询状态输出估计值的方法共同决定。当更多的训练实例在记忆中积累时，我们希望非参数化方法可以对任何目标函数生成更加精确的估计。

有许多不同的基于记忆的函数逼近方法，它们间的主要区别在于如何选择和使用储存下来的训练样本以回应查询操作。这里，我们主要关注*局部学习*方法，这种方法仅仅使用查询某个状态的相邻的状态来估计其价值函数的近似值。该方法从记忆中检索出一组和查询状态最相关的训练样本，相关性取决于状态之间的距离：训练样本和查询状态越靠近，我们就认为它们越相关，而状态之间的距离可以用许多不同的方法来定义。在查询状态得到它的价值估计后，这个局部的近似就被舍弃了。

基于记忆的函数逼近最简单的例子是*最近邻居法*，它简单地在记忆中找到与查询状态最相近的实例，并且将该最近邻样本的价值返回作为查询状态的价值近似。换句话说，如果查询状态是 s，并且 $s' \mapsto g$ 是记忆中的样本，而且 s' 是与 s 距离最近的状态，那么 g 就作为 s 的近似值。稍微复杂一点的方法是*加权平均法*，该方法检索一组最近的样本，然后返回目标值的加权平均值，而权值一般随着状态与查询状态之间的距离增加而下降。*局部加权回归*和加权平均法非常类似，但是它通过参数化的近似方法拟合一个曲面，该曲面会最小化类似于式 (9.1) 的一个加权误差，这里误差的权值取决于和查询状态之间的距离。返回值是查询状态在这个拟合的曲面上的值，之后该曲面被舍弃。

基于记忆的方法由于是非参数化方法，因而相较于参数化方法，它具有不需要预先确定近似函数形式的优势。随着越来越多的数据积累，精确度也得以提高。基于记忆的*局部*近似法还有其他的性质，使得它非常适合用于强化学习。如 8.6 节中所讨论，轨迹采样在强化学习中非常重要，因此，基于记忆的局部近似可以将函数逼近集中在真实或者模拟轨迹中的访问过的状态 (或者“状态-动作”二元组中) 的局部邻域。全局近似估计是没有必要的，因为状态空间中的许多区域永远不会 (或者几乎不会) 被访问到。除此之外，基于记忆的方法允许智能体对于当前状态邻域的价值估计有即时的影响，而参数化方法则需要不断增量式地调整参数来获得全局近似。

避免全局估计也是解决维度灾难的一种方法。例如，对于一个 k 维的状态空间，储存全局近似的表格型方法需要 k 的指数级的空间。而另一方面，在基于记忆的方法中，进行实例储存的时候，每个样本只需要与 k 成比例的存储空间，n 个实例总的记忆存储空间线性正比于 n。没有东西会是 k 或 n 的指数级。当然，遗留下来的最关键的问题，就是基于记忆的方法能否足够快地回复对智能体有用的查询。与之相关的问题是随着记忆量的增加，速度下降得有多快。在许多应用中，在一个很大的数据库中找到近邻样本所花费的时间可能太长以至于是不可行的。

基于记忆的方法的支持者已经开发出一系列方法来加速近邻搜索。使用并行计算机或者特制硬件是其中的一种方法；另一种方法是使用特殊的多维数据结构来储存训练数据。其中一种数据结构就是 k-d 树 (k 维树的简称)，它递归地将 k 维空间划分成二叉树节点可以表示的空间。依据数据量和数据在状态空间中的分布方式，使用 k-d 树可以在近邻搜索中很快排除空间中的大片无关区域，使得对某些暴力搜索会花费很长时间的问题的搜索变得可行。

局部加权回归也需要快速算法来进行局部回归计算，因为它在回复每次查询时都不得不重复执行。研究人员已经找出了很多解决方案，包括为了使数据库保持一定限度的规模而进行主动的条目遗忘的方法。本章结尾处的参考文献和历史评注部分列出了一些相关文献，包括一系列基于记忆的方法在强化学习中的应用的论文。

9.10　基于核函数的函数逼近

基于记忆的方法，例如上文中描述的加权平均法和局部加权回归法，都会给数据库中的样本 $s' \mapsto g$ 分配权值。而权值往往基于 s' 和查询状态 s 之间的距离。分配权值的函数我们称之为*核函数*，或者简称为*核*。如在加权平均和局部加权回归法中，核函数 $k: \mathbb{R} \to \mathbb{R}$ 按照状态之间的距离分配权值。更一般地，权值不是一定取决于距离，也可以基于一些其他衡量状态之间的相似度的方法。在这种情况下，$k: \mathcal{S} \times \mathcal{S} \to \mathbb{R}$，即 $k(s, s')$ 是在查询状态为 s 时，为 s' 对于查询回复的影响所分配的权值。

从稍微不同的视角看，可以认为 $k(s, s')$ 是对于从 s' 到 s 的泛化能力的度量。核函数将任意状态对于其他状态的*相关性*知识数值化地表示出来了。一个例子就是图 9.11 中展示的瓦片编码的泛化能力，这些能力对应于不同的核函数，它们分别来源于均匀的和非对称的瓦片偏移。尽管瓦片编码没有在它的操作中显式地使用核函数，但是实际上还是根据某个核函数来生成的。事实上，随着我们接下来的讨论，基于线性参数化函数逼近的泛化能力总能用核函数来表示。

*核函数回归*是一种基于记忆的方法，它对记忆中储存的所有样本的对应目标计算其核函数加权平均值，并将结果返回给查询状态。如果 $\mathcal{D}$ 是一组储存的样本，而 $g(s')$ 表示储存样本中状态 s' 的目标结果，那么核函数回归会逼近目标函数，在这种情况中，基于 $\mathcal{D}$ 的价值函数表示为

$$\hat{v}(s,\mathcal{D}) = \sum_{s' \in \mathcal{D}} k(s, s')g(s'). \tag{9.23}$$

上文提及的普通加权平均法是上式的一种特殊情况，在这种情况中只有当状态 s 和状态 s' 相邻时 $k(s, s')$ 的值才不为 0，这样求和就不需要对 $\mathcal{D}$ 中的全部元素进行计算。

一个常用的核函数是 9.5.5 节中描述的在 RBF 函数逼近中使用的高斯径向基函数 (Radial Basis Function，RBF)。在那一节的介绍中，RBF 特征的中心和宽度要么是一开始就固定，中心主要集中在许多样本出现的区域；要么就是在学习过程中不断调整。调整中心和宽度的“去除法”(Barring methods) 是一种线性参数化方法，它的参数是每个 RBF 特征的权值，而这些权值则采用随机梯度或者半梯度下降进行学习。这种近似逼

近的形式本质上是预先确定的 RBF 特征的线性组合。使用 RBF 核的核函数回归法与去除法有两方面不同。首先，它是基于记忆样本的：每个 RBF 以储存样本的状态为中心。其次，它是非参数化的：没有参数需要学习。对于查询操作的回复由式 (9.23) 给出。

当然，为了实际实现核函数回归还有许多不得不解决的问题，这些问题都超出了我们讨论的范围。然而，结果显示，任何线性参数化回归方法，如我们在 9.4 节中描述的一样，状态由特征向量 $\mathbf{x}(s) = (x_1(s), x_2(s), \ldots, x_d(s))^\top$ 表示的，都可以被重塑为核函数回归，在这里 $k(s, s')$ 是状态 s 和 s' 的特征向量内积，即

$$k(s, s') = \mathbf{x}(s)^\top \mathbf{x}(s'). \tag{9.24}$$

如果使用相同的特征向量以及同样的训练数据来学习，则采用这种核函数的核函数回归与线性参数化回归会得到相同的近似结果。

我们跳过对此的数学证明，因为这可以在任何现代的机器学习文献中找到，例如 Bishop (2006)，只是在此指出其重要的意义。相比于为了线性参数化函数逼近模型构造特征，我们可以直接构造特征向量的核函数。不是所有的核函数都可以像式 (9.24) 一样表示为特征向量的内积，但是可以这样表示的核函数对于等价的参数化方法有着显著的优势。对于很多类型的特征向量，式 (9.24) 有一个简洁的函数形式来避免任何涉及 d 维特征空间的计算。在这种情况下，核函数回归远比直接使用特征向量的线性参数化方法简单。我们称之为“核方法”，它支持在巨大高维特征空间中高效工作，而实际上仅仅需要处理记忆中存储的训练样本。核方法是许多机器学习方法的基础，研究人员已经展示了它对强化学习是有帮助的。

9.11 深入了解同轨策略学习：“兴趣”与“强调”

本章到目前为止，我们所讨论的算法都将遇到的所有状态平等地看待，仿佛它们是同等重要的。然而，在某些场景中，我们对某些状态比对其他状态更感兴趣。例如，在带折扣的分幕式问题中，我们可能对可以精确估计价值的早期状态更感兴趣，因为那些后期状态获得的收益由于折扣的存在对初始状态的价值贡献不大。或者，如果我们学习的是动作价值函数，则精确地去估计那些比起贪心动作要差很多的动作的价值函数并不那么重要。函数逼近的资源总是有限的，如果它们被更有目的性地利用，性能也会得以提升。

我们平等对待所有状态的原因是我们根据同轨策略分布进行更新，在这种情况下半梯度方法可以得到更好的理论结果。回顾一下，同轨策略状态分布被定义为遵循目标策略运行的智能体在 MDP 中遇到的状态分布。现在我们推广这一概念。对于一个 MDP，我们

可以有很多同轨策略分布，而不是仅仅有一个。所有的分布都遵从目标策略运行时在轨迹中遇到的状态分布，但是它们在不同的轨迹中是不同的，从某种意义上来说，就是源于轨迹的初始化不同。

我们下面介绍一些新概念。首先介绍一个非负随机标量变量 I_t，称之为*兴趣值*，表示我们在 t 时刻有多大兴趣要精确估计一个状态 (或者“状态-动作”二元组) 的价值。如果我们根本不在意这个状态，那么兴趣值为 0；如果我们非常在意，兴趣值会为 1，虽然理论上它可以取任意的非负值。兴趣值可以用任何有前后因果关系的方式来设置，例如，可以基于从初始时刻到 t 时刻的部分轨迹，或者基于在 t 时刻学到的参数。在 $\overline{\mathrm{VE}}$ (式 9.1) 中的分布 μ，现在被定义为遵从目标策略运行过程中所遇到的状态的以兴趣值为权值的加权分布。其次，我们会介绍另一个非负随机标量变量，即*强调值*M_t。这个标量会被乘上学习过程中的更新量，因此决定了在 t 时刻强调或者不强调“学习”。给定这些定义，我们可以用更一般的 n 步学习法则来替代式 (9.15)，如下所示

$$\mathbf{w}_{t+n} \doteq \mathbf{w}_{t+n-1} + \alpha M_t \left[G_{t:t+n} - \hat{v}(S_t,\mathbf{w}_{t+n-1})\right] \nabla\hat{v}(S_t,\mathbf{w}_{t+n-1}),\ 0 \leqslant t < T, \tag{9.25}$$

这里的 n 步回报由式 (9.16) 给出，并且强调值也由兴趣值递归地确定

$$M_t = I_t + \gamma^n M_{t-n},\ 0 \leqslant t < T, \tag{9.26}$$

这里对所有 $t<0$，$M_t \doteq 0$。这些等式也包括了蒙特卡洛的情况，只需要 $G_{t:t+n} = G_t$。所有的更新在每幕的结尾进行，$n = T - t$ 以及 $M_t = I_t$。

例 9.4 展示了兴趣值和强调值如何能够更精确地估计价值函数。

例 9.4 兴趣与强调

为了观察使用兴趣值和强调值的潜在优势，考虑下图的四状态的马尔可夫收益过程：

所有幕都从最左边的状态开始，然后每次向右传递一个状态，并且收获 +1 的收益，直到到达终止状态。因此，第一个状态的真实价值为 4，第二个状态的真实价值为 3，等等，如同每个状态下方所示。这些是状态的真实价值，而估

计值只能近似这些值，因为它们是受到参数化的约束的。参数向量有两个元素，即 $\mathbf{w}=(w_1,w_2)^\top$，并且参数也被写在每个状态里面。前两个状态的估计价值都由 w_1 单独给出，因此即便它们的真实价值不同，这两个值也必然相等。类似地，第三个和第四个状态的估计价值也由 w_2 单独决定，无论真实价值如何，这两个估计值也必然相等。假设我们只对最左边的状态的准确估计值感兴趣，我们将它的兴趣值分配为 1，而将其他所有的状态的兴趣值都分配为 0，正如状态上方所表示的。

首先，考虑将梯度蒙特卡洛算法应用于这个问题。在本章前面提出的这种算法没有考虑兴趣值与强调值 (式 9.7 和 200 页框中的算法)，该算法将收敛 (通过步长参数的减小) 到参数向量 $\mathbf{w}_\infty=(3.5,1.5)$，这将给第一个状态，也就是我们唯一感兴趣的状态 3.5 的估计价值 (在第一个状态和第二个状态的真实价值的中间)。本节提出的使用兴趣值和强调值的方法，在另一方面，将正确学习第一个状态的价值。w_1 将收敛至 4，而 w_2 永不被更新，因为除了最左边的状态以外，其他所有状态的强调值都为 0。

现在考虑使用两步半梯度 TD 法。在本章之前讨论的未使用兴趣值与强调值的该方法 (式 9.15、式 9.16 和第 206 页框中的算法)，将再次收敛到 $\mathbf{w}_\infty=(3.5,1.5)$，而使用兴趣值和强调值的该方法将收敛于 $\mathbf{w}_\infty=(4,2)$。后者产生了第一个状态和第三个状态的实际真实价值而不会对第二个或者第四个状态做出任何更新。

9.12 本章小结

如果希望强化学习系统能够应用于人工智能和大型工程应用中，则系统必须有能力进行泛化。为了实现这个目标，现存的大量的有监督学习函数逼近的任何方法其实都可以使用，只要将每次更新时涉及的二元组 $s\mapsto g$ 作为训练样本来使用就可以了。

可能最合适的有监督学习方法就是参数化函数逼近方法，在这些方法中，策略使用权值向量 $\mathbf{w}$ 作为参数。尽管权值向量有很多分量，状态空间仍然巨大，我们必须找到一种合适的近似方法。我们定义均方价值误差 $\overline{\text{VE}}(\mathbf{w})$ 为对使用权值向量 $\mathbf{w}$ 的近似价值函数 $v_{\pi_\mathbf{w}}(s)$ 的带权误差测量，其权重由同轨策略分布 μ 决定。$\overline{\text{VE}}$ 给了我们一种清晰的方式来在同轨策略的情况下衡量不同的价值函数近似。

为了找到一个好的权值向量，最受欢迎的方法是随机梯度下降 (SGD) 的各类变种方法。本章中，我们主要讨论带固定策略 的同轨策略的情况，这也被称作策略评估或者预测。关于这种情况的一种很自然的算法就是 *n 步半梯度 TD*；梯度蒙特卡洛法和半梯度 TD(0) 是 n 步半梯度 TD 分别在 $n=\infty$ 和 $n=1$ 时的特殊情况。半梯度 TD 法不是真正的梯度方法。在这种自举法 (包括 DP) 中，权值向量在更新目标中出现，然而在计算梯度时却不考虑它，因此它们被称为半梯度方法。正因为如此，它们也不能依靠经典的 SGD 结果来进行分析。

尽管如此，半梯度法在线性函数逼近的一些特殊情况中有很好的结果，线性函数逼近中价值估计值是特征乘上对应权值的加和。线性情况在理论上往往是最容易理解的，并且当给予合适的特征时，在实际使用上也非常有效。在强化学习中，选择特征往往是增加先验知识的一个重要途径。可以选择使用多项式形式，但是这种情况在以强化学习为典型的在线学习中普遍效果不好。更好的选择特征的方法是根据傅立叶基或者某种稀疏的感受野重叠的粗编码来选择。瓦片编码就是一种计算上特别灵活和有效的粗编码形式。径向基函数在一维或者二维任务中非常有用，在这种任务中，平滑变化的响应是非常重要的。LSTD 是数据效率最高的线性 TD 预测方法，但是它需要的计算量是权值数量的平方数量级，而所有其他方法的复杂度都仅仅是权值数量的线性数量级。非线性方法包括用反向传播和各种 SGD 训练的人工神经网络，这种方法在近些年来非常流行，也被称为深度强化学习。

线性半梯度 n 步 TD 已被证明在标准条件下对于所有的 n 都收敛，并且会收敛到最优误差的一个边界 $\overline{\text{VE}}$ 以内 (可由蒙特卡洛法渐近地获得)。这个边界总是随着 n 的增大而变小，并在 $n \to \infty$ 趋近于零。然而，在实际中，选择很大的 n 会导致非常慢的学习，并且一定程度的自举法 $(n < \infty)$ 通常是首选，这和第 7 章中的表格型 n 步方法以及第 6 章中的表格型 TD 和蒙特卡洛方法是类似的。

参考文献和历史评注

泛化和函数逼近一直是强化学习的重要组成部分。Bertsekas 和 Tsitsiklis (1996)，Bertsekas (2012) 以及 Sugiyama 等人 (2013) 论述了强化学习中函数逼近的最新前沿技术进展。本节的末尾讨论了强化学习中函数逼近的一些早期工作。

9.3 在有监督学习中，最小化均方误差的梯度下降方法是众所周知的。Widrow 和 Hoff (1960) 提出的最小均方 (LMS) 算法是典型的增量式梯度下降算法。很多文献讨论了这个算法和其他相关算法的细节 (比如，Widrow 和 Stearns, 1985；Bishop，1995；Duda 和 Hart, 1973)。

半梯度 TD(0) 是由 Sutton 提出的 (1984，1988)，其是将在第 12 章中讨论的线性 TD(λ) 算法的一部分。描述这些自举方法的术语“半梯度”是本书第 2 版新提出的。

可能是 Michie 和 Chambers 的BOXES 系统 (1968) 最早在强化学习中使用状态聚合。强化学习中的状态聚合理论由 Singh、Jaakkola 和 Jordan (1995) 以及 Tsitsiklis 和 Van Roy (1996) 进一步发展了。状态聚合早期用于动态规划 (例如，Bellman，1957a)。

9.4 Sutton (1988) 证明了线性 TD(0) 可以在均值上收敛到最小 $\overline{\text{VE}}$ 的解，条件是特征向

量 $\{\mathbf{x}(s)\ s \in \mathcal{S}\}$ 线性独立。以概率 1 收敛的证明，几乎在同一时代被数位研究者完成 (Peng，1993；Dayan 和 Sejnowski，1994；Tsitsiklis, 1994；Gurvits、Lin 和 Hanson，1994)。此外，Jaakkola、Jordan 和 Singh (1994) 证明了在线更新情形下的收敛性。所有这些结果都假定特征向量线性独立，这意味着状态的数量至少和 $\mathbf{w}_t$ 的分量一样多。在更重要的情况下，即一般性的 (可线性相关的) 特征向量的收敛证明是由 Dayan (1992) 最先完成的。Tsitsiklis 和 Van Roy (1997) 在 Dayan 结果的基础上，做了重大推广和加强。他们证明了本节介绍的主要结果：线性自举方法的渐近误差的边界。

9.5 我们所讨论的线性函数逼近的各种可能的情况的材料来源于 Barto (1990)。

9.5.2 Konidaris、Osentoski 和 Thomas (2011) 介绍了傅立叶基的一种简单形式，这种形式适合用于多维连续状态空间的强化问题以及非周期性函数的学习。

9.5.3 术语*粗编码*是 Hinton (1984) 创造的 ，图 9.7 基于他所画的图。Waltz 和 Fu (1965) 提供了一个早期的在强化学习系统中使用这种类型的函数逼近的例子。

9.5.4 瓦片编码，包括哈希，是由 Albus (1971，1981) 引入的 。他在他的“小脑模型咬合控制器”或称 CMAC 中描述了这个方法，瓦片编码在一些文献中也出现过。术语“瓦片编码”对本书第 1 版而言是新引入的，虽然采用这些术语描述 CMAC 的想法是从 Watkins (1989) 那里得到的。瓦片编码被用在很多强化学习的系统 (比如 Shewchuk 和 Dean，1990；Lin 和 Kim，1991；Miller、Scalera 和 Kim，1994；Sofge 和 White，1992；Tham，1994；Sutton，1996；Watkins, 1989) 以及一些其他的学习控制系统中 (比如，Kraft 和 Campagna，1990；Kraft、Miller 和 Dietz，1992)。这一节重点描述了 Miller 和 Glanz (1996) 的工作。通用瓦片编码有多种语言版本的软件可用 (见 `http: //incompleteideas.net/tiles/tiles3.html`)。

9.5.5 自从 Broomhead 与 Lowe (1988) 将使用基于径向基函数的函数逼近与 ANN 联系起来，前者已经得到了广泛的关注。Powell (1987) 回顾了早期对 RBF 的使用，Poggio 和 Girosi (1989，1990) 推广和应用了这个方法。

9.6 自动调整步长参数的方法包括 RMSprop (Tieleman 和 Hinton，2012)；Adam (Kingma 和 Ba，2015)；随机元下降法，如 Delta-Bar-Delta (Jacobs, 1988)，它的增量式版本 (Sutton，1992b，c；Mahmood 等，2012)，以及非线性版本 (Schraudolph，1999，2002)。特地为强化学习设计的方法包括 AlphaBound (Dabney 和 Barto，2012)；SID 和 NOSID (Dabney，2014)；TIDBD (Kearney 等，准备中) 以及使用随机元下降法的策略梯度学习 (Schraudolph、Yu 和 Aberdeen，2006)。

9.7 McCulloch 和 Pitts (1943) 引入阈值逻辑单元作为抽象神经元模型是整个 ANN 时代的开端。ANN 作为一个分类或回归的学习方法，它的发展经历了多个阶段，大致为：以感知器 (Rosenblatt, 1962) 和 ADALINE (自适应线性元素) (Widrow 和 Hoff，1960) 为代表的使用单层 ANN 学习的阶段，以误差反向传播 (LeCun，1985；Rumelhart、Hinton 和 Williams,1986) 为代表的使用多层 ANN 学习的阶段，以及现在的强调表征学习的深度学习阶段 (比如 Bengio、Courville 和 Vincent, 2012；Goodfellow、Bengio 和 Courville，2016) 。介绍 ANN 的书有很多，包括 Haykin (1994) 、Bishop (1995) 和 Ripley (2007) 等。

ANN 作为强化学习中函数逼近的例子可以追溯到早期的 Farley 和 Clark (1954) ，其中使用了类似强化学习的方法来修改代表策略的线性阈值函数。Widrow、Gupta 和 Maitra (1973) 展示了一个类似神经元的线性阈值单元来实现一个学习过程，他们称之为带评判器的学习或选择性自举自适应。这是一个基于 ADALINE 变种的强化学习过程。Werbos (1987，1994) 开发了一种使用误差反向传播方式训练的 ANN 来学习策略和价值函数的类 TD 算法。Barto、Sutton 和 Brouwer (1981) 以及 Barto 和 Sutton (1981b) 扩展了用关联记忆网络 (如 Kohonen，1977；Anderson、Silverstein、Ritz 和 Jones, 1977) 来进行强化学习的思想。Barto、Anderson 和 Sutton (1982) 使用了一个双层 ANN 来学习一个非线性控制策略，并强调了第一层的作用是用来学习一个合适的表征。Hampson (1983，1989) 是早期使用多层 ANN 来学习价值函数的倡议者。Barto、Sutton 和 Anderson (1983) 提出了一种基于 ANN 的“行动器 -评判器”算法解决平衡杆问题 (见 15.7 节和 15.8 节)。Barto 和 Anandan (1985) 提出了选择性自举算法 (Widrow 等，1973) 的一个随机版本，称为收益 - 惩罚 (A_{R-P}) 关联算法。Barto (1985，1986) 以及 Barto 和 Jordan (1987) 描述了一个由 $\mathrm{A_{R-P}}$ 单元 组成的多层 ANN 来解决线性不可分的分类问题，其单元训练使用了全局传送的强化信号。Barto (1985) 讨论了这种神经网络方法，以及这类学习规则与当时的一些文献的关系。(关于这种训练多层 ANN 方法的更多讨论见 15.10 节。) Anderson (1986，1987，1989) 评估了多种训练多层 ANN 的方法，并且展示了一个“行动器 -评判器”算法。行动器和评判器都是通过误差反向传播训练的两层 ANN，这些算法在杆平衡和汉诺塔任务中优于单层 ANN。Williams (1988) 描述了反向传播和强化学习可以结合用于训练 ANN 的几种方法。Gullapalli (1990) 和 Williams (1992) 研究了具有连续实值输出而不是二值输出的类神经元单元的强化学习算法。Barto、Sutton 和 Watkins (1990) 认为，ANN 可以在逼近解决序列决策问题所需的函数方面发挥重要作用。Williams (1992) 将 REINFORCE 学习规则 (13.3 节) 与误差反向传播方法相关联来训练多层 ANN。Tersauro 的 TD-Gammon (Tesauro 1992，1994；16.6 节) 在西洋双陆棋任务中，展现了使用函数逼近的多层 ANN 的 TD(λ) 算法的重要影响力。Silver 等 (2016，2017a，b；16.6 节) 的 *AlphaGo*、*AlphaGo Zero* 以及 *AlphaZero* 使用带深度卷积 ANN 的强化学习在围棋游戏上取得了惊人的成果。Schmidhuber (2015) 回顾了 ANN 在强化学习中的应用，包括循环 ANN 的应用。

9.8 LSTD 由 Bradtke 和 Barto 提出 (见 Bradtke，1993，1994；Bradtke 和 Barto，1996；Bradtke、Ydstie 和 Barto，1994)，并由 Boyan (1999，2002)、Nedić 和 Bertsekas (2003)，以及 Yu (2010) 进一步发展了。逆矩阵的增量式更新至少自 1949 年以来就为人所知 (Sherman 和 Morrison，1949)。Lagoudakis 和 Parr (2003；Buşoniu、Lazaric、Ghavamzadeh、Munos、Babuška 和 De Schutter，2012) 介绍了最小二乘法控制的一个扩展。

9.9 我们对基于记忆的函数逼近的讨论主要基于 Atkeson、Moore 和 Schaal (1997) 对局部加权学习的回顾。Atkeson (1992) 讨论了在基于记忆的机器人学习中使用局部加权回归，并提供了大量的介绍相关思想的来龙去脉的书目。Stanfill 和 Waltz (1986) 认为人工智能中基于记忆的方法具有重要意义，特别是在并行体系结构方面，如连接机。Baird 和 Klopf (1993) 介绍了一种新颖的基于记忆的方法，并将其用作杆平衡任务中的 Q 学习的函数逼近方法。Schaal 和 Atkeson (1994) 将局部加权回归应用于机器人杂耍控制问题，在这个问题上，它被用来学习一个系统模型。Peng (1995) 使用杆平衡任务实验了若干最近邻的方法来逼近价值函数、策略和环境模型。Tadepalli 和 Ok (1996) 在一个仿真的自动导引车任务中，采用局部加权线性回归学习价值函数获得了令人振奋的结果。在一些模式识别任务中，Bottou 和 Vapnik (1992) 展示了几种局部学习算法与非局部算法相比的令人惊讶的效率，讨论了局部学习对泛化的影响。

Bentley (1975) 介绍了 k-d 树并且报告了 $O(\log n)$ 的平均运行时间，用于在 n 条记录上进行最近邻搜索。Friedman、Bentley 和 Finkel (1977) 阐明了用 k-d 树进行最近邻搜索的算法。Omohundro (1987) 讨论了 k-d 树等分层数据结构可能带来的效率增益。Moore、Schneider 和 Deng (1997) 介绍了使用 k-d 树进行有效的局部加权回归。

9.10 核函数回归的起源是 Aizerman、Braverman 和 Rozonoer (1964) 的*势函数方法*。他们将数据比喻为指向空间分布的各种正负和大小不同的电荷。通过将点电荷的电势求和而产生的在空间上的电势对应于内插值表面。在这个类比中，核函数是一个点电荷的电势，它随着电荷距离的倒数而下降。Connell 和 Utgoff (1987) 运用了一种“行动器 -评判器”的方法来执行杆平衡任务，在这个任务中，评判器使用核回归给出的逆向距离加权来逼近价值函数。在机器学习中，这些作者并没有使用术语“核”，而是使用了“Shepard 的方法”(Shepard，1968)。其他基于核函数的强化学习方法包括 Ormoneit 和 Sen (2002)，Dietterich 和 Wang (2002)，Xu、Xie、Hu 和 Lu (2005)，Taylor 和 Parr (2009)，Barreto、Precup 和 Pineau (2011) 以及 Bhat、Farias 和 Moallemi (2012)。

9.11 对于强调值 -TD 方法，详见 11.8 的参考文献。

我们所知道的最早使用函数逼近方法学习价值函数的例子是Samuel 的跳棋程序 (1959，1967)。Samuel 遵照 Shannon (1950) 的建议：作为游戏中的走棋决策依据的价值函数不必非常精确，而通过特征的线性组合来近似就可以了。除了线性函数逼近之外，Samuel 还尝试使用查询表和分层查找表 (Griffith，1966，1974；Page，1977；Biermann、Fairfield 和 Beres, 1982)。

几乎在 Samuel 研究的同时，Bellman 和 Dreyfus (1959) 提出了使用动态规划的函数逼近方法 (人们认为 Bellman 和 Samuel 彼此有一定的影响，但我们知道两者的文章中都没有提及另一个)。关于函数逼近方法和动态规划的延伸，现在已经有了相当广泛的文献，包括多格方法以及使用正交多项式的方法等 (Bellman 和 Dreyfus, 1959；Bellman、Kalaba 和 Kotkin，1973；Daniel，1976；Whitt, 1978；Reetz，1977；Schweitzer 和 Seidmann，1985；Chow 和 Tsitsiklis, 1991；Kushner 和 Dupuis, 1992；Rust, 1996)。

Holland (1986) 的分类系统使用了一种选择性的特征匹配技术来统一“状态-动作”二元组的评估信息。每个分类器对应于某个状态子集，这些子集中的状态对某些特征具有指定值，其余特征则具有任意值 (“通配符”)。然后将这些状态子集用于传统的状态聚合方法以进行函数逼近。Holland 的想法是使用遗传算法来训练一组分类器，这些分类器将共同实现一个有用的动作价值函数。Holland 的思想影响了作者对强化学习的早期研究，但是我们关注了不同的函数逼近方法。作为函数逼近模型，分类器在几个方面受到限制。首先，它们是状态聚合方法，有规模扩展的限制，也不方便有效地表示平滑函数。另外，分类器的匹配规则只能实现与特征轴平行的聚合边界。或许传统分类器系统的最重要的局限，还是采用进化算法之一的遗传算法来学习分类器。正如我们在第 1 章中讨论的，在学习过程中，有大量关于如何学习的详细信息是进化方法所不能很好利用的。这个观点导致我们改用有监督学习方法来加强学习，特别是采用梯度下降和 ANN 方法。Holland 的方法和我们的方法之间的这些差异并不令人惊讶，因为Holland 的想法是在 ANN 被普遍认为计算能力太弱以至于并不实用的时期提出的，而我们的工作开始于广泛地质疑传统算法的时期。这些不同方法的结合其实还有很多的可能。

Christensen 和 Korf (1986) 在国际象棋博弈中尝试了修正线性价值函数逼近系数的回归方法。Chapman 和 Kaelbling (1991) 以及 Tan (1991) 对学习价值函数的决策树方法进行了改进。基于解释的学习方法也适用于学习价值函数，它可以产生紧凑的表征 (Yee、Saxena、Utgoff 和 Barto，1990；Dietterich 和 Flann，1995)。

10

基于函数逼近的同轨策略控制

在这一章中，我们关注对动作价值函数 $\hat{q}(s, a, \mathbf{w}) \approx q_*(s, a)$ 进行参数化逼近的控制问题，这里 $\mathbf{w} \in \mathbb{R}^d$ 是有限维权值向量。我们继续将注意力集中在同轨策略的情况中，离轨策略的方法留到第 11 章讨论。本章以半梯度 Sarsa 算法为例，它是上一章中讨论的半梯度 TD(0) 算法到动作价值，以及到策略控制的自然延伸。在分幕式任务的情况下，这种延伸是直接的，但是在持续性任务的情况下，我们必须退回几步来重新审视如何使用折扣来定义最优策略。令人惊讶的是，一旦我们有了真正的函数逼近，我们就必须放弃折扣并将控制问题的定义转换为一个新的“平均收益”的形式，这个形式有一种新的“差分”价值函数。

从分幕式任务的情形开始，我们将上一章中介绍的函数逼近思想从状态价值函数扩展到动作价值函数。然后，我们根据同轨策略下的 GPI 的一般模式使用 ε-贪心法选择动作，将它们扩展到控制问题上。我们会展示高山行车问题上的 n 步线性 Sarsa 的结果。然后，我们转向持续性任务的情况，再将这些思想应用到带差分价值的平均收益的情形上。

10.1 分幕式半梯度控制

将第 9 章的半梯度预测方法延伸到动作价值上是直接的。在这种情况下近似的动作价值函数，$\hat{q} \approx q_\pi$，表示为具有权值向量 $\mathbf{w}$ 的参数化函数形式。之前我们关注的是形如 $S_t \mapsto U_t$ 的随机训练样本，而现在要讨论形如 $S_t, A_t \mapsto U_t$ 的样本。更新目标 U_t 可以是 $q_\pi(S_t, A_t)$ 的任意近似，包括一些常见的回溯值，如完整的蒙特卡洛回报 (G_t) 或 n 步 Sarsa 回报 (式 7.4)。动作价值函数预测的梯度下降更新的一般形式是

$$\mathbf{w}_{t+1} \doteq \mathbf{w}_t + \alpha \Big[U_t - \hat{q}(S_t, A_t, \mathbf{w}_t) \Big] \nabla \hat{q}(S_t, A_t, \mathbf{w}_t). \tag{10.1}$$

作为一般形式的例子，单步 Sarsa 方法的更新可以表示为

$$\mathbf{w}_{t+1} \doteq \mathbf{w}_t + \alpha\Big[R_{t+1} + \gamma\hat{q}(S_{t+1}, A_{t+1}, \mathbf{w}_t) - \hat{q}(S_t, A_t, \mathbf{w}_t)\Big]\nabla\hat{q}(S_t, A_t, \mathbf{w}_t). \quad (10.2)$$

我们把这种方法称为*分幕式半梯度单步 Sarsa*。对于一个固定的策略，这个方法的收敛情况与 TD(0) 一样，具有相同的误差边界 (式 9.14)。

为了得到控制方法，我们需要将这种动作价值函数预测与策略改进及动作选择的技术结合起来。适用于连续动作或从大型离散集合中选取动作的技术是当前研究的热点，目前还没有完美的解决方案。另一方面，如果动作集合是离散的并且不是太大，那么我们可以使用前几章中已经提及的技术。也就是说，对于当前状态 S_t 中的每个可能的动作 a，我们可以计算 $\hat{q}(S_t, a, \mathbf{w}_t)$，然后贪心地选择动作 $A_t^* = \text{argmax}_a\, \hat{q}(S_t, a, \mathbf{w}_t)$。通过将估计策略变为贪心策略的一个柔性近似，如 ε-贪心策略，策略改进便完成了 (在本章所处理的同轨策略情形中)。也使用同样的策略来选取动作。完整算法的伪代码在下框中给出。

分幕式半梯度 Sarsa，用于估计 $\hat{q} \approx q_*$

输入：一个参数化的可微动作价值函数 $\hat{q} : \mathcal{S} \times \mathcal{A} \times \mathbb{R}^d \rightarrow \mathbb{R}$
算法参数：步长 $\alpha > 0$，很小的 $\varepsilon, \varepsilon > 0$
任意初始化价值函数的权值 $\mathbf{w} \in \mathbb{R}^d$ (比如 $\mathbf{w} = \mathbf{0}$)
对每一幕循环：
　$S, A \leftarrow$ 幕的初始状态和动作 (如 $\varepsilon-$ 贪心策略)
　对该幕的每一步循环：
　　采取动作 A，观察 R, S'
　　如果 S' 为终止状态：
　　　$\mathbf{w} \leftarrow \mathbf{w} + \alpha\big[R - \hat{q}(S, A, \mathbf{w})\big]\nabla\hat{q}(S, A, \mathbf{w})$
　　　到下一幕
　　通过 $\hat{q}(S', \cdot, \mathbf{w})$ 选取 A' (如 ε-贪心策略)
　　$\mathbf{w} \leftarrow \mathbf{w} + \alpha\big[R + \gamma\hat{q}(S', A', \mathbf{w}) - \hat{q}(S, A, \mathbf{w})\big]\nabla\hat{q}(S, A, \mathbf{w})$
　　$S \leftarrow S'$
　　$A \leftarrow A'$

例 10.1 高山行车问题　如图 10.1 左上角所示，考虑把一辆动力不足的汽车驶上陡峭的山顶。困难在于重力比汽车的发动机更强，即使在全油门下汽车也不能驶上陡坡。唯一的解决办法就是先远离目标，向左行驶到反方向的斜坡，然后再踩下全油门向目标冲。在这种情况下，尽管过程中都在减速，但反方向斜坡加速建立起的惯性也可能使汽车通过陡峭的斜坡。这是一个连续控制任务的简单例子，在某种意义上，事情会先变得更糟 (离目标

越远)，然后才能变得更好。许多控制方法面对这类任务都有很大的困难，除非靠人类设计师在外部进行干预。

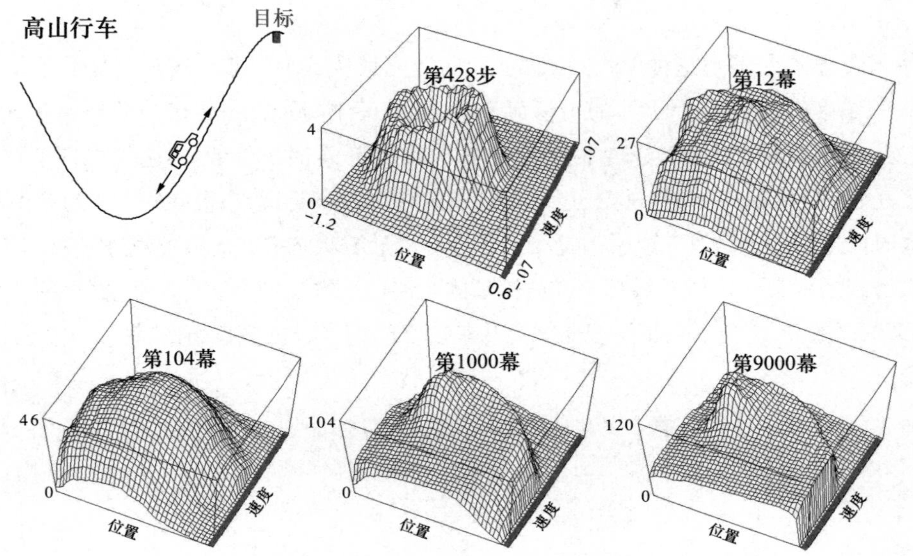

图 10.1 高山行车问题 (左上部分) 以及在一次行驶中学习到的对应的代价函数 ($-\max_a \hat{q}(s,a,\mathbf{w})$)

这个问题的收益在所有的时刻都是 -1，直到汽车移动到山顶的目标位置，表明该幕结束。共有三种可能的动作：全油门前进 (+1)，全油门后退 (–1) 和零油门 (0)。汽车按照简化的物理学原理运动。它的位置 x_t 和速度 $\dot{x}_t$ 如下更新

$$
\begin{aligned}
x_{t+1} &\doteq bound\big[x_t + \dot{x}_{t+1}\big] \\
\dot{x}_{t+1} &\doteq bound\big[\dot{x}_t + 0.001A_t - 0.0025\cos(3x_t)\big],
\end{aligned}
$$

其中，*bound* 操作限制了 $-1.2 \leqslant x_{t+1} \leqslant 0.5$ 以及 $-0.07 \leqslant \dot{x}_{t+1} \leqslant 0.07$。另外，当 x_{t+1} 到达左边界时，$\dot{x}_{t+1}$ 被重置为零。当它到达右边界时，目标达成且该幕终止。每一幕从一个随机位置 $x_t \in [-0.6, -0.4)$ 和零速度开始。为了将这两个连续的状态变量转换成二值化特征，我们使用如图 9.9 所示的网格覆盖。使用 8 个瓦片，每个瓦片盖住每个维度的边界距离的 1/8，并使用 9.5.4 节介绍的不对称偏移。[1]对每一个“状态-动作”二元组，我

1 特别是，我们使用的瓦片编码软件可以参见 `http: //incompleteideas.net/tiles/tiles3.html`，我们用它来获取状态 $(x,\dot{x})$ 与动作 `A` 的特征向量对应的索引，使用的参数为 `iht=IHT(4096)` 以及 `tiles(iht,8,[8*x/(0.5+1.2), 8*xdot/(0.07+0.07)], A)`。

们使用瓦片编码产生的特征向量 $\mathbf{x}(s,a)$ 与参数向量的线性组合来逼近动作价值函数

$$\hat{q}(s,a,\mathbf{w}) \doteq \mathbf{w}^\top \mathbf{x}(s,a) = \sum_{i=1}^{d} w_i \cdot x_i(s,a). \tag{10.3}$$

图 10.1 显示了通过这种形式的函数逼近来学习解决这个任务时通常会发生什么。[1]图中显示的是在单次运行中学习的价值函数的负值 (代价函数)。最初的动作价值函数都是零，这是乐观的 (注意，这个任务中所有的真实价值都是负数)，这使得即使试探参数 ε为 0，也会引起广泛的试探。这可以从图的中间顶部标为“第 428 步”的图中看到。尽管这时候连一幕都没有完成，但是车子在山谷里沿着状态空间的弧形轨迹来回摆动。所有经常访问的状态的价值函数都比未试探到的状态低，这是因为实际的收益比 (不切实际的) 预期的要差。这会不断驱使智能体离开其所在的地点，去探索新的状态，直到找到解决方案。

图 10.2 显示了这个问题中的若干半梯度 Sarsa 学习曲线，不同的线具有不同的步长。

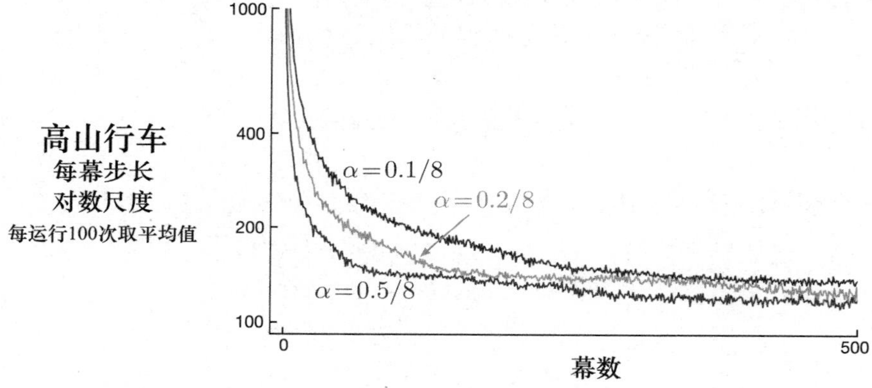

图 10.2 使用瓦片编码近似以及 ε-贪心动作选择的高山行车问题的半梯度 Sarsa 学习曲线 ■

10.2 半梯度 n 步 Sarsa

我们可以通过使用 n步回报作为半梯度公式 (10.1) 中的更新目标来获得分幕式半梯度 Sarsa 的 n步版本。n步回报可以很快地从表格型公式 (7.4) 推广到函数逼近形式

$$\begin{aligned} G_{t:t+n} \doteq\ & R_{t+1} + \gamma R_{t+2} + \cdots + \gamma^{n-1} R_{t+n} \\ & + \gamma^n \hat{q}(S_{t+n}, A_{t+n}, \mathbf{w}_{t+n-1}),\ t+n<T, \end{aligned} \tag{10.4}$$

1 这里的数据来自“半梯度 Sarsa(λ)”算法，第 12 章会讨论它，但是半梯度 Sarsa 有类似的特性。

通常，如果 $t+n \geqslant T$ 则有 $G_{t:t+n} \doteq G_t$。n步的更新公式为

$$\mathbf{w}_{t+n} \doteq \mathbf{w}_{t+n-1} + \alpha \left[G_{t:t+n} - \hat{q}(S_t, A_t, \mathbf{w}_{t+n-1})\right] \nabla \hat{q}(S_t, A_t, \mathbf{w}_{t+n-1}), 0 \leqslant t < T. \quad (10.5)$$

完整的伪代码在下框中给出。

分幕式半梯度n步 Sarsa，用于估计 $\hat{q} \approx q_*$ 或 q_π

输入：一个参数化的可微动作价值函数 $\hat{q}: \mathcal{S} \times \mathcal{A} \times \mathbb{R}^d \to \mathbb{R}$
输入：一个策略 π (如果要估计 q_π)
算法参数：步长 $\alpha > 0$，很小的 $\varepsilon, \varepsilon > 0$，正整数 n
任意初始化价值函数权值 $\mathbf{w} \in \mathbb{R}^d$ (如 $\mathbf{w} = \mathbf{0}$)
所有的存取操作 (对 S_t、A_t 和 R_t) 的索引可以对 $n+1$ 取模
对每一幕循环：
　初始化并存储 $S_0, S_0 \neq$ 终止状态
　选取并存储动作 $A_0 \sim \pi(\cdot|S_0)$ 或根据 $\hat{q}(S_0, \cdot, \mathbf{w})$ 进行 ε-贪心选择
　$T \leftarrow \infty$
　循环 $t = 0, 1, 2, \ldots$:
　| 如果 $t < T$，那么：
　| 　采取动作 A_t
　| 　观察并存储下一个收益 R_{t+1} 和下一个状态 S_{t+1}
　| 　如果 S_{t+1} 为终止状态，那么
　| 　　$T \leftarrow t+1$
　| 　否则：
　| 　　选取并存储 $A_{t+1} \sim \pi(\cdot|S_{t+1})$ 或根据 $\hat{q}(S_{t+1}, \cdot, \mathbf{w})$ 进行 ε-贪心选择
　| $\tau \leftarrow t - n + 1$ (τ 是估计值被更新的时刻)
　| 如果 $\tau \geqslant 0$:
　| 　$G \leftarrow \sum_{i=\tau+1}^{\min(\tau+n, T)} \gamma^{i-\tau-1} R_i$
　| 　如果 $\tau + n < T$，那么 $G \leftarrow G + \gamma^n \hat{q}(S_{\tau+n}, A_{\tau+n}, \mathbf{w})$　　　　$(G_{\tau:\tau+n})$
　| 　$\mathbf{w} \leftarrow \mathbf{w} + \alpha \left[G - \hat{q}(S_\tau, A_\tau, \mathbf{w})\right] \nabla \hat{q}(S_\tau, A_\tau, \mathbf{w})$
　直到 $\tau = T - 1$

正如我们之前看到的，使用中等程度的自举法往往能得到最好的性能，对应的便是大于 1 的 n。图 10.3 显示了这个算法在高山行车问题的任务中，使用 $n=8$ 相比于 $n=1$ 如何学习得更快并获得更好的渐近性能。图 10.4 显示了参数 α 和 n 对学习速度的影响的更详细的研究结果。

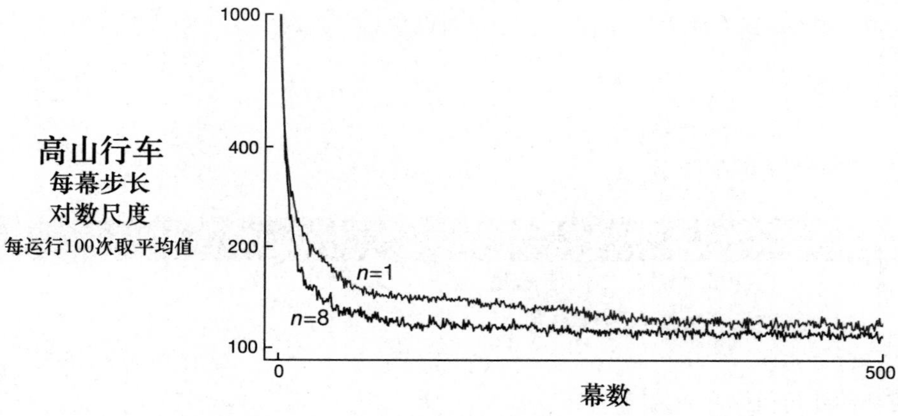

图 10.3 单步和 8 步半梯度 Sarsa 在高山行车任务中的性能对比。这里使用了较好的步长参数：$n=1$ 时 $\alpha=0.5/8$ 以及 $n=8$ 时 $\alpha=0.3/8$

练习 10.1 在本章中，我们没有明确地讨论任何蒙特卡洛方法，也没有给出过相关伪代码。它们应该是怎样的？为什么不给出它们的伪代码？它们在高山行车问题上会有怎样的表现？ □

练习 10.2 给出用于控制问题的半梯度单步期望 Sarsa 的伪代码。 □

练习 10.3 为什么图 10.4 中较大的 n比较小的 n有更高的标准差？ □

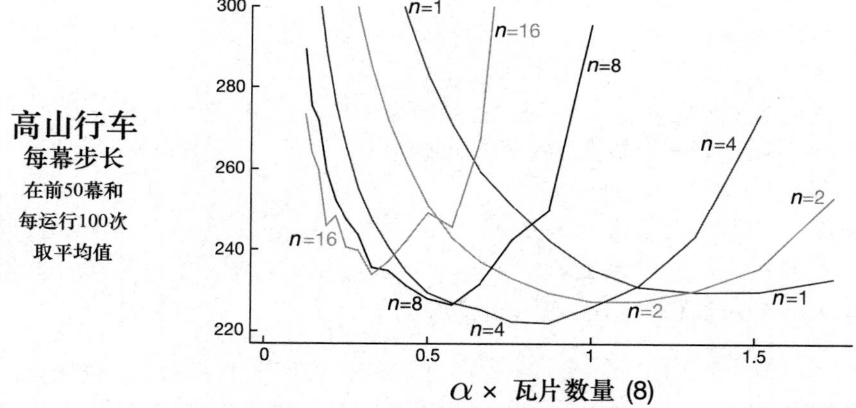

图 10.4 α 和 n 对使用了瓦片编码近似的 n步半梯度 Sarsa 在高山行车任务上初期性能的影响。和往常一样，使用中等程度的自举法 ($n=4$) 可以获得最佳性能。图中所示的结果是对按照对数尺度选择的若干 α 进行计算的，然后将这些结果用直线连接就成了图中的折线。对应的标准差范围在 $n=1$ 时是 0.5 (小于线的宽度)，$n=16$ 时是 4，这说明主要的效果比较在统计意义上是显著的

10.3 平均收益：持续性任务中的新的问题设定

我们现在介绍第三种经典的马尔可夫决策问题 (MDP) 的目标设定："平均收益"设定。它不同于之前提到的"分幕式"设定和"折扣"设定。就像折扣设定一样，*平均收益*也适用于持续性问题，即智能体与环境之间的交互一直持续而没有对应的终止或开始状态。然而，与"折扣"设定不同的是，这里不考虑任何折扣，智能体对于延迟收益的重视程度与即时收益相同。平均收益设定在经典的动态规划理论中经常被讨论到，但在强化学习中讨论得比较少。正如我们在下一节要讨论的，折扣设定对函数逼近来说是有问题的，因此需要用平均收益设定来替换它。

在平均收益设定中，一个策略 π 的质量被定义为在遵循该策略时的收益率的平均值，简称*平均收益*，表示为 $r(\pi)$：

$$r(\pi) \doteq \lim_{h\to\infty}\frac{1}{h}\sum_{t=1}^{h}\mathbb{E}[R_t \mid S_0, A_{0:t-1}\sim\pi] \tag{10.6}$$

$$= \lim_{t\to\infty}\mathbb{E}[R_t \mid S_0, A_{0:t-1}\sim\pi], \tag{10.7}$$

$$= \sum_s \mu_\pi(s)\sum_a \pi(a|s)\sum_{s',r}p(s',r\,|\,s,a)r,$$

这里的期望根据初始状态 S_0 和遵循 π 生成的动作序列 $A_0, A_1, \ldots, A_{t-1}$ 来决定，μ_π 是一个稳态分布，假设对于每一个 π 都存在并是独立于 S_0 的，则 $\mu_\pi(s) \doteq \lim_{t\to\infty}\Pr\{S_t = s \,|A_{0:t-1}\sim\pi\}$。这种关于 MDP 的假设被称为*遍历性*。它意味着 MDP 开始的位置或智能体的早期决定只具有临时的效果；从长远来看，一个状态的期望只与策略本身以及 MDP 的转移概率相关。遍历性足以保证上述公式中极限的存在。

在没有折扣的持续性任务的情况下，不同类型的最优之间可能有微小的区别。然而，就大多数实际目标而言，根据每个时刻的平均收益，即 $r(\pi)$，简单地对策略排序往往就够了。如式 (10.7) 所示，这个量本质上是 π 下的平均收益。特别地，我们认为所有达到 $r(\pi)$ 最大值的策略都是最优的。

注意，"稳态分布"是一个特殊的分布，即如果你按照 π 选择动作，依然会获得同样的分布。换言之就是

$$\sum_s \mu_\pi(s)\sum_a \pi(a|s)p(s'\,|\,s,a) = \mu_\pi(s'). \tag{10.8}$$

在平均收益设定中，回报是根据即时收益和平均收益的差来定义的

$$G_t \doteq R_{t+1} - r(\pi) + R_{t+2} - r(\pi) + R_{t+3} - r(\pi) + \cdots. \tag{10.9}$$

这被称为*差分回报*，相应的价值函数被称为*差分价值函数*。它们的定义方式和之前的相同，我们也会用一样的符号表示它们：$v_\pi(s) \doteq \mathbb{E}_\pi[G_t|S_t=s]$ 和 $q_\pi(s,a) \doteq \mathbb{E}_\pi[G_t|S_t=s,A_t=a]$ (类似的还有 v_* 和 q_*)。差分价值函数也有贝尔曼方程，但是和我们之前见到的有些许不同。我们把所有的 γ 去掉了，并用即时收益和真实平均收益之间的差来代替原来的即时收益

$$v_\pi(s) = \sum_a \pi(a|s) \sum_{r,s'} p(s',r|s,a)\Big[r - r(\pi) + v_\pi(s')\Big],$$

$$q_\pi(s,a) = \sum_{r,s'} p(s',r|s,a)\Big[r - r(\pi) + \sum_{a'} \pi(a'|s') q_\pi(s',a')\Big],$$

$$v_*(s) = \max_a \sum_{r,s'} p(s',r|s,a)\Big[r - \max_\pi r(\pi) + v_*(s')\Big], \text{以及}$$

$$q_*(s,a) = \sum_{r,s'} p(s',r|s,a)\Big[r - \max_\pi r(\pi) + \max_{a'} q_*(s',a')\Big]$$

参见公式 (3.14)、练习 3.17、公式 (3.19)，以及公式 (3.20)。

对于两类 TD 误差也有对应的差分形式

$$\delta_t \doteq R_{t+1} - \bar{R}_{t+1} + \hat{v}(S_{t+1},\mathbf{w}_t) - \hat{v}(S_t,\mathbf{w}_t), \tag{10.10}$$

以及

$$\delta_t \doteq R_{t+1} - \bar{R}_{t+1} + \hat{q}(S_{t+1},A_{t+1},\mathbf{w}_t) - \hat{q}(S_t,A_t,\mathbf{w}_t), \tag{10.11}$$

这里 $\bar{R}_t$ 是在时刻 t 对平均收益 $r(\pi)$ 的估计。有了这些改进的定义，大多数算法和理论结果都无须改变，就适用于平均收益设定。

例如，半梯度 Sarsa 的平均收益版本的定义和式 (10.2) 完全相同，除了 TD 误差有些区别外。即

$$\mathbf{w}_{t+1} \doteq \mathbf{w}_t + \alpha\delta_t \nabla\hat{q}(S_t,A_t,\mathbf{w}_t) \tag{10.12}$$

这里 δ_t 在式 (10.11) 中给出。下框中是完整算法的伪代码。

练习 10.4 给出半梯度的 Q 学习的差分版本的伪代码。 □

练习 10.5 除了式 (10.10) 之外，还需要哪些公式才能明确地得到差分版本的 TD(0)? □

练习 10.6 一个马尔可夫收益过程包含三个环状的状态 A、B、C，状态确定地沿着环转移。到达 A 时获得收益 +1，其他情况收益为 0。请问对应的三个状态的差分价值是多少? □

差分半梯度 Sarsa 算法，用于估计 $\hat{q} \approx q_*$

输入：一个参数化的可微动作价值函数 $\hat{q}: \mathcal{S} \times \mathcal{A} \times \mathbb{R}^d \to \mathbb{R}$
算法参数：步长 $\alpha, \beta > 0$
任意初始化价值函数权值 $\mathbf{w} \in \mathbb{R}^d$ (如 $\mathbf{w} = \mathbf{0}$)
任意初始化平均收益的估计值 $\bar{R} \in \mathbb{R}$ (如 $\bar{R} = 0$)

初始化状态 S 和动作 A
对每一个步循环：
　采取动作 A，观察 R, S'
　通过 $\hat{q}(S', \cdot, \mathbf{w})$ 选取 A' (如 ε-贪心策略)
　$\delta \leftarrow R - \bar{R} + \hat{q}(S', A', \mathbf{w}) - \hat{q}(S, A, \mathbf{w})$
　$\bar{R} \leftarrow \bar{R} + \beta\delta$
　$\mathbf{w} \leftarrow \mathbf{w} + \alpha\delta\nabla\hat{q}(S, A, \mathbf{w})$
　$S \leftarrow S'$
　$A \leftarrow A'$

例 10.2 访问控制队列任务　这是一个涉及一组 k 个服务器的访问控制的决策任务。四个不同优先级的客户到达一个队列。如果让用户访问服务器，客户会根据他们的优先级向服务器支付 1、2、4 或 8 的收益，优先级更高的客户支付更多。在每个时刻中，队列头的客户要么被接受 (分配给他一个服务器)，要么被拒绝 (从队列中移走，服务器收益为 0)。无论是这两种情况的哪一种，下一个时刻均考虑队列中的下一个客户。队列从不被清空，队列中客户的优先级也是等概率随机分布的。当然，如果没有空闲的服务器，客户就不能被服务，而是被拒绝。每一个忙碌的服务器在每一时刻中都有 $p = 0.06$ 的概率变得空闲。虽然我们刚刚对这个任务给出了确定的描述定义，但我们假设客户到达和离开的统计量是未知的。任务在每个时刻根据优先级和空闲服务器的数量决定是否接受或拒绝下一个客户，以期最大化无折扣的长期收益。

在这个例子中，我们考虑一种表格型的解决方案。尽管这样的解决方案在状态之间没有泛化能力，但我们仍然可以使用一般的函数逼近的设定，因为函数逼近设定是表格型设定的扩展。因此，对于每一个“状态-动作”二元组 (状态是队列中的空闲服务器的数量和客户的优先级，动作是接受或拒绝)，我们都有一个差分动作价值估计。图 10.5 展示了差分半梯度 Sarsa 在 $k = 10$ 和 $p = 0.06$ 时的解。在这个算法中 $\alpha = 0.01$，$\beta = 0.01$ 以及 $\varepsilon = 0.1$。初始的动作价值和 $\bar{R}$ 都是 0。

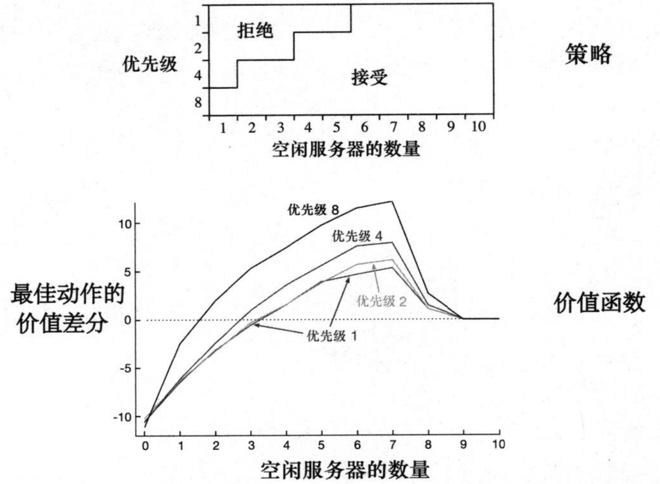

图 10.5 差分半梯度单步 Sarsa 在控制访问队列任务上，两百万步之后找到的策略和价值函数。图右侧的断崖下跌可能是因为缺少数据，这一部分非常多的状态从未经历过。学习到的 $\bar{R}$ 的值大约为 2.31 ■

练习 10.7 假设存在一个 MDP，对任意的策略都产生确定的收益序列 $+1,0,+1,0,+1,0,\ldots$ 直到永远。从技术上来说，这是不被允许的，因为这违背了遍历性。这里不存在稳态极限分布 μ_π 且极限式 (10.7) 不存在。但是，这种情况下平均收益式 (10.6) 是良好定义的；那么它是什么？考虑这个 MDP 内的两个状态。从 A 开始，收益序列和前面描述的完全相同，会从 +1 开始；然而从 B 开始时，收益序列从 0 开始，然后变为 $+1,0,+1,0,\ldots$。差分回报式 (10.9) 在这种情况下没有良好定义，因为对应的极限不存在。为了修复这个问题，我们可以转而定义一个状态的价值为

$$v_\pi(s) \doteq \lim_{\gamma \to 1} \lim_{h \to \infty} \sum_{t=0}^{h} \gamma^t \Big(\mathbb{E}[R_{t+1}|S_0=s] - r(\pi)\Big). \tag{10.13}$$

在这种定义下，A 和 B 的状态价值是多少？ □

练习 10.8 第 247 页的框中的伪代码使用 δ_t 作为误差来更新 $\bar{R}_{t+1}$，而不是简单地用 $R_{t+1} - \bar{R}_{t+1}$ 来更新。虽然这两个误差定义都可以，但是 δ_t 效果更好。为了探明原因，我们讨论 练习 10.6 中三个状态的环状 MRP。平均收益的估计值应该趋向于它的真实值 $\frac{1}{3}$。假设已经达到这个值并且保持固定。误差 $R_t - \bar{R}_t$ 的序列是怎样的？误差 (使用式 10.10) δ_t 的序列呢？如果允许平均收益的估计值随着误差的反馈而改变，则哪一个序列会产生更为稳定的估计？为什么？ □

10.4　弃用折扣

持续性的带折扣问题的公式化表达在表格型的情况下中非常有用，因为每个状态的回报可以被分别地识别和取平均。但是在采用函数逼近的情况下，是否将折扣用在问题的公式化表达中则需要打一个问号。

为了搞清楚为什么，我们考虑一个没有开始或结束的无限长的收益序列，也没有清晰定义的可区分的状态。这些状态可能仅仅由特征向量来表示，而它们对于区分不同的状态可能作用不大。作为一个特例，所有特征向量可能都是一样的。因此，只有收益序列 (以及动作)，而且只能依靠这些来评估性能。那么如何才能做到呢？一种方法是通过计算较长时间间隔的收益的平均来进行性能评估——这就是平均收益的设定。那么如何使用折扣呢？对于每一步我们都可以计算折后回报。有些回报很小，有些很大，所以我们需要在足够大的时间间隔中进行平均。在持续性问题上没有开始和结束，没有特殊的时刻，所以这是我们唯一能做的。然而，如果你这样做，结果表明折后回报的均值和平均回报成正比。事实上，对于策略 π，折后回报的均值总是 $r(\pi)/(1-\gamma)$，也就是说，它本质上就是平均收益 $r(\pi)$。特别是，在平均折后回报的设定中，所有策略的排序与在平均收益设定中是完全相同的。折扣率 γ 在问题中没有任何作用。它实际上可以是零，而这个排序仍然保持不变。

这个惊人的事实的证明在下面的方框中，其基本思想可以通过对称的观点来解释。每一个时刻都和其他一样。有折扣的情况下，每一个收益都会在回报的某个位置恰好出现一次。第 t 个收益会无折扣地出现在第 $t-1$ 个回报中，在第 $t-2$ 个回报中打一次折扣，在第 $t-1000$ 个回报中打 999 次折扣。所以第 t 个收益的权重就是 $1+\gamma+\gamma^2+\gamma^3+\cdots=1/(1-\gamma)$。因为所有状态都是一样的，它们都是这个权重，所以回报的平均值是这个系数乘以平均收益，也就是 $r(\pi)/(1-\gamma)$。

持续性问题中折扣的无用性

我们可以设定策略排序的准则为折后价值的概率加权和，概率分布是给定策略下的状态分布。这时，我们也许能够把折扣系数的影响去掉。

$$J(\pi)=\sum_s \mu_\pi(s) v_\pi^\gamma(s) \qquad \text{(这里 } v_\pi^\gamma \text{ 是折后价值函数)}$$

$$=\sum_s \mu_\pi(s)\sum_a \pi(a|s)\sum_{s'}\sum_r p(s',r|s,a)\left[r+\gamma v_\pi^\gamma(s')\right] \qquad \text{(贝尔曼公式)}$$

$$
\begin{aligned}
&= r(\pi) + \sum_s \mu_\pi(s) \sum_a \pi(a|s) \sum_{s'} \sum_r p(s', r|s, a) \gamma v_\pi^\gamma(s') && \text{由式 (10.7) 得到} \\
&= r(\pi) + \gamma \sum_{s'} v_\pi^\gamma(s') \sum_s \mu_\pi(s) \sum_a \pi(a|s) p(s'|s, a) && \text{由式 (3.4) 得到} \\
&= r(\pi) + \gamma \sum_{s'} v_\pi^\gamma(s') \mu_\pi(s') && \text{由式 (10.8) 得到} \\
&= r(\pi) + \gamma J(\pi) \\
&= r(\pi) + \gamma r(\pi) + \gamma^2 J(\pi) \\
&= r(\pi) + \gamma r(\pi) + \gamma^2 r(\pi) + \gamma^3 r(\pi) + \cdots \\
&= \frac{1}{1-\gamma} r(\pi).
\end{aligned}
$$

根据折扣准则得到的策略的排序与无折扣的 (平均收益) 准则下的排序完全相同。注意，折扣率 γ 完全不影响顺序!

这个例子以及框中更一般的论证表明，在一个同轨策略分布上优化折后价值函数，其效果和优化一个*无折扣*的平均收益完全相同，γ 的实际值对策略排序结果没有影响。这明显地表明折扣在使用函数逼近的控制问题定义中不起作用。但是，我们也可以将折扣用于解决方案中。就是把折扣参数 γ 从一个问题参数变为了一个解决方案的参数! 然而，在这种情况下我们无法保证优化的是平均收益 (或等价于在某个同轨策略分布上的折后价值函数)。

使用函数逼近的折扣控制设定困难的根本原因在于我们失去了策略改进定理 (4.2 节)。我们在单个状态上改进折后价值函数不再保证我们会改进整个策略。而这个保证是强化学习控制方法的核心，使用函数逼近让我们失去了这个核心!

事实上，策略改进定理的缺失也是分幕式设定以及平均收益设定的理论缺陷。一旦引入了函数逼近，我们无法保证在任何设定下都一定会有策略的改进。在第 13 章中，我们会介绍另一类基于参数化策略的强化学习算法，其有类似于策略改进定理的“策略梯度定理”进行理论上的保证。但是对于我们现在见到的学习动作价值的方法，还没有一个局部的改进保证 (可能 Perkins 和 Percup (2003) 采取的方法提供了部分答案)。我们确实知道的是，ε-贪心优化有时会导致一个较差的策略，因为算法可能在若干好的策略之间来回摆动而不收敛到其中的一个 (Gordon，1996a)。这是一个有多个开放的理论问题的领域。

10.5 差分半梯度 n 步 Sarsa

为了推广到 n 步自举法，我们需要一个 n步版本的 TD 误差。我们首先将 n 步回报式 (7.4) 推广到它的差分形式，使用函数逼近有

$$G_{t:t+n} \doteq R_{t+1} - \bar{R}_{t+1} + R_{t+2} - \bar{R}_{t+2} + \cdots + R_{t+n} - \bar{R}_{t+n} + \hat{q}(S_{t+n}, A_{t+n}, \mathbf{w}_{t+n-1}), \tag{10.14}$$

其中，$\bar{R}$ 是对 $r(\pi)$ 的估计，$n \geqslant 1$ 且 $t+n < T$。如果 $t+n \geqslant T$，和往常一样定义 $G_{t:t+n} \doteq G_t$。n步 TD 误差变为：

$$\delta_t \doteq G_{t:t+n} - \hat{q}(S_t, A_t, \mathbf{w}), \tag{10.15}$$

之后，我们可以使用常规的半梯度 Sarsa 更新式 (10.12) 。在下面框中给出了完整算法的伪代码。

差分半梯度n步 Sarsa 算法，用于估计 $\hat{q} \approx q_\pi$ 或 q_*

输入：一个参数化的可微动作价值函数 $\hat{q}\ \mathcal{S} \times \mathcal{A} \times \mathbb{R}^d \to \mathbb{R}$，一个策略 π
任意初始化价值函数权值 $\mathbf{w} \in \mathbb{R}^d$ (如 $\mathbf{w} = \mathbf{0}$)
任意初始化平均收益估计 $\bar{R} \in \mathbb{R}$ (如 $\bar{R} = 0$)
算法参数：步长 $\alpha, \beta > 0$，正整数 n
所有的存取操作 (对 S_t、A_t 和 R_t) 的索引可以对 $n+1$ 取模

初始化并存储 S_0 和 A_0
对每一步循环，$t = 0, 1, 2, \ldots$：
　采取动作 A_t
　观察并存储下一个收益 R_{t+1} 和下一个状态 S_{t+1}
　选取并存储 $A_{t+1} \sim \pi(\cdot|S_{t+1})$ 或根据 $\hat{q}(S_{t+1}, \cdot, \mathbf{w})$ 进行 ε-贪心选择
　$\tau \leftarrow t - n + 1$ (τ 是估计值被更新的时刻)
　如果 $\tau \geqslant 0$：
　　$\delta \leftarrow \sum_{i=\tau+1}^{\tau+n}(R_i - \bar{R}) + \hat{q}(S_{\tau+n}, A_{\tau+n}, \mathbf{w}) - \hat{q}(S_\tau, A_\tau, \mathbf{w})$
　　$\bar{R} \leftarrow \bar{R} + \beta\delta$
　　$\mathbf{w} \leftarrow \mathbf{w} + \alpha\delta\nabla\hat{q}(S_\tau, A_\tau, \mathbf{w})$

练习 10.9 在差分半梯度 n 步 Sarsa 算法中，平均收益的步长参数 β 需要足够小，以保证 $\bar{R}$ 是一个较好的对平均收益的长期估计。然而，$\bar{R}$ 由于其初始值在许多时刻中会造成偏向性，导致学习变得低效，因而可以使用采样观测的收益的平均值来代替 $\bar{R}$。其会在前期迅速适应，但在后期同样适应得很慢。由于策略缓慢的变化，$\bar{R}$ 也会发生变化。这种可

能存在的长期非平稳性使得采样平均法并不适用。事实上，平均收益的步长参数是使用练习 2.7 中的无偏常数步长技巧的最佳之地。描述一下，框中的差分半梯度 n 步 Sarsa 算法需要如何变化才能使用这个技巧。 □

10.6 本章小结

在本章中，我们延伸了前一章中介绍的参数化函数逼近和半梯度下降的思想，并引入控制问题中。这个延伸对于分幕式任务的情况来说是显然的，但对于持续性任务的情况，我们必须引入一个全新的问题公式化表达，这个新的公式化表达基于最大化每个时刻的*平均收益*。令人惊讶的是，在函数逼近的情况下，带折扣的公式化表达是没用的。在近似情况下，大多数策略不能用一个价值函数表示。当我们需要对任意的策略进行排序时，平均收益 $r(\pi)$ 提供了一种有效的方法。

平均收益的公式化表达涉及价值函数、贝尔曼方程和 TD 误差新的*差分*版本，但所有这些都与旧版本相似，而且概念上的变化很小。同样，也有类似的一组平均收益情况下的差分版本的算法。

参考文献和历史评注

10.1 采用函数逼近的半梯度 Sarsa 由 Rummery 和 Niranjan (1994) 首次提出。使用 ε-贪心动作选择的线性半梯度 Sarsa 在一般的情形下不收敛，但是会落入最优解的一个有界的范围内 (Grodon，1996a，2001)。Precup 和 Perkins (2003) 证明了差分动作选择设定的收敛性，另外也可参见 Perkins 和 Pendrith (2002) 以及 Melo、Meyn 和 Ribiero (2008)。高山行车的例子基于 Moore (1990) 研究的一个类似的任务，但这里的确切形式是 Sutton (1996) 先使用的。

10.2 分幕式n步半梯度 Sarsa 基于 van Seijen (2016) 的前向 Sarsa(λ) 算法。这里显示的实证结果是本书第 2 版最新加入的。

10.3 动态规划 (如 Puterman，1994) 和强化学习 (Mahadevan，1996；Tadepalli 和 Ok，1994；Bertsekas 和 Tsitsiklis, 1996；Tsitsiklis 和 Van Roy，1999) 分别从各自的角度描述了平均收益的问题形式。这里描述的算法是 Schwartz (1993) 提出的“R- 学习”算法的同轨策略版本。取名为“R-学习”可能是因为 R 是 Q 的下一个字母，但是我们更倾向于它指代的是差分或者相对 *(relative)* 值的学习。访问控制队列的例子是根据 Carlström 和 Nordström (1997) 的工作提出的。

10.4 在本书第 1 版出版后不久，在基于函数逼近的强化学习的问题公式化表达中使用“折扣”的局限性就被作者认识到了。可能是 Singh、Jaakkola 和 Jordan (1994) 首次在出版物中指明了这一点。

11 * 基于函数逼近的离轨策略方法

本书自第 5 章开始，就将同轨策略和离轨策略学习作为两种不同的方式，以解决在广义策略迭代的学习方式中试探和开发之间的内在冲突。之前的两章我们用函数逼近来处理同轨策略的情况，而在本章中我们用函数逼近处理离轨策略。相较于同轨策略学习，对离轨策略学习进行函数逼近的拓展是截然不同的，而且困难得多。第 6 章和第 7 章中提出的表格型离轨策略方法可以很容易地拓展到半梯度的算法，但是它们并不像同轨策略学习训练下那样能够稳健地收敛。在本章中，我们将考虑上述收敛问题，并进一步关注线性函数逼近的理论，介绍“可学习程度”的概念，然后我们讨论一些离轨策略情形下的新算法，它们有更强的收敛性保证。在本章最后，介绍一些改进的算法，但是相比同轨策略学习而言，它们的理论结果不够亮眼，实践的效果也不那么令人满意。沿着这条路线，我们对强化学习中同轨策略学习和离轨策略学习的近似方法都会有更深入的理解。

在之前提到的离轨策略学习中，我们的目的是学习一个*目标策略* π，然后数据由另外一个*行动策略* b 提供。在进行预测时，两个策略都给定而且不变，我们的目的是学习状态价值函数 $\hat{v} \approx v_\pi$ 或动作价值函数 $\hat{q} \approx q_\pi$。在进行控制时，动作价值函数是学出来的，并且两个策略通常都会在学习的过程中变化，π 逐渐变成关于 $\hat{q}$ 的贪心策略，而 b 逐渐变成关于 $\hat{q}$ 的某种带有试探性的类似于 ε 贪心策略的东西。

离轨策略学习目前面临的挑战主要来自两方面：一是来自于表格型情况；二是来自于函数逼近情况。第一个挑战需要处理更新的目标 (注意不要与目标策略混淆)，第二个挑战需要处理更新的分布。我们在第 5 章和第 7 章中提出的重要度采样技术可以应对第一个挑战，这些方法可能会带来更大的方差，但是确实是所有成功的算法都需要采用的，无论是表格型方法还是函数逼近方法。本章的第一节会介绍这些技术的拓展。

而解决离轨策略学习的第二个挑战则需要做的更多，因为离轨策略情况下更新后的分布与同轨策略的分布并不一样。同轨策略 的分布对于半梯度方法的稳定性而言至关重要。

有两种通用的方式可以解决这个问题：一种是再次使用重要度采样，扭曲更新后的分布将其变回同轨策略的分布，使得能保证半梯度方法收敛 (在线性的情况下)；另一种是寻找不依赖于任何特殊分布就能稳定的真实梯度方法。对于这两种方式我们都提出了一些方法，但这是一个非常前沿的研究领域，我们尚不清楚哪种方式会在实战中更加有效。

11.1 半梯度方法

这一节我们首先描述在前面的章节中为离轨策略情形设计的算法，以及如何能够非常容易地作为半梯度的方法推广到函数逼近的情况。这些方法解决了离轨策略学习的第一个挑战 (更新目标的变换)，但是没有解决第二个 (更新分布的变换)。相应地，这些方法可能在某些情况下会发散，在这个意义上它们是不合理的，但是它们仍然经常被成功使用。请记住，这些方法只对表格型的情况保证稳定且渐近无偏，这对应于函数逼近的一种特殊情况。因此，仍然可以将它们与特征选择方法相结合，从而保证结合的系统稳定。无论如何，这些算法非常简单，因此是我们讨论的一个很好的起点。

在第 7 章中我们描述了一系列表格型情况下的离轨策略算法。为了把它们转换成半梯度的形式，我们简单地使用近似价值函数 ($\hat{v}$ 或者 $\hat{q}$) 及其梯度，把对于一个数组 (V 或者 Q) 的更新替代为对于一个权重向量 $\mathbf{w}$ 的更新。这些算法中的很多算法都使用了每步的重要度采样率

$$\rho_t \doteq \rho_{t:t} = \frac{\pi(A_t|S_t)}{b(A_t|S_t)}. \tag{11.1}$$

例如，单步的状态价值函数算法就是半梯度的离轨策略 TD(0)，它就像对应的同轨策略算法 (第 215 页) 一样，除了添加了一个额外的 ρ_t

$$\mathbf{w}_{t+1} \doteq \mathbf{w}_t + \alpha\rho_t\delta_t\nabla\hat{v}(S_t,\mathbf{w}_t), \tag{11.2}$$

其中，δ_t 的确切定义取决于这个问题是分幕式、带折扣的，还是持续性、无折扣的。

$$\delta_t \doteq R_{t+1} + \gamma\hat{v}(S_{t+1},\mathbf{w}_t) - \hat{v}(S_t,\mathbf{w}_t), \text{ 或} \tag{11.3}$$

$$\delta_t \doteq R_{t+1} - \bar{R}_t + \hat{v}(S_{t+1},\mathbf{w}_t) - \hat{v}(S_t,\mathbf{w}_t). \tag{11.4}$$

对于动作价值函数，单步的算法是半梯度的期望 Sarsa 算法

$$\mathbf{w}_{t+1} \doteq \mathbf{w}_t + \alpha\delta_t\nabla\hat{q}(S_t, A_t, \mathbf{w}_t), \text{ 和} \tag{11.5}$$

$$\delta_t \doteq R_{t+1} + \gamma\sum_a \pi(a|S_{t+1})\hat{q}(S_{t+1}, a, \mathbf{w}_t) - \hat{q}(S_t, A_t, \mathbf{w}_t), \text{ 或} \qquad \text{(分幕式情况)}$$

$$\delta_t \doteq R_{t+1} - \bar{R}_t + \sum_a \pi(a|S_{t+1})\hat{q}(S_{t+1}, a, \mathbf{w}_t) - \hat{q}(S_t, A_t, \mathbf{w}_t). \qquad \text{(持续性情况)}$$

注意，这个算法并未使用重要度采样。在表格型的情形下很明显这样做是合适的，因为唯一采样的动作是 A_t，而且在学习它的价值的过程中，我们不需要考虑其他的动作。在使用函数逼近的情况下，就没有这么确定了，因为我们可能希望给不同的“状态-动作”二元组以不同的权重。要等到人们对强化学习的函数逼近理论有了更透彻的理解后，才能找到这个问题适当的解决方法。

在这些算法的多步推广中，状态价值函数和动作价值函数算法都包括了重要度采样。例如，n 步版本的 Sarsa 写为

$$\mathbf{w}_{t+n} \doteq \mathbf{w}_{t+n-1} + \alpha\rho_{t+1}\cdots\rho_{t+n-1}\left[G_{t:t+n} - \hat{q}(S_t, A_t, \mathbf{w}_{t+n-1})\right]\nabla\hat{q}(S_t, A_t, \mathbf{w}_{t+n-1}) \tag{11.6}$$

其中

$$G_{t:t+n} \doteq R_{t+1} + \cdots + \gamma^{n-1}R_{t+n} + \gamma^n\hat{q}(S_{t+n}, A_{t+n}, \mathbf{w}_{t+n-1}), \qquad \text{(分幕式情况)}$$

或

$$G_{t:t+n} \doteq R_{t+1} - \bar{R}_t + \cdots + R_{t+n} - \bar{R}_{t+n-1} + \hat{q}(S_{t+n}, A_{t+n}, \mathbf{w}_{t+n-1}), \qquad \text{(持续性情况)}$$

在这里我们对于结束时刻的处理不太正式。在第一个公式中，$k \geqslant T$ 的 ρ_k 都应该取值为 1，而且 $t+n \geqslant T$ 的 $G_{t:n}$ 都应该取值为 G_t。

回顾一下，我们在第 7 章中也提出了一个完全不包含重要度采样的离轨策略算法：n 步树回溯算法。下面是它的半梯度版本。

$$\mathbf{w}_{t+n} \doteq \mathbf{w}_{t+n-1} + \alpha\left[G_{t:t+n} - \hat{q}(S_t, A_t, \mathbf{w}_{t+n-1})\right]\nabla\hat{q}(S_t, A_t, \mathbf{w}_{t+n-1}), \tag{11.7}$$

$$G_{t:t+n} \doteq \hat{q}(S_t, A_t, \mathbf{w}_{t-1}) + \sum_{k=t}^{t+n-1}\delta_k\prod_{i=t+1}^{k}\gamma\pi(A_i|S_i), \tag{11.8}$$

其中，δ_t 的定义与上面期望 Sarsa 算法是一样的。

我们也在第 7 章中定义了一个 n 步 $Q(\sigma)$ 算法，统一了所有的动作价值函数算法。我们把这个算法的半梯度形式和 n 步的状态价值函数算法的半梯度形式，留给读者作为练习。

练习 11.1　将 n 步的离轨策略 TD (式 7.9) 转换为半梯度形式。给出分幕式和持续性情况下相应的回报值定义。 □

* **练习 11.2** 将 n 步的 $Q(\sigma)$ 公式 (7.11) 和 (7.17) 转化为半梯度的形式。给出分幕式和持续性情况下的定义。 □

11.2 离轨策略发散的例子

在这一节中我们开始讨论使用函数逼近的离轨策略学习面临的第二个挑战：更新的分布与同轨策略分布并不一致。我们介绍一些离轨策略学习中有启发性的反例，其中半梯度和其他的简单算法都不稳定而且会发散。

为了建立直觉，我们最好先讨论一个非常简单的情况。假设我们有两个状态 (作为更大的 MDP 的一部分)，它们的估计价值函数形式为 w 和 $2w$，其中参数向量 $\mathbf{w}$ 仅仅包含一个独立分量 w。这在线性函数逼近的情况下会发生，如果两个状态的特征向量都是单个数字 (只有一个分量的向量)，那么在这个例子中是 1 和 2。在第一个状态中，只有一个动作可选，它将确定性地导致一个到第二个状态的转移，收益为 0。

$$(w) \longrightarrow (2w)$$

其中这两个圈内的表达式表示这两个状态的价值。

假设初始时 $w = 10$。这将会引发从估计价值为 10 的状态转移到估计价值为 20 的状态。这看起来是一个好的转移，之后 w 将会被增大，以提升第一个状态的估计价值。如果 γ 接近于 1，那么 TD 误差将接近于 10，而且如果 $\alpha = 0.1$，那么 w 将会被增大至接近 11，以尝试减小 TD 误差。然而第二个状态的估计价值也会被增大到接近 22。如果转移再次发生，那么它将会从一个估计价值 ≈ 11 的状态转移到一个估计价值 ≈ 22 的状态，其中 TD 误差 ≈ 11 —— 相比于之前更大而不是更小。看起来第一个状态被低估了，之后它的价值会再一次被增大，这一次到了 $\approx$12.1。这看起来很糟糕，而且事实上继续这样更新下去 w 将会发散到无穷。

为了明确地看到这一点，我们必须更仔细地查看更新序列。

在两个状态之间转移的 TD 误差是

$$\delta_t = R_{t+1} + \gamma \hat{v}(S_{t+1},\mathbf{w}_t) - \hat{v}(S_t,\mathbf{w}_t) = 0 + \gamma 2w_t - w_t = (2\gamma - 1)w_t,$$

并且离轨策略半梯度的 TD(0) 更新 (来自式 11.2) 是

$$w_{t+1} = w_t + \alpha\rho_t\delta_t\nabla\hat{v}(S_t,w_t) = w_t + \alpha\cdot 1\cdot(2\gamma-1)w_t\cdot 1 = \big(1+\alpha(2\gamma-1)\big)w_t.$$

注意，重要度采样率 ρ_t 在这个转移上是 1，因为从第一个状态出发只有一种动作可选，因此在目标策略和行动策略中，采取这个动作的概率必须都是 1。在上面的最后一个更新中，新的参数是旧的参数乘上一个标量常数，$1+\alpha(2\gamma-1)$。

如果这个常数大于 1，那么系统是不稳定的，而且 w 将会变为正无穷或者负无穷，具体取决于它的初始值。在此处，当 $\gamma>0.5$ 时该常数大于 1。注意，只要 $\alpha>0$，稳定性并不依赖于具体的步长。更小或者更大的步长将会影响 w 变成无穷的速度，但是并不影响它是否发散。

这个例子的关键在于，一个转移重复发生，但是 w 没有在其他的转移上更新。这在离轨策略训练的情况下是可能的，因为行动策略可能选择那些目标策略不会选的其他转移所对应的动作。对于这些转移而言，ρ_t 将会是 0，而且不会做更新。然而在同轨策略训练中，ρ_t 总会是 1。每一次当有一个从 w 状态到 $2w$ 状态的转移时，w 会被增大，而之后一定也会有一个由 $2w$ 出发的转移。那个转移将会减小 w，除非它到达一个值更比 $2w$ 更高的状态 (因为 $\gamma<1$)。之后的那个状态必须紧接着一个价值更高的状态，否则 w 会再一次被减小。每个状态都通过创建一个更高的期望来支持前一个状态。最终这种行为必将付出代价，在同轨策略的情况下，对未来收益的承诺会被保留，系统也会受到制约。但是在离轨策略的情况下，可以做出承诺，但在采取一个目标策略永远不会做出的动作之后，便会忘掉并且原谅它。

这是一个简单的例子，说明了为什么离轨策略训练可能会导致发散，但是它并不完全令人信服，因为它不是完整的，而只是一个完整的 MDP 的片段。真的会有一个完整的系统不稳定吗？一个简单的完整的发散例子是 *Baird* 的反例。考虑这个分幕式的有 7 个状态和两个动作的 MDP，如图 11.1 所示。其中点划线动作等概率地让系统进入上方的 6 个状态之一，同时实线动作让系统进入第 7 个状态。

行动策略 b 以 6/7 和 1/7 的概率选择点划线和实线动作，因此下一个状态的分布是均匀的 (对于所有非终止状态而言都一样)，这也是每幕的初始分布。目标策略 π 总是选择实线动作，所以同轨策略分布 (对于 π) 集中于第 7 个状态。收益对于所有的转移而言都是 0。折扣率 $\gamma=0.99$。

现在我们考虑在每个状态圈中的表达式所给出的线性参数下估计状态的价值。例如，最左侧的状态的估计值为 $2w_1+w_8$，其中下标对应于总的权重向量 $\mathbf{w}\in\mathbb{R}^8$ 的分量，这对应于第一个状态的特征向量 $\mathbf{x}(1)=(2,0,0,0,0,0,0,1)^\top$。由于所有转移的收益都是 0，所以对于所有的 s，其真实的价值函数是 $v_\pi(s)=0$。如果 $\mathbf{w}=\mathbf{0}$，就可以准确地近似。事实上，我们可以得到许多个解，因为权重分量的成员个数 (8 个) 大于非终止状态的个数 (7 个)。除此之外，特征向量的集合 $\{\mathbf{x}(s):s\in\mathcal{S}\}$ 是一个线性独立的集合。从所有这些方面来看，这个任务看起来都很适合于线性函数近似的情况。

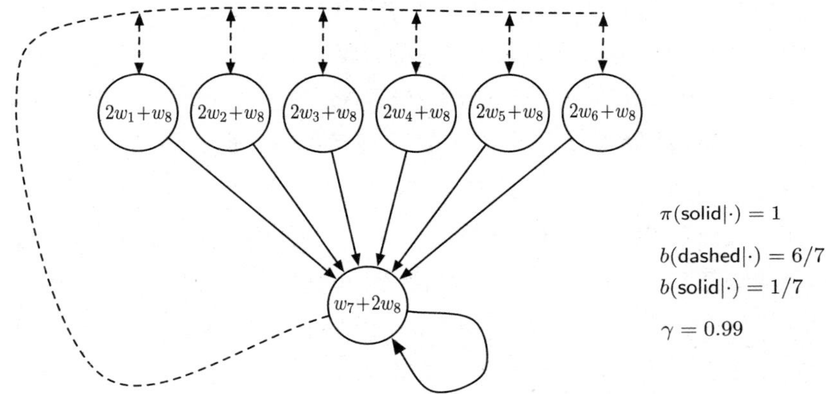

图 11.1 Baird 的反例。这个马尔可夫过程的近似状态价值函数具有线性表达式，如每个状态圈内所示。实线动作会导致进入第 7 个状态，点划线动作会导致以相同的概率进入其他 6 个状态。所有转移的收益总是 0

如果我们把半梯度 TD(0) 应用到问题图 (11.2) 中，那么权重会发散到无穷，正如图 11.2 左图所示。无论步长多小，不稳定性对于任何的正步长都会发生。事实上，它甚至会在动态规划所采用的期望更新中出现，正如图 11.2 右图所示。这也就是说，如果权重向量 $\mathbf{w}_k$ 用一种半梯度的方式，对同一时刻的所有状态更新，使用 DP (基于期望的) 目标

$$\mathbf{w}_{k+1} \doteq \mathbf{w}_k + \frac{\alpha}{|\mathcal{S}|}\sum_s \Big(\mathbb{E}[R_{t+1} + \gamma\hat{v}(S_{t+1},\mathbf{w}_k) \mid S_t = s] - \hat{v}(s,\mathbf{w}_k)\Big)\nabla\hat{v}(s,\mathbf{w}_k). \tag{11.9}$$

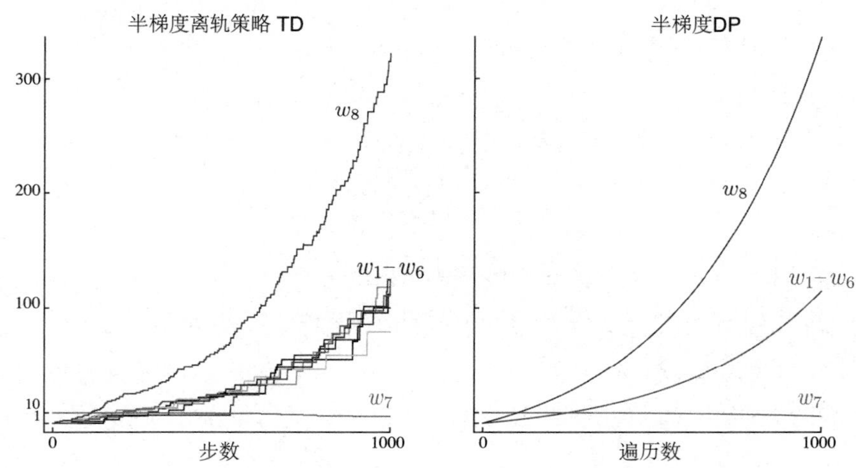

图 11.2 Baird 的反例中不稳定性的展示。图中展示了两个半梯度算法的参数向量 $\mathbf{w}$ 各分量的变化过程。步长 $\alpha = 0.01$，而且初始的权重 $\mathbf{w} = (1,1,1,1,1,1,10,1)^\top$

在这种情况下，没有随机性也没有异步性，只是一个经典的 DP 更新。除了使用半梯度的函数近似之外，这个方法非常传统。然而系统还是不稳定。

如果我们只是在 Baird 反例中更换 DP 更新的分布：将均匀分布更换为同轨策略分布 (通常需要异步的更新)，那么就可以保证收敛，且误差限制在式 (9.14) 内。这个例子非常惊人，因为我们使用的 TD 和 DP 方法都毫无疑问是最简单且最好理解的自举法。同时，使用的线性的半梯度方法也毋庸置疑是最简单且最好理解的函数逼近方法。这个例子表明，如果没有按照同轨策略分布更新，即使是最简单的自举法和函数逼近法的组合也有可能是不稳定的。

在 Q-学习中，有许多类似于 Baird 所示的发散的反例。这值得我们关注，Q-学习往往在所有的控制方法中都有最好的收敛保证。人们已经付出了许多努力去寻找这个问题的解决方案，或寻找一些更弱但是仍然可用的保证。例如，只要行动策略和目标策略足够接近，可能可以保证 Q-学习的收敛性，比如在 ε-贪心策略下。就我们所知，Q-学习在这种情况下还从来没有被发现过会发散，但是目前也尚未有理论分析。随后，我们介绍一些其他的已经被研究过的想法。

假设我们不是像在 Baird 的反例中那样在每个迭代里向期望的单步回报走一步，而是事实上一路上都在向最好的最小二乘近似去优化价值函数，这能够解决不稳定的问题吗？如果特征向量 $\{\mathbf{x}(s) : s \in \mathcal{S}\}$，组成一组线性无关的集合 (正如在 Baird 的反例中那样)，这是可以的，因为此时在每个迭代中都可以得到精确解，这也可以规约到标准的表格型 DP 中。但是，此处的关键问题是考虑精确解*不存在*的情况。在这种情况下，即使在每次迭代都得到了最好的近似，也是不能保证稳定性的，正如例子中所展示的。

例 11.1 Tsitsiklis 和 van Roy's 的反例 这个例子展示了线性函数逼近可能不适用于 DP，即使在每一步都找到了最小二乘解。

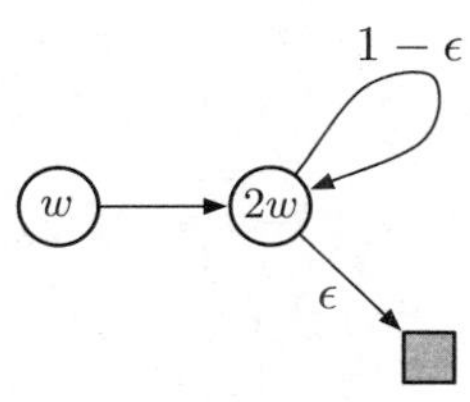

反例由 w 到 $2w$ 的例子加上一个终止状态扩展而来 (本节前面有介绍)，如右图所示。如我们之前做的，第一个状态的估计值是 w，第二个状态的估计值是 $2w$。在所有的转移上的收益都是 0，因此真实的价值对于两个状态而言都是 0，这完全可以表示成 $w = 0$。如果我们在每一步都调整 w_{k+1}，使其最小化估计值和期望的单步回报值之间的 $\overline{\text{VE}}$，那么我们有

$$w_{k+1} = \underset{w\in\mathbb{R}}{\operatorname{argmin}} \sum_{s\in\mathcal{S}} \Big(\hat{v}(s,w) - \mathbb{E}_\pi\Big[R_{t+1} + \gamma\hat{v}(S_{t+1},w_k) \Bigm| S_t = s\Big]\Big)^2$$

$$
\begin{aligned}
&= \underset{w \in \mathbb{R}}{\arg\min}\ \big(w - \gamma 2 w_k\big)^2 + \big(2w - (1-\varepsilon)\gamma 2 w_k\big)^2 \\
&= \frac{6-4\varepsilon}{5}\gamma w_k. \qquad (11.10)
\end{aligned}
$$

当 $\gamma > \frac{5}{6-4\varepsilon}$ 且 $w_0 \neq 0$ 时，序列 $\{w_k\}$ 会发散。 ■

另一个避免不稳定的方式是使用函数逼近中的一些特殊方法。特别是，对于不从观测目标中推测的函数逼近方法而言，是保证稳定性的。这些方法，称作*平均器*，包括最近邻方法和局部加权回归，但是不包括一些流行的方法，比如瓦片编码和人工神经网络 (ANN)。

练习 11.3 (编程) 将单步的半梯度 Q-学习算法应用到 Baird 的反例中，用实验来证明其权重会发散。 □

11.3 致命三要素

现在我们可以总结一下之前的讨论。只要我们的方法同时满足下述三个基本要素，就一定会有不稳定和发散的危险。我们称这三个基本要素为*致命三要素*。

函数逼近 函数逼近是一种强大且可拓展的方法，可将我们的函数泛化到一个远大于内存和计算资源限制的状态空间中 (如线性函数逼近和人工神经网络)。

自举法 使用当前的目标估计值进行更新以得到新的目标估计值 (如动态规划和 TD 方法)，而不是只依赖于真实收益和完整回报 (如蒙特卡洛方法)。

离轨策略训练 用来进行训练的状态转移分布不是由目标策略产生的。如动态规划中所做的，遍历整个状态空间并均匀地更新所有状态而不理会目标策略就是一个离轨策略训练的例子。

特别要注意，这种风险*并不是*由控制或者广义策略迭代造成的。在比控制更简单的预测问题中，只要包含致命三要素，不稳定性也会出现，而这些情况则更加难以分析。风险也*不是*由于学习或环境的不确定性造成的，因为它在环境全部已知的规划算法 (例如动态规划) 中也会出现。

如果致命三要素中只有两个要素是满足的，那么可以避免不稳定性。很自然地，我们会仔细检查这三个要素，看看哪一个要素是不必要的。

在这三个要素中，*函数逼近*是最不可能被舍弃的。我们需要能处理大规模问题并具有足够的表达能力的方法。我们至少需要一个带大量特征和参数的线性函数逼近器。状态聚合或者非参数化的方法的复杂性随着数据的增加而增大，都效果太差或者代价太昂贵。类似于 LSTD 的最小二乘方法的时间复杂度是平方级的，因此对于大规模的问题而言也过于昂贵。

不使用自举法是有可能的，付出的代价是计算和数据上的效率。也许最重要的损失还是计算上的效率。蒙特卡洛 (非自举法) 方法需要存储从每一步决策到获得最终回报值过程中的所有中间变量，并且这些计算都需要在最终的回报得到之后开始进行。在串行的冯诺依曼架构计算机上，这些计算的问题并不突出，但是对于专用的硬件来说非常明显。使用自举法和资格迹的方法 (见第 12 章)，数据可以在它们生成的时候立即被处理，并且之后不会再被用到。自举法使节约通信和内存开销变得可能，带来的收益是可观的。

放弃自举法带来的数据效率上的损失也非常显著，我们在第 7 章 (图 7.2) 和第 9 章 (图 9.2) 都见过这个问题：使用某种程度上的自举法在随机游走预测任务上的表现都好于蒙特卡洛算法。在第 10 章中，我们在高山行车任务 (图 10.4) 上看到了类似的现象。很多其他的问题在使用自举法之后也会使学习更快 (例如图 12.14)。自举法通常可以提高学习的速度，因为它允许学习过程中利用状态的性质和自举计算中识别状态的能力。另一方面，自举法会削弱某些问题上的学习：在这些问题中状态的表征不好，所以泛化性很差 (例如，Tetris、see Şimşek、Algórta 和 Kothiyal，2016 中的例子)。一个不好的状态表征也会使得产生偏差，这也是导致自举法的近似的边界更差的原因 (式 9.14)。

总的来看，自举法的能力被认为是很有用的。人们可能有时选择不用自举法而是选择长期的 n 步更新 (或者使用一个更大的自举法参数，$\lambda \approx 1$；详见第 12 章)，但是自举法常常能极大地提升效率。自举法的这种能力使我们非常乐于将它保留在我们的工具包中。

最后一个是离轨策略学习，我们是否可以放弃它呢？同轨策略的方法通常来说足够了。对于无模型的强化学习而言，我们可以简单地使用 Sarsa 而不是 Q 学习。离轨策略方法将行动策略与目标策略分离，这可以被视作一个吸引人的便利，但并不是必要的。事实上，离轨策略学习在一些其他情形下可能是实质性的需求，在本书中我们并没有介绍这些情况，但是它们对于构建强人工智能这个更大的目标而言可能很重要。

在这些使用情形下，智能体不止学习一个价值函数和一个策略，而是同时学习多个。这在心理学中有大量的证据：人和动物学习预测多种感知事件，而不仅仅是收益。我们可能对不寻常的事物感到惊讶，并纠正我们对它们的预测，即使它们只是中效价值 (既不是好的也不是坏的)。这种预测可能构成了我们对于世界的预测模型的基础，例如用于规划的模型。我们预测在动眼之后会看到什么，预测要花多久时间可以走到家，预测我们在打篮球时投篮命中的概率，预测我们承担下一个新项目时将获得的满意程度。在所有的这些例子中，我们所预测的事件都取决于我们的某种行为。为了同时学习这些事件，我们需要从一个经验流中学习。目标策略有许多个，因此一个行动策略不可能同时等同于所有目标策略。并行地学习在概念上是可行的，因为行动策略可能部分地与多个目标策略有重叠。为了发挥它的全部优势，需要离轨策略学习。

11.4 线性价值函数的几何性质

为了更好地理解离轨策略中稳定性方面的挑战，最好能更抽象地、独立于学习过程地考虑价值函数近似问题。我们可以想象一个由所有可能的状态价值函数构成的空间，所有的函数都把状态映射到一个实数：$v:\mathcal{S}\rightarrow\mathbb{R}$. 这些价值函数中很多都不对应于任何一个策略。对于我们的目标而言，更重要的是很多都不可以被函数逼近器表示 —— 按设计我们的函数逼近器的参数量远小于状态的参数量。

给定一个状态空间的枚举向量 $\mathcal{S}=\{s_1,s_2,\ldots,s_{|\mathcal{S}|}\}$，任何价值函数 v 都对应于一个价值向量，代表该函数按顺序作用于这个状态空间的每个状态的取值 $[v(s_1),v(s_2),\ldots,v(s_{|\mathcal{S}|})]^\top$，这个向量的元素个数和状态数量一致。在大多数情况下，我们想使用函数逼近方法，因为显式表达出这个向量需要的元素数量太多，超过我们的实际需求。然而，这个向量的想法在概念上是非常有用的，我们认为一个价值函数和它的向量表示是可互换的。

为了建立直觉，我们考虑这样一种情况：有三个状态 $\mathcal{S}=\{s_1,s_2,s_3\}$ 和两个参数 $\mathbf{w}=(w_1,w_2)^\top$，我们可以把所有的价值函数 /价值向量当作三维空间中的点。这些参数构成了在二维子空间上的另一个坐标系统，任何的权重向量 $\mathbf{w}=(w_1,w_2)^\top$ 是一个二维子空间上的点，因此也是给这三个状态赋值的完整价值函数 $v_\mathbf{w}$。在一般的函数逼近下，全部空间和可表示函数的子空间可能关系很复杂，但是在线性函数逼近的情况下，子空间是一个平面，如图 11.3 所示。

现在我们考虑一个固定的策略 π，我们假设它的真实的价值函数太复杂，不能用一个近似函数来精确表示。因此 v_π 不在这个子空间中。在图中，它被描绘为在可表示函数组成的子空间 (平面) 的上方。

如果 v_π 不能被完全表示，距离它最近的可表示的价值函数是什么呢？这是一个有趣的问题，有很多不同的答案。我们首先需要一个度量两个函数之间距离的方法，给定两个价值函数 v_1 和 v_2，我们可以讨论它们向量表示之间的差 $v=v_1-v_2$。如果 v 很小，那么两个价值函数彼此很靠近。但是如何去度量这个差异向量的大小呢？传统的欧几里得范数在此处并不适用，因为正如我们在 9.2 节中所讨论的，有些状态比其他的状态更加重要，

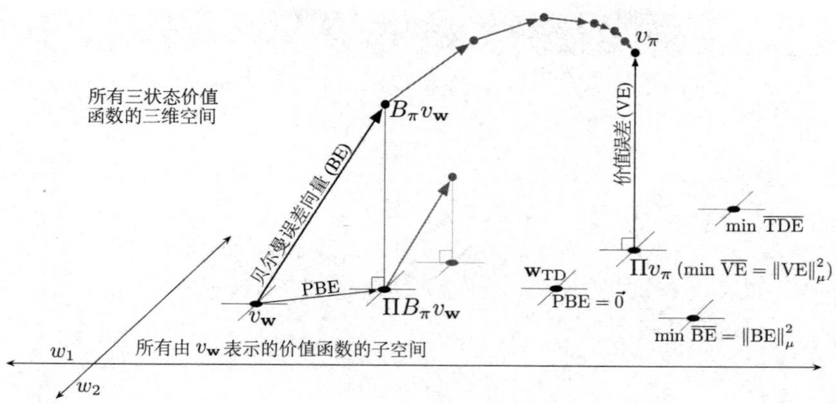

图 11.3 线性价值函数逼近的几何性质。图中展现的是在三个状态上的所有价值函数的三维空间，图中的平面是一个子空间，表示可以被一个线性函数逼近器用参数 $\mathbf{w} = (w_1, w_2)$ 表示的所有价值函数。真实的价值函数 v_π 在一个更大的空间中，可以被投影 (到子空间中，使用一个投影算子 Π) 为在价值函数误差 (VE) 意义上最好的近似。在贝尔曼误差 (BE)、投影贝尔曼误差 (PBE) 和时序差分误差 (TDE) 意义下最好的近似都可能不一样，在右下角中都有显示 (VE、BE 和 PBE 在本图中都用相应的向量来表示)。贝尔曼算子作用于一个平面上的价值函数，得到一个平面外的价值函数，并可以在稍后被投影回来。如果你在子空间之外不断迭代地应用贝尔曼算子 (在上方用灰色表示)，将得到真实的价值函数 —— 正如传统的动态规划所做的。如果相反，你在每步都投影到子空间，如下方灰色所显示的，那么最终的不动点会正好在 PBE 为 0 的向量的位置

因为它们出现得更为频繁，因此我们对它们更加感兴趣 (见 9.11 节)。像在 9.2 节中那样，我们使用分布 $\mu : \mathcal{S} \to [0,1]$ 来准确地量化我们对不同的状态的关注程度 (通常使用同轨策略分布)，然后我们可以用如下范数来定义价值函数之间的距离

$$\|v\|_\mu^2 \doteq \sum_{s\in\mathcal{S}} \mu(s)v(s)^2. \tag{11.11}$$

注意，在 9.2 节中的 $\overline{\text{VE}}$ 可以用这个范数简单地写成：$\overline{\text{VE}}(\mathbf{w}) = \|v_{\mathbf{w}} - v_\pi\|_\mu^2$。对于任何价值函数 v，用来在可表示的函数的子空间内寻找其最近邻的函数的操作就是投影操作。我们定义一个投影算子 Π：以任何函数作为输入，将其投影到可表示函数的子空间中在我们的范数定义下最近的点

$$\Pi v \doteq v_{\mathbf{w}} \quad \text{这里 } \mathbf{w} = \underset{\mathbf{w}\in\mathbb{R}^d}{\arg\min} \|v - v_{\mathbf{w}}\|_\mu^2 . \tag{11.12}$$

因此这个离真实的价值函数 v_π 最近的可表示价值函数也就是它的投影：Πv_π，如图 11.3 所示。这是一个可以被蒙特卡洛方法找到的渐近解，尽管通常很慢。下框中进一步讨论了投影操作。

投影矩阵

对于一个线性函数的近似，投影操作是线性的，这意味着其可以被一个 $|\mathcal{S}| \times |\mathcal{S}|$ 的矩阵表示

$$\Pi \doteq \mathbf{X}\left(\mathbf{X}^\top \mathbf{D} \mathbf{X}\right)^{-1} \mathbf{X}^\top \mathbf{D}, \tag{11.13}$$

其中，与 9.4 节中一样，$\mathbf{D}$ 指的是 $|\mathcal{S}| \times |\mathcal{S}|$ 的对角矩阵，其中 $\mu(s)$ 作为对角线元素，并且 $\mathbf{X}$ 代表 $|\mathcal{S}| \times d$ 的矩阵，其中每一行都是对应一个状态 s 的特征向量 $x(s)^\top$。如果式 (11.13) 中的逆矩阵不存在，那么我们使用伪逆来代替。使用这些矩阵，向量的范数可以写成

$$\|v\|_\mu^2 = v^\top \mathbf{D} v, \tag{11.14}$$

并且近似的线性价值函数可以写成

$$v_\mathbf{w} = \mathbf{X}\mathbf{w}. \tag{11.15}$$

TD 方法会找到不同的解，为了理解它们的基本原理，回忆价值函数 v_π 的贝尔曼方程

$$v_\pi(s) = \sum_a \pi(a|s) \sum_{s',r} p(s',r|s,a)\left[r + \gamma v_\pi(s')\right], \quad \text{对所有} s \in \mathcal{S}. \tag{11.16}$$

真实的价值函数 v_π 是唯一完全满足式 (11.16) 的价值函数。如果用一个近似价值函数 $v_\mathbf{w}$ 替换 v_π，则改变过的方程左右两侧的差值可以用于衡量 $v_\mathbf{w}$ 和 v_π 之间的差距。我们把它叫作在状态 s 时的*贝尔曼误差*

$$\bar{\delta}_\mathbf{w}(s) \doteq \left(\sum_a \pi(a|s) \sum_{s',r} p(s',r|s,a)\left[r + \gamma v_\mathbf{w}(s')\right]\right) - v_\mathbf{w}(s) \tag{11.17}$$

$$= \mathbb{E}_\pi[R_{t+1} + \gamma v_\mathbf{w}(S_{t+1}) - v_\mathbf{w}(S_t)|S_t = s, A_t \sim \pi], \tag{11.18}$$

它清楚地展示了贝尔曼误差与 TD 误差 (式 11.3) 之间的关系：贝尔曼误差是 TD 误差的期望。

在所有状态下的贝尔曼误差组成的向量 $\bar{\delta}_\mathbf{w} \in \mathbb{R}^{|\mathcal{S}|}$，被称作*贝尔曼误差向量* (在图 11.3 中用 BE 表示)。这个向量在范数上的总大小，是价值函数的误差的一个总的衡量，称作*均方贝尔曼误差*

$$\overline{\text{BE}}(\mathbf{w}) = \left\|\bar{\delta}_\mathbf{w}\right\|_\mu^2. \tag{11.19}$$

通常不可能把 $\overline{\text{BE}}$ 减小到 0 (在此处 $v_\mathbf{w} = v_\pi$)，但是对于线性函数逼近，有一个唯一的最

小化 $\overline{\mathrm{BE}}$ 的值 $\mathbf{w}$。这个点在可表示函数的子空间中 (在图 11.3 中用 $\min \overline{\mathrm{BE}}$ 标记) 通常不同于最小化 $\overline{\mathrm{VE}}$ 的点 (用 Πv_π 表示)。在随后的两节中我们将讨论最小化 $\overline{\mathrm{BE}}$ 的方法。

贝尔曼误差向量如图 11.3 所示，其是将贝尔曼算子 $B_\pi : \mathbb{R}^{|\mathcal{S}|} \to \mathbb{R}^{|\mathcal{S}|}$ 作用在近似价值函数中的结果。对于所有的 $s \in \mathcal{S}$ 和 $v : \mathcal{S} \to \mathbb{R}$，贝尔曼算子的定义如下

$$(B_\pi v)(s) \doteq \sum_a \pi(a|s) \sum_{s',r} p(s', r \,|\, s, a) \left[r + \gamma v(s') \right], \tag{11.20}$$

对于 v 的贝尔曼误差向量可以写为 $\bar{\delta}_{\mathbf{w}} = B_\pi v_{\mathbf{w}} - v_{\mathbf{w}}$。

如果把贝尔曼算子作用到一个可表示空间内的价值函数上，那么通常它会产生一个在子空间之外的价值函数，正如图中所显示的。在动态规划 (不包含函数逼近) 中，这个算子会反复作用到可表示空间之外的点上，如图 11.3 上方灰色箭头所指示的。最终这个过程收敛到真实的价值函数 v_π：贝尔曼算子的唯一不动点，唯一满足如下条件的价值函数

$$v_\pi = B_\pi v_\pi, \tag{11.21}$$

这只是用另一种方式来写关于 π 的贝尔曼方程 (式 11.16)。

然而，在有函数逼近的情况下，无法表示子空间之外的中间过渡价值函数。我们并不能按照图 11.3 中的上部分灰色箭头所示那样操作。因为在第一次更新 (黑色线条) 之后，价值函数必须被投影回可表示空间，之后再在可表示空间里进行下一次迭代；价值函数又一次被贝尔曼算子带出子空间，然后又被投影算子映射回到子空间，正如下方的灰色箭头和线所示。这些箭头表示一个带近似的类似于 DP 的过程。

在这种情况下，我们感兴趣的是贝尔曼误差向量在可表示空间内的投影。这就是投影贝尔曼误差向量 $\Pi \bar{\delta}_{v_{\mathbf{w}}}$，在图 11.3 中用 PBE 表示。这个向量的范数大小是另一个衡量近似价值函数误差的指标。对于任意的近似价值函数 v，我们定义均方投影贝尔曼误差，记作 $\overline{\mathrm{PBE}}$ ，为

$$\overline{\mathrm{PBE}}\,(\mathbf{w}) = \left\| \Pi \bar{\delta}_{\mathbf{w}} \right\|_\mu^2 . \tag{11.22}$$

使用线性函数逼近，总会存在一个近似的价值函数 (在子空间中) 使得 $\overline{\mathrm{PBE}}$ 为零。这是一个 TD 的不动点，在 9.4 节中介绍过 $\mathbf{w}_{\mathrm{TD}}$。正如我们所见，这个点在半梯度的 TD 方法和离轨策略训练下并不总是稳定的。从图中可以看出，这个价值函数通常也不同于那些优化 $\overline{\mathrm{VE}}$ 或者 $\overline{\mathrm{BE}}$ 所得到的价值函数。在 11.7 节和 11.8 节中讨论能够保证收敛到不动点的方法。

11.5 对贝尔曼误差做梯度下降

在对价值函数的近似及其各种目标有了理解之后，我们回到离轨策略学习的稳定性方面的挑战问题上。我们可以使用随机梯度下降 (SGD，9.3 节) 的方法，其中更新的量在期望上等于目标函数的负梯度。这些方法总是会让目标函数减小 (期望上)，因此通常是稳定的，而且有着良好的收敛性质。在本书到目前为止研究的这些算法中，只有蒙特卡洛方法是真正的 SGD 方法。这些方法在同轨策略和离轨策略以及一般的非线性 (可导的) 函数逼近器下均可有效收敛，尽管它们通常慢于使用自举法的半梯度方法 (非 SGD 方法)。半梯度方法可能在离轨策略学习中发散 (正如我们本章前面介绍的)，也可能在人为设计的非线性函数逼近的一些例子 (Tsitsiklis 和 van Roy，1997) 中发散。使用真实的 SGD 方法，这样的发散是不会出现的。

SGD 的吸引力如此之大，以至于人们花费了很大精力去寻找在强化学习中使用它的实用方法。在所有这些努力中，我们首先应该考虑的是待优化的误差或目标函数的选择。在这一节和下一节中我们将讨论一些最流行的目标函数的起源和局限性，它们基于我们上一节中所提到的*贝尔曼误差*。尽管这已经是一个流行并且有影响力的方法，但我们认为这是一个错误的研究方向，并不能产生优秀的学习方法。另一方面，这种方法失败的方式非常有趣，为我们寻找好的方法提供了灵感。

首先，我们先不考虑贝尔曼误差，先讨论一些更加直接且简单的东西。时序差分学习由 TD 误差所驱动。那么为什么不把最小化 TD 误差的平方期望作为目标呢？在一般的函数逼近的例子里，带折扣的单步TD 误差是

$$\delta_t = R_{t+1} + \gamma\hat{v}(S_{t+1},\mathbf{w}_t) - \hat{v}(S_t,\mathbf{w}_t).$$

基于此，一个被称为*均方 TD 误差*的可能的目标函数是

$$\begin{aligned}\overline{\mathrm{TDE}}\,(\mathbf{w}) &= \sum_{s\in\mathcal{S}} \mu(s)\mathbb{E}\big[\delta_t^2 \;\big|\; S_t = s, A_t \sim \pi\big] \\ &= \sum_{s\in\mathcal{S}} \mu(s)\mathbb{E}\big[\rho_t\delta_t^2 \;\big|\; S_t = s, A_t \sim b\big] \\ &= \mathbb{E}_b\big[\rho_t\delta_t^2\big]\,. && (\mu \text{ 是在 } b \text{ 下得到的分布})\end{aligned}$$

最后一个方程是 SGD 想要的那种形式，它给出一个期望值形式的目标，这个期望可以从经验中采样求得 (记住经验是从行动策略 b 得到的)。因此，按照标准的 SGD 方法，我们

可以得到基于这种期望值的一个样本的单步更新。

$$\begin{aligned}\mathbf{w}_{t+1} &= \mathbf{w}_t - \frac{1}{2}\alpha\nabla(\rho_t\delta_t^2) \\ &= \mathbf{w}_t - \alpha\rho_t\delta_t\nabla\delta_t \\ &= \mathbf{w}_t + \alpha\rho_t\delta_t\big(\nabla\hat{v}(S_t,\mathbf{w}_t) - \gamma\nabla\hat{v}(S_{t+1},\mathbf{w}_t)\big),\end{aligned} \tag{11.23}$$

你会发现除了额外的最后一项，它与半梯度 TD 算法 (式 11.2) 无异。这一项补全了这个梯度，而且让它成为了一个真正的 SGD 算法并有优异的收敛保证。我们把这个算法叫作*朴素残差梯度算法* (命名自 Baird，1995)。尽管朴素残差梯度算法稳健地收敛，但是它并不一定会收敛到我们想要的地方。

例 11.2　A-分裂的例子，展示了朴素残差梯度算法的不足

考虑右图所示的三个状态的分幕式 MRP。每幕始于状态 A 之后随机地“分裂”，一半的时间走向状态 B (然后终止并返回收益 1)，一半的时间走向状态 C (然后终止并返回收益 0)。第一个从 A 出发转移的收益总是 0，无论之后转移如何发展。因为这是一个分幕式问题，所以我们可以将 γ 设置为 1，我们也假设用同轨策略训练，因此 ρ_t 总是 1。假设使用表格型的函数逼近，因此学习算法可以自由地给三个状态以任意、独立的值。从而这应该是一个简单的问题。

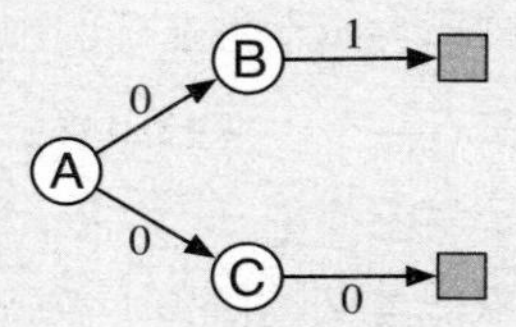

这些值应该是什么呢？从 A 出发，一半的时间里回报值是 1，且另一半的时间里回报值是 0；A 应该有价值 $\frac{1}{2}$。从 B 出发回报值永远是 1，因此它的价值应该是 1；类似地，C 的回报值总是 0，因此它的价值应该是 0。这些都是真实的价值，而且这是一个表格式的问题，所有之前提到的方法都完全收敛到这些值。

然而，朴素残差梯度算法为 B 和 C 寻找到了不同的值。它在 B 收敛到了值 $\frac{3}{4}$，而在 C 有一个值 $\frac{1}{4}$ (A 正确收敛到了 $\frac{1}{2}$)。这些确实是最小化 $\overline{\mathrm{TDE}}$ 的结果。

我们用这些值计算 $\overline{\mathrm{TDE}}$ 。每幕的第一个转移要么从 A 的 $\frac{1}{2}$ 提高到 B 的 $\frac{3}{4}$，改变为 $\frac{1}{4}$；或者从 A 的 $\frac{1}{2}$ 降低到 C 的 $\frac{1}{4}$，变化为 $-\frac{1}{4}$。因为在这些转移上的收益为 0，而且 $\gamma=1$，这些改变*就是* TD 误差，因此在第一个转移上的 TD 误差的平方总是 $\frac{1}{16}$。第二个转移是类似的；要么从 B 的 $\frac{3}{4}$ 增加到收益 1 (并进入一个价值为 0 的终止状态)，或者从 C 的 $\frac{1}{4}$ 减小到收益 0 (也是进入一个价值为 0 的终止状态)。因此，第二步的 TD 误差总是 $\pm\frac{1}{4}$，平方误差则是 $\frac{1}{16}$。因此，对于这组值，

$\overline{\text{TDE}}$ 在每一步上都是 $\frac{1}{16}$。

现在我们为真实的价值计算 $\overline{\text{TDE}}$ (B 为 1，C 为 0，A 为 $\frac{1}{2}$)。在这种情况下第一个转移要么在 B 从 $\frac{1}{2}$ 提升到 1，要么在 C 从 $\frac{1}{2}$ 降到 0，这两种情况的绝对误差都是 $\frac{1}{2}$，平方误差为 $\frac{1}{4}$。第二个转移的误差为 0，因为初始值无论是 0 还是 1 (取决于从 B 还是 C 开始转移)，都恰好与即时收益和回报相等。由于 $\frac{1}{8}$ 大于 $\frac{1}{16}$，因此这个解劣于通过 $\overline{\text{TDE}}$ 优化找到的解。在这个简单的问题中，真实的价值并不对应最小的 $\overline{\text{TDE}}$ 。

在 A-分裂的例子中使用了一个表格型的表示，因此真实的状态价值可以被确切地表达出来，然而朴素残差梯度算法发现了不同的值，而且这些值相比于真实的值有更低的 $\overline{\text{TDE}}$ 。最小化 $\overline{\text{TDE}}$ 是朴素的，通过减小所有的 TD 误差，它更倾向于得到时序上平滑的结果，而不是准确的预测。

还有一个更好的想法是最小化贝尔曼误差。如果学到了准确的价值，那么在任何位置贝尔曼误差都是 0。因此，最小化贝尔曼误差在 A-分裂的例子中应该没有任何问题。通常我们不能期望达到 0 的贝尔曼误差，因为它包括寻找真实的价值函数的过程，而我们假定真实的价值函数在可表达的函数空间之外。但是接近于它看起来是一个很自然的目标。正如我们所见，贝尔曼误差与 TD 误差也是紧密相关的。对于一个状态而言，贝尔曼误差是那个状态上 TD 误差的期望。因此我们对 TD 误差的期望重复上面的推导 (所有的期望都隐式以 S_t 为条件)

$$
\begin{aligned}
\mathbf{w}_{t+1} &= \mathbf{w}_t - \frac{1}{2}\alpha\nabla(\mathbb{E}_\pi[\delta_t]^2) \\
&= \mathbf{w}_t - \frac{1}{2}\alpha\nabla(\mathbb{E}_b[\rho_t\delta_t]^2) \\
&= \mathbf{w}_t - \alpha\mathbb{E}_b[\rho_t\delta_t]\,\nabla\mathbb{E}_b[\rho_t\delta_t] \\
&= \mathbf{w}_t - \alpha\mathbb{E}_b\Big[\rho_t(R_{t+1} + \gamma\hat{v}(S_{t+1},\mathbf{w}) - \hat{v}(S_t,\mathbf{w}))\Big]\,\mathbb{E}_b[\rho_t\nabla\delta_t] \\
&= \mathbf{w}_t + \alpha\Big[\mathbb{E}_b\Big[\rho_t(R_{t+1} + \gamma\hat{v}(S_{t+1},\mathbf{w}))\Big] - \hat{v}(S_t,\mathbf{w})\Big]\Big[\nabla\hat{v}(S_t,\mathbf{w}) \\
&\qquad - \gamma\mathbb{E}_b\Big[\rho_t\nabla\hat{v}(S_{t+1},\mathbf{w})\Big]\Big].
\end{aligned}
$$

这种更新和采样它的多种方式被称作*残差梯度算法*。如果你简单地在所有期望中使用采样值，那么上面的公式就几乎规约到式 (11.23)，朴素残差梯度算法。[1] 但是这个方法

1 对于状态价值而言，在处理重要度采样率 ρ_t 时有点不同。在类似的动作价值的情况里 (这是控制算法最重要的地方)，残差梯度算法可以完全规约到朴素的版本。

过于简单，因为上面的公式包括了下一个状态 S_{t+1}，其在两个相乘的期望值中出现。为了得到这个乘积的无偏样本，需要下一个状态的两个独立样本，但是通常在与外部环境的交互过程中，我们只能得到一个。可以一个用期望值，一个用采样值，但是不能都用期望值或采样值。

有两种方式可以让残差梯度算法起作用。一种是在确定性的环境下，如果到下一个状态的转移是确定性的，那么两个样本一定是一样的，则朴素的算法就是有效的。另一种方式是从 S_t 中获得下一个状态 (S_{t+1}) 的两个独立样本，一个用于第一个期望，另一个用于第二个期望。在与真实环境的交互中，这看起来是不可能的，但是在与模拟环境交互时，这是可行的。我们可以在进入真实的后继状态之前，退回到前面的状态，并且获得另一个后继状态。无论是上面的哪一种情况，残差梯度算法都能保证在一般步长参数上收敛到 $\overline{\text{BE}}$ 的最小值。作为一种 SGD 方法，用在线性和非线性的函数逼近器上都可以稳健地收敛。在线性的情况下，总会收敛到最小化 $\overline{\text{BE}}$ 的独一无二的 $\mathbf{w}$。

然而，残差梯度方法的收敛性仍然有三点不能让人满意。第一点是在实际应用中它速度非常慢，远远慢于半梯度方法。实际上，这种方法的支持者们已经提出了将它与快速半梯度方法初始化合并，并逐渐地切换到具有收敛性保证的残差梯度算法 (Baird 和 Moore, 1999)。残差梯度算法令人不满意的第二点是它看起来仍然收敛到错误的值。它在所有的表格型情况下都会得到正确的值，例如在 A-分裂的例子中，因为在那些情况下贝尔曼方程都能找到确切的解。但是如果我们用真正的函数逼近来检查样本，那么我们会发现残差梯度算法 (实际上对应于 $\overline{\text{BE}}$ 目标函数)，似乎找到了错误的价值函数。其中最明显的例子当属 A-分裂例子的一个变体，其又被称作 A-预先分裂，在下框中所示的例子中，残差梯度算法与朴素的版本找到了一样差的解。这个例子直观地展示了最小化 $\overline{\text{BE}}$ (残差梯度算法确实在做的事情) 可能也不是一个好的目标。

例 11.3　A-预先分裂的例子，$\overline{\text{BE}}$ 的一个反例

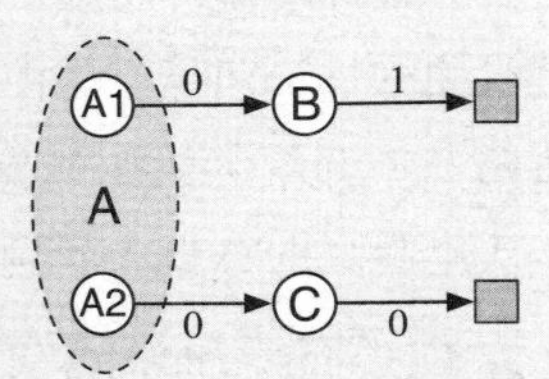

考虑右侧的一个三状态的分幕式 MRP：每幕始于 A1 或者 A2，两者概率相等。这两个状态对于函数逼近器而言看起来完全一样，就像一个单个的状态 A，它的特征表示与另外两个状态 B 和 C 的特征表示不同且不相关，B 和 C 之间也互不相同。特别地，函数逼近器的参数有三个成员，一个提供状态 B 的值，一个提供状态 C 的值，另一个提供状态 A1 和 A2 的值。除了初始状态的选择之外，系统是确定的。如果它始于 A1，那么它会转移到 B，得到收益 0，之后终止，得到收益 1；如果它始于 A2，那么它

会转移到 C，然后终止，两步的收益都是 0。

对于一个只关注特征的学习算法，这个系统看起来与 A-分裂的例子是一样的。这个系统看起来总是在 A 出发，等概率地转移到 B 或者 C，之后以 1 或者 0 的收益终止，具体的值完全取决于前一个状态是什么。像在 A- 分裂的例子中一样，B 和 C 的真实值是 1 和 0，而且由对称得到，对于 A1 和 A2 而言最好的共享价值是 $\frac{1}{2}$。

由于这个问题在外部看起来等同于 A-分裂的例子，因此我们已经知道算法会找到什么值了。半梯度的 TD 收敛到刚刚提到的真实值，然而朴素残差梯度算法对于 B 和 C 分别收敛到值 $\frac{3}{4}$ 和 $\frac{1}{4}$。所有这些转移都是确定性的，因此非朴素的残差梯度算法将会收敛到这些值 (在这个情况下是一样的算法)。接下来，这个“朴素”的解法也一定是最小化 $\overline{\mathrm{BE}}$ 的解法，而且它确实是这样。在一个确定性的问题中，贝尔曼误差和 TD 误差都是一样的，因此 $\overline{\mathrm{BE}}$ 总是和 $\overline{\mathrm{TDE}}$ 一样。在这个例子中优化 $\overline{\mathrm{BE}}$ ，会导致和朴素的残差梯度算法在 A- 分裂例子中一样的失败模式。

下一节解释残差梯度算法不令人满意的第三点，就像第二点一样，第三点也是 $\overline{\mathrm{BE}}$ 目标本身的问题，而不是任何特定算法的问题。

11.6 贝尔曼误差是不可学习的

本节中提出的不可学习的概念与机器学习中常用的不同。在机器学习中，我们假定可学习就是它可以被高效地学会，意味着可以用多项式级而不是指数级数量的样本学会它。而在此处我们用更基础的方式使用这个术语，可学习意味着用任意多的经验可以学到。事实证明，很多在强化学习中我们明显感兴趣的量，即使有无限多的数据，也不能从中学到。这些量都是良好定义的，而且在给定环境的内在结构时可以计算出来，但是不能从外部可观测的特征向量、动作和收益的序列中得到。[1] 我们称它们是不可学习的。事实证明，在前两节中介绍的贝尔曼误差目标 ($\overline{\mathrm{BE}}$) 在这个意义上是不可学习的。贝尔曼误差目标不能从可观测的数据中学到，这也许是不使用它的最大的理由。

为了使可学习的概念更加清晰，我们首先介绍一些简单的例子。考虑两个马尔可夫收益过程[2] (MRP)，如下图中所示。

1 如果能够观测到状态序列而不仅仅是相应的特征向量，那么当然可以估计它们。

2 所有的 MRP 都可以被当作 MDP，其中每个状态都只有一个动作。我们在此处得到的关于 MRP 的结论都可以用于 MDP。

当两条边离开同一个状态时，两个转移都被认为是等概率发生的，数字表明了获得的收益。所有状态看起来都是一样的，它们有相同的单变量特征 $x = 1$ 而且有相同的近似值 w。因此，数据轨迹唯一不同的部分是收益序列。左侧的 MRP 处于同一个状态下，随机产生无穷无尽的 0 和 2 的流，产生每个的概率都是 0.5。右侧的 MRP，在每一步中，要么处在它当前的状态，要么切换到另一个，这两个动作发生的概率是一样的。收益函数在这个 MRP 中是确定的，从某一个状态出发永远是 0，从另一个状态出发永远是 2。但是由于在每步中处于每个状态的概率都是一样的，可观测的数据又一次是一个由 0 和 2 随机组成的无限长的流，等同于左侧的 MRP (我们可以假设右侧的 MRP 等概率地从两个状态之一出发)。因此即使给定了无限数量的数据，仍然不可能分辨是哪一个 MRP 产生了它。特别是，我们不能分辨 MRP 有一个状态还是两个状态，是随机的还是确定的。这些事情都是不可学习的。

这一对 MRP 也展示了 $\overline{\text{VE}}$ 目标 (式 9.1) 是不可学习的。如果 $\gamma = 0$，那么这三个状态 (在两个 MRP 中) 的真实值从左到右分别是 1、0、2。假设 $w = 1$，那么 $\overline{\text{VE}}$ 对于左边的 MRP 而言是 0，但是对于右侧的 MRP 而言是 1。因为 $\overline{\text{VE}}$ 在这两个问题中是不一样的，然而产生的数据却遵从同一分布，因此 $\overline{\text{VE}}$ 也是不可学习的。$\overline{\text{VE}}$ 并不是这个数据分布唯一确定的函数。而且如果它是不可学习的，那么 $\overline{\text{VE}}$ 作为一个学习的目标如何才能起作用呢?

如果一个目标不可学习，那么它的效用确实会受到质疑。然而在 $\overline{\text{VE}}$ 的例子中，还有一条出路。注意，对于以上两个 MRP，它们的最优解 $w = 1$ 相同 (假设在右侧的 MRP 中，μ 对于这两个不可区分的状态而言是相同的)。这只是一种偶然，还是说对于所有有着相同数据分布以及相同最优参数向量的 MDP 而言都是广泛成立的呢？如果这一点成立 (我们会在后面说明这确实是成立的)，那么 $\overline{\text{VE}}$ 仍然是一个有用的目标。$\overline{\text{VE}}$ 是不可学习的，但是优化它的参数是可学习的!

为了理解这一点，引入另一个自然的目标函数是很有用的，这时我们需要一个明显可学习的量。一个总是可观察的误差是每个时刻的估计价值与这个时刻之后的实际回报的误差。*均方回报误差*，又记作 $\overline{\text{RE}}$ ，是一个在 μ 分布下这个误差的平方的期望。在同轨策略的情况下，$\overline{\text{RE}}$ 可以写成

$$\begin{aligned}\overline{\mathrm{RE}}(\mathbf{w}) &= \mathbb{E}\Big[\big(G_t - \hat{v}(S_t,\mathbf{w})\big)^2\Big] \\ &= \overline{\mathrm{VE}}(\mathbf{w}) + \mathbb{E}\Big[\big(G_t - v_\pi(S_t)\big)^2\Big].\end{aligned} \tag{11.24}$$

因此这两个目标是相同的，除了一个不依赖于参数向量的方差项外。这两个目标因此必须有相同的最优参数值 $\mathbf{w}^*$。在图 11.4 的左图中总结了总的关系。

* 练习 11.4 证明式 (11.24)。提示：把 $\overline{\mathrm{RE}}$ 写成一个在给定 $S_t = s$ 时平方误差在所有可能的状态 s 上的期望。然后由误差加减状态 s 的真实值 (在平方之前)，把减去的真实值和回报放在一起，增加的真实值和估计值放在一起。之后，如果展开平方项，最复杂的项将会变成 0，留下的是式 (11.24)。 □

现在我们回到 $\overline{\mathrm{BE}}$。$\overline{\mathrm{BE}}$ 与 $\overline{\mathrm{VE}}$ 类似的地方在于，可以从 MDP 的知识中计算出它，但是不可以从数据中学出来。但是它与 $\overline{\mathrm{VE}}$ 不同的地方在于，它的极小值解是不可学习的。下面框中展示了一个反例 —— 两个 MRP 产生相同的数据分布，但是使它们最小化的参数向量是不同的，这证明了最优的参数向量并不是一个关于数据的函数，因此不能够从数据中学出来。我们考虑的其他的自举法目标：$\overline{\mathrm{PBE}}$ 和 $\overline{\mathrm{TDE}}$，可以由数据决定 (可学习)，而且可以决定最优解。这些最优解通常与其他目标和 $\overline{\mathrm{BE}}$ 的最小值确定的解不同。在图 11.4 的右图中总结了一般的情况。

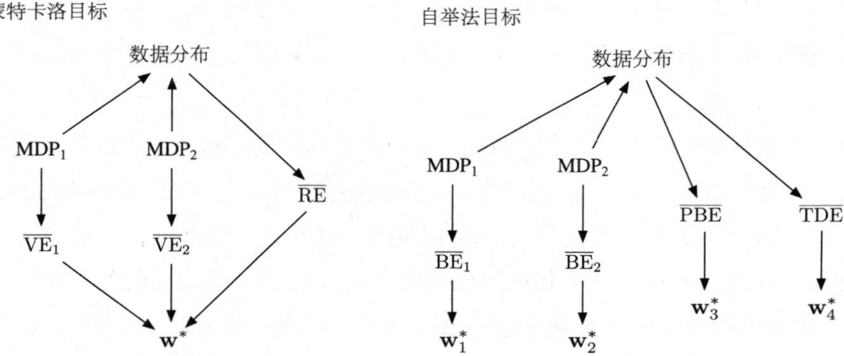

图 11.4 数据分布、MDP 和各种目标函数之间的因果关系 **左侧，蒙特卡洛目标：** 两个不同的 MDP 可以产生相同的数据分布，但是会具有不同的$\overline{\mathrm{VE}}$，这证明 $\overline{\mathrm{VE}}$ 目标不能够由数据决定，因此是不可学习的。然而，所有这样的$\overline{\mathrm{VE}}$ 还具有相同的最优参数向量 $\mathbf{w}^*$！除此之外，这个相同的 $\mathbf{w}^*$ 可以从另一个目标中确定：$\overline{\mathrm{RE}}$，可以从数据分布中唯一确定。因此尽管$\overline{\mathrm{VE}}$ 不行，但是 $\mathbf{w}^*$ 和 $\overline{\mathrm{RE}}$ 是可学习的。**右侧，自举法目标：** 两个不同的 MDP 可以产生相同的数据分布，但是也会产生不同的$\overline{\mathrm{BE}}$，而且最小化时会有不同的参数向量；这些不可以从数据分布中学习到。$\overline{\mathrm{PBE}}$ 和 $\overline{\mathrm{TDE}}$ 目标以及它们 (不同的) 最小值可以直接从数据中确定，因此是可以学习的

因此，$\overline{\mathrm{BE}}$ 是不可学习的；不能从特征向量和其他可观测的数据中估计它。这限制

了 $\overline{\text{BE}}$ 用于有模型的情形。几乎没有算法能够在不接触特征向量以外的底层的 MDP 状态的情况下最小化 $\overline{\text{BE}}$。残差梯度算法是唯一能够最小化 $\overline{\text{BE}}$ 的算法，因为它允许从一个状态中采样两次 —— 这些状态不仅仅有相同的特征向量，而是有完全相同的基础底层状态。我们现在可以看到，没有办法绕过这个问题，最小化 $\overline{\text{BE}}$ 需要能够触达像这样的名义上的基础底层 MDP。这是 $\overline{\text{BE}}$ 的一个重要的限制，超出了例 11.3 中 A-预先分裂的例子给出的限制。所有这些引导我们把注意力转向 $\overline{\text{PBE}}$。

例 11.4　贝尔曼误差可学习的反例

为了展示所有的可能性，我们需要一个相对上面的略微复杂一点的马尔可夫收益过程 (MRP) 对。考虑如下的几个 MRP：

当两条边离开同一个状态时，两个转移都被认为是等概率发生的，数字表示接收到的收益。左侧的 MRP 有两个状态，它们由不同的字母表示。右侧的 MRP 有三个状态，其中的两个，B 和 B′，从外观上看一样，并且会使用一样的近似值。特别是，$\mathbf{w}$ 有两个分量，状态 A 的值由第一个分量确定，状态 B 和 B′ 的值由第二个分量确定。第二个 MRP 被设计成在三个状态上消耗的时间相同，因此我们对于所有的 s，设置 $\mu(s) = \frac{1}{3}$。

注意，对于这两个 MRP 而言，可观测的数据分布是一样的。在两种情况中，智能体都看到单个 A 出现，随之获得收益 0，然后出现一些 Bs, 除了最后一个以外每个都获得收益 -1，最后一个的收益是 1，之后我们重新回到 A 和收益 0，等等。所有的这些统计细节都是一样的。在两个 MRP 中，出现一个长度为 k 的 Bs 序列的概率为 2^{-k}。

现在我们假设 $\mathbf{w} = \mathbf{0}$。在第一个 MRP 中，这是一个精确解，而且 $\overline{\text{BE}}$ 是 0。在第二个 MRP 中，这个解在 B 和 B′ 上都产生了一个值为 1 的平方误差，以至于 $\overline{\text{BE}} = \mu(\text{B})1 + \mu(\text{B}')1 = \frac{2}{3}$。这两个 MRP 产生了一样的数据分布，但是有不同的 $\overline{\text{BE}}$；因此 $\overline{\text{BE}}$ 是不可学习的。

除此之外 (不像之前的 $\overline{\text{VE}}$ 的例子)，最小化 $\mathbf{w}$ 的值对两个 MRP 而言是不同的。对于第一个 MRP，$\mathbf{w}$=$\mathbf{0}$ 最小化的是对于任意 γ 的 $\overline{\text{BE}}$。对于第二个 MRP，最小化的 $\mathbf{w}$ 是一个关于 γ 的复杂函数，但是在极限情况下，例如 $\gamma \to 1$，它是 $(-\frac{1}{2}, 0)^\top$。所以只依靠数据不能通过最小化 $\overline{\text{BE}}$ 得到解，需要关于 MRP 的数据以外的知识才可以。从这个意义上说，理论上我们不能把 $\overline{\text{BE}}$ 作为学习的目标。

第二个 MRP 中 A 的使 $\overline{\mathrm{BE}}$ 最小化的值距离 0 如此之远，有些令人惊讶。回顾一下，A 有一个专用的权重，因此它的值在函数逼近中是不受限的。A 紧跟着收益 0，然后转移到一个值接近于 0 的状态，这表明 $v_{\mathbf{w}}(\mathsf{A})$ 应该是 0；那为什么它的最优值实际上是负的而不是 0 呢？答案是把 $v_{\mathbf{w}}(\mathsf{A})$ 变成负值减小了从 B 到达 A 的误差。这个确定的转移收益为 1，这意味着 B 应该比 A 大 1。因为 B 的值接近于 0，所以 A 的值将会变得接近于 −1。A 的最小化 $\overline{\mathrm{BE}}$ 的值 $\approx -\frac{1}{2}$ 是一个减小进入和离开 A 的误差的一个折中。

11.7 梯度 TD 方法

我们现在考虑最小化 $\overline{\mathrm{PBE}}$ 的 SGD 方法。正如真实的 SGD 方法，这些*梯度 TD 方法*有稳健的收敛性质，即使在离轨策略训练和非线性函数逼近的情况下。之前我们讨论过，在线性的情况中，总有一个正确的解，在 TD 不动点 $\mathbf{w}_{\mathrm{TD}}$ 上 $\overline{\mathrm{PBE}}$ 是 0。这个解可以用最小二乘法找到 (9.8 节)，但是只能用时间复杂度是参数数量平方级 $O(d^2)$ 的方法。相反，我们现在寻求时间复杂度为 $O(d)$ 并且有稳健收敛性质的 SGD 方法。梯度 TD 方法可以实现这些目标，其付出的代价是时间复杂度增加一倍。

为了得到一个用于 $\overline{\mathrm{PBE}}$ (假设在线性函数逼近下) 的 SGD 方法，我们从以矩阵形式扩展和重写目标函数 (式 11.22) 开始

$$\begin{aligned}
\overline{\mathrm{PBE}}(\mathbf{w}) &= \left\|\Pi\bar{\delta}_{\mathbf{w}}\right\|_{\mu}^{2} \\
&= (\Pi\bar{\delta}_{\mathbf{w}})^{\top}\mathbf{D}\Pi\bar{\delta}_{\mathbf{w}} && \text{由式 (11.4) 得到} \\
&= \bar{\delta}_{\mathbf{w}}^{\top}\Pi^{\top}\mathbf{D}\Pi\bar{\delta}_{\mathbf{w}} \\
&= \bar{\delta}_{\mathbf{w}}^{\top}\mathbf{D}\mathbf{X}\left(\mathbf{X}^{\top}\mathbf{D}\mathbf{X}\right)^{-1}\mathbf{X}^{\top}\mathbf{D}\bar{\delta}_{\mathbf{w}} && (11.25)
\end{aligned}$$

(通过式 11.4 以及等式 $\Pi^{\top}\mathbf{D}\Pi = \mathbf{D}\mathbf{X}\left(\mathbf{X}^{\top}\mathbf{D}\mathbf{X}\right)^{-1}\mathbf{X}^{\top}\mathbf{D}$)

$$= \left(\mathbf{X}^{\top}\mathbf{D}\bar{\delta}_{\mathbf{w}}\right)^{\top}\left(\mathbf{X}^{\top}\mathbf{D}\mathbf{X}\right)^{-1}\left(\mathbf{X}^{\top}\mathbf{D}\bar{\delta}_{\mathbf{w}}\right). \qquad (11.26)$$

关于 $\mathbf{w}$ 的梯度是

$$\nabla\overline{\mathrm{PBE}}(\mathbf{w}) = 2\nabla\left[\mathbf{X}^{\top}\mathbf{D}\bar{\delta}_{\mathbf{w}}\right]^{\top}\left(\mathbf{X}^{\top}\mathbf{D}\mathbf{X}\right)^{-1}\left(\mathbf{X}^{\top}\mathbf{D}\bar{\delta}_{\mathbf{w}}\right).$$

为了把它转化成 SGD 方法，我们需要在每个时间点上采样一些东西，并把这个量作为它的期望值。令 μ 为在行动策略下访问的状态分布。所有这三个因子都可以写成在这个分

布下的某个期望的形式。例如，最后一个因子可以写成

$$\mathbf{X}^\top \mathbf{D}\bar{\delta}_{\mathbf{w}} = \sum_s \mu(s)\mathbf{x}(s)\bar{\delta}_{\mathbf{w}}(s) = \mathbb{E}[\rho_t\delta_t\mathbf{x}_t],$$

这就是半梯度的 TD(0) 更新式 (11.2) 的期望。第一个因子是这个更新梯度的转置

$$\begin{aligned}
\nabla\mathbb{E}[\rho_t\delta_t\mathbf{x}_t]^\top &= \mathbb{E}\big[\rho_t\nabla\delta_t^\top\mathbf{x}_t^\top\big] \\
&= \mathbb{E}\big[\rho_t\nabla(R_{t+1}+\gamma\mathbf{w}^\top\mathbf{x}_{t+1}-\mathbf{w}^\top\mathbf{x}_t)^\top\mathbf{x}_t^\top\big] \qquad (\text{使用分幕式 } \delta_t) \\
&= \mathbb{E}\big[\rho_t(\gamma\mathbf{x}_{t+1}-\mathbf{x}_t)\mathbf{x}_t^\top\big].
\end{aligned}$$

最后，中间的因子是特征向量的外积矩阵的期望的逆。

$$\mathbf{X}^\top\mathbf{D}\mathbf{X} = \sum_s \mu(s)\mathbf{x}_s\mathbf{x}_s^\top = \mathbb{E}\big[\mathbf{x}_t\mathbf{x}_t^\top\big].$$

我们把 $\overline{\mathrm{PBE}}$ 的梯度的三个因子换成这些期望的形式，得到

$$\nabla\overline{\mathrm{PBE}}(\mathbf{w}) = 2\mathbb{E}\big[\rho_t(\gamma\mathbf{x}_{t+1}-\mathbf{x}_t)\mathbf{x}_t^\top\big]\,\mathbb{E}\big[\mathbf{x}_t\mathbf{x}_t^\top\big]^{-1}\,\mathbb{E}[\rho_t\delta_t\mathbf{x}_t]. \tag{11.27}$$

把梯度写成这样的形式你可能看不出有任何好处。这是三个表达式的乘积，第一个和最后一个都不是独立的。它们都依赖于下一个状态的特征向量 $\mathbf{x}_{t+1}$，我们不能仅仅对这两个期望采样，然后将这些样本相乘。这样会像朴素残差梯度算法那样得到一个有偏的估计。

另一个想法是分别估计这三个期望，然后将它们合并起来得到一个梯度的无偏估计。这种方法虽然有效，但是需要太多的计算资源了，尤其是储存前两个期望，需要 $d\times d$ 的矩阵，并且需要计算第二个的逆。可以改进这个想法。如果估计了三个期望中的两个且储存了，那么对于第三个，可以通过采样，然后与其他两个量的储存值结合使用。例如，你可以储存后两个量的估计 (使用 9.8 节中的矩阵求逆的增量式更新技术)，之后对第一个表达式采样。不幸的是，总的算法仍然是平方级的时间复杂度 (阶为 $O(d^2)$)。

分别储存一些估计，然后把它们与样本合并，这是一个好的想法，而且可以用于梯度 TD 方法中。梯度 TD 方法估计并储存式 (11.27) 中的后两个因子。这些因子是 $d\times d$ 的矩阵和一个 d 维向量，因此它们的乘积只是一个 d 维向量，就像 $\mathbf{w}$ 本身。我们把这第二个学到的向量记为 $\mathbf{v}$

$$\mathbf{v} \approx \mathbb{E}\big[\mathbf{x}_t\mathbf{x}_t^\top\big]^{-1}\,\mathbb{E}[\rho_t\delta_t\mathbf{x}_t]. \tag{11.28}$$

这种形式对于学习线性有监督学习的学生而言非常熟悉，这是试图从特征近似 $\rho_t\delta_t$ 的最小二乘解。通过最小化期望平方误差 $\left(\mathbf{v}^\top\mathbf{x}_t-\rho_t\delta_t\right)^2$ 增量式地寻找向量 $\mathbf{v}$ 的标

准 SGD 方法又被称为 最小均方 (Least Mean Square，LMS) 规则 (此处增加了一个重要度采样率)

$$\mathbf{v}_{t+1} \doteq \mathbf{v}_t + \beta\rho_t \left(\delta_t - \mathbf{v}_t^\top \mathbf{x}_t\right) \mathbf{x}_t,$$

其中，$\beta > 0$ 是另一个步长参数。我们可以使用这种方法以 $O(d)$ 空间和时间复杂度有效得到式 (11.28)。

给定一个近似式 (11.28) 的保存下来的估计 $\mathbf{v}_t$，我们可以通过基于式 (11.27) 的 SGD 方法更新主要参数向量 $\mathbf{w}_t$。最简单的规则是

$$\begin{aligned}
\mathbf{w}_{t+1} &= \mathbf{w}_t - \frac{1}{2}\alpha\nabla\overline{\mathrm{PBE}}\left(\mathbf{w}_t\right) && \text{一般的 SGD 规则}\\
&= \mathbf{w}_t - \frac{1}{2}\alpha 2\mathbb{E}\big[\rho_t(\gamma\mathbf{x}_{t+1} - \mathbf{x}_t)\mathbf{x}_t^\top\big]\,\mathbb{E}\big[\mathbf{x}_t\mathbf{x}_t^\top\big]^{-1}\,\mathbb{E}[\rho_t\delta_t\mathbf{x}_t] && \text{由式 (11.27) 得到}\\
&= \mathbf{w}_t + \alpha\mathbb{E}\big[\rho_t(\mathbf{x}_t - \gamma\mathbf{x}_{t+1})\mathbf{x}_t^\top\big]\,\mathbb{E}\big[\mathbf{x}_t\mathbf{x}_t^\top\big]^{-1}\,\mathbb{E}[\rho_t\delta_t\mathbf{x}_t] && (11.29)\\
&\approx \mathbf{w}_t + \alpha\mathbb{E}\big[\rho_t(\mathbf{x}_t - \gamma\mathbf{x}_{t+1})\mathbf{x}_t^\top\big]\,\mathbf{v}_t && \text{基于式 (11.28)}\\
&\approx \mathbf{w}_t + \alpha\rho_t\left(\mathbf{x}_t - \gamma\mathbf{x}_{t+1}\right)\mathbf{x}_t^\top\mathbf{v}_t. && \text{(采样)}
\end{aligned}$$

这个算法又被称作 *GTD2*。注意最后的内积项 $(\mathbf{x}_t^\top\mathbf{v}_t)$ 是最先完成的，之后整个算法的时间复杂度是 $O(d)$。

在替换为 $\mathbf{v}_t$ 之前多做几步分析，我们可以得到一个更好的算法，从式 (11.29) 开始

$$\begin{aligned}
\mathbf{w}_{t+1} &= \mathbf{w}_t + \alpha\mathbb{E}\big[\rho_t(\mathbf{x}_t - \gamma\mathbf{x}_{t+1})\mathbf{x}_t^\top\big]\,\mathbb{E}\big[\mathbf{x}_t\mathbf{x}_t^\top\big]^{-1}\,\mathbb{E}[\rho_t\delta_t\mathbf{x}_t]\\
&= \mathbf{w}_t + \alpha\left(\mathbb{E}\big[\rho_t\mathbf{x}_t\mathbf{x}_t^\top\big] - \gamma\mathbb{E}\big[\rho_t\mathbf{x}_{t+1}\mathbf{x}_t^\top\big]\right)\mathbb{E}\big[\mathbf{x}_t\mathbf{x}_t^\top\big]^{-1}\,\mathbb{E}[\rho_t\delta_t\mathbf{x}_t]\\
&= \mathbf{w}_t + \alpha\left(\mathbb{E}[\mathbf{x}_t\rho_t\delta_t] - \gamma\mathbb{E}\big[\rho_t\mathbf{x}_{t+1}\mathbf{x}_t^\top\big]\right)\mathbb{E}\big[\mathbf{x}_t\mathbf{x}_t^\top\big]^{-1}\,\mathbb{E}[\rho_t\delta_t\mathbf{x}_t]\\
&= \mathbf{w}_t + \alpha\left(\mathbb{E}[\mathbf{x}_t\rho_t\delta_t] - \gamma\mathbb{E}\big[\rho_t\mathbf{x}_{t+1}\mathbf{x}_t^\top\big]\,\mathbf{v}_t\right)\\
&= \mathbf{w}_t + \alpha\rho_t\left(\delta_t\mathbf{x}_t - \gamma\mathbf{x}_{t+1}\mathbf{x}_t^\top\mathbf{v}_t\right), && \text{(采样)}
\end{aligned}$$

如果最后的乘积 $(x_t^\top\mathbf{v}_t)$ 首先完成，那么时间复杂度依然是 $O(d)$。这个算法又被称为*带梯度修正的 TD(0) (TDC)* 或者 *GTD(0)*。

图 11.5 展示了一个 TDC 在 Baird 的反例上的一个实例以及期望的行为。正如我们所设想的，$\overline{\mathrm{PBE}}$ 降到了 0，但是参数向量的各个分量并没有接近 0。事实上，这些值仍然距离最优解 $\hat{v}(s) = 0$ 非常远。对于所有的 s，对它而言 $\mathbf{w}$ 需要与 $(1,1,1,1,1,1,4,-2)^\top$ 成正比。在 1000 个迭代之后，我们仍然距离最优解非常遥远，正如我们从 $\overline{\mathrm{VE}}$ 中看到的，它几乎停留在 2。事实上这个系统确实能收敛到一个最优解，但是这个过程极其缓慢，因为 $\overline{\mathrm{PBE}}$ 已经与 0 非常接近了。

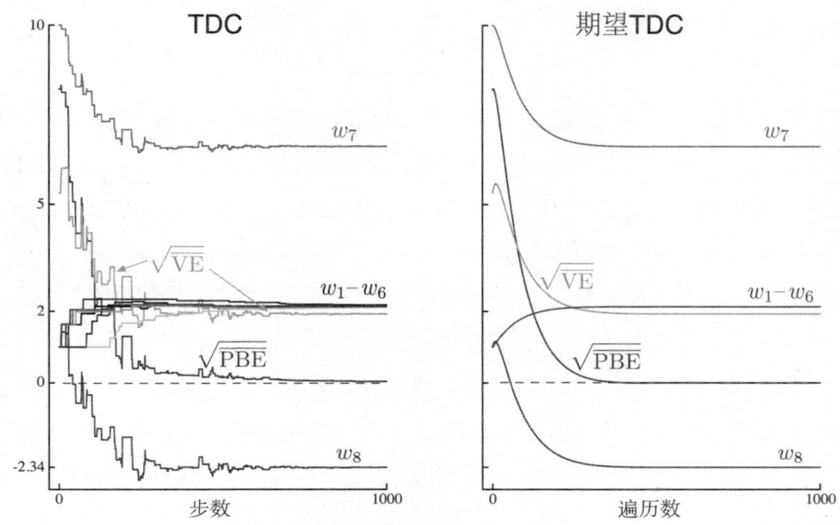

图 11.5 在 Baird 的反例上 TDC 算法的行为。左侧展示的是运行一轮之后的通常结果，右侧展示的是，如果除了两个 TDC 的参数向量之外更新都是同步进行的话 (类比于式 11.9)，这个算法的期望行为。步长 $\alpha = 0.005$，$\beta = 0.05$

GTD2 和 TDC 都包含两个学习过程，主要的过程是学习 $\mathbf{w}$，次要的过程是学习 $\mathbf{v}$。主要的学习过程的逻辑依赖于次要的学习过程结束，至少是近似结束，然而次要的学习过程会继续进行，并且不受主要的学习过程影响。我们把这种不对称的依赖称为梯级。在梯级中我们通常假设次要学习过程要进行得更快，因此总是处于它的渐近值，其足够精确而且已经准备好辅助主要学习过程。这些方法的收敛性证明通常需要显式地做这个假设。这些被称作两个时间量级的证明。时间量级更快的那个是次要学习过程，时间量级更慢的那个是主要学习过程。如果 α 是主要学习过程的步长，而且 β 是次要学习过程的步长，那么这些收敛证明通常需要限制 $\beta \to 0$ 而且 $\frac{\alpha}{\beta} \to 0$。

梯度 TD 方法目前是最容易理解而且应用广泛的离轨策略方法。它可以扩展到动作价值函数和控制问题 (GQ，Maei 等，2010)，扩展到资格迹 (GTD(λ) 和 GQ(λ)，Maei，2011；Maei 和 Sutton，2010)，还有非线性函数逼近 (Maei 等，2009)。人们也提出了在半梯度 TD 和梯度 TD 之间切换的混合算法 (Hackman，2012；White 和 White，2016)。在目标策略和行动策略差异很大时，混合 TD 算法的行为很像梯度 TD 算法；当目标策略和行动策略相同时，混合 TD 算法的行为很像半梯度算法。最后，梯度 TD 的想法已经与近似方法和控制变量的思想相结合，产生了更高效的方法 (Mahadevan 等，2014)。

11.8 强调 TD 方法

我们现在来看另一个主流方法，这个方法在人们寻求廉价而高效的使用函数逼近的离轨策略学习方法中被进行了广泛的讨论。回顾线性的半梯度 TD 方法，它在同轨策略分布下训练时，既高效又稳定。而且我们在 9.4 节中展示过，这是因为矩阵 $\mathbf{A}$ (式 (9.11)) 的正定性，还有同轨策略状态分布 μ_π 和在目标策略下的状态转移概率 $p(s|s,a)$ 之间的匹配。在离轨策略学习中，我们使用重要度采样重新分配了状态转移的权重，使得它们变得适合学习目标策略。但是状态分布仍然是行动策略产生的，这里就有了一个不匹配之处。一个自然的想法是以某种方式重新分配状态的权重，强调一部分而淡化另一部分，目的是将更新分布变为同轨策略分布。这样就匹配了，而且稳定性和收敛性都会由之前存在的结果所保证。这就是强调 TD 方法的想法，在 9.11 节中讲述同轨策略训练时第一次提出了该想法。

事实上，“同轨策略分布”的说法并不准确，因为存在有许多同轨策略分布，其中的任何一个都能保证稳定。考虑一个无折扣的分幕式问题。幕如何终止完全由转移概率所决定。但是一幕可能有多个不同的开始方式。无论幕如何开始，如果所有的状态转移都遵从目标策略，那么得到的状态分布是一个同轨策略分布。你可能在终止状态附近开始，并且在幕结束之前只以高概率访问了几个状态。或者你可能在离终止状态很远的位置开始，在终止之前经过了很多状态。这些都是同轨策略分布，在这两个分布上用线性半梯度方法训练都可以保证稳定。无论过程如何开始，只要所有遇到的状态都更新了，那么其中一个同轨策略分布就可以一直发挥效用直到终止。

如果带折扣，则它可以被视作这些目标的部分终止，或者按概率终止。如果 $\gamma = 0.9$，那么我们可以认为该过程在每步以 0.1 的概率终止，然后立即于转移到的状态重启。带折扣的问题可以定义为在每一步以 $1-\gamma$ 的概率连续终止并重启。这种思考折扣的方式是一种更通用的概念伪终止的例子 —— “终止”不影响状态转移序列，但是影响学习过程和被学习的量。这种伪终止对于离轨策略学习非常重要，因为重启是个选项 (记住，我们可以以任何喜欢的方式开始)。而且终止减弱了同轨策略分布中对持续记录经过的状态的需求。这也就是说，如果我们考虑在新状态上重启，那么折扣会很快给我们一个受限的同轨策略分布。

学习分幕式状态价值的单步强调 TD 算法定义如下

$$\delta_t = R_{t+1} + \gamma\hat{v}(S_{t+1},\mathbf{w}_t) - \hat{v}(S_t,\mathbf{w}_t),$$

$$\mathbf{w}_{t+1} = \mathbf{w}_t + \alpha M_t \rho_t \delta_t \nabla\hat{v}(S_t,\mathbf{w}_t),$$

$$M_t = \gamma\rho_{t-1}M_{t-1} + I_t,$$

其中，I_t 为兴趣值，可以取任意值；而 M_t 为强调值，被初始化为 $M_{t-1} = 0$。

这个算法在 Baird 的反例上如何表现呢？图 11.6 展现了参数向量的每个分量的期望轨迹 (对于在所有的 t 上 $I_t = 1$ 的情形)。图中有一些抖动，但是最终所有的分量都收敛了，而且 $\overline{\text{VE}}$ 收敛到 0。这些轨迹是通过迭代式地计算参数向量轨迹的期望得到的，而没有任何由于状态转移和收益采样引起的方差。这里没有展示直接使用强调 TD 算法的结果，因为它在 Baird 反例上的方差过高，所以几乎不可能在计算实验上得到一致性的结果。在这个问题中，算法理论上收敛到最优解，但是实际上并不是这样。我们在下一节中讨论如何减小所有这些算法的方差。

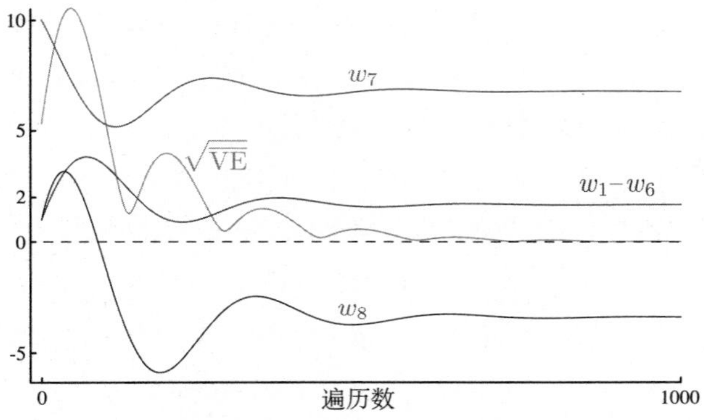

图 11.6　在 Baird 的反例中，单步的强调 TD 算法行为的期望。步长 $\alpha = 0.03$

11.9　减小方差

与同轨策略学习相比，离轨策略学习本质上具有更大的方差。这并不奇怪，如果你接收到与策略关联不太紧密的数据，你应该可以预见，这只能学到这个策略下的价值的较少信息。在极端情况下，可能学不到任何东西。例如，你不能指望通过烹饪晚餐来学习如何开车。只有当目标和行动策略相关时，即它们访问相似的状态，并且采取类似的动作，才能让智能体在离轨策略训练过程中取得显著的进步。

另一方面，任何策略都有很多“邻居”。很多相似的策略在访问过的状态和采取过的动作上有相当程度的重叠，然而它们并不等同。离轨策略学习存在的最重要的原因就是允许推广泛化到这些大量的“相关但不等同的策略”。如何最好地利用这些经验仍然是一个问题。既然我们已经有了一些在期望值上 (如果步长设置对了的话) 稳定的方法，我们自然会把注意力集中在减小估计的方差上。有许多关于此的思想，我们在这里只介绍一小部分。

为什么在基于重要度采样的离轨策略方法中，控制方差尤其重要呢？正如我们所见，重要度采样通常包括策略比率的乘积。这些比率的期望总是 1 (式 5.13)，但是它们的真实值可能非常高，或者低到接近 0。连续的比率之间是不互相关联的，因此它们的乘积的期望值也总是 1，但是它们的方差可能很大。回想一下，在 SGD 方法中将这些比率乘上步长大小，因此高方差意味着步长之间的差异会很大。这对于随机梯度下降而言是很有问题的，因为有时会出现很大的步长。而步长必须不能太大，因为这样会把参数带到一个完全不同的梯度空间。随机梯度下降法依赖于在多步上取平均，以获得一个梯度的良好感知，如果它们在一个样本上做了太大的移动，它们就会变得不可靠。如果为了避免这一点，将步长参数设置得太小，那么期望的步长最终会变得很小，导致学习非常缓慢。动量的概念 (Derthick，1984)、Polyak-Ruppert 求和的概念 (Polyak，1990；Ruppert, 1988；Polyak 和 Juditsky，1992)，或者这些想法的进一步扩展，可能会对此有很大的帮助。对于参数向量的不同部分自适应地设置分离的步长也是非常合适的 (例如，Jacobs, 1988；Sutton，1992b，c)，还有 Karampatziakis 和 Langford (2010) 提出的“重要性权重感知”的更新。

在第 5 章中，我们知道了加权的重要度采样相比于普通的重要度采样，有更好的性能以及更小的方差。然而，将加权重要度采样应用于函数逼近的情形是一个挑战，而且可能需要以 $O(d)$ 的时间复杂度近似完成 (Mahmood 和 Sutton，2015)。

树回溯算法 (7.5 节) 表明，可以不使用重要度采样而进行一些离轨策略学习。这个想法被扩展到离轨策略的情形，并产生了一些稳定并且更加高效的方法，这些方法由 Munos、Stepleton、Harutyunyan 和 Bellemare (2016) 还有 Mahmood、Yu 和 Sutton (2017) 提出。

另一个补充性的方法是允许目标策略部分地由行动策略决定。使用这种方法的话，目标策略永远不会与行动策略有太大不同，从而产生大的重要度采样率。例如，Precup 等人 (2006) 提出了“识别器”思想，其通过参考行动策略来定义目标策略。

11.10 本章小结

离轨策略学习是一个诱人的挑战，它能测试我们设计稳定高效的学习算法的聪明才智。表格型的 Q 学习使得离轨策略学习看起来很简单，并且能够自然地推广到期望 Sarsa 和树回溯算法。但正如我们在本章中看到的，将这些思想扩展到函数逼近，甚至只是扩展到线性函数逼近，都会面临新的挑战，并迫使我们加深对强化学习算法的理解。

为什么要花这么长的篇幅呢？我们要寻求离轨策略算法的一个原因是，在处理试探和开发之间的权衡时提供灵活性。另一个是将行为独立于学习，并且避免目标策略的专制。TD 学习似乎提供了并行地学习多个事物的可能性，也即使用一个经验流同时解决多个任务。我们当然可以在一些特殊情况下这样做，只是并不是在所有我们所希望的情况下都可以这样做，或者都能达到我们想要的效率。

在这一章中我们把离轨策略学习面临的挑战分为两个。第一个是纠正行动策略的学习目标。我们使用前面为表格型情况设计的技术直截了当地处理，虽然要付出增加更新的方差的代价，因此减慢了学习速度。高方差可能长期会是离轨策略学习的一个挑战。

离轨策略学习面临的第二个挑战是包含了自举法的半梯度 TD 方法的不稳定性。我们寻求强大的函数逼近、离轨策略学习，还有自举 TD 方法的高效和灵活性。但是在一个算法中将*致命三要素*的三个部分结合起来，而不引入潜在的不稳定性，是我们面临的一个挑战。过去有一些尝试，其中最流行的是寻求对贝尔曼误差 (又称作贝尔曼残差) 进行真实的随机梯度下降 (SGD)。然而我们的分析得出的结论是，在很多种情况下这并不是一个吸引人的目标，更何况也不能通过学习算法来实现 —— $\overline{\mathrm{BE}}$ 的梯度是不能仅仅从基于特征向量而非真正的底层基础状态的经验中学习到的。另一种方法，梯度 TD 方法，在投影贝尔曼误差中进行随机梯度下降。$\overline{\mathrm{PBE}}$ 的梯度是可以在 $O(d)$ 的时间复杂度内学习到的，但是需要新增额外的第二个参数向量和第二个步长，这些是必须要付出的额外代价。最新的一个方法族“强调 TD 方法”改进了重新分配权重更新的旧思想，它强调其中一部分而弱化其他的部分。用这种方法，通过计算上简单的半梯度方法恢复了使得同轨策略学习稳定的特定属性。

离轨策略学习的整个领域是相对新且没有被攻克的领域。哪一种算法最好，甚至说哪一种算法可以使用都没有定论。在本章中最后介绍的新算法所带来的复杂性真的是必要的吗？其中的哪些方法可以有效地与减少方差的方法相结合呢？离轨策略学习的潜力仍然很吸引人，攻克它的最好方式仍然是一个谜。

参考文献和历史评注

11.1 第一个半梯度方法是线性 TD(λ) (Sutton，1988)，“半梯度”这个说法则是更近一些时间被提出来的 (Sutton，2015a)。使用通用的重要度采样率的半梯度离轨策略 TD(0) 算法近年才被 Sutton、Mahmood 和 White (2016) 明确地提出来，但是动作价值函数形式在很早就被 Precup、Sutton 和 Singh (2000) 提出，他们也完成了这些算法的资格迹形式 (见第 12

章)。它们的持续性且不带折扣的形式还没有被深入研究。本书给出的 n步形式是全新的。

11.2 最早的 w 到 $2w$ 的例子由 Tsitsiklis 和 van Roy (1996) 给出，他们在第 249 页的方框中介绍了具体的反例。Baird 的反例归功于 Baird (1995)，尽管我们这里展现的版本被做了少许修改，函数逼近的平均方法由 Gordon (1995，1996b) 提出。使用离轨策略梯度 DP 方法不稳定的其他例子和更复杂的函数逼近方法由 Boyan 和 Moore (1995) 提出。Bradtke (1993) 给出了一个例子，其中在线性二次调节问题中，使用线性函数逼近器进行 Q 学习会收敛到不稳定策略。

11.3 致命三要素最早被 Sutton (1995b) 所确定，之后由 Tsitsiklis 和 van Roy (1997) 进行了彻底的分析。"致命三要素"这个说法由 Sutton (2015a) 给出。

11.4 包含动态规划算子的线性分析的先驱者是 Tsitsiklis 和 van Roy (1996；1997)。如图 11.3 所示的表示方法首先由 Lagoudakis 和 Parr 提出。

我们所称的记作 B_π 的贝尔曼算子，被更一般地记为 T^π 并且称作"动态规划算子"，同时一般形式的 $T^{(\lambda)}$，也被称作"TD(λ) 算子"(Tsitsiklis 和 van Roy，1996，1997)。

11.5 $\overline{\text{BE}}$ 首先由 Schweitzer 和 Seidmann (1985) 提出，作为动态规划的一个目标函数。Baird (1995，1999) 将它拓展成为基于随机梯度下降的 TD 学习。在文献中，$\overline{\text{BE}}$ 最小化通常被称为贝尔曼残差最小化。

最早的 A-分裂的例子源于 Dayan (1992)。这里的两个形式由 Sutton 等 (2009a) 给出。

11.6 这一节的内容是此版本的新内容。

11.7 梯度 TD 方法由 Sutton、Szepesvári 和 Maei (2009b) 提出。在本节中强调的方法由 Sutton 等 (2009a) 和 Mahmood 等 (2014) 提出。迄今为止，梯度 TD 和相关方法的最敏感的实证研究由 Geist 和 Scherrer (2014)，Dann、Neumann 和 Peters (2014)，还有 White (2015) 给出。梯度 TD 方法的理论最新进展 Yu (2017) 在研究。

11.8 强调 TD 算法由 Sutton、Mahmood 和 White (2016) 提出。完全收敛的证明和其他的理论在之后由 Yu (2015；2016；Yu、Mahmood 和 Sutton，2017)，Hallak、Tamar 和 Mannor (2015)，还有 Hallak、Tamar、Munos 和 Mannor (2016) 建立。

12 资格迹

资格迹是强化学习的基本方法之一。例如，在著名的 TD(λ) 算法中，λ 就是资格迹的一个应用。几乎所有用到了时序差分的算法，比如 Q 学习和 Sarsa，都可以与资格迹结合起来，获得一个更加有效的一般性方法。

资格迹将时序差分和蒙特卡洛算法统一了起来并进行了扩展。将时序差分算法与资格迹方法相结合后，便产生了一系列算法，蒙特卡洛算法 ($\lambda=1$) 和单步时序差分算法 ($\lambda=0$) 是其中的两个极端情况。λ 取中间值的其他算法一般比两种极端算法中任意一种都表现得好。资格迹也提供了一种方法使得蒙特卡洛算法一方面可以在线使用，另一方面可以在不是分幕式的持续性问题上使用。

在第 7 章介绍的 n-步时序差分算法，使我们已经看到了统一时序差分和蒙特卡洛算法的一种方式，但是资格迹在此基础上给出了具有明显计算优势的更优雅的算法机制。这个机制的核心是一个短时记忆向量，资格迹 $\mathbf{z}_t \in \mathbb{R}^d$，以及与之相对的长时权重向量 $\mathbf{w}_t \in \mathbb{R}^d$。这个方法核心的思想是，当参数 $\mathbf{w}_t$ 的一个分量参与计算并产生一个估计值时，对应的 $\mathbf{z}_t$ 的分量会骤然升高，然后逐渐衰减。在迹归零前，如果发现了非零的时序差分误差，那么相应的 $\mathbf{w}_t$ 的分量就可以得到学习。迹衰减参数 $\lambda \in [0,1]$ 决定了迹的衰减率。

在 n-步算法中资格迹的主要计算优势在于，它只需要追踪一个迹向量，而不需要存储最近的 n 个特征向量。同时，学习也会持续并统一地在整个时间上进行，而不是延迟到整个幕的末尾才能获得信号。另外，可以在遇到一个状态后马上进行学习并影响后续决策而不需要 n 步的延迟。

资格迹说明，有时可以用不同的方式来实现学习算法从而获得计算优势。很多算法采用最自然的方式进行形式化，并被理解为某种状态价值的更新，这个更新基于该状态的若干后继时刻发生的事件。比如，蒙特卡洛算法 (第 5 章) 基于当前状态的所有未来收益来更新，n-步时序差分算法 (第 7 章) 基于接下来 n 步的收益及 n 步之后的状态来更新。这些通过待更新的状态往前看得到的算法，被称为*前向视图*。前向视图的一般实现比较复杂，因为它的更新依赖于当前还未发生的未来。然而，如我们将在本章中展示的，使用当前的时序差分误差并用资格迹往回看那些已访问过的状态，就能够得到几乎一样 (有时甚至完全一模一样) 的更新。这种替代的学习算法称为*资格迹的后向视图*。谈到后向视图、前后向视图之间的转换，以及前后向视图的等价性，则可以追溯到时序差分算法的引入，然而它们从 2014 年以来变得更加有效与复杂。这里我们从现代的视角来介绍其基础知识。

如同往常一样，我们先讨论状态的价值预测问题，接着再推广到动作价值以及控制问题。首先讨论同轨策略的情况再扩展到离轨策略学习上。我们主要关注用线性函数逼近的情况，在这种情况下使用资格迹效果较好。所有的这些结果也适用于表格型学习与状态聚合学习，因为它们都是线性函数逼近的特例。

12.1 λ-回报

在第 7 章中，我们定义了 n 步回报为最初 n 步的折后收益加上 n 步后到达状态的折后预估价值 (式 7.1)。对于任意参数化的函数逼近，可以将其一般化的公式写为：

$$G_{t:t+n} \doteq R_{t+1} + \gamma R_{t+2} + \cdots + \gamma^{n-1} R_{t+n} + \gamma^n \hat{v}(S_{t+n}, \mathbf{w}_{t+n-1}),\ 0 \leqslant t \leqslant T-n. \quad (12.1)$$

我们注意到，在第 7 章中，$n \geqslant 1$ 的每一个 n 步回报，对于表格型学习的更新均是一个合法的更新目标，就如同用于式 (9.7) 的近似 SGD 更新一样。

注意，一次有效的更新除了以任意的 n 步回报为目标之外，也可以用不同 n 的*平均* n 步回报作为更新目标。比如，可以将一个二步回报的一半与四步回报的一半合在一起作为一个更新目标，即 $\frac{1}{2}G_{t:t+2} + \frac{1}{2}G_{t:t+4}$。任何这样的 n 步回报的平均值都是可取的，即使是一个无限的集合，只要满足权重都为正数且和为 1 即可。这样的复合型的回报有着类似于式 (7.3)中独立的 n 步回报一样能够减小误差的性质，因此可以保证更新的收敛性。平均回报产生了一系列新的算法。比如，可以通过平均单步与无限步的回报来得到一种将时序差分和蒙特卡洛算法结合的方式。理论上，甚至可以将基于经验的更新与动态规划的更新进行平均得到一个简单的结合基于经验的更新和基于模型的更新的算法 (参见第 8 章)。

将简单的更新平均而组成的更新被称为*复合更新*。一个复合更新的回溯图包括了每个组成部分的单独的回溯图，并在上方画一道水平线，下方注明每个组成部分的权重。例如，本节最开始提及的例子，将二步回报的一半与四步回报的一半混合所得到的回溯图如右图所示。一个复合更新只能在它的组分中最长的那个更新完成后完成。例如，右图所示的更新，只能在 $t+4$ 时刻完成对 t 时刻的估计。一般来说，我们会限制组分中最长部分的长度，因为它决定了更新的延迟。

可以把 TD(λ) 算法视作平均 n 步更新的一种特例。这里的平均值包括了所有可能的 n 步更新，每一个按比例 λ^{n-1} 加权，这里 $\lambda \in [0,1]$，最后乘上正则项 $(1-\lambda)$ 保证权值和为 1 (参见图 12.1)。产生的结果称为*λ-回报*，定义为

$$G_t^\lambda \doteq (1-\lambda)\sum_{n=1}^{\infty}\lambda^{n-1}G_{t:t+n}. \tag{12.2}$$

图 12.2 展示了 λ-回报的每一个 n 步更新的权值的序列。单步回报获得了最大的权值 $(1-\lambda)$；两步回报为次大值 $(1-\lambda)\lambda$；三步回报获得权值为 $(1-\lambda)\lambda^2$。依此类推。每多一步，权值按照 λ 衰减。在到达一个终止状态后，所有的后续 n 步回报等于 G_t。如果愿意的话，可以将这些终止状态之后的计算项从主要的求和项中独立出来，如图所示，得到

$$G_t^\lambda \ = \ (1-\lambda)\sum_{n=1}^{T-t-1}\lambda^{n-1}G_{t:t+n} \ + \ \lambda^{T-t-1}G_t. \tag{12.3}$$

通过这个公式，我们可以很清楚地看到，当 $\lambda=1$ 时会发生什么。此时，求和项为零，剩余的项就是常规的回报 G_t。因此，在 $\lambda=1$ 时，λ-回报的更新算法就是蒙特卡洛算法。另一方面，当 $\lambda=0$ 时，λ-回报即为 $G_{t:t+1}$，即单步回报。所以，在 $\lambda=0$ 时，λ-回报的更新就是单步时序差分算法。

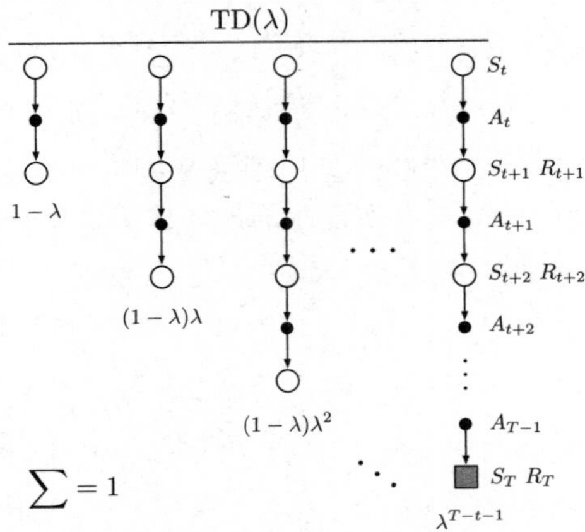

图 12.1　TD(λ) 回溯图。如果 $\lambda=0$，则整个更新被简化为只有第一部分的更新，即单步时序差分更新；当 $\lambda=1$ 时，则整个更新被简化为最后一部分的更新，即蒙特卡洛更新

练习 12.1 如同回报可以被递归地表示为首个收益与下一时刻回报的和 (式 3.9)，对 λ-回报也可以这样做。请根据式 (12.2) 和式 (12.1) 推导其递归关系。 □

练习 12.2 如图 12.2 所示，参数 λ表征了权值指数衰减的速度，因此就确定了在更新时 λ-回报算法往后看多远。但是使用 λ这样的速率值来描述衰减的速度比较笨拙。一般来说，最好指定其半衰期。那么关于 λ 与半衰期 τ_λ 的公式是什么？这里半衰期指的是权重序列达到初始值的一半所需的时间。 □

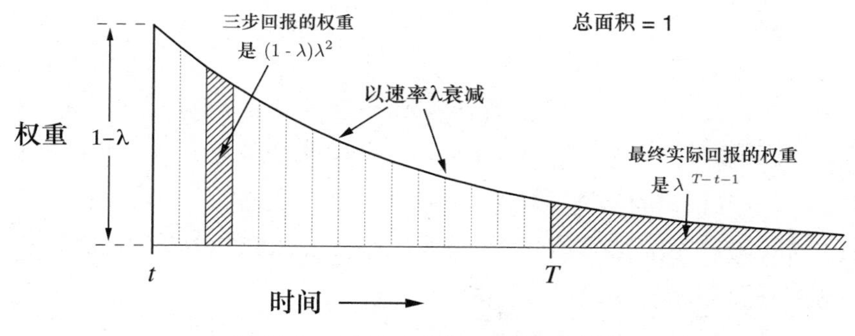

图 12.2 λ-回报中每个 n-步回报的权重

我们现在已经可以定义基于 λ-回报的第一个学习算法了，即*离线 λ-回报算法*。作为一个离线算法，在一幕序列的中间不会改变权值向量。而是在整幕结束后，才会进行整个序列的离线更新。根据我们常用的半梯度准则，使用 λ-回报作为目标

$$\mathbf{w}_{t+1} \doteq \mathbf{w}_t + \alpha\Big[G_t^\lambda - \hat{v}(S_t,\mathbf{w}_t)\Big]\nabla\hat{v}(S_t,\mathbf{w}_t),\ t = 0,\ldots,T-1. \tag{12.4}$$

λ-回报给了一种在蒙特卡洛算法与单步时序差分算法之间平滑移动的可以与第 7 章提及的 n-步时序差分相比的算法。我们在 19-状态随机行走问题 (例 7.1) 上检测了其效果。图 12.3 给出了离线 λ-回报算法在这个问题上与之前 n-步算法 (与图 7.2 相同) 的比较。实验和之前相同，唯一的区别是此处的变量为 λ而不是 n 。性能由最开始 10 幕中 19 个状态的真实价值与估计价值的均方根误差的平均值来衡量。注意，离线 λ-回报算法与 n-步算法的性能相当。在两种情况下，都是在n-步算法的 n 和 λ-回报的 λ取中间值时获得最好的性能。

我们目前采取的所有算法，理论上都是*前向*的。对于访问的每一个状态，我们向前 (未来的方向) 探索所有可能的未来的收益并决定如何最佳地结合它们。如图 12.4 所示，我们可以想象处于状态流中，从每一个状态往前看并决定如何更新这个状态。每次更新完一个状态，移到下一个并且再也不会往回更新之前的状态。另一方面，未来的状态会从之前的位置被重复地观测与处理。

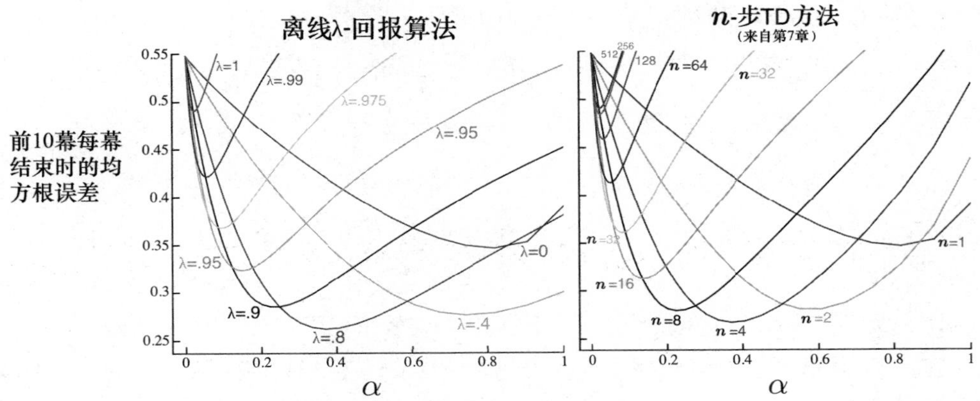

图 12.3 19-状态随机游走的结果 (例 7.1)：离线 λ-回报算法和 n-步时序差分方法的性能比较。两种算法都是在自举参数 (λ 或 n) 为中间值时表现最好。离线 λ-回报算法的结果在 α 和 λ 为最优值以及 α 较大时会稍微好一些

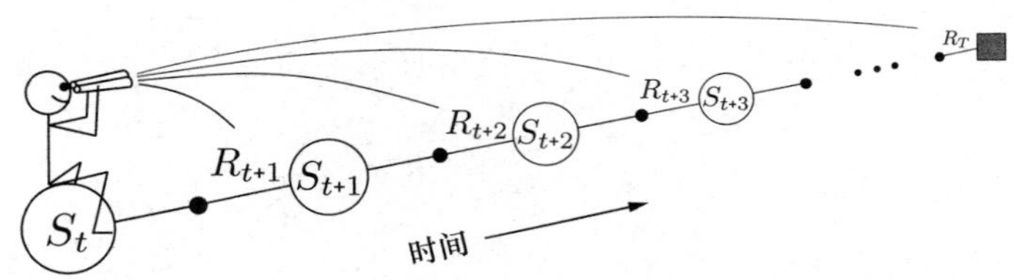

图 12.4 前向视图，如何通过未来的收益和状态更新每一个状态值

12.2 TD(λ)

TD(λ) 是强化学习中最古老、使用也最广泛的算法之一，它是第一个使用资格迹展示了更理论化的前向视图和更易于计算的后向视图之间关系的算法。这里我们将以实证的方式展示它近似于上一章的离线 λ-回报算法。

TD(λ) 通过三种方式改进了离线 λ-回报算法。首先它在一幕序列的每一步更新权重向量而不仅仅在结束时才更新。其次，它的计算平均分配在整个时间轴上，而不仅仅是幕的结尾。第三，它也适用于持续性问题而不是仅仅适用于分幕式的情况。本节介绍基于函数逼近的半梯度版本的 TD(λ)。

通过函数逼近，资格迹 $\mathbf{z}_t \in \mathbb{R}^d$ 是一个和权值向量 $\mathbf{w}_t$ 同维度的向量。权值向量是一个长期的记忆，在整个系统的生命周期中进行积累；而资格迹是一个短期记忆，其持续时间通常少于一幕的长度。资格迹辅助整个学习过程，它们唯一的作用是影响权值向量，而

权值向量则决定了估计值。

在 TD(λ) 中，资格迹向量被初始化为零，然后在每一步累加价值函数的梯度，并以 $\gamma\lambda$ 衰减

$$\begin{aligned}\mathbf{z}_{-1} &\doteq \mathbf{0},\\ \mathbf{z}_t &\doteq \gamma\lambda\mathbf{z}_{t-1} + \nabla\hat{v}(S_t,\mathbf{w}_t),\ 0 \leqslant t \leqslant T,\end{aligned} \tag{12.5}$$

这里 γ 是折扣系数，而 λ 为前一章介绍的衰减率参数。资格迹追踪了对最近的状态评估值做出了或正或负贡献的权植向量的分量，这里的“最近”由 $\gamma\lambda$ 来定义 (回忆一下，在线性函数逼近中，$\nabla\hat{v}(S_t,\mathbf{w}_t)$ 就是特征向量 $\mathbf{x}_t$，在这种情况下，资格迹向量就是过去不断衰减的输入向量之和)。当一个强化事件出现时，我们认为这些贡献“痕迹”展示了权值向量的对应分量有多少“资格”可以接受学习过程引起的变化。我们关注的强化事件是一个又一个时刻的单步时序差分误差。预测的状态价值函数的时序差分误差为

$$\delta_t \doteq R_{t+1} + \gamma\hat{v}(S_{t+1},\mathbf{w}_t) - \hat{v}(S_t,\mathbf{w}_t). \tag{12.6}$$

在 TD(λ) 中，权值向量每一步的更新正比于时序差分的标量误差和资格迹

$$\mathbf{w}_{t+1} \doteq \mathbf{w}_t + \alpha\delta_t\mathbf{z}_t. \tag{12.7}$$

半梯度 TD(λ) 算法，用于估计 $\hat{v} \approx v_\pi$

输入：待评估的策略 π
输入：一个可微的函数 $\hat{v}\ \mathcal{S}^+ \times \mathbb{R}^d \to \mathbb{R}$，满足 $\hat{v}$(终止状态,$\cdot$) $= 0$
算法参数：步长 $\alpha > 0$，迹衰减率 $\lambda \in [0,1]$
任意初始化价值函数的权重 $\mathbf{w}$ (如 $\mathbf{w} = \mathbf{0}$)

对每一幕循环：
初始化 S
$\mathbf{z} \leftarrow \mathbf{0}$ (一个 d 维向量)
对幕中的每一步循环：
| 选择 $A \sim \pi(\cdot|S)$
| 执行 A，观察到 R, S'
| $\mathbf{z} \leftarrow \gamma\lambda\mathbf{z} + \nabla\hat{v}(S,\mathbf{w})$
| $\delta \leftarrow R + \gamma\hat{v}(S',\mathbf{w}) - \hat{v}(S,\mathbf{w})$
| $\mathbf{w} \leftarrow \mathbf{w} + \alpha\delta\mathbf{z}$
| $S \leftarrow S'$
直到 S' 为终止状态

TD(λ) 在时间上往回看。每个时刻我们计算当前的时序差分误差，并根据之前状态对当前资格迹的贡献来分配它。如图 12.5 所示，我们可以想象在一个状态流中，计算时序差分误差，然后将其传播给之前访问的状态。当时序差分误差和迹同时起作用时，便得到了式 (12.7) 所示的更新。

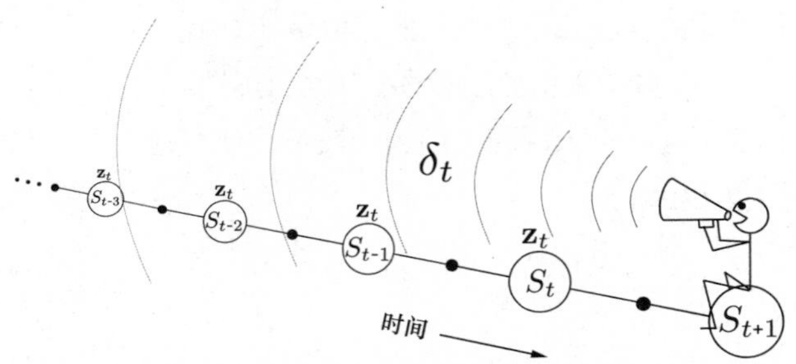

图 12.5　TD(λ) 的后向视图，每一次更新都依赖于当前的时序差分误差和当前时刻的资格迹，资格迹归纳了过去所有事件的影响

为了更好地理解后向视图，考虑 λ的不同取值。如果 $\lambda = 0$，根据式 (12.5)，在 t 时刻的迹恰好为 S_t 对应的价值函数梯度。所以此时的 TD(λ) 的更新式 (12.7) 退化为第 9 章中的单步半梯度时序差分更新 (同时，在表格型学习的情况下，退化为简单时序差分规则式 (6.2)。因此，把这种算法称为 TD(0)。就图 12.5 而言，TD(0) 仅仅让当前时刻的前导状态被当前的时序差分误差所改变。对于更大的 λ ($\lambda < 1$)，更多的之前的状态会被改变，但是如图所示，越远的状态改变越少，这是因为对应的资格迹更小。也可以这样说，较早的状态被分配了较小的信用来“消费”TD 误差。

如果 $\lambda = 1$，那么之前状态的信用每步仅仅衰减 γ。这个恰好与蒙特卡洛算法的行为一致。例如，时序差分误差 δ_t 包括了无折扣的 R_{t+1}，在将它反传到 k 步的时候就需要以 γ^k 计算折扣，如同回报中的任何一个时刻的收益一样，而这恰好是不断衰减的资格迹所做的事情。如果 $\lambda = 1$ 并且 $\gamma = 1$，那么资格迹在任何时候都不衰减。在这种情况下，该算法与无折扣的分幕式任务的蒙特卡洛算法的表现就是完全相同的。当 $\lambda = 1$ 时，这种算法也被称为 TD(1)。

TD(1) 相比于之前提出的版本是一种通用的实现蒙特卡洛算法的方式，它大大扩展了适用范围。之前的蒙特卡洛算法局限于幕任务，而 TD(1) 可以适用于带折扣的持续性任务。此外，TD(1) 可以增量式地在线运行。蒙特卡洛算法的一个缺点是除非到了一幕的结束，否则它无法学习到任何东西。比如，如果在蒙特卡洛控制中，采取了一个会获得很差收益但并不终止当前幕的动作，则智能体在这一幕中重复这个动作的倾向不会变低。相反，在线 TD(1) 算法以 n-步时序差分的方式从正在进行的未终结的幕中学习，其中用于学习的信息是到当前时刻为止的最近 n 步决策的信息。如果在一幕中发生了某个特别好或者差的事件，则基于 TD(1) 的算法能够在同一幕中立即调整智能体的行为。

我们可以通过重新讨论 19 状态随机行走问题 (例 7.1) 来比较 TD(λ) 算法和离线 λ-回报算法。两个算法的结果显示在图 12.6 中。对于每一个 λ值，如果选择最优的 α 或者稍小一点的值，则两种算法的性能几乎是相同的。但是如果 α 的值比最优值大，λ-回报算法仅仅变差一点，而 TD(λ) 算法则变差了很多，甚至有可能不稳定。对 TD(λ) 算法来说，在这个任务上这种情况不是一个大问题，因为一般不会使用这么大的参数，但是在其他任务上，这可能是一个很大的弱点。

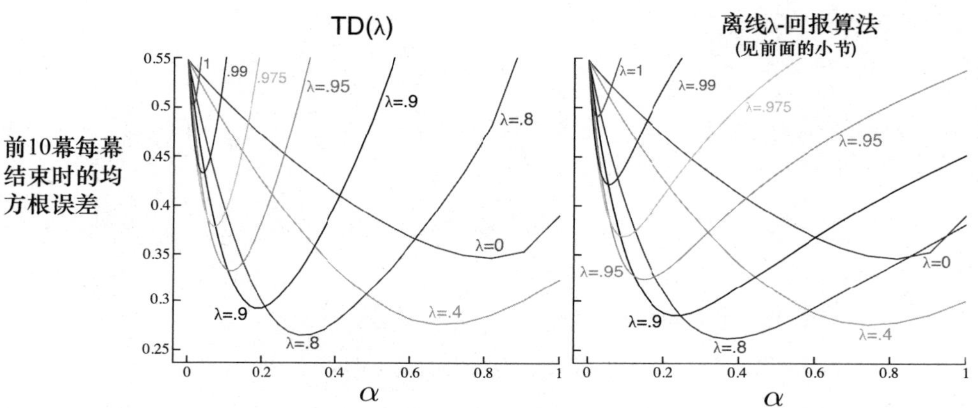

图 12.6 19 状态随机游走的结果 (例 7.1)。TD(λ) 和离线 λ-回报算法的性能比较。当 (λ) 值较小时 (比最优值小)，两个算法看起来性能差不多，但是在 α 值较大时，TD(λ) 表现得更差一些

如果更新步长按照通常的条件 (式 2.7)，随着时间的推移而减小，那么线性 TD(λ) 被证明会在同轨策略的情况下收敛。如 9.4 节讨论的，这里的收敛并不会正好收敛到对应于最小误差的权值向量，而是根据 λ收敛到它附近的一个权值向量。之前证明的近似误差的上界 (式 9.14) 现在可以推广到任意一个 λ。对于一个带折扣的持续性任务，有

$$\overline{\mathrm{VE}}\,(\mathbf{w}_\infty) \leqslant \frac{1-\gamma\lambda}{1-\gamma}\min_{\mathbf{w}}\overline{\mathrm{VE}}\,(\mathbf{w}). \tag{12.8}$$

也就是说，渐近误差不会超过 $\frac{1-\gamma\lambda}{1-\gamma}$ 乘上最小的可能误差。当 λ接近于 1 时，这个上界接近最小的误差 (在 $\lambda=0$ 时上界最松)。然而，实际上 $\lambda=1$ 通常是一个最差的选择，我们稍后在图 12.14 中会看到这一点。

练习 12.3 观察 TD(λ) 如何逼近离线 λ-回报算法，可以发现，后者的误差项 (式 12.4 中括号中的项) 可以写为固定的单个 $\mathbf{w}$ 的时序差分误差 (式 12.6) 的和。请遵循式 (6.6) 中的模式并使用练习 12.1 中获得的 λ-回报的递归式证明。 □

练习 12.4 利用上一个练习中的结果证明，如果一幕中的每一步都计算权重更新，但并不真正进行权重的更新 (即 $\mathbf{w}$ 保持不变)，则 TD(λ) 中的权重更新的和等于离线 λ-回报的更新的和。 □

12.3 n-步截断 λ-回报方法

离线 λ-回报算法描述的是一种理想状况，但是其作用是有限的，因为它使用了直到幕末尾才知道的 λ-回报 (式 12.2)。在持续性任务的情况下，严格说λ-回报是永远未知的，因为它依赖于任意大的 n 所对应的 n-步回报，也即依赖于任意遥远的未来所产生的收益。然而，由于每一时刻有 $\gamma\lambda$ 的衰减，实际上对长期未来的收益的依赖是越来越弱的。那么一个自然的近似便是截断一定步数之后的序列。现有的 n-步回报方法很自然地给我们提供了一种启示：缺少的真实收益可以用估计值来代替。

一般地，假定数据最远只能到达未来的某个视界 h，则我们可以定义当前时刻 t 的截断 λ-回报为

$$G_{t:h}^{\lambda} \doteq (1-\lambda)\sum_{n=1}^{h-t-1}\lambda^{n-1}G_{t:t+n} + \lambda^{h-t-1}G_{t:h},\ 0 \leqslant t < h \leqslant T. \tag{12.9}$$

如果将这个等式与 λ-回报式 (12.3) 相比较，则可以发现视界 h 的作用与之前的终止时刻 T 的作用相同。在 λ-回报中，对真实回报给出了一个残差权重，而这里则将残差权重给可能的最长 n-步回报了，即 $(h-t)$ 步回报 (见图 12.2)。

类似于第 7 章中的 n-步算法的产生，截断 λ-回报的引入马上就产生了一类新的 n-步截断 λ-回报算法。在所有这类算法中，更新推迟 n 步且只考虑前 n 个收益，但是现在将所有的 k 步回报 $(1 \leqslant k \leqslant n)$ 都考虑进来 (较早的 n-步算法只使用 n-步回报)，其几何加权如图 12.2 所示。在使用状态价值函数的情况下，这一类算法被称为截断 TD(λ)，或者 TTD(λ)。其复合回溯图如图 12.7 所示，与普通的 TD(λ) 的回溯图 (图 12.1) 非常类似，唯一的区别在于最长的部分最多为 n 步而不是一直到整幕序列的末尾。TTD(λ) 的定义为 (参见式 9.15)

$$\mathbf{w}_{t+n} \doteq \mathbf{w}_{t+n-1} + \alpha\left[G_{t:t+n}^{\lambda} - \hat{v}(S_t,\mathbf{w}_{t+n-1})\right]\nabla\hat{v}(S_t,\mathbf{w}_{t+n-1}),\ 0 \leqslant t < T.$$

可以很高效地实现这个算法，以保证其每步的计算量不随着 n 变化 (但是内存的开销无法减少)。如 n-步时序差分算法一样，最初 $n-1$ 个时刻不进行更新，另外有 $n-1$ 次更新

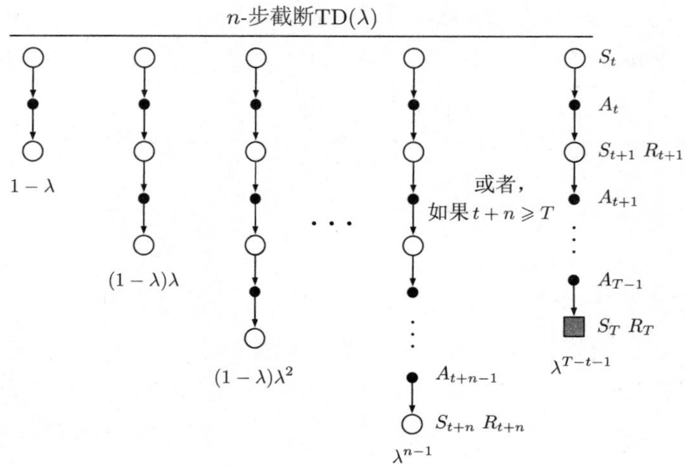

图 12.7 截断 TD(λ) 的回溯图

在幕终止后进行。高效率的实现依赖于 k 步 λ-回报可以写为

$$G^{\lambda}_{t:t+k} = \hat{v}(S_t,\mathbf{w}_{t-1}) + \sum_{i=t}^{t+k-1} (\gamma\lambda)^{i-t}\delta'_i, \tag{12.10}$$

其中

$$\delta'_t \doteq R_{t+1} + \gamma\hat{v}(S_{t+1},\mathbf{w}_t) - \hat{v}(S_t,\mathbf{w}_{t-1}).$$

练习 12.5 在本书中 (一般是在练习中)，已经多次证明如果价值函数保持不变，则回报可以写为时序差分误差之和。请证明式 (12.10) 也符合这个结论。 □

12.4 重做更新：在线 λ-回报算法

选择截断 TD(λ) 中的截断参数 n 时需要折中考虑。n 应该尽量大使其更接近离线 λ-回报算法，同时它也应该比较小使得更新更快且更迅速地影响后续行为。我们是否能够找到最好的折中呢？原则上可以，但是必须以增加计算复杂性为代价。

基本思想是，在每一步收集到新的数据增量的同时，回到当前幕的开始并重做所有的更新。由于获得了新的数据，因此新的更新会比原来的更好。换言之，更新总是朝向一个 n-步截断 λ-回报目标，但是每次都使用新的视界。每一次遍历当前幕时，都可以使用一个稍长一点的视界来得到一个稍好一点的结果。回顾一下，n-步截断 λ-回报的定义为

$$G^{\lambda}_{t:h} \doteq (1-\lambda)\sum_{n=1}^{h-t-1} \lambda^{n-1}G_{t:t+n} + \lambda^{h-t-1}G_{t:h}.$$

现在我们来探讨一下，如果计算复杂性不是问题的话，如何理想地使用这个目标。幕开始时，在时刻 0 使用上一幕末尾的权值 $\mathbf{w}_0$。在视界扩展到时刻 1 时开始学习。给定了到视界 1 为止的数据，0 时刻的估计目标只能是单步回报 $G_{0:1}$，它包括了 R_1 和基于估计值 $\hat{v}(S_1,\mathbf{w}_0)$ 的自举项。当式 (12.9) 的第一项中的求和运算退化为 0 时，就是 $G^\lambda_{0:1}$。用这个目标更新，可以得到 $\mathbf{w}_1$。然后，随着视界扩展到时刻 2，我们可以做什么？我们有从 R_2 和 S_2 处获取的新数据，以及新的权值 $\mathbf{w}_1$，所以我们现在可以为第一个 S_0 的更新构建一个更好的目标 $G^\lambda_{0:2}$，以及第二个 S_1 的更新的更好的目标 $G^\lambda_{1:2}$。采用这些改善过的目标，我们从 $\mathbf{w}_0$ 开始重做 S_1 和 S_2 的更新，就得到了 $\mathbf{w}_2$。接着将视界扩展到时刻 3 再重复这个过程：一路回到头产生 3 个新的目标，再从原来的 $\mathbf{w}_0$ 开始重做所有的更新，以最终得到 $\mathbf{w}_3$，依此类推。当视界每扩展一步，我们都要从 $\mathbf{w}_0$ 开始重做所有的更新。这个过程要使用在前面的视界下得到的权重向量。

这个概念性的算法涉及了对整幕序列的多次遍历，对每个不同的视界都要遍历一次，每次都生成了一个不同的权值序列。为了清晰地描述这个算法，我们必须区分不同视界计算的不同权值向量。我们定义 $\mathbf{w}^h_t$ 为在视界为 h 的序列的时刻 t 所生成的权值。第一个权值向量 $\mathbf{w}^h_0$ 由上一幕继承而来，最后一个权值向量 $\mathbf{w}_h$ 为算法的最终权值向量。最终一个视界 $h=T$ 获得的最终权值 $\mathbf{w}^T_T$ 会被传送给下一幕用作初始权值向量。在这种情况下，之前描述的三个权值向量序列可以被表示为

$$
\begin{aligned}
h=1: \quad & \mathbf{w}^1_1 \doteq \mathbf{w}^1_0 + \alpha\left[G^\lambda_{0:1} - \hat{v}(S_0,\mathbf{w}^1_0)\right]\nabla\hat{v}(S_0,\mathbf{w}^1_0),\\
h=2: \quad & \mathbf{w}^2_1 \doteq \mathbf{w}^2_0 + \alpha\left[G^\lambda_{0:2} - \hat{v}(S_0,\mathbf{w}^2_0)\right]\nabla\hat{v}(S_0,\mathbf{w}^2_0),\\
& \mathbf{w}^2_2 \doteq \mathbf{w}^2_1 + \alpha\left[G^\lambda_{1:2} - \hat{v}(S_1,\mathbf{w}^2_1)\right]\nabla\hat{v}(S_1,\mathbf{w}^2_1),\\
h=3: \quad & \mathbf{w}^3_1 \doteq \mathbf{w}^3_0 + \alpha\left[G^\lambda_{0:3} - \hat{v}(S_0,\mathbf{w}^3_0)\right]\nabla\hat{v}(S_0,\mathbf{w}^3_0),\\
& \mathbf{w}^3_2 \doteq \mathbf{w}^3_1 + \alpha\left[G^\lambda_{1:3} - \hat{v}(S_1,\mathbf{w}^3_1)\right]\nabla\hat{v}(S_1,\mathbf{w}^3_1),\\
& \mathbf{w}^3_3 \doteq \mathbf{w}^3_2 + \alpha\left[G^\lambda_{2:3} - \hat{v}(S_2,\mathbf{w}^3_2)\right]\nabla\hat{v}(S_2,\mathbf{w}^3_2).
\end{aligned}
$$

更新的一般形式为

$$
\mathbf{w}^h_{t+1} \doteq \mathbf{w}^h_t + \alpha\left[G^\lambda_{t:h} - \hat{v}(S_t,\mathbf{w}^h_t)\right]\nabla\hat{v}(S_t,\mathbf{w}^h_t),\ 0 \leqslant t < h \leqslant T.
$$

这个更新公式与 $\mathbf{w}_t \doteq \mathbf{w}^t_t$ 一起，就定义了所谓的*在线 λ-回报算法*。

在线 λ-回报算法是一个完全在线的算法，其在一幕中的每一个时刻 t，仅仅使用时刻 t 获取的信息确定新的权值向量 $\mathbf{w}_t$。它的主要缺点是计算非常复杂，每一个时刻需要遍历整幕序列。注意，从严格意义上说，它比离线 λ-回报算法要复杂，因为后者在终止

时虽然也需要遍历整幕，但是在该幕中间不会做任何的更新。作为回报，在线算法有望获得比离线算法更好的结果。这不仅仅是因为在幕的中间会进行更新，而离线算法不会做更新，而且也因为在幕结束时，用于自举的权值向量 (在 $G_{t:h}^{\lambda}$ 中) 获得了更多数量的有意义的更新。图 12.8 比较了这两种算法在 19-状态随机游走任务上的效果，在这个图中我们可以观察到上述结论。

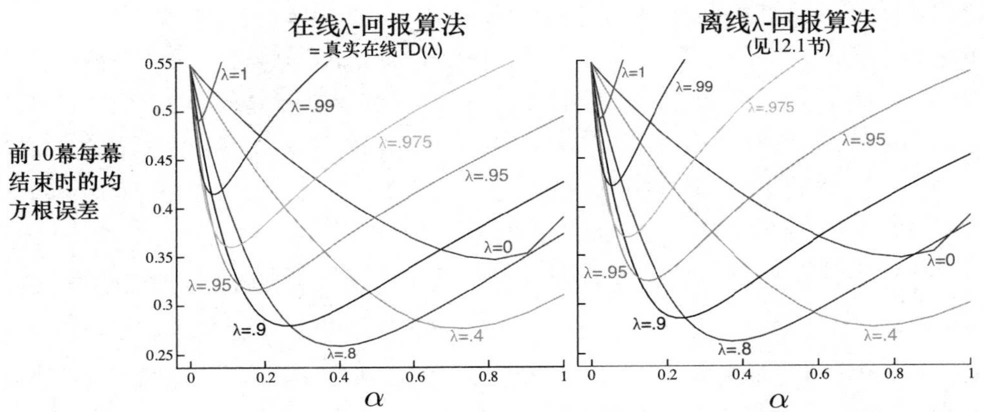

图 12.8 19-状态 随机游走的结果 (例 7.1)：在线和离线 λ-回报的性能比较。这里的性能指标是每幕结尾的 $\overline{\text{VE}}$ ，在这种情况下，离线算法应该表现得最好。尽管如此，在线算法的表现还是相当不错的。相比之下，$\lambda=0$ 时两种算法表现相同

12.5 真实的在线 TD(λ)

刚才提出的在线 λ-回报算法是效果最好的时序差分算法。然而，就像前面介绍的，这个算法很复杂。是否存在一种方法将这个前向视图算法转换为一个利用资格迹的有效后向视图算法呢？事实上，对于线性函数逼近，的确存在一种在线 λ-回报算法的精确计算实现。这种实现被称为真实在线 TD(λ) 算法，因为它对 TD(λ) 的近似比理想的在线 λ-回报算法对 TD(λ) 算法的近似更加“真实”。

真实在线 TD(λ) 算法的推导有些复杂 (可以参考下一节内容以及论文 van Seijen et al.，2016 的附录) ，但是推导的实现策略是简单的。在线 λ-回报算法的权重向量的序列可以被组织成一个三角形

$$
\begin{array}{llllll}
\mathbf{w}_0^0 \\
\mathbf{w}_0^1 & \mathbf{w}_1^1 \\
\mathbf{w}_0^2 & \mathbf{w}_1^2 & \mathbf{w}_2^2 \\
\mathbf{w}_0^3 & \mathbf{w}_1^3 & \mathbf{w}_2^3 & \mathbf{w}_3^3 \\
\vdots & \vdots & \vdots & \vdots & \ddots \\
\mathbf{w}_0^T & \mathbf{w}_1^T & \mathbf{w}_2^T & \mathbf{w}_3^T & \cdots & \mathbf{w}_T^T
\end{array}
$$

在每个时刻中产生这个三角形的一行。只有对角线上的权重向量 $\mathbf{w}_t^t$ 是我们真正需要的。第一个权重向量 $\mathbf{w}_0^0$ 是输入，最后一个 $\mathbf{w}_T^T$ 是输出，在这条线上的每一个权重向量 $\mathbf{w}_t^t$ 在 n-步自举法更新回报值中产生作用。在最终的算法中对角权重向量被重命名了，取消了上标，$\mathbf{w}_t \doteq \mathbf{w}_t^t$。接下来，就要找到一个通过前一个值计算 $\mathbf{w}_t^t$ 的紧凑有效方式。如果这一步完成了，对于 $\hat{v}(s,\mathbf{w}) = \mathbf{w}^\top \mathbf{x}(s)$ 的线性情况，我们可以得到真实的在线 TD(λ) 算法

$$\mathbf{w}_{t+1} \doteq \mathbf{w}_t + \alpha\delta_t\mathbf{z}_t + \alpha\left(\mathbf{w}_t^\top\mathbf{x}_t - \mathbf{w}_{t-1}^\top\mathbf{x}_t\right)(\mathbf{z}_t - \mathbf{x}_t),$$

在这个公式中我们使用了 $\mathbf{x}_t \doteq \mathbf{x}(S_t)$，$\delta_t$ 的定义同 TD(λ) (式 12.6) 中的定义，且 $\mathbf{z}_t$ 被定义为

$$\mathbf{z}_t \doteq \gamma\lambda\mathbf{z}_{t-1} + \left(1 - \alpha\gamma\lambda\mathbf{z}_{t-1}^\top\mathbf{x}_t\right)\mathbf{x}_t. \tag{12.11}$$

这个算法被证明能够产生和在线 λ-回报算法 (van Seijen et al. 2016) 完全相同的权值向量 $\mathbf{w}_t, 0 \leqslant t \leqslant T$。所以在图 12.8 左边的随机行走实验的结果不会变化，但是现在这个算法显然代价没有原来昂贵。真实在线 TD(λ) 算法的内存需求与常规的 TD(λ) 相同，然而每一步的计算量增加了约 50% (在资格迹的更新中多出一个内积)。总体上，每一步的计算复杂度仍然是 $O(d)$，与 TD(λ) 相同。下面框中描述了这个算法的完整伪代码。

真实在线 TD(λ) 算法，用于估计 $\mathbf{w}^\top\mathbf{x} \approx v_\pi$

输入：待评估的策略 π
输入：特征函数 $\mathbf{x} : \mathcal{S}^+ \to \mathbb{R}^d$，满足 $\mathbf{x}$(终止状态, $\cdot$) $= \mathbf{0}$
算法参数：步长 $\alpha > 0$，迹衰减率 $\lambda \in [0, 1]$
初始化价值函数的权重 $\mathbf{w} \in \mathbb{R}^d$ (如 $\mathbf{w} = \mathbf{0}$)

对每一幕循环：
　初始化状态，并得到对应的特征向量 $\mathbf{x}$
　$\mathbf{z} \leftarrow \mathbf{0}$　　　　(一个 d 维向量)
　$V_{old} \leftarrow 0$　　　　(一个临时的标量)

对幕中的每一步循环：
| 选择 $A \sim \pi$
| 执行 A，观察到 R，$\mathbf{x}'$ (下一个状态的特征向量)
| $V \leftarrow \mathbf{w}^\top \mathbf{x}$
| $V' \leftarrow \mathbf{w}^\top \mathbf{x}'$
| $\delta \leftarrow R + \gamma V' - V$
| $\mathbf{z} \leftarrow \gamma\lambda\mathbf{z} + \left(1 - \alpha\gamma\lambda\mathbf{z}^\top \mathbf{x}\right)\mathbf{x}$
| $\mathbf{w} \leftarrow \mathbf{w} + \alpha(\delta + V - V_{old})\mathbf{z} - \alpha(V - V_{old})\mathbf{x}$
| $V_{old} \leftarrow V'$
| $\mathbf{x} \leftarrow \mathbf{x}'$
直到 $\mathbf{x}' = \mathbf{0}$ (到达终止状态)

真实在线 TD(λ) 算法的资格迹 (式 12.11) 被称为*荷兰迹* (该命名并无特殊算法含义，只是由于算法发展过程中有两位荷兰人对此做出了重要贡献)，用以与 TD(λ) 算法中的迹 (式 12.5) 做区分，那种迹被称为*积累迹*。早期的研究中经常使用一种被称为*替换迹*的第三种迹，这种迹的定义只适用于表格型的情况或特征向量是二值化的情况 (例如利用瓦片编码产生的特征)。替换迹每个分量的定义，取决于特征向量中分量是 1 还是 0

$$z_{i,t} \doteq \begin{cases} 1 & \text{如果 } x_{i,t} = 1 \\ \gamma\lambda z_{i,t-1} & \text{其他情况.} \end{cases} \tag{12.12}$$

如今替换迹已经过时了，荷兰迹几乎可以完全取代替换迹。

12.6 * 蒙特卡洛学习中的荷兰迹

尽管资格迹与时序差分学习在历史发展上是紧密关联的，但实际上它们互相之间并没有关系。事实上，如我们在本章中所介绍的，资格迹也出现在蒙特卡洛学习中。对之前介绍的前向视图线性蒙特卡洛算法 (第 9 章)，利用荷兰迹可以推导出一个等价的但是计算代价更小的后向视图算法。这是我们在本书中唯一明确表明前向视图和后向视图等价性的地方。它有助于真实在线 TD(λ) 算法和在线 λ-回报算法等价性的证明，使之简单很多。

线性版本的梯度蒙特卡洛预测算法 (第 200 页) 形成了下面的一系列更新方式，每次对幕中的某个时刻进行更新

$$\mathbf{w}_{t+1} \doteq \mathbf{w}_t + \alpha\left[G - \mathbf{w}_t^\top \mathbf{x}_t\right]\mathbf{x}_t,\ 0 \leqslant t < T. \tag{12.13}$$

为了使例子更加简单，我们假设回报值 G 是在幕结束时得到的单一收益回报值 (这就是 G

为什么没有时间下标的原因)，且没有折扣存在。在这种情况下，更新准则也被称为最小均方 (LMS) 规则，作为一种蒙特卡洛算法，它所有的更新取决于最终的收益或回报，所以在幕结束前不能更新。蒙特卡洛算法是一种离线算法，这里我们不是为了解决“离线”更新的问题，而是追求一个实现该算法的计算优势。在每幕结束前权重仍然不会被更新，但在幕中的每一步多做一些运算，在最后少做些运算。这会更加平均地分配计算 —— 每步复杂度是 $O(d)$，且这样也消除了为了在幕结尾使用特征向量而把它存储下来的需求。相反，我们引入一个额外的向量存储器，资格迹，它总结了到目前为止看到的所有特征向量，这足以在幕结尾处高效地精确重构相同的整体蒙特卡洛更新序列 (式 12.13)。

$$
\begin{aligned}
\mathbf{w}_T &= \mathbf{w}_{T-1} + \alpha\left(G - \mathbf{w}_{T-1}^{\top}\mathbf{x}_{T-1}\right)\mathbf{x}_{T-1} \\
&= \mathbf{w}_{T-1} + \alpha\mathbf{x}_{T-1}\left(-\mathbf{x}_{T-1}^{\top}\mathbf{w}_{T-1}\right) + \alpha G\mathbf{x}_{T-1} \\
&= \left(\mathbf{I} - \alpha\mathbf{x}_{T-1}\mathbf{x}_{T-1}^{\top}\right)\mathbf{w}_{T-1} + \alpha G\mathbf{x}_{T-1} \\
&= \mathbf{F}_{T-1}\mathbf{w}_{T-1} + \alpha G\mathbf{x}_{T-1}
\end{aligned}
$$

其中，$\mathbf{F}_t \doteq \mathbf{I} - \alpha\mathbf{x}_t\mathbf{x}_t^{\top}$ 是遗忘矩阵，或者衰减矩阵。现在按上述方式递归下去

$$
\begin{aligned}
&= \mathbf{F}_{T-1}\left(\mathbf{F}_{T-2}\mathbf{w}_{T-2} + \alpha G\mathbf{x}_{T-2}\right) + \alpha G\mathbf{x}_{T-1} \\
&= \mathbf{F}_{T-1}\mathbf{F}_{T-2}\mathbf{w}_{T-2} + \alpha G\left(\mathbf{F}_{T-1}\mathbf{x}_{T-2} + \mathbf{x}_{T-1}\right) \\
&= \mathbf{F}_{T-1}\mathbf{F}_{T-2}\left(\mathbf{F}_{T-3}\mathbf{w}_{T-3} + \alpha G\mathbf{x}_{T-3}\right) + \alpha G\left(\mathbf{F}_{T-1}\mathbf{x}_{T-2} + \mathbf{x}_{T-1}\right) \\
&= \mathbf{F}_{T-1}\mathbf{F}_{T-2}\mathbf{F}_{T-3}\mathbf{w}_{T-3} + \alpha G\left(\mathbf{F}_{T-1}\mathbf{F}_{T-2}\mathbf{x}_{T-3} + \mathbf{F}_{T-1}\mathbf{x}_{T-2} + \mathbf{x}_{T-1}\right) \\
&\ \ \vdots \\
&= \underbrace{\mathbf{F}_{T-1}\mathbf{F}_{T-2}\cdots\mathbf{F}_0\mathbf{w}_0}_{\mathbf{a}_{T-1}} + \alpha G\underbrace{\sum_{k=0}^{T-1}\mathbf{F}_{T-1}\mathbf{F}_{T-2}\cdots\mathbf{F}_{k+1}\mathbf{x}_k}_{\mathbf{z}_{T-1}} \\
&= \mathbf{a}_{T-1} + \alpha G\mathbf{z}_{T-1},
\end{aligned}
\tag{12.14}
$$

其中，$\mathbf{a}_{T-1}$ 和 $\mathbf{z}_{T-1}$ 是在 $T-1$ 时刻两个辅助记忆向量的值，它们可以在不知道 G 的条件下被增量式地更新，每一个时间步骤的复杂度是 $O(d)$。$\mathbf{z}_t$ 向量事实上是资格迹中的荷兰迹。它用 $\mathbf{z}_0 = \mathbf{x}_0$ 初始化，并根据下式更新

$$
\begin{aligned}
\mathbf{z}_t &\doteq \sum_{k=0}^{t}\mathbf{F}_t\mathbf{F}_{t-1}\cdots\mathbf{F}_{k+1}\mathbf{x}_k,\ 1 \leqslant t < T \\
&= \sum_{k=0}^{t-1}\mathbf{F}_t\mathbf{F}_{t-1}\cdots\mathbf{F}_{k+1}\mathbf{x}_k + \mathbf{x}_t
\end{aligned}
$$

$$
\begin{aligned}
&= \mathbf{F}_t \sum_{k=0}^{t-1} \mathbf{F}_{t-1}\mathbf{F}_{t-2}\cdots\mathbf{F}_{k+1}\mathbf{x}_k + \mathbf{x}_t \\
&= \mathbf{F}_t\mathbf{z}_{t-1} + \mathbf{x}_t \\
&= \left(\mathbf{I} - \alpha\mathbf{x}_t\mathbf{x}_t^\top\right)\mathbf{z}_{t-1} + \mathbf{x}_t \\
&= \mathbf{z}_{t-1} - \alpha\mathbf{x}_t\mathbf{x}_t^\top\mathbf{z}_{t-1} + \mathbf{x}_t \\
&= \mathbf{z}_{t-1} - \alpha\left(\mathbf{z}_{t-1}^\top\mathbf{x}_t\right)\mathbf{x}_t + \mathbf{x}_t \\
&= \mathbf{z}_{t-1} + \left(1 - \alpha\mathbf{z}_{t-1}^\top\mathbf{x}_t\right)\mathbf{x}_t,
\end{aligned}
$$

这就是 $\gamma\lambda=1$ (参见式 12.11) 情况下的荷兰迹。$\mathbf{a}_t$ 辅助向量被初始化为 $\mathbf{a}_0 = \mathbf{w}_0$，然后根据下式更新

$$
\mathbf{a}_t \;\doteq\; \mathbf{F}_t\mathbf{F}_{t-1}\cdots\mathbf{F}_0\mathbf{w}_0 \;=\; \mathbf{F}_t\mathbf{a}_{t-1} \;=\; \mathbf{a}_{t-1} - \alpha\mathbf{x}_t\mathbf{x}_t^\top\mathbf{a}_{t-1},\ 1 \leqslant t < T.
$$

辅助向量 $\mathbf{a}_t$ 和 $\mathbf{z}_t$ 在每个时间步骤 $t<T$ 更新，并在时刻 T 观测到 G 时，它们被用来根据式 (12.14) 计算 $\mathbf{w}_T$。在这种情况下，我们可以获得与蒙特卡洛 /最小均方算法 (式 12.13 的计算特性较差) 相同的最终结果，但是我们使用了一个每步时间和存储复杂度是 $O(d)$ 的增量式算法。这是一个令人惊讶且吸引人的结果，因为资格迹 (特别是荷兰迹) 的概念是在没有时序差分学习的情景下被提出的 (对比一下 van Seijen 和 Sutton 2014 的论文)。资格迹看起来并不只是针对时序差分学习的，它们更加基础。任何时候只要我们想要高效地学习长期的预测，资格迹就有用武之地。

12.7 Sarsa(λ)

对于本章中提出的方法，我们只需要做很少的改动就可以将资格迹扩展到动作价值函数方法中。为了学习近似动作价值函数 $\hat{q}(s,a,\mathbf{w})$ 而非近似状态价值函数 $\hat{v}(s,\mathbf{w})$，我们需要利用在第 10 章中介绍的 n-步回报的动作价值函数形式

$$
G_{t:t+n} \doteq R_{t+1} + \cdots + \gamma^{n-1}R_{t+n} + \gamma^n\hat{q}(S_{t+n}, A_{t+n}, \mathbf{w}_{t+n-1}),\ t+n<T,
$$

当 $t+n \geqslant T$ 时，设 $G_{t:t+n} \doteq G_t$。根据这个定义，我们可以得到截断 λ-回报的动作价值函数的形式，其和式 (12.9) 中的状态价值函数很类似。在离线 λ-回报算法 (式 12.4) 的动作价值函数形式中使用 $\hat{q}$ 取代 $\hat{v}$

$$
\mathbf{w}_{t+1} \doteq \mathbf{w}_t + \alpha\Big[G_t^\lambda - \hat{q}(S_t, A_t, \mathbf{w}_t)\Big]\nabla\hat{q}(S_t, A_t, \mathbf{w}_t),\ t=0,\ldots,T-1, \tag{12.15}
$$

其中，$G_t^\lambda \doteq G_{t:\infty}^\lambda$。它的前向视图的复合回溯图如图 12.9 所示，注意此图与 TD(λ) 算法的回溯图 (见图 12.1) 的相似性。第一次更新向前看一个完整的步骤，到下一个“状态-动作”二元组，第二次更新向前看两个完整的步骤，到第二个“状态-动作”二元组，依此类推。最后一个更新基于整个回报值。每一个 λ-回报中 n-步的加权与 TD(λ) 和 λ-回报算法 (式 12.3) 相同。

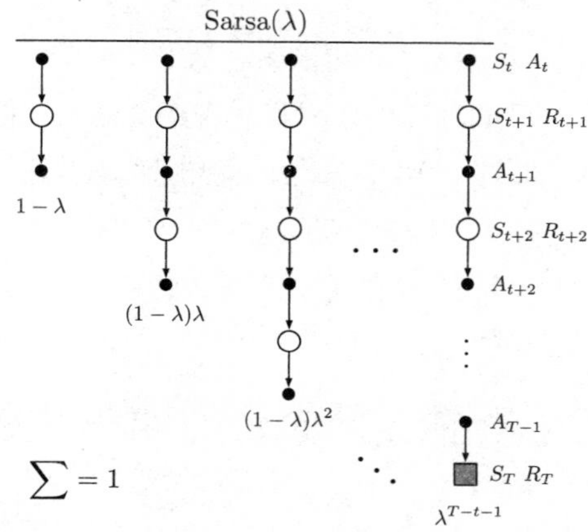

图 12.9　Sarsa(λ) 的回溯图，可以与图 12.1 做比较

动作价值函数的时序差分方法，又被称为 *Sarsa(λ)*，近似了前向视图。它与前面提到的 TD(λ) 有着相同的更新规则

$$\mathbf{w}_{t+1} \doteq \mathbf{w}_t + \alpha\delta_t\mathbf{z}_t,$$

自然地，动作价值函数版本的 TD 误差为

$$\delta_t \doteq R_{t+1} + \gamma\hat{q}(S_{t+1}, A_{t+1}, \mathbf{w}_t) - \hat{q}(S_t, A_t, \mathbf{w}_t), \tag{12.16}$$

以及动作价值函数版本的资格迹为

$$\begin{aligned}
&\mathbf{z}_{-1} \doteq \mathbf{0},\\
&\mathbf{z}_t \doteq \gamma\lambda\mathbf{z}_{t-1} + \nabla\hat{q}(S_t, A_t, \mathbf{w}_t),\ 0 \leqslant t \leqslant T
\end{aligned}$$

(或者也可以用式 12.12 中定义的替换迹)。采用线性函数逼近的 Sarsa(λ) 的完整伪代码、二值特征以及积累迹或替换迹在下面框中给出。伪代码强调了对于二值特征 (激发的特征值为 1，否则为 0) 的几个可能优化方法。

例 12.1 网格世界中的迹　资格迹的使用可以大大提升控制算法的效率，使其超过单步法甚至 n-步法的效率。具体原因如下图中的网格世界例子所示。

选择的路径

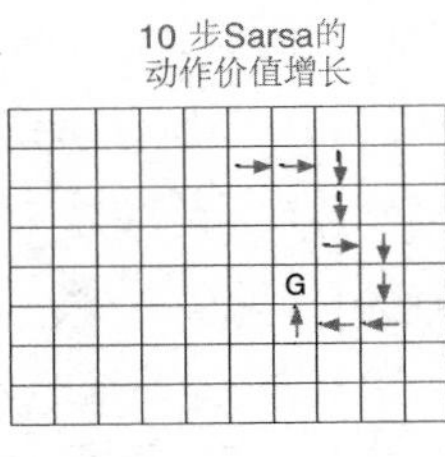

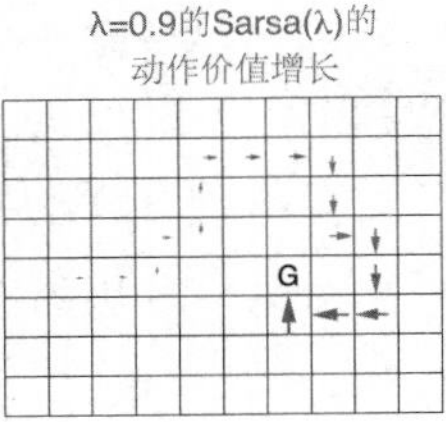

第一个图中展示了智能体在单幕中选择的道路。在这个例子中，所有的估计价值的初值都设为零，且除了一个用 G 表示的目标位置的收益为正值外，其他所有的收益都是零。其他三个图中的箭头分别展示了对于不同的算法，智能体到达目标后哪些动作的价值会增加，增加多少。单步法只会更新最后一个动作价值，n-步法会均等地更新最后的 n 个动作价值，资格迹法会从幕的开始不同程度地更新所有的动作价值，更新程度根据时间远近衰减。采用衰减策略一般是最好的做法。■

采用二值特征和线性函数逼近的 Sarsa(λ) 算法，用于估计 $\mathbf{w}^\top\mathbf{x} \approx q_\pi$ 或者 q_*

输入：函数 $\mathcal{F}(s,a)$，返回值为 s,a 的激活特征的下标集合
输入：策略 π (如果要估计 q_π)
算法参数：步长 $\alpha > 0$，迹衰减率 $\lambda \in [0,1]$
初始化：$\mathbf{w} = (w_1,\dots,w_d)^\top \in \mathbb{R}^d$ (如 $\mathbf{w}=\mathbf{0}$)，$\mathbf{z} = (z_1,\dots,z_d)^\top \in \mathbb{R}^d$

对每一幕循环：
初始化 S
根据 $\pi(\cdot|S)$ 采样 A 或者根据 $\hat{q}(S,\cdot,\mathbf{w})$ 利用 ε-贪心策略选择 A
$\mathbf{z} \leftarrow \mathbf{0}$
对幕中的每一步循环：
  执行动作 A，观察到 R, S'
  $\delta \leftarrow R$
  对 $\mathcal{F}(S,A)$ 中的元素 i 循环：
    $\delta \leftarrow \delta - w_i$
    $z_i \leftarrow z_i + 1$　　(积累迹)
    或 $z_i \leftarrow 1$　　(替代迹)
  如果 S' 是终止状态：
    $\mathbf{w} \leftarrow \mathbf{w} + \alpha\delta\mathbf{z}$
    转到下一幕
  根据 $\pi(\cdot|S')$ 采样 A' 或者根据 $\hat{q}(S',\cdot,\mathbf{w})$ 近似贪心选择 A'

> 对于 $\mathcal{F}(S',A')$ 的元素 i 循环：$\delta \leftarrow \delta + \gamma w_i$
> $\mathbf{w} \leftarrow \mathbf{w} + \alpha\delta\mathbf{z}$
> $\mathbf{z} \leftarrow \gamma\lambda\mathbf{z}$
> $S \leftarrow S'$ $A \leftarrow A'$

练习 12.6　修改 Sarsa(λ) 的伪代码，采用荷兰迹 (式 12.11)，而不使用真实在线算法的其他特征。假设使用线性函数逼近和二值特征。□

例 12.2 Sarsa (λ) 用于高山行车　图 12.10 (左图) 展示了 Sarsa (λ) 用于例 10.1 中的高山行车任务的结果。函数逼近、动作选择以及环境细节与第 10 章中的完全一致，可以从数值上将这些结果与 n-步 Sarsa 的结果 (右图) 相比。早先的那些结果展示的是随更新步长 n 的变化，这里的 Sarsa(λ) 展示的是随迹参数 λ 的变化，λ 和 n 有着类似的作用。Sarsa(λ) 的迹衰减自举策略在这个问题上表现出更高的学习效率。

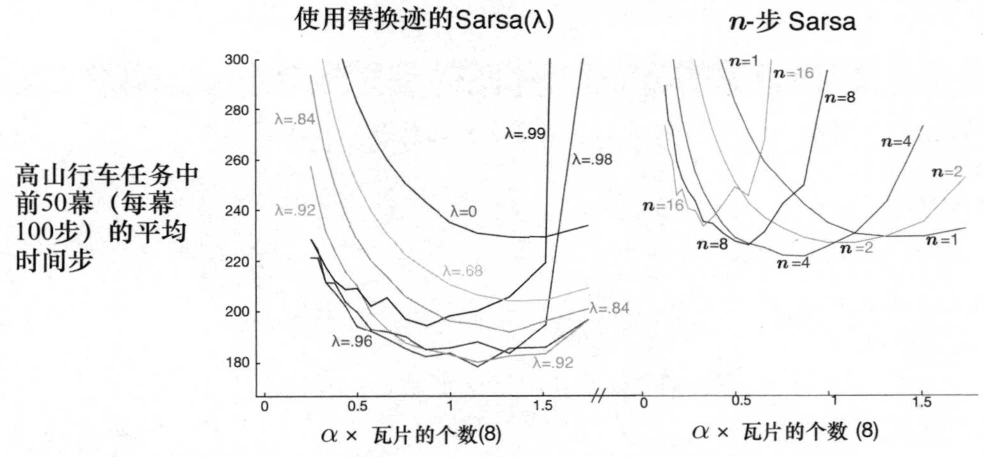

图 12.10　使用替换迹的 Sarsa(λ) 和 n-步 Sarsa (复制于图 10.4) 性能随步长 α 的变化图 ■

对于理想的时序差分方法，即 12.4 节中提到的在线λ-回报算法，也有一种动作价值函数的对应版本。除了要采用本节开头介绍的 n-步回报的动作价值函数形式外，其他的都和之前介绍的一样。对于线性函数逼近，理想算法同样有精确的、高效的 $O(d)$ 复杂度实现，被称为真实在线 *Sarsa(λ)*。其也适用于在 12.5 节和 12.6 节中的分析，除了采用动作价值函数特征向量 $\mathbf{x}_t = \mathbf{x}(S_t, A_t)$ 代替状态价值函数特征向量 $\mathbf{x}_t = \mathbf{x}(S_t)$ 外没有任何改动。这个算法的伪代码在下面框中给出。图 12.11 比较了采用不同版本的 Sarsa(λ) 算法在高山行车例子中的表现。

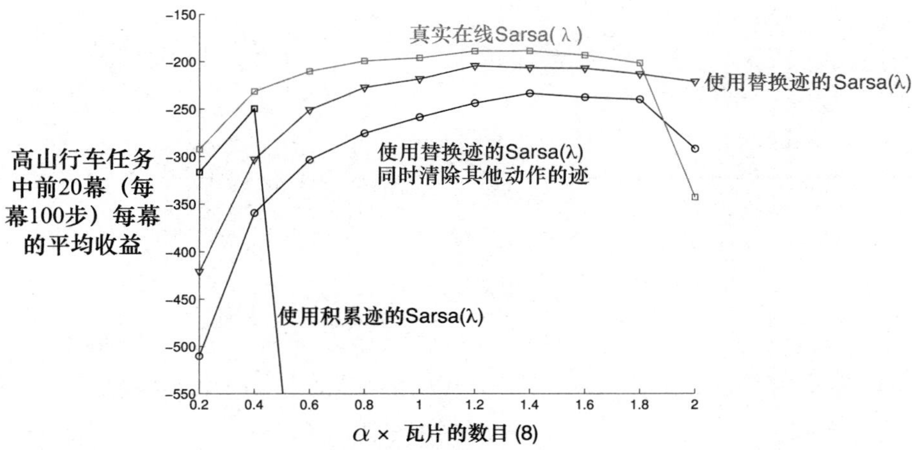

图 12.11 Sarsa(λ) 在高山行车任务上的比较。无论是使用积累迹还是替换迹，真实在线 Sarsa(λ) 比普通 Sarsa(λ) 的性能都要好。当然也包括使用替换迹的 Sarsa(λ) 的另一版本，即在每一时刻，没有被选择的状态和动作的迹被置为零

真实在线 Sarsa(λ) 算法，用于估计 $\mathbf{w}^\top\mathbf{x} \approx q_\pi$ 或者 q_*

输入：特征向量 $\mathbf{x} : \mathcal{S}^+ \times \mathcal{A} \rightarrow \mathbb{R}^d$，满足 $\mathbf{x}$(终止状态, $\cdot$) $= \mathbf{0}$
输入：策略 π (如果要估计 q_π)
算法参数：步长 $\alpha > 0$，迹衰减率 $\lambda \in [0, 1]$
初始化：$\mathbf{w} \in \mathbb{R}^d$ (例如，$\mathbf{w} = \mathbf{0}$)

对每一幕循环：
　　初始化 S
　　根据 $A \sim \pi(\cdot|S)$ 采样动作或从 S 根据 $\mathbf{w}$ 近似贪心选择 A
　　$\mathbf{x} \leftarrow \mathbf{x}(S, A)$
　　$\mathbf{z} \leftarrow \mathbf{0}$
　　$Q_{old} \leftarrow 0$
　　对幕中的每一步循环：
　　| 执行动作 A，观察到 R，S'
　　| 根据 $A' \sim \pi(\cdot|S')$ 采样动作或从 S' 根据 $\mathbf{w}$ 近似贪心选择 A
　　| $\mathbf{x}' \leftarrow \mathbf{x}(S', A')$
　　| $Q \leftarrow \mathbf{w}^\top\mathbf{x}$
　　| $Q' \leftarrow \mathbf{w}^\top\mathbf{x}'$
　　| $\delta \leftarrow R + \gamma Q' - Q$
　　| $\mathbf{z} \leftarrow \gamma\lambda\mathbf{z} + \left(1 - \alpha\gamma\lambda\mathbf{z}^\top\mathbf{x}\right)\mathbf{x}$

| $\mathbf{w} \leftarrow \mathbf{w} + \alpha(\delta + Q - Q_{old})\mathbf{z} - \alpha(Q - Q_{old})\mathbf{x}$
| $Q_{old} \leftarrow Q'$
| $\mathbf{x} \leftarrow \mathbf{x}'$
| $A \leftarrow A'$
直到 S' 是终止状态

12.8　变量 λ 和 γ

现在到了基础时序差分学习算法的结尾部分。为了用更一般化的形式表述最终的算法，有必要将自举法和折扣的常数系数推广到依赖于状态和动作的函数。也就是说，每个时刻会有一个不同的 λ 和一个不同的 γ，用 λ_t 和 γ_t 来表示。现在我们改变记号，使得 $\lambda : \mathcal{S} \times \mathcal{A} \to [0,1]$是状态和动作到单位区间的函数映射，且 $\lambda_t \doteq \lambda(S_t, A_t)$，类似地，$\gamma : \mathcal{S} \to [0,1]$ 是状态到单位区间的函数映射，且 $\gamma_t \doteq \gamma(S_t)$。

使用*终止函数* γ 的影响尤其重大，因为它改变了回报值，即改变了我们想要估计的最基本的随机变量的期望值。现在回报值被更一般化地定义为

$$
\begin{aligned}
G_t &\doteq R_{t+1} + \gamma_{t+1} G_{t+1} \\
&= R_{t+1} + \gamma_{t+1} R_{t+2} + \gamma_{t+1}\gamma_{t+2} R_{t+3} + \gamma_{t+1}\gamma_{t+2}\gamma_{t+3} R_{t+4} + \cdots \\
&= \sum_{k=t}^{\infty} R_{k+1} \prod_{i=t+1}^{k} \gamma_i,
\end{aligned} \tag{12.17}
$$

在式中，为了保证和是有限的，我们要求 $\prod_{k=t}^{\infty} \gamma_k = 0$ 对所有 t 都成立。这个定义的一个方便之处在于它允许不将幕、起始状态、终止状态和时刻 T 作为特殊的情况和数据进行处理。根据这个定义，终止状态就是一个 $\gamma(s) = 0$ 的状态，且会转移到一个初始状态。在这种情况下 (通过选择 $\gamma(\cdot)$ 作为常量函数) 我们可以得到经典的分幕式任务的特例情况。“状态相关的幕终止”包括了其他一些例子，例如*伪终止*，在这里我们预测一个已完成但不改变马尔可夫过程流向的量。折后回报值自身就可以被认为是这样一个量，“状态相关的终止”是分幕式和带折扣的持续性任务的深层统一 (非折扣持续性任务的情况还需要一些特殊处理)。

在这个问题中对变量自举法的泛化并不像折扣一样是问题本身的变化，而是解决方案的变化。这个泛化影响了状态和动作的 λ-回报值。新的基于状态的 λ-回报值可以被递归地写为

$$
G_t^{\lambda s} \doteq R_{t+1} + \gamma_{t+1}\left((1-\lambda_{t+1})\hat{v}(S_{t+1}, \mathbf{w}_t) + \lambda_{t+1} G_{t+1}^{\lambda s}\right), \tag{12.18}
$$

我们现在把“s”加为 λ 上标以提醒这是一个基于状态价值自举的回报值，从而与基于动作价值的自举回报值相区分 (我们在下式中用“a”作为上标)。这个公式表明 λ-回报值是第一个收益值 (没有折扣且不受自举操作的影响) 加上一个可能的第二项，该项反映了在多大程度上我们不会在下一个状态打折扣 (也即根据 γ_{t+1} 来决定打多少折扣。回顾一下，如果下一个状态是终止状态，则这个值是零)。当不在下一个状态终止时，我们就会有第二项。根据状态自举的程度，可以将它分为两种情况。在有自举的情况下，这一项是状态的估计价值；在无自举的情况下，这一项是下一个时刻的 λ-回报值。基于动作的 λ-回报要么是 Sarsa 的如下形式

$$G_t^{\lambda a} \doteq R_{t+1} + \gamma_{t+1}\Big((1-\lambda_{t+1})\hat{q}(S_{t+1}, A_{t+1}, \mathbf{w}_t) + \lambda_{t+1}G_{t+1}^{\lambda a}\Big), \tag{12.19}$$

要么是期望 Sarsa 的形式

$$G_t^{\lambda a} \doteq R_{t+1} + \gamma_{t+1}\Big((1-\lambda_{t+1})\bar{V}_t(S_{t+1}) + \lambda_{t+1}G_{t+1}^{\lambda a}\Big), \tag{12.20}$$

其中，式 (7.8) 被推广到函数逼近，如下所示

$$\bar{V}_t(s) \doteq \sum_a \pi(a|s)\hat{q}(s, a, \mathbf{w}_t). \tag{12.21}$$

练习 12.7　定义 $G_{t:h}^{\lambda s}$ 和 $G_{t:h}^{\lambda a}$，将上述三个递归方法推广到它们的截断版本。 □

12.9 带有控制变量的离轨策略资格迹

最后一步是引入重要度采样。与 n-步方法的情况不同，对于完整的非截断 λ-回报，我们没有一个可以让重要度采样在目标回报之外完成的实际可行的方案。我们会直接考虑带有控制变量的每次决策型重要度采样的自举法的推广 (7.4 节)。根据模型 (式 7.13)，状态的 λ-回报的最终定义将式 (12.18) 推广为

$$G_t^{\lambda s} \doteq \rho_t\Big(R_{t+1} + \gamma_{t+1}\big((1-\lambda_{t+1})\hat{v}(S_{t+1},\mathbf{w}_t) + \lambda_{t+1}G_{t+1}^{\lambda s}\big)\Big) + (1-\rho_t)\hat{v}(S_t,\mathbf{w}_t) \tag{12.22}$$

其中，$\rho_t = \frac{\pi(A_t|S_t)}{b(A_t|S_t)}$ 是普通的单步重要度采样率。与本书中我们所见到的其他回报很像，这个回报的截断版本可以简单地用基于状态的时序差分误差总和的形式来近似表示，

$$\delta_t^s = R_{t+1} + \gamma_{t+1}\hat{v}(S_{t+1},\mathbf{w}_t) - \hat{v}(S_t,\mathbf{w}_t), \tag{12.23}$$

以及

$$G_t^{\lambda s} \approx \hat{v}(S_t,\mathbf{w}_t) + \rho_t\sum_{k=t}^{\infty}\delta_k^s\prod_{i=t+1}^{k}\gamma_i\lambda_i\rho_i. \tag{12.24}$$

如果近似价值函数不变，则上式中的近似值将变为精确值。

练习 12.8 证明如果价值函数不变，则式 (12.24) 会成为精确表达式。为了节省篇幅，考虑 $t=0$ 的情况，并使用记号 $V_k \doteq \hat{v}(S_k,\mathbf{w})$。 □

练习 12.9 把一般的离轨策略截断形式记为 $G_{t:h}^{\lambda s}$。请基于式 (12.24) 猜测其正确的表达式。 □

上述形式的 λ-回报 (式 12.24) 可以很方便地使用前向视图更新，

$$
\begin{aligned}
\mathbf{w}_{t+1} &= \mathbf{w}_t + \alpha \left(G_t^{\lambda s} - \hat{v}(S_t,\mathbf{w}_t)\right) \nabla \hat{v}(S_t,\mathbf{w}_t) \\
&\approx \mathbf{w}_t + \alpha \rho_t \left(\sum_{k=t}^{\infty} \delta_k^s \prod_{i=t+1}^{k} \gamma_i \lambda_i \rho_i \right) \nabla \hat{v}(S_t,\mathbf{w}_t),
\end{aligned}
$$

这对于有经验的人来说看上去像一个基于资格的时序差分更新，其中的乘积项像一个资格迹并且与时序差分误差相乘。但这只是前向视图中的单个时刻的情况。我们要寻找的关系是，沿着各个时刻求和的前向视图更新与沿时刻累加的反向视图更新是近似等价的 (这个关系只能是近似的，因为我们再一次忽略了价值函数的变化)。沿着各个时刻求和的前向视图更新为

$$
\begin{aligned}
\sum_{t=1}^{\infty} (\mathbf{w}_{t+1} - \mathbf{w}_t) &\approx \sum_{t=1}^{\infty} \sum_{k=t}^{\infty} \alpha \rho_t \delta_k^s \nabla \hat{v}(S_t,\mathbf{w}_t) \prod_{i=t+1}^{k} \gamma_i \lambda_i \rho_i \\
&= \sum_{k=1}^{\infty} \sum_{t=1}^{k} \alpha \rho_t \nabla \hat{v}(S_t,\mathbf{w}_t) \delta_k^s \prod_{i=t+1}^{k} \gamma_i \lambda_i \rho_i \\
&\qquad \text{(使用求和规则：} \textstyle\sum_{t=x}^{y} \sum_{k=t}^{y} = \sum_{k=x}^{y} \sum_{t=x}^{k} \text{)} \\
&= \sum_{k=1}^{\infty} \alpha \delta_k^s \sum_{t=1}^{k} \rho_t \nabla \hat{v}(S_t,\mathbf{w}_t) \prod_{i=t+1}^{k} \gamma_i \lambda_i \rho_i,
\end{aligned}
$$

如果可以将第二个求和项中的整个表达式写为资格迹的形式并进行增量式更新，那么上式可以写成后向视图时序差分更新的总和的形式。现在我们来证明可以这样做，也就是说，如果这个表达式是 k 时刻的迹，那么我们可以用其在 $k-1$ 时刻的值来更新它

$$
\begin{aligned}
\mathbf{z}_k &= \sum_{t=1}^{k} \rho_t \nabla \hat{v}(S_t,\mathbf{w}_t) \prod_{i=t+1}^{k} \gamma_i \lambda_i \rho_i \\
&= \sum_{t=1}^{k-1} \rho_t \nabla \hat{v}(S_t,\mathbf{w}_t) \prod_{i=t+1}^{k} \gamma_i \lambda_i \rho_i \; + \; \rho_k \nabla \hat{v}(S_k,\mathbf{w}_k)
\end{aligned}
$$

$$
\begin{aligned}
&= \gamma_k \lambda_k \rho_k \underbrace{\sum_{t=1}^{k-1} \rho_t \nabla \hat{v}(S_t,\mathbf{w}_t) \prod_{i=t+1}^{k-1} \gamma_i \lambda_i \rho_i}_{\mathbf{z}_{k-1}} \; + \rho_k \nabla \hat{v}(S_k,\mathbf{w}_k) \\
&= \rho_k \big(\gamma_k \lambda_k \mathbf{z}_{k-1} + \nabla \hat{v}(S_k,\mathbf{w}_k) \big),
\end{aligned}
$$

将索引从 k 更改为 t，则得到状态值的一般化的积累迹更新

$$
\mathbf{z}_t \doteq \rho_t \big(\gamma_t \lambda_t \mathbf{z}_{t-1} + \nabla \hat{v}(S_t,\mathbf{w}_t) \big), \tag{12.25}
$$

这个资格迹和 TD(λ)(式 12.7) 的半梯度参数更新规则共同形成了一个通用的 TD(λ) 算法，这个算法可以应用在同轨策略或离轨策略数据上。在同轨策略情况下，这个算法就是 TD(λ)，因为 ρ_t 总为 1 且式 (12.25) 变为了通用积累迹 (式 12.5) (扩展到变量 λ 和 γ)。在离轨策略情况下，该算法往往效果很好，但作为一种半梯度方法，它不能保证稳定性。在接下来的几节中，我们考虑能保证稳定性的扩展方法。

我们可以遵循一系列非常相似的步骤获得动作价值函数方法的离轨策略资格迹和对应的通用 Sarsa(λ) 算法。我们可以从通用的基于动作的 λ-回报的递归形式开始，使用式 (12.19) 或式 (12.20) 都可以，后者 (期望 Sarsa 的形式) 更简单一些。根据模型 (式 7.14)，我们将式 (12.20) 扩展到离轨策略的情况

$$
\begin{aligned}
G_t^{\lambda a} &\doteq R_{t+1} + \gamma_{t+1} \Big((1-\lambda_{t+1}) \bar{V}_t(S_{t+1}) + \lambda_{t+1} \Big[\rho_{t+1} G_{t+1}^{\lambda a} + \bar{V}_t(S_{t+1}) \\
&\qquad - \rho_{t+1} \hat{q}(S_{t+1}, A_{t+1}, \mathbf{w}_t) \Big] \Big) \\
&= R_{t+1} + \gamma_{t+1} \Big(\bar{V}_t(S_{t+1}) + \lambda_{t+1} \rho_{t+1} \left[G_{t+1}^{\lambda a} - \hat{q}(S_{t+1}, A_{t+1}, \mathbf{w}_t) \right] \Big)
\end{aligned} \tag{12.26}
$$

其中，$\hat{q}_t(S_{t+1})$ 在式 (12.21) 中给出。同样，λ-回报可以近似写作时序差分误差的总和，

$$
G_t^{\lambda a} \approx \hat{q}(S_t, A_t, \mathbf{w}_t) + \sum_{k=t}^{\infty} \delta_k^a \prod_{i=t+1}^{k} \gamma_i \lambda_i \rho_i, \tag{12.27}
$$

使用基于动作的时序差分误差的期望形式

$$
\delta_t^a = R_{t+1} + \gamma_{t+1} \bar{V}_t(S_{t+1}) - \hat{q}(S_t, A_t, \mathbf{w}_t). \tag{12.28}
$$

与之前一样，当近似价值函数不变时，近似值逼近准确值。

练习 12.10　证明如果价值函数不变化，则式 (12.27) 中的近似值变为精确值。为了节省篇幅，考虑 $t=0$ 的情况，并使用符号 $Q_k = \hat{q}(S_k, A_k, \mathbf{w})$。提示：首先写出 δ_0^a 和 $G_0^{\lambda a}$，然后再推导出 $G_0^{\lambda a} - Q_0$。 □

练习 12.11　把通用离轨策略的截断回报记为 $G_{t:h}^{\lambda a}$。基于式 (12.27)，猜猜它正确的表达式。 □

使用和基于状态的情况完全类似的步骤，我们可以基于式 (12.27) 写出前向视图更新，用求和规则转换更新的求和项，最后得出如下形式的动作价值函数的资格迹

$$\mathbf{z}_t \doteq \gamma_t \lambda_t \rho_t \mathbf{z}_{t-1} + \nabla \hat{q}(S_t, A_t, \mathbf{w}_t). \tag{12.29}$$

这个资格迹和基于期望的时序差分误差 (式 12.28) 以及半梯度参数更新规则 (式 12.7) 一起，形成了一个优雅的高效的期望 Sarsa(λ) 算法，可以将它应用于同轨策略或离轨策略数据。到目前为止，它可能是同类型算法中最好的了 (当然，在以某种方式与下面几节中介绍的方法结合之前，是不能保证它的稳定性的)。对于 λ 和 γ 为常量的同轨策略情况，以及一般的"状态-动作"二元组时序差分误差 (式 12.16)，这个算法等价于 12.7 节介绍的 Sarsa(λ) 算法。

练习 12.12　详细说明以上从式 (12.27) 推出式 (12.29) 的步骤。可以从更新式 (12.15) 开始，用 G_t^{λ} 替换式 (12.26) 中的 $G_t^{\lambda a}$，然后遵循推导式 (12.25) 相同的步骤。 □

当 $\lambda=1$ 时，这些算法与对应的蒙特卡洛算法密切相关。你可能会期待，对于分幕式问题和离线更新，两者的等价性完全成立，但事实上，两者的关系要更细微，也比这稍微弱一些。在最有利的条件下，仍然不能保证每一幕更新的等价性，而仅仅只能得到它们的期望的等价性。这并不令人惊讶，因为这些方法会随着序列轨迹的展开而进行不可逆的更新，而在真正的蒙特卡洛方法中，如果目标策略下的轨迹内的动作出现了零概率的情况，则不会进行更新。特别地，这些方法即使在 $\lambda = 1$ 的情况下，仍然需要使用自举法，因为它们的目标取决于当前价值的估计 —— 只是在期望值中这种依赖性消失了。在实际中这是一个好的还是坏的性质就是另外一个问题了。最近提出的一些方法确实实现了精确的等价性 (Sutton、Mahmood、Precup 和 van Hasselt, 2014)。这些方法需要一个额外的"临时权重"向量，用以记录已经完成了但可能需要根据后面采取的动作进行撤销 (或强调) 的更新。这些方法的状态和"状态-动作"二元组的版本被分别称为 PTD(λ) 和 PQ(λ)，其中"P"表示临时的意思 (Provisional)。

所有这些新的离轨策略方法的实际影响都尚未确定。但毫无疑问的是，在使用重要度采样的所有离轨策略方法中都会出现高方差的问题 (11.9 节)。

如果 $\lambda < 1$，那么所有这些离轨策略算法都涉及自举法和致命三要素 (11.3 节)，这意味着它们只能在表格型情况、状态聚合和其他函数逼近的有限形式下保证稳定。对于线性和更一般的函数逼近形式，参数向量可能会如第 11 章中的例子那样发散到无穷大。正如

我们之前所讨论的，离轨策略学习的挑战有两个。离轨策略资格迹有效地解决了第一个挑战，即纠正了目标的期望值，但完全没有解决第二个挑战，即与更新的分布相关的挑战。12.11 节总结了一些算法策略，用于解决离轨策略学习资格迹的第二个挑战。

练习 12.13 请写出状态价值和动作价值方法的离轨策略资格迹的荷兰迹和替换迹形式。 □

12.10 从 Watkins 的 Q(λ) 到树回溯 TB(λ)

多年以来，学术界提出了一系列将 Q 学习扩展到资格迹的方法。*Watkins* 的 Q(λ) 是其中的第一个方法，在这种方法中，只要采取贪心动作，它就会以正常方式让其资格迹衰减，然后在第一次非贪心动作后把迹缩减为零。Watkins Q(λ) 的回溯图如图 12.12 所示。在第 6 章中，我们将 Q 学习和期望 Sarsa 在后者的离轨策略版本中进行了统一，在此框架下 Q 学习是一个特例，我们同时将其推广到任意的目标策略。在本章的上一节中，我们将期望 Sarsa 推广到了离轨策略资格迹。在 7 章中，我们区分了 n-步期望 Sarsa 和 n-步树回溯，后者保留了不使用重要度采样的性质。并且，它还提供了树回溯的资格迹版本，我们称之为*树回溯 (λ)* 或简称为 *TB(λ)*。这可以说是 Q 学习的真正继承者，因为它既可以使用离轨策略数据，也仍然保留其可以不使用重要度采样的优势。

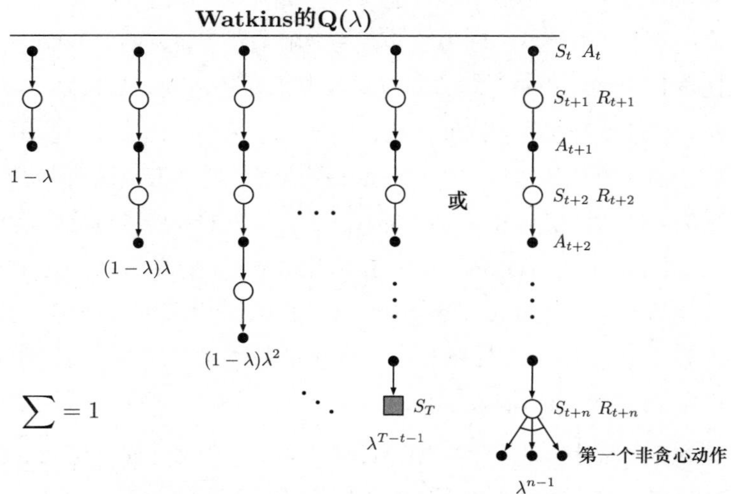

图 12.12 Watkins 的 Q(λ) 的回溯图。一旦到达某幕的结尾或者非贪心动作被选取，整个序列的各个分量更新都将结束

TB(λ) 的概念很简单。如图 12.13 的回溯图所示，不同长度的树回溯更新 (7.5 节) 都

以通常的方式根据自举法参数 λ 进行加权。为了获得包含正确的自举法索引和折扣参数的详细表达式，最好从动作价值函数的 λ-回报的递归形式 (式 12.20)，开始，然后根据模型 (式 7.16) 扩展以自举法表示的目标表达式

$$G_t^{\lambda a} \doteq R_{t+1} + \gamma_{t+1}\bigg((1-\lambda_{t+1})\bar{V}_t(S_{t+1}) + \lambda_{t+1}\Big[\sum_{a \neq A_{t+1}} \pi(a|S_{t+1})\hat{q}(S_{t+1}, a, \mathbf{w}_t) + \pi(A_{t+1}|S_{t+1})G_{t+1}^{\lambda a}\Big]\bigg)$$

根据一般模式，利用基于动作的时序差分误差的期望形式 (式 12.28)，也可以将它近似写为时序差分误差的总和 (忽略近似价值函数引起的变化)

$$G_t^{\lambda a} \approx \hat{q}(S_t, A_t, \mathbf{w}_t) + \sum_{k=t}^{\infty} \delta_k^a \prod_{i=t+1}^{k} \gamma_i \lambda_i \pi(A_i|S_i),$$

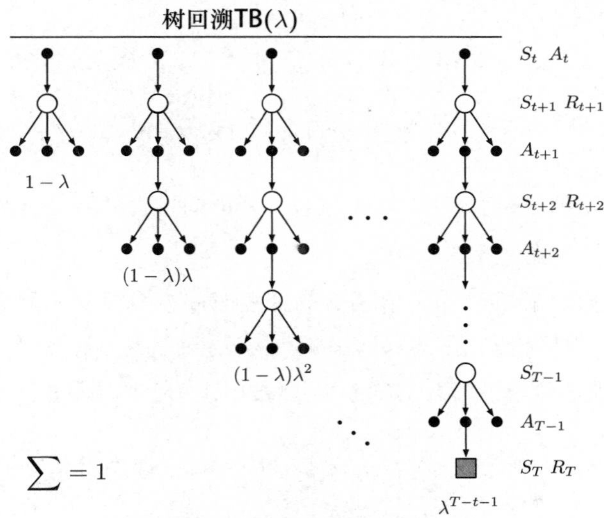

图 12.13　树回溯算法的 λ 版本的回溯图

接下来的步骤和上一节一样，我们得到一个与目标策略中所选动作的概率相关的特殊的资格迹更新

$$\mathbf{z}_t \doteq \gamma_t \lambda_t \pi(A_t|S_t)\mathbf{z}_{t-1} + \nabla \hat{q}(S_t, A_t, \mathbf{w}_t).$$

这和参数更新规则 (式 12.7) 一起定义了 TB(λ) 算法。像所有的半梯度算法一样，当与离轨策略数据以及一个强大的函数逼近器一同使用时，TB(λ) 不能保证稳定性。因此，它必须与下面两节中提出的方法之一结合使用。

* 练习 12.14　双期望 Sarsa 如何被扩展到资格迹？ □

12.11 采用资格迹保障离轨策略方法的稳定性

前面介绍的一些使用资格迹的方法，在离轨策略训练的情况下可以有稳定性的保证。在这里，我们使用本书中的一些标准概念，包括通用的自举和折扣函数，来介绍四种最重要的方法。它们全部都基于 11.7 节和 11.8 节中介绍的梯度 TD 或强调 TD 的思想。这里所有算法都假设采用线性函数逼近，到非线性函数逼近的扩展可以在相关文献中找到。

GTD(λ) 是类似于 TDC 的资格迹算法，TDC 是在 11.7 节中讨论的两个"状态-动作"二元组的梯度时序差分预测算法中较好的那个。GTD(λ) 的目的是学习一个参数 $\mathbf{w}_t$ 使得 $\hat{v}(s,\mathbf{w}) \doteq \mathbf{w}_t^\top \mathbf{x}(s) \approx v_\pi(s)$，学习所使用的训练数据甚至可以遵循另一策略 b 产生的数据。它的更新公式是

$$\mathbf{w}_{t+1} \doteq \mathbf{w}_t + \alpha \delta_t^s \mathbf{z}_t - \alpha \gamma_{t+1}(1-\lambda_{t+1}) \left(\mathbf{z}_t^\top \mathbf{v}_t\right) \mathbf{x}_{t+1},$$

其中，δ_t^s，$\mathbf{z}_t$ 和 ρ_t 根据式 (12.23)、式 (12.25) 和式 (11.1) 定义，另外

$$\mathbf{v}_{t+1} \doteq \mathbf{v}_t + \beta \delta_t^s \mathbf{z}_t - \beta \left(\mathbf{v}_t^\top \mathbf{x}_t\right) \mathbf{x}_t, \tag{12.30}$$

其中，如 11.7 节介绍的，$\mathbf{v} \in \mathbb{R}^d$ 是和 $\mathbf{w}$ 维度一样的向量，可以初始化为 $\mathbf{v}_0 = \mathbf{0}$，$\beta > 0$ 是步长参数。

GQ(λ) 是使用资格迹的动作价值函数的梯度时序差分算法，其目的是学习一个参数 $\mathbf{w}_t$ 使得离轨策略数据满足 $\hat{q}(s,a,\mathbf{w}_t) \doteq \mathbf{w}_t^\top \mathbf{x}(s,a) \approx q_\pi(s,a)$。如果目标策略是 ε-贪心的，或趋向于 $\hat{q}$ 的贪心策略，那么 GQ(λ) 可以被用作一个控制算法。它的更新公式是

$$\mathbf{w}_{t+1} \doteq \mathbf{w}_t + \alpha \delta_t^a \mathbf{z}_t - \alpha \gamma_{t+1}(1-\lambda_{t+1}) \left(\mathbf{z}_t^\top \mathbf{v}_t\right) \bar{\mathbf{x}}_{t+1},$$

其中，$\bar{\mathbf{x}}_t$ 是目标策略下 S_t 的平均特征向量

$$\bar{\mathbf{x}}_t \doteq \sum_a \pi(a|S_t) \mathbf{x}(S_t, a),$$

δ_t^a 是时序差分误差的期望形式，可以写作

$$\delta_t^a \doteq R_{t+1} + \gamma_{t+1} \mathbf{w}_t^\top \bar{\mathbf{x}}_{t+1} - \mathbf{w}_t^\top \mathbf{x}_t,$$

采用通常的方式针对式 (12.29) 的动作价值定义 $\mathbf{z}_t$，剩下的和 GTD(λ) 中的定义一样，包括对 $\mathbf{v}_t$ 的更新 (式 12.30)。

HTD(λ) 是结合了 GTD(λ) 和 TD(λ) 两个方面的混合状态价值函数算法。它最具吸引力的特征是，它是 TD(λ) 算法针对离轨策略学习的严格的一般化形式，也就是说，如果行动策略碰巧与目标策略相同，那么 HTD(λ) 会变得和 TD(λ) 一样，而 GTD(λ) 并不具有这种性质。这个特征很有吸引力，因为 TD(λ) 常常比 GTD(λ) 收敛得更快，并且 TD(λ) 仅需要设置一个步长。HTD(λ) 被定义为

$$
\begin{aligned}
\mathbf{w}_{t+1} &\doteq \mathbf{w}_t + \alpha\delta_t^s\mathbf{z}_t + \alpha\left(\left(\mathbf{z}_t - \mathbf{z}_t^b\right)^\top\mathbf{v}_t\right)\left(\mathbf{x}_t - \gamma_{t+1}\mathbf{x}_{t+1}\right),\\
\mathbf{v}_{t+1} &\doteq \mathbf{v}_t + \beta\delta_t^s\mathbf{z}_t - \beta\left({\mathbf{z}_t^b}^\top\mathbf{v}_t\right)\left(\mathbf{x}_t - \gamma_{t+1}\mathbf{x}_{t+1}\right), \text{ 其中 } \mathbf{v}_0 \doteq \mathbf{0},\\
\mathbf{z}_t &\doteq \rho_t\big(\gamma_t\lambda_t\mathbf{z}_{t-1} + \mathbf{x}_t\big), \text{ 其中 } \mathbf{z}_{-1} \doteq \mathbf{0},\\
\mathbf{z}_t^b &\doteq \gamma_t\lambda_t\mathbf{z}_{t-1}^b + \mathbf{x}_t, \text{ 其中 } \mathbf{z}_{-1}^b \doteq \mathbf{0},
\end{aligned}
$$

其中，$\beta > 0$ 是额外的步长参数。除了额外的权重 $\mathbf{v}_t$ 外，HTD(λ) 还有一个额外的资格迹 $\mathbf{z}_t^b$。这些是行动策略下的常规的积累资格迹，如果所有 ρ_t 都为 1，则它等于 $\mathbf{z}_t$，这导致 $\mathbf{w}_t$ 更新中的第二项为零，并且整个更新将简化为 TD(λ)。

强调 *TD (λ)* 是单步强调 TD 算法 (见 9.11 节和 11.8 节) 到资格迹的扩展。所得到的算法在允许任意程度的自举的同时，依然保持很强的离轨策略收敛保证，但同时也导致高方差和潜在的收敛变慢。强调 TD (λ) 定义为

$$
\begin{aligned}
\mathbf{w}_{t+1} &\doteq \mathbf{w}_t + \alpha\delta_t\mathbf{z}_t\\
\delta_t &\doteq R_{t+1} + \gamma_{t+1}\mathbf{w}_t^\top\mathbf{x}_{t+1} - \mathbf{w}_t^\top\mathbf{x}_t\\
\mathbf{z}_t &\doteq \rho_t\big(\gamma_t\lambda_t\mathbf{z}_{t-1} + M_t\mathbf{x}_t\big), \text{ 其中 } \mathbf{z}_{-1} \doteq \mathbf{0},\\
M_t &\doteq \lambda_t I_t + (1-\lambda_t)F_t\\
F_t &\doteq \rho_{t-1}\gamma_t F_{t-1} + I_t, \text{ 其中 } F_0 \doteq i(S_0),
\end{aligned}
$$

同 11.8 节描述的一样，其中 $M_t \geqslant 0$ 是强调的一般形式，$F_t \geqslant 0$ 被称为追随迹，$I_t \geqslant 0$ 是兴趣。注意，像 δ_t 一样，M_t 不是一个真正额外的存储变量。通过将其定义代入资格迹表达式中，可以从算法中将其移除。强调 TD (λ) 算法的真实在线版本的伪代码和软件可以在网上获得 (Sutton，2015b)。

在同轨策略情况下 (对于所有 t，$\rho_t = 1$)，强调 TD (λ) 算法与传统 TD(λ) 算法类似，但仍有很大不同。事实上，强调 TD (λ) 算法对所有状态相关的 λ 函数都保证收敛，而 TD(λ) 却没有这样的性质。TD(λ) 只对所有常量 λ 保证收敛。参见 Yu 提供的反例 (Ghiassian、Rafiee 和 Sutton，2016)。

12.12 实现中的问题

初看上去使用资格迹的表格型方法可能比单步法复杂得多。最朴素的实现需要每个状态 (或“状态-动作”二元组) 在每个时间步骤同时更新价值估计和资格迹。对于基于单指令多任务 (SIMD) 的并行计算机或合理的神经网络，实现不会是一个问题；但是对于常规的串行计算机上的实现来说，这就是一个问题。幸运的是，对于 λ 和 γ 的一些典型值，几乎所有状态的资格迹都总是接近于零，只有那些最近被访问过的状态的资格迹才会有显著大于零的值，因此，实际上只需要更新这几个状态，就能对原始算法有很好的近似。

在实践中，常规计算机上的实现可以仅跟踪和更新具有非零迹的少数状态。有了这个技巧，在表格型方法中使用资格迹的计算复杂度通常只是单步法的几倍。当然，确切的倍数取决于 λ 、γ 和其他部分的计算复杂度。请注意，表格型情况在某种意义上是资格迹计算复杂度的最坏情况。当使用函数逼近时，不使用资格迹的计算优势通常会减小。例如，如果使用人工神经网络和反向传播算法，则使用资格迹通常仅会导致每步计算所需存储空间和计算量增加一倍。截断 λ-回报法 (12.3 节) 可以在常规计算机上高效计算，但一般需要一些额外的内存。

12.13 本章小结

资格迹和时序差分误差的结合提供了一种可以在蒙特卡洛法和时序差分法之间进行转换的高效的增量式方法。第 7 章的 n-步法也实现了这一点，但资格迹方法更为普遍，通常学习速度更快，而且提供了不同的计算复杂度权衡。本章提供了用于离轨策略和同轨策略学习以及可变的自举及折扣的资格迹的一个优雅的、新兴的理论解释。这个优雅理论的一个方面是真实在线法，它准确地再现了理想方法的行为，同时保留了常规时序差分法的计算优势。另一方面提供了自动地从直观的前向视图方法转换为更高效的增量式后向视图方法的可能途径。我们通过一个推导阐述了这个一般化的思想，这个推导使用真实在线时序差分法中的创新性的资格迹，将经典的计算复杂度高的蒙特卡洛算法转换为计算复杂度低的增量式的非时序差分实现。

正如我们在第 5 章中提到的，蒙特卡洛法由于不使用自举法，可能在非马尔可夫任务中有优势。因为资格迹使时序差分方法更像蒙特卡洛方法，它们在这些情况下也可以有优势。如果由于其他优点而想使用时序差分方法，但任务至少部分为非马尔可夫，那么就可以使用资格迹方法了。资格迹是针对长延迟的收益和非马尔可夫任务的首选方法。

通过调整 λ，资格迹方法可以作为介于蒙特卡洛法和单步时序差分法之间的任一种方法。λ为多少时最合适呢？我们对这个问题还没有很好的理论回答，但是可以基于经验给出一些可能的参考问答。对于包含有多个时间步骤的分幕式任务，或折扣半衰期内的有多个步骤的任务，使用资格迹比不用明显更好 (例如，见图 12.14)。另一方面，如果资格迹长到产生完全或者近似完全的蒙特卡洛方法，则性能会急剧下降。介于中间的某种方法似乎是更好的选择。资格迹应该使我们偏向蒙特卡洛方法，但并不是完全趋向蒙特卡洛方法。在未来，使用变量 λ更精细地调整时序差分法和蒙特卡洛法之间的权衡是有可能的，但目前尚不清楚如何可靠和有效地去实现。

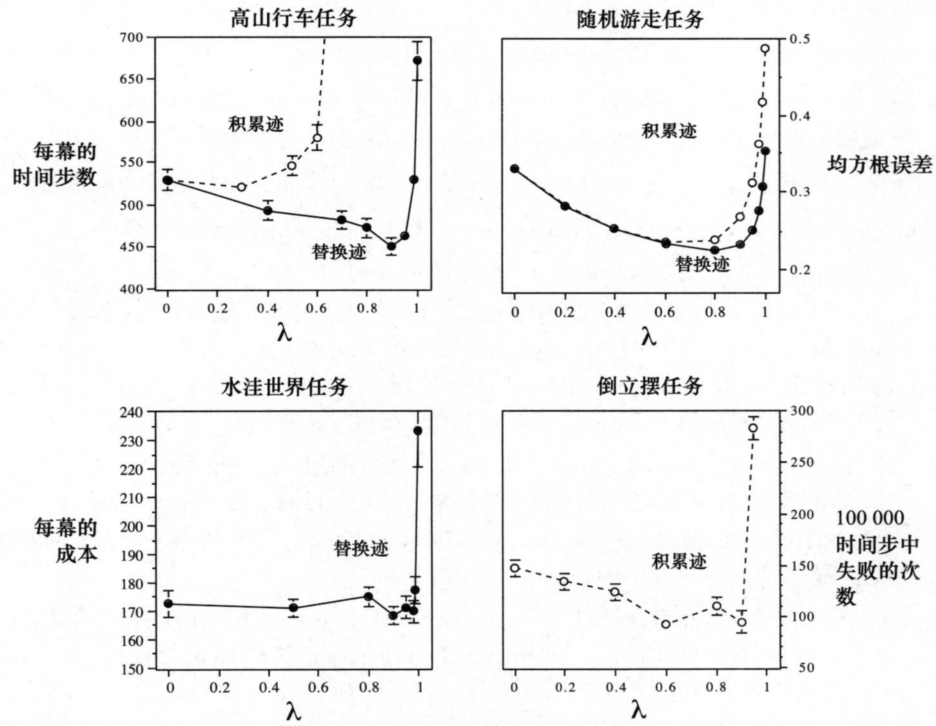

图 12.14　在 4 个任务上评测 λ对强化学习的影响。在所有的任务中，一般都是 λ 为中间值时效果最好 (图中纵轴的值较小)。左边两个图是 Sarsa(λ) 算法和瓦片编码方法使用替换迹或者积累迹 (Sutton，1996) 在简单的连续状态控制任务上的结果。右上角的图是 TD(λ) 在随机游走任务上策略评估的结果 (Singh 和 Sutton，1996)。右下角的图是在倒立摆任务上的结果，这个结果来源于早期的研究 (Sutton，1984) 并且还没有公开发表过

使用资格迹的方法需要比单步法进行更多的计算，但作为好处，它们的学习速度显著加快，特别是当收益被延迟许多时间步骤时。因此，在数据稀缺并且不能被重复处理的情

况下，使用资格迹通常是有意义的，许多在线应用就是这种情况。另一方面，在离线应用中可以很容易地生成数据，例如从廉价的模拟中生成数据，那么通常不使用资格迹。在这些情况下，目标不是从有限的数据中获得更多的数据，而是尽可能快地处理尽可能多的数据。使用资格迹带来的学习的加速通常抵不上它们的计算成本，因而在这种情况下单步法更受欢迎。

参考文献和历史评注

将资格迹用于强化学习源于 Klopf (1972) 中的一系列思想。资格迹的使用也是基于 Klopf 的工作 (Sutton，1978a，1978b，1978c；Barto 和 Sutton，1981a，1981b；Sutton 和 Barto，1981a；Barto、Sutton 和 Anderson，1983；Sutton，1984)。我们可能是最先使用“资格迹”这个术语的人 (Sutton and Barto，1981a)。关于刺激在神经系统中产生后效应对于学习很重要这个思想由来已久 (参见第 14 章)。资格迹最早在第 13 章介绍的行动器-评判器方法 (Barto、Sutton 和 Anderson，1983；Sutton，1984) 中使用。

12.1 在本书的第 1 版中复合更新被称为“复杂回溯”。
λ-回报及其减小误差的性质是由 Watkins (1989) 首先提出的，随后由 Jaakkola，Jordan，and Singh (1994) 进行了扩展。本章及后续章节介绍的随机游走的结果是新的，术语“前向视图”和“后向视图”也是新的。本书的第 1 版中介绍了 λ-回报算法的概念，本书中更好的处理方式来源于 Harm van Seijen (例如 van Seijen 和 Sutton，2014)。

12.2 使用积累迹的 TD(λ) 算法是由 Sutton (1988，1984) 提出的。均值收敛性由 Dayan (1992) 提出，依概率 1 收敛有很多研究者证明过，包括 Peng (1993)，Dayan 和 Sejnowski (1994)，Tsitsiklis (1994)，以及 Gurvits、Lin 和 Hanson (1994)。线性 TD(λ) 的渐近 λ相关解的误差界是由 Tsitsiklis 和 Van Roy (1997) 提出的。

12.3–5 截断时序差分方法由 Cichosz (1995) 和 van Seijen (2016) 提出。真实在线 TD(λ) 方法和其他相关的想法最早源于 van Seijen 的工作 (van Seijen 和 Sutton，2014；van Seijen et al.，2016)。替换迹由 Singh and Sutton (1996) 提出。

12.6 这一节中的相关材料来源于 van Hasselt 和 Sutton (2015)。

12.7 使用积累迹的 Sarsa(λ) 算法最早在 Rummery 和 Niranjan (1994；Rummery，1995) 中的控制方法中被提出。真实在线 Sarsa(λ) 由 van Seijen 和 Sutton (2014) 提出。第 302 页中的算法从 van Seijen et al. (2016) 中的算法改编而来。高山行车的例子是特地为本书编写的，其中图 12.11 从 van Seijen 和 Sutton (2014) 改编而来。

12.8 关于变量 λ 的公开讨论可能首先来自 Watkins (1989)，他指出在 Q(λ) 中当非贪心动作被选择时更新序列的截取可以通过将 λ 临时设置为 0 实现。
本书的第 1 版也介绍了变量 λ。变量 γ 来源于关于选项的研究 (Sutton、Precup 和 Singh，1999) 以及相关的前期工作 (Sutton，1995a)，最终在关于 GQ(λ) 的论文 (Maei 和 Sutton，

2010) 中被清晰地介绍了，这篇论文也介绍了 λ-回报的一些递归形式。

Yu (2012) 给出了关于可变的 λ的不同定义。

12.9 离轨策略的资格迹首先由 Precup et al. (2000, 2001) 提出，之后被 Bertsekas 和 Yu (2009)，Maei (2011；Maei 和 Sutton，2010)，Yu (2012)，Sutton、Mahmood、Precup 和 van Hasselt (2014) 等人进一步发展。其中，van Hasselt (2014) 采用了强大的前向视角来描述采用状态相关的 λ和 γ的离轨策略时序差分方法。本书里相关内容的介绍相对还比较新。这一节最后介绍了优雅的期望 Sarsa(λ) 算法。虽然这个算法看起来很自然，但是据我们所知，之前还没有在文献中介绍或者测试过它。

12.10 Watkin Q(λ) 来源于 Watkins (1989)。Munos、Stepleton、Harutyunyan 和 Bellemare (2016) 证明了表格型、分幕式、离线版本的收敛性。替代 Q(λ) 由 Peng 和 Williams (1994，1996) 及 Sutton、Mahmood、Precup 和 van Hasselt (2014) 提出。树回溯 TB(λ) 由 Precup、Sutton 和 Singh (2000) 提出。

12.11 GTD(λ) 由 Maei (2011) 提出。GQ(λ) 由 Maei 和 Sutton (2010) 提出。White 和 White (2016) 在 Hackman (2012) 提出的单步 HTD 算法的基础上提出了 HTD(λ) 算法。Yu (2017) 给出了一些关于梯度 -时序差分方法的最新理论结果。Sutton、Mahmood 和 White (2016) 提出了强调 TD (λ)，并证明了它的稳定性。Yu (2015，2016) 证明了它的收敛性，Hallak et al. (2015，2016) 进一步发展了该算法。

13

策略梯度方法

在这一章，我们将讨论一些新的内容。到目前为止，本书中几乎所有的方法都是基于动作价值函数的方法，它们都是先学习动作价值函数，然后根据估计的动作价值函数选择动作[1]；如果没有动作价值函数的估计，策略也就不会存在。在这一章中，我们讨论直接学习参数化的策略的方法，动作选择不再直接依赖于价值函数。价值函数仍然可以用于学习策略的参数，但对于动作选择而言就不是必需的了。我们用记号 $\boldsymbol{\theta} \in \mathbb{R}^{d'}$ 表示策略的参数向量。因此，我们把在 t 时刻、状态 s 和参数 $\boldsymbol{\theta}$ 下选择动作 a 的概率记为 $\pi(a|s,\boldsymbol{\theta}) = \Pr\{A_t = a \mid S_t = s, \boldsymbol{\theta}_t = \boldsymbol{\theta}\}$。如果也使用估计的价值函数，那么价值函数的参数像 $\hat{v}(s,\mathbf{w})$ 中一样用 $\mathbf{w} \in \mathbb{R}^d$ 表示。

本章讨论的策略参数的学习方法都基于某种性能度量 $J(\boldsymbol{\theta})$ 的梯度，这些梯度是标量 $J(\boldsymbol{\theta})$ 对策略参数的梯度。这些方法的目标是最大化性能指标，所以它们的更新近似于 J 的梯度上升

$$\boldsymbol{\theta}_{t+1} = \boldsymbol{\theta}_t + \alpha \widehat{\nabla J(\boldsymbol{\theta}_t)} \tag{13.1}$$

其中，$\widehat{\nabla J(\boldsymbol{\theta}_t)} \in \mathbb{R}^{d'}$ 是一个随机估计，它的期望是性能指标对它的参数 $\boldsymbol{\theta}_t$ 的梯度的近似。我们把所有符合这个框架的方法都称为策略梯度法，不管它们是否还同时学习一个近似的价值函数。同时学习策略和价值函数的方法一般被称为行动器-评判器 方法，其中“行动器”是指学习到的策略，可以视其为智能体进行决策动作的“施动器”；“评判器”指学习到的价值函数，一般是状态价值函数，用于评估特定情况下的价值，可以视其为智能体对当前状况的“评判器”。我们首先考虑分幕式情况，在这种情况下性能指标被定义为：在当前参数化策略下初始状态的价值函数。然后我们再考虑持续性的问题，就像 10.3 节一样，这种情况下性能指标被定义为平均收益。最后我们可以用相似的术语解释两种情况

1　唯一例外是 2.8 节中的梯度赌博机算法。实际上，在 2.8 节，我们在单状态赌博机情况下讨论了和这里的完整马尔可夫决策过程情况类似的许多步骤。提前复习 2.8 节有助于更好地理解本章内容。

下的算法。

13.1 策略近似及其优势

在策略梯度方法中，策略可以用任意的方式参数化，只要 $\pi(a|s,\boldsymbol{\theta})$ 对参数可导，即只要对于所有的 $s \in \mathcal{S}$，$a \in \mathcal{A}(s)$ 和 $\boldsymbol{\theta} \in \mathbb{R}^{d'}$，$\nabla\pi(a|s,\boldsymbol{\theta})$ ($\pi(a|s,\boldsymbol{\theta})$ 对参数 $\boldsymbol{\theta}$ 的偏导组成的列向量) 存在且是有限的。在实际中，为了便于探索，我们一般会要求策略永远不会变成确定的 (即对于所有 s、a、$\boldsymbol{\theta}$，$\pi(a|s,\boldsymbol{\theta}) \in (0,1)$)。在这一节，我们将介绍最常见的对于离散动作空间的策略参数化方法，并且指出其相对价值函数方法的优势。基于策略的方法也提供了良好的处理连续动作的方法，我们稍后在 13.7 节介绍。

如果动作空间是离散的并且不是特别大，自然的参数化方法是对每一个“状态-动作”二元组估计一个参数化的数值偏好 $h(s,a,\boldsymbol{\theta}) \in \mathbb{R}$。在每个状态下拥有最大偏好值的动作被选择的概率也最大，例如，可以根据一个指数柔性最大化 (softmax) 分布

$$\pi(a|s,\boldsymbol{\theta}) \doteq \frac{e^{h(s,a,\boldsymbol{\theta})}}{\sum_b e^{h(s,b,\boldsymbol{\theta})}}, \tag{13.2}$$

其中，$e \approx 2.71828$ 是自然对数的底。注意，这里的分母的作用仅仅是使在每个状态下选择动作的概率之和为 1。我们称这种形式的策略参数化为*动作偏好值的柔性最大化*。

这些动作偏好值可以被任意地参数化。例如，它们可以用神经网络表示，$\boldsymbol{\theta}$ 是网络连接权重的向量 (例如 16.6 节介绍的 AlphaGo 系统)，或者可以是特征的简单线性组合

$$h(s,a,\boldsymbol{\theta}) = \boldsymbol{\theta}^\top \mathbf{x}(s,a), \tag{13.3}$$

特征向量 $\mathbf{x}(s,a) \in \mathbb{R}^{d'}$ 可以由第 9 章介绍的任意一种方法构建。

根据偏好柔性最大化分布选择动作的一个直接好处是近似策略可以接近于一个确定策略，尽管基于 ε-贪心的动作选择中会有 ε 的概率选择随机动作。当然，我们也可以根据动作价值的柔性最大化分布选择动作，但是这不会使策略趋向于一个确定的策略。相反，动作价值的估计值会收敛于对应的真实值，而这些真实值之间的差异是有限的，因此各个动作会对应到一个特定的概率值而不是 0 和 1。如果在柔性最大化分布中引入一个温度参数，然后这个温度参数可以随时间逐步减小接近一个确定值，但是在实际中如果没有比简单假设更多的关于真实动作价值的先验知识，则很难确定减小的流程，甚至初始温度都很难确定。而动作偏好则不同，因为它们不趋向于任何特定的值；相反，它们趋向于最优的随机策略。如果最优策略是确定的，则最优动作的偏好值将可能趋向无限大于所有次优的动作 (如果参数允许的话)。

利用动作偏好的柔性最大化分布的参数化策略还有另外一个优势，即它可以以任意的概率来选择动作。在有重要函数近似的问题中，最好的近似策略可能是一个随机策略。例如，在非完全信息的纸牌游戏中，最优的策略一般是以特定的概率选择两种不同玩法，例如德州扑克中的虚张声势。基于动作价值函数的方法没有一种自然的途径来求解随机最优策略，但是基于策略近似的方法可以，例 13.1 就是一个很好的例子。

例 13.1　带有动作切换的小型走廊任务

考虑下图中的小型走廊网格世界。像往常一样，每步的收益是 -1。对于三个非终止状态，在每个状态都有两个可选动作：right 或者 left。对于第 1 个和第 3 个状态，这些动作会导致正常的向左或者向右移动 (在第 1 个状态选择 left 不会导致移动)，在第 2 个状态动作的效果刚好相反，即选择动作 right 会导致向左移动，选择动作 left 会导致向右移动。这个问题很难，因为在函数近似下所有的状态是等同的。特别地，对于所有的状态 s，我们定义 $\mathbf{x}(s,\text{right}) = [1,0]^\top$ 和 $\mathbf{x}(s,\text{left}) = [0,1]^\top$。基于动作价值函数的 ε-贪心法实际上是被限制在两种策略中做选择：在所有的步骤中以较大的概率 $1-\varepsilon/2$ 选择动作 right，或者以相同的概率选择动作 left。如果 $\varepsilon = 0.1$，则这两种策略得到的 (在初始状态) 回报分别小于 -44 和 -82，如下图所示。如果一个方法可以以一定的概率选择动作 right，则表现会好很多。最好的概率是 0.59，这种情况下可以得到的回报大约是 -11.6。

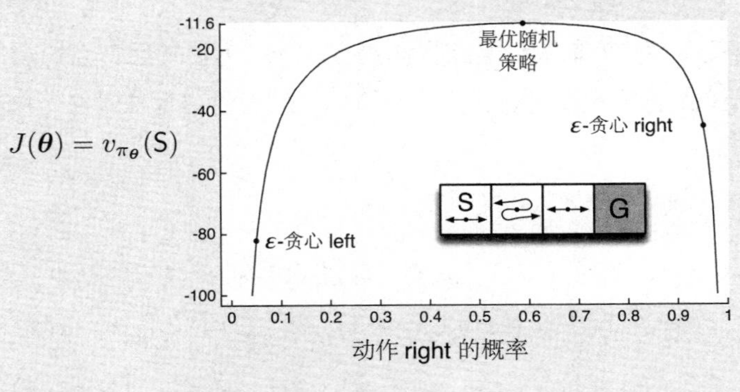

策略参数化相对动作价值函数参数化的一个最简单的优势可能是策略可以用更简单的函数近似。策略和动作价值函数的复杂度因问题而异。对于一些情况，动作价值函数更简单，更容易近似。而对于其他一些情况，策略更简单。在后一种情况中，基于策略的方法一般学习得更快，并且得到更好的渐近策略 (参考 Şimşek、Algórta 和 Kothiyal，2016 中的案例)。

最后，我们注意到，策略参数化形式的选择有时是在基于强化学习的系统中引入理想中的策略形式的先验知识的一个好方法。这也是我们一般使用基于策略的学习方法的最重要的原因之一。

练习 13.1 根据你对网格世界这个问题的理解以及它的状态转移定义，给出例 13.1 中选择动作 right 的最优概率的精确的符号表达式。 □

13.2 策略梯度定理

策略参数化相对于 ε-贪心动作选择法除了有实践上的优势外，还有重要的理论优势。对于连续的策略参数化，选择动作的概率作为被优化的参数的函数会平滑地变化，但是 ε-贪心方法则不同，只要估计的动作价值函数的变化导致了最大动作价值对应的动作发生了变化，则选择某个动作的概率就可能会突然变化很大，即使估计的动作价值函数只发生了任意小的变化。很大程度上由于这个原因，基于策略梯度的方法能够比基于动作价值函数的方法有更强的收敛保证。特别地，策略关于参数变化的连续性使得基于梯度的方法能够近似梯度 (式 13.1)。

在分幕式和持续性的两种不同的情况下，它们的性能指标 $J(\boldsymbol{\theta})$ 的定义不同，因此在一定程度上不得不分开处理。虽然如此，我们将统一地介绍两种情况，给出一些记号，使得主要的理论结果可以用同一组公式表示。

在这一节，我们考虑分幕式情况，将性能指标定义为幕初始状态的价值。我们可以在不丧失任何泛化性的情况下进行一些符号的简化，假设每幕都从某个 (非随机的) 状态 s_0 开始。则将性能指标定义为

$$J(\boldsymbol{\theta}) \doteq v_{\pi_{\boldsymbol{\theta}}}(s_0), \tag{13.4}$$

其中，$v_{\pi_{\boldsymbol{\theta}}}$ 是在策略 $\pi_{\boldsymbol{\theta}}$ 下的真实价值函数，策略由参数 $\boldsymbol{\theta}$ 决定。从这里开始，在后面的讨论中我们假设分幕式情况下没有折扣 ($\gamma = 1$)，尽管为了完整性，我们在算法描述中包括了带折扣的情况。

在函数逼近的情况下，看起来想要通过调整策略参数来保证性能得到改善是一件很有挑战的事情。主要问题是性能既依赖于动作的选择，也依赖于动作选择时所处的状态的分布，而它们都会受策略参数的影响。给定一个状态，策略参数对动作选择及收益的影响可以根据参数比较直观地计算出来。但是因为状态分布和环境有关，所以策略对状态分布的影响一般很难确切知道。而性能指标对模型参数的梯度却依赖于这种未知影响，那么如何估计这个梯度呢？

幸运的是，*策略梯度定理*为这个问题提供了很好的理论解答，它给我们提供了一

个性能指标相对于策略参数的解析表达式 (这正是我们在近似梯度上升时需要的，参见式 13.1)，其中没有涉及对状态分布的求导。在分幕式情况下策略梯度定理表达式如下

$$\nabla J(\boldsymbol{\theta}) \propto \sum_s \mu(s) \sum_a q_\pi(s,a) \nabla \pi(a|s,\boldsymbol{\theta}), \tag{13.5}$$

其中，这个梯度是关于参数向量 $\boldsymbol{\theta}$ 每个元素的偏导组成的列向量，π 表示参数向量 $\boldsymbol{\theta}$ 对应的策略。符号 $\propto$ 表示“正比于”。在分幕式情况下，这个比例常量是幕的平均长度；在持续性的情况下，这个常量是 1，这种情况下应该是等式。这里的分布 μ (见第 9 章和第 10 章) 是在策略 π 下的同轨策略分布 (参考第 197 页)。下框中给出了分幕式情况下的策略梯度定理证明。

策略梯度定理的证明 (分幕式情况)

只需要基本的微积分知识和重排公式中的各项，我们就能根据一些基本原理来证明策略梯度定理。为了使符号简单，在所有公式中我们隐去了 π 对 $\boldsymbol{\theta}$ 的依赖，同样，也隐去了梯度对 $\boldsymbol{\theta}$ 的依赖。首先，注意，状态价值函数的梯度可以写为动作价值函数的形式

$$\begin{aligned}
\nabla v_\pi(s) &= \nabla \left[\sum_a \pi(a|s) q_\pi(s,a) \right], \text{对所有} s \in \mathcal{S} && \text{(练习 3.18)} \\
&= \sum_a \Big[\nabla \pi(a|s) q_\pi(s,a) + \pi(a|s) \nabla q_\pi(s,a) \Big] && \text{(微积分的乘法法则)} \\
&= \sum_a \Big[\nabla \pi(a|s) q_\pi(s,a) + \pi(a|s) \nabla \sum_{s',r} p(s',r|s,a) \big(r + v_\pi(s')\big) \Big] \\
& && \text{(练习 3.19 和式 3.2)} \\
&= \sum_a \Big[\nabla \pi(a|s) q_\pi(s,a) + \pi(a|s) \sum_{s'} p(s'|s,a) \nabla v_\pi(s') \Big] && \text{(式 3.4)} \\
&= \sum_a \Big[\nabla \pi(a|s) q_\pi(s,a) + \pi(a|s) \sum_{s'} p(s'|s,a) && \text{(展开)} \\
& \quad \sum_{a'} \big[\nabla \pi(a'|s') q_\pi(s',a') + \pi(a'|s') \sum_{s''} p(s''|s',a') \nabla v_\pi(s'') \big] \Big] \\
&= \sum_{x \in \mathcal{S}} \sum_{k=0}^{\infty} \Pr(s \to x, k, \pi) \sum_a \nabla \pi(a|x) q_\pi(x,a),
\end{aligned}$$

在重新展开后，其中 $\Pr(s \to x, k, \pi)$ 是在策略 π 下，状态 s 在 k 步内转移到状态 x 的概率。所以，我们可以马上得到

$$
\begin{aligned}
\nabla J(\boldsymbol{\theta}) &= \nabla v_\pi(s_0) \\
&= \sum_s \left(\sum_{k=0}^{\infty} \Pr(s_0 \to s, k, \pi) \right) \sum_a \nabla \pi(a|s) q_\pi(s,a) \\
&= \sum_s \eta(s) \sum_a \nabla \pi(a|s) q_\pi(s,a) && \text{(内容框，第 197 页)} \\
&= \sum_{s'} \eta(s') \sum_s \frac{\eta(s)}{\sum_{s'} \eta(s')} \sum_a \nabla \pi(a|s) q_\pi(s,a) \\
&= \sum_{s'} \eta(s') \sum_s \mu(s) \sum_a \nabla \pi(a|s) q_\pi(s,a) && \text{(式 9.3)} \\
&\propto \sum_s \mu(s) \sum_a \nabla \pi(a|s) q_\pi(s,a) && \text{(证毕)}
\end{aligned}
$$

13.3 REINFORCE：蒙特卡洛策略梯度

下面介绍第一个策略梯度学习算法。回想式 (13.1) 中的随机梯度上升，其中需要一种获取样本的方法，这些采样的样本梯度的期望正比于性能指标对于策略参数的实际梯度。这些样本梯度只需要正比于实际的梯度，因为任何常数的正比系数显然都可以被吸收到步长参数 α 中。策略梯度定理给出了一个正比于梯度的精确表达式。现在只需要一种采样的方法，使得采样样本的梯度近似或者等于这个表达式。注意，策略梯度定理公式的右边是将目标策略 π 下每个状态出现的频率作为加权系数的求和项，如果按策略 π 执行，则状态将按这个比例出现。因此

$$
\begin{aligned}
\nabla J(\boldsymbol{\theta}) &\propto \sum_s \mu(s) \sum_a q_\pi(s,a) \nabla \pi(a|s,\boldsymbol{\theta}) \\
&= \mathbb{E}_\pi \left[\sum_a q_\pi(S_t,a) \nabla \pi(a|S_t,\boldsymbol{\theta}) \right]. \qquad (13.6)
\end{aligned}
$$

我们可以在这里停下来，并将我们的随机梯度上升算法 (式 13.1) 实例化为

$$
\boldsymbol{\theta}_{t+1} \doteq \boldsymbol{\theta}_t + \alpha \sum_a \hat{q}(S_t,a,\mathbf{w}) \nabla \pi(a|S_t,\boldsymbol{\theta}), \qquad (13.7)
$$

这里 $\hat{q}$ 是由学习得到的 q_π 的近似。这个算法被称为*全部动作*算法，因为它的更新涉及了所有可能的动作，这是很有前途并值得进一步研究的方法。但我们目前的兴趣还是在经典的 REINFORCE 算法 (Willams, 1992)，这种经典算法在时刻 t 的更新仅仅涉及了 A_t，即在时刻 t 被实际采用的动作。

我们接下来继续进行 REINFORCE 算法的推导。与式 (13.6) 中引入 S_t 的过程类似，我们将 A_t 引入进来，把对随机变量所有可能取值的求和运算替换为对 π 的期望，然后对期望进行采样。式 (13.6) 涉及了对动作的求和，但每一项中并没有将 $\pi(a|S_t,\boldsymbol{\theta})$ 作为加权系数，而这是对 π 求期望所必须的。所以，我们采用了一个不改变等价性的方法来引入这个概率加权系数，将每一个求和项分别乘上再除以概率 $\pi(a|S_t,\boldsymbol{\theta})$ 就可以了。从式 (13.6) 继续推导，我们有

$$\begin{aligned}\nabla J(\boldsymbol{\theta}) &= \mathbb{E}_\pi\left[\sum_a \pi(a|S_t,\boldsymbol{\theta}) q_\pi(S_t,a)\frac{\nabla\pi(a|S_t,\boldsymbol{\theta})}{\pi(a|S_t,\boldsymbol{\theta})}\right] \\ &= \mathbb{E}_\pi\left[q_\pi(S_t,A_t)\frac{\nabla\pi(A_t|S_t,\boldsymbol{\theta})}{\pi(A_t|S_t,\boldsymbol{\theta})}\right] & (\text{用采样 } A_t\sim\pi \text{ 替换 } a) \\ &= \mathbb{E}_\pi\left[G_t\frac{\nabla\pi(A_t|S_t,\boldsymbol{\theta})}{\pi(A_t|S_t,\boldsymbol{\theta})}\right], & (\text{因为 } \mathbb{E}_\pi[G_t|S_t,A_t]=q_\pi(S_t,A_t))\end{aligned}$$

G_t 是通常的回报。括号中的最后一个表达式就恰好是我们想要的，这个量可以通过每步的采样计算得到，它的期望等于真实的梯度。使用这个梯度实现式 (13.1) 中的随机梯度上升算法，就可以得到如下式

$$\boldsymbol{\theta}_{t+1} \doteq \boldsymbol{\theta}_t + \alpha G_t\frac{\nabla\pi(A_t|S_t,\boldsymbol{\theta}_t)}{\pi(A_t|S_t,\boldsymbol{\theta}_t)}. \tag{13.8}$$

这个算法被称为 REINFORCE (这个名字最初来源于 Williams, 1992)。它的更新有直观上的吸引力。每一个增量更新都正比于回报 G_t 和一个向量的乘积，这个向量是选取动作的概率的梯度除以这个概率本身。这个向量是参数空间中使得将来在状态 S_t 下重复选择动作 A_t 的概率增加最大的方向。这个更新使得参数向量沿着这个方向增加，更新大小正比于回报，反比于选择动作的概率。前者的意义在于它使得参数向着更有利于产生最大回报的动作的方向更新。后者有意义是因为如果不这样的话，频繁被选择的动作会占优 (在这些方向更新更频繁)，即使这些动作不是产生最大回报的动作，最后可能也会胜出，这就会影响性能指标的优化。

注意，REINFORCE 需要使用从时刻 t 开始的完全回报，即从当前时刻到幕结束的所有收益。从这个角度来说，REINFORCE 是一个蒙特卡洛算法，只有在分幕式情形下才能很好定义它，因为它所有的更新都只有在当前幕执行完后才能进行 (类似第 5 章介绍的蒙特卡洛算法)。具体算法在下面框中描述。

注意代码中的最后一行的更新式和式 (13.8) 的更新规则不同。唯一的区别是伪代码中使用了式 (13.8) 中向量 $\frac{\nabla\pi(A_t|S_t,\boldsymbol{\theta}_t)}{\pi(A_t|S_t,\boldsymbol{\theta}_t)}$ 的一种更紧凑的表达方式 $\nabla\ln\pi(A_t|S_t,\boldsymbol{\theta}_t)$。这两种向量的表达方式相同，是因为有等式 $\nabla\ln x=\frac{\nabla x}{x}$ 成立。在历史文献中，这个向量有

许多不同的名字和记法，这里我们叫它迹向量。注意，这是算法中策略参数唯一出现的地方。

REINFORCE：π_* 的蒙特卡洛策略梯度的控制算法 (分幕式)

输入：一个可导的参数化策略 $\pi(a|s,\boldsymbol{\theta})$
算法参数：步长 $\alpha > 0$
初始化策略参数 $\boldsymbol{\theta} \in \mathbb{R}^{d'}$ (如初始化为 $\mathbf{0}$)

无限循环 (对于每一幕)：
　根据 $\pi(\cdot|\cdot,\boldsymbol{\theta})$，生成一幕序列 $S_0, A_0, R_1, \ldots, S_{T-1}, A_{T-1}, R_T$
　对于幕的每一步循环，$t = 0, 1, \ldots, T-1$：
　　$G \leftarrow \sum_{k=t+1}^{T} \gamma^{k-t-1} R_k$ 　　　(G_t)
　　$\boldsymbol{\theta} \leftarrow \boldsymbol{\theta} + \alpha \gamma^t G \nabla \ln \pi(A_t|S_t,\boldsymbol{\theta})$

伪代码中的更新式和 REINFORCE 更新式 (13.8) 的另一个不同是，前者更新式中有一个 γ^t。这是因为，正如我们在前面提到的，在正文中我们只考虑没有折扣的情况 ($\gamma=1$)，但是在伪代码中，我们给出了一个带折扣情况下的更一般化的算法。正文中介绍的所有方法如果用在带折扣的情况下，只需要做一些适当的调整 (包括第 197 页框中的内容)，但是如果我们把它加到正文介绍中，就会增加额外的复杂度。

* 练习 13.2　请推广第 197 页框中的内容、策略梯度定理 (式 13.5)、策略梯度定理的证明 (第 321 页)、REINFORCE 更新式 (13.8) 的推导步骤，使得式 (13.8) 中包含 γ^t，从而可以和伪代码中的算法对应。 □

图 13.1 是 REINFORCE 在例 13.1 短走廊网格世界任务中 100 次平均的性能表现图。

作为一个随机梯度方法，REINFORCE 有很好的理论收敛保证。每幕的期望更新和性能指标的真实梯度的方向相同。这可以保证期望意义下的性能指标的改善，只要 α足够小，在标准的随机近似条件 (减小 α) 下，它可以收敛到局部最优。然而，作为蒙特卡洛方法，REINFORCE 可能有较高的方差，因此导致学习较慢。

练习 13.3　在 13.1 节中，我们用线性动作偏好 (式 13.3) 的柔性最大化分布 (式 13.2) 作为策略的参数化形式。对于这种参数形式，请用定义和基本的微积分证明它的迹向量是

$$\nabla \ln \pi(a|s,\boldsymbol{\theta}) = \mathbf{x}(s,a) - \sum_b \pi(b|s,\boldsymbol{\theta})\mathbf{x}(s,b). \tag{13.9}$$

□

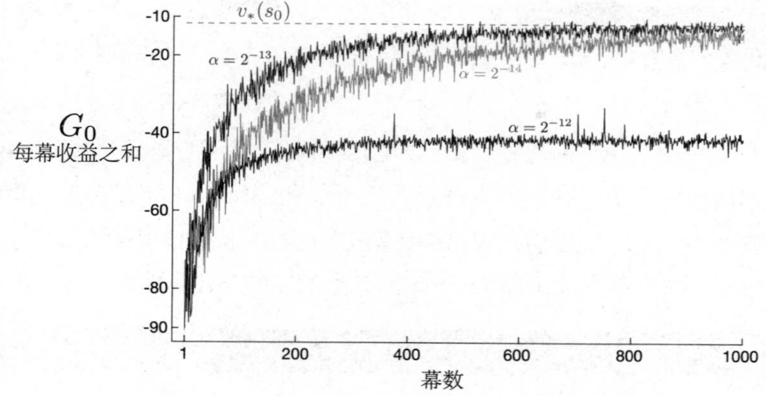

图 13.1　REINFORCE 在短走廊网格世界任务上的表现 (例 13.1)。在合适的更新步长下，每幕的收益之和能够接近初始状态的最优回报

13.4　带有基线的 REINFORCE

可以将策略梯度定理 (式 13.5) 进行推广，在其中加入任意一个与动作价值函数进行对比的基线 $b(s)$

$$\nabla J(\boldsymbol{\theta}) \propto \sum_s \mu(s) \sum_a \Big(q_\pi(s,a) - b(s)\Big) \nabla \pi(a|s,\boldsymbol{\theta}). \tag{13.10}$$

这个基线可以是任意函数，甚至是一个随机变量，只要不随动作 a 变化，上述等式仍然成立，这是因为减的那一项等于 0

$$\sum_a b(s) \nabla \pi(a|s,\boldsymbol{\theta}) = b(s) \nabla \sum_a \pi(a|s,\boldsymbol{\theta}) = b(s)\nabla 1 = 0.$$

可以使用式 (13.10) 所示的策略梯度定理以前一节介绍的类似的方法推导出更新规则。最终推导出的更新公式是一个包含基线的新的 REINFORCE 版本

$$\boldsymbol{\theta}_{t+1} \doteq \boldsymbol{\theta}_t + \alpha\Big(G_t - b(S_t)\Big)\frac{\nabla \pi(A_t|S_t,\boldsymbol{\theta}_t)}{\pi(A_t|S_t,\boldsymbol{\theta}_t)}. \tag{13.11}$$

因为这个基线也可以是常量 0，所示上式是 REINFORCE 更一般的推广。一般，加入这个基线不会使更新值的期望发生变化，但是对方差会有很大的影响。例如，在 2.8 节中，我们看到一个类似的基线可以极大地降低梯度赌博机算法的方差 (因而也加快了学习速度)。在赌博机算法中，基线就是一个数值 (到目前为止的平均收益)，但是对于马尔可夫

决策过程，这个基线应该根据状态的变化而变化。在一些状态下，所有动作的价值可能都比较大，因此我们需要一个较大的基线用以区分拥有更大值的动作和相对值不那么高的动作；在其他状态下当所有动作的值都较低时，基线也应该较小。

状态价值函数 $\hat{v}(S_t,\mathbf{w})$ 就是一个我们比较自然地能想到的基线，其中，$\mathbf{w} \in \mathbb{R}^d$ 是权重向量，可以用前面章节中介绍的方法对其进行优化。REINFORCE 使用蒙特卡洛方法学习策略参数 θ，很自然地也可以使用蒙特卡洛方法学习状态价值函数的权重 $\mathbf{w}$。用学习到的状态价值函数作为基线的 REINFORCE 算法的完整伪代码在下面框中给出。

带基线的 REINFORCE 算法 (分幕式)，用于估计 $\pi_{\boldsymbol{\theta}} \approx \pi_*$

输入：一个可微的参数化策略 $\pi(a|s,\boldsymbol{\theta})$
输入：一个可微的参数化状态价值函数 $\hat{v}(s,\mathbf{w})$
算法参数：步长 $\alpha^{\boldsymbol{\theta}} > 0$，$\alpha^{\mathbf{w}} > 0$
初始化策略参数 $\boldsymbol{\theta} \in \mathbb{R}^{d'}$ 和状态价值函数的权重 $\mathbf{w} \in \mathbb{R}^d$ (如初始化为 $\mathbf{0}$)

无限循环 (对于每一幕)：
　根据 $\pi(\cdot|\cdot,\boldsymbol{\theta})$，生成一幕序列 $S_0, A_0, R_1, \ldots, S_{T-1}, A_{T-1}, R_T$
　对于幕中的每一步循环，$t = 0, 1, \ldots, T-1$：
　　$G \leftarrow \sum_{k=t+1}^{T} \gamma^{k-t-1} R_k$　　(G_t)
　　$\delta \leftarrow G - \hat{v}(S_t,\mathbf{w})$
　　$\mathbf{w} \leftarrow \mathbf{w} + \alpha^{\mathbf{w}} \delta \nabla \hat{v}(S_t,\mathbf{w})$
　　$\boldsymbol{\theta} \leftarrow \boldsymbol{\theta} + \alpha^{\boldsymbol{\theta}} \gamma^t \delta \nabla \ln \pi(A_t|S_t,\boldsymbol{\theta})$

这个算法有两个步长，记为 $\alpha^{\boldsymbol{\theta}}$ 和 $\alpha^{\mathbf{w}}$ (其中 $\alpha^{\boldsymbol{\theta}}$ 是式 13.11 中的 α)。价值函数的步长 $\alpha^{\mathbf{w}}$ 相对比较容易设置，在线性的情况下，我们可以参考好多规则来设置它，比如 $\alpha^{\mathbf{w}} = 0.1/\mathbb{E}\big[\|\nabla\hat{v}(S_t,\mathbf{w})\|_\mu^2\big]$ (参考 9.6 节)。但是对如何设置策略参数更新的步长 $\alpha^{\boldsymbol{\theta}}$ 还不是特别清楚。它取决于收益变化的范围以及策略参数化形式。

图 13.2 比较了 REINFORCE 算法在例 13.1 的短走廊网格世界问题中带基线和不带基线的情况。这里基线使用的近似状态价值函数是 $\hat{v}(s,\mathbf{w}) = w$，即 $\mathbf{w}$ 是一个标量 w。

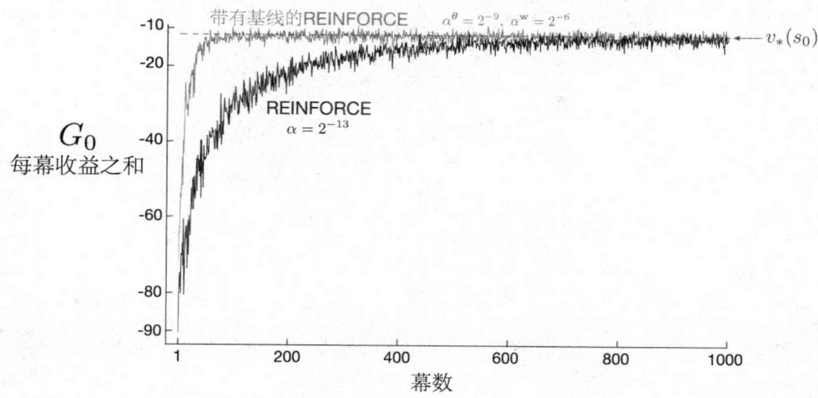

图 13.2　在 REINFORCE 中加入基线可以使模型学习得更快，就像在这里展示的短走廊网格世界 (例 13.1) 上的表现一样。这里不带基线的 REINFORCE 的更新步长是挑选的其中最好的一个 (参见图 13.1)。每条线是 100 次独立实验的平均

13.5　“行动器-评判器”方法

尽管带基线的强化学习方法既学习了一个策略函数也学习了一个状态价值函数，我们也不认为它是一种“行动器-评判器”方法，因为它的状态价值函数仅被用作基线，而不是作为一个“评判器”。也就是说，它没有被用于自举操作 (用后继各个状态的价值估计值来更新当前某个状态的价值估计值)，而只是作为正被更新的状态价值的基线。做这个区分是很有必要的，因为只有采用自举法时，才会出现依赖于函数逼近质量的偏差和渐近性收敛。正如我们前面已经介绍过的，通过自举法引入的偏差以及状态表示上的依赖经常是很有用的，因为它们降低了方差并加快了学习。带基线的强化学习方法是无偏差的，并且会渐近地收敛至局部最小值，但是和所有的蒙特卡洛方法一样，它的学习比较缓慢 (产生高方差估计)，并且不便于在线实现，或者不便于应用于持续性问题。正如我们之前介绍的，使用时序差分我们可以消除这些不便，并且通过使用多步方法，我们可以灵活地选择自举操作的程度。为了在策略梯度法中获得这些优势，我们使用带自举评判器的“行动器-评判器”方法。

首先考虑单步“行动器-评判器”方法，它和第 6 章介绍的时序差分法很类似，如 TD(0)、Sarsa(0) 和 Q 学习。单步方法的主要优势在于它们是完全在线和增量式的，同时也避免了使用资格迹的复杂性。它们是资格迹方法的一种特殊情况，不是一般化的方法，但是更加容易理解。单步“行动器-评判器”方法使用单步回报 (并使用估计的状态价

值函数作为基线) 来代替 REINFORCE 算法 (式 13.11) 中的整个回报，具体如下

$$\boldsymbol{\theta}_{t+1} \doteq \boldsymbol{\theta}_t + \alpha\Big(G_{t:t+1} - \hat{v}(S_t,\mathbf{w})\Big)\frac{\nabla\pi(A_t|S_t,\boldsymbol{\theta}_t)}{\pi(A_t|S_t,\boldsymbol{\theta}_t)} \tag{13.12}$$

$$= \boldsymbol{\theta}_t + \alpha\Big(R_{t+1} + \gamma\hat{v}(S_{t+1},\mathbf{w}) - \hat{v}(S_t,\mathbf{w})\Big)\frac{\nabla\pi(A_t|S_t,\boldsymbol{\theta}_t)}{\pi(A_t|S_t,\boldsymbol{\theta}_t)} \tag{13.13}$$

$$= \boldsymbol{\theta}_t + \alpha\delta_t\frac{\nabla\pi(A_t|S_t,\boldsymbol{\theta}_t)}{\pi(A_t|S_t,\boldsymbol{\theta}_t)}. \tag{13.14}$$

我们可以很自然地采用半梯度方法 TD(0) 来学习状态价值函数。完整算法的伪代码在下框中给出。注意，这是一个完全在线、增量式的算法，其状态、动作和收益都只会在它们第一次被收集到时使用，之后都不会再次使用。

单步“行动器-评判器”方法 (分幕式)，用于估计 $\pi_{\boldsymbol{\theta}} \approx \pi_*$

输入：一个可微的参数化策略 $\pi(a|s,\boldsymbol{\theta})$
输入：一个可微的参数化状态价值函数 $\hat{v}(s,\mathbf{w})$
算法参数：步长 $\alpha^{\boldsymbol{\theta}} > 0$，$\alpha^{\mathbf{w}} > 0$
初始化策略参数 $\boldsymbol{\theta} \in \mathbb{R}^{d'}$ 和状态价值函数的权重 $\mathbf{w} \in \mathbb{R}^d$ (如初始化为 $\mathbf{0}$)
无限循环 (对于每一幕)：
  初始化 S (幕的第一个状态)
  $I \leftarrow 1$
  当 S 是非终止状态时，循环：
    $A \sim \pi(\cdot|S,\boldsymbol{\theta})$
    采取动作 A，观察到 S', R
    $\delta \leftarrow R + \gamma\hat{v}(S',\mathbf{w}) - \hat{v}(S,\mathbf{w})$ (如果 S' 是终止状态，则 $\hat{v}(S',\mathbf{w}) \doteq 0$)
    $\mathbf{w} \leftarrow \mathbf{w} + \alpha^{\mathbf{w}}\delta\nabla\hat{v}(S,\mathbf{w})$
    $\boldsymbol{\theta} \leftarrow \boldsymbol{\theta} + \alpha^{\boldsymbol{\theta}} I\delta\nabla\ln\pi(A|S,\boldsymbol{\theta})$
    $I \leftarrow \gamma I$
    $S \leftarrow S'$

我们可以很自然地将其推广到 n-步方法的前向视图中，然后再推广到 λ-回报算法。只需要把式 (13.12) 中的单步回报相应地替换为 $G_{t:t+n}$ 或 G_t^λ 即可。推广到 λ-回报的后向视图也很直接，对于行动器和评判器，遵循第 12 章中介绍的方法，分别使用不同的资格迹。下面框中给出了完整算法的伪代码。

带资格迹的“行动器-评判器”方法 (分幕式)，用于估计 $\pi_{\boldsymbol{\theta}} \approx \pi_*$

输入：一个可微的参数化策略 $\pi(a|s,\boldsymbol{\theta})$
输入：一个可微的参数化状态价值函数 $\hat{v}(s,\mathbf{w})$
参数：迹衰减率 $\lambda^{\boldsymbol{\theta}} \in [0,1]$，$\lambda^{\mathbf{w}} \in [0,1]$；步长 $\alpha^{\boldsymbol{\theta}} > 0$，$\alpha^{\mathbf{w}} > 0$
初始化策略参数 $\boldsymbol{\theta} \in \mathbb{R}^{d'}$ 和状态价值函数的权重 $\mathbf{w} \in \mathbb{R}^d$ (如初始化为 $\mathbf{0}$)
无限循环 (对于每一幕)：
　初始化 S (幕的第一个状态)
　$\mathbf{z}^{\boldsymbol{\theta}} \leftarrow \mathbf{0}$ (d' 维资格迹向量)
　$\mathbf{z}^{\mathbf{w}} \leftarrow \mathbf{0}$ (d 维资格迹向量)
　$I \leftarrow 1$
　当 S 不是终止状态时，循环：
　　$A \sim \pi(\cdot|S,\boldsymbol{\theta})$
　　采取动作 A，观察到 S', R
　　$\delta \leftarrow R + \gamma\hat{v}(S',\mathbf{w}) - \hat{v}(S,\mathbf{w})$　　(如果 S' 是终止状态，则 $\hat{v}(S',\mathbf{w}) \doteq 0$)
　　$\mathbf{z}^{\mathbf{w}} \leftarrow \gamma\lambda^{\mathbf{w}}\mathbf{z}^{\mathbf{w}} + I\nabla\hat{v}(S,\mathbf{w})$
　　$\mathbf{z}^{\boldsymbol{\theta}} \leftarrow \gamma\lambda^{\boldsymbol{\theta}}\mathbf{z}^{\boldsymbol{\theta}} + I\nabla\ln\pi(A|S,\boldsymbol{\theta})$
　　$\mathbf{w} \leftarrow \mathbf{w} + \alpha^{\mathbf{w}}\delta\mathbf{z}^{\mathbf{w}}$
　　$\boldsymbol{\theta} \leftarrow \boldsymbol{\theta} + \alpha^{\boldsymbol{\theta}}\delta\mathbf{z}^{\boldsymbol{\theta}}$
　　$I \leftarrow \gamma I$
　　$S \leftarrow S'$

13.6　持续性问题的策略梯度

正如在 10.3 节中讨论的，对于没有分幕式边界的持续性问题，我们需要根据每个时刻上的平均收益来定义性能

$$
\begin{aligned}
J(\boldsymbol{\theta}) \doteq r(\pi) &\doteq \lim_{h\to\infty}\frac{1}{h}\sum_{t=1}^{h}\mathbb{E}[R_t \mid S_0, A_{0:t-1}\sim\pi] \\
&= \lim_{t\to\infty}\mathbb{E}[R_t \mid S_0, A_{0:t-1}\sim\pi] \\
&= \sum_s \mu(s)\sum_a \pi(a|s)\sum_{s',r} p(s',r|s,a)r,
\end{aligned}
\tag{13.15}
$$

其中，μ 是策略 π 下的稳定状态的分布，$\mu(s) \doteq \lim_{t\to\infty}\Pr\{S_t = s|A_{0:t}\sim\pi\}$，并假设它一定存在并独立于 S_0 (一种遍历性假设)。注意，这是一个很特殊的状态分布，如果一直根

据策略 π 选择动作，则这个分布会保持不变：

$$\sum_s \mu(s) \sum_a \pi(a|s,\boldsymbol{\theta})p(s'|s,a) = \mu(s'), \text{对所有} s' \in \mathcal{S}. \tag{13.16}$$

用于持续性问题的“行动器-评判器”算法 (后向视图) 的完整伪代码在下框中给出。

带资格迹的“行动器-评判器”方法 (持续的)，用于估计 $\pi_{\boldsymbol{\theta}} \approx \pi_*$

输入：一个可微的参数化策略 $\pi(a|s,\boldsymbol{\theta})$
输入：一个可微的参数化状态价值函数 $\hat{v}(s,\mathbf{w})$
算法参数：$\lambda^{\mathbf{w}} \in [0,1]$，$\lambda^{\boldsymbol{\theta}} \in [0,1]$，$\alpha^{\mathbf{w}} > 0$，$\alpha^{\boldsymbol{\theta}} > 0$，$\alpha^{\bar{R}} > 0$
初始化 $\bar{R} \in \mathbb{R}$ (如初始化为 0)
初始化状态价值函数权重 $\mathbf{w} \in \mathbb{R}^d$ 和策略参数 $\boldsymbol{\theta} \in \mathbb{R}^{d'}$ (如初始化为 $\mathbf{0}$)
初始化 $S \in \mathcal{S}$ (如初始化为 s_0)

$\mathbf{z}^{\mathbf{w}} \leftarrow \mathbf{0}$ (d 维资格迹向量)
$\mathbf{z}^{\boldsymbol{\theta}} \leftarrow \mathbf{0}$ (d' 维资格迹向量)
无限循环 (对于每一个时刻)：
  $A \sim \pi(\cdot|S,\boldsymbol{\theta})$
  采取动作 A，观察到 S', R
  $\delta \leftarrow R - \bar{R} + \hat{v}(S',\mathbf{w}) - \hat{v}(S,\mathbf{w})$
  $\bar{R} \leftarrow \bar{R} + \alpha^{\bar{R}}\delta$
  $\mathbf{z}^{\mathbf{w}} \leftarrow \lambda^{\mathbf{w}}\mathbf{z}^{\mathbf{w}} + \nabla\hat{v}(S,\mathbf{w})$
  $\mathbf{z}^{\boldsymbol{\theta}} \leftarrow \lambda^{\boldsymbol{\theta}}\mathbf{z}^{\boldsymbol{\theta}} + \nabla \ln \pi(A|S,\boldsymbol{\theta})$
  $\mathbf{w} \leftarrow \mathbf{w} + \alpha^{\mathbf{w}}\delta\mathbf{z}^{\mathbf{w}}$
  $\boldsymbol{\theta} \leftarrow \boldsymbol{\theta} + \alpha^{\boldsymbol{\theta}}\delta\mathbf{z}^{\boldsymbol{\theta}}$
  $S \leftarrow S'$

自然地，在持续性问题中，我们用差分回报定义价值函数，$v_\pi(s) \doteq \mathbb{E}_\pi[G_t|S_t=s]$ 以及 $q_\pi(s,a) \doteq \mathbb{E}_\pi[G_t|S_t=s, A_t=a]$，其中

$$G_t \doteq R_{t+1} - r(\pi) + R_{t+2} - r(\pi) + R_{t+3} - r(\pi) + \cdots. \tag{13.17}$$

有了这些定义，适用于分幕式情况下的策略梯度定理 (式 13.5) 对于持续性任务的情况也同样正确。下面框中给出证明。前向和后向视图的公式也同样保持不变。

策略梯度定理证明 (持续性问题)

持续性问题的策略梯度定理的证明和分幕式问题的证明非常类似。这里我们再一次明确 π 是关于 $\boldsymbol{\theta}$ 的一个函数，所求的是关于 $\boldsymbol{\theta}$ 的梯度。回顾一下，在持续性问题中 $J(\boldsymbol{\theta}) = r(\pi)$ (式 13.15)，并且 v_π 和 q_π 是用差分回报表示的价值函数。对于任意 $s \in S$，状态价值函数的梯度可以表示为

$$\begin{aligned}
\nabla v_\pi(s) &= \nabla\left[\sum_a \pi(a|s) q_\pi(s,a)\right], \text{对所有} s \in \mathcal{S} && \text{(练习 3.18)} \\
&= \sum_a \Big[\nabla\pi(a|s) q_\pi(s,a) + \pi(a|s)\nabla q_\pi(s,a)\Big] && \text{(微积分的乘法法则)} \\
&= \sum_a \Big[\nabla\pi(a|s) q_\pi(s,a) + \pi(a|s)\nabla \sum_{s',r} p(s',r|s,a)\big(r - r(\boldsymbol{\theta}) + v_\pi(s')\big)\Big] \\
&= \sum_a \Big[\nabla\pi(a|s) q_\pi(s,a) + \pi(a|s)\big[-\nabla r(\boldsymbol{\theta}) + \sum_{s'} p(s'|s,a)\nabla v_\pi(s')\big]\Big].
\end{aligned}$$

重新组合公式后，我们可以获得

$$\nabla r(\boldsymbol{\theta}) = \sum_a \Big[\nabla\pi(a|s) q_\pi(s,a) + \pi(a|s)\sum_{s'} p(s'|s,a)\nabla v_\pi(s')\Big] - \nabla v_\pi(s).$$

注意，等式左边可以写为 $\nabla J(\boldsymbol{\theta})$，它与 s 无关。因此等式右边也与 s 无关。我们可以放心地用 $\mu(s)$ ($s \in \mathcal{S}$) 进行加权求和，而不会改变原来的结果 (因为 $\sum_s \mu(s) = 1$)。所以，

$$\begin{aligned}
\nabla J(\boldsymbol{\theta}) &= \sum_s \mu(s)\left(\sum_a\Big[\nabla\pi(a|s)q_\pi(s,a) + \pi(a|s)\sum_{s'} p(s'|s,a)\nabla v_\pi(s')\Big] - \nabla v_\pi(s)\right) \\
&= \sum_s \mu(s)\sum_a \nabla\pi(a|s) q_\pi(s,a) \\
&\quad + \sum_s \mu(s)\sum_a \pi(a|s)\sum_{s'} p(s'|s,a)\nabla v_\pi(s') - \sum_s \mu(s)\nabla v_\pi(s) \\
&= \sum_s \mu(s)\sum_a \nabla\pi(a|s) q_\pi(s,a) \\
&\quad + \sum_{s'} \underbrace{\sum_s \mu(s)\sum_a \pi(a|s) p(s'|s,a)}_{\mu(s')\ (13.16)} \nabla v_\pi(s') - \sum_s \mu(s)\nabla v_\pi(s) \\
&= \sum_s \mu(s)\sum_a \nabla\pi(a|s) q_\pi(s,a) + \sum_{s'} \mu(s')\nabla v_\pi(s') - \sum_s \mu(s)\nabla v_\pi(s) \\
&= \sum_s \mu(s)\sum_a \nabla\pi(a|s) q_\pi(s,a). \qquad \text{证毕}
\end{aligned}$$

13.7 针对连续动作的策略参数化方法

基于参数化策略函数的方法还提供了解决动作空间大甚至动作空间连续 (动作无限多) 的实际途径。我们不直接计算每一个动作的概率，而是学习概率分布的统计量。例如，动作集可能是一个实数集，可以根据正态分布来选择动作。

正态分布的概率密度函数一般可以写为

$$p(x) \doteq \frac{1}{\sigma\sqrt{2\pi}} \exp\left(-\frac{(x-\mu)^2}{2\sigma^2}\right), \tag{13.18}$$

其中，μ 和 σ 这里代表正态分布的均值和标准差。当然这里的 π 近似为 $\pi \approx 3.14159$。几组不同的均值和标准差的概率密度函数如下图所示。$p(x)$ 的值是指在 x 处的概率密度，而不是概率。它的值可以大于 1，在 $p(x)$ 图像之下的总面积必须为 1。一般来说，我们可以对于任意范围的 x 求小于 $p(x)$ 的积分来得到 x 在此范围内的概率。

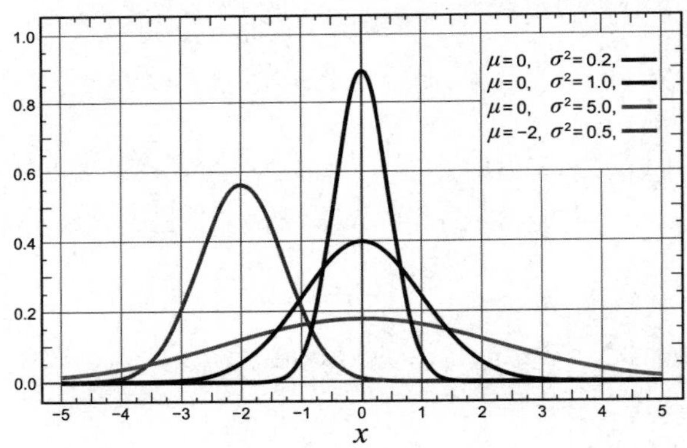

为了得到一个参数化的策略函数，可以将策略定义为关于实数型的标量动作的正态概率密度，其中均值和标准差由状态的参数化函数近似给出。具体如下

$$\pi(a|s,\boldsymbol{\theta}) \doteq \frac{1}{\sigma(s,\boldsymbol{\theta})\sqrt{2\pi}} \exp\left(-\frac{(a-\mu(s,\boldsymbol{\theta}))^2}{2\sigma(s,\boldsymbol{\theta})^2}\right), \tag{13.19}$$

其中，$\mu : \mathcal{S} \times \mathbb{R}^{d'} \to \mathbb{R}$ 和 $\sigma : \mathcal{S} \times \mathbb{R}^{d'} \to \mathbb{R}^+$ 是两个参数化的近似函数。为了保持示例的完整，我们只需要给出这些近似函数的形式。为此，我们将策略的参数向量划分为两个部分，$\boldsymbol{\theta} = [\boldsymbol{\theta}_\mu, \boldsymbol{\theta}_\sigma]^\top$，一部分用来近似均值，一部分用来近似标准差。均值可以用一个线性函数来逼近。标准差必须为正数，因而使用线性函数的指数形式比较好。因此

$$\mu(s,\boldsymbol{\theta}) \doteq {\boldsymbol{\theta}_\mu}^\top \mathbf{x}_\mu(s) \quad 和 \quad \sigma(s,\boldsymbol{\theta}) \doteq \exp\left({\boldsymbol{\theta}_\sigma}^\top \mathbf{x}_\sigma(s)\right), \tag{13.20}$$

其中，$\mathbf{x}_\mu(s)$ 和 $\mathbf{x}_\sigma(s)$ 是由第 9 章介绍的方法构造的状态特征向量。有了这些定义，本章后面描述的所有算法都能被用来学习如何选择实数型的动作。

练习 13.4　请证明基于正态分布的参数化策略 (式 13.19)，资格迹有如下两个部分

$$\nabla \ln \pi(a|s,\boldsymbol{\theta}_\mu) = \frac{\nabla \pi(a|s,\boldsymbol{\theta}_\mu)}{\pi(a|s,\boldsymbol{\theta})} = \frac{1}{\sigma(s,\boldsymbol{\theta})^2}\big(a-\mu(s,\boldsymbol{\theta})\big)\mathbf{x}_\mu(s), \text{以及}$$

$$\nabla \ln \pi(a|s,\boldsymbol{\theta}_\sigma) = \frac{\nabla \pi(a|s,\boldsymbol{\theta}_\sigma)}{\pi(a|s,\boldsymbol{\theta})} = \left(\frac{\big(a-\mu(s,\boldsymbol{\theta})\big)^2}{\sigma(s,\boldsymbol{\theta})^2} - 1\right)\mathbf{x}_\sigma(s).$$ □

练习 13.5　*伯努利逻辑单元*是用于某些人工神经网络的随机神经单元 (参见 9.7)。在 t 时刻，它的输入是特征向量 $\mathbf{x}(S_t)$；它的输出 A_t 是一个有两种取值 (0 和 1) 的随机变量，其中，$\Pr\{A_t=1\}=P_t$ 以及 $\Pr\{A_t=0\}=1-P_t$ (满足伯努利分布)。令 $h(s,0,\boldsymbol{\theta})$ 和 $h(s,1,\boldsymbol{\theta})$ 为给定策略参数 $\boldsymbol{\theta}$ 在状态 s 下两种动作的偏好。假设两种偏好的差异由单元输入向量的加权和给出，也就是说 $h(s,1,\boldsymbol{\theta})-h(s,0,\boldsymbol{\theta})=\boldsymbol{\theta}^\top\mathbf{x}(s)$，其中 $\boldsymbol{\theta}$ 是单元的权重向量。

(a) 证明如果使用指数形式的柔性最大化分布 (式 13.2) 将偏好传化为策略，那么 $P_t = \pi(1|S_t,\boldsymbol{\theta}_t) = 1/(1+\exp(-\boldsymbol{\theta}_t^\top\mathbf{x}(S_t)))$ (逻辑回归函数)。

(b) 收到回报 G_t 后，蒙特卡洛 REINFORCE 方法如何将 $\boldsymbol{\theta}_t$ 更新为 $\boldsymbol{\theta}_{t+1}$?

(c) 通过梯度计算，使用 a, $\mathbf{x}(s)$ 和 $\pi(a|s,\boldsymbol{\theta})$ 来表示伯努利逻辑单元中的迹 $\nabla \ln \pi(a|s,\boldsymbol{\theta})$。

提示：首先单独对于每个动作计算 $P_t = \pi(a|s,\boldsymbol{\theta}_t)$ 的对数的导数，再将两个结果表示为依赖于 a 和 P_t 的一个式子，接着使用链式法则。注意逻辑回归函数 $f(x)$ 的导数为 $f(x)(1-f(x))$。 □

13.8　本章小结

在本章之前，本书主要介绍的是基于*动作价值的方法*，即这些方法先学习动作价值函数，然后使用这些值来决定动作的选择。在本章，我们讨论了学习一个参数化的策略来保证无须根据动作价值函数的估计值来选择动作，虽然可能仍然需要估计动作价值函数，并用其更新策略参数。特别地，我们介绍了*策略梯度法*，即在每一步更新中，我们朝着性能指标对策略参数的梯度的估计值的方向进行更新。

学习和储存策略参数的方法拥有很多优点。它们能够学习选择动作的特定的概率。它们能够实现合理程度的试探并逐步接近确定性的策略。它们能够自然地处理连续状态空

间。一般来说，这些事情对于基于策略的方法都十分简单，而对于 ε-贪心法和动作价值函数方法来说都是几乎不可能的。另外，在某些问题中，参数化的策略表示比使用价值函数更加简单，这些问题更适合使用参数化策略方法。

参数化策略的方法也因*策略梯度定理*相较于动作价值函数方法拥有一个重要的理论优势，它给出了一个明确的公式来表明在不涉及状态分布导数的情况下，性能指标是如何被策略参数影响的。这个定理为所有的策略梯度法提供了理论依据。

REINFORCE 法直接来自于策略梯度定理。增加一个状态价值函数作为*基线*降低了 REINFORCE 法的方差，同时也没引入偏差。使用状态价值函数进行自举会引入偏差，虽然如此，它还是可以被接受的，因为基于自举法的时序差分一般好于蒙特卡洛法 (大幅度降低方差)。状态价值函数也可以用来给策略的动作选择进行评估打分。相应地，前者我们称为*评判器*，后者我们称为*行动器*，整个方法我们经常称之为“*行动器-评判器*”法。

总体上，相较于动作价值函数法，策略梯度法提供了显著不同的优势或劣势。到目前为止，策略梯度法的某些方面还不能很好地被我们所理解，但是一系列的实验和研究正在进行中。

参考文献和历史评注

我们现在看到的和策略梯度有关的方法实际上最早在强化学习 (Witten，1977；Barto、Sutton 和 Anderson，1983；Sutton，1984；Williams, 1987，1992) 以及之前的领域 (Phansalkar 和 Thathachar，1995) 中被研究过。在 20 世纪 90 年代，这些方法被本书中其他章节介绍的动作价值函数法所取代。然而，在近些年，人们渐渐又开始关注“行动器-评判器”法以及策略梯度法。除了这里所提到的，还有自然梯度法 (Amari，1998；Kakade，2002；Peters、Vijayakumar 和 Schaal，2005；Peters 和 Schall，2008；Park、Kim 和 Kang，2005；Bhatnagar、Sutton、Ghavamzadeh 和 Lee，2009；见 Grondman、Busoniu、Lopes 和 Babuska，2012)，以及确定性策略梯度 (Silver et al.，2014)。主要应用包括直升机特技自动驾驶仪和 AlphaGo (参见 16.6 节)。

本章的内容主要基于 Sutton、McAllester、Singh 和 Mansour (2000，也可以参见 Sutton、Singh 和 McAllester，2000) 的工作，他们提出了“策略梯度法”这个概念。Bhatnagar et al. (2009) 写了一个重要的相关综述。Aleksandrov、Sysoyev 和 Shemeneva (1968) 最早进行相关方面的研究。Thomas (2014) 首先意识到在有折扣的分幕式问题中，需要引入 γ^t，就像我们在本章中介绍的相关算法。

13.1　本章的例 13.1 及其结果由 Eric Graves 提供。

13.2　本节和第 331 页介绍的策略梯度定理由 Marbach 和 Tsitsiklis (1998，2001) 首先提出，然后 Sutton et al. (2000) 也独立地推导得出。Cao 和 Chen (1997) 提出了一种类似的表达式。其他早期的相关工作还包括 Konda 和 Tsitsiklis (2000，2003)，Baxter 和 Bartlett (2000)，Baxter、Bartlett 和 Weaver (2001)。Sutton、Singh 和 McAllester (2000) 还提供了一些其他的结果。

13.3　REINFORCE 最早的工作要追溯到 Williams (1987，1992)。Phansalkar 和 Thathachar (1995) 为改进的 REINFORCE 算法提供了局部和全局收敛的证明。"全部动作"算法是在一篇虽未正式发表但却广为流传的未完成论文中被首先提出的 (Sutton、Singh 和 McAllester, 2000)。随后，Ciosek 和 Whiteson (2017，2018) 进一步拓展了该算法，并将其命名为"期望策略梯度"；Asadi、Allen、Roderick、Mohamed、Konidaris 和 Littman (2017) 也拓展了该算法，并称其为"平均行动器-评判器"算法。

13.4　策略梯度定理中的基线是由 Williams (1987，1992) 提出的。Greensmith、Bartlett 和 Baxter (2004) 分析出了一种理论上更好的基线 (见 Dick，2015)。

Thomas 和 Brunskill (2017) 认为，依赖于动作的基线在使用的时候可以不产偏差。

13.5–6　"行动器-评判器"方法是最早一批在强化学习中被研究的方法 (Witten，1977；Barto、Sutton 和 Anderson，1983；Sutton，1984)。这里以及 13.6 节提出的算法基于 Degris、White 和 Sutton (2012) 的工作，他们也介绍了对离轨策略的策略梯度方法的研究。

13.7　最先提出用文中介绍的这种方法处理连续动作的可能是 Williams (1987，1992)。第 332 页的图来自维基百科。

第 III 部分　表格型深入研究

本书的最后一部分超出了前两部分提出的标准强化学习思想的范畴。该部分简要地介绍了它们与心理学和神经科学的关系、强化学习应用的一些案例，以及未来强化学习研究的一些前沿领域。

心理学

在前面的章节中，我们仅从计算的角度讨论了各种算法。在本章中，我们从其他角度来探讨这些算法：心理学的角度以及对动物如何学习的研究。首先讨论强化学习的思想和算法与心理学家发现的有关动物学习方法的关联，其次解释强化学习对研究动物如何学习的影响。通过强化学习的清晰的形式化表达，将任务、回报和算法系统化，这对于理解实验数据、提出新的实验以及指出可能对实验操作和测量至关重要的因素而言，都是非常有用的。优化长期回报是强化学习的核心，这有助于我们理解一些动物学习和行为的谜团。

强化学习与心理学理论之间的一些对应关系并不令人感到惊讶，因为强化学习的发展受到了心理学理论的启发。然而，正如本书中所介绍的，强化学习是从人工智能研究者或工程师的角度探索理想化的情况，目的是用有效的算法解决计算问题，而不是复制或详细解释动物如何学习。因此，我们描述的一些对应关系将在各自领域中独立出现的想法联系起来。我们相信这些关系是特别有意义的，因为它们揭示了学习的重要计算原理，无论是通过人工系统还是自然系统进行学习。

在大多数情况下，与强化学习相对应的心理学习理论是为了解释动物，如老鼠、鸽子和兔子，如何在受控的实验室中学习而提出的。在 20 世纪，进行了数千个这样的实验，其中许多实验在今天仍在进行。尽管这些实验有时候被忽视，因为它们与很多更广泛的心理学问题无关，但是这些实验揭示了动物学习的细微特性，而且往往受具体的理论问题的驱动。随着心理学研究把焦点转移到更多的行为认知方面，即思维和推理等心理过程，动物学习实验在心理学中的作用就不如以前那么大了。但是，这些实验使我们发现了动物中广泛使用的基本学习原理，这些原理在设计人工学习系统时不应该被忽略。另外，我们将会看到，认知处理的某些方面很自然地与强化学习提供的计算视角相关联。

本章的最后一部分不仅包括了我们已经讨论的这些关联的参考资料，也包括了我们在讨论中没有涉及的一些关联关系的参考资料。我们希望本章能够鼓励读者更深入地探讨两者的联系。在最后一节，我们还讨论了强化学习和心理学中使用的术语的关联。强化学习中使用的许多术语和短语都是从动物学习理论中借鉴的，但这些术语和短语的计算/工程意义并不总是与它们在心理学上的含义相吻合。

14.1 预测与控制

我们在本书中描述的算法分为两大类：*预测算法*和*控制算法*[1]。这个分类在第 3 章介绍的强化学习问题的解决方法中已经很自然地体现出来了。这些类别分别对应于心理学家广泛研究的学习类别：*经典 (或巴甫洛夫) 条件反射*和*工具性 (或操作性) 条件反射*。考虑到心理学对强化学习的影响，有这些对应关系并不足为奇，但是由于它们将来源于不同目标的思想联系起来了，所以还是很令人惊讶的。

本书中介绍的预测算法估计的值取决于智能体所处环境的特征如何在未来展开。特别地，我们专注于估计智能体与环境交互时期望获得的回报。从这个角度来看，预测算法是一种*策略评估*算法，它们是策略改进算法中不可或缺的组成部分。但预测算法不限于预测未来的收益，它们可以预测环境的任何特征 (例如，参见 Modayil、White 和 Sutton，2014)。预测算法与经典条件反射之间的关联源于它们的共同特性，即预测将会到来的外部刺激，无论这些刺激是否有收益 (或惩罚)。

工具性 (或者操作性) 条件反射实验的情况则不同。这种实验一般被设置为根据动物的表现决定给动物它们喜欢的东西 (收益) 或者不喜欢的东西 (惩罚)。动物会逐渐倾向于增加产生收益的行为，而降低导致惩罚的动作。在工具性条件反射中，强化刺激信号被认为是偶发的影响动物的行为，而在经典条件反射中则不是 (尽管在经典条件反射实验中也很难完全消除所有的行为偶发性的影响)。工具性条件反射实验类似于我们在第 1 章中简单讨论过的受 Thorndike “效应定律”(Law of Effect) 启发的实验。*控制*是这种学习形式的核心，它与强化学习中的策略改进算法的做法相对应。

从预测的角度思考经典条件反射，从控制的角度考虑工具性条件反射，是将强化学习的计算视角与动物学习联系起来的一个起点，但实际的情况比这更复杂。经典条件反射一般不仅仅是预测，它也会涉及动作，因此也可以将它看作一种控制模式，有时被称为*巴甫洛夫控制*。更进一步，经典条件反射和工具性条件反射可能会相互交叉，在大多数实验情况下两种学习模式可能都存在。尽管存在这些复杂性，但将经典条件反射 /工具性条件反射与预测/控制分别对应是将强化学习与动物学习联系起来的一个方便的初步近似。

1 对我们来说，“控制”一词的含义与它在动物学习理论中的含义是不同的。在动物学习理论中，其意思是环境控制智能体，而不是反过来。参见本章结尾处的术语说明。

在心理学中，术语“强化”用于描述经典条件反射和工具性条件反射中的学习。最初只是指加强某种行为模式，现在它通常也被用来指对某种行为模式的削弱。引起动物行为改变的刺激被称为强化剂，无论它是否依赖于动物先前的行为。在本章最后，我们将更详细地讨论这个术语，以及它与机器学习中使用的术语之间的关系。

14.2　经典条件反射

俄罗斯著名生理学家伊凡 · 巴甫洛夫在研究消化系统活动时发现，动物对某些特定刺激因素的先天反应可以被其他无关的因素所激发。他以狗作为实验对象，并对它们进行手术以便于准确测量其唾液反射的强度。在他记录的一个实验中，狗只会在给其提供食物约 5 秒之后的几秒内分泌大约 6 滴唾液，而在其余时间内不产生唾液。然而，如果在给狗食物前的较短时间内给予它另一种与食物无关的刺激，如节拍器的声音，经过多次重复实验后，当狗听到节拍器的声音后，也会产生对食物一样的唾液反应。“唾液腺的分泌功能就这样被声音的刺激激活了，尽管这是与食物完全不同的刺激”(Pavlov，1927，第 22 页)，巴甫洛夫这样总结这一发现的意义：

> 显然，在自然条件下，正常的动物不仅要对自身直接有利或有害的刺激做出必要的反应，而且还要对其他物理或化学介质，如声波、光线等做出反应，尽管这些信号本身只是提示刺激的迫近。就像正在捕食野兽的身影和吼叫并不会对其他小动物造成实质性的伤害，真正的危险隐藏在它的牙齿和利爪中 (Pavlov，1927，第 14 页)。

这种将新的刺激与先天的反射联系在一起的方式被称为经典条件反射或巴甫洛夫反射。巴甫洛夫 (确切地说是他的译者) 将先天反应 (如前述的分泌唾液) 称为“无条件反射”(unconditioned response，UR)，其天然的刺激因素 (如食物) 称为“无条件刺激”(unconditioned stimuli，US)。同时，他将由预先指定刺激所触发的反射 (同样是分泌唾液) 称为“条件反射”(conditioned response，CR)，而在先天条件下不会引起强烈反应的中性刺激 (如节拍器的声音) 则被称为“条件刺激”(conditioned stimulu，CS)，在经过反复的训练之后，动物会认为条件刺激是无条件刺激的预示，因此会对条件刺激产生条件反射。这些术语仍然用于描述传统的条件反射实验 (更确切地说应该是“条件制约的”和“无条件制约的”，而不是条件的和无条件的)。由于 US 强化了 CR 对 CS 的反应，因此我们将 US 称为强化剂。

右图显示了条件反射实验中的两种实现方式，分别为延迟条件反射 和痕迹条件反射。

我们将 CS 产生与 US 产生之间的时间间隔称为刺激间隔 (interstimulus interval, ISI)。在*延迟条件反射*中，CS 贯穿了整个刺激间隔 (在通常情况下，US 和 CS 同时结束，如右图所示)。而在*痕迹条件反射*中，US 在 CS 结束后才开始产生，而从 CS 结束到 US 产生的时间间隔被称为*痕迹间隔*。

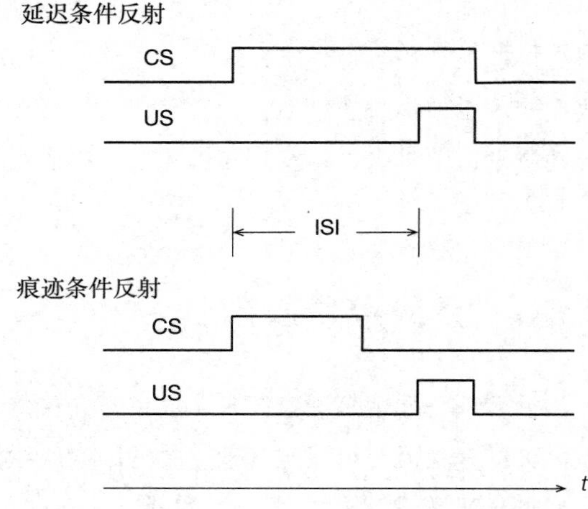

巴甫洛夫的狗在听到节拍器声音后分泌唾液只是经典条件反射的一个例子，人们在多种动物的不同反射系统中，都对这种现象进行了深入的研究。无条件反射往往是动物对某种情况的准备措施，如狗分泌唾液，或者是对某种情况的防御措施，例如在眼睛受到刺激时会进行眨眼反射，在看到捕食者时动物的身躯会变僵硬等。在一系列的实验中，动物逐渐学习到，CS 的产生通常预示着 US 的产生，因此动物就会根据 CS 产生 CR 来面对之后到来的 US 进行准备或防御工作。一些 CR 与 UR 类似，但是往往产生时间更早，并且提高效率的方式有所不同。如在一个以家兔为对象的深入实验中，在声音刺激 (CS) 后向家兔眼睛中吹气 (US)，家兔会产生反射，其眼内的瞬膜会闭合来保护自己的眼睛不受到伤害 (UR)。在多次训练之后，声音刺激会触发瞬膜闭合的条件反射，该反射最初发生在向家兔眼睛吹气之前，但是最终会在最有可能吹气的时间点产生闭合反射。这个 CR 通过对吹气时间的预期进行同步启动，相较于对 US 简单的闭合反应，它更能够起到保护作用。通过学习刺激之间的预测关系来预测事件发生的能力对于动物是非常有益的，这也在动物世界中广泛存在。

14.2.1 阻塞与高级条件反射

我们可以在实验中观察到经典条件反射的许多有趣特性。除了 CR 的预期性质之外，在经典条件反射模型的发展中还有两个显著的特点：*阻塞*和*高级条件反射*。当一个潜在的 CS 与之前曾用于激发动物产生该 CR 的另一个 CS 一起呈现时，若动物未能学习到该 CR，则产生阻塞。如，在家兔瞬膜闭合反射阻塞实验的第一阶段中，家兔首先被声音 (CS) 以及向眼中吹气 (US) 所刺激。实验的第二阶段包括一个额外的训练，在这个训练中增加了新的刺激因素，例如灯光，与声音一同组成了声音/光的复合条件刺激，在这个条件刺激之后，依然向家兔眼中吹气，作为无条件刺激。在实验的第三个阶段，只用灯光作为 CS 来对家兔进行条件刺激，发现家兔很少或几乎没有产生瞬膜闭合的条件反射。对光刺激的条件反射学习被之前对声音的条件反射学习所*阻塞*了。[1]实验中阻塞的结果挑战了条件反射的形成只取决于简单的时间接近性这一结论，即产生条件反射的充分必要条件是 US 频繁地紧随在 CS 后面。在下一节我们将讲述 *Rescorla-Wagner* 模型 (Rescorla and Wagner，1972)，该模型对阻塞提出了一种很有影响力的解释。

如果我们将之前用作条件反射的 CS 作为另外一个中性的刺激因素的 US 进行条件作用时，则会形成高级条件反射。巴甫洛夫曾经描述过这样一个实验：他的助手首先使一只狗对节拍器的声音产生分泌唾液的条件反射。在形成这一阶段的条件反射之后，他进行了一系列的实验，将一个黑色的方块放置在狗的视线内，然后跟着产生节拍器的声音，不过在放置黑色方块的时候并不给狗提供食物。起初，狗对这个黑色方块表现出漠不关心的态度，但是在仅 10 次实验后，狗在看到这个黑色方块后就开始分泌唾液，尽管在这个过程中并没有食物的出现。在这个实验中，黑色方块为 CS，节拍器的声音作为 US，激发了狗对 CS 的条件反射。这就是次级条件反射。同理，如果黑色方块被当作 US 去进一步建立狗对其他 CS 的条件反射，这就被称为三级条件反射，依此类推。但在实际中，高级条件反射较难实现，特别是在次级以上的情况下。部分原因是在高级的条件作用实验中，高级的强化刺激后面没有原始 US 的作用，使其失去了强化的效果。但是在适当的条件下，例如，将一级条件作用实验与高级条件作用实验相结合，或给予实验对象通用的激励刺激时，次级条件反射以上的高级条件反射是可以表现出来的。正如我们下面将要讲述的 *TD 条件反射模型*，使用了自我引导的思想，这也是我们方法的核心，通过纳入具有预期特性的 CR 和高级条件反射，它扩展了 Rescorla-Wagner 模型对于阻塞的描述。

高级工具性条件反射也会发生。经过长期进化，动物自身会具有本能的趋利避害的强化过程，我们称这样的强化过程为*初级强化*。而能够一致性地预测初级强化过程的刺激物则被称为*强化剂*。依此类推，若某种刺激物预示着强化剂的出现，则称其为*次级强化剂*，或者更普遍地称为*高级强化剂*或者*条件强化剂* —— 当被预示的强化刺激本身为次级强化剂或者更高级的强化剂时，后面的术语更加准确。条件强化剂会引发一个*条件强化过程*：即条件收益或条件惩罚。条件强化与初级强化一样，增加了动物采用会获得条件收益的行为的倾向，减少了动物采用会导致条件惩罚行为的倾向 (见本章末对我们使用的术语与心理学术语区别的注释)。

由此看来，条件强化是一个关键现象，例如，为什么我们要努力工作来获得金钱这个

1　与控制组进行对照实验是十分有必要的，这可以充分说明之前声音的条件作用阻塞了动物对光照刺激的学习。在对照组的实验中，动物没有接受声音的条件作用，对光照条件的学习没有受到阻塞。Moore 和 Schmajuk (2008) 对这个实验做出了充分的说明。

强化剂，它的价值完全来自于人们对拥有金钱后的预期。在 13.5 节描述的"行动器-评判器"方法中 (同样在 15.7 节和 15.8 节里讨论过)，评判器使用 TD 方法来评估一个行动器的策略，它所估计的价值给行动器提供了条件强化，使得行动器可以据此来改进它的策略。这种对于高级工具性条件反射的模拟有助于解决 1.7 节提到的功劳分配问题。因为当基础的收益信号被延迟时，评判器会给行动器提供每个时刻的强化。我们将在 14.4 节中进一步讨论这个问题。

14.2.2 Rescorla-Wagner 模型

Rescorla 和 Wagner 创建这个模型的主要目的是解决阻塞问题。Rescorla-Wagner 模型的核心思想是动物只有在事件违背其预期时才会学习，换句话说就是当动物感到惊讶时 (尽管不一定意味着任何有意识的预期与情绪)。我们首先使用 Rescorla 和 Wagner 自己的术语和符号来描述一下他们的模型，然后再使用我们在讲述 TD 模型时使用的术语和符号。

Rescorla 和 Wagner 是这样描述他们的模型的。该模型会调整复合 CS 中每个子刺激物的"关联强度"，关联强度是表示相应子刺激物预测一个 US 出现的强度和准确程度的数值。当使用一个由多种刺激物组成的复合 CS 进行经典条件反射的实验时，每种子刺激物的关联强度不仅仅取决于自身，还在某种程度上取决于整个复合 CS 的关联强度，即"聚合关联强度"。

Rescorla 和 Wagners 假设了一个复合 CS AX，它由刺激 A 和 X 组成，其中动物可能已经经历过刺激 A，但是没有经历过刺激 X。令 V_{A}、V_{X} 和 V_{AX} 分别表示刺激物 A、X 以及复合刺激物 AX 的关联强度。假设在某个实验中，复合 CS AX 作用于实验对象后，紧接着用 US 对实验对象进行刺激，这里我们将 US 标注为刺激物 Y。则复合刺激 CS 中每个部分的关联强度变化的公式如下：

$$
\begin{aligned}
\Delta V_{\mathrm{A}} &= \alpha_{\mathrm{A}}\beta_{\mathrm{Y}}(R_{\mathrm{Y}} - V_{\mathrm{AX}}) \\
\Delta V_{\mathrm{X}} &= \alpha_{\mathrm{X}}\beta_{\mathrm{Y}}(R_{\mathrm{Y}} - V_{\mathrm{AX}}),
\end{aligned}
$$

其中，$\alpha_{\mathrm{A}}\beta_{\mathrm{Y}}$ 和 $\alpha_{\mathrm{X}}\beta_{\mathrm{Y}}$ 是步长参数，它们取决于 US 以及 CS 的各个组成部分，R_{Y} 是 US Y 可以支持的关联强度渐近水平 (Rescorla 和 Wagner 在这里用 λ 来代替 R，但是在这里我们依然使用 R 以避免混淆，因为我们通常认为 R 表示收益信号的大小。但需要说明的是，US 在经典条件反射中不一定是收益或者惩罚)。Rescorla-Wagner 模型的一个重要假设是认为聚合关联强度 V_{AX} 与 $V_{\mathrm{A}} + V_{\mathrm{X}}$ 是相等的。而由这些 Δ 改变的关联强度则会成为下一轮试验时的初始关联强度。

出于完整性考虑，模型还需要一个反应生成机制，这个机制能够将 V 的值映射到 CR 中。由于这种映射可能会取决于实验中的各种细节，Rescorla 和 Wagner 并没有详细说明这种映射关系，仅仅简单地假定 V 的值越大，越有可能产生 CR，若 V 的值为负数，则不会产生任何 CR。

Rescorla-Wagner 模型考虑了如何获得 CR，这在一定程度上解释了阻塞的产生。只要复合刺激物的聚合关联强度 V_{AX} 低于 US Y 所支持的关联强度渐近水平 R_{Y}，则预测误差 $R_{\mathrm{Y}} - V_{\mathrm{AX}}$ 为正值。这说明在连续的实验中，复合 CS 中子刺激物的关联强度 V_{A} 和 V_{X} 持续增加，直到聚合关联强度 V_{AX} 与 R_{Y} 相等为止，此时，子刺激物的关联水平不再变化 (除非 US 变化)。若动物已经对某种复合 CS 产生条件反射，那么再向这种复合 CS 中添加新的刺激物形成增强的 CS，但是由于预测误差的值已经被减小到 0 或极低的值，因此增强的 CS 在被进一步的条件作用时，新添加刺激物的关联强度就会增加很少或者完全不增加。因为之前的 CS 已经可以几乎完美地预测出 US 的出现，所以新的刺激物出现所引起的误差或意外就变得很小，这就表明之前的知识阻塞了对新刺激物的学习。

为了从 Rescorla-Wagner 模型过渡到经典条件反射 TD 模型 (我们称之为 TD 模型)，我们首先根据本书中使用的概念来重塑这个模型。具体而言，将用于学习线性函数逼近 (9.4 节) 的符号匹配到这个模型中，并且我们认为条件作用的过程是一种在复合 CS 的基础上对“US 的大小”的预测学习实验，US 的大小就是 Rescorla-Wagner 模型在上面给出的 R_{Y}。同时，我们还要引入一些状态。因为 Rescorla-Wagner 模型是一个*试验层面*的模型，也就是说它通过连续不断地试验来确定关联强度的变化而不考虑两个试验之间发生的任何细节变化。在讲述完整个 TD 模型之前，无须考虑状态在一次试验中是如何变化的。我们现在只需要把状态看成一种标记方法就可以了，它标记了试验中的复合 CS 的组成。

因此，我们假定试验的类型或者状态 s 由一个实数特征向量 $\mathbf{x}(s) = (x_1(s), x_2(s), \ldots, x_d(s))^\top$ 描述，其中，如果复合 CS 第 i 个组成成分在一次试验中存在，则 $x_i(s) = 1$，否则为 0。设 d 维的关联强度向量为 $\mathbf{w}$，则状态 s 的聚合关联强度为

$$\hat{v}(s,\mathbf{w}) = \mathbf{w}^\top \mathbf{x}(s). \tag{14.1}$$

这与强化学习中的 价值估计相对应，我们将其视为对 *US* 的预测

现在，我们暂时让 t 表示完整试验的总数，而不是它的通常含义 —— 时刻 (当我们讲述下面的 TD 模型时，我们依然使用 t 的通常含义)。同时，S_t 是对应于试验 t 的状态。

条件作用试验 t 按照如下公式将关联强度向量 $\mathbf{w}_t$ 更新为 $\mathbf{w}_{t+1}$

$$\mathbf{w}_{t+1} = \mathbf{w}_t + \alpha\delta_t\mathbf{x}(S_t), \tag{14.2}$$

其中，α 是步长参数，因为我们正在描述 Rescorla-Wagner 模型，所以这里 δ_t 指预测误差。

$$\delta_t = R_t - \hat{v}(S_t,\mathbf{w}_t). \tag{14.3}$$

R_t 是试验 t 的预测目标，即 US 的大小，用 Rescorla 和 Wagner 的话来说就是 US 在试验中可以支持的关联强度。我们可以注意到，由于式 (14.2) 中存在因子 $\mathbf{x}(S_t)$，所以在复合 CS 中，只有在试验中出现的子刺激物的关联强度才会在一次试验后被调整。我们可以将预测误差视为对意外程度的度量，而聚合关联强度可以被视为动物的某种期望值，当它不符合目标 US 强度时就意味着动物的期望被违背了。

从机器学习的角度来看，Rescorla-Wagner 模型是一个基于误差纠正的监督学习模型。它本质上与最小均方 (LMS) 或 Widrow-Hoff (Widrow 和 Hoff，1960) 学习规则一样，通过调整权重使得误差的均方差尽可能接近于 0，在这个模型中，权重就是关联强度。这种“曲线拟合”或者回归算法被广泛地应用于工程和科学应用当中 (参见 9.4 节)。[1]

Rescorla-Wagner 模型在动物学习理论的历史上是非常有影响力的，因为它表明，“机械”理论可以解释关于阻塞的主要事实，而不用诉诸于更复杂的认知学理论。例如，当动物已经明确感知到另外一种子刺激物出现时，它会根据其之前的短期记忆来评估刺激物与 US 之间的预测关系。Rescorla-Wagner 模型表明了条件反射的连续性理论 (即刺激的时间连续性是学习的充分必要条件) 经过简单的调整可以用来解释阻塞现象 (Moore and Schmajuk，2008)。

Rescorla-Wagner 模型对阻塞现象以及条件反射的其他特征做出了简单的解释，但是这并不是一个针对条件反射最完整或最好的模型。对于目前所观察到的效应也有许多不同的理论给出了解释，并且为了理解经典条件反射的许多微妙之处，相关方面仍在不断发展。我们在下面即将讲解的 TD 模型，虽然也不是最好或最完整的条件反射模型，但它扩展了 Rescorla-Wagner 模型，对试验内和试验间的刺激时序关系对学习效果的影响做出了解释，同时也解释了高级条件反射可能的出现原因。

---

1 LMS 规则和 Rescorla-Wagner 模型的唯一区别是，对于 LMS，输入向量 $\mathbf{x}_t$ 可以由任意多的实数组成，并且 α 不依赖于输入向量以及刺激物的特性 (至少在最简单的 LMS 规则中是这样的)。

14.2.3 TD 模型

与 Rescorla-Wagner 相反，TD 模型不是一个试验层面的模型，而是一个实时模型。在 Rescorla-Wagner 模型中，t 每增加 1 则表示经过了一个完整的条件反射试验，因此该模型不适合对试验进程中发生的细节进行描述。在每次试验中，动物可能会经历各种在特定时刻产生并持续特定时长的刺激，这些时间关系会对动物的学习效果产生显著的影响。同时，Rescorla-Wagner 模型也没有考虑高级条件反射的机制，但是对于 TD 模型来说，高级条件反射是 TD 模型的核心思想 ——自举思想的自然结果。

我们从 Rescorla-Wagner 模型的结构开始讲述 TD 模型，但是从现在开始 t 表示试验中或两次试验之间的时刻，而不是一次完成的试验。我们将 t 和 $t+1$ 之间的时间视为一个很小的时间间隔，例如 0.01 s, 将一次试验视为一个状态序列，每个状态对应于一个时刻。因此，每个 t 对应的状态表示了在 t 这个时刻的刺激物的各种细节，而不仅仅是在一次试验中 CS 各种组成部分出现的标记。实际上，我们可以完全抛弃以一次试验为单位的想法。从动物的视角来看，动物与其所处环境之间的交互是连续的，一次试验仅仅是这种连续体验的一个片段。按照我们对智能体与其所处环境交互的观点，假设动物正在经历一系列无限的状态 s，每个状态由一个特征向量 $\mathbf{x}(s)$ 表示。这也就是说，我们可以将多次试验视为一个大的试验中的若干时间片段，刺激模式不断在这些时间片段中重复，这样做往往十分方便。

状态特征不仅可以描述动物所经历的外部刺激，还可以描述外部刺激在动物大脑中产生的神经活动模式，而这些模式是历史相关的，这意味着可以通过一系列外部刺激来形成持久的神经活动模式。当然，我们并不知道这些模式的具体内容是什么，但是诸如 TD 模型这样的实时模型可以让我们探究各种关于外部刺激的内部表征的学习假说所呈现的结果。综上所述，TD 模型并不会确定任何一种特定的状态刺激表示。此外，由于 TD 模型包含了跨越不同刺激时间间隔的折扣和资格迹，因此，该模型还可以让我们探究折扣和资格迹是如何与刺激物的表示进行交互的，这些交互可以用于预测经典条件反射试验的结果。

下面我们来描述一些与 TD 模型一起使用的状态表示及其含义，但是我们暂且还不知道状态表示的具体内容，因此我们假设每个状态 s 都是由一个特征向量 $\mathbf{x}(s) = (x_1(s)\ x_2(s)\ \ldots, x_n(s))^\top$ 来表示的。那么与状态 s 对应的聚合关联强度和 Rescorla-Wagner 相同，都由式 (14.1) 给出。但是 TD 模型对于关联强度向量 $\mathbf{w}$ 的更新方式是不同的。由于参数 t 目前表示的是一个时刻而不是一次完整的试验，因此 TD 模型根据如下公式进行更新

$$\mathbf{w}_{t+1} = \mathbf{w}_t + \alpha\delta_t\mathbf{z}_t, \tag{14.4}$$

上式将 Rescorla-Wagner 模型更新公式 (14.2) 中的 $\mathbf{x}_t(S_t)$ 替换为 $\mathbf{z}_t$，$\mathbf{z}_t$ 是一个资格迹向量。同时，这里的 δ_t 与式 (14.3) 中的不同，其代表 TD 误差。

$$\delta_t = R_{t+1} + \gamma\hat{v}(S_{t+1},\mathbf{w}_t) - \hat{v}(S_t,\mathbf{w}_t), \tag{14.5}$$

其中，γ 是折扣系数 (介于 0 和 1 之间)，R_t 是在 t 时刻的预测目标，$\hat{v}(S_{t+1},\mathbf{w}_t)$ 和 $\hat{v}(S_t,\mathbf{w}_t)$ 是在 $t+1$ 时刻与 t 时刻对应的聚合关联强度，如式 (14.1) 中所定义的。

资格迹向量 $\mathbf{z}_t$ 的每个分量 i 根据特征向量 $\mathbf{x}(S_t)$ 的分量 $x_i(S_t)$ 进行增加或减少，其余的资格迹向量根据系数 $\gamma\lambda$ 进行衰减

$$\mathbf{z}_{t+1} = \gamma\lambda\mathbf{z}_t + \mathbf{x}(S_t). \tag{14.6}$$

这里的 λ 是资格迹的衰减系数。

这里注意，如果 $\gamma = 0$，那么 TD 模型就会退化为 Rescorla-Wagner 模型，但是不同之处在于 t 的含义 (在 Rescorla-Wagner 模型中表示一次试验，在 TD 模型中表示某个时刻)。同时，在 TD 模型中，预测目标 R 要多出一步。TD 模型相当于线性函数逼近 (第 12 章) 中半梯度 TD(λ) 算法的后向视图，但区别在于当使用 TD 算法学习价值函数来进行策略改进时，R_t 不必是收益信号。

14.2.4 TD 模型模拟

TD 这样的实时模型是十分有趣的，主要是因为它可以对大量的情形进行预测，而这些情形是无法被试验层面的模型表示的。这些情形涉及条件刺激的出现的时机以及持续时间、与 US 出现时机有关的刺激物出现的时机，以及 CR 的出现时间及形态等。例如，US 通常只能在起条件作用的刺激出现后出现，而学习的速率和效率取决于内部刺激间隔 (ISI) 或 CS 与 US 出现的时间间隔。CS 往往出现在 US 之前，并且在学习过程中，它们的时间分布也随之变化。在使用复合 CS 的条件下，组成它的不同刺激可能不是同时开始同时结束的，有时，刺激会按照时间序列依次发生，形成一个连续复合刺激。像上述这样对于时机考量的关键在于刺激是如何表现的，这些表现形式是如何在试验中和试验间随着时间展开的，以及它们是如何与折扣和资格迹相互作用的。

图 14.1 显示了三种用于研究 TD 模型行为的刺激表示：*全串行复合刺激表示 (CSC)*、*微刺激表示 (MS)* 以及 *存在表示* (Ludvig、Sutton 和 Kehoe，2012)。这三种表示的不同之处在于，每一种刺激物在出现时间点附近的泛化程度有所不同。

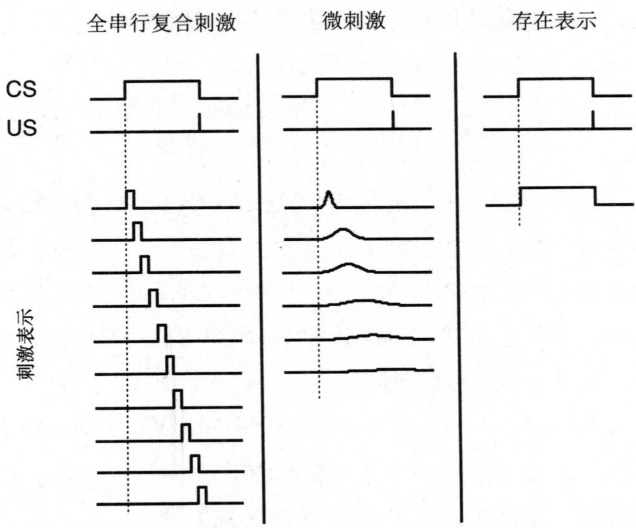

图 14.1　模型中可能出现的三种刺激表示 (按列来划分)。每一行表示刺激表示中的一个元素。这三种表示在时序上的泛化程度是不同的，全串行复合刺激 (左列) 在相邻的时间点处没有泛化，存在表示 (右列) 在相邻点处被完全泛化。而微刺激则居于两者之间。时序上的泛化程度决定了用于学习 US 预测的时间颗粒度。改编自 *Learning and Behavior*，第 40 卷，2012，第 311 页，E. A. A. Ludvig，R. S. Sutton，E. J. Kehoe。已获 Springer 出版社授权

图 14.1 中最简单的刺激表示就是位于右侧的存在表示。在这种表示下，一次试验中的复合 CS 的每个组成部分都对应一个单一的特征值，如果该组成部分在试验中出现，则无论何时其特征值都对应为 1，否则为 0。[1]存在表示并不是对于刺激在动物脑部表现形式的实际假设，但是正如我们下面将要谈到的，这种形式下的 TD 模型可以产生许多能够在经典条件反射中看到的计时现象。

而对于全串行复合刺激表示 (图 14.1 中左列所示)，每个外部的刺激都会启动一个时间精准的短时内部信号序列。这个信号序列一直持续到这个外部刺激结束为止。[2]这里假设动物的神经系统里有一个时钟，可以在刺激出现时精确记录时间，这就是工程师们所谓的“抽头延时线”。与存在表示类似，CSC 表示，作为大脑在内部表示刺激的一种假设，

1　在我们的形式化框架中，有对一次试验的每个时刻 t 定义的状态 S_t，它在每个时刻是不同的；而对于一个试验，如果它的复合 CS 是由 n 个出现时间不同、持续时间不同的 CS 组成的，则会定义一个特征 x_i。对于每个组成元素 CS_i，$i=1$，$\cdots$，n，对于任何时间 t，当 $x_i(S_t)=1$ 时表示 CS_i 出现了，否则为 0。

2　在我们的形式化框架中，对于试验中出现的复合 CS 的每个组成部分 CS_i 以及在试验中的每个时刻 t，都有一个单独的特征 x_i^t，t' 是 CS_i 出现的时刻，如果 $t=t'$，则 $x_i^t(S_{t'})=1$，否则为 0。这与 Sutton and Barto (1990) 提出的 CSC 表示不同，CSC 表示中每个时刻都有与前述特征相同的特征，但是与其他外部刺激并没有什么联系，因此被称为“全串行复合刺激”。

是不真实的，但是 Ludvig 等人 (2012) 将其称为“有用的虚构”，因为它可以揭示 TD 模型在相对不受刺激表示形式约束的情况下的工作细节。同时，CSC 表示也用在大多数关于在脑中生产多巴胺神经元的 TD 模型中，这是我们将在第 15 章讨论的问题。CSC 表示经常被视为 TD 模型的核心组成部分，即使这种看法是错误的。

MS 表示 (图 14.1 中间列) 与 CSC 表示类似，每个外部的刺激都会开启一个级联的内部刺激，但是在这种情况下，内部刺激 (也就是微刺激) 并不像 CSC 那样是受限的非重叠的形式，它们会随着时间的变化进行延长然后重叠。刺激开始后，不同集合的微刺激会随着时间的流逝变强或变弱，同时，后面到来的刺激的持续时间逐渐变长，但是刺激强度的峰值在逐渐减小。显然，根据微刺激的性质，MS 表示会有许多种类，很多 MS 表示的例子已经在文献中被研究过了，并且在某些例子中还同时研究了动物脑中的想法是如何产生的这一课题 (具体可以参考章后的参考文献和历史评注)。MS 表示在关于神经系统对于刺激表示的假设方面，比存在表示和 CSC 表示更加贴合实际，并且可以使 TD 模型的行为与在动物试验中收集到的更广泛的现象相关联。特别地，通过假设微刺激的级联是由 US 和 CS 开启的，并且研究微刺激资格迹以及折扣之间的相互作用对学习产生的显著影响，TD 模型可以帮助我们构建一些假设，这些假设可以解释经典条件反射中的许多微妙现象以及它们是如何从动物大脑中产生的。我们将在后面的章节对此进行更多的讨论，特别是在第 15 章，将讨论强化学习和神经科学方面的内容。

然而，即便是最简单的存在表示，所有 Rescorla-Wagner 模型能够解释的关于条件反射的基本特性都可以由 TD 模型产生，并且超出试验层面模型描述范围的条件反射特征也可以由 TD 模型产生。例如我们之前提到过的一个显著特征：US 在通常情况下必须在激发条件反射的中性刺激出现之后出现，在经过条件作用后，条件反射 CR 会在无条件刺激 US 出现之前出现。换句话说，条件反射通常需要一个正值的 ISI，并且 CR 通常预测了 US 的出现。

基于 ISI 的条件反射的强度 (例如，CS 引起 CR 的百分比) 在不同的物种和反射系统中有很大不同，但是大体上具有以下特性：当 ISI 为 0 或者负数时，条件反射强度几乎是可以忽略不计的。例如当 US 与 CS 同时出现，或 US 在 CS 之前出现时 (尽管一些研究发现，当 ISI 为负时，关联强度有时会少许增加或变为负数)。条件反射的强度会在 ISI 是某个正数时增加到最大值，此时的条件反射作用是最有效的，然后随着 CS 和 US 之间的间隔越来越大，强度会逐渐衰减到 0。而具体间隔的大小也是根据反射系统的不同而有很大的差异。TD 模型对这种依赖描述的精确性还取决于它的参数取值和刺激表示的细节，但是基于 ISI 的特征是 TD 模型的核心属性。

串行复合中的一个理论问题是：当利用复合 CS 来进行条件反射刺激，且复合 CS 的组成部分是按照序列的方式依次出现时，序列元素之间长距离关联的强化是如何产生的。我们发现，如果在第一个 CS (CSA) 与 US 之间空余的间隔中加入第二个 CS (CSB) 来形成一个串行复合刺激，则对于 CSA 的条件反射就会被促进。右图显示了使用存在表示的 TD 模型的一个实验过程，图的顶部显示的是该实验的时序细节。实验结果与理论相一致 (Kehoe，1982)。在该模型中，在第二个 CS 的参与下，第一个 CS 的条件反射率以及条件反射的渐近水平都得到了提升。

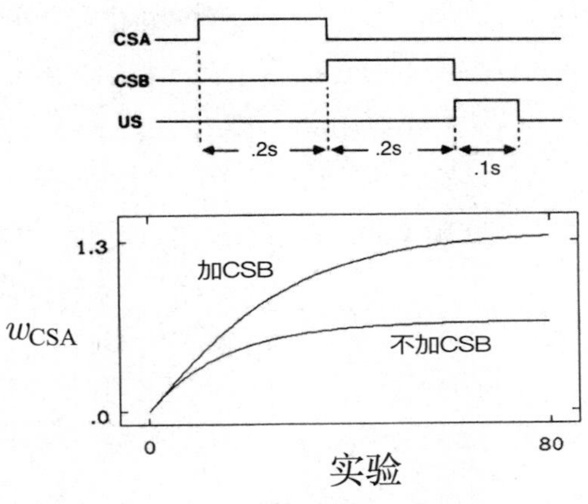

TD 模型中远程关联的促进

在对刺激的时间关系对于条件反射的影响的探究中，Egger 和 Miller (1962) 进行了一次著名的实验。该实验涉及了在一个延迟排列中的两个重叠的 CS，如右图上部所示。尽管 CSB 在时间关系上更接近 US，但与仅存在 CSB 的实验相比，CSA 的存在大幅度降低了 CSB 对于条件反射的作用。图的下半部分显示了 TD 模型在模拟这个实验时的结果，可以看出与实际实验的结果是相同的。

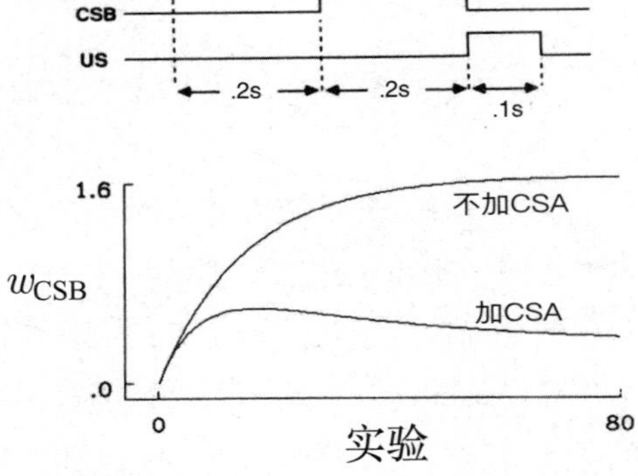

TD 模型中的 Egger-Miller 效应

TD 模型考虑了阻塞问题，因为它和 Rescorla-Wagner 模型一样有一个误差纠正的学习规则。然而，在解释基本的阻塞规则之外，TD 模型还预测 (在存在表示和更复杂的情形下)，如果被阻塞的刺激发生的时间提前一段时间，被阻塞的刺激就可以先于阻塞它的刺激发生 (如图 14.2 所示)，这样阻塞就可以被逆转。TD 模型所表现出的这一特性是很值得关注的，因为在引入该模型时并没有观察到这种现象。回顾一下阻塞的内容，如果一个动物已经学习到了某种 CS 预示着某种 US 的发生，那么在学习另外一种 CS 同样预示该 US 发生这一知识时，学习的效果会大大减弱。也就是对第二种 CS 的学习被阻塞了。但是如果新加入的 CS 先于之前训练好的 CS 出现，则根据 TD 模型，动物对新加入 CS 的学习就不会被阻塞。实际上，如果持续进行这样的训练，新加入的 CS 的关联强度会增加，而之前 CS 的关联强度会减小。TD 模型在这种情况下表现出的行为如图 14.2 所示。这一模拟实验与 Egger-Miller 的实验不同，在 Egger-Miller 实验中，后出现的且持续时间更短的 CS 在它与 US 完全相关之前，都会获得优先的训练权重。Kehoe、Schreurs 以及 Graham (1987) 对这个令人惊讶的预测结果进行了实验，他们利用之前已经被深入研究的兔子瞬膜闭合实验进行研究。最后的结果证实了 TD 模型的预测，并且他们指出，使用非 TD 模型来解释他们的数据是十分困难的。

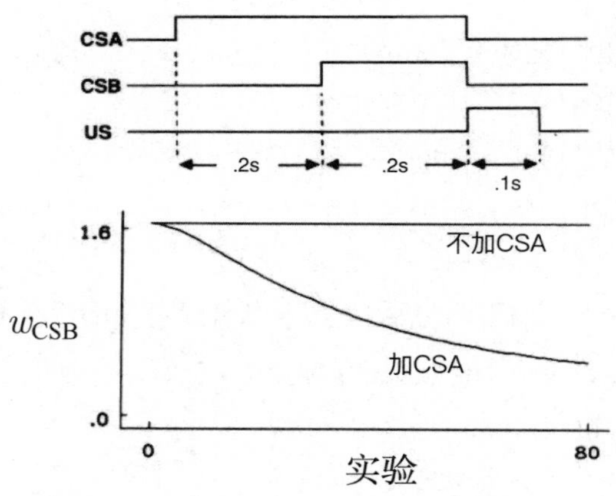

图 14.2 TD 模型中的时序优先性的覆盖阻塞

在 TD 模型中，较早出现的预测性刺激的优先级高于较晚出现的预测性刺激，因为就像本书中所描述的所有预测方法一样，TD 模型基于“回溯”或“自举”的思想：关联强度的更新改变了某个特定状态对其后继状态的强度。另外，基于自举思想的 TD 模型为“高级条件反射”提供了一个解释，这也是 Rescoral-Wagner 和其他类似模型所不具有的条件反射特性。我们在前文提到，用作条件反射的 CS 可以作为 US 来激发对另一种中性刺激的条件反射，这种现象就是高级条件反射。图 14.3 显示了 TD 模型 (同样在存在表示的情况下) 在高级条件反射实验中的行为，在这个实验中是次级条件反射。在第一阶段 (未在图中显示)，CSB 作为 US 的预示被进行训练，因此 CSB 的关联强度会增加，在本实验中增加到了 1.65。在第二阶段，在没有 US 的情况下，CSA 与 CSB 组合出现的时间序列如图 14.3 上部所示，实验结果表明在没有 US 出现的情况下，CSA 依然会获得一定的关联强度。在持续的训练后，CSA 的关联强度会达到一个峰值后下降，下降的原因是介于 CSA 和 US 之间的强化剂 CSB 的关联强度在持续下降，导致其丧失了提供次级强化作用的能力。CSB 关联强度减弱的原因是 US 没有在这些更高级的条件反射实验中出现。以上的实验被称为 CSB 的消退训练，因为 CSB 与 US 的预测关系被扰乱了，其作为强化剂的作用也被削弱了。在动物实验中也出现了同样的情况。在高级条件反射中，条件强化作用衰减的现象使得高级条件反射难以实现，除非我们定期插入第一阶段的实验来恢复最初的预测关系。

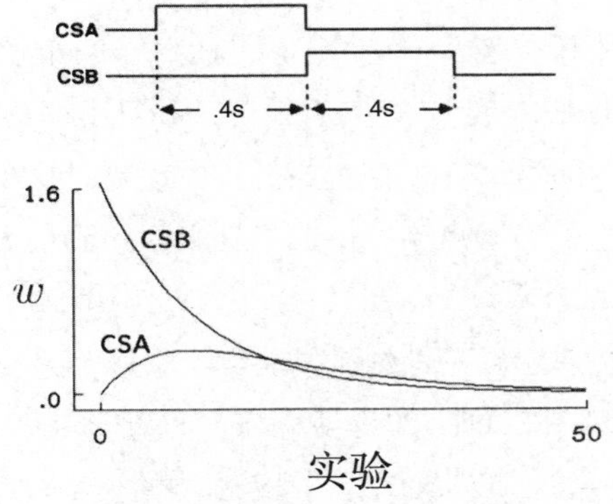

图 14.3　TD 模型中的次级条件反射

TD 模型提供了对次级 (二级) 以及更高级的条件反射的模拟，因为在 TD 误差 δ_t (式 14.5) 中，有 $\gamma\hat{v}(S_{t+1},\mathbf{w}_t) - \hat{v}(S_t,\mathbf{w}_t)$ 这一项，因此，如果之前学习的结果 $\gamma\hat{v}(S_{t+1},\mathbf{w}_t)$ 与 $\hat{v}(S_t,\mathbf{w}_t)$ 不相等，则 δ_t 不再是 0 (时间上的区别)。这种区别与式 (14.5) 中的 R_{t+1} 有相同的地位，这意味着就学习而言，时间上的差别和 US 是否出现导致的差异是相同的。实际上，我们通过在第 6 章提到的 TD 算法与动态规划算法的联系可以知道，TD 算法的这种特性是其发展的主要原因。自举值与次级条件反射以及高级条件反射密切相关。

在上文所介绍的 TD 模型行为的例子中，我们只考虑了复合 CS 中各个组成部分关联强度的变化，并没有关注模型对于动物条件反射 (CR) 各种性质的预测，包括条件反射产生的时间、状态，以及它们是如何在条件反射实验中形成的。这些性质往往取决于动物的种类、反射系统以及条件反射实验的各种参数等，但是在很多以不同动物、不同反射系统为对象的实验中，CR 的大小，或者说 CR 出现的概率会随着 US 预计出现时间的临近而增加。例如之前提到的兔子瞬膜闭合反射，在该条件反射实验中，随着实验次数的增加，从 CS 出现到兔子瞬膜开始闭合之间的时间间隔在逐渐减小，并且瞬膜闭合的幅度也随着时间从 CS 到 US 的推移而增加，并在 US 预计发生的时间点处达到最大振幅。CR 的产生时间与状态对生物有很重要的适应意义。在上面的例子中，如果瞬膜闭合得太早，会对兔子的视线造成影响 (即使瞬膜是半透明的)，如果闭合得太迟，则无法对眼睛进行有效的保护。像上述这样捕获 CR 特征对于经典条件反射模型是很有挑战性的。

TD 模型没有任何一种机制可以将 US 预测的时间过程 $\hat{v}(S_t,\mathbf{w}_t)$ 转化为一种特征描述，使得其可以与动物的 CR 特征进行对比。因此最简单的选择是让模拟 CR 的时间过程等于 US 预测的时间过程。在这种情况下，模拟 CR 的特征以及它们在试验过程中的变化仅取决于刺激表示以及模型参数 α、γ 和 λ。

图 14.4 显示了在三种刺激表示下 (图 14.1) US 在不同时间点预测的时间流程。对于这些模拟，US 在 CS 出现的 25 个时刻后出现，并且 $\alpha = 0.05$，$\lambda = 0.95$，$\gamma = 0.97$。在 CSC 表示下 (图 14.4 左部)，TD 模型生成的 US 预测曲线在 CS 和 US 的区间内呈指数级增长，直到在 US 发生的时间点 (在第 25 个时刻) 达到最大值。这种指数增长是 TD 模型学习规律中折扣体现的结果。在存在表示 (图 14.4 中间) 下，对 US 的预测在刺激出现后几乎是一个常数，因为对于每一种刺激只能学习到一个关联强度。因此，使用存在表示的 TD 模型无法重现 CR 在时间上的许多特征。而对于 MS 表示 (图 14.4 右部) 来说，US 预测的发展更为复杂，经过 200 次试验，US 预测的表现近似于 CSC 表示产生的预测曲线。

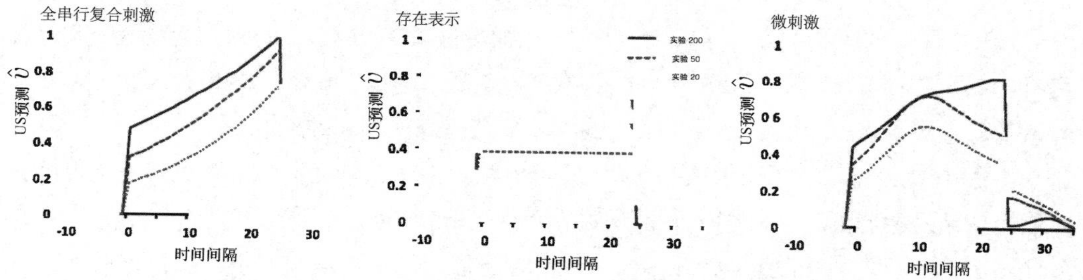

图 14.4 TD 模型在三种刺激表示下对 US 预测学习的时间流程。左：在全串行复合刺激 (CSC) 中，US 预测值在 CS 和 US 之间呈指数增长，在 US 发生时达到峰值。渐近线 (第 200 次试验) 上 US 预测值也在 US 发生时达到最高值 (在模拟中，最高值为 1)。中：在存在表示中，US 预测值随时间收敛于一个常数。这个常数的大小由 US 的强度以及 CS 与 US 之间的间隔决定。右：在微刺激表示中，在渐近线上，TD 模型通过不同微刺激的线性组合描绘出与 CSC 类似的指数增长曲线。图片改编自 *Learning & Behavior*，第 40 卷，2012，E. A. Ludvig，R. S. Sutton，E. J. Kehoe

图 14.4 所示的 US 预测曲线并不是为了精确匹配某个特定动物在条件反射实验中 CR 的表现，但是它们表明了刺激表示对 TD 模型的预测结果有很大的影响。此外，刺激表示与折扣和资格迹交互的方式对 US 预测的轮廓图的性质也有很大的影响。在另一方面，将 US 的预测转化为 CR 的“反应生成机制”也会产生很大影响，但是这超出了我们的讨论范围。图 14.4 所示的内容是“原始的”US 预测轮廓图。对于动物大脑是如何根据对 US 的预测做出明显反应这个问题，即使不做出任何特定假设，我们也能看到，在图 14.4 中 CSC 和 MS 的图像曲线会随着 US 发生时间的临近而上升，并且在 US 发生时

达到最大值，就像在许多动物条件反射实验中所见到的那样。

当 TD 模型与特定的刺激表示和反应生成机制相结合后，就能够解释在经典条件反射中观察到的各种现象，但它远不是一个完美的模型。为了生成经典条件反射的其他细节，我们需要扩展 TD 模型，如通过添加基于模型的元素和机制来自适应地改变它的一些参数。其他对经典条件反射建模的方法与 Rescorla-Wagner 类型的误差纠正过程有着明显的不同。例如，贝叶斯模型是在概率框架内工作的，在这个框架中，实际经验会修正概率估计。而所有的这些模型都有助于我们对经典条件反射的理解。

TD 模型最显著的特点大概是它基于一个理论，该理论说明了动物神经系统在经历条件作用时*尝试去做*的事情：形成准确的*长期预测*，这与刺激物的表示形式所带来的限制以及神经系统的工作方式相一致。换句话说，该理论提出了一个针对经典条件反射的*规范性描述*，表明长期预测才是经典条件反射的重要特征，而并非即时预测。

对条件反射 TD 模型的探究是对动物学习行为的一些细节进行建模的一个实例。TD 学习除了作为*算法*外，也是生物学习方面模型的基础。正如我们在第 15 章将要讨论的，TD 学习也被证明是一种有影响力的多巴胺神经元模型。多巴胺是哺乳动物大脑中的一种化学物质，它与获得回报的过程密切相关。这些也是强化学习理论与动物行为和神经数据密切联系的实例。

现在我们考虑强化学习与动物行为在工具性条件反射实验中的对应关系，这也是动物心理学家研究的另一种主要实验。

14.3　工具性条件反射

在*工具性条件反射*的实验中，学习是依赖于行为的结果来进行的，即根据动物做了什么来发送强化刺激信号。相比之下，在经典条件反射的实验中的强化刺激信号 (即 US) 的传送是与动物的行为无关的。通常，工具性条件反射与*操作性条件反射*被认为是一样的，“操作性条件反射”这个术语是 B. F. Skinner (1938，1961) 在基于行为的条件性强化实验中提出的。但这两个术语在实验和理论方面还是有一些差异的，在下面的内容中我们会提及这些差异。这里我们只用“工具性条件反射”这个词来表示强化过程取决于行为的实验。工具性条件反射的起源可以追溯到本书第 1 版出版的一百年前美国心理学家 Edward Thorndike 进行的实验。

Thorndike 将猫放进如下图所示的“迷箱”中，观察猫的行为，在该箱子中的猫需要采取特定的动作才能逃出箱子。例如，一个箱子中的猫可以通过采取如下三个动作打开箱子的门：按压箱子背面的板；抓住并拉动绳子；以及上下推动把手。当第一次被放在“迷箱”之中并且可以同时看到箱子外面的食物时，Thorndike 中的猫除了少数几只外，都显示出“明显的不适”和异常活跃的动作来“本能地逃出禁闭”(Thorndike，1898)

一个 Thorndike 迷箱

来自 Thorndike，Animal Intelligence：An Experimental Study of the Associative Processes in Animals，*The Psychological Review，Series of Monograph Supplements* II(4)，Macmillan，New York，1898.

实验中包含了不同的猫以及具有不同逃跑机制的箱子，Thorndike 记录了每只猫在每个箱子的多次试验中逃跑所耗的时间。他观察到随着试验次数的增加，试验所用的时间不停地下降，例如从 300s 降到 6s、7s。Thorndike 这样描述“迷箱”中猫的行为：

> 由于冲动抓遍整个箱子却难以逃出箱子的猫可能会正好抓绳子、环和按按钮而打开箱子的门。逐渐地，不能打开门的冲动慢慢消失，而成功打开门的冲动会由于开门带来的快乐而逐渐加强。最终经过多次试验后，猫一被放入箱子中，就会立刻以一种确定的方式去按按钮和拉环 (Thorndike 1898，p. 13).

Thorndike 在这些和其他实验 (实验对象为狗、鸡、猴子甚至是鱼) 的基础上总结了一系列学习的“规律”，其中最具影响力的是我们在第 1 章 (14 页) 中提到的*效应定律*。效应定律所描述的内容现在通常被称为试错学习。正如在第 1 章中提到的，“效应定律”在许多方面都引起了争议，并且其细节在这些年也还在修改。不管该定律的形式怎么变，它都表述了一个关于学习的久经考验的原则。

强化学习算法中的关键特点可以对应到效应定律中描述的动物学习的特点。第一，强化学习算法是*选择性*的，即它们会尝试不同的选择，并通过比较这些选择的结果来在其中挑选。第二，强化学习算法是*关联性*的，即在构建智能体的策略时，其可进行的选择是与特定的场合或状态相关联的。如效应定律中描述的学习一样，强化学习不仅仅是一个*找到*能产生大量收益的动作的过程，也是一个将动作与场合或状态*连接*在一起的过程。

Thorndike 用“选择与连接”一词来表示学习 (Hilgard，1956) 。进化中的自然选择过程是一个很好的选择过程的例子，但是它不具有关联性 (至少目前是这么认为的)。监督学习具有关联性，但是它没有选择性，因为它依赖的指令直接告诉智能体如何改变它的行为。

使用计算机科学的术语进行描述的话，“效应定律”描述的是一种基本的结合搜索和存储的方法，搜索的方式是在某个场合下尝试不同的动作并在其中选择一个，而存储则是将场合和在该场合下目前为止找到的最好的动作关联起来。无论存储的形式是智能体的策略、价值函数还是环境模型，搜索和存储都是所有强化学习算法中的关键组成部分。强化学习算法对于搜索的需求导致它必须以某种方式进行试探。很明显，动物也需要试探，而早期的动物学习研究人员对于动物在类似于 Thorndike 的谜箱实验这样的场合下选择动作时究竟使用了多少指导持有不同的意见。动作的选择到底是“随机选择的或者说是胡乱选择的” (Woodworth，1938，p. 777)，还是在一定的指导 (先验知识、推理或其他形式) 基础上选择的。尽管包括 Thorndike 在内的一些学者支持前者，另一些人则认为试探的过程是更精细的。强化学习算法对于智能体在选择动作使用多少指导有着多样的选择。在本书中介绍的算法中，试探过程的形式，如 ε-贪心法和基于置信区间界限的动作选择等，都属于最简单的一类。只要能够保证某种形式的试探使得算法可以高效运行，其实我们也可以设计更为复杂的方法。

强化学习的一个特性是在任何时刻可以选择的动作的集合依赖于环境的当前状态，这一特性与 Thorndike 在他的谜箱实验中观察到的猫的行为也是类似的。这些猫所选择的动作是在当前的场合下它们本能会做出的一些动作，Thorndike 称其为“本能冲动”。当猫第一次被放进箱子里面时，猫会本能地用力抓挠和撕咬 (这是猫处在狭小空间内的本能反应)。成功的动作是从这些动作而不是从所有动作中选出来的。这与我们之前提到的形式化很相似，即在当前状态 s 时选择的动作都来自一个可选动作集合 $A(s)$。确定这个集合是强化学习的一个重点，因为它能大幅简化学习过程。这些动作就像是动物的本能冲动一样。另一方面，Thorndike 的猫并非单纯地从本能冲动的集合中选择动作，而是会根据当前状况本能地对可选动作进行排序。这是另一个能简化强化学习的方式。

在受效应定律影响的动物学习研究人员中，最著名的两位是Clark Hull (例如 Hull，1943) 和 B. F. Skinner (例如 Skinner，1938) ，他们研究的核心就是基于行为的结果来选择行为这一想法。强化学习中的很多特性与 Hull 理论是一致的，其中包括了采用类似于资格迹的机制和次级强化来在动作和由其引发的强化刺激信号 (参见 14.4 节) 之间有很长的时间间隔时进行学习。随机性在Hull 理论中也是很重要的，它通过一种称为“行为振荡”的方式引入随机性来得到试探性的行为。

Skinner 不完全同意效应定律中的关于存储的那部分描述。他反对关联连接的观点，强调动作是从自发行为中选择的。他提出了“操作”这个术语来强调动作对于动物所处环境的影响的重要作用。与 Thorndike 等人的实验不同，Skinner 的操作性条件反射实验并非由一连串单独的试验组成，它允许动物在更长的一段不受打断的时间内表现其行为。他发明了操作性条件反射箱，现在叫作“Skinner 箱”。它最简单的版本包含一个杠杆或一个钥匙，一旦盒子里面的动物按压了，就会得到回报，例如水或者食物。回报的规则是预先设计好的，其也被称作强化程序表。通过记录随着时间推移动物按压杠杆的累积次数，Skinner 和他的同事可以试探不同的强化程序表对动物按压频率的影响。如何使用本书中介绍的强化学习方法来对这些实验结果进行建模这一问题还并没有被系统地研究过，不过在本章最后的参考文献与历史评注部分中我们提到了一些例外情况。

Skinner 的另一个贡献在于，他发现通过强化对理想行为模式的接连不断的近似可以实现对动物的有效训练，他将这个过程称作 *塑造*。虽然其他人，包括 Skinner 自己都曾用过这个方法，但真正让他意识到其重要性的实验，是他和他的同事们尝试训练鸽子用它的喙击木球来使球滚动，但他们等了很长时间，都没等到他们可以用于强化的击中木球的情况，在这样的情况下，他们

> ⋯⋯ 决定对任何只要与击球有细微的相似的反应都进行强化。例如在一开始强化的反应可能只是看着木球，后来就可以选择强化离最终的目标更接近的反应。结果令人惊喜。几分钟后，球就从盒子边上掉了出来，鸽子就已经像冠军壁球选手一样了。”(Skinner，1958，p. 94)

这些鸽子不仅学会了一种对它们来说不同寻常的动作，而且它们通过一个行为和强化规则互相对应变化的交互过程能够快速地进行学习。Skinner 将强化规则变化的这个过程与雕塑家将粘土塑成想要的形状的过程相比较。塑造在强化学习的计算系统中也是一个强有力的技术。由于收益的稀疏性，或者由于很难从初始行为达到这些状态，因此当智能体很难得到任何非零的收益信号时，如果从比较简单的问题开始，然后逐渐增加任务难度，智能体的学习过程就会更有效，并且对于有些任务，必须要采取这种学习策略。

心理学中的动机这一概念与工具性条件反射实验密切相关，这里的动机指的是一种影响行为的方向、大小和活力的过程。以 Thorndike 实验中的猫为例，猫想要逃出谜箱的动机是它们想要得到放在箱子外面的食物。这个目标对它们非常诱人，那么就会强化那些能使它们顺利逃出箱子的动作。尽管动机这个概念有很多的特性，很难以一种准确的方式将其从计算的角度与强化学习联系起来，但在某些特性上，两者的联系清晰可见。

从某种意义上来说，强化学习智能体的收益信号是其动机中最基本的部分：智能体被

其激发去最大化长期的总收益。那么，动机中的一个关键点就在是什么使得智能体的某段经历具有收益。在强化学习中，收益信号取决于强化学习智能体所处环境的状态和智能体的动作。更进一步，在第 1 章中提到过，智能体的环境状态不仅包含关于广义的机器 (比如生物体或机器人) 外部的信息 (这类信息能确定智能体所在)，同样包含关于机器内部的信息。一部分内部信息对应的就是心理学中动物的*动机状态* ，这个动机状态影响了动物觉得什么更具有收益的判断。举个例子来说，动物感到在饥饿状态下进食的收益会比它刚饱餐一顿后再进食的收益更多。状态依赖这一概念的范围很广，其允许多种不同的关于收益信号如何产生的调整方式。

引入价值函数带来了与心理学中动机的概念更深层次的联系。如果在选择动作时最基本的动机是取得尽可能多的收益，那么对于使用价值函数来选择动作的强化学习智能体来说，其动机更接近真实情况，即*最大化价值函数的正梯度*，也就是选择能够达到接下来的最大状态值的动作 (换种说法，即选择得到的动作价值最大的动作)。对于这些智能体来说，价值函数是决定它们的行为方向的主要驱动力。

动机的另一个特性是动物的动机状态不仅能影响学习过程，而且也会影响在学习后动物的行为的强度和活力。例如，在学习如何在迷宫中找食物后，饥饿的老鼠会比不饿的老鼠更快地到达目标。我们还不是很清楚如何将动机的这个特性与强化学习框架联系起来，但在本章中最后的参考文献和历史评注中，我们引用了几篇提出基于强化学习的行为活力理论的文章。

我们接下来关注当强化刺激在它们强化的事件后很久才出现时进行学习的问题。强化学习算法中用来在延迟强化的情景下学习的机制 (资格迹和 TD 学习算法)，与心理学家对于动物如何在这一情景下进行学习的假设是很接近的。

14.4　延迟强化

效应定律的成立需要假设能够反向影响之前的连接，但早期的一些批评者并不认同现在能影响过去的事情的想法。在学习时，动作和其导致的收益或惩罚之间甚至可能存在巨大的时间间隔，这更加重了批评者的这种担忧。我们将这个问题称为延迟强化，这与 Minsky (1961) 提出的“学习系统的功劳分配问题”(如何将成功结果的功劳分配给许多在取得成功的过程中做出的动作？) 密切相关。本书中介绍的强化学习算法包括两种用来解决这个问题的机制。第一种就是使用资格迹；第二种则是用 TD 方法来学习价值函数，学到的价值函数 (在类似于工具性条件反射实验的任务中) 几乎可以立刻对动作进行评估，

或者 (在类似于经典条件反射实验的任务中) 可以立刻对目标做出估计。在动物学习理论中，这两种方法都有对应的相似机制。

Pavlov (1927) 指出在每一次刺激结束之后，刺激产生的痕迹都会在神经系统中保留一段时间，同时他提出正是这些刺激留下的痕迹使得即使在 CS 结束时刻和 US 开始时刻之间有一段时间间隔，学习仍然是可能的。今天，这一假设条件也被称为痕迹条件反射 (第 342 页)。假设在 US 到来时，CS 的痕迹依然存在，那么通过同时存在的痕迹与 US 就能进行学习。在第 15 章中，我们会讨论一些关于神经系统中的痕迹机制的话题。

在工具性条件反射中，刺激痕迹同样被用来在动作与其最终导致的收益或惩罚之间有时间间隔时作为桥梁。在 Hull 的影响学习理论中，“整体刺激痕迹”会导致产生他称之为动物的*目标梯度*，其描述的是随着强化信号的延迟变大，工具性条件反射反应的最大强度如何减弱。(Hull，1932，1943) Hull 猜想动物做过的动作会留下内部刺激，而这些刺激的痕迹是随着时间的推移以指数级衰减的。通过观察当时可以得到的动物学习实验的数据，他猜想在 30s $\sim$ 40s 后，痕迹就会衰减至 0。

本书中提到的算法中所使用的资格迹与 Hull 的痕迹很相似，它们都是过去的状态或“状态-动作”二元组的痕迹，并且随着时间衰减。资格迹是 Klopf (1972) 在他的神经元理论中提出的，它最初指的是过去在突触或者神经元之间的连接上发生的事件所留下的痕迹。Klopf 的痕迹比我们算法中的指数衰减痕迹更为复杂，我们在 15.9 节中介绍他的理论时会更详细地介绍这一点。

为了解释有些目标梯度存在的时间比刺激痕迹存在的时间更长的现象，Hull (1943) 提出更长的梯度来自于从目标回传的条件强化，这一过程和他的“整体刺激痕迹”是同时进行的。动物实验揭示了如果在延迟周期内符合条件强化过程，那么随着延迟变长，学习过程就不会像在次级强化受到阻碍的条件下那样减弱。如果在延迟间隔中存在经常出现的次级，那么就更有利于条件强化的形成。这种情况就像收益没有延迟一样，因为有很多的即时条件强化。基于此，Hull 设想存在一种“基础梯度”，其来自于初级强化的延迟并由于痕迹的存在而减弱，而条件强化信号则会逐步修改和拖长基础梯度。

本书中提到的使用资格迹和价值函数在延迟强化的条件下进行学习的算法与 Hull 关于动物如何在同样条件下学习的假设是一致的。其一致性在 13.5 节、15.7 节和 15.8 节中提到的“行动器-评判器”框架中显得最为清晰。评判器使用了 TD 算法来学习系统当前行为所对应的价值函数，即这一价值函数能预测当前策略的收益。行动器基于评判器的预测，更准确地说是预测中的变化，来更新当前的策略。由评判器计算得到的 TD 误差就像行动器的条件强化信号，即使在收益信号有巨大延迟时仍能即时地评估当前表现。估计动作价值函数的算法，比如 Q 学习和 Sarsa，同样也使用 TD 学习的原理，使用条件强化来在存在延迟强化时进行学习。我们在第 15 章中讨论的 TD 学习与产生多巴胺神经元活动之间的密切联系将会进一步支撑强化学习算法与 Hull 的学习理论之间的关联。

14.5　认知图

基于模型的强化学习算法使用了环境模型，这与心理学中所说的认知图有许多共同点。回顾我们在第 8 章中讨论的规划和学习，环境模型是智能体用来预测在它采取动作之后，环境将会把它转移到哪个状态以及给予多少反馈的一个模型；规划指的是在这样一个模型下计算出一个策略的过程。环境模型由两个部分组成：状态转移部分包含了关于动作将会如何影响状态转移的知识；回报模型部分包含了关于每个状态和“状态-动作”二元组的预期收益信号的知识。基于模型的强化学习算法通过使用模型，来预测可能的行动过程导致的未来状态和从这些状态产生的预期收益信号。最简单的规划算法用于比较一系列“想象出来”的决策序列的预期后果。

接下来的问题是动物会不会用到环境模型，如果使用了环境模型，那么这些模型是什么样子的，它们又是怎么学习的？这些问题在动物学习的研究中扮演着重要的角色。一些研究人员提出 *潜在学习*的概念，开始挑战当时盛行的关于学习和行为的“刺激-反应”(S-R) 的观点 (对应于最简单的模型无关的学习策略)。在早期的潜在学习实验中，有两组老鼠放进迷宫盒中。在实验组中，第一阶段老鼠是没有任何收益的，但是在第二阶段一开始就用食物作为收益。对于控制组，第一阶段和第二阶段都会有食物放在目标盒中。问题就是实验组的老鼠是否能够在没有收益的第一阶段学到一些东西。虽然实验组的老鼠在第一个无收益阶段似乎没有学习太多东西，但是一旦在第二阶段找到食物了，它们便很快赶上控制组的老鼠。这可以总结为：“在无收益阶段，实验组老鼠对迷宫进行潜在学习，一旦产生收益，它们就能快速利用。”(Blodgett, 1929).

与潜在学习关系最大的是心理学家 Edward Tolman，他解释了这个结果，并且被广泛认可。他提出，动物可以在收益或者惩罚缺失的情况下，学习到一个“环境的认知图”，当动物在以后有动机去达成一个目标时，他们会利用这个图 (Tolman，1948) 。认知图允许老鼠规划一条不同于在一开始试探时使用的路线。对试验结果的这种解释导致了心理学中以行为主义为中心与以认知为中心学派之间的持久争论。用现代的术语来说，认知图不仅限于空间布局的模型，而是一个更加广义的环境模型，或者是动物的“任务空间”的模型 (例如 Wilson、Takahashi、Schoenbaum 和 Niv，2014)。用认知图解释潜在学习实验，可以视作动物使用了基于模型的算法，并且环境模型可以在没有显式的收益或惩罚时被学习到。之后当动物发现收益 /惩罚的迹象而有动力时，模型将被用于规划。

Tolman 关于动物如何学习认知图的解释是，他们通过在试探环境时体验连续的刺激，来学习刺激 -刺激 (S-S) 连接。在心理学中这又被称为*期望理论*：给定 S-S 连接，一个刺激的出现将会产生一个关于下一个刺激的预期。这很像控制工程师们所称的*系统辨别*，其中一个未知动态特性的系统模型通过从有标注的训练样本中学习得到。在最简单的离散时间版本中，训练样本是 S-S′ 对，其中 S 是一个状态，后继状态 S′ 是一个标签。当观察到 S 时，模型产生一个期望的状态 S′。更加有利于规划的模型也要包含动作，因此训练样本看起来是 SA-S′，其中 S′ 代表在 S 状态下采取动作 A 时期望的下一个状态。学习环境如何产生收益也是有用的。在这种情况下，样本的形式是 S-R 或者 SA-R，其中 R 是关于 S 或者 SA 对的收益信号。以上是有监督学习的形式，其中智能体通过学习获得认知图，无论它在试探环境中有没有接收到非零收益信号。

14.6 习惯行为与目标导向行为

无模型与基于模型的强化学习算法之间的差别，对应于心理学家对于学习到的行为模式所做的“习惯行为”与“目标导向行为”之间的区分。习惯是由适当的刺激触发，之后多多少少会自动执行的行为模式。目标导向的行为，可以通过心理学家如何使用这个词组看出：在某种意义上它是有目的性的，它是通过目标价值的知识以及行动与其后果之间的关系来控制的。习惯有时被认为是由先行刺激所控制的，而目标导向行为被认为是由其后果所控制的 (Dickinson，1980，1985)。目标导向控制的优势在于它能够使得动物根据环境状态的变化及时调整行为。习惯动作能够对来自固定环境的输入快速反应，但是它不能对变化的环境做出调整。目标导向行为控制的发展对动物智力进化来说可能是重要的一步。

图 14.5 展示了无模型与基于模型的决策策略之间的差别，这个任务就是之前提到的老鼠迷宫游戏，每个目标盒子都有对应的收益值大小 (如图 14.5 顶部所示)。从状态 S_1 开始，老鼠要么选择往左要么选择往右，接下来老鼠到达 S_2 或 S_3 状态，此时它还是只能选择往左或者往右，到达目标盒子就得到对应的收益。目标盒子就是老鼠迷宫任务终止状态。无模型的策略 (图 14.5 左下) 依据的是存储的“状态-动作”二元组的值。这些动作价值评估的是老鼠在对应环境状态下可选动作能够获得的最大的收益值。这些动作价值是在多次进行老鼠迷宫试验中得到的。动作价值会越来越接近最优收益值，老鼠为了得到最优策略每次都会选择有最大动作值的那个动作。在这种情况下，当动作值的估计越来越准确时，老鼠会在状态 S_1 选择往左，在状态 S_2 选择往右，这样会得到最大收益值 4。另一个不同的无模型策略就是简单地按照存储的策略来代替状态值，就是直接在状态 S_1 选择

动作往左，在状态 S_2 选择动作往右。这些做决策的策略都不依赖于环境模型，没有必要去询问状态转移模型，也不需要目标盒子特征和它们所传递的收益之间的联系。

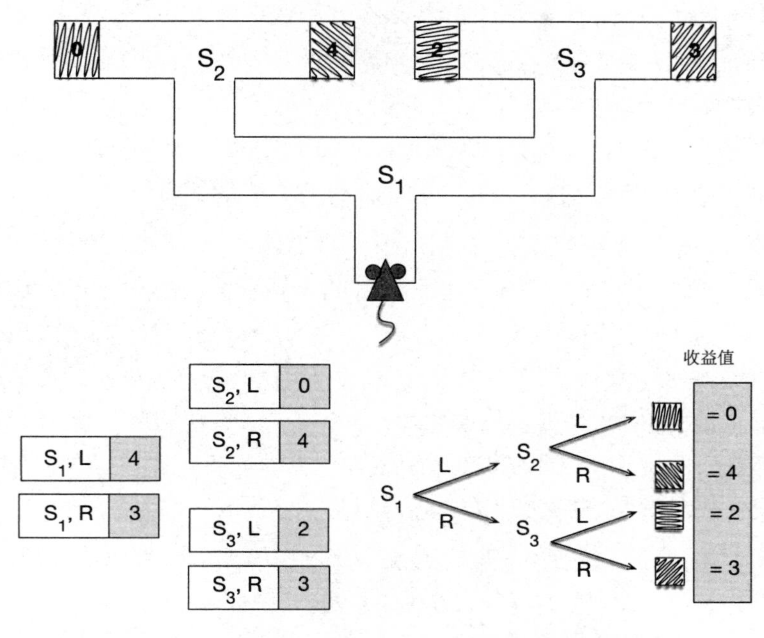

图 14.5　解决假想的顺序动作选择问题的基于模型和无模型的策略。上图：一只老鼠在一个有不同的目标盒子的迷宫中寻路，每个盒子带有一个收益值 (在图中显示)。左下角：无模型的策略，依赖于经过多次试验获得的所有“状态-动作”二元组的动作价值。为了做出决定，老鼠只需在每个状态选择具有该状态的最大动作价值的动作。右下：在基于模型的策略中，老鼠学习包括状态-动作-下一状态转移相关的知识的环境模型，以及由与每个独特目标盒子相关联的收益的知识组成的收益模型。通过使用模型模拟动作选择序列以找到产生最高回报的路径，老鼠可以决定在每个状态下转到哪个方向。改编自 *Trends in Cognitive Science*，volume 10，number 8，Y. Niv，D. Joel，and P. Dayan，A Normative Perspective on Motivation，p. 376，2006

图 14.5 (右下) 展示了基于模型的策略，它使用环境模型中的状态转移模型和收益值模型。状态转移模型如决策树所示，收益模型把目标盒子独有的特征和它们包含的收益值联系起来 (S_1、S_2 和 S_3 状态下的收益值也是收益值模型的一部分，在这里它们的收益值为 0，且没有展示)。基于模型的智能体可以通过模型来模拟动作选择的序列，找到一条产生最高回报值的路径。从而决定在每一个状态下转到哪个方向。在这种情况下，回报值是在路径末端获得的收益。在图中的例子里，如果我们有一个足够精确的模型，老鼠会选择先向左然后向右，从而得到收益值 4。比较模拟路径的预测回报是一种简单的规划，可以通过第 8 章中讨论的各种方式完成。

如果无模型智能体的环境改变了它对于智能体的动作做出的反应时，智能体必须在这个改变的环境中获得新的经验，以更新其策略或者价值函数。如图 14.5 (左下) 所示的无模型策略，如果其中一个目标盒子不知为何移动了位置，传递出一个不一样的收益，那么老鼠不得不穿过迷宫 (也许需要很多次) 来体验到达目标盒子时的新收益，同时要基于这些经验更新它的策略或动作价值函数 (或者两者)。关键是，如果无模型的智能体要改变由其策略决定的某个状态下的动作，或者改变对应某个状态的动作价值，它需要移动到那个状态，做出动作 (可能需要多次)，然后体验这个动作带来的结果。

而基于模型的智能体就能在没有任何这种"个人经验"的情况下适应环境的变化，这种模型会自动 (通过规划) 改变智能体的策略。规划过程可以决定环境变化导致的结果，而与智能体自己过去的经验是没有任何联系的。举个例子来说，将 14.5 中的最后收益值是 4 的目标盒子的收益值改为 1。即使没有动作选择策略寻找收益值改变的那个目标盒子，老鼠的收益值模型也要改变。规划过程由于使用环境模型，所以收益值的改变对于规划来说是透明的，在迷宫实验中不需要额外的经验，在这种情况下，将策略改变为在 S_1 和 S_3 状态都选择右转，从而获得 3 的回报值。

正是这种逻辑构成了动物的*结果贬值实验*的基础。这些实验的结果为动物是学习到了一个习惯还是由目标导向控制行为问题提供了有益的启发。结果贬值实验与潜在学习实验类似，收益值会发生对应改变。在学习开始时收益值固定，之后其中一个结果的收益值发生改变，有可能变为零，甚至有可能变为负值。

早期 Adams 和 Dickinson(1981) 完成了这种类型的一个重要实验。他们通过工具性条件反射训练老鼠，直到老鼠在训练室中学会大力按压用于获得蔗糖球的杠杆。然后将老鼠放在同一个空间里，把杠杆收回，并独立地提供食物：这意味着蔗糖可以可以独立于老鼠的动作提供给它们。15 分钟自由进食后，给一组老鼠注射会引起恶心的毒氯化锂。这个过程重复三次，最后一次注射后，没有任何一只接受注射的老鼠会吃掉这些独立提供的蔗糖球，这表明蔗糖球的收益价值已经下降 (蔗糖球已经贬值)。下一组实验一天后进行，老鼠再次被放置在室内，并进行了一次消退训练，也就是说响应杆已经回到原位，但与蔗糖球分配器断开连接，因此按压它不会释放蔗糖球。我们的问题是：那些已经经历蔗糖球收益值下降 (第一组实验) 的老鼠是否会比没有感受到蔗糖球收益值下降的老鼠更少地按压杠杆，即使没有接受注射的老鼠经历了杠杆与蔗糖球分配器断开所导致的收益贬值。结果表明，注射药物的老鼠的反应率明显低于未经历注射的老鼠。

Adams 和 Dickinson 得出的结论是，注射的老鼠通过认知图将杠杆按压与蔗糖球相联系，并将蔗糖球与感到恶心联系，从而使相关的杠杆按压伴随恶心。因此，在消退实验中，老鼠“知道”按下杠杆的后果是它们不想要的，所以它们从一开始就减少了杠杆的压力。重要的一点是，它们并没有真正经历过按压杠杆之后就产生恶心的情况。它们似乎能够将行为选择结果的知识 (按压杠杆后将得到一个蔗糖球) 与结果的收益价值 (感到恶心，从而应避免蔗糖球) 相结合，因此它们可以相应地改变行为。并不是每个心理学家都同意该实验的这种“认知”的说法，这不是解释这些结果的唯一可能的方式，但是基于模型的“规划”的解释是被广泛接受的。

没有什么能阻止智能体使用无模型和基于模型的算法，并且使用两者都有很好的理由。根据我们自己的经验，我们知道，经过大量的重复后，目标导向的行为往往会变成习惯性的行为。实验表明，这也发生在老鼠身上。Adams (1982) 进行了一个实验，看看扩展训练是否会把目标导向的行为转化为习惯行为。他通过比较结果贬值对经历不同训练量的老鼠的影响来做到了这一点。如果延长的训练使老鼠对贬值不那么敏感，那么相较于接受较少训练的老鼠，这将是延长的训练使得该行为更加习惯的依据。Adams 的实验紧跟着刚刚描述的 Adams 和 Dickinson (1981) 的实验。简化一下，一组老鼠接受了训练，直到它们做了 100 次获得收益的杠杆按压，另一组老鼠是过度训练组，它们做了 500 次获得收益的杠杆按压。训练结束后，两组老鼠的收益均贬值 (通过注射氯化锂产生恶心)。然后对两组老鼠进行一次消退训练。Adams 的问题是，贬值是否会使得过度训练组的老鼠的按压杠杆率低于未过度训练的老鼠，这将证明延长的训练降低了对结果贬值的敏感性。结果是，贬值大大降低了非过度训练老鼠的杠杆按压率。而对于过度训练的老鼠则相反，贬值对它们的杠杆按压率影响不大。事实上，如果有的话，也会使得它更有活力 (完整的实验包括对照组，显示不同量的训练本身并不显著影响学习后的杠杆按压率)。这个结果表明，没有过度训练的老鼠以对它们的目标导向的方式 (对其行为的结果有清楚的了解) 选择它们的行为，过度训练的老鼠已经形成了杠杆按压的习惯。从计算的角度来看这些实验结果，可以想到为什么人们会期望动物在某些情况下习惯性选择动作，在其他情况下以目标导向来选择动作，以及为什么会从一种控制模式转换到另一种控制模式来继续学习。虽然无疑动物使用的算法与我们在本书中介绍的算法不会完全一致，但是可以通过考虑各种强化学习算法所暗含的折中方法来洞察动物的行为。计算神经科学家 Daw、Niv 和 Dayan (2005) 提出的一个想法是：动物同时使用无模型和基于模型的决策过程。每个过程都生成一个候选动作，最终选择执行的动作被认为是两个中更值得信赖的过程所提出的动作，其由整个学习过程中保持的置信度决定。对于基于模型的系统，规划过程的早期学习阶段更值得信赖，因为它将短期预测串在一起，与无模型流程的长期预测相比，这些预测可以变得更准确，经验更少。但是随着经验的不断增长，无模型过程变得更加值得信赖，因为规划很容易出错 (由于模型的不准确性和使规划变得可行所必需的捷径，例如各种形式的“树剪枝”，即删除没有希望得到结果的搜索树分支)。

根据这个想法，随着更多经验的积累，人们会期望从目标导向行为转向习惯行为。已经有人提出关于动物如何在目标导向和习惯控制之间进行权衡的其他想法，并且行为和神经科学领域都在继续研究这个问题和相关问题。

无模型和基于模型的算法之间的区别被证明对本研究是有用的。人们可以在抽象设置中检查这些类型算法计算上的潜在含义，从而揭示每种类型的基本优势和局限性。这有助于提出和锐化指导实验设计的问题，这些问题是心理学家增加对习惯行为和目标导向行为控制的理解所必需的。

14.7 本章小结

本章主要讨论强化学习与动物学习心理实验研究的关联。我们从一开始就强调，本书中介绍的强化学习并不是模拟动物行为中的细节，而是从人工智能和工程角度出发，探究其理想化环境的抽象计算框架。但是许多强化学习算法都是受心理学理论启发而来的，并且在某些情况下，这些算法也会促进新的动物学习模型的产生。在本章中，我们介绍了几种最明确的关联。

强化学习中的预测算法与控制算法的区别类似于动物学习理论中的经典条件反射与工具性条件反射的区别。工具性条件反射和经典条件反射的主要区别在于，在前者中，强化刺激取决于动物的行为，而在后者中则不然。通过 TD 算法进行预测类似于条件反射，我们将条件反射的 *TD* 模型视为用强化学习原理解释动物学习行为的细节的一个例子。这个模型是 Rescorla-Wagner 的一个推广，因为在单独的实验中，对学习造成影响的事件的时间维度也被包括在该模型中，并且它对次级条件反射也做出了说明，在次级条件反射中对强化刺激信号的预测变成了强化刺激信号自身。同时，该模型也是一种多巴胺神经元活动观点的基础，我们将在第 15 章进行介绍。

通过试验和误差进行学习是强化学习控制部分的基础。本章展示了一些 Thorndike 在猫和其他动物身上进行的实验，从这些实验中，Thorndike 得出了“效应定律”，本书的第 1 章也讨论过这个定律 (1.7 节)。我们在本章指出，在强化学习中试探不仅仅局限于“盲目探索”，而是只要存在一定的试探行为，我们就可以使用先验或者先前学习到的知识，通过精心设计的方法来生成一系列试验。本章也讨论了 B. F. Skinner 称之为“塑造”的训练方法。在这个方法中，通过逐步改变收益的偶发程度来使动物的行为持续接近理想的行为。塑造不仅在动物训练中是不可或缺的，它在强化学习中也是训练智能体的有效手段。还有一个关于动物动机状态的概念，它决定了动物将要接近或者避免的事物，以及事件对于动物的利害关系。

本书中提到的强化学习算法包含两个解决延迟强化问题的基本方法：资格迹和通过 TD 算法学习到的价值函数。两种机制都来源于动物学习理论。资格迹与早期理论中的刺激痕迹比较相似，而价值函数则与次级强化的作用近似，提供即时的评估反馈。

本章强调的另一个对应关系是强化学习环境模型与心理学家所称的*认知图*之间的关系。在 20 世纪中期进行的一些实验声称，它们证明了动物对认知图学习的能力是对“状态-动作”关联的替代或者补充。而后又利用它们去指导动物的行为，特别是在环境产生非预期变化的时候。强化学习中的环境模型像认知图一样，可以通过监督学习的方法进行学习，而不需要依赖收益信号。学习完成后就可以用它们来做行为规划。

在强化学习中*无模型*和*基于模型*的区别在心理学中对应于*习惯行为*和*目标导向行为*，无模型算法通过从策略或动作价值函数中获取的信息来进行决策，而基于模型的方法通过智能体环境模型提前规划好的结果来进行动作选择。结果贬值实验为动物的行为是习惯行为还是目标导向行为提供了丰富信息。强化学习理论可以帮助我们清晰地思考这些问题。

很显然，动物学习的思想渗透于强化学习中，但是作为机器学习的一个分支，强化学习主要是为了设计和理解有效的学习算法，而不是重现或者解释动物行为中的细节。因此，我们应当专注于动物学习中明显涉及解决预测和控制问题的方法，强调强化学习和心理学思想有效的双向交流，而无须深入探究许多动物学习研究者所关注的行为细节和争论。随着动物学习中其他特征的计算效用被更好地了解，未来强化学习理论和算法也可能会利用这些特征。我们期望强化学习与心理学之间思想的交流能产生更多有效的成果。

强化学习与心理学以及其他行为科学的许多联系超出了本章的讨论范围。例如，我们在很大程度上省略了强化学习与决策心理学的联系，决策心理学主要关注在经过学习之后，动物是如何进行决策和行为选择的。我们也没有讨论动物行为在生态和进化方面与强化学习的联系，这方面的问题主要包括：动物是如何与彼此以及物理环境相关联的，以及动物的行为是如何影响进化的适应程度的。优化方法、马尔可夫过程以及动态规划在这些领域内占有重要的地位，我们所强调的智能体与动态环境的交互和对复杂生态系统中智能体行为的研究是相互联系的。本书中没有提到多个智能体的强化学习与动物在社会层面的行为也是互相联系的。尽管这里我们没有过多讨论，但绝不能把强化学习理解为是摒弃了进化观点的理论。它并不意味着学习和行为要*从零开始*。实际上，工程应用中的经验告诉我们，将知识结合到强化学习系统中就像是进化赋予动物知识一样是十分重要的。

参考文献和历史评注

Ludvig、Bellemare 和 Pearson (2011) 以及 Shah (2012) 以心理学和神经科学为背景回顾了强化学习。这些文章对于本章以及下一章神经科学的学习都十分有帮助。

14.1 Dayan、Niv、Seymour 以及 Daw (2006) 主要研究了经典条件反射以及工具性条件反射之间的相互作用，特别是经典条件反射和工具性条件反射相冲突的情况。他们提出了一个 Q 学习的框架，来对这种相互作用进行建模。Modayil 和 Sutton (2014) 使用了一个移动机器人来证明控制方法可以有效地将一个固有反应与在线预测学习结合在一起，并将其称之为巴甫洛夫控制。他们强调这与强化学习中通常的控制方法不同，其以根据预测进行的固定反应为基础，而不是基于收益的最大化。由 Ross (1933) 提出的机电一体机以及 Walter 乌龟机器人的学习方式都是巴甫洛夫控制的早期例证。

14.2.1 Kamin (1968) 首先记录了经典条件反射中的阻塞现象，也就是现在所说的“Kamin 阻塞”。Moore 和 Schmajuk (2008) 很好地总结了阻塞现象、对其进行的模拟实验及其在动物学习领域中持久的影响。Gibbs、Cool、Land、Kehoe 以及 Gormezano (1991) 描述了兔子瞬膜闭合反射中的次级条件反射以及它与串行复合刺激下条件反射的关系。Finch 和 Culler (1934) 记录了在狗的前腿后撤实验当中，“当通过各种指令来维持动物动机的时候”，狗获得了五级条件反射。

14.2.2 Rescorla-Wagner 模型中动物从惊奇中学习的思想是由 Kamin (1969) 提出的。除了 Rescorla-Wagner 模型以外的条件反射模型还有 Klopf (1988) ，Grossberg (1975)，Moore 和 Stickne (1980)，Pearce 和 Hall，以及 Courville、Daw 和 Touretzky 等人提出的模型。Schmajuk (2008) 回顾了关于条件反射的许多模型。

14.2.3 早期针对条件反射的 TD 模型是由 Sutton 和 Barto 提出的，其中也包含了对于时间上的提前可以消除阻塞这一预测，这在 Kehoe、Schreurs 以及 Graham (1987) 的兔子瞬膜闭合实验中得到了验证。Sutton 和 Barto (1981) 最早认识到 Rescorla-Wagner 模型与最小均方 (LMS)，也就是 Widrow-Hoff 学习规则 (Widrow 和 Hoff，1960) 几乎是等价的。在 Sutton 提出 TD 算法后，人们对这个早期的模型进行了修正，并将其作为 TD 模型发表在论文中 (1987)，然后于 1990 年进一步完善了此模型。本章大部分内容也是基于此展开的。Moore 及其同事 (Moore、Desmond、Berthier、Blazis、Sutton 及 Barto，1986；Moore 和 Blazis, 1989；Moore、Choi 和 Brunzell，1998；Moore、Marks、Castagna 以及 Polewan，2001) 对 TD 模型及其可能的神经网络实现进行了进一步的探究。Klopf 针对经典条件反射的驱动强化理论进一步扩展了 TD 模型，使其能够解决实验中额外的细节问题，例如采集曲线为什么是 S 形的。在一些文献中，TD 被认为是时间导数 (Time Derivative) 而不是时间差 (Temporal Difference)。

14.2.4 Ludvig、Sutton 和 Kehoe (2012) 对 TD 模型在之前未进行研究的涉及经典条件反射的任务中的表现进行了评估，并检验了各种刺激表示的影响，包括他们之前提出的微刺激表示 (Ludvig、Sutton 和 Kehoe，2008)。在 TD 模型的背景下，早期对各种刺激表示的影响的研究也是由上文提到的 Moore 及其同事完成的。他们同时还研究了刺激表示在响应时间和形貌上的可能神经实现。即使不在 TD 模型的背景下，许多人也提出和研究了与 Ludvig 等人提出的微刺激表示类似的其他刺激表示。包括 Grossberg 和 Schmajuk (1989)，Brown、Bullock 和 Grossberg (1999)，Buhusi 和 Schmajuk (1999)，以及 Machado (1997)。第 351 页 ~353 页的图片改编自 Sutton 和 Barto 的文章 (1990)。

14.3 1.7 节中有一些关于试错学习和效应定律的历史评注。Peter Dayan 表示 Thorndike 猫可能根据由本能决定的环境相关的动作的优先级来进行试探，而不仅仅是从一系列原始本能冲动中进行选择。Selfridge、Sutton 和 Barto 说明了在杆平衡强化学习任务中塑造的有效性。Gullapalli 和 Barto (1992)，Mahadevan 和 connell (1991)，Mataric (1994)，Dorigo 和 Colombette (1994)，Saksida、Raymond 和 Touretzky (1997)，以及 Randløv 和 Alstrøm (1998) 这些人提出了在强化学习中使用塑造的其他例子。Ng (2003) 以及 Ng、Harada 和 Russell (1999) 等人对于"塑造"这个术语的使用在某种意义上与 Skinner 不同，他们主要关注于如何在不改变最优策略集合的情况下改变收益信号。

Dickinson 和 Balleine (2002) 探讨了学习和动机之间相互作用的复杂性。Wise (2004) 概括了强化学习与动机之间的关系。Daw 和 Shohamy (2008) 在强化学习理论中将学习和动机联系在了一起。参见 McClure、Daw 和 Montague (2003)，Niv、Joel 和 Dayan (2006)，Rangel、Camerer 和 Montague (2008) 以及 Dayan 和 Berridge (2014)。McClure 等人 (2003)，Niv、Daw 和 Dayan (2006) 以及 Niv、Daw、Joel 和 Dayan (2007) 提出了与强化学习相关的行为活力理论。

14.4 Hull 在耶鲁大学的学生兼合作者 Spence，详细阐述了高阶强化在解决延迟强化问题中的作用。极长的延迟学习实验，如在味觉厌恶条件反射实验中进行数个小时的延迟，使得干涉理论替代了痕迹衰减理论 (例如 Revusky 和 Garcia，1970；以及 Boakesa 和 Costa，2014)。其他延迟强化学习的观点引入了意识和工作记忆 (如 Clark 和 Squire，1998；Seo、Barraclough 和 Lee，2007)。

14.5 Thistlethwaite (1951) 广泛地总结了在其文章出版之前的潜在学习实验。Ljung (1998) 总结了工程当中的模型学习 (也就是系统辨识) 技术。Gopnik、Glymour、Sobel、Schulz、Kushnir 和 Danks (2004) 提出了一个关于儿童学习模型的贝叶斯理论。

14.6 习惯行为和目标导向行为与无模型和基于模型强化学习之间的联系首先是由 Daw、Niv 和 Dayan (2005) 提出的。解释习惯行为和目标导向行为的假想的迷宫任务也是基于 Niv、Joel 和 Dayan (2006) 给出的解释。Dolan 和 Dayan (2013) 回顾总结了与这个问题相关的四代实验研究，并探讨了如何在强化学习的无模型/基于模型的区分的基础上进一步解决这个问题。Dickinson (1980，1985) 以及 Dickinson 与 Balleine (2002) 探讨了与这种区别有关的实验证据。另一方面，Donahoe 和 Burgos (2000) 认为无模型过程可以解释结果贬值实验的结果。Dayan 和 Berridge (2014) 认为经典条件反射包括基于模型的过程。Rangel、Camerer 和 Montague 总结了许多关于习惯、目标导向以及巴甫洛夫控制模型的重要问题。

术语注释 在心理学中，强化的传统含义是指通过使动物接受相应的刺激 (或不再接受刺激) 来加强动物的某种行为模式 (通过增加它的强度或频率)，而这种刺激与另外的刺激或反应有着合适的时间关系。强化会对动物未来的行为造成改变。在心理学中，强化有时是指造成动物行为持续性改变的过程，无论这种改变是加强还是减弱了这种行为模式 (Mackintosh，1983)。让强化来表示“弱化”这个概念可能与其日常的含义以及心理学上的传统含义不一致，但是这里我们采用了这个有用的延伸。在任何情况下，改变行为的刺激信号被称为*强化剂*。

心理学家不像我们那样经常使用*强化学习*这个特别的短语。动物学习理论的先驱可能认为强化和学习是同义词，所以同时使用两个词显得有些重复。我们对这个短语的使用主要遵循其在计算和工程研究中的应用，这主要受到 Minsky (1961) 的影响。但是最近，这个短语在心理学和神经科学中也开始通用了，这可能是因为强化学习算法和动物学习之间有着强烈的共通之处。本章以及下一章会提及这一点。

通常情况下，一个 *收益* 是动物努力去争取的事物或事件。收益作为动物“好的”表现行为的报酬，也可给予动物让它的行为变得“更好”。类似地，惩罚是动物通常会避免的事物或事件，作为“坏的”行为的后果，通常用来改变这种坏的行为。*初级收益* 是在动物进化过程中建立在动物神经系统内部的收益，以提高其生存和繁衍的机会。例如，通过有营养的食物的味道、性接触、成功逃脱以及其他刺激以及事件产生的收益，预示着动物成功繁衍的历史。正如在 14.2.1 节中解释的，*高阶收益*是由预示着初级收益的某种刺激传递的收益，或是直接或间接预示这种刺激的其他刺激产生的收益。如果一个收益的性质取决于对初级收益的预测结果，则将其称为*次级收益*。

在本书中，我们将 R_t 称为“t 时刻的收益信号”，有时我们也将其简称为“t 时刻的收益”，但是我们不将其视为智能体环境中的一个事物或是事件。由于 R_t 是一个数字而不是一个事物或事件，因此它更像是神经科学中的收益信号，这是一种在大脑内部的信号，类似于神经的活动，其对决策和学习产生影响。这种信号可能会在动物察觉到某种吸引人的 (或令人厌恶的) 事物时，触发，也可以被不在外部环境中客观存在的事物所触发，例如记忆、想法或幻觉等。因为 R_t 可以是正数、负数或 0，所以我们将负值的 R_t 称为惩罚，等于 0 的 R_t 称为中性信号，但是为了简单，我们通常会避免这些说法。

在强化学习中，产生所有 R_t 的过程定义了智能体尝试去解决的问题。智能体的目标是使 R_t 随着时间流逝尽可能地变大。从这个意义上说，如果我们将动物所面对的问题设想为在其一生中尽可能多地获得初级收益 (而且通过将在进化过程中得到的前瞻性的“智慧”，通过基因延续到后代中去，来提升它解决问题的机会)，则可以将 R_t 看作给动物的初级收益。然而，正如我们将在第 15 章介绍的，动物脑中不可能只有类似于 R_t 一样单一的“主导”收益信号。

不是所有的强化剂都是收益或惩罚。有时强化并不一定是动物接收到衡量其行为好坏的刺激信号后产生的结果。无论动物的行为结果表现如何，都可以通过刺激来强化动物的某种行为模式。正如在 14.1 节提到的，工具性条件反射实验和经典条件反射实验之间的决定性差异就是强化剂的传递是否取决于动物之前的行为。两种类型的实验中都有强化作用，但只有前者才通过反馈来评价过去的行为 (虽然经常有人指出，即使在经典条件反射实验中，尽管强化 US 不依赖于智能体的先前行为，但它的强化值也会受到先前行为的影响。例如在向兔子眼睛中吹气时，已经闭着的眼睛可以让这种刺激变得不那么讨厌)。

在第 15 章讨论信号的神经关联时，收益信号和强化信号之间的区别是一个要点。对于我们来说，强化信号和收益信号一样，在任何确定的时间点都是一个正数或负数，也可以为 0。强化信号是引导学习算法在智能体策略、价值估计以及环境模型中做出改变的主要因素。对于我们来说，最有意义的定义就是强化信号在任何时候都是一个数字，将这个数字乘以 (可能与一些常数一起) 一个向量来确定某些学习算法中的参数更新。

对于某些算法，收益信号本身就是参数更新方程中的关键乘数。在这些算法中，强化信号和收益信号是一样的。但是对于本书中讨论的大部分算法来说，强化信号还包含除了收益信号之外的其他项。例如 TD 误差 $\delta_t = R_{t+1} + \gamma V(S_{t+1}) - V(S_t)$，就是基于时序差分的状态价值学习的强化信号 (在动作价值学习中也同理)。在这个强化信号中，R_{t+1} 是*初级强化*的贡献量，而预测的状态价值之间的时序差分 $\gamma V(S_{t+1}) - V(S_t)$ (动作价值时序差分也类似) 是*条件强化*的贡献量。因此，当 $\gamma V(S_{t+1}) - V(S_t) = 0$ 时，δ_t 信号就是“纯粹的”初级强化；而当 $R_{t+1} = 0$ 时，则为“纯粹的”条件强化。但是通常情况下是两种信号的混合。正如我们在 6.1 节中提到的，这个 δ_t 在 $t+1$ 时刻之前是未知的。因此我们将 δ_t 视为在 $t+1$ 时刻的强化信号，由于它强化了 t 时刻之前所做的预测或 (和) 动作，因此这样做是合理的。

著名心理学家 B. F. Skinner 以及他的学生使用的术语可能会让我们产生混淆。Skinner 认为，若动物行为的后果是增加了这种行为的频率，就是产生了正向强化；若行为的后果是减少了该行为的频率，就是产生了惩罚。若动物行为导致某种反感刺激 (动物不喜欢的刺激) 的消失，从而增加动物这种行为的频率，就是产生了负向强化。而另一方面，若动物行为导致某种有利刺激 (动物喜欢的刺激) 消失，从而减少这种行为的频率，就是产生了负向惩罚。但是我们认为这些区别并不是至关重要的，因为我们的方法比这更加抽象，收益和强化信号都允许采用正值和负值 (请特别注意，当强化信号为负时，它与 Skinner 的负向强化不同)。

在另一方面，经常有人指出，使用一个数字作为信号，收益或惩罚仅取决于它的正负值，这与动物的喜好和厌恶系统不一致。因为实际上这个系统有许多本质上不同的性质，并且涉及不同的大脑机制。这实际上指明了强化学习在未来的一个发展方向：即利用独立的好恶系统的计算优势。目前我们正在尝试各种可能性。

另外一个在使用上有差异的术语是*动作*。对于许多认知科学家来说，一个动作是有目的性的，因为它是动物对于行为及其后果关系认识的结果。动作是目标导向的，是动物决策的结果，而不是像由刺激触发的反应那样是习惯或反射的结果。但是在这里，我们对“动作”这个词与其他词如“行动”、“决策”、“反应”等不做明显区分，因为对于我们来说，这些区别都包含在无模型和基于模型的强化学习算法的差异中，我们在 14.6 节中，在讨论习惯行为和目标导向行为的关系时讨论过这个问题。Dickinson (1985) 也探讨了关于行动和响应的区别。

本书中使用最频繁的另一个术语就是*控制*。这里所谓的控制与动物学习心理学家心中的控制含义完全不同。控制在这里的意思是指智能体通过影响其所在的环境来产生对其有利的状态或事件，即智能体对环境加以控制，这也是控制工程师们对控制的理解。另一方面，在心理学中，控制通常表示动物的行为被刺激或强化过程所影响 (所控制)，也就是环境控制了智能体。在这种意义下，控制是行为纠正治疗的基础。当然，当智能体与环境交互时，这两种控制都会发生，但是我们主要关注智能体作为控制者的情况，而不是环境作为控制者。一个与此类似的观点是智能体实际上在控制它从环境接收到的输入 (Powers, 1973)，这种观点在某种程度上更加具有启发性。

有时，强化学习被理解为仅涉及直接从收益 (和惩罚) 中学习策略，而不涉及价值函数和环境模型。这也就是心理学家所说的“刺激-反应”学习，或 S-R 学习。但是对于我们来说，强化学习更加广泛，除了 S-R 学习之外，还包括了许多涉及价值函数、环境模型、规划以及其他通常被认为属于认知心理范畴的方法。

15 神经科学

神经科学是对神经系统的多学科研究的总称，主要包括：如何调节身体功能，如何控制行为，由发育、学习和老化所引起的随着时间的变化，以及细胞和分子机制如何使这些功能成为可能。强化学习的最令人兴奋的方面之一是来自神经科学的越来越多的证据表明，人类和许多其他动物的神经系统实施的算法和强化学习算法在很多方面是一一对应的。本章主要解释这些相似之处，以及他们对动物的基于收益的学习的神经基础的看法。

强化学习和神经科学之间最显著的联系就是多巴胺，它是一种哺乳动物大脑中与收益处理机制紧密相关的化学物质。多巴胺的作用就是将 TD 误差传达给进行学习和决策的大脑结构。这种相似的关系被表示为*多巴胺神经元活动的收益预测误差假说*，这是由强化学习和神经科学实验结果引出的一个假设。在本章中，我们将讨论这个假设，引出这个假设的神经科学发现，以及为什么它对理解大脑收益系统有重要作用。我们还会讨论强化学习和神经科学之间的相似之处，虽然这种相似不如多巴胺/TD 误差之间的相似那么明显，但它提供了有用的概念工具，用于研究动物的基于收益的学习机制。强化学习的其他元素也有可能会影响神经系统的研究，但是本章对它们与神经科学之间的联系相对讨论得不多。我们在本章只讨论一些我们认为随着时间的推移会变得重要的联系。

正如我们在本书第 1 章的强化学习的早期历史部分 (1.7 节) 所概述的，强化学习的许多方面都受到神经科学的影响。本章的第二个目标是向读者介绍有关脑功能的观点，这些观点对强化学习方法有所贡献。从脑功能的理论来看，强化学习的一些元素更容易理解。对于“资格迹”这一概念尤其如此，资格迹是强化学习的基本机制之一，起源于突触的一个猜想性质 (突触是神经细胞与神经元之间相互沟通的结构)。

在本章，我们并没有深入研究动物的基于收益学习的复杂神经系统，因为我们不是神经科学家。我们并不试图描述 (甚至没有提及) 许多大脑结构，或任何分子机制，即使它们都被认为参与了这些过程。我们也不会对与强化学习非常吻合的假设和模型做出评判。

神经科学领域的专家之间有不同的看法是很正常的。我们仅仅想给读者讲好有吸引力和建设性的例子。我们希望这一章给读者展现多种将强化学习及其理论基础与动物的基于收益学习的神经科学理论联系起来的渠道。

许多优秀的著作介绍了强化学习与神经科学之间的联系，我们在本章的最后一节中引用了其中的一些。我们的方法和这些方法不太相似，因为我们假设读者熟悉本书前面几章所介绍的强化学习，但是不了解有关神经科学的知识。因此我们首先简要介绍神经科学的概念，以便让你有基本的理解。

15.1 神经科学基础

了解一些关于神经系统的基本知识有助于理解本章的内容。我们后面提到的术语用楷体表示。如果你已经有神经科学方面的基本知识，则可以跳过这一节。

神经元是神经系统的主要组成部分，是专门用于电子和化学信号的处理及信息传输的细胞。它们以多种形式出现，但神经元通常具有细胞体、树突和单个轴突。树突是从细胞体分叉出来，以接收来自其他神经元的输入 (或者在感觉神经元的情况下还接收外部信号) 的结构。神经元的轴突是将神经元的输出传递给其他神经元 (或肌肉、腺体) 的纤维。神经元的输出由被称为动作电位的电脉冲序列构成，这些电脉冲沿着轴突传播。动作电位也被称为尖峰，而神经元在产生尖峰时被认为是触发的。在神经网络模型中，通常使用实数来表示神经元的放电速率，即每单位时间的平均放电次数。

神经元的轴突可以分很多叉，使神经元的动作电位达到许多目标。神经元轴突的分叉结构部分被称为神经元的轴突中枢。因为动作电位的传导是一个主动过程，与导火索的燃烧不同，所以当动作电位到达轴突的分叉点时，它会“点亮”所有输出分支上的动作电位 (尽管有时会无法传播到某个分支)。因此，具有大型轴突中枢的神经元的活动可以影响许多目标位置。

突触通常是轴突分叉终止处的结构，作为中介调整一个神经元与另一个神经元之间的通信。突触将信息从突触前神经元的轴突传递到突触后神经元的树突或细胞体。除少数例外，当动作电位从突触前神经元传输到突触的时候，突触会释放化学神经递质 (但有时神经元之间有直接电耦合的情况，但是在这里我们不涉及这些)。从突触的前侧释放的神经递质分子会弥漫在突触间隙，即突触前侧的末端和突触后神经元之间的非常小的空间，然后与突触后神经元表面的受体结合，以激发或抑制其产生尖峰的活性，或以其他方式调节其行为。一种特定的神经递质可能与几种不同类型的受体结合，每种受体在突触后神经元上产生不同的反应。例如，神经递质多巴胺至少可以通过五种不同类型的受体来影响突触后神经元。许多不同的化学物质已被确定为动物神经系统中的神经递质。

神经元的*背景活动*指的是“背景”情况下的活动水平，通常是它的放电速率。所谓“背景情况”是指神经元的活动不是由实验者指定的任务相关的突触输入所驱动的，例如，当神经元的活动与作为实验的一部分传递给被试者的刺激无关时，我们就认为其活动是背景活动。背景活动可能由于输入来自于更广泛的网络而具有不规则性，或者由于神经或突触内的噪声而显得不规则。有时背景活动是神经元固有的动态过程的结果。与其背景活动相反，神经元的*阶段性活动*通常由突触输入引起的尖峰活动冲击组成。对于那些变化缓慢、经常以分级的方式进行的活动，无论是否是背景活动，都被称为神经元的*增补活动*。

突触释放的神经递质对突触后神经元产生影响的强度或有效性就是突触的*效能*。一种利用经验改变神经系统的方式就是通过改变突触的效能来改变神经系统，这个“效能”是突触前和突触后神经元的活动的组合产生的结果，有时也来自于*神经调节剂*产生的结果。所谓神经调节剂，就是除了实现直接的快速兴奋或抑制之外，还会产生其他影响的神经递质。

大脑含有几个不同的神经调节系统，由具有广泛分叉的树状轴突神经元集群组成，每个系统使用不同的神经递质。神经调节可以改变神经回路的功能、中介调整的动因、唤醒、注意力、记忆、心境、情绪、睡眠和体温。这里重要的是，神经调节系统可以分配诸如强化信号之类的标量信号以改变突触的操作，这些突触往往广泛分布在不同地方但对神经元的学习具有关键作用。

突触效能变化的能力被称为*突触的可塑性*。这是学习活动的主要机制之一。通过学习算法调整的参数或权重对应于突触的效能 (synaptic efficacies)。正如我们下面要详细描述的，通过神经调节剂多巴胺对突触可塑性进行调节是大脑实现学习算法的一种机制，就像本书所描述的那些算法一样。

15.2　收益信号、强化信号、价值和预测误差

神经科学和计算型的强化学习之间的联系始于大脑信号和在强化学习理论与算法中起重要作用的信号之间的相似性。在第 3 章中，我们提到，任何对目标导向的行为进行学习的问题描述都可以归结为具有代表性的三种信号：动作、状态和收益。然而，为了解释神经科学和强化学习之间的联系，我们必须更加具体地考虑其他强化学习的信号，这些信号以特定的方式与大脑中的信号相对应。除了收益信号以外，还包含强化学习信号 (我们

认为这些信号不同于收益信号)、价值信号和传递预测误差的信号。当我们以某种方式用对应函数来标记一个信号的时候，我们就在强化学习理论的语境之下把信号和某个公式或算法中的一项对应起来。另一方面，当我们提到大脑中的一个信号时，也是想表示一个生理事件，比如动作电位的突变或者神经递质的分泌。把一个神经信号标记为对应函数，比如把一个多巴胺神经元相位活动称为一个强化信号，意味着我们推测这个神经信号的作用与强化学习理论中的信号作用类似。

找到这些对应关系的证据面临诸多挑战。与收益处理过程相关的神经活动几乎可以在大脑的每一个部分找到，但是由于不同的信号通常具有高度相关性，因此我们很难清楚地解释结果。我们需要设计严谨的实验来把一种类型的收益相关信号和其他类型的收益信号区别开来，或者和其他与收益过程无关的大量信号区别开来。尽管存在这些困难，但我们已经进行了许多实验来使强化学习理论和算法与神经信号对应起来，并建立一些具有说服力的联系。为了在后续章节中说明这些联系，在本节的后面，我们将告诉读者各种收益相关的信号与强化学习理论中信号的对应关系。

在第 14 章末介绍术语时，我们说到的 R_t 更像动物大脑中的收益信号，而非动物环境中的物体或事件。收益信号 (以及智能体的环境) 定义了强化学习智能体正试图解决的问题。就这一点而言，R_t 就像动物大脑中的一个信号，定义收益在大脑各个位置的初始分布。但是在动物的大脑中不可能存在像 R_t 这样的统一的收益信号。我们最好把 R_t 看作一个概括了大脑中许多评估感知和状态奖惩性质的系统产生的大量神经信号整体效应的抽象。

强化学习中的*强化信号*与收益信号不同。强化信号的作用是在一个智能体的策略、价值估计或环境模型中引导学习算法做出改变。对于时序差分方法，例如，t 时刻的强化信号是 TD 误差 $\delta_{t-1} = R_t + \eta V(S_t) - V(S_{t-1})$[1]。某些算法的强化信号可能仅仅是收益信号，但是大多数是通过其他信息调整过的收益信号，例如 TD 误差中的价值估计。

状态价值函数或动作价值函数的估计，即 V 或 Q，指明了在长期内对智能体来说什么是好的，什么是坏的。它们是对智能体未来期望积累的总收益的预测。智能体做出好的决策，就意味着选择合适的动作以到达具有最大估计状态价值的状态，或者直接选择具有最大估计动作价值的动作。

预测误差衡量期望和实际信号或感知之间的差异。收益预测误差 (reward prediction

1　如我们在 6.1 节中介绍的，在我们的符号体系下，δ_t 被定义为 $R_{t+1} + \gamma V(S_{t+1}) - V(S_t)$。所以，只有到了 $t+1$ 时刻才能得到 δ_t。则 t 时刻的 TD 误差实际是 $\delta_{t-1} = R_t + \gamma V(S_t) - V(S_{t-1})$。因为我们通常认为每个时间步长是非常小甚至有时可以认为是无限小的，所以对于定义上面这样的单个时刻的偏移不需要过分解读它的重要性。

errors, RPE) 衡量期望和实际收到的收益信号之间的差异，当收益信号大于期望时为正值，否则为负值。像式 (6.5) 中的 TD 误差是特殊类型的 RPE，它表示当前和早先的长期回报期望之间的差异。当神经科学家提到 RPE 时，他们一般 (但不总是) 指 TD RPE，在本章中我们简单地称之为 TD 误差。在本章中，TD 误差通常不依赖于动作，不同于在 Sarsa 和 Q-学习算法中学习动作价值时的 TD 误差。这是因为最明显的与神经科学的联系是用动作无关的 TD 误差来表述的，但是这并不意味着不存在与动作相关的 TD 误差的联系 (用于预测收益以外信号的 TD 误差也是有用的，但我们不加以考虑，这类例子可以参考 Modayil、White 和 Sutton，2014.)。

关于神经科学数据与这些从理论上定义的信号之间的联系，我们可以提很多问题。比如，观测到的信号更像一个收益信号、价值信号、预测误差、强化信号，还是一个完全不同的东西？如果是误差信号，那是收益预测误差 (RPE)、TD 误差，还是像 Rescorla-Wagner 误差 (式 14.3) 这样的更简单的误差？如果是 TD 误差，那是否是动作相关的“Q 学习”或 Sarsa 等误差？如上所述，通过探索大脑来回答这样的问题是非常困难的。但实验证据表明，一种神经递质，特别是多巴胺，表示 RPE 信号，而且生产多巴胺的神经元的相位活动事实上会传递 TD 误差 (见 15.1 节节关于相位活动的定义)。这个证据引出了*多巴胺神经元活动的收益预测误差假说*，我们将在下面描述。

15.3　收益预测误差假说

*多巴胺神经元活动的收益预测误差假说*认为，哺乳动物体内产生多巴胺的神经元的相位活动的功能之一，就是将未来的期望收益的新旧估计值之间的误差传递到整个大脑的所有目标区域。Montague、Dayan 和 Sejnowski (1996) 首次明确提出了这个假说 (虽然没有用这些确切的词语)，他们展示了强化学习中的 TD 误差概念是如何解释哺乳动物中多巴胺神经元相位活动各种特征的。引出这一假说的实验于 20 世纪 80 年代、90 年代初在神经科学家沃尔夫拉姆 · 舒尔茨的实验室进行。15.5 节描述了这些重要实验，15.6 节解释了这些实验的结果与 TD 误差的一致性，本章末尾的参考文献和历史评注部分包含了记录这个重要假设发展历程的文献。

Montague 等人 (1996) 比较了经典条件反射下时序差分模型产生的 TD 误差和经典条件反射环境下产生多巴胺的神经元的相位活动。回顾 14.2 节，经典条件反射下的时序差分模型基本上是线性函数逼近的半梯度下降 TD(λ) 算法。Montague 等人做了几个假设来进行对比。首先，由于 TD 误差可能是负值，但神经元不能有负的放电速率，所以他们假设与多巴胺神经元活动相对应的量是 $\delta_{t-1} + b_t$，其中 b_t 是神经元的背景放电速率。

负的 TD 误差对应于多巴胺神经元低于其背景放电速率的放电速率降低量[1]。

第二个假说是关于每次经典条件反射试验所访问到的状态以及它们作为学习算法的输入量的表示方式的。我们在 14.2.4 中针对时序差分模型讨论过这个问题。Montague 等人选择了全串行复合刺激表示 (CSC)，如图 14.1 左边一列所示，但略有不同的是，短期内部信号的序列一直持续到 US 开始出现，而这里就是非零收益信号到达的地方。这种表示方式使得 TD 误差能够模仿这样一种现象：多巴胺神经元活动不仅能预测未来收益，也对收到预测线索之后，收益何时 可以达成是敏感的。我们必须有一些方法来追踪感官线索和收益达成之间的间隔时间。如果一个刺激对其后会继续产生的内部信号的序列进行了初始化，并且它们在刺激结束之后的每个时刻都产生不同的信号，那么在每个时刻，我们可以用不同的状态来表示这些信号。因此，依赖于状态的 TD 误差对试验中事件发生的时间是敏感的。

有了这些关于背景放电速率和输入表示的假说，在 15.5 节的模拟试验中，时序差分模型的 TD 误差与多巴胺神经元的相位活动就十分相似了。在 15.5 节中我们对这些相似性细节进行了描述，TD 误差与多巴胺神经元的下列特征是相似的：1) 多巴胺神经元的相位反应只发生在收益事件不可预测时；2) 在学习初期，在收益之前的中性线索不会引起显著的相位多巴胺反应，但是随着持续的学习，这些线索获得了预测值并随即引起了相位多巴胺反应；3) 如果存在比已经获得预测值的线索更早的可靠线索，则相位多巴胺反应将会转移到更早的线索，并停止寻找后面的线索；4) 如果经过学习之后，预测的收益事件被遗漏，则多巴胺神经元的反应在收益事件的期望时间之后不久就会降低到其基准水平之下。

虽然在 Schultz 等人的实验中，并不是每一个被监测到的多巴胺神经元都有以上这些行为，但是大多数被监测神经元的活动和 TD 误差之间惊人的对应关系为收益预测误差假说提供了强有力的支持。然而，仍存在一些情况，基于假设的预测与实验中观察到的不一致。输入表示的选择对于 TD 误差与多巴胺神经元活动某些细节之间的匹配程度来说至关重要，特别是多巴胺神经元的反应时间的细节。为了使二者更加吻合，有一些关于输入表示和时序差分学习其他特征的不同思想被提了出来，我们会在下面讨论一些，但主流的表示方法还是 Montague 等人的 CSC 表示方法。总体而言，收益预测误差假说已经在研究收益学习的神经科学家中被广泛接受，并且已经被证明能适应来自神经科学实验的更多结果。

为描述支持收益预测误差假说的神经科学实验，我们会提供一些背景使得假设的重要

1　多巴胺神经元活动相关的 TD 误差中的 δ_t 与我们的 $\delta_{t-1} = R_t + \gamma V(S_t) - V(S_{t-1})$ 是类似的。

性更容易被理解。我们接下来介绍一些关于多巴胺的知识，和它影响的大脑结构，以及它们是如何参与收益学习过程的。

15.4 多巴胺

多巴胺是神经元产生的一种神经递质，其细胞体主要位于哺乳动物大脑的两个神经元群中：黑质致密部 (SNpc) 和腹侧被盖区 (VTA)。多巴胺在哺乳动物大脑的许多活动中起着重要的作用。其中突出的是动机、学习、行动选择、大多数形式的成瘾、精神分裂症和帕金森病。多巴胺被称为神经调节剂，因为除了直接快速使靶向神经元兴奋或抑制靶向神经元之外，多巴胺还具有许多功能。虽然多巴胺的很多功能和细胞效应的细节我们仍不清楚，但显然它在哺乳动物大脑收益处理过程中起着基础性的作用。多巴胺不是参与收益处理的唯一神经调节剂，其在厌恶情况下的作用 (惩罚) 仍然存在争议。多巴胺也可以在非哺乳动物中发挥作用。但是在包括人类在内的哺乳动物的收益相关过程中，多巴胺起到的重要作用毋庸置疑。

一个早期的传统观点认为，多巴胺神经元会向涉及学习和动机的多个大脑区域广播收益信号。这种观点来自詹姆斯・奥尔德斯 (James Olds) 和彼得・米尔纳 (Peter Milner)，他们在 1954 年著名的论文中描述了电刺激对老鼠大脑某些区域的影响。他们发现，对特定区域的电刺激对控制老鼠的行为方面有极强的作用："…… 通过这种收益对动物的行为进行控制是极有效的，可能超过了以往所有用于动物实验的收益" (Olds 和 Milner, 1954)。后来的研究表明，这些对最敏感的位点的刺激所激发的多巴胺通路，通常就是直接或间接地被自然的收益刺激所激发的多巴胺通路。在人类被试者中也观察到了与老鼠类似的效应。这些观察结果有效表明多巴胺神经元活动携带了收益信息。

但是，如果收益预测误差假说是正确的，即使它只解释了多巴胺神经元活动的某些特征，那么这种关于多巴胺神经元活动的传统观点也不完全正确：多巴胺神经元的相位反应表示了收益预测误差，而非收益本身。在强化学习的术语中，时刻 t 的多巴胺神经元相位反应对应于 $\delta_{t-1} = R_t + \gamma V(S_t) - V(S_{t-1})$，而不是 R_t。

强化学习的理论和算法有助于一致性地解释"收益-预测-误差"的观点与传统的信号收益的观点之间的关系。在本书讨论的许多算法中，δ 作为一个强化信号，是学习的主要驱动力。例如，δ 是经典条件反射时序差分模型中的关键因素，也是在"行动器-评判器"框架中学习价值函数和策略的强化信号 (13.5 节和 15.7 节)。δ 的动作相关的形式是 Q 学习和 Sarsa 的强化信号。收益信号 R_t 是 δ_{t-1} 的重要组成部分，但不是这些算法中强化效应的完全决定因素。附加项 $\gamma V(S_t) - V(S_{t-1})$ 是 δ_{t-1} 的次级强化部分，即使有收益 ($R_t \neq 0$) 产生，如果收益可以被完全预测，则 TD 误差也可以是没有任何影响的 (15.6 节详细解释)。

事实上，仔细研究 Olds 和 Milner 1954 年的论文可以发现，这主要是工具性条件反射任务中电刺激的强化效应。电刺激不仅能激发老鼠的行为 —— 通过多巴胺对动机的作用，还导致老鼠很快学会通过按压杠杆来刺激自己，而这种刺激会长时间频繁进行。电刺激引起的多巴胺神经元活动强化了老鼠的杠杆按压动作。

最近使用光遗传学方法的实验证实了多巴胺神经元的相位反应作为强化信号的作用。这些方法允许神经科学家在清醒的动物中以毫秒的时间尺度精确地控制所选的特定类型的神经元活动。光遗传学方法将光敏蛋白质引入选定类型的神经元中，使这些神经元可以通过激光闪光被激活或静默。第一个使用光遗传学方法研究多巴胺神经元的实验显示，使小鼠产生多巴胺神经元相位激活的光遗传刺激会使小鼠更喜欢房间里接受刺激的一侧 (在房间的另一侧它们没有收到或只收到低频率的刺激) (Tsai et al，2009)。在另一个例子中，Steinberg 等人 (2013) 利用多巴胺神经元的光遗传对老鼠身上的多巴胺神经元活动进行人为激活，这时本该发生收益刺激但实际没有，多巴胺神经元活动通常暂停。人为激活后，响应持续并由于缺少强化信号 (在消退试验中) 而正常地衰减，由于收益已经被正确预测，所以学习通常会被阻塞 (阻塞示例见本书 14.2.1 节)。

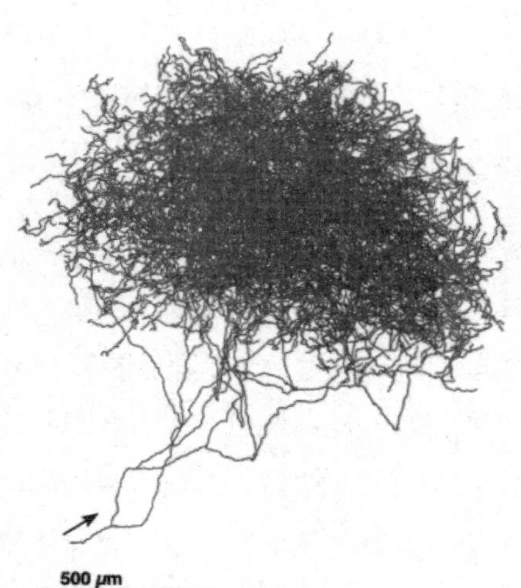

单个神经元的轴突生成多巴胺作为神经递质。这些轴突通过突触和脑中目标区域的大量神经元树突进行信息传递。

引自：*The Journal of Neuroscience*, Matsuda, Furuta, Nakamura, Hioki, Fujiyama, Arai, and Kaneko, volume 29, 2009, page 451.

多巴胺强化作用的另外证据来自果蝇的光遗传学实验，尽管这些动物中多巴胺的作用与哺乳动物中的作用相反：至少对多巴胺神经元活化的群体来说，多巴胺神经元活性的光学触发像对脚电击一样来强化“回避行为”(Claridge-Chang 等，2009)。虽然这些光遗传学实验都没有显示多巴胺神经元相位活动特别像 TD 误差，但是它们有力地证明了多巴胺神经元相位活动像 δ 在强化信号预测 (经典条件反射) 和控制 (工具性条件反射) 中那样起着重要作用 (或许对果蝇来说像 $-\delta$ 的作用)。

多巴胺神经元特别适合于向大脑的许多区域广播强化信号。这些神经元具有巨大的轴突，每一个都能在比普通轴突多 100 ~ 1000 倍的突触位点上释放多巴胺。右图显示了单个多巴胺神经元的轴突，其细胞体位于老鼠大脑的 SNpc 中。每个 SNpc 或 VTA 多巴胺神经元的轴突在靶向大脑区域中的神经元树突上产生大约 500 000 个突触。

如果多巴胺神经元像强化学习 δ 那样广播强化信号，那么由于这是一个标量信号，即单个数字，所以在 SNpc 和 VTA 中的所有多巴胺神经元会被预期以相同的方式激活，并以近似同步的方式发送相同的信号到所有轴突的目标位点。尽管人们普遍认为多巴胺神经元确实能够像这样一起行动，但最新证据指出，多巴胺神经元的不同亚群对输入的响应取决于它们向其发送信号的目标位点的结构，以及信号对目标位点结构的不同作用方式。多巴胺具有传导 RPE 以外的功能。而且即使是传导 RPE 信号的多巴胺神经元，多巴胺也会将不同的 RPE 发送到不同的结构去，这个发送过程是根据这些结构在产生强化行为中所起的作用来进行的。这超出了我们讨论的范围，但无论如何，矢量值 RPE 信号从强化学习的角度看是有意义的，尤其是当决策可以被分解成单独的子决策时，或者更一般地说，处理结构化的功劳分配问题时就更是如此。所谓*结构化功劳分配问题*是指：如何为众多影响决策的结构成分分配成功的功劳收益 (或失败的惩罚) ？我们会在 15.10 节中详细讨论这一点。

大多数多巴胺神经元的轴突与额叶皮层和基底神经节中的神经元发生突触接触，涉及自主运动、决策、学习和认知功能的大脑区域。由于大多数关于多巴胺强化学习的想法都集中在基底神经节，而多巴胺神经元的连接在那里特别密集，所以我们主要关注基底神经节。基底神经节是很多神经元组 (又称“神经核”) 的集合，位置在前脑的基底。基底节的主要输入结构称为纹状体。基本上所有的大脑皮层以及其他结构，都为纹状体提供输入。皮层神经元的活动传导关于感官输入、内部状态和运动活动的大量信息。皮层神经元的轴突在纹状体的主要输入/输出神经元的树突上产生突触接触，称为中棘神经元。纹状体的输出通过其他基底神经核和丘脑回到皮质的前部区域和运动区域，使得纹状体可能影响运动、抽象决策过程和收益处理。纹状体的两个主要分叉对于强化学习来说十分重要：背侧纹状体，主要影响动作选择；和腹侧纹状体，在收益处理的不同方面起关键作用，包括为各类知觉分配有效价值。

中棘神经元的树突上覆盖着“棘”，该皮质神经元的尖端轴突有突触之间信息传递的功能。这些棘也会参与突触之间的信息传递 —— 在这种情况下连接的是脊柱茎，其是多巴胺神经元的轴突 (图 15.1)。这样就将皮层神经元的突触前活动、中棘神经元的突触后活动和多巴胺神经元的输入汇集在一起。实际上这些发生在脊柱茎上的过程很复杂，还没有被完全弄清楚。图 15.1 通过显示两种类型的多巴胺受体 —— 谷氨酸受体 (谷氨酸受体的神经递质)，以及各种信号相互作用的方式说明了这种活动的复杂性。但有证据表明，神经科学家称之为皮质纹状体突触的从皮层到纹状体突触相关性的变化，取决于恰当时机的多巴胺信号。

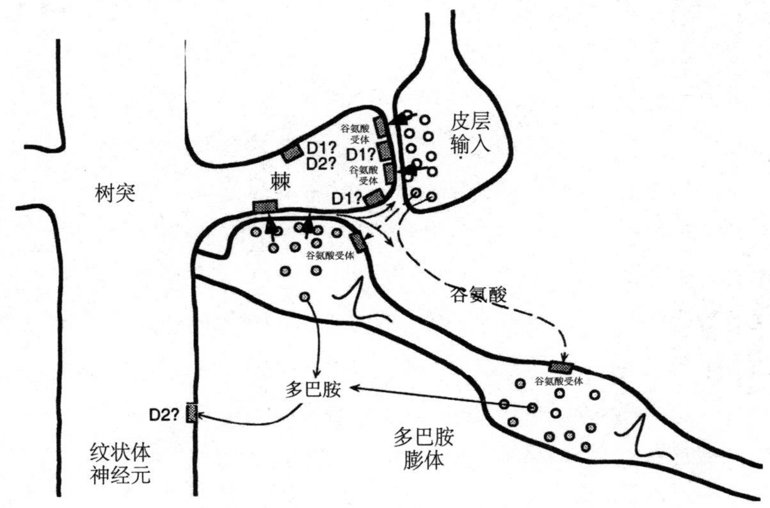

图 15.1 纹状神经元的脊柱茎的输入来自于皮层神经元和多巴胺神经元。皮层神经元轴突通过纹状体突触影响纹状神经元，神经递质谷氨酸在棘端覆盖纹状神经元树突。一个 VTA 或 SN_{pc} 多巴胺神经元的轴突在脊柱茎旁边 (图的右下方)。轴突上的“多巴胺膨体”在脊柱茎或附近释放多巴胺，在将皮层突触前输入、纹状体神经元突触后活动和多巴胺结合起来的组织方式中，这使得可能有几种类型的学习规则共同支配皮质纹状突触的可塑性。多巴胺神经元的每个轴突与大约 500 000 个脊柱茎的突触发生信息传递。其他神经递质传递途径和多种受体类型不在我们讨论范围，如 D1 和 D2 多巴胺受体，多巴胺可以在脊柱和其他突触后位点产生不同的效应。引自：*Journal of Neurophysiology*，W. Schultz，vol. 80，1998，page 10.

15.5 收益预测误差假说的实验支持

多巴胺神经元以激烈、新颖或意想不到的视觉、听觉刺激来触发眼部和身体的运动，但它们的活动很少与运动本身有关。这非常令人惊讶，因为多巴胺神经元的功能衰退是帕金森病的一个原因，其症状包括运动障碍，尤其是自发运动中的缺陷。Romo 和 Schultz (1990) 以及 Schultz 和 Romo (1990) 通过记录猴子移动手臂时多巴胺神经元和肌肉的活动开始向收益预测误差假说迈出第一步。

他们训练了两只猴子，当猴子看见并听到门打开的时候，会把手从静止的地方移动到一个装有苹果、饼干或葡萄干的箱子里。然后猴子可以抓住食物并吃到嘴里。当猴子学会这么做之后，它又接受另外两项任务的训练。第一项任务的目的是看当运动是自发时多巴胺神经元的作用。箱子是敞开的，但上面被覆盖着，猴子不能看到箱子里面的东西，但可以从下面伸手进去。预先没有设置触发刺激，当猴子够到并吃完食物后，实验者通常 (虽然并非总是) 在猴子没看见的时候悄悄将箱中的食物粘到一根坚硬的电线上。在这里，Romo 和 Schultz 观察到的多巴胺神经元活动与猴子的运动无关，但是当猴子首先接触到食物时，这些神经元中的大部分会产生相位反应。当猴子碰到电线或碰到没有食物的箱子时这些神经元没有响应。这是表明神经元只对食物，而非任务中的其他方面有反应的很好的证据。

Romo 和 Schultz 第二个任务的目的是看看当运动被刺激触发时会发生什么。这个任务使用了另外一个有可移动盖子的箱子。箱子打开的画面和声音会触发朝向箱子的移动。在这种情况下，Romo 和 Schultz 发现，经过一段时间的训练后，多巴胺神经元不再响应食物的触摸，而是响应食物箱开盖的画面和声音。这些神经元的相位反应已经从收益本身转变为预测收益可用性的刺激。在后续研究中，Romo 和 Schultz 发现，他们所监测的大多数多巴胺神经元对行为任务背景之外的箱子打开的视觉和声音没有反应。这些观察结果表明，多巴胺神经元既不响应于运动的开始，也不响应于刺激的感觉特性，而是表示收益的期望。

Schultz 的小组进行了许多涉及 SNpc 和 VTA 多巴胺神经元的其他研究。一系列特定的实验表明，多巴胺神经元的相位反应对应于 TD 误差，而不是像 Rescorla-Wagner 模型 (式 (14.3)) 那样的简单误差。在第一个实验中 (Ljungberg、Apicella 和 Schultz，1992)，训练猴子们在打开光照 (作为“触发线索”) 之后按压杠杆来获得一滴苹果汁。正如 Romo 和 Schultz 早些时候所观察到的，许多多巴胺神经元最初都对收益 —— 果汁滴下来 —— 有所回应 (图 15.2，上图)。但是许多神经元在训练继续下去后失去了收益反应，而是转而对预测收益的光照有所反应 (图 15.2，中图)。在持续的训练中，随着响应触发线索的多巴胺神经元变少，按压杠杆变得更快。

在这项研究之后，同样的猴子接受了新的任务训练 (Schultz、Apicella 和 Ljungberg，1993)。这次猴子面临两个杠杆，每个杠杆上面都有一盏灯。点亮其中一个灯是一个“指示线索”，指示两个手柄中的哪一个会产生一滴苹果汁。在这个任务中，指示线索先于触发提示产生，提前产生的间隔固定为 1 秒。猴子要学着在看到触发线索之前保持不动，多巴胺神经元活动增加，但是现在监测到多巴胺神经元的反应几乎全部发生在较早的指示线索上，而不是触发线索 (图 15.2，下图)。在这个任务被充分学习时，再次响应指示线索的多巴胺神经元数量也大大减少了。在学习这些任务的过程中，多巴胺神经元活动从最初的

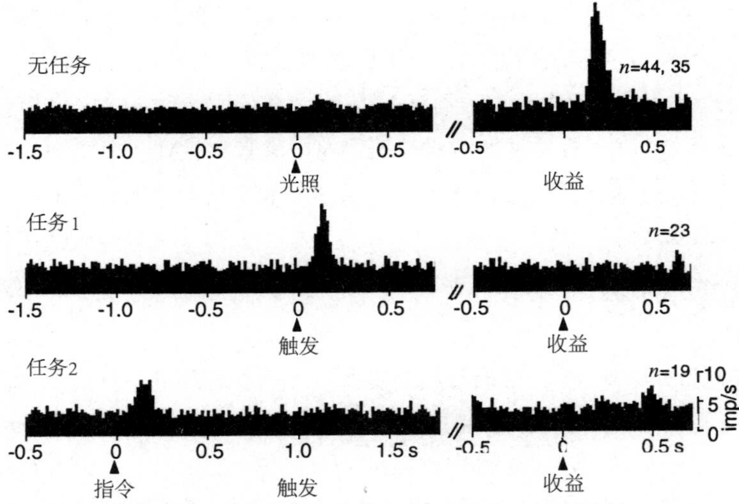

图 15.2 多巴胺神经元的反应从最初的反应到初级收益再到早期的预测刺激的转变。图中展示的是在细微时间间隔内被监测的多巴胺神经元产生的动作电位 (这些数据是 23～44 个神经元产生的)。顶部图：多巴胺神经元被无规律产生的苹果汁激活。中间图：随着学习，多巴胺神经元对收益预测触发线索产生反应，对收益传递失去反应。底部图：通过在触发脉冲之前增加 1 s 的指示线索，多巴胺神经元将它们的响应从触发线索转移到较早的指示线索。引自：Schultz et al. (1995)，MIT Press.

响应收益转变为响应较早的预测性刺激，首先响应触发刺激，然后响应更早的指示线索。随着响应时间的提前，它在后面的刺激中消失。这种对后来的预测因子失去反应，而转移到对早期收益预测有所反应，是时序差分学习的一个标志 (见图 14.2)。

刚刚描述的任务也揭示了时序差分学习与多巴胺神经元活动共同具有的另一个属性。猴子有时会按下错误的按键，即指示按键以外的按键，因此没有收到任何收益。在这些试验中，许多多巴胺神经元在收益正常给出后不久就显示其基线放电速率急剧下降，这种情况发生时没有任何外部线索来标记通常的收益传送时间 (图 15.3)。不知何故猴子在内部也能追踪收益传送的时间 (响应时间是最简单的时序差分学习版本需要修改的一个地方，以解释多巴胺神经元反应时间的一些细节，我们在下一节会考虑这个问题)。

上述研究的观察结果使 Schultz 和他的小组得出结论：多巴胺神经元对不可预测的收益，最早的收益预测因子做出反应，如果没有发现收益或者收益的预测因子，那么多巴胺神经元活性会在期望时间内降低到基线以下。熟悉强化学习的研究人员很快就认识到，这些结果与时序差分算法中时序差分强化信号的表现非常相似。下一节通过一个具体的例子来详细探讨这种相似性。

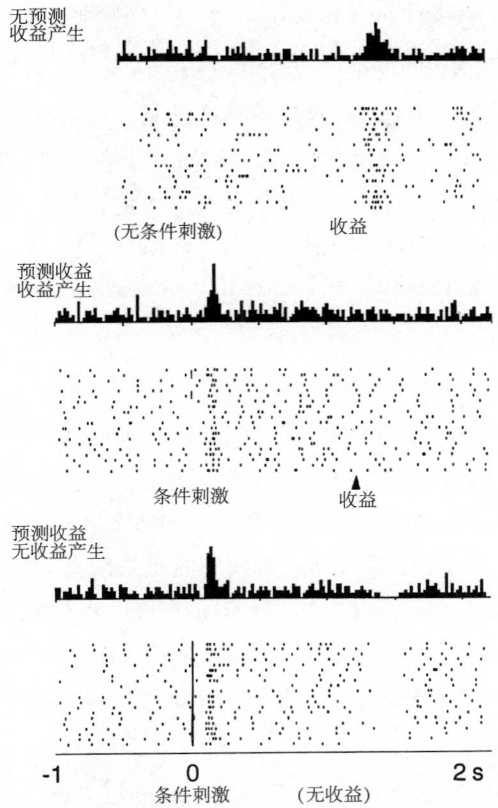

图 15.3　多巴胺神经元的反应在预期收益衰退发生后不久就低于基线。顶部图：多巴胺神经元被无规律产生的苹果汁激活。中间图：多巴胺神经元对预测收益的条件刺激 (CS) 做出反应，并不对收益本身做出反应。底部图：当预测收益的条件刺激停止产生时，多巴胺神经元的活动会在期望的收益产生后的短时间内低于基线值。这些图的上部分显示的是所监测的多巴胺神经元在所指示的细微时间间隔内产生的动作电位的平均数目。这些图的下部分的光栅图显示了监测的单个多巴胺神经元的活动模式，每个点代表动作电位。引自：Schultz，Dayan，and Montague，A Neural Substrate of Prediction and Reward，*Science*，vol. 275，issue 5306，pages 1593-1598，March 14，1997. Reprinted with permission from AAAS.

15.6　TD 误差/多巴胺对应

这一节解释 TD 误差 δ 与实验中观察到的多巴胺神经元的相位反应之间的联系。我们观察 δ 在学习的过程中如何变化，如上文中提到的任务一样，一只猴子首先看到指令提示，然后在一个固定的时间之后必须正确地响应一个触发提示以获得收益。我们采用一种这个任务的简化理想版本，但是我们会更深入地研究细节，因为我们想要强调 TD 误差与多巴胺神经元活动对应关系的理论基础。

第一个最基本的简化假设是智能体已经学习了获得收益的动作。接下来它的任务就是根据它经历的状态序列学习对于未来收益的准确预测。这就是一个预测任务了，或者从更技术化的角度描述，是一个策略评估任务：针对一个固定的策略学习价值函数 (4.1 节和 6.1 节)。要学习的价值函数对每一个状态分配一个值，这个值预测了如果智能体根据给定的策略选择动作则接下来状态的回报值，这个回报值是所有未来收益的 (可能是带折扣的) 总和。这对于猴子的情境来说是不实际的，因为猴子很可能在学习正确行动的同时学习到了这些预测 (就像强化学习算法同时学习策略和价值函数，例如"行动器-评判器"算法)，但是这个情境相比同时学习策略和价值函数更易于描述。

现在试想智能体的经验可以被分为多个试验，在每个试验中相同的状态序列重复出现，但在每个时刻的状态都不相同。进一步设想，被预测的收益仅限于一次试验，这使我们的每次试验类似于强化学习的一幕，正如我们之前所定义的。在现实中，被预测的回报值不仅限于单个试验，且两个试验之间的时间间隔是决定动物学习到什么的重要影响因素。这对于时序差分学习来说同样是真实的，但是在这里我们假设回报值不会随着多个试验逐渐积累。在这种情况下，如 Schultz 和他的同事们做的，一次实验中的一个试验等价于强化学习的一幕 (尽管在这个讨论中，我们用术语"试验"而不是"幕"来更好地与实验相联系)。

通常，我们同样需要对状态怎样被表示为学习算法的输入做出假设，这是一个影响 TD 误差与多巴胺神经元的活动联系有多紧密的假设。我们稍后讨论这个问题，但是我们现在假设与 Montague 相同的 CSC 表示，在实验中的每一个时刻，访问过的每一个状态都有一个单独的内部刺激。这使得整个过程被简化到本书第 I 部分讨论的表格型的情况。最终，我们假设智能体使用 TD(0) 来学习一个价值函数 V，将其存储在一个所有状态初始值为零的查询表中。我们同样假设这是一个确定的任务且折扣因子 γ 非常接近于 1，以至于我们可以忽略它。

图 15.4 展示了在这个策略评估任务中几个学习阶段中的 R、V 和 δ 的时间过程。时间轴表示在一个试验中一系列状态被访问的时间区间 (为了表达清楚，我们没有展示单独状态)。除了在智能体到达收益状态外收益信号在整个试验中始终为零，如图中时间线右末端所示，收益信号成为一个正数，如 R^*。时序差分学习的目标是预测在试验中访问过的每一个状态的回报值，在没有折扣的情况下并且假设预测值被限制为针对单独试验，对于每个状态就是 R^*。

在得到真实收益的每个状态之前是一系列的收益预测状态，最早收益预测状态被

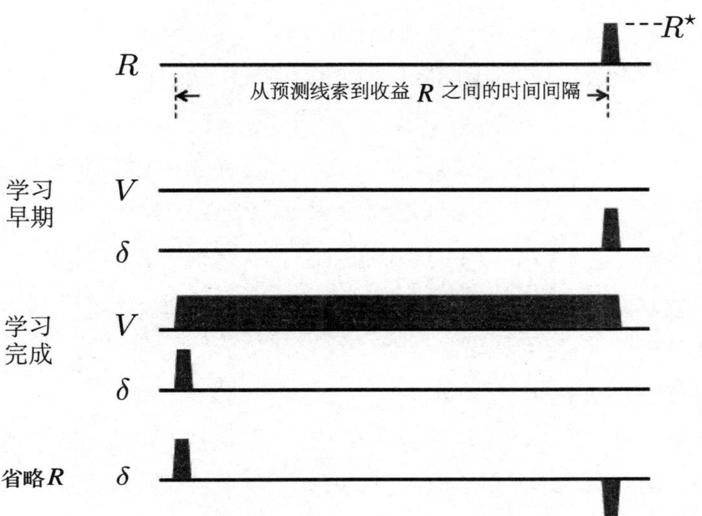

图 15.4 时序差分学习中的 TD 误差 δ 的表现与多巴胺神经元相位活动特征完全一致。(这里的 TD 误差 δ 指的是 t 时刻的误差：δ_{t-1})。一个状态序列，通常情况下表示预测线索到收益之间的间隔，后面是非零收益 R^*。学习早期：初始化价值函数 V 和 δ，一开始初始化为 R^*。学习完成：价值函数精确地预测未来收益，在早期的预测状态，δ 是正值，在非零收益时 $\delta=0$。省略 R：当省略预测收益时，δ 是负值。文中有这一现象的完整解释

展示在时间线的最左端。这个状态就像是接近试验开始时的状态，例如在上文中描述的 Schultz 的猴子实验中的指令线索状态。这是在试验中可以用来可靠预测试验收益的首个状态 (当然，在现实中，在先前试验中访问过的状态可能是更早的收益预测状态，但是我们限制预测针地单独的试验，它们不能作为这个试验的收益的预测。在下面我们给出一个更加令人满意的，尽管更抽象的，对于最早收益预测状态的描述)。一个试验中的最近收益预测状态是指试验中收益状态的前一个状态。这个状态被表示为图 15.4 中时间线上最右端的状态。注意一个试验的收益状态不能预测该试验的回报值：这个状态的值将被用来预测接下来所有试验的累积回报值，在当前分幕式的框架里我们假设这个回报值是零。

图 15.4 展示了 V 和 δ 的首次试验的时间过程，在图中被标记为“学习早期”。因为除了到达收益状态时的收益以外，试验中的所有信号都是零，且所有 V 值都是零，TD 误差在它在收益状态变为 R^* 前都是零。这个结果是由于 $\delta_{t-1}=R_t+V_t-V_{t-1}=R_t+0-0=R_t$，这个值在获得收益变为 R^* 前都是零。在这里 V_t 和 V_{t-1} 是在试验中时刻 t 和 $t-1$ 访问状态的预测价值。在这个学习阶段中的 TD 误差与多巴胺神经元对一个不可预知的收益的响应类似，例如在训练起始时的一滴苹果汁。

在首个试验和所有接下来的试验中，TD(0) 更新发生在第 6 章中描述的每次状态转移中。这样会随着收益状态的价值更新的反向传递，不断地增加收益预测状态的价值，直到收敛到正确的回报预测。在这种情况下 (假设没有折扣)，正确的预测值对于所有收益预测状态都等于 R^*。这可以在图 15.4 看出，在 V 的标有“学习完成”的图中，从最早到最晚的收益预测状态的价值都等于 R^*。在最早收益预测状态前的状态的价值都很小 (在图 15.4 中显示为 0)，因为它们不是收益的可靠预测者。

当学习完成时，也即当 V 达到正确的值时，因为预测现在是准确的，所以从任意收益预测状态出发的转移所关联的 TD 误差都是零，这是因为对一个从收益预测状态到另一个收益预测状态的转移来说，我们有 $\delta_{t-1} = R_t + V_t - V_{t-1} = 0 + R^* - R^* = 0$。且对于最新的收益预测状态到收益状态来说，我们有 $\delta_{t-1} = R_t + V_t - V_{t-1} = R^* + 0 - R^* = 0$。在另一方面，从任意状态到最早收益预测状态转移的 TD 误差都是正的，这是由这个状态的低值与接下来收益预测状态的高值的不匹配造成的。实际上，如果在最早收益预测状态前的状态价值为零，则在转移到最早收益预测状态后，我们有 $\delta_{t-1} = R_t + V_t - V_{t-1} = 0 + R^* - 0 = R^*$。图 15.4 中的 δ 的“学习完成”图在最早收益预测状态为正值，在其他地方为零。

转移到最早收益预测状态时的正的 TD 误差类似于多巴胺对最早刺激的持续性反应，用以预测收益。同样道理，当学习完成时，从最新的收益预测状态到收益状态的转移产生一个值为零的 TD 误差，因为最新收益预测状态的值是正确的，抵销了收益。这与相比一个不可预测的收益，对一个完全可预测的收益，更少的多巴胺神经元产生相位响应的观察是相符的。

在学习后，如果收益突然被取消了，那么 TD 误差在收益的通常时间都是负的，因为最新收益预测状态的值太大了：$\delta_{t-1} = R_t + V_t - V_{t-1} = 0 + 0 - R^* = -R^*$，正如图 15.4 中所示的标有“省略 R”的 δ 图所示。这就像在 Schultz et al. (1993) 实验和图 15.3 中的多巴胺神经元行为，其在一个预测的收益被取消时会降低到基线以下。

需要更多地注意*最早收益预测状态*的概念。在上文所提到的情境中，由于整个实验经历是被分为多次试验的，且我们假设预测被限制于单次试验，则最早收益预测状态总是试验中的第一个状态。明显这不符合真实情况。一种考虑最早收益预测状态的更一般的方式是，认为它是一个不可预知的收益预估器，且可能有非常多这样的状态。在动物的生活中，很多不同的状态都在最早收益预测状态之前。然而，由于这些状态通常跟随着不能预测收益的其他状态，因此它们的收益的预测力，也就是说，它们的值，很低。一个 TD 算法，如果在动物的一生中始终运行，也会更新这些状态的价值，但是这些更新并不会一直累积，因为根据假设，这些状态中没有一个能保证出现在最早收益预测状态之前。如果它们中的任意一个能够保证，它们也会是收益预测状态。这也许解释了为什么经过过度训练，在试验中多巴胺的反应甚至降低到了最早的收益预测刺激水平。经过过度训练，可以预料，就算是以前不能预测的状态都会被某些与更早的状态联系起来的刺激预测出来：在实验任务的内部和外部，动物与环境的相互作用将变成平常的、完全可预测的事情。但是，当我们通过引入新的任务来打破这个常规时，我们会观察到 TD 误差重新出现了，正如在多巴胺神经元活动中观察到的那样。

上面描述的例子解释了为什么当动物学习与我们例子中的理想化的任务类似的任务时，TD 误差与多巴胺神经元的相位活动有着共同的关键特征。但是并非多巴胺神经元的相位活动的所有性质都能与 δ 的性质完美对应起来。最令人不安的一个差异是，当收益比预期提前发生时会发生什么。我们观察到一个预期收益的省略会在收益预期的时间产生一个负的预测误差，这与多巴胺神经元降至基线以下相对应。如果收益在预期之后到达，它就是非预期收益并产生一个正的预测误差。这在 TD 误差和多巴胺神经元反应中同时发生。但是如果收益提前于预期发生，则多巴胺神经元与 TD 误差的反应不同 —— 至少在 Montague et al. (1996) 使用的 CSC 表示与我们的例子中不同。多巴胺神经元会对提前的收益进行反应，反应与正的 TD 误差一致，因为收益没有被预测会在那时发生。然而，在后面预期收益出现却没有出现的时刻，TD 误差将为负，但多巴胺神经元的反应却并没有像负的 TD 误差的那样降到基线以下 (Hollerman 和 Schultz，1998) 。在动物的大脑中发生了相比于简单的用 CSC 表示的 TD 学习更加复杂的事情。

一些 TD 误差与多巴胺神经元行为的不匹配可以通过选择对时序差分算法合适的参数并利用除 CSC 表示外的其他刺激表示来解决。例如，为了解决刚才提到的提前收益不匹配的问题，Suri 和 Schultz (1999) 提出了一种 CSC 的表示，在这种表示中由较早刺激产生的内部信号序列被出现的收益取消。另一个由 Daw、Courville 和 Touretzky (2006) 提出的解决方法是大脑的 TD 系统使用在感觉皮层进行的统计建模所产生的表示，而不是基于原始感官输入的简单表示。Ludvig、Sutton 和 Kehoe (2008) 发现采用微刺激表示的 TD 学习比 CSC 表示更能在收益早期和其他情形下模拟多巴胺神经元的行为 (见图 14.1)。Pan、Schmidt、Wickens 和 Hyland (2005) 发现即使使用 CSC 表示，延迟的资格迹可以改善 TD 误差与多巴胺神经元活动的某些方面的匹配情况。一般来说，TD 误差的许多行为细节取决于资格迹、折扣和刺激表示之间微妙的相互作用。这些发现在不否定多巴胺神经元的相位行为被 TD 误差信号很好地表征的核心结论下细化了收益预测误差假说。

在另一方面，在 TD 理论和实验数据之间有一些不能通过选择参数和刺激表示轻易

解决的差异 (我们将在章末参考文献和历史评注的部分介绍某些差异)，随着神经科学家进行更多细化的实验，更多的差异会被发现。但是收益预测误差假说作为提升我们对于大脑收益系统理解的催化剂已经表现得非常有效。人们设计了复杂的实验来证明或否定通过假设获得的预测，实验的结果也反过来优化并细化了 TD 误差/多巴胺假设。

一个明显的发展方向是，与多巴胺系统的性质如此契合的强化学习算法和理论完全是从一个计算的视角开发的，没有考虑到任何多巴胺神经元的相关信息 —— 注意，TD 学习和它与最优化控制及动态规划的联系是在任何揭示类似 TD 的多巴胺神经元行为本质的实验进行前很多年提出的。这些意外的对应关系，尽管还并不完美，却也说明了 TD 误差和多巴胺的相似之处抓住了大脑收益过程的某些关键环节。

除了解释了多巴胺神经元相位行为的很多特征外，收益预测误差假说将神经科学与强化学习的其他方面联系起来，特别地，与采用 TD 误差作为强化信号的学习算法联系起来。神经科学仍然距离完全理解神经回路、分子机制和多巴胺神经元的相位活动的功能十分遥远，但是支持收益预测误差假说的证据和支持多巴胺相位反应是用于学习强化信号的证据，暗示了大脑可能实施类似的“行动器-评判器”算法，在其中 TD 误差起着至关重要的作用。其他的强化学习算法也是可行的候选，但是“行动器-评判器”算法特别符合哺乳动物的大脑解剖学和生理学，我们在下面两节中进行阐述。

15.7 神经“行动器-评判器”

“行动器-评判器”算法同时对策略和价值函数进行学习。行动器是算法中用于学习策略的组件，评判器是算法中用于学习对行动器的动作选择进行“评价”的组件，这个“评价”是基于行动器所遵循的策略来进行的，无论这个策略是什么。评判器采用 TD 算法来学习行动器当前策略的状态价值函数。价值函数允许评判器通过向行动器发送 TD 误差 δ 来评价一个行动器的动作。一个正的 δ 意味着这个动作是好的，因为它导向了一个好于预期价值的状态；一个负的 δ 意味着这个动作是坏的，因为它导向了一个差于预期价值的状态。根据这些评价，行动器会持续更新其策略。

“行动器-评判器”算法有两个鲜明特征让我们认为大脑也许采用了类似的算法。第一个是，“行动器-评判器”算法的两个部分 (行动器和评判器) 代表了纹状体的两部分 (背侧和腹侧区) (15.4 节)。对于基于收益的学习来说，这两部分都非常重要 —— 也许分别起着行动器和评判器的作用。暗示大脑的实现是基于“行动器-评判器”算法的第二个特征是，TD 误差有着同时作为行动器和评判器的强化信号的双重作用。这与神经回路的一些性质是吻合的：多巴胺神经元的轴突同时以纹状体背侧和腹侧区为目标；多巴胺对于调节两个结构的可塑性都非常重要；且像多巴胺一样的神经调节器如何作用在目标结构上取决于目标结构的特征而不仅取决于调节器的特征。

13.5 节展示了作为策略梯度方法的“行动器-评判器”算法，但是 Barto、Sutton 和 Anderson (1983) 的“行动器-评判器”算法更加简单并且是用人工神经网络来表达的。在这里，我们描述一种类似于 Barto 等人的人工神经网络的实现，且我们基于 Takahashi、Schoenbaum 和 Niv (2008) 的工作，给出一个这样的人工神经网络如何通过真正的大脑神经网络实现的原理方案。我们把对“行动器-评判器”学习规则的讨论推后到 15.8 节，在这一节我们会将它们作为策略梯度公式的特殊情况，来讨论它们所暗示的多巴胺调节突触可塑性的原理。

图 15.5a 展示了“行动器-评判器”算法的人工神经网络实现，神经网络的不同部分分别实现了评判器和行动器。评判器由一个单独的神经单元 V (它的输出代表了状态价值) 和如图所示的菱形的 TD 计算组件组成，这个组件通过 V 的输出、收益信号和过去的状态价值来计算 TD 误差 (正如从 TD 菱形框出来的自环一样)。行动器网络由一层 k 个行动器单元组成，标记为 $A_i, i = 1, \ldots, k$，每个行动器单元的输出是一个 k 维的动作向量。另一种替代性选择是有 k 个分开的动作，每一个指挥一个单独的单元，每一个都为了被执行而与其他的进行竞争。但是在这里，我们把整个 A 向量视为一个动作。

评判器和行动器网络都可以接收多个特征，它们表示了智能体所在的环境的状态 (回顾第 1 章，在这一章中提到的强化学习智能体的“环境”包括了很多组成部分，有的在容纳智能体的整体系统的外部，有的在这些系统的内部)。图中将这些特征表示为标有 $x_1, x_2, \ldots, x_n$ 的圈，为了使图更加简单，我们重复了两次。从每个特征 x_i 到评判器单元 V 的连接，以及它们到每个动作单元 A_i 的连接都有一个对应的权重参数，表示突触的效能。在评判器网络中的权重参数化了价值函数，在行动器网络中的权重参数化了策略。网络根据我们下一章中描述的“行动器-评判器”学习规则来改变权重进行学习。

在评判器神经回路产生的 TD 误差是改变的评判器和行动器网络权值的增强信号。这在图 15.5a 中用标有“TD 误差 δ”的线表示，它穿过了所有评判器和行动器网络的连接。将这种网络实现的方式与收益预测误差假说以及多巴胺神经元广泛分布的事实 (通过大量的神经元的轴突树) 联系在一起考虑，我们认为将这样的“行动器-评判器”网络作为基于收益的学习在大脑中发生机制的假设是比较合理的。

图 15.5b 揭示了在图左侧的人工神经网络根据 Takahashi et al. (2008) 的假设如何与大脑中的结构对应。这个假设分别把行动器和评判器的价值学习部分对应到了纹状体的背

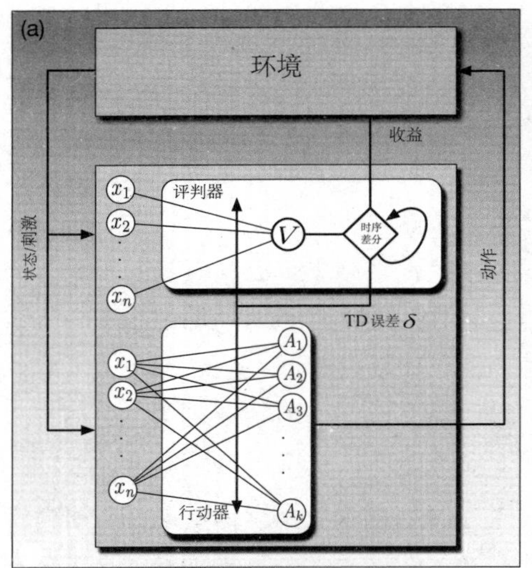

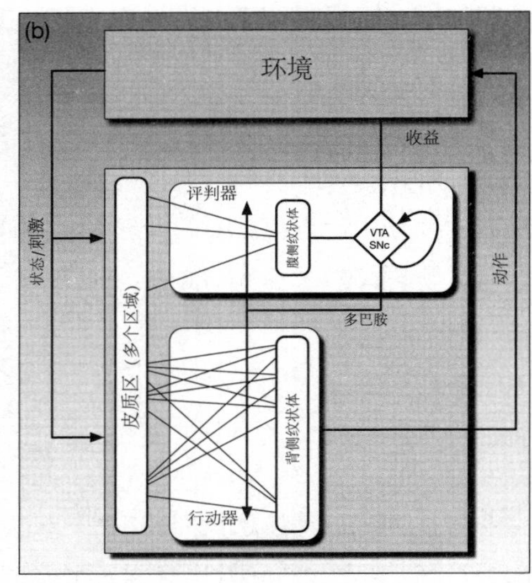

图 15.5 “行动器-评判器”算法的人工神经网络实现和模拟神经实现。a) 将“行动器-评判器”算法用人工神经网络来表示。行动器会根据从评判器获取的 TD 误差来更新策略，同时评判器也用相同的 δ 来调整状态价值函数的参数。评判器通过收益信号 R 和估计的状态价值来求得 TD 误差。行动器不会直接得到收益信号，评判器也不会直接得到动作。b) “行动器-评判器”算法的模拟神经实现。行动器和评判器的状态价值学习部分分别位于纹状体的腹侧和背侧。TD 误差由位于 VTA 和 SN_{pc} 的多巴胺神经元传递，以调节从皮质区到腹侧和背侧纹状体的突触效应的变化。引自：Frontiers in Neuroscience，vol. 2(1)，2008，Y. Takahashi，G. Schoenbaum，and Y. Niv，Silencing the critics：Understanding the effects of cocaine sensitization on dorsolateral and ventral striatum in the context of an Actor/Critic model.

侧和腹侧区基底神经节的输入结构。回顾 15.4 节中的介绍：背侧纹状体主要与动作的选择关系密切，腹侧纹状体被认为对收益处理的不同方面极为关键，包括对感觉的情感值的分配。大脑皮层以及其他结构将输入送到纹状体传达关于刺激、内部状态和神经活动的信息。

在这个假想的“行动器-评判器”大脑实现中，腹侧纹状体发送信息到 VTA 和 SNpc，在这些核中，多巴胺神经元结合收益信息生成 TD 误差相应的活动 (尽管仍然不能解释多巴胺神经元如何计算这些误差)。在图 15.5a 中的“TD 误差 δ”线在图 15.5b 中变为“多巴胺”线，它代表了细胞体在 VTA 和 SNpc 中的多巴胺神经元的广泛分叉。回顾图 15.1，这些轴突与中棘神经元的树突棘突触接触在一起，它们是两个纹状体背侧和腹侧部位的主要输入/输出神经元。发送输入到纹状体的大脑皮层神经元的轴突在这些刺尖使突触接触在一起。根据这些假设，正是在这些刺尖处，突触从皮质区域到纹状体的功效的变化受到学习规则的支配，这些规则严格依赖于多巴胺提供的强化信号。

在图 15.5b 中展示的假设的一个重要的含义是：多巴胺信号不是像强化学习量 R_t 这样的主要收益信号。事实上，这个假设暗示了人们并不一定能探测大脑并从任何单个神经元的活动中找出类似 R_t 的信号。收益相关的信息是由许多相互联系的神经系统产生的，并根据不同的收益采用不同的结构。多巴胺神经元从许多不同的大脑区域收集信息，所以对 $\mathrm{SN_{pc}}$ 和 VTA 的输入 (在图 15.5b 中标为“收益”) 应该被认为是从多个输入通道一起到达核中的神经元的收益相关信息的向量。理论上的收益标量信号值 R_t 应该与对多巴胺神经活动有关的所有收益相关信息的贡献相联系。这是横跨不同大脑区域的许多神经元的综合活动模式的结果。

尽管在图 15.5b 中展示的“行动器-评判器”神经实现在某些问题下可能是正确的，但它明显需要提炼、扩展、修改，才有资格作为一个完整的多巴胺神经元相位活动的功能模型。在本章末的参考文献和历史评注部分引用了更详细的支持这一假说和反对这一假说的实证。我们现在具体来看看行动器和评判器的学习算法是如何揭示控制突触功能变化的规则的。

15.8　行动器与评判器学习规则

如果大脑真的实现了类似于“行动器-评判器”的算法，并且如同图 15.5b (如前所述，这可能是一个过于简单化的假设) 一样假设大量的多巴胺神经元广播一个共同的强化信号到背侧和腹侧纹状体的皮质突触处，那么这个强化信号对于这两种结构的突触的影响是不同的。行动器和评判器的学习规则使用的是同样的强化信号，即 TD 误差 δ，但是这两个部分对学习的影响是不同的。TD 误差 (与资格迹结合) 告诉行动器如何更新动作的概率以到达具有更高价值的状态。行动器的学习有些类似于采用效应定律的工具性条件反射 (1.7 节)，行动器的目标是使得 δ 尽可能为正。另一方面，TD 误差 (当与资格迹结合时) 告诉评判器价值函数参数改变的方向与幅度以提高其预测准确性。评判器致力于减小 δ 的幅度，采用类似于经典条件反射 (14.2 节) 中的 TD 模型的学习规则使幅度尽量接近于零。行动器和评判器学习规则之间的区别相对简单，但是这个区别对于“行动器-评判器”算法本质上如何起作用有着显著的影响。区别仅仅在于每种学习规则使用的资格迹的类型。

如图 15.5b 所示，多于一类以上的学习规则可以被用来训练“行动器-评判器”网络。但具体来说，在这里我们集中讨论 13.6 节中针对持续性问题的带资格迹的“行动器-评判器”算法。在每个从状态 S_t 到状态 S_{t+1} 的转移过程中，智能体选取动作 A_t，并且得到收益值 R_{t+1}，算法会计算 TD 误差，然后更新资格迹向量 ($\mathbf{z}_t^{\mathbf{w}}$ 和 $\mathbf{z}_t^{\boldsymbol{\theta}}$) 和评判器与行动器

的参数 ($\mathbf{w}$ 和 $\boldsymbol{\theta}$)，更新方式如下

$$\begin{aligned}
\delta_t &= R_{t+1} + \gamma\hat{v}(S_{t+1},\mathbf{w}) - \hat{v}(S_t,\mathbf{w}), \\
\mathbf{z}_t^{\mathbf{w}} &= \lambda^{\mathbf{w}}\mathbf{z}_{t-1}^{\mathbf{w}} + \nabla\hat{v}(S_t,\mathbf{w}), \\
\mathbf{z}_t^{\boldsymbol{\theta}} &= \lambda^{\boldsymbol{\theta}}\mathbf{z}_{t-1}^{\boldsymbol{\theta}} + \nabla\ln\pi(A_t|S_t,\boldsymbol{\theta}), \\
\mathbf{w} &\leftarrow \mathbf{w} + \alpha^{\mathbf{w}}\delta_t\mathbf{z}_t^{\mathbf{w}}, \\
\boldsymbol{\theta} &\leftarrow \boldsymbol{\theta} + \alpha^{\boldsymbol{\theta}}\delta\mathbf{z}_t^{\boldsymbol{\theta}},
\end{aligned}$$

其中，$\gamma \in [0,1)$ 是折扣率，$\lambda^w c \in [0,1]$ 和 $\lambda^w a \in [0,1]$ 分别是评判器与行动器的自举参数。$\alpha^{\mathbf{w}} > 0$ 和 $\alpha^{\boldsymbol{\theta}} > 0$ 是步长参数。

可以把估计价值函数 $\hat{v}$ 看作一个线性神经元的输出，称为*评判器单元*，在图 15.5a 中被标记为 V。从而，价值函数就是表示状态 s 的特征向量的线性函数，$\mathbf{x}(s) = (x_1(s),\ldots,x_n(s))^\top$。价值函数被权重向量 $\mathbf{w} = (w_1,\ldots,w_n)^\top$ 参数化为

$$\hat{v}(s,\mathbf{w}) = \mathbf{w}^\top\mathbf{x}(s). \tag{15.1}$$

每个 $x_i(s)$ 就像神经元突触的突触前信号，其功效为 w_i。权重由上面公式的规则更新：$\alpha^{\mathbf{w}}\delta_t\mathbf{z}_t^{\mathbf{w}}$，这里强化信号 δ_t 对应于广播到所有评判器单元的多巴胺信号。资格迹向量 $\mathbf{z}_t^{\mathbf{w}}$ 对于评判器单元是 $\nabla\hat{v}(S_t,\mathbf{w})$ 的一个迹 (最近几个值的平均)。由于 $\hat{v}(s,\mathbf{w})$ 对于权重是线性的，所以 $\nabla\hat{v}(S_t,\mathbf{w}) = \mathbf{x}(S_t)$。

从神经方面来说，这意味着每一个突触有着自己的资格迹，而且是向量 $\mathbf{z}_t^{\mathbf{w}}$ 的一个分量。一个突触的资格迹根据到达突触的活动水平，即突触前活动的水平，不断地累积，在这里由到达突触的特征向量 $\mathbf{x}(S_t)$ 的分量所表示。此外这个资格迹由分数 $\lambda^{\mathbf{w}}$ 所支配的速率向零衰减。当一个突触的资格迹非零时，称其为*可修改的*。突触的功效如何被修改取决于突触可修改时到达的强化信号。我们称这些评判器单元的突触的资格迹为*非偶发资格迹*，这是因为它们仅仅依赖于突触前活动并且不以任何方式影响突触后活动。

评判器单元的突触的非偶发资格迹意味着评判器单元的学习规则本质上是 14.2 节中描述的经典条件反射的 TD 模型。使用我们在上文对评判器单元和它的学习规则的定义，图 15.5a 中的评判器与 Barto et al. (1983) 中的神经网络“行动器-评判器”算法中的评判器是相同的。显然，这样只有一个线性类神经单元的评判器只是一个最简单的起点，这样的评判器单元是一个更复杂的有能力学习更复杂价值函数的神经网络的一个代理。

图 15.5a 中的行动器是一个有 k 个类神经行动器单元的单层网络，并且在时刻 t 接收和评判器单元一样的特征向量 $\mathbf{x}(S_t)$。每一个行动器单元 j，$j = 1,\ldots,k$，有自己的权

重向量 $\boldsymbol{\theta}_j$，但是由于所有的行动器单元都是相同的，所以我们只描述其中一个，并省略其下标。这些单元遵循上面的“行动器-评判器”算法的一种实现是：每一个单元均为伯努利逻辑单元。这意味着，每一个行动器单元的输出是一个取值为 0 或 1 的随机变量 A_t。把值 1 看作神经元的放电，即放出一个动作电位。一个单元的输入向量的加权和 $\boldsymbol{\theta}^\top \mathbf{x}(S_t)$ 通过柔性最大化分布 (式 13.2) 决定了这个单元的动作被选择的概率，对于两个动作的情况即为逻辑回归函数

$$\pi(1|s,\boldsymbol{\theta}) = 1 - \pi(0|s,\boldsymbol{\theta}) = \frac{1}{1+\exp(-\boldsymbol{\theta}^\top \mathbf{x}(s))}. \tag{15.2}$$

每一个行动器单元的权重通过上面的规则更新：$\boldsymbol{\theta} \leftarrow \boldsymbol{\theta} + \alpha^{\boldsymbol{\theta}} \delta_t \mathbf{z}_t^{\boldsymbol{\theta}}$，这里 δ 依然对应多巴胺信号：送往所有行动器单位突触的相同的强化信号。图 15.5a 中展示了 δ_t 广播到了每一个行动器单位的突触 (这使得整个行动器网络形成了一个强化学习智能体 团队，我们将在 15.10 节中讨论这个问题)。行动器的资格迹向量 $\mathbf{z}_t^{\boldsymbol{\theta}}$ 是 $\nabla \ln \pi(A_t|S_t,\boldsymbol{\theta})$ 的资格迹。为了理解这个资格迹，请参看练习 13.5，在该练习中定义了这种类型的单元并要求给出它的强化学习规则。练习要求你通过计算梯度，用 a、$\mathbf{x}(s)$ 和 $\pi(a|s,\boldsymbol{\theta})$ 这些项表示 $\nabla \ln \pi(a|s,\boldsymbol{\theta})$。对于在时刻 t 的动作和状态，答案是

$$\nabla \ln \pi(A_t|S_t,\boldsymbol{\theta}) = \big(A_t - \pi(1|S_t,\boldsymbol{\theta})\big)\mathbf{x}(S_t). \tag{15.3}$$

与评判器突触只累积突触前活动 $\mathbf{x}(S_t)$ 的非偶发资格迹不同，行动器单元的资格迹还取决于行动器单元本身的活动，我们称其为*偶发资格迹*。资格迹在每一个突触都会持续衰减，但是会根据突触前活动以及突触后神经元是否放电增加或减少。式 (15.3) 中的因子 $A_t - \pi(1|S_t,\boldsymbol{\theta})$ 在 $A_t = 1$ 时为正，反之亦然。*行动器单元资格迹的突触后偶发性是评判器与行动器学习规则唯一的区别*。由于保持了在哪个状态采取了怎样的动作这样的信息，偶发资格迹允许收益产生的奖励 (正 δ) 或者接受的惩罚 (负 δ) 根据策略参数 (对行动器单元突触的功效) 进行分配，其依据是这些参数对之后的 δ 值的影响的贡献。偶发资格迹标记了这些突触应该如何修改才能更有效地导向正值的 δ。

评判器与行动器的学习规则是如何改变皮质突触的功效的呢？两个学习规则都与唐纳德 · 赫伯的经典推论相关，即当一个突触前信号参与了激活一个突触后神经元时，突触的功效应该增加 (Hebb，1949) 。评判器与行动器的学习规则与 Hebbian 的推论共同使用了这么一个观点，那就是突触的功效取决于几个因素的相互作用。在评判器学习规则中，这种相互作用是在强化信号 δ 与只依赖于突触前信号的资格迹之间的。神经科学家称其为*双因素学习规则*，这是因为相互作用在两个信号或量之间进行。另一方面，行动器学习规则是*三因素学习规则*，这是因为除了依赖于 δ，其资格迹还同时依赖于突触前和突触后

活动。然而，与赫伯的推论不同的是，不同因素的相对发生时间对突触功效的改变是至关重要的，资格迹的介入允许强化信号影响最近活跃的突触。

评判器与行动器学习规则的信号之间的一些细微之处更加值得关注。在定义类神经评判器与行动器单元时，我们忽略了突触的输入需要少量的时间来影响真正的神经元的放电。当一个突触前神经元的动作电位到达突触时，神经递质分子被释放并跨越突触间隙到达突触后神经元，并与突触后神经元表面上的受体结合；这会激活使得突触后神经元放电的分子机制 (或者在抑制突触输入情况下抑制其放电)。这个过程可能持续几十毫秒。但是，根据式 (15.1) 与式 (15.2)，对评判器与行动器单元进行输入，会瞬间得到单元的输出。像这样忽略激活时间在 Hebbian 式可塑性的抽象模型中是很常见的，这种模型里突触的功效的改变由同时发生的突触前与突触后活动决定。更加真实的模型则必须要将激活时间考虑进去。

激活时间对于更真实的行动器单元更为重要，这是因为它会影响偶发资格迹如何将强化信号分配到适当的突触。表达式 $\big(A_t - \pi(1|S_t, \boldsymbol{\theta})\big)\mathbf{x}(S_t)$ 定义了行动器单元的学习规则所对应的偶发资格迹，它包括了突触后因子 $\big(A_t - \pi(1|S_t, \boldsymbol{\theta})\big)$ 与突触前因子 $\mathbf{x}(S_t)$。这个能够起作用，是因为在忽略了激活时间的情况下，突触前活动 $\mathbf{x}(S_t)$ 参与了引起在 $\big(A_t - \pi(1|S_t, \boldsymbol{\theta})\big)$ 中出现的突触后活动。为了正确地分配强化信号，在资格迹中定义的突触前因子必须是同样定义在资格迹中的突触后因子的产生动因。更真实的行动器单元的偶发资格迹不得不将激活时间考虑进来 (激活时间不应该与神经元获取其活动导致的强化信号所需的时间所混淆。资格迹的功能是跨越这个一般来说比激活时间更长的间隔，我们会在后面的章节进一步讨论这个问题)。

神经科学已经提示了这个过程可能是如何在大脑中起作用的。神经科学家发现了一种被称为*尖峰时间依赖可塑性* (STDP) 的赫布式可塑性，这似乎有助于解释类行动器的突触可塑性在大脑中的存在。STDP 是一种 Hebbian 式可塑性，但是其突触功效的变化依赖于突触前与突触后动作电位的相对时间。这种依赖可以采取不同的形式，但是最重要的研究发现，若尖峰通过突触到达且时间在突触后神经元放电不久之前，则突触的强度会增加。如果时间顺序颠倒，那么突触的强度会减弱。STDP 是一种需要考虑神经元激活时间的 Hebbian 式可塑性，这是类行动器学习所需要的一点。

STDP 的发现引导神经科学家去研究一种可能的 STDP 的三因素形式，这里的神经调节输入必须遵循适当的突触前和突触后尖峰时间。这种形式的突触可塑性，被称为*收益调制 STDP*，其与行动器学习规则十分类似。常规的 STDP 产生的突触变化，只会发生在一个突触前尖峰紧接着突触后尖峰的时间窗口内神经调节输入的时候。越来越多的证据证明，基于收益调制的 STDP 发生在背侧纹状体的中棘神经元的脊髓中，这表示行动器学习在如图 15.5b 中所示的“行动器-评判器”算法的假想神经实现中确实发生了。实验已经证明基于收益调制的 STDP 中，皮质纹状体突触的功效变化只在神经调节脉冲在突触前尖峰以及紧接着的突触后尖峰之间的 10 s 的时间窗口内到达才会发生 (Yagishita et al. 2014)。尽管证据都是间接的，但这些实验指出了偶发资格迹的存在延续了时间的进程。产生这些迹的分子机制以及可能属于 STDP 的迹都要短得多，而且尚未被理解，但是侧重于时间依赖性以及神经调节依赖性的突触可塑性的研究依然在继续。

我们这里讨论的使用效应定律学习规则的类神经行动器单元，在 Barto et al. (1983) 的“行动器-评判器”网络中以一种比较简单的形式出现。这个网络受到一种由生理学家 A. H. Klopf (1972，1982) 提出的“享乐主义神经元”假说的启发。注意，不是所有的 Klopf 的假说的细节都与我们已知的突触可塑性的知识一致，但是 STDP 的发现和越来越多的基于收益调制的 STDP 的证据说明 Klopf 的想法并不太离谱。我们接下来将讨论 Klopf 的享乐主义神经元假说。

15.9　享乐主义神经元

在享乐主义神经元假说中，Klopf (1972，1982) 猜测，每一个独立的神经元会寻求将作为奖励的突触输入与作为惩罚的突触输入之间的差异最大化，这种最大化是通过调整它们的突触功效来实现的，调整过程基于它们自己的动作电位所产生的奖励或惩罚的结果。换言之，如同可以训练动物来完成工具性条件反射任务一样，单个神经元用基于条件性反应的强化信号来训练。他的假说包括这样的思想：奖励或者惩罚通过相同的突触被输入到神经元，并且会激发或者抑制神经元的尖峰产生活动 (如果 Klopf 知道我们今天对神经调节系统的了解，他可能会将强化作用分配给神经调节输入，但是他尝试避免任何中心化的训练信息来源)。过去的突触前与突触后活动的突触局部迹在 Klopf 的假说中，是决定突触是否具备资格 (就是他引入的“资格”一词) 可以对之后的奖励或者惩罚进行修改的关键。他猜测，这些迹是由每个突触局部的分子机制实现的，因而与突触前与突触后神经元的电生理活动是不同的。在本章后面的参考文献和历史评注部分我们给出了一些其他人的类似的想法。

Klopf 推断突触功效通过如下的方式变化：当一个神经元发射出一个动作电位时，它的所有促进这个动作电位的突触会变得*有资格*来经历其功效的变化。如果一个动作电位在奖励值提升的一个适当的时间内被触发，那么所有有资格的突触的功效都会提升。对应地，如果一个动作电位在惩罚值提升的一个适当时间内被触发，那么所有有资格的突触功效都会下降。这是通过在突触那里触发资格迹来实现的，这种触发只在突触前与突触后的活动碰巧一致的时候才会发生 (或者更确切地说，是在突触前活动和该突触前活动所参与引发的突触后活动同时出现的时候才会发生)。这实际上就是我们在前一节描述的行动器单元的三因素学习规则。

Klopf 理论中资格迹的形状与时间因素反映了神经元所处的许多反馈回路的持续时间，其中的一些完全位于机体的大脑和身体内，而另一些则通过运动与感知系统延伸到机体外部的环境中。他的想法是资格迹的形状是神经元所处的反馈回路的持续时间的直方图。资格迹的高峰会出现在神经元参与的最常见的反馈回路发生的持续时间内。本书中的算法使用的资格迹是 Klopf 原始想法的一个简化版本，通过由参数 λ 和 γ 控制的指数 (或者说几何) 下降的函数实现。这简化了仿真模拟与理论，但是我们认为这些简单的资格迹是 Klopf 原始的迹概念的一个代替，后者在完善功劳分配过程的复杂强化学习系统中可能拥有计算优势。

Klopf 的享乐主义神经元假说并不像它最初出现时那样，似乎不合情理。大肠杆菌是一个已经被充分研究的单细胞的例子，它会寻求某些特定刺激但同时避免其他刺激。这个单细胞机体的移动动作会受到其环境的化学刺激的影响，这种行为被称为趋化性。它通过附着于表面的称为鞭毛的毛状结构的旋转在液体环境中游泳 (是的，它旋转它们)。细菌环境中的分子会与其表面上的受体结合。结合事件调节细菌逆转鞭毛旋转的概率。每一次逆转会使得细菌进行翻滚并朝向一个随机的新方向。一点点的化学记忆与计算使得鞭毛逆转的频率在细菌游向高浓度的、它需要的分子 (引诱剂) 时会减少，在游向高浓度的、对它有害的分子 (驱逐剂) 时会增加。结果便是细菌趋向于游向引诱剂且排斥游向驱逐剂。

刚刚描述的趋化行为被称为调转运动。这是一种试错行为，尽管可能这并不涉及学习：细菌需要一点点短期记忆来检测分子浓度的梯度，但是很有可能是它并不保有长期记忆。人工智能先驱奥利弗·塞尔弗里奇称这个策略为“跑动与旋转”，指出其实用的基本的适应性策略：“如果事情变好则保持同样的方式，否则四处游走”(Selfridge，1978，1984)。同样，可以想象一个神经元在其嵌入的反馈回路的复杂集合组成的媒介中“游泳”(当然不是字面意思)，尝试获取一种输入信号并避免其他的。然而，与细菌不同，神经元的突触强度保持了之前试错行为的信息。如果这种对神经元 (或是一类神经元) 的看法是可信的，那么这个神经元与环境交互的整个闭环性质对于理解其行为是十分重要的，其中神经元的环境由其余的动物以及所交互的环境组成。

Klopf 的享乐主义神经元假说超出了单个神经元是强化学习智能体的观点。他认为智能的许多方面可以被理解为是具有自私享乐主义的神经元群体的集体行为的结果，这些神经元在构成动物神经系统的巨大的社会和经济系统中相互作用。无论这个观点对神经系统是否有用，强化学习智能体的集体行为对神经科学是有影响的。接下来我们讨论这个问题。

15.10 集体强化学习

强化学习智能体群体的行为与社会以及经济系统的研究高度相关。如果 Klopf 的享乐主义神经元假设是正确的，则其与神经科学也是相关的。上文描述的人类大脑实现“行动器-评判器”算法的假说，仅仅在狭窄的范围内契合了纹状体的背侧与腹侧的细分。根据假说，它们分别对应行动器与评判器，每一个都包括数以百万计的中棘神经元，这些中棘神经元的突触改变是由多巴胺神经元活动的相位调制引起的。

图 15.5a 中的行动器是一个有 k 个行动器单元的单层网络。由这个网络产生的动作向量 $(A_1, A_2, \cdots, A_k)^\top$ 推测用于驱动动物的行为。所有这些单元的突触的功效的变化取决于强化信号 δ。由于动作单元试图让 δ 尽可能地大，故 δ 从效果上说就是它们的收益信号 (这种情况下，强化信号与收益信号是相同的)。所以，每一个动作单元本身就是一个强化学习智能体——或者你可以认为是一个享乐主义神经元。现在，为了尽可能简化情况，假设这些单元在同一时间收到同样的收益信号 (尽管如前文所述，多巴胺在同一时间以同样的情况释放到皮质突触的假设有些过于简单化)。

当强化学习智能体群体的所有成员都根据一个共同的收益信号学习时，强化学习理论可以告诉我们什么？*多智能体强化学习*领域考虑了强化学习智能体群体学习的很多方面。尽管讨论这个领域已经超出了本书的范围，但是我们认为知道一些基本的概念与结果有助于思考在大脑中广泛分布的神经调节系统。在多智能体强化学习 (以及博弈论) 中，所有的智能体会尝试最大化一个同时收到的公共收益信号，这种问题一般被称为*合作游戏*或者*团队问题*。

团队问题有趣且具有挑战性的原因是送往每个智能体的公共收益信号评估了整个群体产生的模式，即评估整个团队成员的*集体动作*。这意味着每一个单独的智能体只有有限的能力来影响收益信号，因为任何单个的智能体的贡献仅仅是由公共收益信号评估的集体动作的一个部分。在这种情境下，有效的学习需要解决一个*结构化功劳分配问题*：哪些团队成员，或者哪组团队成员，值得获得对应于有利的收益信号的功劳，或者受到对应于不利的收益信号的惩罚？这是一个*合作*游戏，或者说是团队问题，因为这些智能体联合起来尝试增加同一个收益信号：智能体之间是没有冲突的。竞争游戏的情境则是不同的。智能体收到不同的收益信号，然后每一个收益信号再一起评估群体的集体动作，且每一个智能体的目标是增加自己的收益信号。在这种情况下，可能会出现有冲突的智能体，这意味着对于一些智能体有利的动作可能对其他智能体是有害的。甚至决定什么是最好的集体动作也是博弈论的一个重要问题。这种竞争的设定也可能与神经科学相关 (例如，多巴胺神经元活动异质性的解释)，但是在这里我们只关注合作或者说团队配合的情况。

如何使得一个团队中每一个强化学习智能体学会“做正确的事情”，进而使得团队的集体动作得到高额回报？一个有趣的结果是如果每一个智能体都能有效地学习，尽管其收益信号可能被大量的噪声干扰破坏，尽管缺乏完整的状态信息，但整个群体将会学习到产生集体动作来改进公共的收益信号，即使在智能体无法互相沟通时也能做到。每一个智能体面对自己的强化学习任务，而且它对收益信号的影响被掩盖在其他智能体影响的噪声中。事实上，对于任意一个智能体，所有其他的智能体都是其环境的一部分，这是因为其输入，包括传递的状态信息以及收益，都依赖于其他智能体的表现。此外，由于缺乏其他智能体的动作，实际上是缺乏其他智能体确定它们策略的参数，使得每一个智能体只能部分地观察其所在环境的状态。这使得每一个团队成员的学习任务非常难，但是如果使用一个即使在这种情况下依然能够增加收益信号的强化学习算法，则强化学习智能体的团队可以学习产生能够随着时间推移改进团队公共评估信号的集体动作。

如果团队成员是类神经单元，那么每个单元必须有一个增加随着时间的推移收到的收益的目标，就像我们在 15.8 节中提及的行动器单元一样。每个单元的学习算法必须有两个必要的特征。首先，它必须使用偶发资格迹。回想偶发资格迹，在神经方面，在一个突触的突触前输入参与影响了突触后神经元放电时，其迹会被初始化 (或者增加)。一个非偶发资格迹，相反，由突触前输入独立初始化或增加，与突触后神经元无关。如 15.8 节解释的，为了保持在何种状态采取了何种动作的信息，偶发资格迹允许根据这个智能体的策略参数对智能体动作的贡献值，来对这个参数分配功劳或施加惩罚。同理，一个团队成员必须记住其最近的动作，这样它能够根据其随后获取的收益信号来增加或者减少产生这个动作的似然度。偶发资格迹的动作部分地实现了这个动作记忆。然而，由于学习任务的复杂性，偶发资格迹只是功劳分配的一个初步步骤：单个团队成员的动作与整个团队收益信号的变化之间的关系是一种统计相关性，需要在大量的尝试中进行估计。偶发资格迹是这一过程中不可或缺的但又很基础的一步。

使用非偶发资格迹的学习在团队情况下完全不起作用，这是因为它无法提供一种方法来联系动作与接下来的收益信号的变化。非偶发资格迹有能力学习如何进行预测，就如同“行动器-评判器”算法中的评判器部分，但是不支持学习如何进行控制，即行动器部分必须做的事情。一个群体中的类评判器成员智能体可能仍然可以获得公共的强化信号，但是它们都会学习预测一个相同的量 (在“行动器-评判器”的情况下，是当前策略的期望回报)。集体的每个成员能够多成功地学习到预测其期望回报依赖于其获取的信息，而这对于集体中不同的成员而言可能相差非常大。这里智能体集体并不需要产生差异化的活动模式。根据定义这不是一个团队问题。

团队问题中的集体学习的第二个要求是团队成员的动作要有变化性，这样才能使得整个团队能够试探整个集体行动的空间。最简单的方法是团队中的每一个强化学习智能体分别在自己的动作空间中独立地试探，这样其输出就有持久的变化性。这会使得整个团队改变其集体动作。比如，一组在 15.8 节中描述的行动器单元可以试探整个合作动作的空间，这是因为每一个单元的输出 (一个伯努利逻辑单元) 在概率上取决于其输入向量的加权和。加权和会使得放电的概率向上或向下偏移，但其依然具有变化性。由于每一个单元使用 REINFORCE 策略梯度算法 (第 13 章)，所以每一个单元都会调整自己的权重，使得它在自己的动作空间内随机试探所经历的平均收益最大化。正如 Williams (1992) 所做的那样，一个由基于伯努利逻辑的 REINFORCE 单元组成的团队从整体来看实现了一个公共强化信号平均速率意义下的策略梯度算法，这里的动作是团队的集体动作。

此外，Williams (1992) 证明，一个由伯努利逻辑单元组成的团队，在团队的单元互联成为多层神经网络时，使用 REINFORCE 算法可以提高平均收益。在这种情况下，尽管收益只依赖于网络输出单元的集体动作，但是收益信号会被广播给网络中的所有单元。这表示一个多层的基于伯努利逻辑的 REINFORCE 单元团队可以如广泛使用的基于误差反向传播的多层神经网络一样进行训练，只不过在这种情况下，反向传播过程被收益信号的广播所取代。实际上，误差反向传播算法速度相当快，但是强化学习团队算法作为一种神经机制更为合理，特别是在 15.8 节所描述的收益调制 STDP 的学习中就更是如此。

通过团队成员独立试探的团队试探只是最简单的方式。如果团队成员可以协调动作去关注集体动作空间的一些特定部分，则更加复杂的方法也是可行的，这种协调可以通过互相通信或者对公共的输入进行响应来完成。同样存在一些比解决结构性功劳分配的偶发资格迹更复杂的机制，这些机制在集体动作受到某种限制的团队问题中可能更加简单。一个极端的例子是赢家通吃安排 (比如，大脑横向抑制的结果)，其限制集体动作为一个或少数几个团队成员做贡献的动作。在这种情况下，只有通吃的赢家才会获得功劳或受到惩罚。

合作游戏 (或者团队问题) 以及非合作游戏的学习过程的细节超出了本书讨论的范围。本章末尾的参考文献和历史评注部分列出了一系列公开的研究，包括涉及神经科学的集体强化学习的广泛的资料。

15.11 大脑中的基于模型的算法

对强化学习中无模型和基于模型的算法进行区分已经被证明对于研究动物的学习和决策过程是有用的。14.6 节讨论了如何区分动物的习惯性行为与目标导向行为。上文讨论的关于大脑可能如何使用“行动器-评判器”算法的假说仅仅与动物的习惯性行为模式有关，这是因为基础的“行动器-评判器”算法是无模型的。那么怎样的神经机制负责产生目标导向的行为，又是如何与潜在的习惯性行为相互作用的呢？

一种研究大脑结构如何与行为模式匹配的方法是抑制鼠脑中一个区域的活动来观察老鼠在结果贬值实验 (14.6 节) 中的行为。这样的实验结果表明，“行动器-评判器”假设中将行动器放置在背侧纹状体中过于简单了。抑制背侧纹状体的一个部分，外侧纹状体 (DLS) 会损害习惯性学习，使得动物更依赖于目标导向的过程。另一方面，抑制背内侧纹状体 (DMS) 会损害目标导向的过程，使得动物更依赖于习惯性学习。由这样的结果所支撑的观点显示，啮齿动物的背外侧纹状体更多地涉及无模型的过程，而背内侧纹状体更多地涉及基于模型的过程。使用功能性神经影像对人类的研究以及对非人灵长类动物的研究结果都支持类似的观点：大脑的不同结构分别对应于习惯性和目标导向的行为模式。

其他的研究确定了目标导向的活动与大脑前额叶皮质有关，这是涉及包括规划与决策在内的执行功能的额叶皮质的最前部分。具体涉及的部分是眶额皮质 (OFC)，为前额叶皮质在眼睛上部的部分。人类的功能性神经影像学研究和猴子的单个神经元活动记录显示，眶额皮质的强烈运动与生理性的重大刺激的主观收益价值有关，这些运动也与动作所引发的期望收益有关。尽管依然有争议，但这些结果表明眶额皮质在目标导向选择中进行了重要的参与。这可能对于动物环境模型的收益部分是至关重要的 。

另一个涉及基于模型的行为的结构是海马体，它对记忆与空间导航非常重要。老鼠的海马体在目标导向的迷宫导航中至关重要，Tolman 认为动物使用模型或者认知地图来选择动作 (14.5 节)。海马体也可能是人类想象未知经历的能力的重要部分 (Hassabis 和 Maguire，2007；Ólafsdóttir、Barry、Saleem、Hassabis 和 Spiers, 2015)。

一些发现直接揭示了海马体在规划过程中起到重要的作用，这里的“规划过程”就是指在进行决策时引入外部环境模型的过程。相关的研究发现解码海马体的神经元活动的实验，实验目的是确定在每个时刻海马体的活动所表示的空间范围。当一个老鼠在迷宫的一个选择点停顿时，海马体的空间表征会遍历由该点出发 (而不是后退) 的所有可能路径 (Johnson 和 Redish，2007)。此外，这些遍历表示的空间轨迹与老鼠随后的导航行为紧密相关 (Pfeiffer 和 Foster，2013)。这些结果表明，海马体对于动物的环境模型的状态转移非常重要，而且它是用于模拟将来可能的状态序列以评估可能的动作方案的系统的一部分，这就是一种“规划”过程。

基于上述结果，产生了大量关于目标导向或基于模型学习和决策的潜在神经机制的研究文献，但是依然有很多问题没有被解答。比如，为何像背外侧纹状体和背内侧纹状体一样非常类似的结构，会成为非常不同的学习和行为模式 (类似于无模型和基于模型的算法之间的不同) 的重要组成部分？是否由分离的结构负责环境模型的转移与收益部分？是否像海马体向前遍历活动所揭示的那样，决策时采取的所有的规划活动都是通过对可能的未来动作方案进行模拟来完成的？换言之，是否所有的规划都和预演算法 (8.10 节) 类似？还是模型有时会通过环境背景调整或重新计算价值信息，就像 Dyna 架构 (8.2 节) 所做的？大脑如何在习惯性与目标导向的系统之间进行仲裁？在神经基质上这两个系统是否存在着事实上的清晰的分离？

对于最后一个问题，还没有证据能给出一个正面的答复。为总结这些情况，Doll、Simon 和 Daw (2012) 写道：“基于模型的影响在大脑处理收益信息的地方多少会出现，几乎无处不在”。这一论断是真实的，即使在对于无模型学习至关重要的地方也是如此。这个论断也包括了多巴胺信号本身，这些信号除了作为无模型过程的收益预测误差以外，也表现出对基于模型信息的影响。

持续有神经科学研究指出，强化学习中无模型和基于模型的算法之间的区别，潜在地启发并增强了人们对大脑中习惯性和目标导向过程的理解。而对神经机制的更好的掌握，则可能会促进尚未在目前的计算强化学习理论中被探索的新型算法的产生，使得无模型和基于模型的算法特点可以结合在一起。

15.12　成瘾

了解药物滥用的神经基础是神经科学的高优先目标，并有可能为这一严重的公共健康问题提供新的治疗方法。一种观点认为，药物需求与我们寻求能满足生理需求的具有自然收益的体验具有相同的动机和学习过程。通过被强化增强，成瘾物质有效地控制了我们学习和决策的自然机制。这似乎是合理的，因为许多 (尽管不是全部) 药物滥用可以直接或间接地增加纹状体多巴胺神经元轴突末端周围区域的多巴胺水平，这个区域是与正常的基于收益学习密切相关的脑结构 (15.7 节)。但是与药物成瘾相关的自残行为并不是正常学习的特征。当收益是成瘾药物产生的结果时，多巴胺介导学习到底有何不同？成瘾是正常的学习过程对我们整个进化历史中不可获得的物质的反应结果，所以不能对它们的破坏效应做出反应吗？或者成瘾物质以某种方式干扰了正常的多巴胺介导学习了吗？

多巴胺活动的收益预测误差假说及其与 TD 学习的联系是 Redish (2004) 提出的包括部分成瘾特征的模型的基础 。基于对该模型的观察，可卡因和一些其他成瘾药物的施用会导致多巴胺的短暂增加。在模型中，这种多巴胺激增被认为是增加了 TD 误差，其中 δ 是不能被价值函数变化抵消的。换句话说，虽然 δ 可以降低到一个正常的收益被前因事件所预测的程度 (15.6 节)，但成瘾刺激对 δ 的影响却不会随着收益信号被预测而下降：药物收益不能被“预测抵消”。在收益信号是由于成瘾药物引起的情况下，该模型会不断阻止 δ 变成负数，因而对那些与药物施用相关的状态而言就会消除 TD 学习本该有的纠错特性。结果就是这些药物控制的状态价值会无限制地增加，使得导向这些状态的动作会优先于所有其他行为。

成瘾行为比 Redish 模型得出的结果要复杂得多，但该模型的主要思想可能显示了这个难题中的一个侧面。或者这个模型可能会引起误解，因为多巴胺似乎在所有形式的成瘾中都不起关键作用，并不是每个人都同样容易形成上瘾行为。此外，该模型不包括伴随慢性药物摄取的许多回路和大脑区域的变化，例如，反复使用药物而效果减弱的变化。另外，成瘾也可能涉及基于模型的过程。无论如何，Redish 的模型显示了强化学习理论是如何用来帮助理解一个主要的健康问题的。通过类似的方式，强化学习理论已经在计算精神病学新领域的发展中产生影响，其目的是通过数学和计算方法来提高对精神障碍的理解。

15.13 本章小结

与大脑收益系统相关的神经通路非常复杂并且至今没有被完全理解，但旨在理解这些通路及其在行为中的作用的神经科学研究正在迅速发展。本研究揭示了本书介绍的大脑收益系统和强化学习理论之间惊人的对应关系。

*多巴胺神经元活动的收益预测误差假说*是由这样一群科学家提出的：他们认识到了 TD 误差行为与产生多巴胺的神经元活动之间的惊人相似之处。多巴胺是哺乳动物中与收益相关的学习和行为所必需的神经递质。在神经科学家 Wolfram Schultz 的实验室里进行的实验表明，多巴胺神经元会对具有大量突发性活动的收益事件做出响应，称之为相位反应。而这种响应只有在动物不预期这些事件发生的情况下才会出现，这表明多巴胺神经元表示的是收益预测的误差而不是收益本身。此外，这些实验表示，当动物学习了如何根据先前的感官线索预测收益事件时，多巴胺神经元的相位活动的发生会向较早的预测线索倾斜，而对于较晚的预测线索会减少。这与一个强化学习智能体学习预测收益的过程中

对 TD 误差进行的回溯计算类似。

其他一些实验结果严格地证明了多巴胺神经元相位活动是一种可以用于学习的强化信号，它通过大量产生多巴胺的神经元的轴突到达大脑的多个区域。这些结果与我们在前文所做的对两种信号的区分是一致的，一种是收益信号 R_t，另一种是强化信号，在大多数算法中就是 TD 误差 δ_t。多巴胺神经元的相位反应是强化信号，而不是收益信号。

一个重要的假说是：大脑实现了一个类似于“行动器-评判器”算法的东西。大脑中的两个结构 (纹状体的背侧和腹侧分支) 都在收益学习中起着关键作用，可能分别扮演着行动器和评判器的角色。TD 误差是行动器与评判器的强化信号，这与多巴胺神经元轴突将纹状体的背侧和腹侧分支作为靶标的事实非常吻合。多巴胺似乎对调节两种结构的突触可塑性较为关键。并且对神经调节剂 (如多巴胺) 的目标结构的影响不仅取决于神经调节剂的性质，还取决于目标结构的性质。

行动器与评判器可以通过人工神经网络来实现，该网络由一系列类神经元单元组成，它们的学习规则基于 13.5 节中所描述的策略梯度“行动器-评判器”方法。这些网络中的每个连接就像是大脑中的神经元之间的突触，学习规则对应于突触功效如何随着突触前后的神经元活动而变化的规则，以及与来自多巴胺神经元的输入相对应的神经调制输入。在这种情况下，每个突触都有自己的资格迹以记录过去涉及的突触活动。行动器与评判器的学习规则的唯一区别在于它们使用了不同类型的资格迹：评判器单元的迹是非偶发的，因为它们不涉及评判器单元的输出；而行动器单元的迹是偶发的，因为除了行动器的输入外，它们还依赖于行动器单元的输出。在大脑的行动器与评判器系统的假想实现中，这些学习规则分别对应于规定皮质纹状体突触的可塑性规则，所述规则将信号从皮层传递到背侧和腹侧纹状体分支中的主要神经元，突触也接收来自多巴胺神经元的输入。

在“行动器-评判器”网络中，行动器单元的学习规则与收益调制的尖峰时间依赖可塑性密切相关。在尖峰时间依赖可塑性 (STDP) 中，突触前后活动的相对时间决定了突触变化的方向。在收益调制的 STDP 中，突触的变化还取决于神经调节剂，例如多巴胺，其在满足 STDP 的条件之后可以最多持续 10s 的时间到达。很多证据说明，收益调制的 STDP 发生在皮层纹状突触，这就是行动器的学习在“行动器-评判器”系统的假想神经实现中发生的地方。这些证据增加了这样一个假设的合理性，即类似“行动器-评判器”系统的东西存在于一些动物的大脑之中。

突触资格的概念和行动器学习规则中的基本特征都来自于 Klopf 关于“享乐主义神经元”的假设 (Klopf，1972，1981)。他猜测个体神经元试图通过在其动作电位的奖励或惩罚后果的基础上，调整其突触的功效，来获得奖励和避免惩罚。神经元活动可以影响之后的输入，因为神经元被嵌入许多反馈回路中，一些回路存在于动物的神经系统和身体内，另一些则通过外部环境实现。Klopf 关于资格的想法是，如果突触参与了神经元的行动 (使其成为资格迹的偶发形式)，那么突触会暂时被标记为有资格进行修改。如果在突触合格时强化信号到达，那么突触的功效会被修改。我们提到细菌的趋化行为就是单一细胞的一个例子，这种行为指导着细菌的运动以寻找一些分子并避免其他分子。

多巴胺系统的显著特征是释放多巴胺的神经纤维可以广泛地投射到大脑的多个部分。尽管只有一些多巴胺神经元群体广播相同的强化信号，但如果这个信号到达参与行动器学习的许多神经元突触，那么这种情况可以被模拟为一个团队问题。在这种类型的问题中，强化学习智能体集合中的每个智能体都会收到相同的强化信号，这个信号取决于所有成员或团队的活动。如果每个团队成员使用一个足够有效的学习算法，则即使团队成员之间没有直接交流，团队也可以集体学习，以提高整个团队的绩效，并按照全局广播的强化信号进行评估。这与多巴胺信号在大脑中的广泛散布是一致的，并且为广泛使用的用于训练多层网络的误差反向传播方法提供了神经运动意义上可行的替代方案。

无模型和基于模型的强化学习之间的区别可以帮助神经科学家研究习惯性和目标导向的学习和决策的神经基础。目前为止的研究指出，一些大脑区域比其他区域更容易参与某一类型的过程，但由于无模型和基于模型的过程在大脑中似乎并没有完全分离，所以我们仍然没有一个完整的理解，许多问题仍未得到回答。也许最有趣的是，证据表明，海马体，一种传统上与空间导航和记忆有关的结构，参与了模拟未来可能的行动过程，以此来作为动物决策过程的一部分。这表明它是使用环境模型进行规划的系统的一部分。

强化学习理论也影响着对药物滥用的神经过程的思考。有一种药物成瘾的模型建立在收益预测误差假说的基础之上。它指出，成瘾性兴奋剂 (如可卡因) 破坏了 TD 学习的稳定性，从而导致药物摄入的相关动作的价值无限增长。这远不是一个完整的成瘾模型，但它说明了计算观点是如何揭示某种理论以对其进行进一步的研究和测试的。计算精神病学的新领域同样侧重于计算模型的使用 (其中一些理论来自强化学习)，以更好地理解精神障碍。

本章只是浅显地讨论了与强化学习相关的神经科学是如何与计算机科学和工程的发展相互影响的。强化学习算法的大多数特征都是基于纯粹的计算考虑，但是其中一些受到了有关神经学习机制假设的影响。值得注意的是，随着关于大脑的收益过程的实验数据积累，强化学习算法的许多纯粹的计算动机特性会变得与神经科学数据一致。而随着未来神经科学家们继续解密动物的基于收益的学习和行为的神经基础，计算强化学习的其他特征，如资格迹和强化学习智能体团队在全局广播的强化信号的影响下学习集体行动的能力，也可能最终显示出与实验数据的一致性。

参考文献和历史评注

探讨关于学习和决策的神经科学与强化学习理论之间的相似性的出版物的数量是巨大的。我们只能列举一小部分。参考 Niv (2009) ，Dayan 和 Niv (2008)，Gimcher (2011)，Ludvig、Bellemare 和 Pearson (2011) 以及 Shah (2012) 是不错的开始。

和经济学、进化生物学和数学心理学一起，强化学习理论正在帮助制定人类和非人类灵长类动物神经机制选择的定量模型。本章着重于探讨学习过程，只是略微涉及了决策过程相关的神经科学。Glimcher (2003) 介绍了“ 神经经济学”领域，其中强化学习有助于从经济学角度研究决策的神经基础。另见 Glimcher 和 Fehr (2013)。Dayan 和 Abbott (2001) 关于神经科学计算和数学建模的文章包括了强化学习在这些方法中的作用。Sterling 和 Laughlin (2015) 从通用设计原则的角度研究了学习的神经基础，这些原则使得有效的适应性行为成为可能。

15.1 关于基础神经科学有很多很好的论述。Kandel、Schwartz、Jessell、Siegelbaum 和 Hudspeth (2013) 是一个权威的、非常全面的参考文献。

15.2 Berridge 和 Kringelbach (2008) 回顾了收益和愉悦的神经基础，指出收益处理有许多维度，涉及许多神经系统。由于篇幅所限，我们并没有仔细讨论 Berridge 和 Robinson (1998) 的有影响力的研究。他们区分了他们称之为“喜欢”的刺激的享乐影响和他们称之为“想要”的激励效应。Hare、O’Doherty、Camerer、Schultz 和 Rangel (2008) 从经济学角度对价值相关信号的神经基础进行了研究，区分了目标价值、决策价值和预测误差。决策价值是目标价值减去行动成本。另见 Rangel、Camerer 和 Montague (2008)，Rangel 和 Hare (2010) 以及 Peters 和 Büchel (2010)。

15.3 多巴胺神经元活动的收益预测误差假说被 Schultz、Montague 和 Dayan (1997) 大力讨论。这个假设首先由 Montague、Dayan 和 Sejnowski (1996) 明确提出。在他们论述假说的时候，他们所说的是“收益预测误差”(RPE)，但并不专门指 TD 误差；然而，他们的假说的解释清楚地表明他们所指的就是 TD 误差。我们所知道的关于 TD 误差/多巴胺连接的最早知识来源于 Montague、Dayan、Nowlan、Pouget 和 Sejnowski (1993) ，他们提出了一个 TD 误差调制的 Hebbian 学习规则，这一规则的提出受到 Schultz 的小组所给出的多巴胺信号传导的实验结果的启发。Quartz、Dayan、Montague 和 Sejnowski (1992 年) 的摘要也指出了这种联系。Montague 和 Sejnowski (1994) 强调了预测在大脑中的重要性，并概述了采用 TD 误差调节的预测性 Hebbian 学习是如何通过散布式的神经调节系统 (如多巴胺系统) 来实现的。Friston、Tononi、Reeke、Sporns 和 Edelman (1994) 提出了一个大脑中依赖于价值的学习模型，其中突触变化是由全局神经调制信号提供的类 TD 误差来介导的 (尽管他们没有单独讨论多巴胺)。Montague、Dayan、Person 和 Sejnowski (1995) 提出了一个使用 TD 误差的蜜蜂觅食模型。该模型基于 Hammer、Menzel 及其同事的研究 (Hammer 和 Menzel，1995；Hammer，1997)，并显示神经调节剂真蛸胺可以作为蜜蜂的强化信号。Montague 等人 (1995) 指出，多巴胺可能在脊椎动物大脑中起着类似的作用。Barto (1995) 将"行动器-评判器"的体系结构与基底神经节回路相联系，并讨论了 TD 学习与 Schultz 小组的主要成果之间的关系。Houk、Adams 和 Barto (1995) 提出了 TD 学习和"行动器-评判器"架构如何映射到基底神经节的解剖学、生理学和分子机制。Doya 和 Sejnowski (1998) 扩展了他们早期关于鸟鸣学习模型的论文 (Doya 和 Sejnowski，1994)，其中包括一个类似 TD 的多巴胺误差，用于加强听觉输入的记忆选择。O'Reilly 和 Frank (2006) 以及 O'Reilly、Frank、Hazy 和 Watz (2007) 认为相位多巴胺信号是 RPE 而不是 TD 误差。为了支持他们的理论，他们引用了一些可变刺激间隔的结果，这些结果不同于简单 TD 模型的预测结果。另外一个事实是，即使在 TD 学习不是特别受限的情况下，高于二阶调节的高阶调节也很少会被观察到。Dayan 和 Niv (2008) 讨论了强化学习理论和收益预测误差假说与实验数据对应时，所出现的"好的、坏的、丑陋的"情况。Glimcher (2011) 回顾了支持收益预测误差假说的实证结果，并强调了当代神经科学假说的重要性。

15.4 Graybiel (2000) 是对基底神经节的简要介绍。实验提到，涉及多巴胺神经元的光遗传激活是由 Tsai、Zhang、Adamantidis、Stuber、Bonci、de Lecea 和 Deisseroth (2009)，Steinberg、Keiflin、Boivin、Witten、Deisseroth 以及 Janak (2013) 和 Claridge-Chang、Roorda、Vrontou、Sjulson、Li、Hirsh 和 Miesenbock (2009) 进行的。Fiorillo、Yun 和 Song (2013)，Lammel、Lim 和 Malenka (2014)，以及 Saddoris、Cacciapaglia、Wightmman 和 Carelli (2015) 等都表明，多巴胺神经元的信号特性是针对特定的不同目标区域的。RPE 信号传导神经元可能属于具有不同目标区域和具备不同功能的多巴胺神经元群体之一。Eshel、Tian、Bukwich 和 Uchida (2016) 发现在小鼠的经典条件反射中，多巴胺神经元的收益预测误差反应在横向 VTA 中是一致的，但他们的结果并不排除在更广泛的区域中的反应多样性。Gershman、Pesaran 和 Daw (2009) 研究了一些特定的强化学习任务，这些任务可以被分解为分别具有收益信号的独立子任务，在人类神经影像学数据中发现证据，表明大脑确实利用了这种分解结构。

15.5 Schultz 在 1998 年的调查文章 (Schultz，1998) 是关于多巴胺神经元的收益预测信号的非常广泛的文献中很好的一篇。Berns、McClure、Pagnoni 和 Montague (2001 年)，Breiter、Aharon、Kahneman、Dale 和 Shizgal (2001)，Pagnoni、Zink、Montague 和 Berns (2002) 以及 O'Doherty、Dayan、Friston、Critchley 和 Dolan (2003) 描述了功能性脑成像研究，相关证据支持人类大脑内存在类似 TD 误差之类的信号的论断。

15.6 本节大致遵循 Barto (1995a)，其中解释了 TD 误差如何模拟 Schultz 小组关于多巴胺神经元相位反应的主要结果。

15.7 本节主要基于 Takahashi、Schoenbaum、Niv (2008) 和 Niv (2009)。据我们所知，Barto (1995) 和 Houk、Adams 及 Barto (1995) 首先推测了在基底神经节可能实现"行动器-评判器"算法。O'Doherty、Dayan、Schultz、Deichmann、Friston 和 Dolan (2004) 在对参与工具性条件反射实验的人类被试者进行人体功能磁共振成像时发现，行动器和评判器很可能分别位于背侧和腹侧纹状体。Gershman、Moustafa 和 Ludvig (2014) 侧重于研究如何在基底神经节强化学习模型中表示时间，讨论时间表示的各种计算方法的证据和影响。

本节描述的“行动器-评判器”结构的神经实现假设包括少量已知基底神经节解剖学和生理学的细节。除了 Houk、Adams 和 Barto (1995) 的更详细的假设之外，还有一些其他的假设包括解剖学和生理学的更具体的联系，并且声称可以解释其他的实验数据现象。这些假设包括 Suri 和 Schultz (1998，1999)，Brown、Bullock 和 Grossberg (1999)，Contreras-Vidal 和 Schultz (1999)，Suri、Bargas 和 Arbib (2001)，O'Reilly 和 Frank (2006) 以及 O'Reilly、Frank、Hazy 和 Watz (2007)。Joel、Niv 和 Ruppin (2002) 批判性地评估了这些模型中几种模型的解剖合理性，并提出了一种替代方案，旨在适应基底神经节回路的一些被忽视的特征。

15.8 这里讨论的行动器学习规则比 Barto 等人 (1983) 的早期“行动器 -评判器”网络更复杂。在那个早期网络中，行动器单元的资格迹只有 $A_t \times \mathbf{x}(S_t)$，而不是完整的 $(A_t - \pi(1|S_t,\boldsymbol{\theta}))\mathbf{x}(S_t)$。Barto 等人的工作并没有从第 13 章中提出的策略梯度理论中受益，也没有受到 Williams (1986，1992) 所展示的伯努利逻辑单元的人工神经网络实施策略梯度方法的影响。

Reynolds 和 Wickens (2002) 提出了皮质纹状体通路中突触可塑性的三因素规则，其中多巴胺调节皮质纹状体突触功效的变化。他们讨论了这种学习规则的实验支持及其可能的分子基础。尖峰时间依赖可塑性 (STDP) 的明确证明归功于 Markram、Lübke、Frotscher 和 Sakmann (1997)。其中一些证据来源于 Levy 和 Steward (1983) 的早期实验以及另外一些研究者，这些证据说明突触后尖峰对于诱导突触功效的变化是至关重要的。Rao 和 Sejnowski (2001) 提出 STDP 是如何在类似 TD 的机制的情况下发生的，非偶发性的资格迹持续约 10 ms。Dayan (2002) 评论说，这里的误差项，应该是类似 Sutton 和 Barto (1981) 所提出的经典条件反射的早期模型中的误差，而不是一个真正的 TD 误差。Wickens (1990)，Reynolds 和 Wickens (2002) 以及 Calabresi、Picconi、Tozzi 和 Di Filippo (2007) 等都是有关收益调节 STDP 的代表性文献。Pawlak 和 Kerr (2008) 指出，多巴胺对于在中型棘状神经元的皮质纹状体突触中诱导 STDP 是必要的，同时可参见 Pawlak、Wickens、Kirkwood 和 Kerr (2010)。Yagishita、Hayashi-Takagi、Ellis-Davies、Urakubo、Ishii 和 Kasai (2014) 发现多巴胺仅在 STDP 刺激后 0.3s $\sim$ 2s 的时间窗内促进小鼠的中型多棘神经元的脊柱增大。Izhikevich (2007) 提出并探索了使用 STDP 时序条件来触发偶发性资格迹的思路。Fremaux、Sprekeler 和 Gerstner (2010) 提出了基于收益调节 STDP 的规则进行成功学习的理论条件。

15.9 受到 Klopf 的享乐主义神经元假说 (Klopf，1972，1982) 的启发，我们的“行动器-评判器”算法被实现为具有单个类神经元单元的人工神经网络，称为行动器单元，实施类似效应定律的学习规则 (Barto、Sutton 和 Anerson，1983)。其他人也提出了与 Klopf 的突触局部资格有关的想法。Crow (1968) 提出，皮质神经元突触的变化对神经活动的后果敏感。为了强调需要解决神经活动及其后果 (后果是以突触可塑性的收益调节的形式出现的) 的时间延迟问题，他提出了一种偶发形式的资格，但与整个神经元而不是单个突触相关联。根据他的假设，神经活动的波浪

> 导致参与波浪的细胞有短期的变化，使得它们从没有被激活的细胞的背景中被挑选出来。…… 通过收益信号的短期改变，这样的细胞会变得敏感 …… 以这样的方式，如果在变化过程的衰变时间结束之前发生这样的信号，则细胞之间的突触连接会更有效 (Crow，1968)。

早期的理论认为，通过引入收益信号对回路的影响，回荡神经回路就扮演了这样的角色，即

回荡神经回路“会建立突触连接使得回荡可以发挥作用 (也就是说，那些在收益信号时间参与活动的连接)，而不是建立导致自适应运动输出的路径上的突触连接。” Crow 反对这些早期理论，他进一步假设收益信号是通过一个“不同的神经纤维系统”传递的，这个系统会将突触连接的形式“从短时变成长时”。这个思想也可能是借鉴了 Olds 和 Milner (1954) 的工作。

在另一个有远见的假设中，Miller (1981) 提出了一个类效应定律学习规则，其中包括突触局部的偶发式资格迹：

> …… 可以设想，在特定的感官环境条件下，神经元 B 偶然地发出一个“有意义的爆发”的活动，然后转化为运动行为，接着改变了环境条件。这里必须假设有意义的爆发在神经元水平上对当时所有的突触都有影响 …… 从而使突触的初步选择得到加强，尽管还没有实际加强。…… 加强信号 …… 做出最终选择 …… 并在适当的突触中实现明确的变化 (Miller，1981，第 81 页)。

Miller 的假设还包括一种类似评判器的机制，他称之为“感官分析器单元”，它根据经典条件反射原理工作，为神经元提供强化信号，从而使得它们学会从低价值状态转移到高价值状态，这个过程很可能在“行动器-s 评判器”架构中使用了 TD 误差作为强化信号。Miller 的想法不仅与 Klopf (除明确引用一个独特的“强化信号”之外) 相似，而且还预测了收益调制的 STDP 的一般特征。

Seung (2003) 称之为“享乐主义突触”的一个相关但又不同的观点是，突触以效应定律的方式单独调整释放神经递质的概率：如果释放后会有收益则释放的概率增加，而如果释放失败会带来收益则释放概率降低。这与 Minsky 在 1954 年普林斯顿大学博士学位课程中所使用的学习范式基本相同 (Minsky，1954)，他将突触类学习元素称为 SNARC (随机神经模拟增强计算)。偶发性资格迹也涉及这些思想，虽然其取决于个体突触而不是突触后神经元的活动。与之相关的还有 Unnikrishnan 和 Venugopal (1994) 提出的方法，他们使用 Harth 和 Tzanakou (1974) 的基于相关性的方法来调整神经网络的权重。

Frey 和 Morris (1997) 提出了诱导突触功效长期增强的“突触标签”的概念。尽管与 Klopf 的“资格”概念没有什么不同，但他们的标签被假设为暂时加强了突触，并可以通过随后的神经元活化转化为持久的加强。O'Reilly 和 Frank (2006) 及 O'Reilly、Frank、Hazy 和 Watz (2007) 的模型使用工作记忆来弥合时间间隔，而不是资格迹。Wickens 和 Kotter (1995) 讨论了突触资格的可能实现机制。He、Huertas、Hong、Tie、Hell、Shouval 和 Kirkwood (2015) 提供的证据支持皮质神经元突触中的偶发性资格迹的存在，其实现的时间进程类似于 Klopf 假设的资格迹。

Barto (1989) 对神经元的学习规则与细菌趋化过程的类比进行了讨论。Koshland 对细菌趋化性的广泛研究部分地是由细菌特征和神经元特征之间的相似性所驱动的 (Koshland，1980) 。另见 Berg (1975) 。Shimansky (2009) 提出了一种类似于上文提到的 Seung 提出的突触学习规则，其中每个突触分别起到了趋化性细菌的作用。在这种情况下，突触集合在突触权重值的高维空间中向引诱物“游动”。Montague、Dayan、Person 和 Sejnowski (1995) 提出了一种涉及神经调节剂真蛸胺的蜜蜂觅食行为的类趋化模型。

15.10 强化学习智能体在团队和游戏问题上的行为已经被进行了长期的研究，大致分为三个阶段。据我们所知，第一个阶段是从俄罗斯数学家和物理学家 M. L. Tsetlin 的研究开始的。他在 1966 年去世之后，他的工作结集为 Tsetlin (1973) 出版。我们在 1.7 节和 4.8 节提到过他在赌博机问题相关的自动学习机方面的研究。Tsetlin 系列还包括对团队和游戏问题中自动学习机的研究，这引发了后来对 Narendra 和 Thathachar (1974)，Viswanathan 和 Narendra (1974)，Lakshmivarahan 和 Narendra (1982)，Narendra 和 Wheeler (1983)，Narendra (1989) 以及 Thathachar 和 Sastry (2002) 描述的随机自动学习机这个领域的研究。Thathachar 和 Sastry (2011) 是一个较新的研究。这些研究大多局限于非关联自动学习机，这意味着他们没有解决关联性或情境性的赌博机问题 (2.9 节) 。

第二个阶段从自动学习机向关联性或情境性扩展开始。Barto、Sutton 和 Brouwer (1981) 以及 Barto 和 Sutton (1981b) 在单层人工神经网络中用关联随机自动学习机进行了实验，其中广播了一个全局增强信号。这种学习算法是 Harth 和 Tzanakou (1974) 的 Alopex 算法的一种关联性扩展版本。他们称实施了这种学习方法的类似神经元的元素为*关联搜索元素* (ASE)。Barto 和 Anan dan (1985) 介绍了一种更复杂的关联强化学习算法，称为*关联收益惩罚* (A_{R-P}) 算法。他们将随机自动学习机理论与模式分类理论相结合，证明了收敛性。Barto (1985，1986) 以及 Barto 和 Jordan (1987) 描述了由 A_{R-P} 单元组连接成多层神经网络的结果，该结果表明它们可以学习非线性函数，如 XOR 等，具有全局广播的强化信号。Barto (1985) 广泛地讨论了人工神经网络的这种方法，以及这种类型的学习规则在当时的文献中是如何与其他人相关的。Williams (1992) 对这类学习规则进行了数学分析和拓展，并将其用于训练多层人工神经网络的误差反向传播方法。Williams (1988) 描述了将反向传播和强化学习结合用于训练人工神经网络的几种方法。Williams (1992) 指出 A_{R-P} 算法的一个特殊情况，REINFORCE 算法，尽管通用 A_{R-P} 算法获得了更好的结果 (Barto，1985)。

强化学习智能体研究的第三个阶段受到了神经科学进展的影响，包括对多巴胺作为广泛传播的神经调节剂作用的深入理解以及关于收益调节 STDP 的猜测。这项研究的内容比早期的研究多得多，这项研究考虑了突触可塑性和神经科学的其他限制的细节。相关文献包括 (按照时间及字母顺序) ：Bartlett 和 Baxter (1999，2000)，Xie 和 Seung (2004)，Baras 和 Meir (2007)，Farries 和 Fairhall (2007)，Florian (2007)，Izhikevich (2007)，Pecevski、Maass 和 Legenstein (2008)，Legenstein、Pecevski 和 Maass (2008)，Kolodziejski、Porr 和 Wörgötter (2009)，Urbanczik 和 Senn (2009) 以及 Vasilaki、Frémaux、Urbanczik、Senn 和 Gerstner (2009)。Nowé、Vrancx 和 De Hauwere (2012) 的文献中介绍了更广泛的多智能体强化学习领域的最新发展。

15.11 Yin 和 Knowlton (2006) 回顾了啮齿类动物结果贬值实验的发现，认为习惯和目标导向行为 (心理学家使用这个词) 分别与背外侧纹状体 (DLS) 和背内侧条纹 (DMS) 最为相关。在 Valentin、Dickinson 和 O'Doherty (2007) 的结果贬值背景下，人类受试者功能性成像实验的结果表明，眶额皮层 (OFC) 是目标导向选择的重要组成部分。Padoa Schioppa 和 Assad (2006) 进行了猴子的单元记录实验，有力支撑了 OFC 在进行价值编码来指导行为选择的过程中扮演了重要角色的论断。Rangel、Camerer 和 Montague (2008) 以及 Rangel 和 Hare (2010) 从神经经济学的角度介绍了关于大脑如何制定目标导向决策的一系列发现。Pezzulo、van der Meer、Lansink 和 Pennartz (2014) 回顾了内部生成序列的神经科学，并提出了这些机制如何成为基于模型的规划的组成部分的模型。Daw 和 Shohamy (2008) 提出，多巴胺信号与习惯性或无模型行为可以很好地联系起来，而其他一些过程则涉及目标导向或基于模型的行为。Bromberg-Martin、Matsumoto、Hong 和 Hikosaka (2010) 的实验数据表明，多巴胺信号包含习惯和目标导向行为的相关信息。Doll、Simon 和 Daw (2012) 认为，大脑在习惯性和目标导向的学习和选择之间可能没有明确的区分。

15.12 Keiflin 和 Janak (2015) 回顾了 TD 误差和成瘾二者之间的联系。Nutt、Lingford-Hughes、Erritzoe 和 Stokes (2015) 批判性地评估了成瘾源于多巴胺系统紊乱的假说。Montague、Dolan、Friston 和 Dayan (2012) 概述了计算精神病学领域的目标和早期工作，Adams、Huys 和 Roiser (2015) 回顾了最近的进展。

16

应用及案例分析

在本章中，我们介绍一些强化学习的研究案例。其中有一些是有潜在的经济意义的重要的应用。而另一些，例如 Samuel 的跳棋程序，主要是历史兴趣。介绍这些案例主要是为了说明在真实的应用中会出现的折中和问题。例如，我们强调领域知识是如何在问题的制定和解决过程中被纳入的。我们还强调了对于成功的应用程序来说至关重要的代表性问题。当然，在这些案例研究中使用的算法比我们在书中所展示的算法要复杂得多。强化学习的应用还远远不止这些，通常是非常规的，它们对技巧的需求和对科学的需求一样多。如何使应用程序更简单、更直观，是当前强化学习研究的目标之一。

16.1 TD-Gammon

到目前为止，强化学习令人印象深刻的应用之一就是 Gerald Tesauro 对西洋双陆棋游戏 (Tesauro，1992，1994，1995，2002) 的研究。Tesauro 的 *TD-Gammon* 程序需要很少的西洋双陆棋游戏相关知识，但是在经过学习之后，它可以下得非常好，接近世界上最强的大师级别。*TD-Gammon* 中的学习算法是 TD(λ) 算法和使用反向传播 TD 误差训练的多层神经网络的非线性函数逼近的直接组合。

西洋双陆棋是一个在世界各地都玩的流行游戏，有无数关于它的比赛和定期的世界锦标赛。它在某种程度上是一种机会游戏，也是一种很流行的需要投入大量资金的游戏。专业的西洋双陆棋选手可能比专业的国际象棋选手还要多。这个游戏是在 24 个叫作“点”的局面位置的棋盘上，用 15 个白色棋子和 15 个黑色棋子进行博弈。右图显示了从持白子的

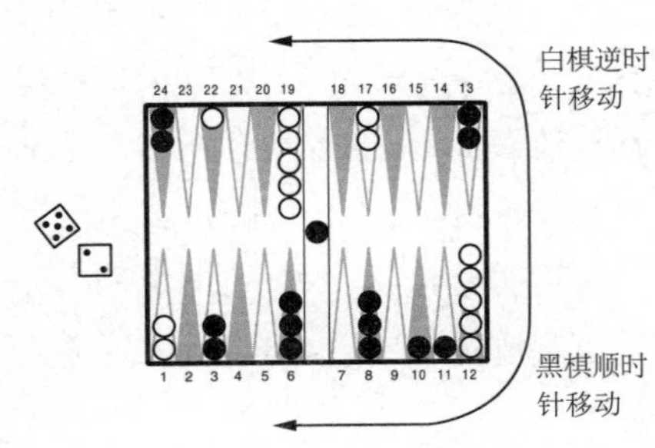

玩家角度看的游戏初期的棋盘。

在这个图中，白棋方刚刚掷出骰子，得到 5 和 2。这意味着他可以移动他的一个棋子 5 步和一个棋子 (可能是同一个棋子) 2 步。例如，他可以移动两个在 12 点的棋子，一个移到 17 点，另一个移到 14 点。白棋方的目标是把他所有的棋子都移到最后一个象限 (第 19 ~ 24 点)，然后再把棋子移出棋盘。黑色棋子的移动方向相反。第一个移出所有棋子的玩家获胜。但比较复杂的是，这些棋子会在不同的运动方向上相互影响。例如，如果轮到黑色棋子方，他可以利用掷出来 2 的骰子将黑色棋子从 24 点移动到 22 点，并在那里“打击”白色棋子。被击中的棋子被放在棋盘中间的条状区域 (我们看到已经有一个之前被击中的黑棋在里面了)，从那里再重新开始进入比赛。但是，如果一个点上有两个棋子，那么对手就不能将棋子移动到那个点上，从而保护自己的棋子免受打击。因此，如图所示，白棋方不能使用投掷出的 5 和 2 将 1 点处的白色棋子向右移动，因为它们所有可能到达的点 (3 和 5) 正在被至少两颗黑色棋子占据。形成连续的占用点阻止对手是游戏的基本策略之一。

西洋双陆棋还包含一些更复杂的问题，但上面的描述已经给出了基本的概念。这个游戏有 30 个棋子和 24 个可能的局面位置 (如果考虑中间的条状区域和棋盘外区域则是 26 个局面位置)。大家应该清楚可能的双陆棋棋盘局面位置状态的数量是巨大的，远远超过任何计算机物理上可实现的存储元件的数量。从每个局面位置状态可能移动到的目标局面位置的移动方法数量也很大。对于一次典型的掷骰子，就可能有 20 种不同的移动方法。如果要考虑将来的棋盘运动，比如对手的反应，则必须考虑可能的掷骰结果。结果是游戏状态树的分支大约为 400 个，这个数字太大以至于不能有效地使用在国际象棋和跳棋等游戏中已经被证明非常有效的传统启发式搜索方法。

一方面，这个游戏与 TD 学习方法的能力非常匹配。虽然游戏是高度随机的，但游戏状态的完整描述是始终可用的。这个游戏在一系列的移动和局面位置上演变，直到最后以某个或另一个玩家的胜利结束游戏。输赢结果可以当作要预测的收益。另一方面，我们迄今所描述的理论结果仍然不能有效地应用于这一任务，因为状态的数量非常大，不能使用查表法，并且下棋的对手是不确定性和时间变化的来源。

TD-Gammon 采用了一种非线性形式的 TD(λ)。任何局面状态 (棋盘局面位置) 的估计价值 $\hat{v}(s,\mathbf{w})$ 意在估计从状态 s 开始获胜的概率。为了实现这个目标，除了赢得比赛的时刻外，所有其他时刻的收益被定义为零。为了建模价值函数，TD-Gammon 使用了标准的多层神经网络，如图 16.1 所示 (真实的网络在最后一层有两个额外的单元来估计每个玩家获胜的概率)。网络由一层输入单元、一层隐藏单元以及最后的输出单元组成。网络的输入是一个西洋双陆棋的局面位置状态的表示，输出是该局面位置状态的价值函数的估计值。

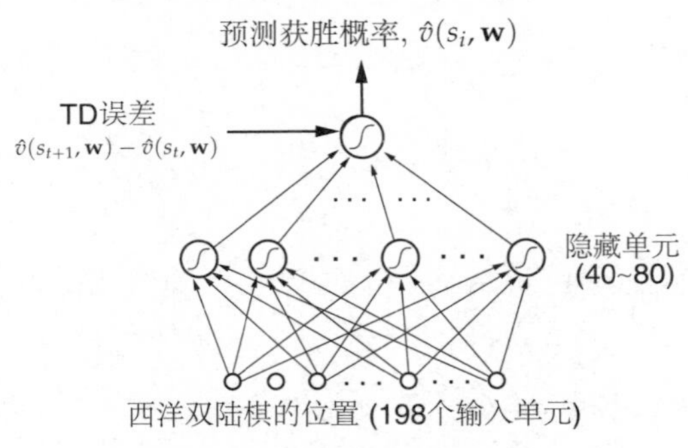

图 16.1　TD-Gammon ANN 网络

在 TD-Gammon 的第一个版本 (TD-Gammon 0.0) 中，西洋双陆棋的局面状态以相对直接的方式表示网络，几乎不涉及双陆棋的游戏知识。但是，它的确涉及了神经网络工作和输入信息表达形式的实质知识。注意，Tesauro 的准确表述是很有启发意义的。神经网络共有 198 个输入单元。以白棋为例，西洋双陆棋板上的每一个点，都用四个单元表示在这个点上白棋的数量。如果没有白色的棋子，那这四个单元都是 0。如果第一个局面位置有一个白棋，那么第一个单元的值就设置为 1。这编码了一个“瑕疵点”的基本概念，即一个棋子能被对手打击。如果有两个或更多的棋子，则第二个单元设置为 1。这种方式编码了一种叫作“安全点”的基本概念，在安全点上对手将无法落子。如果这个点上恰好有 3 个棋子，则第三个单元设置为 1，这编码了“单级备用”的基本概念，即一个额外的棋子加在两颗棋子上锁定了这个点。最后如果这个点有超过三个棋子，则第四个单元将会被设置成为正比于多出来的棋子数量的一个数。我们用 n 表示当前该点上的棋子数量，如果 $n > 3$，则第四个单元的值为 $(n-3)/2$，这就编码了一个当前点的“多级备用”的线性表示。

在棋盘上的 24 个点中，每个点采用 4 个白色，4 个黑色单元表示，共计 192 个单元。另外两个单元编码棋盘中间的长条局面位置上的白色和黑色棋子的数量 (每个都取 $n/2$ 的值，其中 n 是中间条上的棋子数)，还有两个单元编码了当前已经被成功移除棋盘的黑色和白色棋子数量 (这里取 $n/15$，其中 n 是已经被移出的棋子数量)。最后，还有两个单元表示当前轮到黑棋方走棋还是白棋方。我们需要清楚这些选择背后的一般逻辑。基本上，Tesauro 试图以直接的方式来表示局面位置状态，同时使所需的单元数量相对较少。他为每种概念上独立的可能性提供一个表示单元，并调整它们使它们大致在相同的范围内，在这种情况下是在 0 和 1 之间。

给定一个西洋双陆棋局面位置的表示，网络以标准方式计算其估计值。对应于从输入单元到隐藏单元的每个连接的权值是实数。来自每个输入单元的信号乘以其相应的权重并且在第 j 个隐藏单元处求和。隐藏单元 j 的输出 $h(j)$ 是非线性 sigmoid 函数

$$h(j) = \sigma\left(\sum_i w_{ij}x_i\right) = \frac{1}{1+e^{-\sum_i w_{ij}x_i}},$$

其中，x_i 是第 i 个输入单元的值，w_{ij} 是其与第 j 个隐藏单元的连接的权重 (所有权重一起组成网络参数向量 $\mathbf{w}$)。sigmoid 的输出保证在 0 和 1 之间，并且能从自然的角度解释这些输出是基于所有事件的总和的概率。从隐藏单元到输出单元的计算也是类似的。从隐藏单元到输出单元的每个连接都有与之对应的单独的权重，输出单元将这些权值求和，然后用相同的 sigmoid 非线性函数来计算最终输出。

TD-Gammon 采用半梯度形式作为 12.2 节详细描述过的 TD(λ) 算法的训练方法，使用误差反向传播算法计算梯度 (Rumelhart、Hinton 和 Williams, 1986) 。这种情况的一般更新规则是

$$\mathbf{w}_{t+1} \doteq \mathbf{w}_t + \alpha\Big[R_{t+1} + \gamma\hat{v}(S_{t+1},\mathbf{w}_t) - \hat{v}(S_t,\mathbf{w}_t)\Big]\mathbf{z}_t, \tag{16.1}$$

其中，$\mathbf{w}_t$ 是所有可修改参数 (在这种情况下是网络的权重) 的向量，并且 $\mathbf{z}_t$ 是资格迹向量，和 $\mathbf{w}_t$ 的每个分量一一对应，它的计算公式是

$$\mathbf{z}_t \doteq \gamma\lambda\mathbf{z}_{t-1} + \nabla\hat{v}(S_t,\mathbf{w}_t),$$

当 $\mathbf{z}_0 \doteq \mathbf{0}$ 时，这个方程中的梯度可以通过反向传播程序有效地计算出来。在西洋双陆棋程序中，$\gamma = 1$，除了获胜之外收益总是零，学习规则的 TD 误差部分通常是 $\hat{v}(S_{t+1},\mathbf{w}) - \hat{v}(S_t,\mathbf{w})$，如图 16.1 所示。

为了应用学习规则，我们需要有一个西洋双陆棋游戏的数据来源。Tesauro 通过让他的西洋双陆棋程序和自己进行无休止的对战来获得无尽的游戏对战数据。在选择走棋动作上，TD-Gammon 考虑了 20 种左右的掷骰方式和与之对应的结果的局面位置。由此产生的局面位置在 6.8 节中讨论过。使用神经网络作为价值函数来估计它们每个局面位置的价值。之后选择能使目标局面位置的估计价值最高的动作。TD-Gammon 的黑白双方不断地进行这个过程，并走棋，就可以很容易地产生大量的西洋双陆棋游戏的数据。每场比赛都被视为一个单独的幕，每幕拥有其对应的局面位置状态序列 $S_0, S_1, S_2, \ldots$。Tesauro 会增量式 (也即在每次走棋之后) 地应用非线性优化 TD 规则 (式 16.1)。

将网络的权重初始值设置为小随机数，最初的评估也是完全随机给出的。由于走棋动作是在这些评估的基础上做出的选择，所以最初的走棋很差，而最初的比赛往往会在一方或另一方获胜之前经历数百或数千次的随机移动。几十场比赛和训练之后，模型的表现会迅速变好。

在大约和自己对战了 30 万场比赛之后，TD-Gammon 0.0 学习达到了和之前最好的西洋双陆棋程序一样的水平。这个结果非常惊人，因为所有以前的表现优秀的西洋双陆棋程序都使用了额外的双陆棋知识。比如，那时候的卫冕冠军是 Tesauro 编写的另一个程序 *Neurogammon*，它使用了神经网络而不是 TD 学习。Neurogammon 的神经网络训练数据是由西洋双陆棋专家提供的示范性走棋的大型训练数据库。此外，它还应用了一系列特别为西洋双陆棋量身设计的功能。Neurogammon 是一个高度优化且高度有效的西洋双陆棋程序，在 1989 年决定性地赢得了世界西洋双陆棋奥林匹克冠军。另一方面，TD-Gammon 0.0 却是被构建为具有零基础知识的西洋双陆棋程序。它能够和 Neurogammon 以及所有其他的具有先验知识的方法表现得一样好，这一点是对自我学习方法潜力的惊人证明。

从零先验知识训练得出的 TD-Gammon 0.0 的比赛结果提供了一个明显的优化思路：添加专业西洋双陆棋知识，但仍然保持自学 TD 的学习方法。这样修改之后产生了 TD-Gammon 1.0。TD-Gammon 1.0 显然比之前所有的西洋双陆棋程序都要好得多，甚至只有在和人类专家博弈时才会出现紧张的对抗。紧接着后来的版本 TD-Gammon 2.0 (40 个隐藏单元) 和 TD-Gammon 2.1 (80 个隐藏单元) 增加了一个选择性双层搜索程序。为了更好地选择走棋动作，这些程序不仅向前看，而且考虑对手可能的掷骰子点数和走棋的策略。假设对手总是立即采取当前最优的动作，则程序会计算每个候选走棋动作的期望价值，并选出最好的动作。为了节省计算时间，第二层搜索仅针对在第一层之后排名很高的候选走棋方案，大概平均四五个走棋动作。双层搜索只影响走棋动作的选择，而神经网络的学习过程和以前完全一样。TD-Gammon 3.0 和 3.1 的最终版本使用了 160 个隐藏单元和一个选择性的三层搜索。TD-Gammon 融合了学习到的价值函数和在启发式搜索和蒙特卡洛搜索树方法中使用的决策时间搜索。在后续的工作中，Tesauro 和 Galperin (1997) 研究了将轨迹采样方法作为全宽度搜索的替代方法，它可以在保持思考时间合理 (每次移动需 5s $\sim$ 10s) 的情况下，实现大倍数的 (4x~6x) 错误率降低。

在 20 世纪 90 年代，Tesauro 能够与世界级的人类玩家进行大量的比赛。表 16.1 给出了比赛的结果。根据这些结果和西洋双陆棋大师的分析 (Robertie，1992；见 Tesauro，1995)，TD-Gammon 3.0 似乎接近甚至可能超过世界上最强的人类玩家。Tesauro 在随后

的一篇文章 (Tesauro，2002) 中报道了 TD-Gammon 相对于顶级人类玩家的走棋动作决策和双向决策的分析结果。结论是，TD-Gammon 3.1 相对于顶级人类玩家，在走棋决策中有“压倒性的优势”，在双向决策上有“微小的优势”。

表 16.1 TD-Gammon 结果总结

程序	隐藏单元数	训练对局数	对手	结果
TD-Gammon 0.0	40	300 000	其他程序	并列最佳
TD-Gammon 1.0	80	300 000	Robertie，Magriel，...	−13 分 / 51 次对局
TD-Gammon 2.0	40	800 000	多位大师	−7 分 / 38 次对局
TD-Gammon 2.1	80	1 500 000	Robertie	−1 分 / 40 次对局
TD-Gammon 3.0	80	1 500 000	Kazaros	+6 分 / 20 次对局

TD-Gammon 也影响了最好的人类玩家对这个游戏的下法。例如，它学习到了一些在最好的人类玩家中很不常见的空位的下法。基于 TD-Gammon 的成功和进一步的分析，最好的人类玩家现在就在采用和 TD-Gammon 一样的下法 (Tesauro，1995)。在 TD-Gammon 的启发下，其他自主学习的双陆棋神经网络也大量出现，比如 Jellyfish、Snowie 和 GNUBackgammon，很快它们就对人类的下棋方法产生了很大的影响。这些项目能够广泛传播神经网络产生的新的游戏知识，从而大大提高人类比赛的整体水平 (Tesauro，2002)。

16.2 Samuel 的跳棋程序

对于 Tesauro 的 TD-Gammon，一个重要的前置研究是 Arthur Samuel (1959，1967) 在构建跳棋程序中的开创性工作。Samuel 是最早有效利用启发式搜索方法和我们现在称之为时序差分学习的研究者之一。他的跳棋程序除了具有历史价值外，还具有启发性的案例研究价值。我们主要关注 Samuel 的方法与现代强化学习方法间的联系并试图探讨 Samuel 使用它们的动机。

Samuel 于 1952 年首先为 IBM 701 写了一个棋盘游戏程序，他的第一个学习程序于 1955 年完成，并于 1956 年在电视上展示。该程序的后期版学到了一些虽然不是专家级别但也还不错的游戏技巧。Samuel 在机器学习的领域研究时被游戏领域吸引是因为游戏比起“从生活中提取”的问题要简单得多，且对于研究启发式程序和学习如何一起使用卓有成效。他选择了研究跳棋，而不是国际象棋，因为它相对简单，可以更聚焦于机器学习过程。

Samuel 的程序通过从每一个当前局面位置执行前瞻性搜索来工作。其使用我们现在所说的启发式搜索方法来确定如何去做，如展开搜索树以及何时停止搜索。

每一次棋局结束时的局面都是通过一个使用线性函数逼近的价值函数 (或称“评分多项式”) 来评估或“评分”的。这个工作以及 Samuel 在其他方面的一些工作似乎受到了 Shannon (1950) 的建议的启发。特别是，Samuel 的程序是基于 Shannon 的极小极大过程的程序，从当前局面位置找到最好的下一步。从评分的终局局面通过搜索树反向计算，在每个局面下的局面位置都可以得到一个最优走棋策略情况下的得分，在这个计算过程中会假设机器总是会尽量使得分数最大化，同时对手总是尽量减少它的分数。Samuel 把这称为该局面位置的回溯分数。当极小极大过程到达搜索树的根节点 (当前的局面位置) 时，它会假设对手将采用与他的观点相同的评估标准，它在此假设下选择最好的走棋动作。Samuel 程序部分版本采用了复杂的搜索控制方法，例如“alpha-beta”剪枝 (参见 Pearl，1984)。

Samuel 使用了两种主要的学习方法，其中最简单的就是*机械学习 (死记硬背)*。它只是简单地保存每个棋盘局面位置的描述，在游戏过程中与由极小极大程序确定的回溯更新值一起被保存。结果是，如果一个已经遇到过的局面再次出现作为搜索树的终局局面，搜索的深度会大大增加，因为这个局面位置的存储值已经包含了早先执行的一个或多个搜索的结果。这就产生了一个问题：程序没有动力沿着最短最直接的路径走向胜利。Samuel 给出了一个找到“方向感”的方法：在极小极大分析中，每次回溯一个级别 (称作 ply) 就会把局面分数减掉一个很小的量。“如果该程序现在面临的可选局面位置当中，不同局面位置的分数区别仅仅是由层数不同导致的，则它会自动做出最有利的选择：如果能导向赢棋则选择较低层的局面 (更快导向胜利)。如果会导向输棋则选择较高层的局面 (更慢导向失败)。”(Samuel，1959，第 80 页)。Samuel 发现这个类似折扣的技术对学习的成功至关重要。机械学习缓慢而持续地改进，这对于开局和残局来说是最有用的方法。他的程序经过了多方面的学习，包括和自己对抗，和各种各样的人类对手对抗，以及在有监督学习模式下从记录在册的历史游戏中学习招式等。在这之后，这个程序成为了一个“优于平均水平的新手”。

死记硬背的机械学习和 Samuel 的其他工作都强烈地揭示出时序差分学习的基本思想 —— 一个状态的价值应该等于可能的后续状态的价值。Samuel 在他的第二个学习方法，即“泛化学习”中修改价值函数的参数的过程最接近这个思想。Samuel 的方法在概念上与 Tesauro 在 TD-Gammon 中使用的很相似。他让程序与程序的另一个版本相互玩了很多局游戏，并在每一步走棋之后进行回溯更新操作。Samuel 关于更新的思想可以用

图 16.2 中的回溯图描述。每个空心圆表示程序要走的下一个位置，称为走棋局面位置，每个实心圆表示对手下一次要走的位置。在双方都走棋之后，对每个走棋局面位置的价值进行更新，这会产生第二个走棋局面位置。更新的方向是朝向从第二个走棋局面位置开始的搜索得到的最小价值。因此，整体的更新效果就是由一个完整的真实走棋事件以及一次对可能发生的走棋事件的搜索所做出的，如图 16.2 所示。由于计算的原因，Samuel 的实际算法比这个复杂得多，但这是基本的思想。

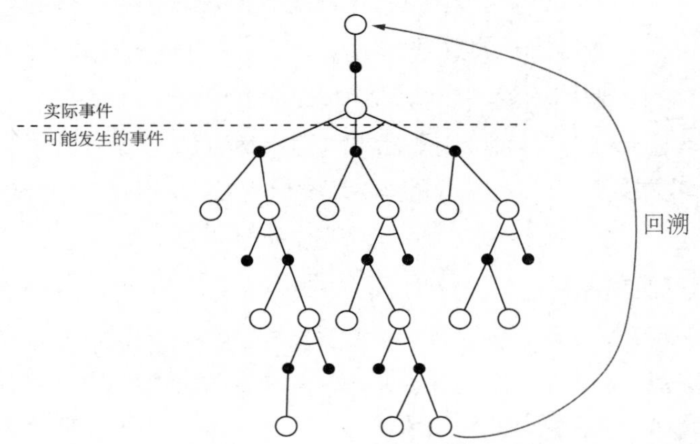

图 16.2 Samuel 的跳棋程序的回溯图

Samuel 没有引入明确的收益概念。相反，他确定了最重要的特征 ——棋子优势特征，该特征度量了程序与对手的棋子的数量关系，对“国王”棋子给予更高的权重，并且包括了一些精细化调整，使得在快赢棋的时候比快输棋的时候更容易进行棋子对消。因此，Samuel 程序的目标是提高棋子的优势，在跳棋的例子当中，这些优势与赢棋高度相关。

然而，Samuel 的学习方法可能已经去掉了一个更好的时序差分算法的重要组成部分。我们可以在 Samuel 的方法中清楚地看到，时序差分学习被看作使价值函数与自身保持一致的一种方式。但是，同样也需要将价值函数与状态的真实价值联系起来。我们通过收益来实现这种联系，收益的计算需要包括折扣或将固定值赋给终止状态。但 Samuel 的方法没有包括收益和对游戏最终局面位置的特殊处理。正如 Samuel 自己所指出的那样，只要给所有局面位置一个固定的价值，价值函数就可以变得一致。他希望通过给予棋子优势局面一个大的、不可改变的权值来防止这种情况的发生。然而，尽管这种方法可能会降低找到无用的价值函数的可能性，却并不能完全防止它们的出现。例如，通过在函数参数中设置可修改的权重，则不可修改的权值的影响会被抵消，我们仍然可以得到一个恒定为常数的函数。

由于 Samuel 的学习过程并不保证找到的评估函数是有用的，因此它有可能随着经验增加而变得更糟。事实上，Samuel 指出，在大量的自我博弈训练过程中也观察到了这一点。为了进一步改善这个程序，Samuel 不得不干预训练过程，把绝对值最大的权重重新设定为零。他的解释是，这种激烈的干预使得该程序脱离了局部最优。但是另一种可能性是，这种干预使得程序离开了无意义的评估函数，这些无意义的函数虽然满足一致性，但却和游戏的输赢毫无关系。

尽管存在这些潜在的问题，Samuel 的跳棋程序使用泛化学习方法依然能达到“优于平均水平”。一些相当不错的业余人类棋手称其“棘手但可打败”(Samuel，1959)。与机械学习的版本相比，这个版本的程序能够实现很好的中局走棋，但是在开局和残局处理方面仍然很弱。该程序包括了特征筛选的能力，可以搜索到对优化价值函数最有用的特征。后来的版本 (Samuel，1967) 在搜索过程中加入了一些改进，比如 alpha-beta 剪枝，大量使用被称为“书本学习”的有监督学习模式，以及称为签名表的分层查找表 (Grifith，1966) 表示价值函数而不是线性函数逼近。这个版本学习达到的程度比 1959 年的版本好得多，尽管还没达到大师级。Samuel 的跳棋程序被广泛认为是人工智能和机器学习方面的重大成就。

16.3　Watson 的每日双倍投注

IBM WATSON[1]是由 IBM 研究人员开发的一个系统，用来玩受欢迎的电视竞猜节目 *Jeopardy!*[2]，2011 年在与人类冠军的展览比赛中获得一等奖。虽然 WATSON 所展示的主要技术成就是能够迅速准确地回答广泛领域的常识，但它能赢得 *Jeopardy!*，同时依赖于在游戏关键环节的复杂决策策略。Tesauro、Gondek、Lechner、Fan 和 Prager (2012，2013) 对前述的 Tesauro 的 TD-Gammon 系统进行了改造，创造了 WATSON，其在 Jeopardy! 的“每日双倍投注”(Daily-Double，DD) 中的表现超过了人类冠军。这些作者报告说，WATSON 的投注策略的有效性远远超出了人类玩家能够在现场游戏中做到的，而且它与其他先进策略一起，是使 WATSON 获胜的重要因素。在这里，我们只关注 DD 投注，因为它是 WATSON 强化学习最重要的一个例子。

Jeopardy! 由三名玩家共同参与。他们面对一个显示 30 个方格的显示板，每个方格后面隐藏着一个价值若干美元的题目。方格排列成 6 列，每列对应一个不同的类别。参赛者选择一个方格，主持人阅读方格对应的题目，每个参赛者可以按键发出蜂鸣声（“嗡嗡”）

1　IBM 公司的注册商标。

2　Jeopardy 公司的注册商标。

来响应题目。先响的参赛者会尝试回答这个题目。如果这个参赛者的回答是正确的，则他的得分会增加方格所对应的美元值；如果他的回答不正确，或者他在 5s 内没有回答，则他的分数就会减少，其他的参赛者就有机会回答同样的题目。一个或两个方格 (取决于游戏的当前回合) 是特殊的“双倍投注 (DD) 方块”。选择其中之一的选手得到一个独占的机会来回答问题，并且必须在提示线索之前决定投注多少。赌注必须大于 5 美元，但不得大于参赛者的当前得分。如果参赛者对 DD 线索的回答正确，则他的得分会增加，增加量就是投注量；否则按投注金额减少。每场比赛结束时都会有一个“最终危险边缘”(Final Jeopardy，FJ) 轮，其中每个参赛者写下一个密封的赌注，然后在问题被读取后写下自己的答案。三轮比赛中得分最高的选手 (其中每一轮会由 30 条线索组成) 是胜利者。游戏中有很多其他的细节，但是上面的介绍足以体现 DD 投注的重要性。赢或输往往取决于参赛者的 DD 投注策略。

每当 WATSON 选择一个 DD 方格时，它通过比较动作价值 $\hat{q}(s, bet)$ 来选择它的赌注 bet，$\hat{q}(s, bet)$ 估计了在每轮合法赌注下，能够从当前游戏状态 s 获胜的概率。除了下面描述的一些降低风险的措施外，WATSON 选择了对应最大动作价值的投注。无论何时需要投注时，都会计算动作价值，它可以通过游戏开始前学习得到的两种类型的估计值来计算。第一种是后位状态 (6.8 节) 的估计价值。这些估计是从一个价值函数 $\hat{v}(\cdot,\mathbf{w})$ 得到的，由参数 $\mathbf{w}$ 定义，它给出了从任何游戏状态中获胜的概率。用于计算动作价值的第二个估计值是“类内 DD 置信度” p_{DD}，它估计了 WATSON 能够正确回答尚未显示的 DD 问题线索的可能性。

Tesauro 等人使用上述 TD-Gammon 的强化学习方法来学习 $\hat{v}(\cdot,\mathbf{w})$：使用多层神经网络的非线性 TD($\lambda$) 的直接组合，其中在多个模拟游戏期间通过反向传播 TD 误差来训练权重 $\mathbf{w}$。通过专门为 *Jeopardy!* 设计的特征向量表示各个状态。特征包括三名玩家的当前分数、剩余的 DD 数量、剩余问题的总美元值以及与剩余游戏数量有关的其他信息。与通过自我学习的 TD-Gammon 不同，WATSON 的 $\hat{v}$ 学习了数以百万计的与精心制作的人类玩家模型对战的模拟游戏。类内置信度估计基于 WATSON 在之前的同类问题线索的回答中所给出的正确答案数 r 和错误答案数 w。对 (r, w) 的依赖性是根据 WATSON 在数千种历史类别中的实际精度估计出来的。

有了以前学到的价值函数 $\hat{v}$ 和类别 DD 的置信度 p_{DD}，WATSON 为每个合法的美元赌注计算的 $\hat{q}(s, \text{bet})$ 如下

$$\hat{q}(s, \text{bet}) = p_{DD} \times \hat{v}(S_{\text{W}} + \text{bet}, \ldots) + (1 - p_{DD}) \times \hat{v}(S_{\text{W}} - \text{bet}, \ldots), \tag{16.2}$$

其中，S_{W} 是 WATSON 的当前分数，$\hat{v}$ 给出 WATSON 对 DD 问题的反应后的游戏状态 (正

确或不正确) 的估计价值。以这种方式计算动作价值与练习 3.19 是对应的，即动作价值是给定动作的后继状态的期望价值 (不同之处是，在这里它是下一个“后位状态”的期望价值，因为整个游戏的完整的后继状态取决于下一个方格的选择)。

Tesauro 等人发现通过最大化动作价值来选择赌注招致了“令人恐惧的风险”，这意味着如果 WATSON 对问题的回答恰巧是错误的，则损失可能是灾难性的。为了减少错误回答的风险，Tesauro 等人对式 (16.2) 进行了调整，对 WATSON 的“正确/不正确”后位状态的价值评估减掉一个量，该量是标准差的一个小部分。他们还禁止了一些可能使得答错情况下的后位状态价值评估低于一定限度的投注，以进一步降低风险。这些措施略微降低了 WATSON 的获胜期望，但是显著降低了风险，不仅降低了 DD 投注的平均风险，而且在极端风险的情况下，风险中立 (risk-neutral) 的 WATSON 将会赢得大部分或全部资金。

为什么 TD-Gammon 不用自我博弈 (self-play) 的方法来学习关键的价值函数 $\hat{v}$ 呢？通过自我博弈的方法来学习 *Jeopardy!* 不会表现很好，因为 WATSON 与任何人类选手都非常地不同。自我博弈会导致对状态空间中某些不会在典型的与人类对手 (特别是人类冠军) 的对抗中出现的区域的试探。另外，不像西洋双陆棋，*Jeopardy!* 是一个不完备信息的博弈游戏，因为参赛者无法获得所有的信息来影响对手的表现。特别是 *Jeopardy!* 的参赛者不知道他们有多少信心来对付各种类型的问题。自我博弈更像与拿着一样牌的人玩牌。

由于这些复杂性，开发 WATSON 的 DD 投注策略的很大一部分工作是对人类对手建模。这些模型没有解决游戏的自然语言方面的问题，而是关于游戏过程中可能发生的事件的一个随机过程模型。统计数据是从这个节目开始至今大量的粉丝创建的游戏信息档案中提取的。档案包括问题顺序、参赛者答案的正确与否、DD 的局面位置以及近 30 万条问题的 DD 和 FJ 投注等信息。构建了三个模型：基于所有数据的平均参赛者模型、基于 100 个最佳选手的比赛统计数据的冠军模型和基于 10 个最佳选手的比赛统计数据的超级冠军模型。除了在学习期间作为对手之外，这些模型还被用来评估学到的 DD 投注策略的好坏。当使用基础的启发式 DD 投注策略时，WATSON 的模拟赢率为 61%；当使用学到的价值和默认的置信度时，其胜率增至 64%；而且在个别高置信度的类别里，这个胜率是 67%。Tesauro 等人认为这是一个显著的改进，因为每场比赛只需要 1.5 ~ 2 次 DD 投注。

由于 WATSON 只有几秒钟的时间来投注、选择方格并决定是否按键发出蜂鸣声，所以做出这些决定所需的计算时间是一个关键因素。$\hat{v}$ 的神经网络实现允许 DD 投注快到足以满足现场比赛的时间限制。然而，一旦可以通过仿真软件的改进足够快地模拟游戏，在游戏残局 (即快结束的时候)，通过对许多蒙特卡洛试验进行平均来估计投注的价值也是可行的，其中每次投注的结果是通过模拟游戏结束来获得的。在现场比赛的残局 DD 投注选择过程中使用基于蒙特卡洛试验的方法而不是神经网络方法可以显著地改善 WATSON 的表现，因为在残局估值中的错误可能会严重影响获胜的机会。虽然在整个游戏过程中通过蒙特卡洛试验做出所有的决定可能会获得更好的投注决策，但考虑到游戏的复杂性和现场比赛的时间限制，这是不可能的。

虽然 WATSON 能够迅速准确地回答自然语言问题，这是它的主要优势，但是它的复杂决策策略在击败人类冠军的过程中功不可没。Tesauro 等人 (2012) 说：

> …… 显而易见，我们的策略算法达到了超出人类能力的定量精度和实时性能水平。在 DD 投注和残局处理的情况下尤其如此，在这种情况下，人类根本无法与 WATSON 所执行的准确的置信度估计以及复杂的决策计算相匹敌。

16.4 优化内存控制

大多数计算机使用动态随机存取存储器 (DRAM) 作为其主存储器，因为它具有低成本和高容量的优势。DRAM 内存控制器的工作就是高效地使用处理器芯片和片外 DRAM 系统之间的接口，以提供高速程序执行所需的高带宽和低延迟数据传输。内存控制器需要处理动态变化的读/写请求模式，同时遵守硬件要求的大量时序和资源约束。这是一个令人生畏的调度问题，特别是对于现代的共享 DRAM 的多核处理器就更是如此。

İpek、Mutlu、Martínez 和 Caruana (2008) (另见 Martínez 和 İpek，2009) 设计了一个强化学习内存控制器，并证明与他们那个时代的其他传统内存控制器相比，它可以显著提高程序执行的速度。他们的动机是解决传统内存控制器的局限性，这些控制器使用的策略没有利用过去的调度经验，也没有考虑调度决策的长期后果。İpek 等人的项目是通过仿真来实现的，但是他们给出了详细的设计方案，足以直接在处理器芯片上实现相关的硬件 (包括学习算法)。

访问 DRAM 涉及许多步骤，必须按照严格的时间限制来完成。DRAM 系统由多个 DRAM 芯片组成，每个 DRAM 芯片包含按行和列排列的多个矩形存储单元阵列。每个单元用电容上的电荷存储一位信息。由于电荷随时间减少，所以每个 DRAM 单元需要每隔几毫秒就进行一次充电刷新，以防止存储器内容丢失。DRAM 需要刷新是 DRAM 被称为“动态 (Dynamic)”的原因。

每个单元阵列都有一个行缓冲区，保存一行“位”信息，可以传入或传出阵列的某一行。一个激活命令“打开一行”，这意味着将该命令指示的地址行的内容移动到行缓冲区。

打开一行，控制器就可以向单元阵列发出读取和写入命令。每个读取命令将行缓冲器中的“词”(一个短的连续位序列) 传送到外部数据总线，并且每个写入命令将外部数据总线中的词传送到行缓冲器。在打开另一个不同的行之前，必须发出预充电命令，将行中的 (可能更新的) 数据传送回单元阵列的被寻址的行。之后，另一个激活命令可以打开一个新的行进行访问。读取和写入命令是*列命令*，因为它们将“位”顺序地传入或传出行缓冲区的每一列；可以一次性传输多个位而不需要重新打开该行。对当前打开的行进行读取和写入，要比访问其他不同的行快很多，因为访问其他不同行将涉及额外的*行命令*：预充电和激活，这有时被称为“行的局部性”。内存控制器维护了一个“存储事务队列”，它保存了共享内存系统的多个处理器所发出的内存访问请求。控制器必须通过向内存系统发出命令来处理请求，同时遵守大量的时序约束。

控制器调度访问请求的策略可能会对内存系统的性能产生很大的影响，例如请求可以满足的平均等待时间以及系统能够达到的吞吐量。最简单的调度策略就是按照访问请求到达的先后顺序来进行处理，即在开始服务下一个请求之前发出当前访问请求所需的所有命令。但是如果系统还没有为这些命令中的某一个做好准备，或者执行一个命令会导致资源利用不足 (例如，由于服务某个命令而引起的时间限制)，那么在旧的访问请求完成之前就开始服务新的请求就是有意义的。我们可以通过对请求进行重新排序来获得更高的效率，例如，给予读取请求更高的优先级，或者优先对已经打开的行进行读取/写入。这种思想下的一种调度策略就是“先就绪-先到先得”(First-Ready，First-Come-First-Serve) (FR-FCFS) 策略，它给予列命令 (读取和写入) 比行命令 (激活和预充电) 更高的优先级，并且在就绪优先级相等的情况下给予较早的命令更高的优先级。通常，FR-FCFS 在平均内存访问延迟方面的表现优于其他调度策略 (Rixner，2004)。

图 16.3 是 Ipek 等人的强化学习内存控制器的总体视图。他们将 DRAM 访问过程建模为 MDP，其状态是事务队列的内容，其动作是对 DRAM 系统的命令：*预充电*，*激活*，*读取*，*写入*和 *NoOp* (无动作)。当动作是*读取*或*写入*时，收益信号是 1，否则是 0。状态转换被认为是随机的，因为系统的下一个状态不仅取决于调度程序的命令，还取决于调度器不能控制的系统行为特性，例如访问 DRAM 的处理器的工作负载。

这个 MDP 的关键是对每个状态对应的可执行动作进行限制。回想第 3 章，可用动作的集合取决于状态：$A_t \in \mathcal{A}(S_t)$，其中 A_t 是时刻 t 处的动作，$\mathcal{A}(S_t)$ 是状态 S_t 中的可行动作集合。在这个应用中，DRAM 系统的完整性是通过不允许违反时序或资源限制来保证的。尽管 İpek 等人没有明确说明，但他们通过对所有可能的状态 S_t 预先定义集合 $\mathcal{A}(S_t)$ 有效地实现了这一点。

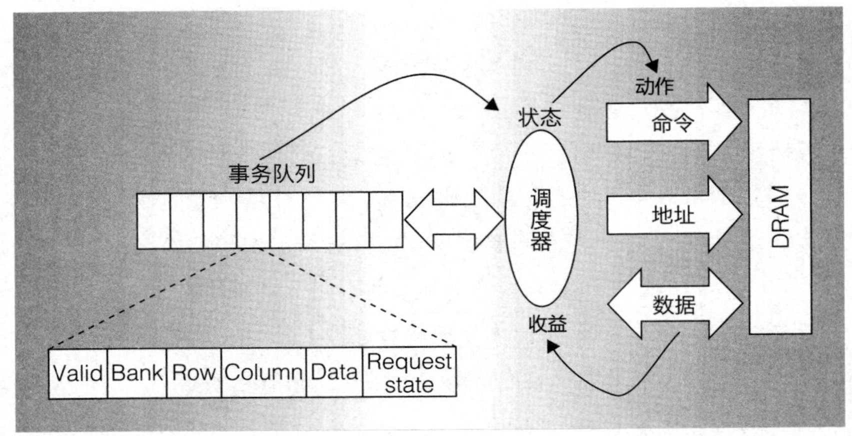

图 16.3 强化学习 DRAM 控制器的总体视图。调度器是强化学习智能体。其环境由任务队列的特征来表示，其动作是对 DRAM 系统发出的命令。©2009 IEEE. Reprinted，with permission，from J. F. Martínez and E. İpek，Dynamic multicore resource management: A machine learning approach，*Micro*，*IEEE*，*29*(5)，p. 12.

这些限制解释了为什么 MDP 有一个 NoOp 操作，以及为什么除非发出读取或写入命令，否则收益信号都是 0。当 NoOp 是某个状态下唯一合法的动作时，它才会被发出。为了最大限度地利用内存系统，控制器的任务是将系统驱动到可以选择读取或写入动作的状态：只有这些动作会引发通过外部数据总线发送数据，所以只有这些动作才有助于提升系统的吞吐量。尽管预充电和激活不会立即产生收益，但是智能体需要选择这些动作，以便稍后选择带收益的读写操作。

调度智能体使用 Sarsa (6.4 节) 算法来学习动作价值函数。状态由 6 个整数特征表示。为了逼近动作价值函数，该算法使用了带哈希的瓦片编码实现的线性函数逼近 (9.5.4 节)。瓦片编码有 32 个覆盖，每个覆盖存储 256 个动作价值，以 16 位定点的方式存储。试探方式是 $\varepsilon = 0.05$ 的 ε-贪心策略。

状态特征包括任务队列中读请求的数量、任务队列中写请求的数量、等待其行被打开的任务队列中的写请求和读请求的数量 (其他特征取决于 DRAM 如何与高速缓存存储器相互作用，我们在这里省略细节)。状态特征的选择基于 Ipek 等人对影响 DRAM 性能的各种因素的理解。例如，根据每个任务队列中有多少个任务，来平衡读写服务的速率，可以帮助避免 DRAM 系统与高速缓冲存储器的交互停滞。作者实际上生成了一个相对较长的潜在特征列表，然后使用分阶段特征选择的模拟实验将它们减少到极少。

作为一个 MDP，这个调度问题的一个有趣的方面是：输入瓦片编码 (tile code) 以定义动作价值函数的特征与用于指定动作约束集合 $\mathcal{A}(S_t)$ 的特征是不同的。瓦片编码的输入源自任务队列的内容，而约束集则取决于许多与时序和资源约束相关的其他特征，这些特征必须满足整个系统的硬件实现。通过这种方式，动作约束确保学习算法的试探不会危及物理系统的完整性，而学习被有效地限制在硬件实现的更大状态空间的“安全”区域。

由于这项工作的目标是学习控制器可以在芯片上实现，以便在计算机运行时可以在线进行学习，所以硬件实现细节是重要的考虑因素。该设计包括两个五阶段流水线，用于计算和比较每个处理器时钟周期的两个动作价值，并更新相应的动作价值估计值。这包括访问存储在静态 RAM 中的瓦片编码。在 Ipek 等人模拟的实验设置 (4GHz 的四核芯片，这是他们的时代里的一个典型的高端工作站配置) 下，每个 DRAM 周期有 10 个处理器周期。考虑到填充流水线所需的处理器时钟周期，在每个 DRAM 周期内最多可以评估 12 个动作。Ipek 等人发现，在任何状态下合法命令的数量极少会大于这个数字，而且即使没有足够的时间来考虑所有的合法命令，性能损失也是微不足道的。这些和其他巧妙的设计细节使得在多处理器芯片上实现完整的控制器和学习算法成为可能。

Ipek 等人通过模拟仿真将他们的学习控制器与其他三种控制器进行了性能比较。这三种控制器分别是：1) 前述的“先就绪-先到先得”(FR-FCFS) 控制器，它具有最优的平均性能；2) 常规控制器，它按顺序处理每个请求；以及 3) 不可实现的理想控制器，也称为乐观控制器，它忽略了时序和资源的限制，在有足够请求量的情况下能够保持 100% 的 DRAM 吞吐量，而在请求量不够的时候才对 DRAM 延迟 (行缓冲区的命中) 和带宽建模。他们模拟了由科学和数据挖掘应用组成的 9 个内存密集型并行工作负载。图 16.4 显示了 9 个应用的每个控制器的性能 (FR FCFS 执行时间与其执行时间的比值)，以及它们在各个应用中的性能的几何平均值。学习控制器在图中被标记为 RL，在 9 个应用中它们的性能比 FR-FCFS 提高了 7% ∼ 33%，平均提高了 19%。当然，没有任何一个可实现的控制器可以与理想控制器的性能相匹配，因为理想控制器忽略了所有的时序和资源约束，但是学习控制器的表现与理想控制器的上限表现差距缩小了 27%。

因为在芯片上实现学习算法的基本动机是让调度策略可以在线地适应不断变化的工作负载，İpek 等人对在线学习与预先学习固定策略的方法进行了分析比较。他们用来自所有 9 个基准应用程序的数据训练了他们的控制器，然后在整个应用程序的模拟执行过程中保持动作价值不变。他们发现，在线学习的控制器的平均性能比使用固定策略的控制器的平均性能好 8%，从而得出结论：在线学习是他们方法的一个重要特性。

这种学习型内存控制器从来没有真正在物理硬件上实现，因为制造成本很高。然而，İpek 等人根据他们的模拟结果有力地证明，通过强化学习方法进行在线学习的内存控制

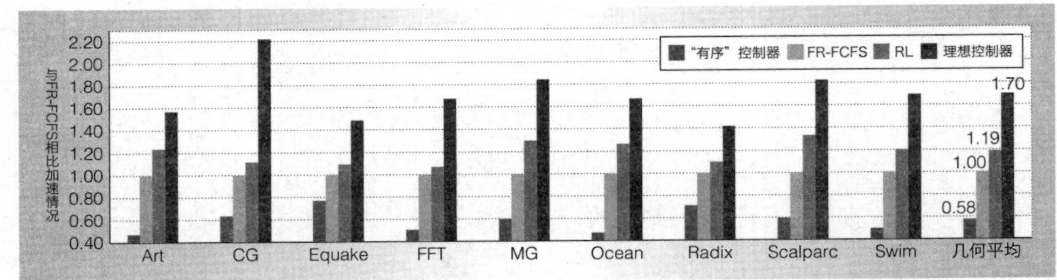

图 16.4 4 个控制器在 9 个基准应用上的模拟仿真性能。控制器为：最简单的"有序"控制器、"先就绪-先到先得"控制器 FR-FCFS、学习控制器 RL，以及忽略所有时序和资源约束以提供性能上限的不可实现的理想控制器。性能指标是执行时间的倒数，并归一化到 FR-FCFS 的性能，也即 FR-FCFS 执行时间与每个控制器执行时间的比值。最右边是每个控制器在 9 个基准测试应用上的性能的几何平均值。控制器 RL 最接近理想的性能。©2009 IEEE. Reprinted，with permission，from J. F. Martínez and E. İpek，Dynamic multicore resource management: A machine learning approach，*Micro*，*IEEE*，*29*(5)，p. 13.

器有可能将性能提高到原本需要更复杂且更昂贵的存储器系统的水平，同时没有了人类设计师手动设计有效的调度策略所需的某些负担。Mukundan 和 Martínez (2012) 通过研究学习控制器的其他行为、其他性能标准以及使用遗传算法推导出的更复杂的收益函数推动了这个项目的进展。他们考虑了与能源效率有关的额外性能指标。这些研究的结果超越了上述的早期结果，并且在他们考虑的所有性能指标方面大大超过了 2012 年的水平。这种方法在开发复杂的功耗感知型 DRAM 接口方面前途可期。

16.5 人类级别的视频游戏

将强化学习应用于现实世界问题的最大挑战之一是决定如何表示和存储价值函数和策略。除非状态集合是有限的且足够小以允许通过表格进行详尽表示 (如本书中许多的说明示例中那样)，否则必须使用参数化函数逼近方案。无论是线性还是非线性的，函数逼近都依赖于特征，这些特征必须是学习系统易于访问的，并且能够表达熟练操作所需的信息。强化学习的大部分成功应用都是基于精心设计的特征集合的，这些特征往往是依据人类对特定待处理问题的知识和直觉而手动设计的。

Google DeepMind 的一个研究小组开发了一个令人印象深刻的演示项目，即深度多层人工神经网络 (ANN) 可以自动完成特征设计的过程 (Mnih et al.，2013，2015) 。从 1986 年反向传播算法作为学习内部特征表示的方法 (Rumelhart、Hinton 和 Williams, 1986；参见 9.7 节) 开始流行以来，多层神经网络已经被广泛用于强化学习中的函数逼近。通过将反向传播引入强化学习，人类取得了惊人的成果。前文所介绍的 Tesauro 及 TD-Gammon 和 Watson 的同事所取得的成果就是值得关注的例子。这些例子和其他应用都受益于多层人工神经网络学习任务相关的特征的能力。然而，在我们知道的所有例子中，最令人印象深刻的例子都要求网络的输入是针对特定问题设计的特征。这在 TD-Gammon 结果中生动地表现了出来。TD-Gammon 0.0 的网络输入本质上是西洋双陆棋盘的“原始”表示，这意味着它涉及了很少的走棋知识，但它几乎能达到先前最好的西洋双陆棋程序的水平。而添加一些为西洋双陆棋设计的特定特征则产生了 TD-Gammon 1.0，其比之前的所有程序都要好得多，并且能与人类高手比拼。

Mnih 等人开发了一种称为*深度 Q 网络* (Deep Q-Network，DQN) 的强化学习智能体，它将 Q 学习与*深度卷积* ANN 结合起来。深度卷积 ANN 是一种专门用于处理图像等空间数据阵列的深度 ANN。我们在 9.7 节描述了深度卷积 ANN。在 Mnih 等人的 DQN 工作出现之前，包括深度卷积 ANN 在内的深度人工神经网络在许多应用中已经有了令人印象深刻的表现，但是它们还没有被广泛用于强化学习。

Mnih 等人使用 DQN 来展示单个强化学习智能体如何在不依赖于特定问题的特征集合的情况下在许多不同问题中表现出较高的性能。为了证明这一点，他们让 DQN 通过与游戏模拟器交互来学习 49 种不同的 Atari 2600 视频游戏。为了学习每个游戏，DQN 使用相同的原始输入、相同的网络架构和相同的参数值 (例如，步长、折扣率、试探参数以及更具体的与实现相关的参数)。DQN 在大部分游戏中达到或超过人类水平。虽然这些游戏在观看视频图像方面表现相似，但是在其他方面却有很大的不同。它们的动作具有不同的效果，它们有不同的状态转移动态特性，它们需要使用不同的策略来获得高分。深度卷积 ANN 学习将所有游戏共有的原始输入转化为专门用于表示动作价值的特征，这些动作价值是在大多数游戏中实现的高水平 DQN 所需要的。

Atari 2600 是一款家庭视频游戏机，1977 年至 1992 年的各种版本由 Atari Inc. 销售。它推出或推广了许多现在被认为是经典的视频游戏，如 Pong、Breakout、Space Invaders 和 Asteroids。尽管比现代视频游戏简单得多，但 Atari 2600 游戏对于玩家来说仍然具有娱乐性和挑战性，而且它们已经成为开发和评估强化学习方法的试验基地 (Diuk、Cohen、Littman，2008；Naddaf，2010；Cobo、Zang、Isbell 和 Thomaz，2011；Bellemare、Veness 和 Bowling，2012)。Bellemare、Naddaf、Veness 和 Bowling (2012) 开发了公用的街机学习环境 (Arcade Learning Environment, ALE) 以鼓励使用 Atari 2600 游戏来研究学习算法和规划算法。

这些先前的研究和 ALE 的可用性使得 Atari 2600 游戏系列成为了 Mnih 等人演示程

序的一个很好的选择。Mnih 等人的工作同时也受到了在西洋双陆棋中实现的令人印象深刻的接近人类水平的 TD-Gammon 的影响。DQN 与 TD-Gammon 类似，使用多层 ANN 作为函数逼近来实现半梯度形式的 TD 算法，梯度采用反向传播算法计算。然而，DQN 不像 TD-Gammon 那样使用 TD(λ)，而是使用 Q 学习的半梯度形式。TD-Gammon 估计了后位状态的价值，这些估计值通过西洋双陆棋的走棋规则可以很容易地获得。Atari 游戏要使用相同的算法为每个可能的动作生成下一个状态 (在这种情况下不会有“后位状态”)。这可以通过使用游戏模拟器对所有可能的动作 (ALE 使之成为可能) 运行单步模拟来完成。或者可以学习每个游戏的状态转移函数的模型进而预测下一个状态 (Oh、Guo、Lee、Lewis 和 Singh，2015) 。虽然这些方法可能产生与 DQN 相媲美的结果，但实施起来会更复杂，而且会显著增加学习所需的时间。使用 Q 学习的另一个动机是 DQN 使用了*经验回放* 方法，如下所述，这需要一个离轨策略算法。无模型和离轨策略的问题特性使得 Q 学习成为一种自然的选择。

在描述 DQN 的细节以及如何进行实验之前，我们来看看 DQN 能够实现的技能水平。Mnih 等人将 DQN 的得分与当时文献中表现最好的学习系统的得分、专业人类游戏测试者的得分以及智能体随机选择动作的得分进行比较。文献中最好的系统使用线性函数逼近，并使用 Atari 2600 游戏的一些知识进行特征的人工设计 (Bellemare、Naddaf、Veness 和 Bowling，2012)。DQN 通过与游戏模拟器交互 5000 万帧来学习每个游戏，这相当于约 38 天的玩游戏经验。在每场比赛学习开始时，DQN 网络的权重被重置为随机值。为了评估 DQN 学习后的技能水平，对每个游戏取超过 30 次比赛的平均分数，每次游戏比赛持续时间 5 分钟，并以随机初始状态开始。专业的人工测试人员使用相同的仿真器进行游戏 (声音关闭，以消除相对于不处理音频的 DQN 任何可能的优势)。经过 2 个小时的练习，每个游戏人类打 20 场比赛，每场比赛最多 5 分钟，在这段时间内不允许休息。DQN 学习比其他所有游戏中的最佳强化学习系统发挥得更好，并且在 22 场比赛中比人类玩家表现更好。如果设定等于或超过人类得分 75%以上的得分就代表着机器与人类表现相似或更好，则 Mnih 等人得出的结论是，在 46 场比赛中，29 场比赛的得分水平达到或超过了人类水平。参见 Mnih 等人 (2015) 关于这些结果的更详细的描述。

对于一个人工学习系统来说，达到这样的水平就足够令人印象深刻了。但真正被认为是人工智能一大突破的是，几乎一样的学习系统可以不借助任何与特定游戏有关的修改就可以在广泛的游戏种类中达到这样的水平。一个人类玩家在玩这 46 个 Atari 游戏的时候，看到的是 60Hz 的 210 像素 × 160 像素的图像帧，共 128 个颜色。原则上，这些图像可以直接作为 DQN 的原始输入，但是为了减少内存和计算复杂度，Mnih 等人对每一帧进行预处理以产生一个 84×84 的亮度值矩阵。由于许多 Atari 游戏的完整状态不能完全从图像帧中观察到，所以 Mnih 等人“堆叠”了四个最近时刻的帧，使得网络的输入具有 $84\times84\times4$ 的尺寸。这并没有消除所有游戏的部分可观测性，但会有助于它们更具有马尔可夫性。

这里的一个重点是，这 46 个游戏的预处理步骤完全相同，而且这些预处理并没有涉及游戏特定的先验知识。唯一的假设是，采用这种降低的维度也应该可以学到好的策略，并且堆叠相邻的帧有助于处理游戏的部分可观测性问题。由于游戏特定的低于最小量的先验知识被用于图像帧的预处理，所以我们可以将 $84\times84\times4$ 输入向量视为对 DQN 的“原始”输入。

DQN 的基本结构类似于图 9.15 所示的深层卷积 ANN (尽管与该网络不同，DQN 中的下采样被视为每个卷积层的一部分，对于其特征图的组成单元，仅仅选择了所有可能的感受野的一部分)。DQN 有三个隐卷积层，然后是一个全连接的隐层，再然后是输出层。DQN 的三个隐连卷积层产生了 32 个 20×20 的特征图、64 个 9×9 的特征图和 64 个 7×7 的特征图。每个特征图中的单元所采用的激活函数是整流非线性函数 (ReLU $\max(0\ x)$)。第三个卷积层中的 3136 ($64\times7\times7$) 个单元全部连接到全连接层中的 512 个单元的每一个单元，然后每个单元连接到输出层中的全部 18 个单元，每个单元对应 Atari 游戏中每个可能的动作。

对于由网络输入表示的状态，DQN 的输出单元的激活水平对应于“状态-动作”二元组的最优动作估计价值 (最优 Q 值)。输出单元对游戏动作的分配随着游戏的不同而变化，并且由于游戏中有效动作的数量在 $4\sim18$ 之间变化，所以并不是所有的输出单元在所有游戏中都具有功能角色。它有助于将网络看作 18 个独立的网络，用于估计每个可能操作的最佳动作价值。实际上，这些网络共享它们的初始层，但是输出单元学习以不同的方式使用这些层提取的特征。

DQN 的收益信号反映了一个游戏的得分从一个时刻到下一个时刻是如何变化的：每当它增加时为 $+1$，每当它减少时为 -1，否则为 0。这标准化了整个游戏的收益信号，并适用于所有游戏的步长参数，尽管它们的分数范围各不相同。DQN 使用了一个 ε-贪心策略，其中 ε 在前一百万帧内线性递减，在剩下的学习期间保持低值。通过在少量游戏上执行非正式的搜索，可以选择各种其他参数的值，例如学习步长、折扣率以及具体实现相关的其他参数的值。然后这些值被固定并用于所有的游戏。

在 DQN 选择一个动作后，该动作由游戏模拟器执行，然后模拟器返回收益和下一个视频帧。该帧被预处理，并被添加到四帧堆叠，成为网络的下一个输入。现在我们暂时跳过 Mnih 等人对基本 Q 学习过程的修改，则 DQN 可以使用下面的 Q 学习的半梯度形式

更新网络的权重

$$\mathbf{w}_{t+1} = \mathbf{w}_t + \alpha\Big[R_{t+1} + \gamma \max_a \hat{q}(S_{t+1}, a, \mathbf{w}_t) - \hat{q}(S_t, A_t, \mathbf{w}_t)\Big]\nabla\hat{q}(S_t, A_t, \mathbf{w}_t), \tag{16.3}$$

其中，$\mathbf{w}_t$ 是网络权重的向量，A_t 是在 t 时刻选择的动作，S_t 和 S_{t+1} 分别代表在 t 和 $t+1$ 时刻的网络输入，即预处理得到的 4 帧图像的堆叠。

式 (16.3) 中的梯度是通过反向传播计算的。再想象一下，如果每个动作都有一个单独的网络，则对于时刻 t 的更新，反向传播只应用于对应 A_t 的网络。Mnih 等人采用了一些技术来改善应用于大型网络的反向传播算法。他们使用了一种*小批量方法*，只有在小批量图像 (这里是 32 张图像) 上累积梯度信息之后，才能更新权重。与每次操作后更新权重的通常程序相比，这产生了更平滑的采样梯度。他们还使用了一种名为 RMSProp 的渐变上升算法 (Tieleman and Hinton，2012)，通过调整每个权重的步长参数，根据该权重近期梯度的平均运行速度来加速学习。

Mnih 等人以三种方式修改基本的 Q 学习过程。首先，他们使用了 Lin (1992) 首先研究的*经验回放*的方法。该方法将智能体在每个时刻的经验存储到一个“回放内存”中，通过访问这个内存来执行权重更新。它在 DQN 中按照如下方式工作。游戏模拟器在图像堆叠所表示的状态 S_t 下执行动作 A_t 后，返回收益 R_{t+1} 和图像堆叠状态 S_{t+1}，在回放内存中添加代表经验的四元组 $(S_t, A_t, R_{t+1}, S_{t+1})$。这个“回放内存”在同一游戏的许多比赛中将经验进行了累积。在每个时刻，多个 Q 学习更新 (小批量) 是根据从“回放内存”中随机抽取的经验进行的。与通常的 Q 学习形式相比，S_{t+1} 不再是下一次更新时的 S_t，取而代之的是，使用从回放内存中提取的不相关的经验作为下一次更新的数据。由于 Q 学习是一种离轨策略算法，因此不需要沿着连接的轨迹更新参数。

Q 学习与经验回放相结合相比于 Q 学习的通常形式有一些优势。使用每个存储的经验进行更新的能力使得 DQN 能够更有效地从其经验中学习。经验回放减少了更新的方差，因为连续的更新之间是不相关的，这与标准的 Q 学习中与连续更新高度相关的情况不同。通过去除连续经验对当前权重的依赖，经验回放消除了一个不稳定的根源。

Mnih 等人第二种方法是修改标准的 Q 学习来提高其稳定性。与其他自举法一样，Q 学习更新的目标取决于当前的动作价值函数估计。当使用参数化函数逼近方法来表示动作价值时，目标就是具有相同参数的函数，而这些参数又是正被更新的参数。例如式 (16.3) 给出的更新的目标是 $\gamma \max_a \hat{q}(S_{t+1}, a, \mathbf{w}_t)$。更新公式对于 $\mathbf{w}_t$ 的依赖使得过程复杂化了，这与更简单的有监督学习形成了鲜明对比，有监督学习中的目标不依赖于被更新的参数。正如第 11 章所讨论的，这会导致振荡或发散。

为了解决这个问题，Mnih 等人使用了一种使 Q 学习更接近简单的有监督学习情况的技术，同时仍然允许它进行自举。每当对动作价值网络的权重 $\mathbf{w}$ 进行了 C 次更新时，他们将网络的当前权值插入另一个网络中，并将这些复制的权值固定，用于 $\mathbf{w}$ 的下一组 C 次更新。这个复制的网络在下一组 C 次更新的 $\mathbf{w}$ 输出被用作 Q 学习目标。让 $\tilde{q}$ 表示这个复制网络的输出，那么代替式 (16.3) 的更新规则是

$$\mathbf{w}_{t+1} = \mathbf{w}_t + \alpha\Big[R_{t+1} + \gamma \max_a \tilde{q}(S_{t+1}, a, \mathbf{w}_t) - \hat{q}(S_t, A_t, \mathbf{w}_t)\Big]\nabla\hat{q}(S_t, A_t, \mathbf{w}_t).$$

对标准 Q 学习的最后一种修改同样可以提高稳定性。他们对误差项 $R_{t+1} + \gamma \max_a \tilde{q}(S_{t+1}, a, \mathbf{w}_t) - \hat{q}(S_t, A_t, \mathbf{w}_t)$ 进行截断，使其结果保持在 $[-1, 1]$ 区间内。

Mnih 等人对 5 款游戏进行了大量的学习运行，以深入了解 DQN 的各种设计特点对其性能的影响。他们用经验回放与复制目标网络的四种可能组合 (包括该技术或不包括该技术) 来运行 DQN。尽管每个游戏运行的结果各不相同，但是这些技术中的每一个技术都能够显著提高性能，并且在一起使用时性能会得到极大的提高。Mnih 等人还研究了深度卷积 ANN 在 DQN 学习能力中所起的作用。将 DQN 的深度卷积版本与只有一个线性层网络的版本进行比较，两者都接收相同的预处理视频帧堆叠。深度卷积版本在所有 5 个测试游戏中都取得了比线性版本更明显的改善。

创造超越多种挑战性任务的人造智能体是人工智能的一个长期目标。然而，作为实现这一目标的重要手段的机器学习，却往往不得不为特定的问题采用人工设计特定的特征表达，这显得不够智能。DeepMind 的 DQN 则向前迈进了一大步，证明一个智能体可以自动学习特定于问题的特征，并在一系列任务中获得人类水平的技能。但正如 Mnih 等人指出的，DQN 并不能完全解决“任务独立的学习”问题。尽管玩好 Atari 游戏所需的技能显著多样化，但对于所有的游戏，都是通过观察视频图像来玩的，这使得深度卷积 ANN 成为这一任务的自然选择。此外，DQN 在一些 Atari 2600 游戏上的表现明显劣于这些游戏的人类玩家。对于 DQN 来说，最难的游戏 (特别是像“蒙特祖玛的复仇”(Montezuma's Revenge) 这样的游戏，DQN 的学习水平仅仅相当于一个随机选手) 所需要的深层规划都超出了 DQN 的设计架构。此外，通过广泛的练习来学习控制技能，就像 DQN 学习如何玩 Atari 游戏一样，只是人类常规学习的一种类型。尽管有这些限制，DQN 仍然通过成功地将强化学习与现代深度学习方法相结合，提高了机器学习的最前沿技术水平。

16.6 主宰围棋游戏

数十年来中国的古代游戏围棋难倒了人工智能研究人员。在其他游戏中达到人类技能甚至超过人类技能的方法在实现强大的围棋程序方面还没有成功。在非常活跃的围棋程

序社区和一系列的国际竞赛的促进下，围棋程序的使用水平多年来有了显著的提高。然而，直到目前，还没有一个围棋程序能够达到任何一个人类围棋大师级别的相近水平。在这里，我们介绍一个由 Google DeepMind 团队开发的称为 *AlphaGo* 的程序 (Silver et al., 2016)，他们通过结合深度神经网络 (深度 ANN, 9.7 节)、有监督学习、蒙特卡洛树搜索 (MCTS，8.11 节) 和强化学习打破了这一障碍。在 Silver 等人 2016 年发布研究成果的时候，*AlphaGo* 已经显示出比其他现有的围棋程序更加强大，并且在与人类欧洲围棋冠军樊麾的 5 场比赛中一场未输。这是围棋程序在对人类专业棋手的无让棋专业比赛上的首次完胜。此后不久，*AlphaGo* 在与 18 次世界冠军围棋棋手李世石的比赛中取得惊人的胜利，在挑战赛的 5 场比赛中赢得 4 场，这一时成为全球头条新闻。人工智能研究人员曾认为，要达到这个水平，还需要更多的时间，也许是数个世纪。

在本章我们会介绍 *AlphaGo* 和 *AlphaGo Zero*。*AlphaGo* 除了使用强化学习方法外，还使用了依赖于大量标注过的人类棋局的有监督学习。而在 *AlphaGo Zero* 中则只用到了强化学习的方法，除了提供游戏的基础规则外没有任何人工数据和人为指导。我们首先详细地介绍 *AlphaGo*，然后再介绍相对简单的 *AlphaGo Zero*，它既具有很高的性能又是一个更纯粹的强化学习程序。

在许多方面，*AlphaGo* 和 *AlphaGo Zero* 被认为是 Tesauo 的 TD-Gammon (16.1 节) 的继承者，而 TD-Gammon 自身又是 Samuel 跳棋程序的继承者 (16.2 节)。所有的这些程序都包含有模拟自我对局的强化学习。*AlphaGo* 和 *AlphaGo Zero* 还借鉴了 DeepMind 的玩 Atari 游戏的 DQN 程序中所使用的深度卷积网络，用它来逼近最优价值函数。

围棋是两个玩家之间的游戏，他们交替地将黑色和白色棋子放置在一个 19×19 的棋盘上的空闲交叉处或“点”上。比赛的目标是比对手占有更大的棋盘区域。棋子的俘获 (或称吃掉) 规则极为简单：如果一个玩家的棋子完全被对手的棋子所包围，即没有水平或垂直相邻的未被占用的点，则该棋子被俘获。例如，图 16.5 显示了左边的三个白色棋子上有一个未占用的相邻点 (标记为 X)。如果黑方玩家在 X 上放置一个棋子，那么三个白棋子就会被吃掉并拿出棋盘 (图 16.5 中间)。然而，如果白方玩家首先在 X 点放置一个棋子，那么前述的俘获

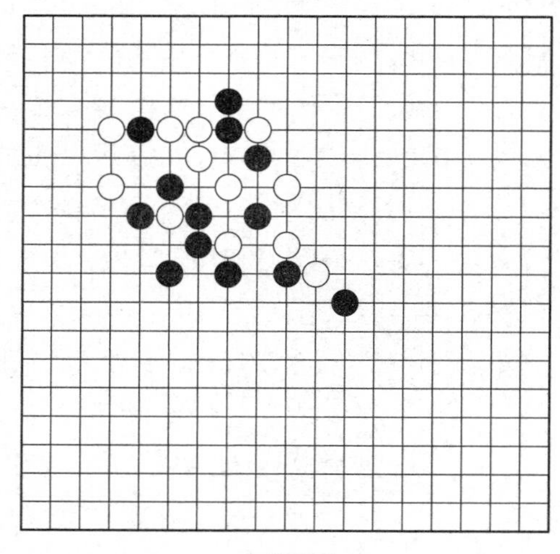

围棋棋盘

就失效了 (图 16.5 右)。在这个基础上，还需要一些其他规则来防止无限的俘获/重新俘获的循环。在游戏结束时，任何玩家都无法放置另一个棋子。由这些简单的规则产生了一个非常复杂的游戏，已经有数千年的历史了。

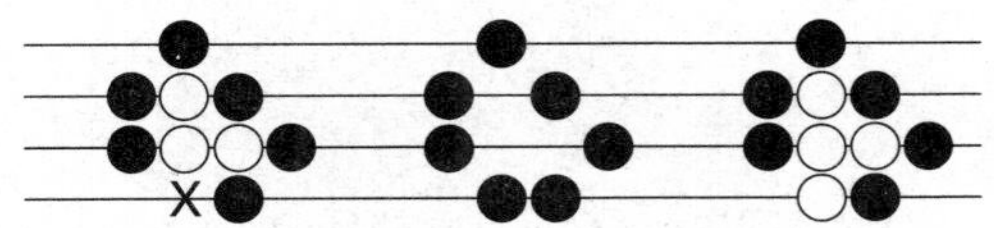

图 16.5　围棋俘获规则。左：三个白子没有被包围，因为 X 点处没有被占。中：如果黑方在 X 处落子，那么三个白子将被俘获并吃掉 (移出棋盘)。右：如果白方先在 X 处落子，那么将阻止俘获

在其他游戏中使用的强大游戏方法，如国际象棋，并不能很好地应用于围棋。围棋的搜索空间远远大于国际象棋，因为围棋的每个局面的合法棋招的数量比国际象棋 (≈ 250 对比 ≈ 35) 要大得多，而且围棋往往要经历比国际象棋更多的走棋步数 (≈ 150 对比 ≈ 80)。但是搜索空间的大小并不是使得围棋非常复杂的主要因素。穷举式搜索对国际象棋和围棋都是不可行的，甚至在 9×9 的小棋盘上下围棋也被证明是非常困难的。专家们一致认为，设计专业水平的围棋程序的主要障碍是定义适当的局面评估函数。一个好的评估函数会允许搜索空间被裁剪到一个可行的深度，而这是通过提供相对容易的计算来预测更深的搜索可能产生什么来达到的。根据 Müller (2002) 的说法："对于围棋没有找到简单而合理的评估函数。"向前迈出的一大步是将蒙特卡洛树搜索 (MCTS) 引入围棋程序中，并不试图保存一个评估函数，而是通过在决策时运行整个游戏的许多蒙特卡洛模拟来对走棋动作进行评估。在 *AlphaGo* 开发的时代，最强大的程序全部使用了 MCTS，但是仍然难以达到大师级的水平。

回顾 8.11 节，MCTS 是一个决策时的规划过程，它没有试图学习和存储一个全局的价值评估函数。8.10 节中讨论的预演策略就是在完整的一幕 (围棋中完整的一次对局) 中运行多次蒙特卡洛模拟来帮助选择下一个动作 (在围棋中的每一步走棋，即在哪里落子或者认输) 的。与简单的预演算法不同的是，MCTS 是一个迭代过程，它以当前的环境状态为根节点增量式地扩展出一棵搜索树。如图 8.10 所示，每次遍历搜索树时都依据树的边上的统计数值来指导模拟动作的选择。在基本的 MCTS 中，当模拟到达搜索树的叶子节点时，MCTS 会将该叶子节点的部分或所有的子节点加入搜索树中。从叶子节点或者新增的节点处开始执行预演，一次模拟过程一般会持续到终止状态才结束，其中动作选取用的是预演策略。当预演完成后，搜索树上被遍历过的边上的统计数值都要依据预演的结果进行更新。MCTS 在给定时间内完成尽可能多的模拟过程。最终的动作会从根节点 (它仍然代表着当前的环境状态) 选取，选择依据就是根节点发出的边上的统计数值。而这个动

作就是智能体执行的动作。之后，环境会转移到下一个状态，MCTS 就以新的当前状态为根节点重新执行一遍。这个新的执行过程的开头可能只有一个根节点，也可能是在上一棵搜索树上接着执行，也就是以新的当前状态为根节点的子树被保留，其他部分被丢弃。

16.6.1 AlphaGo

AlphaGo 的主要创新点在于用改进的 MCTS 进行走子，这个改进版本的 MCTS 使用强化学习得到的策略和价值函数做指导，其中函数逼近使用了深度卷积神经网络。另一个重要做法就是用人工标记的对局数据对使用到的神经网络参数进行预训练，而不是随机初始化网络参数。

DeepMind 团队将 *AlphaGo* 中改进的 MCTS 称为“异步策略和价值 MCTS”(asynchronous policy and value MCTS)，简称 APV-MCTS。它通过前面所描述的基础版本的 MCTS 来选择动作，但是在如何扩展搜索树以及如何评估动作方面进行了改进。基础 MCTS 用原先记录的动作价值从叶子节点选择一条未试探过的边，而 *AlphaGo* 中的 APV-MCTS 则根据 13 层的深度卷积网络提供的概率值来扩展搜索树的边，该卷积网络又被称为*有监督学习策略网络*，网络参数是使用接近 3000 万个人工标注的专家数据进行有监督学习得到的。

另一方面，基础 MCTS 只用预演的回报值来估计新增状态节点的价值，而在 APV-MCTS 中对新增状态节点的估计来源于两个部分：预演估计值和强化学习方法得到的价值函数 v_θ。如果 s 是新增节点，那么它的价值就是

$$v(s) = (1-\eta)v_\theta(s) + \eta G, \tag{16.4}$$

其中，G 就是预演的回报值，η 控制着这两种估计方法的结合得到的最终值。在 *AlphaGo* 中，这些值来自于*价值网络* (另一个 13 层的深度卷积网络)，它按照本节下面描述的方法进行训练并输出棋局状态的估计价值。*AlphaGo* 中对局的两个模拟棋手的 APV-MCTS 的预演都是用线性网络表示的*快速预演策略*，这个线性网络也是提前用有监督学习训练好的。在程序执行过程中，APV-MCTS 持续更新模拟走子在搜索树中经过的每条边的次数，当预演过程结束后，就在根节点处选择被访问次数最多的那条边作为接下来的走子动作。

价值网络的结构与深度卷积的有监督策略网络结构是一样的，不同的只有输出端：有监督学习卷积网络的输出是合法走子动作的概率分布值，而价值网络只输出对当前局面状态的评估值，也就是只输出一个代表局面状态评估的标量值。理想情况下，价值网络会输出最优的状态价值，然后可以按照 TD-Gammon 的思路对最优价值函数进行逼近，即采

用耦合了深度卷积神经网络的 TD(λ) 算法进行自我博弈来逼近。但是 DeepMind 团队在像围棋这样复杂的任务上使用了不同的方法并取得了更好的效果。他们将训练价值网络的过程分成了两个阶段。第一个阶段，他们用强化学习的方法得到一个尽可能好的策略，并称其为 *RL 策略网络*，该网络结构与有监督学习策略网络是完全一样的。这个网络以有监督学习得到的有监督策略网络 (*SL 策略网络*) 的最终权值来初始化，然后再用策略梯度方法对其进行进一步优化。第二个阶段，DeepMind 团队称其为蒙特卡洛策略评估过程，该策略评估过程使用了大量的模拟对局数据，在模拟过程中使用第一个阶段的 RL 策略网络来进行走棋。

图 16.6 展示了 *AlphaGo* 中使用的网络和具体的训练步骤 (DeepMind 团队称其为 *AlphaGo* 流水线)。在上线之前，需要训练这些网络，上线之后网络参数就是固定的了。

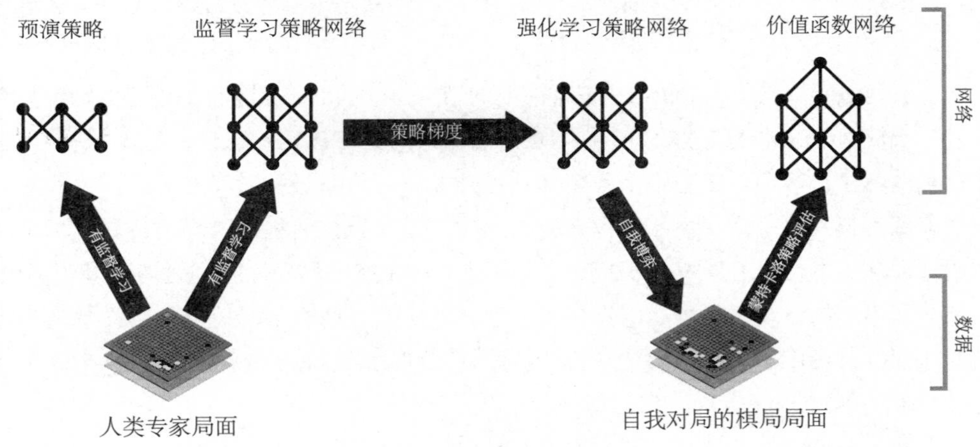

图 16.6　*AlphaGo* 流水线图。授权自 Macmillan Publishers Ltd：*Nature*, vol. 529(7587)，p. 485，copyright (2016)

接下来介绍的是 *AlphaGo* 中使用的神经网络和训练过程的细节。相同结构的有监督学习和强化学习策略网络，都是和 16.5 节中介绍的玩 *Atari* 游戏的 DQN 算法中使用的深度卷积神经网络是相似的。它们有 13 个卷积层加上最后一个柔性最大化 (softmax) 输出层，输出的是对应 19×19 的棋盘上每个点的落子概率。可以将网络的输入看作 $19 \times 19 \times 48$ 的图片矩阵，这个矩阵表示的意思就是棋盘上每个点都是用 48 个二进制或整数值的特征来表示的。例如，对于棋盘上每个点来说，有特征表示该点是否被 *AlphaGo* 棋子占据，有特征表示该点是否被对手的棋子占据或者没有棋子，这些特征都是从棋盘上直观看出来的。还有一些特征基于围棋的规则，比如说该棋子的邻接位置为空的数目、落子到该位置上对手棋子被围住的数目及某个位置落子后双方走棋的轮回数目。除此之外，还有一些设计团队认为重要的特征。

训练有监督学习策略网络时，用分布式随机梯度下降方法在 50 个处理器上花了大约三个星期的时间。训练好的网络能达到 57% 的精度，而其他研究组截止到 DeepMind 论文发表时的最好结果是 44.4%。训练强化学习策略网络是用策略梯度的方法来做的，其中对局双方中的待更新的网络使用当前的强化学习策略网络，对手使用的是从早期迭代得到的版本中随机选择的策略。与随机选择的对手进行对局能够有效避免当前策略的过拟合问题。如果当前策略赢，收益信号就是 +1，如果输就是 −1，其他情况就是 0。这些对局过程是直接依据两个策略网络进行落子的，没有涉及 MCST。通过在 50 个处理器上并行模拟大量对局，DeepMind 团队在一天内用一百万个对局训练了强化学习策略网络。在对最后的强化学习策略进行测试时发现，强化学习策略在与有监督学习策略的对局中胜率高达 80%，在与每次走子模拟 100 000 个终局结果的 MCTS 方法进行对局时，胜率到达 85%。

价值网络的结构与 SL 和 RL 策略网络的结构是一致的，但是价值网络的输出只有一个值。价值网络的输入在 SL 和 RL 策略网络输入的特征基础上加上了一个二进制特征来表示当前落子的颜色。蒙特卡洛策略评估用强化学习策略进行自我对局时产生的对局数据来训练价值网络。为了由于避免自我对局中产生的数据有很强的局面位置相关性而导致的过训练和不稳定，DeepMind 团队构建了一个 3000 万局面的数据集合，其中每个局面都是从不同的自我对局游戏中选择出来的，即每次对局游戏中只抽取 1 个局面放入数据集。训练过程中设置批量块的大小为 32，总共训练 5000 万个批量块。这个训练过程在 50 块 GPU 上跑了一周。

在正式比赛开始之前，还需要学习预演策略，它是用简单的线性网络在 800 万个实际对局数据上用有监督学习方法训练得到的。预演策略网络需要在尽可能准确的基础上快速地落子。原则上，应该在预演中使用前面介绍的 SL 或 RL 策略网络，但是对于预演模拟来说，这两个深度神经网络的前向计算过程需要花费的时间太长，因为在线对局的时候需要进行大量的预演模拟。由于这个原因，预演策略网络应该要比其他的策略网络更简单，同时该网络的输入棋盘特征应该比其他策略网络能更加快速地得到。*AlphaGo* 中的预演策略网络的每个线程在一秒内可以模拟 1000 次完整的对局。

有人可能会问，为什么在扩展 APV-MCTS 的时候选择有监督学习策略来代替更好的强化学习策略去选取落子动作呢？由于这两个策略的网络结构是一样的，所以它们花费的时间也是一样的。DeepMind 团队发现用 APV-MCTS 与人类棋手对局时，有监督学习策略要比强化学习策略表现更好。他们给出的解释是强化学习策略的优化过程都是基于最优的走子动作的，但是没有考虑人类棋手走子的特征。有趣的是，在 APV-MCTS 中用的价值函数情况恰好相反。他们发现用强化学习策略得到的价值函数要比用有监督学习策略得到的价值函数的效果好。

将上面提到的方法结合在一起就得到了 *AlphaGo* 的强大的下棋技巧。DeepMind 团队比较了不同版本的 *AlphaGo* 来说明这些不同部分对于 *AlphaGo* 最终性能的影响。式 (16.4) 中提到的参数 η 控制来自价值网络和预演过程的估计值的贡献比例。当 $\eta = 0$ 时，*AlphaGo* 只用价值函数；而当 $\eta = 1$ 时，就只用预演进行评估。他们发现只使用价值网络要比只用预演的效果好，实际上，比当时其他的围棋程序都要好。最好的结果出现在 $\eta = 0.5$ 时，这个结果说明将价值网络和预演结合对于 *AlphaGo* 的成功是至关重要的。这些评估方法都是相辅相成的：价值网络可以更有效地评估性能较好的强化学习策略，但它太慢以至于不能用于在线对局；而性能较差但速度极快的预演策略也可以增加在线对局中的某些特定状态的价值网络的评估精度。

总的来说，*AlphaGo* 巨大的成功激发了人们对于新一轮人工智能的热情，特别是将深度强化学习的方法应用到更加具有挑战性的领域。

16.6.2 AlphaGo Zero

在 *AlphaGo* 经验的基础上，DeepMind 团队研究出了 *AlphaGo Zero*。相较于 *AlphaGo*，该项目除了围棋的基本规则以外没有用到任何人类数据。*AlphaGo Zero* 是直接从自我对局中学出来的，输入的特征只是棋盘上对应棋子局面位置的信息。*AlphaGo Zero* 使用的是策略迭代的方法，也就是策略评估和策略改进交替进行的强化学习方法。图 16.7 显示了 *AlphaGo Zero* 算法的样子。*AlphaGo Zero* 和 *AlphaGo* 之间的重要区别就是，*AlphaGo Zero* 在整个自我对局强化学习期间都使用 MCTS 进行走子。而 *AlphaGo* 只在在线对局的时候用了 MCTS，在学习期间没有用。除了没有使用人工数据和手动设计特征外，它们之间不同的是，*AlphaGo Zero* 只用了一个深度卷积神经网络和简化版的 MCTS。

AlphaGo Zero 中的 MCTS 是 *AlphaGo* 中的简化版本，它并没有包括完整对局的预演，因此不需要一个预演策略。*AlphaGo Zero* 中 MCTS 的每次迭代的模拟都是在当前搜索树的叶子节点停止的，而不是在一次完整的对局模拟的终局才停止。*AlphaGo Zero* 中 MCTS 的每次迭代都依据的是深度卷积网络的输出，图 16.7 中用 f_θ 标记，其中 θ 代表网络参数。如上面提到的，*AlphaGo Zero* 中的深度卷积网络的输入就是纯粹的棋盘棋子分布特征，它的输出有两部分：一个是标量值 v，估计的是棋手在当前局面下能够赢得比赛的概率；另一个是向量值 $\mathbf{p}$，就是接下来棋手可能走子情况的概率分布值，包括了当

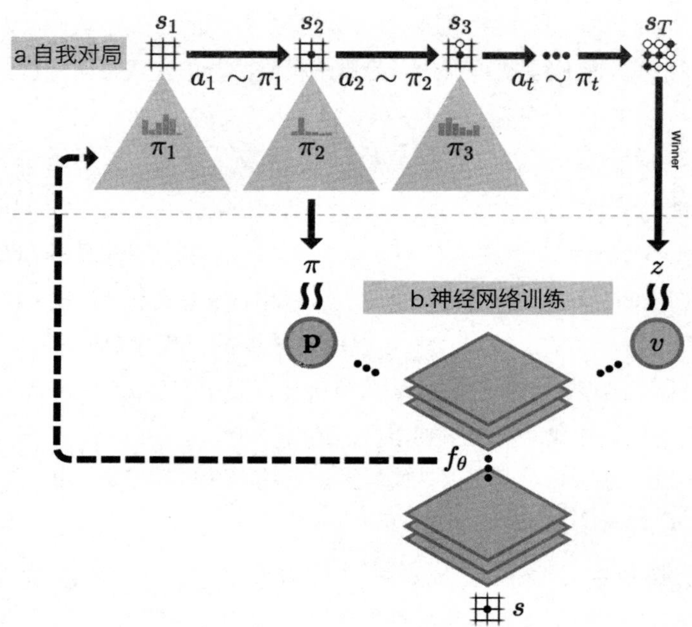

图 16.7 *AlphaGo Zero* 自我对局强化学习。a) 程序自我对局很多盘，这里表示其中一局的局面状态序列 s_i，$i = 1, 2, \ldots, T$，走子动作表示为 a_i，$i = 1, 2, \ldots, T$，获胜者为 z。每步走子 a_i 依据动作的概率 π_i，这个概率是在深度卷积神经网络的指导下从根节点执行 MCTS 算法求得的，这里标记为 f_θ，θ 为最新更新的权重。这里只展示了其中一个局面位置 s，对于其他局面位置 s_i，重复上面的过程即可，网络的输入就是棋盘局面位置 s_i 的表示 (同时还包括它之前的若干时刻的局面状态，在这里没有画出来)。网络的输出是用来指导 MCTS 进行前向搜索的走子的概率分布，用向量 $\mathbf{p}$ 表示，标量 v 是用来估计当前棋手赢棋的概率的。b) 深度卷积神经网络的训练。训练样本随机取自最近的自我对局的走子过程。网络参数 θ 的更新目标是让策略向量 $\mathbf{p}$ 接近 MCTS 得到的概率分布 π，并且准确预测赢的概率 v。本图在原作者和 DeepMind 的同意下选自 Silver et al. (2017a)

前局面上所有合法的走子位置的概率，以及“认输”和“走子”的选择。

AlphaGo Zero 在自我对局时，并不是依据网络输出的概率值 $\mathbf{p}$ 来选择动作，而是用这些概率值和网络输出的价值估计值来指导 MCTS 的过程，MCTS 执行完后会输出新的动作概率分布，如图 16.7 中所示的 π_i。这些策略会从 MCTS 的过程中获益，也就是说，*AlphaGo Zero* 中的实际选择动作的策略要比网络输出 $\mathbf{p}$ 的策略更优。*Silver et al.* (2017a) 中写道：“可以将 MCTS 看作一种有效的策略改进的算子。”

接下来介绍 *AlphaGo Zero* 中的神经网络和训练方法的细节。可以将神经网络的输入看作 $19 \times 19 \times 17$ 的图片矩阵，棋盘上每个点用 17 个二进制特征表示。前 8 个特征是棋手当前和过去 7 轮在该点的落子情况，如果棋手的子在该点则这个特征值就为 1，否则为 0。接下来的 8 个特征也表示了对手当前和过去的 8 轮里在该点的落子情况，编码方式与前面的方法一样。最后一个特征在一局棋里是一个常数，表示的是当前棋局里面本方棋手的颜色，1 代表黑子，0 代表白子。由于围棋不允许悔棋而且后下的一方会得到一些“补偿分”，所以当前棋盘局面位置信息不是围棋的马尔可夫状态。这就是为什么设计的特征里面会有过去的棋盘局面位置信息和棋子颜色特征 (可以表示先下还是后下)。

AlphaGo Zero 中的神经网络是“双头”的，也就是说网络中前面的部分是共享的，在最后输出的时候分成两个独立的“头”，每个头也有独立的网络层加上最后各自的输出层。在 *AlphaGo Zero* 的深度神经网络中，其中一个头输出 362 ($=19^2+1$) 个动作的概率 $\mathbf{p}$，包括在棋盘上每个点的落子和认输的概率；另一个头就输出一个标量值 v，估计的是当前棋手在目前局面下能够赢得比赛的概率。网络共享部分有 41 个卷积层，每一层都有批量块归一化 (Batch Normalization)，并且在隔层之间添加了翻越连接以实现残差学习 (见 9.7 节)。总体上，走子概率网络和价值网络分别由 43 和 44 层网络组成。

AlphaGo Zero 中的深度神经网络是用随机初始化开始训练的，优化器用的是随机梯度下降 (带有动量、正则化和步长参数，步长会随着训练轮数增多逐渐减小)，并且是从最近 500 000 场自我对局产生的数据中随机采样，以批量块更新的方式更新当前策略的。在输出动作 $\mathbf{p}$ 时，也会加一些额外的噪声以鼓励试探。在训练时会设置阶段检查点，Silver et al. (2017a) 选择每训练 1000 步就对神经网络输出的策略与当前最优的策略进行 400 次模拟对局 (其中每步走子都采用 1600 次迭代的 MCTS 选择动作)。如果新的策略比当前最优的策略性能好 (需要大于一个阈值以减少结果中的噪声影响)，那么就用它替换原来的最优策略以进行接下来的自我对局训练。该神经网络参数的更新使得网络的策略输出 $\mathbf{p}$ 越来越接近 MCTS 的输出结果，从而使得价值函数的预测输出 v 接近在当前最优策略下在对应棋局下能获胜的概率。

DeepMind 团队在超过 490 万次的自我对局上训练 *AlphaGo Zero*，花了接近 3 天的时间。每个对局中的每一步走子的选择都需要 MCTS 的 1600 次迭代，每一步走子需要花费 0.4 s 左右的时间。网络参数的更新超过了 70 万个批量块，每个批量块由 2048 个棋盘局面组成。然后他们将训练好的 *AlphaGo Zero* 分别与 5：0 战胜樊麾的 *AlphaGo* 版本和 4：1 战胜李世石的版本进行性能对比。他们使用 Elo 等级分 (Elo 等级分制度是由匈牙利裔美国物理学家 Elo 创建的一个衡量各类对弈活动选手水平的评分方法，是当今对弈水平评估的公认的权威方法) 来评估围棋程序的相关性能。两个 Elo 等级分之间的差异可以被视为对棋手之间的对弈结果的预测。*AlphaGo Zero*、战胜樊麾的 *AlphaGo* 版本和战胜李世石的 *AlphaGo* 版本的 Elo 等级分分别是 4308、3144 和 3739。从 Elo 等级分的差异可以看出，*AlphaGo Zero* 在与其他棋手程序对局时获胜的概率接近 1。训练好的 *AlphaGo Zero* 和战胜李世石的 *AlphaGo* 版本进行了 100 盘对局，*AlphaGo Zero* 取得了 100 胜的成绩。

DeepMind 团队还比较了用 16 万盘对局里的包含接近 3000 万个局面位置的数据集有监督地训练和 *AlphaGo Zero* 网络相同的独立的神经网络。他们发现一开始有监督方法训练出来的策略性能确实要比 *AlphaGo Zero* 的好，同时比人类专业棋手也要好。但是训练一天后，*AlphaGo Zero* 逐渐超过了有监督训练的方法。这个现象说明，*AlphaGo Zero* 找到了不同于人类棋手下棋的策略。实际上，*AlphaGo Zero* 发现了一些经典围棋策略的更好的变种，而且 *AlphaGo Zero* 也会更加偏好这些策略。

AlphaGo Zero 算法的最后测试版本使用了更大的人工神经网络以及超过 2900 万个自我对局的数据来训练，权重初始化仍然是随机的，训练共花费了大约 40 天。这个版本的 Elo 等级分高达 5185。该团队将这个版本的 *AlphaGo Zero* 和当时最强的程序 *AlphaGo Master* 进行了对比，*AlphaGo Master* 和 *AlphaGo Zero* 的网络完全一样，但类似 *AlphaGo*，它也使用了人类对局数据和人工特征。*AlphaGo Master* 的 Elo 等级分是 4858，它已经在与人类最强的职业选手的比赛中取得了 60:0 的成绩。但是，在与 *AlphaGo Zero* 的 100 次对局中，只获得了 11 次胜利，而 *AlphaGo Zero* 取得了 89 次胜利。这就说明了 *AlphaGo Zero* 算法强大的问题解决能力。

AlphaGo Zero 明显地显示出，在没有人工数据、没有人工提取特征，而仅仅使用极少的先验知识的条件下，通过基于简单的 MCTS 和深度神经网络的纯粹的强化学习方法，机器也可以有超出人类水平的表现。我们坚信在 DeepMind 的 *AlphaGo Zero* 和 *AlphaGo* 的启发之下，这些算法肯定会被用到其他领域更具挑战性的任务之中。

最近，Silver et al. (2017b) 又开发了一个更好的程序，叫作 *AlphaZero*，其中没有使用任何关于围棋的先验知识。*AlphaZero* 是一种通用的强化学习方法，它在围棋、国际象棋、日本将棋等众多棋类游戏中，都在迄今为止最好的程序之上又产生了进一步的性能提升。

16.7 个性化网络服务

诸如分发新闻或广告等个性化网络服务是一种用来提升用户对网站满意度或提高营销活动收益的方法。我们可以采用某种“策略”，基于某个用户的在线行为历史推断出其兴趣和偏好，从而推荐对其而言最好的内容。这是一个机器学习，尤其是强化学习自然的应用领域。一个强化学习系统可以根据用户的反馈进行调整来优化推荐策略。一种获得用户反馈的方式是网站满意度调查，但是为了实时取得反馈，常常会监控用户的点击，并以此作为用户对于链接感兴趣的标志。

一种长期用于市场营销的被称为 A/B 测试的方法，是一种简化的强化学习方法，其用来决定网站的两个版本，A 或 B，哪种更受用户青睐。因为它和双臂赌博机问题一样是非关联性的，所以它并不能让内容分发变得个性化。添加由描述用户个体和将被分发的内容的特征组成的上下文可以使个性化服务成为可能。这被形式化为一个带上下文的赌博机问题 (或一个关联性强化学习问题，见 2.9 节)，其目标是最大化用户的点击总数。Li、Chu、Langford 和 Schapire (2010) 应用了一种带上下文的赌博机算法，通过选择专题新闻报道来解决个性化“雅虎今日头条”(Yahoo! Front Page Today) 网页的问题。他们的目标是最大化*点击率* (click-through rate，CTR)，即所有用户在一个网页上点击的总数与该网页被访问的总次数的比例。带上下文的赌博机算法相比一个标准的非关联赌博机算法这个数据提升了 12.5%。

Theocharou、Thomas 和 Ghavamzadeh (2015) 声称，通过将个性化推荐形式化成一个马尔可夫决策过程 (MDP) 可以得到更好的结果，这个 MDP 的目标为最大化所有用户在反复访问一个网站的过程中总的点击数。由这个带上下文的赌博机形式化得到的策略是贪心的，它们不考虑动作的长期效果。这些策略有效地对待网站的每一次访问，就好像它是由一个从网站的所有访客中随机采样出来的新访客产生的一样。由于不考虑许多用户重复地访问同一网站这一事实，贪心策略并没有利用与单一用户的长期交互带来的可能性来改善结果。

作为一个展示一种市场营销策略如何有效利用长期交互的例子，Theocharous 等人将一个贪心策略与一个长期的策略对比而展示某种产品 (比如汽车) 的广告。如果用户立刻想买这辆车，贪心策略展示的广告也许会显示一个折扣。用户也许会接受这个折扣，也许会离开这个网站，并且如果他们回到这个网站，他们会看到一样的折扣。另一方面，长期策略可以在呈现最终交易之前，将用户转移到一个“销售漏斗”，诱使其逐步下沉到最终交易。它也许会从描述可获得的优惠条件开始，然后称赞一个优秀的客户服务部门，然后在其下一次访问时再提供最后的折扣。这类策略可以使用户重复访问这一站点而带来更多的点击，并且如果合适地定制这个策略，也会带来更多的销售额。

在 Adobe Systems Incorporated 工作时，Theocharous 等人进行了一些实验，看看用来最大化长期点击数的策略是否真的相比短期的贪心策略在表现上有提升。Adobe Marketing Cloud 是一套许多公司用来执行数字营销的工具，它提供了可以自动针对用户进行广告以及进行筹款活动的基础设备。事实上使用这些工具部署新颖的策略会带来巨大的风险，因为一个新的策略可能最终会效果很差。由于这个原因，研究团队需要评估，如果真的部署的话，这个策略的性能会如何，但这个评估需要在执行其他策略时收集到的数据上展开。因此，这个研究的一个关键点就是离轨策略评估。更进一步，研究团队希望可以进行高置信度的评估以降低部署新策略的风险。尽管高置信度离轨策略评估是这项研究的核心部分 (也可参见 Thomas, 2015；Thomas、Theocharous 和 Ghavamzadeh，2015)，在这里我们只关注具体的算法及其结果。

Theocharous 等人比较了两种用于学习广告推荐策略的算法的结果。他们将第一个算法称为*贪心优化*，其目标是最大化立即点击的概率。就如在标准的带上下文的赌博机形式化中一样，这个算法并不考虑推荐的长期效果。另一个算法是一种基于 MDP 形式化的强化学习算法，其目标是提高用户多次访问一个网站的总点击量。他们将后一个算法称为*终生价值* (life-time value，LTV) 优化。这个问题对两个算法都具有挑战性，因为由于用户一般不会点击广告，导致在这个领域中的收益信号十分稀疏，同时用户的点击是十分随机的，所以收益值会具有很大的方差。

这些算法使用从银行业得到的数据集来进行训练和测试。这些数据集包含了用户与一个银行的网站进行交互的完整轨迹，这些交互结束时网站都会从一系列可能的优惠中选择一种推荐给用户。如果一个用户点击了，则收益为 1，否则就为 0。其中一个数据集包含了某个银行在一个月中的大约 20 万个交互记录，在这些交互中该银行的策略是随机提供 7 种优惠中的一种。其余的数据集来自于其他银行的营销活动，包含 40 万个交互记录，涉及 12 种可能的优惠。所有的交互记录都包含了顾客的特征，例如从上次该顾客访问这个网站到现在隔了多久，顾客到现在为止的总访问量，上一次该顾客点击的时间、地理位置、用户的兴趣，以及人口统计信息的特征等。

贪心优化基于一个映射，它将点击概率视为用户特征的函数。这个映射通过在其中一个数据集上使用随机森林 (random forest, RF) 算法 (Breiman，2001) 进行有监督学习得到。RF 算法被广泛用于工业界的大规模应用中，因为它们不倾向于过拟合，同时对于异常离群点和噪声较不敏感，所以是有效的预测工具。得到这个映射之后，Theocharous 等人使用这一映射定义了一个 ε-贪心策略：以 $1-\epsilon$ 的概率挑选 RF 算法预测出的优惠以保证有最高的概率产生一次点击，否则均匀地随机挑选其他的优惠。

LTV 优化使用一种被称为*拟合 Q 迭代* (fitted Q iteration，FQI) 的批处理强化学习算法。这是一种将*拟合价值迭代* (Gordon，1999) 应用于 Q- 学习的变种。批处理的意思是整个用于学习的数据集从一开始就是全都可访问的，与之相比，在本书所讨论的在线算法中，数据是在学习算法执行的过程中逐步获得的。当在线学习不实际可行的时候，批处理强化学习有些时候是必需的，并且它们可以使用任何批处理模式的有监督学习回归算法，这其中包括了一些因为可以很好地推广到高维空间而著称的算法。FQI 的收敛性取决于函数逼近算法的性质 (Gordon，19999) 。在 LTV 优化的应用中，Theocharous 等人使用了他们用于贪心优化的同样的 RF 算法。由于在这种情况下 FQI 收敛不是单调的，因此 Theocharous 等人通过使用验证集的离轨策略估计来跟踪最优的 FQI 策略。总结如下：拟合 Q 迭代 (FQI) 采用了 RF 算法得到的映射作为初始的动作价值函数以进行贪心优化，并用离轨策略得到一个最优策略。最后用于测试 LTV 方法的策略是一个基于这个 FQI 的最优策略的 ε-贪心策略。

为了度量这个由贪心和 LTV 方法得到的策略的性能，Theocharous 等人使用了 CTR 指标和一个他们称之为 LTV 的指标。除了 LTV 指标严格区分网站的访问用户之外，这两个指标是类似的

$$\text{CTR} = \frac{\text{全部点击次数}}{\text{全部访问次数}},$$

$$\text{LTV} = \frac{\text{全部点击次数}}{\text{全部访问用户数}}.$$

图 16.8 展示了这两个指标的区别。每一个圆圈代表一个用户访问，实心黑圈表示带有用户点击的访问。CTR 不区分每次访问的访问者，这些序列的 CTR 值为 0.35，而 LTV 则是 1.5。由于 LTV 比 CTR 大的程度取决于单个用户重复访问网站的次数，因此它可以作为一个衡量一种策略如何鼓励用户与网站延长交互的指标。

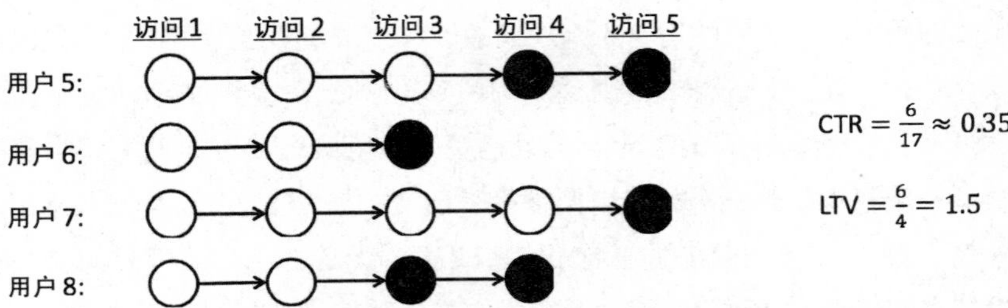

图 16.8　点击率 (CTR) 与终生价值 (LTV) 的对比。每一个圆圈代表一个用户访问，实心黑圈表示带有用户点击的访问。图取自 Theocharous et al. (2015).

由贪心和 LTV 方法分别得到的两种策略的对比测试是在一组真实数据集上采用高置信度离轨策略评估方法进行的，该数据集包括了一个采用随机策略的银行网站与用户进行交互的真实数据。正如预期的，结果显示，在使用 CTR 指标评判时，贪心方法性能最好，而 LTV 优化算法则在使用 LTV 作为评判指标时性能最好。而且 (虽然我们忽略了细节) 高置信度离轨策略评估方法可以提供概率意义下的保证，确认 LTV 优化算法可以 (以

高概率) 产生改善当前部署的策略性能的新策略。由于这些概率意义下的保证，Adobe 在 2016 年宣布新的 LTV 算法会成为 Adobe Marketing Cloud 的一个标准组件，这使得零售商可以选择一个更容易得到长期高回报的策略，而不是一个对于长期结果不敏感的策略，来发布一系列的优惠。

16.8 热气流滑翔

鸟类和滑翔机可以借助上升气流 (热气流) 来提升高度以此在耗费很少能量甚至不耗费能量的情况下维持飞行。热气流滑翔是一种复杂的技术，它需要对微小的环境信号做出应对，以尽可能长时间地利用一簇上升气流来提升高度。Reddy、Celani 和 Vergassola (2016) 使用强化学习来研究在常伴有上升气流的强烈大气湍流中有效地进行热气流滑翔的策略。他们主要的目标是理解鸟类所察觉到的环境信号以及鸟类如何利用这些信号来获得它们令人惊奇的热气流滑翔性能，但他们的研究也同时促进了自动滑翔机技术的发展。强化学习在之前曾经被应用于高效导航到上升的热气流附近的问题 (Woodbury、Dunn 和 Valasek，2014)，但还没有在上升湍流内部滑翔这样更具挑战性的问题中使用过。

Reddy 等人将滑翔问题建模为一个带折扣的持续 MDP。智能体与一个精细的在湍流中飞行的滑翔机环境模型进行交互。他们做出了大量努力让环境模型产生真实的热力学湍流条件，包括调研了多种不同的用于大气建模的方法。对于机器学习实验，气流处在一个边长为一千米，一个面位于地面的三维盒子中，气流通过一系列精细的基于物理原理设计的气流速度、温度和气压的偏微分方程组建模。在数值模拟中加上一些小的随机的扰动可以使模型产生模拟的热上升气流以及伴随的湍流 (图 16.9 左边部分)。滑翔机的飞行使用包含速度、推力、阻力和其他控制固定翼飞行器无动力飞行的因素的空气动力学方程建模。操控滑翔机涉及改变其迎角 (滑翔机的机翼和气流方向之间的夹角) 以及其倾斜角 (图 16.9 右边部分)。

在智能体和环境之间的交互接口需要定义智能体的动作、智能体从环境获取的状态信息以及收益信号。通过对于不同的选择可能性进行试验，Reddy 等人确认，就他们的操控目标而言，对于迎角和倾斜角分别有 3 个动作就足够了：对当前的倾斜角和迎角分别提升或降低 5° 和 2.5°，或者保持不变。这总共形成了 3^2 种可能的动作。倾斜角被约束在 $-15^\circ \sim +15^\circ$ 之间。

由于他们的一个研究目的是确定有效地滑翔所必需的环境信号的最小集合，既为了揭

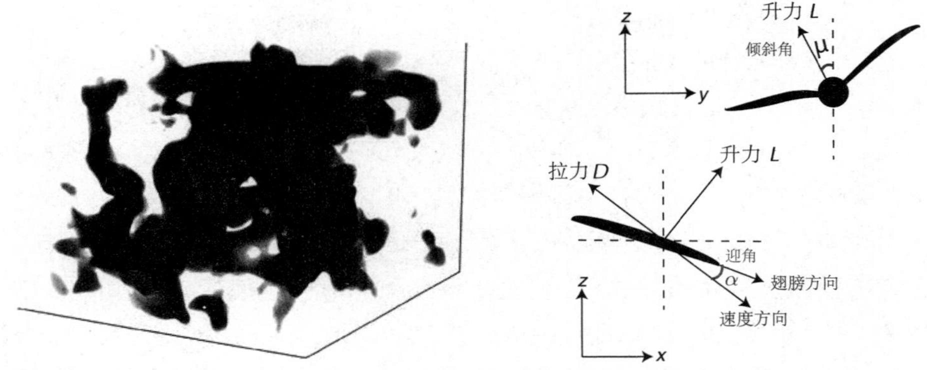

图 16.9　热气流滑翔模型。左：空气模拟方块的垂直速度场的快照，淡 (深) 灰色是大量的上升 (下降) 气流。右：无动力飞行倾斜角 μ 和迎角 α 的图标。图片来自：PNAS vol. 113(22)，p. E4879，2016，Reddy，Celani，Sejnowski，and Vergassola，Learning to Soar in Turbulent Environments.

示鸟类滑翔所使用的信号，也为了最小化自动滑翔机进行滑翔所需的传感器复杂度，他们尝试用不同信号的集合作为强化学习智能体的输入。他们从使用一个四维状态空间的状态聚合 (9.3 节) 开始，其中每个维度分别表示当地垂直风速、垂直风加速度、取决于左右翼尖处的垂直风速之间的差异的扭矩以及当地气温。每个维度被离散成三类：大正量、大负量和小量。下文所示的结果说明了其中只有两个维度对于有效滑翔的行为是重要的。

热气流滑翔总的目标是借每簇上升气流提升尽可能高的高度。Reddy 等人尝试使用了一个直接的收益信号，这个信号在每幕结束时根据智能体在每幕中提升的高度来表达智能体的收益，如果滑翔机触地则会有一个大的负的收益信号，其余情况则为零。他们发现，在真实的气流运动时间周期里，使用这种收益信号进行学习是不成功的，而且加入资格迹也没有帮助。通过对不同收益信号进行试验，他们发现使用一种如下的收益信号进行学习是最好的：这种收益在每一时刻将上一时刻观测到的垂直风速和垂直风加速进行了线性组合。

学习过程使用的是单步 Sarsa 算法，其中动作是按照柔性最大化 (soft-max) 得到的归一化动作价值的概率分布选择的。特别指出，动作概率是根据带动作偏好的式 (13.2) 计算出来的，而动作偏好在这里定义为

$$h(s,a,\boldsymbol{\theta})=\frac{\hat{q}(s,a,\boldsymbol{\theta})-\min_b \hat{q}(s,b,\boldsymbol{\theta})}{\tau\big(\max_b \hat{q}(s,b,\boldsymbol{\theta})-\min_b \hat{q}(s,b,\boldsymbol{\theta})\big)},$$

其中，$\boldsymbol{\theta}$ 为表示参数集合的向量，向量的每个元素分别对应于每个动作和聚合的状态组；$\hat{q}(s,a,\boldsymbol{\theta})$ 仅返回对应特定 s,a 二元组的元素。上面的等式通过将动作价值的估计值归一

化到 [0,1] 区间，再除以正的温度参数 τ，形成了“动作偏好”[1]。随着 τ 的增加，选择某个动作的概率与对它的偏好的依赖越来越小；当 τ 减小到接近 0 时，选择“最偏好”的动作的概率就会接近于 1，这使得该策略变为了贪心策略。温度参数 τ 被初始化为 2.0，并在学习过程中逐步下降到 0.2。动作偏好是从当前动作价值的估计值中计算出来的：最大估计值的动作给出了 $1/\tau$ 的偏好，最小估计值的动作的偏好是 0，其他动作的偏好分布在这两个极值之间。步长和折扣率参数被分别固定为 0.1 和 0.98。

在智能体进行学习的每一幕中，智能体会控制滑翔机在一段独立生成的模拟湍流中进行模拟飞行。每幕持续 2.5 分钟，模拟的步长为 1 秒。学习过程会在几百幕之后收敛。图 16.10 的左半部分展示了在学习之前，智能体随机选择动作的一条采样轨迹。从图中的顶部开始，滑翔机的轨迹沿着箭头所指的方向快速地下降高度。图 16.10 的右半部分是一条学习之后的轨迹。滑翔机从同样局面位置开始 (这里位于图中底部)，在一簇上升气流中盘旋提升高度。虽然 Reddy 等人发现其性能在不同段的模拟气流中有着较大的变化，但总体来说，滑翔机触地的次数在学习过程中稳定地下降，直到接近于零。

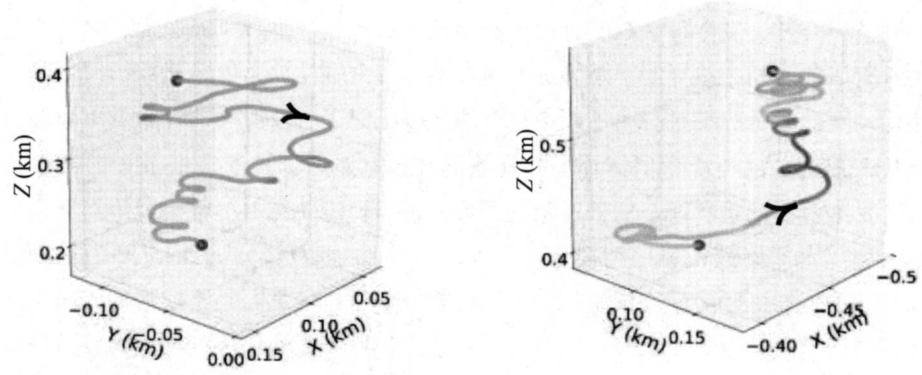

图 16.10 热气流滑翔的轨迹采样，箭头表示从同一个起点出发的飞行的方向 (注意高度的坐标经过了平移和缩放)。左：学习之前，智能体随机地选择动作，滑翔机下降。右：学习之后，滑翔机沿着一条螺旋形的轨迹来提升高度。配图来自 PNAS vol. 113(22), p. E4879, 2016, Reddy, Celani, Sejnowski, and Vergassola, Learning to Soar in Turbulent Environments.

在对智能体可获得的特征的不同集合进行试验后，结果显示，只包含垂直风加速度和扭矩的特征组合是最佳的。作者们猜想，这些特征提供了关于垂直风速在两个不同方向上的梯度信息，它们使得控制器可以选择是调整倾斜角改变方向，还是不改变倾斜角而沿着同样的方向飞行。这使得滑翔机可以停留在一簇上升气流中。垂直风速是热气流强度的标

1 Reddy et al. 的描述与本书有细微差别，但是我们的版本和他们的是等价的。

志，但它并不能帮助滑翔机停留在气流中。他们发现感知温度也没有什么作用。他们也发现，控制迎角并不能帮助滑翔机停留在一个特定的热气流中，而是能在长距离飞行 (如越野滑翔或鸟类迁徙时) 中帮助滑翔机在热气流之间实现跨越。

由于在不同强度的湍流中滑翔需要不同的策略，从弱湍流到强湍流的情况他们都做了训练。在强湍流中，剧烈变化的风和滑翔机的速度缩短了控制器可以用来反应的时间。相比在湍流较弱时可以进行的操控，这降低了可以控制的程度。Reddy 等人检验了使用 Sarsa 在不同情况中学到的策略。在不同情况下学到的规则有这些相同的特点：当感受到负的风加速度时，向有着更大升力的机翼的方向急转弯；但感受到正向的大的风加速度同时扭矩为零时，什么都不要做。然而，不同强度的湍流也会导致策略的不同。在强湍流中学到的策略会更加保守，它们会更偏好小的倾斜角；而在弱湍流中，最优的动作往往是急转弯，转得越大越好。作者们经过对于在不同情况下学到的策略对倾斜角的偏好的系统研究，提出了一种分阶段控制的方法：通过检测垂直风加速度是否超过一个特定的阈值，控制器可以调整它的策略来应付不同强弱的湍流情况。

Reddy 等人也研究了折扣率 γ 对学到的策略的性能的影响。他们发现，当 γ 变大时，在一幕中获得的高度提升会变大，并在 $\gamma = 0.99$ 时达到最大值，这表示热气流滑翔需要考虑控制选择的长期效果。

对于热气流滑翔的量化研究展示了强化学习是如何进一步地改善不同种类的目标的。在不同的环境信号和控制动作集合下进行策略的学习，既能促进设计自动滑翔机的工程目标，也能促进对于鸟类滑翔技能进行理解的科学目标。在这两种情形下，由学习实验得到的猜想都可以在相应的领域中进行测试。对于工程目标，可以制作真正的滑翔机；而对于科学目标，可以将预测行为和观测到的鸟类真实滑翔行为进行对比。

前沿技术

在本章中大家将接触一些超出本书范围的话题，但是我们认为这些话题对于强化学习的未来非常重要。很多话题会超出我们所熟知的知识范围，并且有些会把我们带出马尔可夫决策过程 (MDP) 框架。

17.1 广义价值函数和辅助任务

在本书中，价值函数的概念从前到后变得越来越广义。使用离轨策略学习技术时，我们允许价值函数以任意的目标策略作为条件。之后在 12.8 节中，我们把折扣过程 推广为一个终止函数 $\gamma : \mathcal{S} \mapsto [0,1]$，使得可以在每个时刻采用不同的折扣系数 (discount rate) 来决定回报 (式 12.17)。这允许我们在一个任意的、状态相关的视界下，预测未来将得到多少收益。下一步，或许是最后一步，将“收益”(reward) 的概念进行推广，以允许对任意信号的预测。我们可能对一段声音、一种颜色的感知，或者一个内部的经过复杂处理的信号 (例如另一个预测值) 的未来的值之和进行预测，而不只是对未来的收益值之和进行预测。不管在这种类似于价值函数的预测过程中，我们累加的是什么信号，我们都称其为这种预测的*累积量*。我们将其形式化地表示成一个*累计信号*$C_t \in \mathbb{R}$，在这种记号下，*广义价值函数* (general value function，GVF) 将记为

$$v_{\pi,\gamma,C}(s) = \mathbb{E}\left[\sum_{k=t}^{\infty}\left(\prod_{i=t+1}^{k}\gamma(S_i)\right)C_{k+1} \;\middle|\; S_t = s, A_{t:\infty} \sim \pi\right]. \tag{17.1}$$

像传统的价值函数 (例如 v_π 或者 q_*) 一样，这是一个可以用参数化的形式逼近的理想函数，我们可以继续用 $\hat{v}(s,\mathbf{w})$ 来标记它，尽管对于每一种 π、γ 和 C_t 的选择，在每次预测过程中都会有一个不同的参数 $\mathbf{w}$。因为一个 GVF 并不必然与收益有联系，因此将其称为值函数可能有些用词不当。我们可以简单地称之为“预测”，或者用更独特的方式说：

预报 (由 Ring 提出，准备发表)。不管如何称呼它，它的形式都和价值函数一样，因此可以用本书中提出的学习近似价值函数的方法学出来。在学习预测值的同时，我们也可以采用广义策略迭代 (4.6 节) 或者“行动器 -评判器”算法，通过最大化预测值来学习策略。用这种方式，一个智能体可以学习如何预测和控制大量不同类型的信号，而不仅仅是长期收益。

为什么预测和控制长期收益之外的信号可能有用呢？这类信号控制任务是在最大化收益的主任务之外额外添加的*辅助任务*。一个答案是，预测和控制许多不同种类的信号可以构建一种强大的环境模型。正如我们在第 8 章所述，一个好的环境模型可以让智能体更高效地得到收益。清楚地回答这个问题需要一些其他的概念，我们将在下一节中介绍。首先我们考虑两个相对简单的方法，在这些方法中，多个不同种类的预测问题会对强化学习智能体的学习有所帮助。

辅助任务帮助主任务的一个简单情形是它们可能需要一些相同的表征。有些辅助任务可能更简单，延迟更小，动作和结果之间的关联关系更加明晰。如果在简单的辅助任务中，可以很早发现好的特征，那么这些特征可能会显著地加速主任务的学习。没有什么理由可以解释为什么这是对的，但是在很多情况下这看起来很有道理。例如，如果你学习在很短的时间内 (例如几秒钟) 预测和控制你的传感器，那么你可能会想出这个目标物体的部分特点，这将对预测和控制长期收益有很大的帮助。

我们可能会想象一个人工神经网络 (ANN)，其中的最后一层被分为好几个部分，我们称它们为*头部*，每一个都在处理不同的任务。一个头部可能产生主任务的价值函数预测 (将收益作为其累计量)，而其他的头部可能产生很多辅助任务的解。所有的头部都可以通过随机梯度下降法反向传播误差到同一个“身体”里 —— 即它们前面所共享的网络部分 —— 从第二层到最后一层都在尝试构建表示以提供必要的信息给头部。研究人员们尝试了各种各样的辅助任务，例如预测像素的变化，预测下一时间点的收益，以及预测回报的概率分布。在很多种情况下这个方法都显示出了对主任务学习的加速效果 (Jaderberg et al., 2017)。类似地，作为一种有助于状态预测的方法，多预测的方法也被反复地提出过 (见 17.3 节)。

另一个理解为何学习辅助任务可以提升表现的简单的方法是类比于经典条件反射这一心理学现象 (14.2 节)。一种理解经典条件反射的方法是，进化使我们内置 (非学习式的) 了一个从特定信号的预测值到特定动作之间的反射关联。例如，人和许多其他动物看起来有一种内置的眨眼反射机制，当对于眼球将收到戳击的预测值超过某个阈值的时候，就会闭眼。这个预测是学出来的，但是预测和闭眼之间的关联是内置的，因此动物可以避免眼球受到突然的戳击。类似地，恐惧和心率加快或者愣住之间的关联，也可以是内置的。智能体的设计者们可以做一些类似的事情，例如，自动驾驶汽车可以学习“向前开车会不会导致碰撞”，然后将其“停车/避开”的行为建立一个内置反射，当预测值超过一定阈值时触发。或者考虑一个真空清洁机器人，其可以学习预测是否会在返回充电装置前用尽电量，并且在该预测值变为非零时，条件反射一样地掉头移动到充电站。准确的预测取决于房间的大小、机器人所在的房间、电池的年龄，机器人的设计者很难了解所有这些细节。让设计者使用传感器的手段设计一个有效的算法来决定是否回头是很困难的，但是使用学习到的预测则很容易做到这一点。我们预见到很多方法都会像这样将学习到的预测和内置控制行为的算法有效结合在一起。

最后，也许辅助任务最重要的作用，是改进了我们本书之前所做的假设：即状态的表示是固定的，而且智能体知道这些表示。为了解释这个重要作用，我们首先要回过头来了解本书所做的假设的重要性以及去除它所带来的影响。这将在 17.3 中介绍。

17.2 基于选项理论的时序摘要

马尔可夫决策过程形式上的一个吸引人的地方是，它可以有效地用在不同时间尺度的任务上。我们可以用它来形式化许多任务，例如决定收缩哪一块肌肉来抓取一个目标，乘坐哪一架航班方便地到达一个遥远的城市，选择哪一种工作来过上满意的生活。这些任务在时间尺度上差异很大，然而每一个都可以表达成马尔可夫决策过程 (MDP)，然后用本书中讲述的规划和学习过程完成。所有这些任务都涉及由与环境的相互作用、序贯决策以及一个随时间累积的收益构成的目标，因此它们都可以被形式化成马尔可夫决策过程。

尽管所有这些任务都可以被形式化为 MDP，但是我们可能认为它们不能被形式化为一个单一的 MDP，因为这些过程涉及的时间尺度都不同，例如选择的种类和动作都截然不同。例如，把预定跨洲的航班和肌肉收缩放在同一时间尺度上是不合适的。但是对于其他任务而言，例如抓取、掷标枪、击打棒球，用肌肉收缩的层次来刻画可能刚刚好。人类可以无缝地在各个时间层次上切换，而没有一点转换的痕迹。那么 MDP 框架可不可以被拉伸，从而同步地覆盖所有这些时间层次呢?

也许是可以的，一种流行的观点是：先形式化一个非常小的时间尺度上的 MDP，从而允许在更高的层次上使用扩展动作 (每个时刻对应于更低层次上的多个时刻) 的规划。为了做到这一点，我们需要使用一个展开到多个时刻的“动作方针”的概念，并引入一个“终止”的概念。对这两个概念的通用的形式化方式是将它们用一个策略 π 和一个状态相

关的终止函数 γ 来表达，就像在 GVF 中定义的那样。我们将这样的一个“策略-终止函数”二元组定义为一种广义的动作，称之为“选项”。在 t 时刻执行一个选项 $\omega=\langle\pi_\omega,\gamma_\omega\rangle$，就表示从 $\pi_\omega(\cdot|S_t)$ 中获得一个动作 A_t，然后在 $t+1$ 时刻以 $1-\gamma_\omega(S_{t+1})$ 的概率终止。如果选项不在 $t+1$ 时刻停止，那么 A_{t+1} 从 $\pi_\omega(\cdot|S_{t+1})$ 中选择，而且选项在 $t+2$ 时刻以 $1-\gamma_\omega(S_{t+2})$ 的概率终止。很容易就可以把低层次的动作看作选项的一种特例——每一个动作 a 都对应于一个选项 $\langle\pi_\omega,\gamma_\omega\rangle$，这个选项的策略会选出一个动作 (对于每个 $s\in\mathcal{S}$，$\pi_\omega(s)=a$)，并且其终止函数是零 (对于每个 $s\in\mathcal{S}^+$，$\gamma_\omega(s)=0$)。选项有效地扩展了动作空间。智能体可以选择一个低层次的动作 /选项，在单步之后终止，或者选一个扩展的选项，它可能在执行多步之后才终止。

“选项”的架构设计允许它与低级别的动作进行角色互换。例如，一个动作价值函数的记号 q_π 可以被自然地推广为*选项值函数*，它以状态和选项作为输入，仍然返回期望回报，只是产生这个期望回报的过程包括了从输入状态开始，执行输入的选项直到它终止，并在之后继续遵循策略 π 的整个过程。我们也可以把策略的概念推广到*层次化策略*，它选择的是选项而不是动作，其中每个选项被选中之后，都会一直运行到终止。在这些思想下，本书中的许多算法都可以推广到学习近似的选项值函数和层次化的策略。在最简单的情况下，学到的策略从选项开始直接跳到选项结束，更新只在选项结束的时候出现。更精细一些的做法是，更新可以在每一个时刻进行，使用一种“选项内部”的学习算法，这通常需要离轨策略算法。

选项的思想带来的最重要的推广也许是第 3、4 和 8 章中所提出的环境模型。关于“动作”的传统模型是状态转移概率和采取这个动作的即时收益的期望。那么传统的动作模型如何推广到*选项模型*呢？对于选项而言，合适的模型也应该包含有两部分：一个部分对应于执行选项后产生的状态转移结果；另一个对应于执行选项过程中的累积收益的期望。选项模型的收益部分，类比于“状态-动作”二元组的期望收益式 (3.5)，对于所有的选项 ω 和所有的状态 $s\in\mathcal{S}$，定义为

$$r(s,\omega)\doteq\mathbb{E}\big[R_1+\gamma R_2+\gamma^2R_3+\cdots+\gamma^{\tau-1}R_\tau\;\big|\;S_0=s,A_{0:\tau-1}\sim\pi_\omega,\tau\sim\gamma_\omega\big],\qquad(17.2)$$

其中，τ 是一个随机时刻，代表选项的终止时刻，它由参数 γ_ω 决定。在这个等式中，需要注意总体折扣系数 γ 所扮演的角色 —— 折扣是由 γ 决定的，但是选项的终止是由 γ_ω 决定的。一个选项模型的状态转移部分则更为精巧。这部分模型刻画了每一个可能的选项结果状态的概率 (就像在式 3.4 中一样)，但是在这里，可能在多个时刻之后才能到达这个选项结果状态，其中的每个状态都有不同程度的折扣。选项 ω 的这部分模型在如下公式

中指定了 ω 的每个可能的起始状态 s，以及 ω 的每个可能的终止状态 s'

$$p(s'|s,\omega) \doteq \sum_{k=1}^{\infty} \gamma^k \Pr\{S_k = s', \tau = k \mid S_0 = s, A_{0:k-1} \sim \pi_\omega, \tau \sim \gamma_\omega\}. \tag{17.3}$$

注意，由于存在折扣系数项 γ^k，这里的 $p(s'|s,\omega)$ 不再是一个转移概率，并且不再对于所有可能的 s' 求和为 1 (无论如何，我们会继续在 p 中使用记号 $|$)。

上面关于选项模型的状态转移部分的定义使得我们可以为所有的选项定义形式化的贝尔曼方程和动态规划算法，其中也包括作为选项特例的低级别的动作。例如，对于层次化策略 π 来说，通用的贝尔曼方程是

$$v_\pi(s) = \sum_{\omega \in \Omega(s)} \pi(\omega|s) \left[r(s,\omega) + \sum_{s'} p(s'|s,\omega) v_\pi(s') \right], \tag{17.4}$$

其中，$\Omega(s)$ 表示状态 s 中所有可行的选项的集合。如果 $\Omega(s)$ 仅仅包含低级别的动作，那么这个方程退化为通常的贝尔曼方程 (式 3.14)，唯一不同的是 γ 被包含在新定义的 p 中，即式 (17.3)，因此在此处没有出现。类似地，相应的选项的规划算法中也没有 γ。例如，作为式 (4.10) 的推广，带选项的价值迭代算法是

$$v_{k+1}(s) \doteq \max_{\omega \in \Omega(s)} \left[r(s,\omega) + \sum_{s'} p(s'|s,\omega) v_k(s') \right], \text{对于所有 } s \in \mathcal{S}. \tag{17.5}$$

如果 $\Omega(s)$ 包含了每个状态 s 下所有可行的低级别动作，那么这个算法会收敛到通常意义上的 $v*$，从中我们可以计算出最优的策略。然而，如果我们能够在每一个状态下，只考虑所有可能选项 $\Omega(s)$ 的某个子集进行规划，则可能更有用。这样的话价值迭代将会收敛到限制在给定的选项子集下的最优的层次化策略。尽管这个策略从全局看可能是次优的，但收敛可能会更快，因为我们只考虑较少的选项，而且每个选项都可以在时间上跳跃多步。

为了在有选项的情况下做规划，我们必须已知选项模型，或者学出选项模型。一个学出选项模型的自然方法是使用一系列的 GVF (我们在上一节中定义过) 来对它进行表示，然后使用本书中提到的方法来学习 GVF。对于选项模型的收益部分，不难看出如何做到这一点。我们仅仅需要把 GVF 的累计量选为收益 ($C_t = R_t$)，把它的策略设为选项的策略 ($\pi = \pi_\omega$)，把它的终止函数设为折扣系数乘以选项的终止函数 ($\gamma(s) = \gamma \cdot \gamma_\omega(s)$)。如此一来，真实的 GVF 将等同于选项模型的收益部分，$v_{\pi,\gamma,C}(s) = r(s,\omega)$，并且本书中介绍的各种学习方法都可以用来近似它。选项模型的状态转移部分会更复杂一些。我们需要对选项对应的每一个可能的终止状态分配一个 GVF。除了在选项终止且终止于相应的

状态时，我们不希望这些 GVF 积累任何量。这可以通过如下设定来实现：把预测转移到 s' 的 GVF 的累计量写为 $C_t = (1-\gamma_\omega(S_t))\mathbb{1}_{S_t=s'}$。该 GVF 的策略和终止函数都和选项模型的收益部分一样设置。那么真实的 GVF 就等同于选项的状态转移模型的 s' 部分：$v_{\pi\ \gamma\ C}(S) = p(s'|s,\omega)$，这样本书中介绍的方法也就可以用来学习它。尽管这其中的每一步看起来都很自然，但是把它们整合在一起 (包括函数逼近和其他关键部分) 是很有挑战性的，而且超出了现有最先进的技术水平。

练习 17.1　在本节中展示了折扣情况下的选项，但是在使用函数逼近的时候，折扣对于控制问题是否合适是有争议的 (参见 10.4 节)。那么层次化策略的自然的贝尔曼方程形式应该是什么样的呢？它应当与式 (17.4) 中的类似，但需要在平均收益设置 (10.3 节) 下进行定义。类比于式 (17.2) 和式 (17.3)，在平均收益设置下，选项模型的两个部分分别是什么样子的呢？ □

17.3　观测量和状态

在本书中，我们都把学到的近似价值函数 (还有第 13 章中的策略) 写成关于状态的函数。这是本书的第 I 部分中介绍的方法的重大局限，在这些方法中，学习得到的价值函数用一张表格来表示，因此任意的价值函数都能被精确近似。这种情况等同于假设环境的状态完全可以被智能体感知。但是在很多情况下，传感器输入只会告诉你这个世界状态的部分信息。有些对象可能被其他的东西遮挡住了，或者在智能体的身后，亦或是在几里之外。在这些情况下，关于环境的很重要的一部分信息可能并不能直接观察到。而且，把学习到的价值函数实现为一个关于环境状态空间的表格，是一种过强的、不现实而且局限性很大的假设。

在本书第 II 部分提出的参数化函数逼近框架则限制要少得多，甚至可以说它是没有局限性的 (虽然这种说法是有争议的)。在第 II 部分中，我们保留了学习到的价值函数 (和策略) 是关于环境的状态的函数这一假设，但是允许这些函数在参数化的框架下自由变化。一个有些令人吃惊而且并不被广泛认可的观点是，函数逼近包含了“部分可观测性”的很多方面。例如，如果有一个不可观测的状态变量，那么我们通过选择参数化的方式使得近似价值函数与这个变量无关。这样做的效果就如同这个状态变量是不可观测的。正因为如此，在所有参数化的情况下获得的结果都可以被应用在部分可观测的情况下，而不需要做任何改变。从这个意义上说，参数化函数逼近的情况包含了部分可观测性的情况。

然而，如果不显式地、明确地为部分可观测性建模，仍然有很多问题无法被深入研究。尽管我们在这里不能给出一个完整的处理部分可观测性的方法，但是我们可以大致列出需要做出的一些改变，以下是具体的四个步骤：

首先，我们需要改变问题：环境所提供的不是其状态的精确信息，而仅仅是*观测量*，—— 这是一个依赖于状态的变量，就像机器人的传感器那样，提供关于状态的部分信息。为了简化问题，我们假设收益是一个关于状态的直接的、已知的函数 (观测量可能是一个向量，收益可能是它的某一个分量)。那么环境交互将没有明确的状态或者收益，而仅仅给出一个简单的动作 $A_t \in \mathcal{A}$ 和观测量 $O \in \mathcal{O}$ 的交互序列

$$A_0, O_1, A_1, O_2, A_2, O_3, A_3, O_4, \ldots,$$

永远这样持续下去 (与式 3.1 对比) 或者形成“幕”，每幕都以一个特殊的终止观测量来结束。

然后我们可以用观测量和动作的序列来恢复本书中提到的状态的概念。我们使用术语*历史*以及记号 H_t 表示一个轨迹从初始部分一直到当前的观测量：$H_t \doteq A_0, O_1, \ldots, A_{t-1}, O_t$。历史代表了我们在不看数据流外部信息的情况下，对过去所能了解的最多信息 (因为历史是整个过去的数据流)。当然历史会随着 t 增长，从而变大而且笨重，状态的想法就是历史的某种“紧凑”的总结，对于预测未来而言，它和真实的历史同等有用。我们看看这到底意味着什么：为了成为历史的总结，状态必须是一个历史的函数 $S_t = f(H_t)$，为了能够像历史一样对预测未来有用，它必须有我们所知道的*马尔可夫性*。更正式的说法是，这是函数 f 的性质。对于所有的观测量 $o \in \mathcal{O}$ 和动作 $a \in \mathcal{A}$，一个函数 f 有马尔可夫性，当且仅当任意被预测到同一个状态 ($f(h) = f(h')$) 的两个历史 h 和 h' 都对于它们的下一个观测量有相同的概率。

$$f(h) = f(h') \;\Rightarrow\; \Pr\{O_{t+1}=o|H_t=h, A_t=a\} = \Pr\{O_{t+1}=o|H_t=h', A_t=a\}, \tag{17.6}$$

如果 f 是马尔可夫的，那么 $S_t = f(H_t)$ 就是一个“状态”，这是本书中使用的术语。我们在之后会称其为*马尔可夫状态*，从而将其与那些虽然总结了历史却不具有马尔可夫性的状态区分开来 (稍后讨论不具有马尔可夫性的状态)。

一个马尔可夫状态是预测下一个观测量 (式 17.6) 的良好基础，但更重要的是，它是预测/控制任何事情的良好基础。例如，令一个*测试序列*为任何特定的在未来可能发生的交替出现的“动作 -观测量”序列。比如一个三步的测试序列可以记为：$\tau = a_1, o_1, a_2, o_2, a_3, o_3$。给定历史 h，这个测试序列的概率被定义为

$$p(\tau|h) \doteq \Pr\{O_{t+1}=o_1, O_{t+2}=o_2, O_{t+3}=o_3 \mid H_t=h, A_t=a_1, A_{t+1}=a_2, A_{t+2}=a_3\}. \tag{17.7}$$

如果 f 是马尔可夫的，而且 h 和 h' 是在 f 下会被映射到相同的状态的两个不同的历史，那么对于任意长度的任意测试序列 τ，给定这两个历史时它们的概率一定是相同的

$$f(h) = f(h') \;\Rightarrow\; p(\tau|h) = p(\tau|h'). \tag{17.8}$$

换句话说，一个马尔可夫状态总结了对于预测测试序列的概率有用的所有历史信息。事实上，它总结了做任何预测所需要的全部信息，包括预测任意的 GVF 以及最优的行为 (如果 f 是马尔可夫的，那么总会存在一个确定的函数 π，使得选择 $A_t \doteq \pi(f(H_t))$ 是最优的)。

将强化学习的概念扩展到部分可观测的情况的第三步是需要考虑一些计算上的问题。特别是，我们希望状态是历史的紧凑的总结。例如，对于一个马尔可夫的函数 f，映射到自己的函数完全满足这个条件，然而并没有什么用，因为正如我们之前所提到的，对应的 $S_t = H_t$ 会随着时间增长而变得笨重。但是更本质的原因是，这个历史再也不会在未来出现了。智能体永远不会两次进入同一个状态 (在一个持续性的任务中)，因此永远不会从表格型学习方法中获益。我们希望我们的状态是“紧凑”的，而且是马尔可夫的。在如何获得和更新状态的问题上，我们也有类似的需求。我们并不真的想要一个包括“所有历史”的函数 f。相反地，出于计算上的考虑，我们偏向于通过相对简单的增量式递归计算获得与 f 一样的效果，这个计算过程使用下一个时刻的增量 A_t 和 O_{t+1}，从 S_t 计算 S_{t+1}

$$S_{t+1} = u(S_t, A_t, O_{t+1}), \text{对于所有 } t \geqslant 0,$$

其中，初始状态 S_0 是给定的。函数 u 又被称作状态更新函数。例如，如果 f 是映射到自身的函数 ($S_t = H_t$)，那么 u 仅仅是在 S_t 的后面加上了一个 A_t 和 O_{t+1}。给定 f，构造一个相应的 u 总是可行的，但是可能在计算上并不方便，而且正如上面映射到自身的函数的例子，它可能不能产生一个“紧凑”的状态。状态更新函数在任何智能体的架构中都是解决部分可观测性问题的核心部分。它必须在计算上是高效的，因为在看到状态之前，我们不能采取任何动作或者做任何预测。

一个通过状态更新函数获得马尔可夫状态的典型例子采用了流行的贝叶斯方法，被称作“部分可观测 MDP” (Partially Observable MDP，POMDP)。在这个方法中，假定存在一个完备定义的隐变量 X_t，它真实反应环境的变化并产生可见的环境观测量，但它们对于智能体而言从来都是不可观测的 (不要将它与智能体用于预测和决策的状态 S_t 相混淆)。对于 POMDP 而言，一种自然的马尔可夫状态 S_t 就是给定历史时在隐变量上的一个概率分布，这个“概率分布”被称作置信状态 (belief state)。为了更具体一些，假设在通常情况下，存在有限个隐变量：$X_t \in \{1, 2, \cdots, d\}$，那么置信状态则是一个向

量 $S_t \doteq s_t \in \mathbb{R}^d$，其各个成员分量为

$$\mathbf{s}_t[i] \doteq \Pr\{X_t = i \mid H_t\}, \text{对所有可能的隐状态 } i \in \{1, 2, \ldots, d\}. \tag{17.9}$$

无论 t 如何增长，置信状态都保持相同的大小 (相同数量的成员)。假设我们有足够多的关于环境内部如何工作的知识，它也可以由贝叶斯公式增量式地更新。特别地，置信状态更新函数的第 i 个成员是

$$u(\mathbf{s}, a, o)[i] = \frac{\delta^s \sum_{x=1}^d \mathbf{s}[x] p(i, o|x, a)}{\delta^s \sum_{x=1}^d \sum_{x'=1}^d \mathbf{s}[x] p(x', o|x, a)}, \tag{17.10}$$

其中，$a \in \mathcal{A}, o \in \mathcal{O}$，置信状态 $s \in \mathbb{R}_d$，其元素为 $s[x]$。这里有 4 个变量的 p 函数与 MDP 中 (参见第 3 章) 通常使用的并不一样，而是在 POMDP 情况下的基于隐状态的推广形式：$p(x', o|x, a) \doteq \Pr\{X_t = x', O_t = o \mid X_{t-1} = x, A_{t-1} = a\}$。这个方法在理论研究中非常流行，并且有非常重要的应用，但是其假设和计算复杂性的可扩展性太差，我们不推荐在人工智能中使用该方法。

另一个马尔可夫状态的例子是*预测状态表示* (Predictive State Representations, PSR)。PSR 解决了 POMDP 方法的弱点：在 POMDP 中，智能体的状态 S_t 的语义是以环境的隐状态 X_t 为基础的。由于隐状态无法被观测，其学习也就比较困难。在 PSR 和相关方法中，智能体状态的语义是以未来的观测量和动作的预测值为基础的，因而是可以观测到的。在 PSR 中，一个马尔可夫状态被定义为一个 d 维的概率向量，由 d 个“核心”测试序列的概率组成，测试序列则由前面介绍的式 (17.7) 所定义。这个向量之后由状态更新函数 u 更新，它是贝叶斯公式的一种扩展，但以可观测的数据为基础，这就让它的学习变得更容易了。这个方法已经在很多方面得到了扩展，包括终端测试、组合测试、强有力的“谱”方法，还有从 TD 方法中学到的闭环和时序摘要测试。最好的理论进展有些是针对被称为*可观测的操作模型* (Observable Operator Models, OOM) 和序列系统 (Thon, 2017) 的。

在我们简短的概要介绍中，处理强化学习中的部分可观测性的第四步是重新引入近似的概念。正如我们在第二部分中所讨论的，想要达到人工智能必须得接受近似方法。不仅对于价值函数是这样，对于状态也是这样。我们必须接受并且在“近似状态”的概念下开展我们的工作。近似状态将会在我们的算法中扮演和原来一样的角色，因此我们继续对智能体使用的状态使用记号 S_t，尽管它可能不是马尔可夫的。

也许近似状态的最简单的例子就是最近的观测量 $S_t \doteq O_t$。当然这种方法不能够处理有隐变量信息的情况。可能更好的表达方式是，对于某个 $k \geqslant 1$，使用最近的 k 个观测量

和动作来表达状态：$S_t \doteq O_t, A_{t-1}\, O_{t-1}\ \cdots, A_{t-k}$，这可以通过引入一个特殊的状态更新函数来实现：每次加入新数据并平移，同时把最旧的数据删除。k 阶历史的方法仍然非常简单，但是相比于直接使用单个观测量作为状态，它可以大大增加智能体的能力。

当马尔可夫性质 (式 17.6) 只是被近似满足的时候会发生什么呢？不幸的是，当单步预测所定义的马尔可夫性变得哪怕有一点不准确的时候，长期预测的表现就可能会遭遇急剧的下滑。长期的测试序列、GVF，还有状态更新函数都有可能近似得很糟糕。短期和长期的近似目标就是不一样的。当前也没有这个方面的有效的理论保证。

然而，仍然有理由认为在本节中描述的通用思想可以用到近似的情况下。这个通用的思想就是：一个对于某些预测而言好的状态，对其他的情况也会是好的 (特别是，对于一个马尔可夫状态，如果它足够做单步预测，则对其他的情况也是足够的)。如果我们退一步，不考虑马尔可夫情况下的特定结果，则前面的通用思想与我们在 17.1 节中讨论的多头部学习和辅助任务是相似的。在 17.1 节，我们讨论了对于辅助任务来说好的表示为什么对于主任务来说往往也是好的。这些思想合在一起就揭示了一个可以同时对部分可观测性和表征进行学习的方法：采用多重预测并以此来指导状态特征的构建。这样一来，完美但并不可行的马尔可夫性带来的理论保证就被一个启发式原则所替代，这个原则就是：对某些预测有益的信息对于其他预测而言也会是好的。这种方法可以很好地与计算资源的规模相匹配。在大型机器上，人们可以尝试大量的不同的预测：可能会倾向于那些接近于最感兴趣的目标、最容易可靠地学习的预测。在这里很重要的一点是，不要手动选择预测目标，而智能体应该做到这一点。而这可能需要一个通用的表达“预测”的语言，使得智能体可以系统地试探一个广大的可行预测的空间，从中发现最有用的内容。

特别地，POMDP 和 PSR 方法都可以应用于近似状态。状态的语义在形成状态更新函数的时候非常有用，就像在这两种方法和 k 阶的方法中那样。但对保持状态内信息的有用性而言，语义正确的需求并没有那么强烈。有些状态扩充的算法，例如回声状态网络 (Jaeger，2002)，几乎保留了关于历史的任何信息，但是依然表现很好。这个领域依然有很多的可能性，因此我们期待更多的工作和新的思想。针对近似状态，学习状态更新函数是强化学习中的表示学习问题的一个重要组成部分。

17.4 设计收益信号

强化学习相较于有监督学习的一个主要优势是，强化学习并不依赖于细节性的监督信息：生成一个收益信号并不依赖于“智能体的哪个动作才是正确的”这一先验知识细节。

但是强化学习的成功应用很大程度上依赖于我们的收益信号在多大程度上符合了设计者制定的目标，以及这些信号能够多好地衡量在达到目标过程中的进步。出于这些原因，设计收益信号是任何一个强化学习应用的重要部分。

设计收益信号指的是设计智能体所在的环境的一个部分，这部分负责在 t 时刻产生一个标量收益 R_t 送回到智能体。在第 14 章末尾讨论术语的时候，我们提到，称 R_t 更像一个在动物大脑内部产生的信号，而不是在动物的外部环境中的一个对象或者事件。大脑中产生这些信号的部分已经进化了数百万年，因此非常适应我们的祖先在将他们的基因传递下去的时候所面临的各种挑战。我们因此不应该认为设计收益信号是一件容易的事情。

设计收益信号的一个挑战来自于，智能体需要学习，在行为上接近并在最终达到设计者所希望的目标。如果设计者的目标很容易辨别，那么这个任务可能很简单，例如寻找一个良好定义的问题的解，或者在一个良好定义的游戏中取得高分。在这些例子中，我们通常可以通过“问题是否解决”和“游戏分数是否提高”来定义收益函数。但是在有些问题中，目标并不容易被翻译成收益函数，尤其是当这些问题需要智能体做非常有技巧性的动作来完成复杂任务或者一系列任务的时候就更是如此，例如家务机器人助理所需要解决的问题。更进一步，强化学习智能体可能会发现一些意想不到的方法使得环境可以给出收益信号，但其中有一些可能是我们并不想要的，甚至有时是很危险的方法。这对于任何像强化学习这样依赖于优化的算法而言，都是一个长期存在并且非常关键的挑战。我们将在 17.6 节，也就是本书的最后一节中详细讨论这个问题。

即使有一个简单且易于辨识的目标，*收益稀疏*的问题仍然时常出现。足够频繁地提供非零收益让智能体实现一次目标，本身就已经是一个令人畏惧的挑战，更不要说让它高效地从各种各样的初始状态下进行学习了。那些可以明确地触发收益的“状态-动作”二元组可能很少，而且相互之间隔得很远；且代表着向目标前进的收益也可能并不常见，因为朝向目标的进步总是很难甚至是无法衡量的。智能体可能会长期没有目的地漫游 (Minsky，1961 所称的“高原问题”)。

在实践中，设计收益信号通常会归到一个反复试验的搜索过程，直到找到一个可以产生合理结果的信号。如果智能体没有成功学习，学得太慢，或者学习到了错误的东西，那么这个应用的设计者会调整收益信号并且再试一次。为了做到这一点，设计者会对智能体的表现用某种评估标准来衡量，而他会把这种评估标准翻译成一个收益信号，使得智能体的目标和设计者自己的目标相匹配。如果学习的进程太慢了，那么设计者可能会尝试设计一个非稀疏的信号，其可以在智能体与环境交互的过程中更有效地指导学习。

解决稀疏收益问题的一个非常诱人的手段是，以设计者认为达到最终目标所经历的重要的几个阶段作为子目标，对这些子目标提供收益函数。但是，当使用这些有明确目的性的补充收益来扩充原来的收益函数时，也可能会使智能体的行为与我们的预期大相径庭，智能体可能最终根本不会达到总的目标。一个更好的提供这样的指导的方法是，把收益函数放在一边而对价值函数的逼近过程进行扩充，给它扩充一个描述最终目标的初始猜测，或描述部分目标的初始猜测。例如，假设我们想把 $v_0 : \mathcal{S} \to \mathbb{R}$ 作为真实的最优价值函数 v_* 的一个初始猜测，并且我们使用关于特征 $\mathbf{x} : \mathcal{S} \to \mathbb{R}^d$ 的线性函数逼近，那么我们可以把初始的价值函数逼近形式定义为

$$\hat{v}(s,\mathbf{w}) \doteq \mathbf{w}^\top \mathbf{x}(s) + v_0(s), \tag{17.11}$$

然后按照惯例更新权重 $\mathbf{w}$，如果初始的权重向量是 $\mathbf{0}$，那么初始的价值函数则是 v_0，但是渐近解的质量会像往常一样由特征向量决定。可以针对任意的非线性函数逼近器和任意形式的 v_0 来做这种初始化，尽管这并不保证能加速学习。

一个处理稀疏收益问题的非常有效的方式是*塑造*技术，它由心理学家 B. F. Skinner 提出，并在本书的 14.3 节中有所介绍。这种技术的有效性依赖于一个事实：稀疏收益问题并不只是收益信号本身的问题，它们也是智能体策略的问题，有些策略会阻碍智能体频繁达到可以产生收益的状态。塑造技术会在学习过程中不断改变收益信号：给定智能体的初始行为，从一个不那么稀疏的收益信号开始，渐渐地把它调整到适合最初感兴趣的问题的收益信号。智能体面临一系列难度逐渐增加的强化学习问题，其中在每个阶段学习到的东西，可以让下一个更难的问题变得相对简单一些。这是因为智能体通过学习简单问题得到了先验知识，这些知识使得它能够更加频繁地获得复杂问题下的收益；而如果不学习先验知识就直接优化复杂问题的收益，则收益会非常稀疏。“塑造”是训练动物过程中的一个基础技术，它在计算强化学习中非常有效。

如果我们对于收益信号如何设计一筹莫展，但是有另外一个智能体，它可能是一个人类，已经是该领域的专家，并且它的行为可以被我们观察到，那么我们可以如何利用这一点呢？在这种情况下，我们可以使用被称为“模仿学习”“从示范中学习”和“学徒学习”的算法。这里的思想是从专家智能体中获得收益，同时保留进一步提升的可能性。从专家的行为中学习可以通过直接的有监督学习，或者通过被称作“逆强化学习”的技术抽取收益函数，然后使用强化学习算法从这个收益函数学出一个策略。Ng 和 Russell (2000) 研究了逆强化学习的任务，他们尝试仅仅从专家的行为中恢复出专家的收益信号。但这种做法无法找到精确解，因为一个策略可能对很多个不同的收益信号而言都是最优的 (例如，任何对所有状态和动作给予相同收益的信号)。但是，我们仍然可能找到合理的候选收益信号。只不过这个过程需要很强的假设，包括对环境动态特性的先验知识，以及与收益信

号成线性关系的特征向量。同时，这个方法也要求对问题做多次完全求解 (例如通过动态规划)。虽然有这些困难，但是 Abbeel 和 Ng (2004) 称逆强化学习有时会比有监督学习更有效。

另一个找到好的收益信号的方法，是将试错搜索过程自动化以找到好的信号。从应用角度来说，收益信号是学习算法的一个参数。正如我们可以对算法的其他参数所做的那样，我们可以自定义可行的搜索空间，然后用优化算法自动优化这些收益信号。优化算法是这样评估每一个候选收益信号的：以该收益信号运行强化学习算法若干步，然后用一个包含设计者真实目标的"高级"目标函数来计算评分，不需要考虑该智能体的局限。甚至可以通过在线梯度上升来提升收益信号，其中梯度来自于高级的目标函数 (Sorg、Lewis 和 Singh，2010)。把这个算法与真实世界相联系的话，优化高级目标函数可以类比为进化，其中高级优化函数代表动物的进化适应程度，这通过能活到繁殖年龄的后代数量来衡量。

这种具有上下两层优化算法 (一层类似于进化，另一层是智能体个体的强化学习) 的计算实验已经证实，直觉本身并不总足以用来设计一个好的收益信号 (Singh、Lewis 和 Barto，2009)。利用高级目标函数所衡量的强化学习智能体的性能表现，可能会对智能体收益信号的某些细节方面特别敏感，这些敏感性来源于智能体本身的局限以及它在其中活动和学习的环境。这些实验也表明一个智能体的目标不应该总是与智能体设计者的目标一致。

最初这件事情显得很反直觉，但是对于一个智能体而言，它不可能不管收益信号是什么就达到设计者的目标。智能体需要在很多限制下学习，例如有限的计算能耗、有限的环境信息或者有限的学习时间。当有这样那样的限制的时候，学习去达成一个与设计者目标不同的目标，而不是直接去追求设计者的目标 (Sorg、Singh 和 Lewis, 2010；Sorg，2011)，这可能有时会更加接近于设计者的初衷。在自然界中很容易找到这样的例子，因为我们不能直接接触到大多数食物的营养值，我们的收益信号的设计者 —— 进化 —— 给予我们一个收益信号让我们去找某些特定味道。尽管这当然并不绝对可靠 (事实上，在某些与祖先环境不同的环境中可能是有害的)，但这个信号补偿了我们之前许多的限制：有限的感官功能，有限的学习时间，以及在寻找健康饮食的过程中进行个体尝试实验所冒的风险。类似地，因为动物并不能实际观察到它的进化适应性，所以进化适应性的目标函数本身并不能作为收益信号。相反，进化过程所提供的一系列收益信号都是可以观测的，并且是对进化适应性敏感的。

最后我们要记住，强化学习智能体并不一定是一个完整的有机物或者机器人。它可能是一个更大的行为系统的一部分。这意味着收益信号可能被更大的行动智能体内部的事情所影响，例如动机、记忆、想法甚至幻觉。收益信号可能也依赖于学习过程本身的一些性质，比如衡量学习中进步了多少。让收益信号对这样的内部信息敏感，可以使智能体作为“认知架构”的一部分，学习如何控制认知架构，同时也可以获取一些特定的知识和技能，这些技能很难只依赖于外部的收益信号学习到。这种可能性导致了“内在激励的强化学习”这个思想，稍后我们会简要地讨论这个问题。

17.5 遗留问题

在本书中，我们介绍了通向人工智能的强化学习方法的基础知识。粗略地说，这个方法依赖于模型无关和模型相关的方法的结合 (如第 8 章中的 Dyna 框架所示)，并利用第 II 部分中介绍的函数逼近技术。其中的关注焦点是“在线”和“增量式”的算法 (我们甚至认为这些方法比基于模型的方法更为基本)，以及如何在离轨策略训练的情形中使用这些算法。后者的完整应用只在这最后一章中有所阐述。也就是说，我们之前一直将离轨策略学习视为解决试探和开发之间矛盾的一种吸引人的方式，但是只有在这一章中，我们才真正完整地讨论了依赖于离轨策略学习的应用，包括学习 GVF 的同时也学习多个不同的辅助任务，还有通过时序摘要的选项模型来对世界进行层次化的学习。正如我们不断在本书中指出的，并且本章中所讨论的未来潜在研究方向也表明，目前仍有很多工作有待完成。但是，假设我们认可本书中全部的内容以及本章到现在为止所概括的全部方向，那么还剩下的是什么呢？当然我们不能确切地知道什么是需要的，但是我们可以做一些猜测。在这一节中我们强调 6 个更长远的问题，有待未来的研究去解决。

第一个问题是，我们仍然需要更强大的参数化函数逼近方法，它应当可以在完全增量式和在线式的设置下很好地工作。基于深度学习和人工神经网络的方法是这个方向上的重要一步，但是它们仍然只是在极大的数据集上批量训练才能得到很好的效果，要么是大量离线地自我对局博弈，要么是通过多个智能体在同一个任务上交错地采集经验来学习。这些以及其他的一些设置都是为了解决当下的深度学习方法的局限，即深度学习方法在增量式、在线式学习的设定下会陷入挣扎，而增量式和在线式学习又恰恰是本书中强调的最自然的强化学习方法的特质。这个问题又被称作“灾难性的干扰”，或者“相关的数据”。每当学习到一些新的东西时，它都倾向于忘记之前学的东西，而不是将新知识作为补充，这会导致之前学习到的那些优点都丢失。例如“回放缓存”之类的技术经常被用于储存和重新导出旧的数据，使得之前学到的优点不至于永久丢失。我们必须诚实地说，目前的深度学习方法并不完全适合在线学习。我们找不到这种限制无法解决的理由，但是迄今为止，在保持深度学习优势的同时解决这个问题的算法仍然还没有被设计出来。大部分当下的深度学习研究的导向是在这个限制下工作而不是去掉这个限制。

第二点 (也许是紧密相连的)，我们仍然需要一些方法来学习特征表示，使得后续的学习能够很好地推广。这个问题是一个更广义的问题 (被称为“表征学习”“构造型归纳”和“元学习”) 的例子。我们如何使用经验去学习归纳各种偏差，使得未来的学习能够得到更好的推广也因此学得更快，而不只是学习一个想要的函数。这是一个很老的问题，可以追溯到 20 世纪 50 年代和 60 年代的人工智能和模式识别的起源[1]。这样的年代可能会让人感到犹豫，也许这个问题没有好的解决方案。但是同样也有可能是我们尚未到达找出解决方案并展示它的有效性的阶段。如今的机器学习是在一个远大于过去的规模上进行的。一个好的表征学习方法可能带来的收益越来越清晰。我们注意到，在一个新的机器学习年会 —— 国际表征学习会议 (International Conference on Learning Representations, ICLR) 上，自 2013 年起每年都有人探讨这个问题。但在强化学习的语境下探索表征学习则不是那么常见。强化学习给这个旧问题带来了许多新的可能性，例如 17.1 节中提到的辅助任务。在强化学习中，表征学习的问题与 17.3 节中讨论的学习状态更新函数的问题是一致的。

第三点，我们仍然需要使用可扩展的方法在学习到的环境模型中进行规划 。规划方法已经被证明在某些应用上极为有效，如 *AlphaGo Zero* 和计算机国际象棋等，这些问题中的环境模型可以从游戏的规则或者人类设计者的知识中完整地得到。但是在完全基于模型的强化学习任务中，需要从数据中学习环境模型，然后再用于规划，可很少有成功的例子。第 8 章中介绍的 Dyna 系统是一个例子，但是正如我们当时所讨论并且也在大部分随后的工作中被人提及的，它使用了一个不带函数逼近的表格型模型，这在很大程度上限制了它的应用范围。只有少部分的研究探讨了线性模型的使用，更少的研究同时探索了在 17.2 节中讨论的基于选项的时序摘要方法。

为了使规划方法可以在学习得到的环境模型上有效地使用，我们还需要做很多工作。例如，模型的学习过程应该是选择式的，因为模型的范围会严重影响规划的效率。如果一个模型注重于最重要的选项的关键结果，则规划可能是快速和高效的；但是如果一个模型包含了不太可能被选到的选项的非主要后果的详细信息，则规划可能几乎没有什么用。环境模型应该以优化规划过程为目标，谨慎而明智地构建其状态和动态特性。应该持续地监测模型的各个方面，以了解它们对规划效率贡献或者减损的程度。本领域尚未解决这个复

1　有些人可能会宣称深度学习解决了这个问题，例如，16.5 节中描述的 DQN 就是一个解决方案，但是我们并不认为它有足够的说服力。目前只有很少的证据表明深度学习本身可以用一种通用且高效的方案解决表征学习问题。

杂的问题或者设计出考虑其影响的模型学习算法。

第四个在未来的研究中需要重点解决的问题，是自动化智能体的任务选择过程，智能体在这些任务上工作并且使用这些任务提升自己的竞争力。在机器学习中，人类设计者为智能体设计学习的目标是一件很常见的事情。因为这些任务是提前已知而且固定的，因此它们可以被内嵌在学习算法的代码中。然而如果我们看得更远一些，则我们可能希望智能体对于将来想掌握什么技能做出自己的选择。这可能是某个特定的已知的大任务中的一个子任务，或者它们可能意图创造一些积木式的模块，允许智能体在一些尚未见过但是将来可能面临的问题上更加高效地学习。

这些任务可能像 17.1 节中讨论的辅助任务或者 GVF，或者是用 17.2 节中讨论的基于选项的方法解决的任务。例如在构建一个 GVF 的过程中，累积量、策略、终止函数分别应该是什么样子的？当前的最优方法是手动选择它们，但是如果我们可以把这些任务选择变得自动化，那么它可能会更强大并且推广性也更强，尤其是当任务选择来自于智能体已经构建的一些“积木”的时候就更是如此，这些“积木”可能是之前在表征学习或者在子问题的经验学习中产生的结果。如果 GVF 的设计是自动化的，那么设计的选择本身将会被显式地表达出来：它们将会在计算机中以一种可以设置、改变、操控、筛选和搜索的方式自动组织起来，而不是在设计者的大脑中，随后写进代码里。之后任务可以一个接着一个地被层次化组织起来，就像人工神经网络中的特征一样。任务就是一个一个的问题，而人工神经网络的内容就是这些问题的答案。我们期望将来有一个完整的层次化的问题与现代深度学习方法提供的层次化的答案相匹配。

第五个我们认为对未来研究至关重要的问题是，通过实现某种可计算的好奇心来推动行为和学习之间的相互作用。在本章中我们想象过一个场景：从一个经验流中，通过离轨策略的方法，同时学习多个任务。采取的动作当然会影响经验流，而经验流反过来也会决定学习会出现多少次，什么任务将会被学习。当收益信号不可用，或者不被智能体行为强烈影响的时候，智能体可以自由选择动作，在某种意义上最优化这些任务上的学习，也就是说使用某些衡量学习进度的指标作为内在的收益，来实现一种“好奇心”的计算形式。除了衡量学习进度之外，内在的收益函数可以以其他的可能性，找到最出人意料、新奇或者有趣的输入，或者评价智能体对环境造成影响的能力。用这些方式产生的内在收益信号，可以被智能体用来给自己提出任务，任务的提出可以通过定义辅助任务、GVF 或者选项等方式实现，以使得学到的技能可以提升智能体掌握未来任务的能力。从结果上看，这很像计算意义上的玩耍。现在已经有了很多关于使用内在收益信号的研究，在这个大的方向上还有很多激动人心的话题，等待未来的研究去揭示。

最后一个在将来的研究中需要注意的问题是开发足够安全 (达到可以接受的程度) 的方法将强化学习智能体嵌入真实物理环境中，从而保证强化学习带来的好处超过其带来的危害。这是未来研究最重要的一个方向之一，我们将在下一节中讨论它。

17.6　人工智能的未来

我们在 20 世纪 90 年代中期撰写本书第 1 版的时候，人工智能取得了显著的进展，而且产生了一定的社会效应，尽管这个时期大多数激动人心的进展只是显示出人工智能可能的前景而已。机器学习就是这个前景中的一部分，但是对于人工智能而言还不能算是不可或缺的。如今人工智能的前景已经落地为应用，而且正在改变百万人的生活。机器学习本身也成为了一项关键技术。在我们写本书第 2 版的时候，一些人工智能方面最卓越的成就已经包括了强化学习技术，比如著名的“深度强化学习”—— 强化学习与深度人工神经网络结合。我们正处在一波人工智能真实场景应用的浪潮之中，它们中将会有很多都使用深度或者非深度的强化学习，我们很难预料它们将以什么样的方式影响我们的生活。

但是大量真实世界中的成功案例并不代表真正的人工智能已经实现了。尽管人工智能在很多领域都取得了很大的进展，但是人工智能与人类智能，甚至与动物智能之间的鸿沟都是很大的。人工智能在某些领域能有超过人类的表现，甚至是围棋这种非常难的游戏，然而开发像人类这样完整地拥有通用适应性和解决问题的能力、复杂的情感系统和创造力，以及从经验中快速学习的能力的可交互式的智能体仍然任重道远。强化学习作为一个关注于动态环境交互式学习的技术，在将来会发展为这种智能体的不可或缺的部分。

强化学习与心理学及神经科学的联系 (第 14 和 15 章) 弱化了其与人工智能其他的长期目标之间的关联，即揭示关于心智的一些关键问题，以及心智如何从大脑中产生。强化学习已经帮助我们理解了大脑的收益机制、动机和做决策的过程。因此有理由相信，在与计算精神疾病学相结合之后，强化学习将会帮助我们研发治疗精神紊乱，包括药物滥用和药物成瘾的方法。

强化学习在未来将会取得的另一个成就是辅助人类决策。在模拟仿真环境中进行强化学习，从中得到的决策函数可以指导人类做决策，比如教育、医疗、交通、能源、公共部门的资源调度。与其密切相关的一个强化学习的特征是，它总是考虑决策的长期效应。这在围棋和西洋双陆棋中是非常明显的，这些也正是强化学习给人留下最深刻印象的案例。同时这也是攸关我们人类和星球命运的诸多高风险决策的特征。在过去的很多领域中，决策分析人员已经使用了强化学习，并将其决策用于指导人类。使用高级的函数逼近方法和大量的计算资源，强化学习方法已经展现出了一些潜力，期望攻克将传统决策辅助方法推广到更大规模、更复杂问题的难题。

人工智能的快速发展让我们开始担心它可能对社会甚至人类本身造成严重的威胁。著名的科学家和人工智能先驱 Herbert Simon 早在 2000 年 (Simon，2000) 于 CMU 举办的地球研讨会 (Earthware Symposium) 上的一个演讲中，就预言了这一点。他指出在任何新形式的知识中，前景和危险都存在着永恒的冲突。他用古希腊神话中普罗米修斯和潘多拉之盒的例子打比方，现代科学的英雄普罗米修斯，为了人类的福祉，从诸神那里盗取火种；而开启潘多拉之盒，只是一个小小的无意之举，却给人类带来了灾难。Simon 认为我们需要承认这样的冲突是不可避免的，同时应该把自己当作未来的设计者而不是观众，我们更倾向于做普罗米修斯那样的决策。这对于强化学习来说非常正确，如果不就地部署强化学习，它在给社会带来福利的同时，也有可能造成我们不希望看到的后果。因此，包括强化学习在内的人工智能应用，其安全性是一个需要重视的课题。

一个强化学习智能体可以通过与真实世界环境、模拟环境 (模拟真实世界的一部分) 或者这两者的结合环境进行交互而学习。模拟器提供安全的环境，以供智能体自由试探，而不需要考虑对自己/环境带来的危害。在大多数现有的应用中，决策是通过与模拟环境交互，而不是直接与真实世界交互学习到的。除了避免在真实世界中造成不希望看到的后果之外，在模拟环境中学习，可以得到模拟的无穷无尽的数据，这比在真实环境中得到这些数据要容易得多。而且由于在模拟环境下，因此交互的速度通常比在真实环境中快，一般在模拟环境中的学习也要快于在真实世界环境中的学习。

然而，展现强化学习的全部潜力需要将智能体置于真实世界的经验流中，在我们的真实世界中行动、试探、学习，而不是仅仅在它们的虚拟世界中。总而言之，强化学习算法 (至少在本书中关注的那些) 被设计成在线式的，并且它们在很多方面都在效仿动物如何在不稳定和有敌人的环境下存活。嵌入真实世界中的强化学习智能体可以在实现人工智能放大、扩充人类能力的过程中起到变革性的作用。

希望我们的强化学习智能体在真实环境中学习的一个主要原因是：以极高的保真度模拟真实世界的经验通常是很困难甚至是不可能的，因而很难保证在模拟世界学习到的策略，无论是通过强化学习还是其他别的方法学到的，其可以安全并良好地指导真实的动作。这对于某些依赖于人类行为的动态环境而言尤其明显，例如，教育、医疗、交通、公共政策，在这些环境中，提升决策力可以带来切实的收益。然而部署这些智能体到真实世界中，需要考虑人工智能可能造成的危险。

其中有些危险是与强化学习密切相关的。因为强化学习依赖于优化，因此它继承所有优化方法的优点和缺点。其中一个缺点是设计目标函数的问题，在强化学习中这被称作收益信号，它帮助智能体学到我们想要的行为，同时规避那些我们不想要的行为。我们在 17.4 节中提到，强化学习智能体可能会试探到意想不到的方式，通过这种方式使它们的环境传递收益，而有些方式并不是我们想要的，甚至是危险的。当我们只是非直接地制定我们想要系统学习的东西时，正如我们设计强化学习的收益信号那样，在学习结束之前，我们不会知道我们的智能体距离完成我们的期望有多近。这并不是强化学习所带来的新问题，在文学和工程实践中这个问题的提出已经很久了，例如在歌德的诗歌“魔法师的学徒”(Goethe 1878) 中，学徒对扫帚施法，以帮助他取水，但结果却造成了出人意料的洪水，这是因为学徒对魔法的掌握不到家。在工程中，Norbert Wiener，控制论 (cybernetics) 的奠基人，早在半个世纪以前就指出了这个问题。他把这个问题联系到了一个超自然的故事“猴子的爪子”(Wiener，1964)：“它满足了你向他要的，但并不是你应该向他要的，或者不是你本来的意图。”这个问题也在现代的文献中有长篇讨论 (Nick Bostrom 2014)。任何在强化学习方面有经验的人都可能发现他们的系统找到了一些出人意料的方式来提高收益。有些时候意想不到的行为是很好的，它以一种全新的方式解决了问题。但是在其他情况下，智能体学习到的东西违背了系统设计者的初衷，因为设计者完全没有考虑到某些情况。仔细设计收益函数是非常重要的，它帮助智能体在真实世界中行动，且不会给人类以观察其行为和动机并轻易干扰它的行为的机会。

尽管优化可能带来非预期的负面效果，但数百年来，优化一直在被工程师、架构师，还有潜在的可能造福人类的设计者们广泛使用。我们生活中很多好的方面都依赖于优化算法的应用。另一方面，也有很多方法被提出来解决优化潜在的风险，例如增加硬或软的约束，使用鲁棒和风险低的策略来限制优化，使用多目标函数优化等。这些方法中有些已经被用到了强化学习中，而且更多这方面的研究还有待进行。如何把强化学习智能体的目标调整成我们人类的目标，仍然是个难题。

另一个强化学习在真实世界中行动和学习带来的挑战是，我们不仅仅关注智能体学习的最终效果，而且关注其在学习时的行为方式。如何保证智能体可以得到足够多的经验以学习一个高性能的决策，同时又能保证不损害环境、其他智能体或者它本身 (更现实地说，如何把伤害的可能性降得尽可能低)？这个问题并不新鲜，也不只在强化学习中存在。对于嵌入式强化学习，风险控制和减轻问题与控制工程师们在最初使用自动化控制时所面临的问题是一样的。那时控制器的行为并不可控，很多时候还可能有灾难性后果，例如对飞机和精密化学过程的控制。控制的应用依赖于精细的系统建模、模型验证和大量的测试。关于让事先完全不了解的动态系统保证收敛和适配控制器的稳定性，已经有大量的理论。理论的保证从来不是万能的，因为它们依赖于数学上的假设成立。但是如果没有这些理论与风险控制和减轻的实践相结合，自适应或者其他类型的自动控制就不会像今天我们看到的那样，可以有效地提升质量、效率和成本收益。未来强化学习研究最重要的方向之一是适应和改善现有方法，以控制嵌入式的智能体在可接受的程度上足够安全地在真实物理环境中工作。

在最后，我们回到 Simon 的号召：我们要意识到我们是未来的设计者，而不仅仅是观众。通过我们作为个体所做的决策，以及我们对于社会如何治理所施加的影响，我们可以共同努力以保证新科技带来的好处大于其带来的危害。在强化学习领域里有充足的机会来做这件事情，因为它既可以帮助提升这个星球上生命的质量，促进公平和可持续发展，也有可能带来新的危机。现在已经存在的一个威胁就是人工智能应用造成了许多人的失业。当然我们也有充分的理由去相信，人工智能带来的好处将远大于其造成的危害。关于安全问题，强化学习带来的危害并没有和当下已经被广泛采用的相关领域的控制优化算法带来的危害有本质的区别。强化学习未来的应用涉足真实世界时，开发者们有义务遵循同类技术中成熟的实践经验，同时拓展它们，以保证普罗米修斯一直占据上风。

参考文献和历史评注

17.1 广义的价值函数最早是 Sutton 和他的同事 (Sutton，1995a；Sutton et al.，2011；Modayil、White 和 Sutton，2013) 提出的。Ring 提出了 (正在准备中) 一种使用 GVF (“预报”) 的延伸思想实验，已经有一定的影响力，不过尚未发表。

使用多个头部的强化学习是由 Jaderberg et al. (2017) 首次展示的，Bellemare、Dabney 和 Munos (2017) 等人证实了预测收益分布的更多信息可以显著提升学习速度来实现对其期望的优化 (这也是辅助任务的一个例子)。在这之后，很多研究者都开始在这个方向开展研究工作。

就我们所知，经典条件反射作为学习预测的一般理论以及对预测的内在反射性反应并没有在心理学的文献中得到过明确阐述。Modayil 和 Sutton (2014) 将其描述为一种控制机器人和其他智能体的方法，称为“巴甫洛夫控制”，暗示其根源为条件反射。

17.2 将动作的时序摘要过程形式化为“选项”的过程是 Sutton、Precup 和 Singh (1999) 等人提出的，这也基于前人的工作，包括 Parr (1998) 和 Sutton (1995a) 以及半 MDP 的经典工作 (例如，见 Puterman，1994)。Precup (2000) 的博士论文完整地提出了选项的思想。这些早期工作一个很大的局限是它们没有处理离轨策略情况下的函数逼近。选项内部的学习通常来说需要离轨策略方法，那时还不能通过函数逼近来可靠地完成。尽管现在我们有了一系列使用函数逼近的稳定离轨策略算法，但它们与选项的结合并没有在本书出版的时候被真正地发掘出来。Barto 和 Mahadevan (2003) 还有 Hengst (2012) 回顾了形式化的选项，还有其他的时序摘要算法。

使用 GVF 实现带选项的模型在前文中没有提到。我们的介绍中使用了 Modayil、White

和 Sutton (2014) 等人提出的技巧，在策略结束的时候预测信号。

使用函数逼近来学习带选项的模型的部分工作由 Bacon、Harb 和 Precup (2017) 等人提出。目前的文献中还没有人提出把选项和带选项的模型拓展到平均收益的情形。

17.3 Monahan (1982) 给出了一个关于 POMDP 方法的很好的展示。PSR 和测试序列的概念由 Littman、Sutton 和 Singh (2002) 等人提出。OOM 由 Jaeger (1997，1998，2000) 提出。统一 PSR、OOM 和很多其他工作的序列系统，由 Michael Thon (2017；Thon 和 Jaeger，2015) 在博士论文中提出。

强化学习与非马尔可夫状态表示的理论由 Singh、Jaakkola 和 Jordan(1994；Jaakkola、Singh 和 Jordan，1995) 明确提出，早期的处理部分可观测性的强化学习方法由 Chrisman (1992)，McCallum (1993，1995)，Parr 和 Russell (1995)，Littman、Cassandra 和 Kaelbling (1995)，还有 by Lin 和 Mitchell (1992) 提出。

17.4 早期关于强化学习的建议和教学参考包括 Lin (1992)，Maclin 和 Shavlik (1994)，Clouse (1996)，还有 Clouse 和 Utgoff (1992)。

不应该将 Skinner 的塑造技术与 Ng、Harada 和 Russell (1999) 提出的“基于势的塑造”技术相混淆。Wiewiora (2003) 说明了该技术实际上与一个更简单的思想等价：给价值函数提供初始近似，如式 (17.11) 所示。

17.5 我们推荐由 Goodfellow、Bengio 和 Courville (2016) 所著的讨论当下深度学习技术的书。ANN 中的灾难性干扰问题由 McCloskey 和 Cohen (1989)，Ratcliff (1990)，还有 French (1999) 提出。回放缓存的技术由 Lin (1992) 提出，其著名应用是 Atari 游戏系统 (16.5 节，Mnih et al.，2013，2015)。

Minsky (1961) 是第一个认识到表征学习问题的人。

为数不多的使用学习到的近似模型做规划的研究由 Kuvayev 和 Sutton (1996)，Sutton、Szepesvari、Geramifard 和 Bowling (2008)，Nouri 和 Littman (2009)，还有 Hester 和 Stone (2012) 等人做。

在人工智能中，模型的设计需要仔细选择以避免过慢的规划，这是人们熟知的。一些经典的工作包括 Minton (1990) 和 Tambe、Newell，还有 Rosenbloom (1990)。Hauskrecht、Meuleau、Kaelbling、Dean 和 Boutilier (1998) 在带确定性的选项的 MDP 中展示了相应的效果。

Schmidhuber (1991a，b) 指出，如果收益信号是关于智能体的环境改善得有多快的一个函数，那么像好奇心那样的事情会导致怎样的后果。由 Klyubin、Polani 和 Nehaniv (2005) 提出的授权函数是一个信息理论的度量，衡量智能体控制环境的能力，它也可以作为一种内在的收益信号。Baldassarre 和 Mirolli (2013) 的文章研究生物学和计算角度上的内在收益和动机，包括一种“内在激励的强化学习”的观点，使用了由 Singh、Barto 和 Chentenez (2004) 提出的术语。同时可以参考 Oudeyer 和 Kaplan (2007)，Oudeyer、Kaplan 和 Hafner (2007)，还有 Barto (2013) 的工作。

参考文献

Abbeel, P., Ng, A. Y. (2004). Apprenticeship learning via inverse reinforcement learning. In *Proceedings of the 21st International Conference on Machine Learning (ICML 2004)*. ACM, New York.

Abramson, B. (1990). Expected-outcome: A general model of static evaluation. *IEEE Transactions on Pattern Analysis and Machine Intelligence, 12*(2): 182–193.

Adams, C. D. (1982). Variations in the sensitivity of instrumental responding to reinforcer devaluation. *The Quarterly Journal of Experimental Psychology, 34*(2): 77–98.

Adams, C. D., Dickinson, A. (1981). Instrumental responding following reinforcer devaluation. *The Quarterly Journal of Experimental Psychology, 33*(2): 109–121.

Adams, R. A., Huys, Q. J. M., Roiser, J. P. (2015). Computational Psychiatry: towards a mathematically informed understanding of mental illness. *Journal of Neurology, Neurosurgery & Psychiatry.* doi:10.1136/jnnp-2015-310737

Agrawal, R. (1995). Sample mean based index policies with $O(logn)$ regret for the multi-armed bandit problem. *Advances in Applied Probability, 27*(4): 1054–1078.

Agre, P. E. (1988). *The Dynamic Structure of Everyday Life.* Ph.D. thesis, Massachusetts Institute of Technology, Cambridge MA. AI-TR 1085, MIT Artificial Intelligence Laboratory.

Agre, P. E., Chapman, D. (1990). What are plans for? *Robotics and Autonomous Systems, 6*(1-2): 17–34.

Aizerman, M. A., Braverman, E. Í., Rozonoer, L. I. (1964). Probability problem of pattern recognition learning and potential functions method. *Avtomat. i Telemekh, 25*(9): 1307–1323.

Albus, J. S. (1971). A theory of cerebellar function. *Mathematical Biosciences, 10*(1-2): 25–61.

Albus, J. S. (1981). *Brain, Behavior, and Robotics.* Byte Books, Peterborough, NH.

Aleksandrov, V. M., Sysoev, V. I., Shemeneva, V. V. (1968). Stochastic optimization of systems. *Izv. Akad. Nauk SSSR, Tekh. Kibernetika*: 14–19.

Amari, S. I. (1998). Natural gradient works efficiently in learning. *Neural Computation, 10*(2): 251–276.

An, P. C. E. (1991). *An Improved Multi-dimensional CMAC Neural network: Receptive Field Function and Placement.* Ph.D. thesis, University of New Hampshire, Durham.

An, P. C. E., Miller, W. T., Parks, P. C. (1991). Design improvements in associative memories for cerebellar model articulation controllers (CMAC). *Artificial Neural Networks*, pp. 1207–1210, Elsevier North-Holland. http://www.incompleteideas.net/papers/AnMillerParks1991.pdf

Anderson, C. W. (1986). *Learning and Problem Solving with Multilayer Connectionist Systems.* Ph.D. thesis, University of Massachusetts, Amherst.

Anderson, C. W. (1987). Strategy learning with multilayer connectionist representations. In *Proceedings of the 4th International Workshop on Machine Learning*, pp. 103–114. Morgan Kaufmann.

Anderson, C. W. (1989). Learning to control an inverted pendulum using neural networks. *IEEE Control Systems Magazine, 9*(3): 31–37.

Anderson, J. A., Silverstein, J. W., Ritz, S. A., Jones, R. S. (1977). Distinctive features, categorical perception, and probability learning: Some applications of a neural model. *Psychological Review, 84*(5): 413–451.

Andreae, J. H. (1963). STELLA, A scheme for a learning machine. In *Proceedings of the 2nd IFAC Congress, Basle*, pp. 497–502. Butterworths, London.

Andreae, J. H. (1969a). A learning machine with monologue. *International Journal of Man–Machine Studies, 1*(1): 1–20.

Andreae, J. H. (1969b). Learning machines—a unified view. In A. R. Meetham and R. A. Hudson (Eds.), *Encyclopedia of Information, Linguistics, and Control*, pp. 261–270. Pergamon, Oxford.

Andreae, J. H. (1977). *Thinking with the Teachable Machine.* Academic Press, London.

Arthur, W. B. (1991). Designing economic agents that act like human agents: A behavioral approach to bounded rationality. *The American Economic Review, 81*(2): 353–359.

Atkeson, C. G. (1992). Memory-based approaches to approximating continuous functions. In *Sante Fe Institute Studies in the Sciences of Complexity*, Proceedings Vol. 12, pp. 521–521. Addison-Wesley.

Atkeson, C. G., Moore, A. W., Schaal, S. (1997). Locally weighted learning. *Artificial Intelligence Review, 11*: 11–73.

Auer, P., Cesa-Bianchi, N., Fischer, P. (2002). Finite-time analysis of the multiarmed bandit problem. *Machine learning, 47*(2-3): 235–256.

Bacon, P. L., Harb, J., Precup, D. (2017). The Option-Critic Architecture. In *Proceedings of the Association for the Advancement of Artificial Intelligence*, pp. 1726–1734.

Baird, L. C. (1995). Residual algorithms: Reinforcement learning with function approximation. In *Proceedings of the 12th International Conference on Machine Learning (ICML 1995)*, pp. 30–37. Morgan Kaufmann.

Baird, L. C. (1999). *Reinforcement Learning through Gradient Descent.* Ph.D. thesis, Carnegie Mellon University, Pittsburgh PA.

Baird, L. C., Klopf, A. H. (1993). Reinforcement learning with high-dimensional, continuous actions. Wright Laboratory, Wright-Patterson Air Force Base, Tech. Rep. WL-TR-93-1147.

Baird, L., Moore, A. W. (1999). Gradient descent for general reinforcement learning. In *Advances in Neural Information Processing Systems 11 (NIPS 1998)*, pp. 968–974. MIT Press, Cambridge MA.

Baldassarre, G., Mirolli, M. (Eds.) (2013). *Intrinsically Motivated Learning in Natural and Artificial Systems.* Springer-Verlag, Berlin Heidelberg.

Balke, A., Pearl, J. (1994). Counterfactual probabilities: Computational methods, bounds and applications. In *Proceedings of the Tenth International Conference on Uncertainty in Artificial Intelligence (UAI-1994*, pp. 46–54. Morgan Kaufmann.

Baras, D., Meir, R. (2007). Reinforcement learning, spike-time-dependent plasticity, and the BCM rule. *Neural Computation, 19*(8): 2245–2279.

Barnard, E. (1993). Temporal-difference methods and Markov models. *IEEE Transactions on Systems, Man, and Cybernetics, 23*(2): 357–365.

Barreto, A. S., Precup, D., Pineau, J. (2011). Reinforcement learning using kernel-based stochastic factorization. In *Advances in Neural Information Processing Systems 24 (NIPS 2011)*, pp. 720–728. Curran Associates, Inc.

Bartlett, P. L., Baxter, J. (1999). Hebbian synaptic modifications in spiking neurons that learn. Technical report, Research School of Information Sciences and Engineering, Australian National University.

Bartlett, P. L., Baxter, J. (2000). A biologically plausible and locally optimal learning algorithm for spiking neurons. Rapport technique, Australian National University.

Barto, A. G. (1985). Learning by statistical cooperation of self-interested neuron-like computing elements. *Human Neurobiology, 4*(4): 229–256.

Barto, A. G. (1986). Game-theoretic cooperativity in networks of self-interested units. In J. S. Denker (Ed.), *Neural Networks for Computing*, pp. 41–46. American Institute of Physics, New York.

Barto, A. G. (1989). From chemotaxis to cooperativity: Abstract exercises in neuronal learning strategies. In R. Durbin, R. Maill and G. Mitchison (Eds.), *The Computing Neuron*, pp. 73–98. Addison-Wesley, Reading, MA.

Barto, A. G. (1990). Connectionist learning for control: An overview. In T. Miller, R. S. Sutton, and P. J. Werbos (Eds.), *Neural Networks for Control*, pp. 5–58. MIT Press, Cambridge, MA.

Barto, A. G. (1991). Some learning tasks from a control perspective. In L. Nadel and D. L. Stein (Eds.), *1990 Lectures in Complex Systems*, pp. 195–223. Addison-Wesley, Redwood City, CA.

Barto, A. G. (1992). Reinforcement learning and adaptive critic methods. In D. A. White and D. A. Sofge (Eds.), *Handbook of Intelligent Control: Neural, Fuzzy, and Adaptive Approaches*, pp. 469–491. Van Nostrand Reinhold, New York.

Barto, A. G. (1995a). Adaptive critics and the basal ganglia. In J. C. Houk, J. L. Davis, and D.

G. Beiser (Eds.), *Models of Information Processing in the Basal Ganglia*, pp. 215–232. MIT Press, Cambridge, MA.

Barto, A. G. (1995b). Reinforcement learning. In M. A. Arbib (Ed.), *Handbook of Brain Theory and Neural Networks*, pp. 804–809. MIT Press, Cambridge, MA.

Barto, A. G. (2011). Adaptive real-time dynamic programming. In C. Sammut and G. I Webb (Eds.), *Encyclopedia of Machine Learning*, pp. 19–22. Springer Science and Business Media.

Barto, A. G. (2013). Intrinsic motivation and reinforcement learning. In G. Baldassarre and M. Mirolli (Eds.), *Intrinsically Motivated Learning in Natural and Artificial Systems*, pp. 17–47. Springer-Verlag, Berlin Heidelberg.

Barto, A. G., Anandan, P. (1985). Pattern recognizing stochastic learning automata. *IEEE Transactions on Systems, Man, and Cybernetics, 15*(3): 360–375.

Barto, A. G., Anderson, C. W. (1985). Structural learning in connectionist systems. In *Program of the Seventh Annual Conference of the Cognitive Science Society*, pp. 43–54.

Barto, A. G., Anderson, C. W., Sutton, R. S. (1982). Synthesis of nonlinear control surfaces by a layered associative search network. *Biological Cybernetics, 43*(3): 175–185.

Barto, A. G., Bradtke, S. J., Singh, S. P. (1991). Real-time learning and control using asynchronous dynamic programming. Technical Report 91-57. Department of Computer and Information Science, University of Massachusetts, Amherst.

Barto, A. G., Bradtke, S. J., Singh, S. P. (1995). Learning to act using real-time dynamic programming. *Artificial Intelligence, 72*(1-2): 81–138.

Barto, A. G., Duff, M. (1994). Monte Carlo matrix inversion and reinforcement learning. In *Advances in Neural Information Processing Systems 6 (NIPS 1993)*, pp. 687–694. Morgan Kaufmann, San Francisco.

Barto, A. G., Jordan, M. I. (1987). Gradient following without back-propagation in layered networks. In M. Caudill and C. Butler (Eds.), *Proceedings of the IEEE First Annual Conference on Neural Networks*, pp. II629–II636. SOS Printing, San Diego.

Barto, A. G., Mahadevan, S. (2003). Recent advances in hierarchical reinforcement learning. *Discrete Event Dynamic Systems, 13*(4): 341–379.

Barto, A. G., Singh, S. P. (1990). On the computational economics of reinforcement learning. In *Connectionist Models: Proceedings of the 1990 Summer School.* Morgan Kaufmann.

Barto, A. G., Sutton, R. S. (1981a). Goal seeking components for adaptive intelligence: An initial assessment. Technical Report AFWAL-TR-81-1070. Air Force Wright Aeronautical Laboratories/Avionics Laboratory, Wright-Patterson AFB, OH.

Barto, A. G., Sutton, R. S. (1981b). Landmark learning: An illustration of associative search. *Biological Cybernetics, 42*(1): 1–8.

Barto, A. G., Sutton, R. S. (1982). Simulation of anticipatory responses in classical conditioning by a neuron-like adaptive element. *Behavioural Brain Research, 4*(3): 221–235.

Barto, A. G., Sutton, R. S., Anderson, C. W. (1983). Neuronlike elements that can solve difficult learning control problems. *IEEE Transactions on Systems, Man, and Cybernetics, 13*(5): 835–846. Reprinted in J. A. Anderson and E. Rosenfeld (Eds.), *Neurocomputing: Foundations of Research*, pp. 535–549. MIT Press, Cambridge, MA, 1988.

Barto, A. G., Sutton, R. S., Brouwer, P. S. (1981). Associative search network: A reinforcement learning associative memory. *Biological Cybernetics, 40*(3): 201–211.

Barto, A. G., Sutton, R. S., Watkins, C. J. C. H. (1990). Learning and sequential decision making. In M. Gabriel and J. Moore (Eds.), *Learning and Computational Neuroscience: Foundations of Adaptive Networks*, pp. 539–602. MIT Press, Cambridge, MA.

Baxter, J., Bartlett, P. L. (2001). Infinite-horizon policy-gradient estimation. *Journal of Artificial Intelligence Research, 15*:319–350.

Baxter, J., Bartlett, P. L., Weaver, L. (2001). Experiments with infinite-horizon, policy-gradient estimation. *Journal of Artificial Intelligence Research, 15*: 351–381.

Bellemare, M. G., Dabney, W., Munos, R. (2017). A distributional perspective on reinforcement learning. arXiv preprint arXiv:1707.06887.

Bellemare, M. G., Naddaf, Y., Veness, J., Bowling, M. (2013). The arcade learning environment: An evaluation platform for general agents. *Journal of Artificial Intelligence Research, 47*: 253–279.

Bellemare, M. G., Veness, J., Bowling, M. (2012). Investigating contingency awareness using Atari 2600 games. In *Proceedings of the Twenty-Sixth AAAI Conference on Artificial Intelligence (AAAI-12)*, pp. 864–871. AAAI Press, Menlo Park, CA.

Bellman, R. E. (1956). A problem in the sequential design of experiments. *Sankhya, 16*: 221–229.

Bellman, R. E. (1957a). *Dynamic Programming*. Princeton University Press, Princeton.

Bellman, R. E. (1957b). A Markov decision process. *Journal of Mathematics and Mechanics, 6*(5): 679–684.

Bellman, R. E., Dreyfus, S. E. (1959). Functional approximations and dynamic programming. *Mathematical Tables and Other Aids to Computation, 13*: 247–251.

Bellman, R. E., Kalaba, R., Kotkin, B. (1973). Polynomial approximation—A new computational technique in dynamic programming: Allocation processes. *Mathematical Computation, 17*: 155–161.

Bengio, Y. (2009). Learning deep architectures for AI. *Foundations and Trends in Machine Learning, 2*(1): 1–27.

Bengio, Y., Courville, A. C., Vincent, P. (2012). Unsupervised feature learning and deep learning: A review and new perspectives. *CoRR 1*, arXiv 1206.5538.

Bentley, J. L. (1975). Multidimensional binary search trees used for associative searching. *Communications of the ACM, 18*(9): 509–517.

Berg, H. C. (1975). Chemotaxis in bacteria. *Annual review of biophysics and bioengineering, 4*(1):

119–136.

Berns, G. S., McClure, S. M., Pagnoni, G., Montague, P. R. (2001). Predictability modulates human brain response to reward. *The journal of neuroscience, 21*(8): 2793–2798.

Berridge, K. C., Kringelbach, M. L. (2008). Affective neuroscience of pleasure: reward in humans and animals. *Psychopharmacology, 199*(3): 457–480.

Berridge, K. C., Robinson, T. E. (1998). What is the role of dopamine in reward: hedonic impact, reward learning, or incentive salience? *Brain Research Reviews, 28*(3): 309–369.

Berry, D. A., Fristedt, B. (1985). *Bandit Problems.* Chapman and Hall, London.

Bertsekas, D. P. (1982). Distributed dynamic programming. *IEEE Transactions on Automatic Control, 27*(3): 610–616.

Bertsekas, D. P. (1983). Distributed asynchronous computation of fixed points. *Mathematical Programming, 27*(1): 107–120.

Bertsekas, D. P. (1987). *Dynamic Programming: Deterministic and Stochastic Models.* Prentice-Hall, Englewood Cliffs, NJ.

Bertsekas, D. P. (2005). *Dynamic Programming and Optimal Control, Volume 1,* third edition. Athena Scientific, Belmont, MA.

Bertsekas, D. P. (2012). *Dynamic Programming and Optimal Control, Volume 2: Approximate Dynamic Programming*, fourth edition. Athena Scientific, Belmont, MA.

Bertsekas, D. P. (2013). Rollout algorithms for discrete optimization: A survey. In *Handbook of Combinatorial Optimization*, pp. 2989–3013. Springer, New York.

Bertsekas, D. P., Tsitsiklis, J. N. (1989). *Parallel and Distributed Computation: Numerical Methods.* Prentice-Hall, Englewood Cliffs, NJ.

Bertsekas, D. P., Tsitsiklis, J. N. (1996). *Neuro-Dynamic Programming.* Athena Scientific, Belmont, MA.

Bertsekas, D. P., Tsitsiklis, J. N., Wu, C. (1997). Rollout algorithms for combinatorial optimization. *Journal of Heuristics, 3*(3): 245–262.

Bertsekas, D. P., Yu, H. (2009). Projected equation methods for approximate solution of large linear systems. *Journal of Computational and Applied Mathematics, 227*(1): 27–50.

Bhat, N., Farias, V., Moallemi, C. C. (2012). Non-parametric approximate dynamic programming via the kernel method. In *Advances in Neural Information Processing Systems 25 (NIPS 2012)*, pp. 386–394. Curran Associates, Inc.

Bhatnagar, S., Sutton, R., Ghavamzadeh, M., Lee, M. (2009). Natural actor–critic algorithms. *Automatica, 45*(11).

Biermann, A. W., Fairfield, J. R. C., Beres, T. R. (1982). Signature table systems and learning. *IEEE Transactions on Systems, Man, and Cybernetics, 12*(5): 635–648.

Bishop, C. M. (1995). *Neural Networks for Pattern Recognition.* Clarendon, Oxford.

Bishop, C. M. (2006). *Pattern Recognition and Machine Learning.* Springer Science + Business

Media New York LLC.

Blodgett, H. C. (1929). The effect of the introduction of reward upon the maze performance of rats. *University of California Publications in Psychology, 4*: 113–134.

Boakes, R. A., Costa, D. S. J. (2014). Temporal contiguity in associative learning: Iinterference and decay from an historical perspective. *Journal of Experimental Psychology: Animal Learning and Cognition, 40*(4): 381–400.

Booker, L. B. (1982). *Intelligent Behavior as an Adaptation to the Task Environment.* Ph.D. thesis, University of Michigan, Ann Arbor.

Bostrom, N. (2014). *Superintelligence: Paths, Dangers, Strategies.* Oxford University Press, Oxford.

Bottou, L., Vapnik, V. (1992). Local learning algorithms. *Neural Computation, 4*(6): 888–900.

Boyan, J. A. (1999). Least-squares temporal difference learning. In *Proceedings of the 16th International Conference on Machine Learning (ICML 1999)*, pp. 49–56.

Boyan, J. A. (2002). Technical update: Least-squares temporal difference learning. *Machine Learning, 49*(2): 233–246.

Boyan, J. A., Moore, A. W. (1995). Generalization in reinforcement learning: Safely approximating the value function. In *Advances in Neural Information Processing Systems 7 (NIPS 1994)*, pp. 369–376. MIT Press, Cambridge, MA.

Bradtke, S. J. (1993). Reinforcement learning applied to linear quadratic regulation. In *Advances in Neural Information Processing Systems 5 (NIPS 1992)*, pp. 295–302. Morgan Kaufmann.

Bradtke, S. J. (1994). *Incremental Dynamic Programming for On-Line Adaptive Optimal Control.* Ph.D. thesis, University of Massachusetts, Amherst. Appeared as CMPSCI Technical Report 94-62.

Bradtke, S. J., Barto, A. G. (1996). Linear least–squares algorithms for temporal difference learning. *Machine Learning, 22*: 33–57.

Bradtke, S. J., Ydstie, B. E., Barto, A. G. (1994). Adaptive linear quadratic control using policy iteration. In *Proceedings of the American Control Conference*, pp. 3475–3479. American Automatic Control Council, Evanston, IL.

Brafman, R. I., Tennenholtz, M. (2003). R-max – a general polynomial time algorithm for near-optimal reinforcement learning. *Journal of Machine Learning Research, 3*: 213–231.

Breiman, L. (2001). Random forests. *Machine Learning, 45*(1): 5–32.

Breiter, H. C., Aharon, I., Kahneman, D., Dale, A., Shizgal, P. (2001). Functional imaging of neural responses to expectancy and experience of monetary gains and losses. *Neuron, 30*(2): 619–639.

Breland, K., Breland, M. (1961). The misbehavior of organisms. *American Psychologist, 16*(11): 681–684.

Bridle, J. S. (1990). Training stochastic model recognition algorithms as networks can lead to maximum mutual information estimates of parameters. In *Advances in Neural Information Processing Systems 2 (NIPS 1989)*, pp. 211–217. Morgan Kaufmann, San Mateo, CA.

Broomhead, D. S., Lowe, D. (1988). Multivariable functional interpolation and adaptive networks. *Complex Systems, 2*: 321–355.

Bromberg-Martin, E. S., Matsumoto, M., Hong, S., Hikosaka, O. (2010). A pallidus-habenula-dopamine pathway signals inferred stimulus values. *Journal of Neurophysiology, 104*(2): 1068–1076.

Browne, C.B., Powley, E., Whitehouse, D., Lucas, S.M., Cowling, P.I., Rohlfshagen, P., Tavener, S., Perez, D., Samothrakis, S., Colton, S. (2012). A survey of monte carlo tree search methods. *IEEE Transactions on Computational Intelligence and AI in Games, 4*(1): 1–43.

Brown, J., Bullock, D., Grossberg, S. (1999). How the basal ganglia use parallel excitatory and inhibitory learning pathways to selectively respond to unexpected rewarding cues. *The Journal of Neuroscience, 19*(23): 10502–10511.

Bryson, A. E., Jr. (1996). Optimal control—1950 to 1985. *IEEE Control Systems, 13*(3): 26–33.

Buchanan, B. G., Mitchell, T., Smith, R. G., Johnson, C. R., Jr. (1978). Models of learning systems. *Encyclopedia of Computer Science and technology, 11.*

Buhusi, C. V., Schmajuk, N. A. (1999). Timing in simple conditioning and occasion setting: A neural network approach. *Behavioural Processes, 45*(1): 33–57.

Buşoniu, L., Lazaric, A., Ghavamzadeh, M., Munos, R., Babuška, R., De Schutter, B. (2012). Least-squares methods for policy iteration. In M. Wiering and M. van Otterlo (Eds.), *Reinforcement Learning: State-of-the-Art*, pp. 75–109. Springer-Verlag Berlin Heidelberg.

Bush, R. R., Mosteller, F. (1955). *Stochastic Models for Learning.* Wiley, New York.

Byrne, J. H., Gingrich, K. J., Baxter, D. A. (1990). Computational capabilities of single neurons: Relationship to simple forms of associative and nonassociative learning in *aplysia.* In R. D. Hawkins and G. H. Bower (Eds.), *Computational Models of Learning*, pp. 31–63. Academic Press, New York.

Calabresi, P., Picconi, B., Tozzi, A., Filippo, M. D. (2007). Dopamine-mediated regulation of corticostriatal synaptic plasticity. *Trends in Neuroscience, 30*(5): 211–219.

Camerer, C. (2011). *Behavioral Game Theory: Experiments in Strategic Interaction.* Princeton University Press.

Campbell, D. T. (1960). Blind variation and selective survival as a general strategy in knowledge-processes. In M. C. Yovits and S. Cameron (Eds.), *Self-Organizing Systems*, pp. 205–231. Pergamon, New York.

Cao, X. R. (2009). Stochastic learning and optimization—A sensitivity-based approach. *Annual Reviews in Control, 33*(1): 11–24.

Cao, X. R., Chen, H. F. (1997). Perturbation realization, potentials, and sensitivity analysis of Markov processes. *IEEE Transactions on Automatic Control, 42*(10): 1382–1393.

Carlström, J., Nordström, E. (1997). Control of self-similar ATM call traffic by reinforcement learning. In *Proceedings of the International Workshop on Applications of Neural Networks to Telecommunications 3*, pp. 54–62. Erlbaum, Hillsdale, NJ.

Chapman, D., Kaelbling, L. P. (1991). Input generalization in delayed reinforcement learning: An algorithm and performance comparisons. In *Proceedings of the Twelfth International Conference on Artificial Intelligence (IJCAI-91)*, pp. 726–731. Morgan Kaufmann, San Mateo, CA.

Chaslot, G., Bakkes, S., Szita, I., Spronck, P. (2008). Monte-Carlo tree search: A new framework for game AI. In *Proceedings of the Fourth AAAI Conference on Artificial Intelligence and Interactive Digital Entertainment (AIDE-08)*, pp. 216–217. AAAI Press, Menlo Park, CA.

Chow, C.-S., Tsitsiklis, J. N. (1991). An optimal one-way multigrid algorithm for discrete-time stochastic control. *IEEE Transactions on Automatic Control, 36*(8): 898–914.

Chrisman, L. (1992). Reinforcement learning with perceptual aliasing: The perceptual distinctions approach. In *Proceedings of the Tenth National Conference on Artificial Intelligence (AAAI-92)*, pp. 183–188. AAAI/MIT Press, Menlo Park, CA.

Christensen, J., Korf, R. E. (1986). A unified theory of heuristic evaluation functions and its application to learning. In *Proceedings of the Fifth National Conference on Artificial Intelligence*, pp. 148–152. Morgan Kaufmann.

Cichosz, P. (1995). Truncating temporal differences: On the efficient implementation of TD(λ) for reinforcement learning. *Journal of Artificial Intelligence Research, 2*: 287–318.

Claridge-Chang, A., Roorda, R. D., Vrontou, E., Sjulson, L., Li, H., Hirsh, J., Miesenböck, G. (2009). Writing memories with light-addressable reinforcement circuitry. *Cell, 139*(2): 405–415.

Clark, R. E., Squire, L. R. (1998). Classical conditioning and brain systems: the role of awareness. *Science, 280*(5360): 77–81.

Clark, W. A., Farley, B. G. (1955). Generalization of pattern recognition in a self-organizing system. In *Proceedings of the 1955 Western Joint Computer Conference*, pp. 86–91.

Clouse, J. (1996). *On Integrating Apprentice Learning and Reinforcement Learning TITLE2*. Ph.D. thesis, University of Massachusetts, Amherst. Appeared as CMPSCI Technical Report 96–026.

Clouse, J., Utgoff, P. (1992). A teaching method for reinforcement learning systems. In *Proceedings of the 9th International Workshop on Machine Learning*, pp. 92–101. Morgan Kaufmann.

Cobo, L. C., Zang, P., Isbell, C. L., Thomaz, A. L. (2011). Automatic state abstraction from demonstration. In *Proceedings of the Twenty-Second International Joint Conference on Artificial Intelligence (IJCAI-11)*, pp. 1243–1248. AAAI Press.

Connell, J. (1989). A colony architecture for an artificial creature. Technical Report AI-TR-1151. MIT Artificial Intelligence Laboratory, Cambridge, MA.

Connell, M. E., Utgoff, P. E. (1987). Learning to control a dynamic physical system. *Computational intelligence, 3*(1): 330–337.

Contreras-Vidal, J. L., Schultz, W. (1999). A predictive reinforcement model of dopamine neurons for learning approach behavior. *Journal of Computational Neuroscience, 6*(3): 191–214.

Coulom, R. (2006). Efficient selectivity and backup operators in Monte-Carlo tree search. In *Proceedings of the 5th International Conference on Computers and Games (CG'06)*, pp. 72–83. Springer-Verlag Berlin, Heidelberg.

Courville, A. C., Daw, N. D., Touretzky, D. S. (2006). Bayesian theories of conditioning in a changing world. *Trends in Cognitive Science, 10*(7): 294–300.

Craik, K. J. W. (1943). *The Nature of Explanation.* Cambridge University Press, Cambridge.

Cross, J. G. (1973). A stochastic learning model of economic behavior. *The Quarterly Journal of Economics, 87*(2): 239–266.

Crow, T. J. (1968). Cortical synapses and reinforcement: a hypothesis. *Nature, 219*(5155): 736–737.

Curtiss, J. H. (1954). A theoretical comparison of the efficiencies of two classical methods and a Monte Carlo method for computing one component of the solution of a set of linear algebraic equations. In H. A. Meyer (Ed.), *Symposium on Monte Carlo Methods*, pp. 191–233. Wiley, New York.

Cybenko, G. (1989). Approximation by superpositions of a sigmoidal function. *Mathematics of control, signals and systems, 2*(4): 303–314.

Cziko, G. (1995). *Without Miracles: Universal Selection Theory and the Second Darvinian Revolution.* MIT Press, Cambridge, MA.

Dabney, W. (2014). *Adaptive step-sizes for reinforcement learning.* PhD thesis, University of Massachusetts, Amherst.

Dabney, W., Barto, A. G. (2012). Adaptive step-size for online temporal difference learning. In *Proceedings of the Annual Conference of the Association for the Advancement of Artificial Intelligence (AAAI).*

Daniel, J. W. (1976). Splines and efficiency in dynamic programming. *Journal of Mathematical Analysis and Applications, 54*: 402–407.

Dann, C., Neumann, G., Peters, J. (2014). Policy evaluation with temporal differences: A survey and comparison. *Journal of Machine Learning Research, 15*: 809–883.

Daw, N. D., Courville, A. C., Touretzky, D. S. (2003). Timing and partial observability in the dopamine system. In *Advances in Neural Information Processing Systems 15 (NIPS 2002)*, pp. 99–106. MIT Press, Cambridge, MA.

Daw, N. D., Courville, A. C., Touretzky, D. S. (2006). Representation and timing in theories of the dopamine system. *Neural Computation, 18*(7): 1637–1677.

Daw, N. D., Niv, Y., Dayan, P. (2005). Uncertainty based competition between prefrontal and dorsolateral striatal systems for behavioral control. *Nature Neuroscience, 8*(12): 1704–1711.

Daw, N. D., Shohamy, D. (2008). The cognitive neuroscience of motivation and learning. *Social Cognition, 26*(5): 593–620.

Dayan, P. (1991). Reinforcement comparison. In D. S. Touretzky, J. L. Elman, T. J. Sejnowski, and G. E. Hinton (Eds.), *Connectionist Models: Proceedings of the 1990 Summer School*, pp. 45–51. Morgan Kaufmann.

Dayan, P. (1992). The convergence of TD(λ) for general λ. *Machine Learning, 8*(3): 341–362.

Dayan, P. (2002). Matters temporal. *Trends in Cognitive Sciences, 6*(3): 105–106.

Dayan, P., Abbott, L. F. (2001). *Theoretical Neuroscience: Computational and Mathematical Modeling of Neural Systems.* MIT Press, Cambridge, MA.

Dayan, P., Berridge, K. C. (2014). Model-based and model-free Pavlovian reward learning: Revaluation, revision, and revaluation. *Cognitive, Affective, & Behavioral Neuroscience, 14*(2): 473–492.

Dayan, P., Niv, Y. (2008). Reinforcement learning: the good, the bad and the ugly. *Current Opinion in Neurobiology, 18*(2): 185–196.

Dayan, P., Niv, Y., Seymour, B., Daw, N. D. (2006). The misbehavior of value and the discipline of the will. *Neural Networks, 19*(8): 1153–1160.

Dayan, P., Sejnowski, T. (1994). TD(λ) converges with probability 1. *Machine Learning, 14*(3): 295–301.

De Asis, K., Hernandez-Garcia, J. F., Holland, G. Z., Sutton, R. S. (2017). Multi-step Reinforcement Learning: A Unifying Algorithm. arXiv preprint arXiv: 1703.01327.

Dean, T., Lin, S.-H. (1995). Decomposition techniques for planning in stochastic domains. In *Proceedings of the Fourteenth International Joint Conference on Artificial Intelligence (IJCAI-95)*, pp. 1121–1127. Morgan Kaufmann. See also Technical Report CS-95-10, Brown University, Department of Computer Science, 1995.

Degris, T., White, M., Sutton, R. S. (2012). Off-policy actor–critic. In *Proceedings of the 29th International Conference on Machine Learning (ICML 2012).* arXiv preprint arXiv: 1205.4839, 2012.

Denardo, E. V. (1967). Contraction mappings in the theory underlying dynamic programming. *SIAM Review, 9*(2): 165–177.

Dennett, D. C. (1978). Why the Law of Effect Will Not Go Away. *Brainstorms*, pp. 71–89. Bradford/MIT Press, Cambridge, MA.

Derthick, M. (1984). Variations on the Boltzmann machine learning algorithm. Carnegie-Mellon University Department of Computer Science Technical Report No. CMU-CS-84-120.

Deutsch, J. A. (1953). A new type of behaviour theory. *British Journal of Psychology. General Section, 44*(4): 304–317.

Deutsch, J. A. (1954). A machine with insight. *Quarterly Journal of Experimental Psychology,*

6(1): 6–11.

Dick, T. (2015). *Policy Gradient Reinforcement Learning Without Regret.* M.Sc. thesis, University of Alberta, Edmonton.

Dickinson, A. (1980). *Contemporary Animal Learning Theory.* Cambridge University Press, Cambridge.

Dickinson, A. (1985). Actions and habits: the development of behavioral autonomy. *Phil. Trans. R. Soc. Lond. B, 308*(1135): 67–78.

Dickinson, A., Balleine, B. W. (2002). The role of learning in motivation. In C. R. Gallistel (Ed.), *Stevens' Handbook of Experimental Psychology*, volume 3, pp. 497–533. Wiley, NY.

Dietterich, T. G., Buchanan, B. G. (1984). The role of the critic in learning systems. In O. G. Selfridge, E. L. Rissland, and M. A. Arbib (Eds.), *Adaptive Control of Ill-Defined Systems*, pp. 127–147. Plenum Press, NY. Proceedings of the NATO Advanced Research Institute on Adaptive Control of Ill-defined Systems, NATO Conference Series II, Systems Science, Vol. 16.

Dietterich, T. G., Flann, N. S. (1995). Explanation-based learning and reinforcement learning: A unified view. In A. Prieditis and S. Russell (Eds.), *Proceedings of the 126h International Conference on Machine Learning (ICML 1995)*, pp. 176–184. Morgan Kaufmann.

Dietterich, T. G., Wang, X. (2002). Batch value function approximation via support vectors. In *Advances in Neural Information Processing Systems 14 (NIPS 2001)*, pp. 1491–1498. MIT Press, Cambridge, MA.

Diuk, C., Cohen, A., Littman, M. L. (2008). An object-oriented representation for efficient reinforcement learning. In *Proceedings of the 25th International Conference on Machine Learning (ICML 2008)*, pp. 240–247. ACM, New York.

Dolan, R. J., Dayan, P. (2013). Goals and habits in the brain. *Neuron, 80*(2): 312–325.

Doll, B. B., Simon, D. A., Daw, N. D. (2012). The ubiquity of model-based reinforcement learning. *Current Opinion in Neurobiology, 22*(6): 1–7.

Donahoe, J. W., Burgos, J. E. (2000). Behavior analysis and revaluation. *Journal of the Experimental Analysis of Behavior, 74*(3): 331–346.

Dorigo, M., Colombetti, M. (1994). Robot shaping: Developing autonomous agents through learning. *Artificial Intelligence, 71*(2): 321–370.

Doya, K. (1996). Temporal difference learning in continuous time and space. In *Advances in Neural Information Processing Systems 8 (NIPS 1995)*, pp. 1073–1079. MIT Press, Cambridge, MA.

Doya, K., Sejnowski, T. J. (1995). A novel reinforcement model of birdsong vocalization learning. In *Advances in Neural Information Processing Systems 7 (NIPS 1994)*, pp. 101–108. MIT Press, Cambridge, MA.

Doya, K., Sejnowski, T. J. (1998). A computational model of birdsong learning by auditory experience and auditory feedback. In P. W. F. Poon and J. F. Brugge (Eds.), *Central Auditory*

Processing and Neural Modeling, pp. 77–88. Springer, Boston, MA.

Doyle, P. G., Snell, J. L. (1984). *Random Walks and Electric Networks.* The Mathematical Association of America. Carus Mathematical Monograph 22.

Dreyfus, S. E., Law, A. M. (1977). *The Art and Theory of Dynamic Programming.* Academic Press, New York.

Duda, R. O., Hart, P. E. (1973). *Pattern Classification and Scene Analysis.* Wiley, New York.

Duff, M. O. (1995). Q-learning for bandit problems. In *Proceedings of the 12th International Conference on Machine Learning (ICML 1995)*, pp. 209–217. Morgan Kaufmann.

Egger, D. M., Miller, N. E. (1962). Secondary reinforcement in rats as a function of information value and reliability of the stimulus. *Journal of Experimental Psychology, 64*: 97–104.

Eshel, N., Tian, J., Bukwich, M., Uchida, N. (2016). Dopamine neurons share common response function for reward prediction error. *Nature Neuroscience, 19*(3): 479–486.

Estes, W. K. (1943). Discriminative conditioning. I. A discriminative property of conditioned anticipation. *Journal of Experimental Psychology, 32*(2): 150–155.

Estes, W. K. (1948). Discriminative conditioning. II. Effects of a Pavlovian conditioned stimulus upon a subsequently established operant response. *Journal of Experimental Psychology, 38*(2): 173–177.

Estes, W. K. (1950). Toward a statistical theory of learning. *Psychololgical Review, 57*(2): 94–107.

Farley, B. G., Clark, W. A. (1954). Simulation of self-organizing systems by digital computer. *IRE Transactions on Information Theory, 4*(4): 76–84.

Farries, M. A., Fairhall, A. L. (2007). Reinforcement learning with modulated spike timing? dependent synaptic plasticity. *Journal of Neurophysiology, 98*(6): 3648–3665.

Feldbaum, A. A. (1965). *Optimal Control Systems.* Academic Press, New York.

Finch, G., Culler, E. (1934). Higher order conditioning with constant motivation. *The American Journal of Psychology*: 596–602.

Finnsson, H., Björnsson, Y. (2008). Simulation-based approach to general game playing. In *Proceedings of the Association for the Advancement of Artificial Intelligence*, pp. 259–264.

Fiorillo, C. D., Yun, S. R., Song, M. R. (2013). Diversity and homogeneity in responses of midbrain dopamine neurons. *The Journal of Neuroscience, 33*(11): 4693–4709.

Florian, R. V. (2007). Reinforcement learning through modulation of spike-timing-dependent synaptic plasticity. *Neural Computation, 19*(6): 1468–1502.

Fogel, L. J., Owens, A. J., Walsh, M. J. (1966). *Artificial Intelligence through Simulated Evolution.* John Wiley and Sons.

French, R. M. (1999). Catastrophic forgetting in connectionist networks. *Trends in cognitive sciences, 3*(4): 128–135.

Frey, U., Morris, R. G. M. (1997). Synaptic tagging and long-term potentiation. *Nature, 385*(6616):

533–536.

Frémaux, N., Sprekeler, H., Gerstner, W. (2010). Functional requirements for reward-modulated spike-timing-dependent plasticity. *The Journal of Neuroscience, 30*(40): 13326–13337

Friedman, J. H., Bentley, J. L., Finkel, R. A. (1977). An algorithm for finding best matches in logarithmic expected time. *ACM Transactions on Mathematical Software, 3*(3): 209–226.

Friston, K. J., Tononi, G., Reeke, G. N., Sporns, O., Edelman, G. M. (1994). Value-dependent selection in the brain: Simulation in a synthetic neural model. *Neuroscience, 59*(2): 229–243.

Fu, K. S. (1970). Learning control systems—Review and outlook. *IEEE Transactions on Automatic Control, 15*(2): 210–221.

Galanter, E., Gerstenhaber, M. (1956). On thought: The extrinsic theory. *Psychological Review, 63*(4): 218–227.

Gallistel, C. R. (2005). Deconstructing the law of effect. *Games and Economic Behavior, 52*(2): 410–423.

Gardner, M. (1973). Mathematical games. *Scientific American, 228*(1): 108–115.

Geist, M., Scherrer, B. (2014). Off-policy learning with eligibility traces: A survey. *Journal of Machine Learning Research, 15*(1): 289–333.

Gelly, S., Silver, D. (2007). Combining online and offline knowledge in UCT. *Proceedings of the 24th International Conference on Machine Learning (ICML 2007)*, pp. 273–280.

Gelperin, A., Hopfield, J. J., Tank, D. W. (1985). The logic of *limax* learning. In A. Selverston (Ed.), *Model Neural Networks and Behavior*, pp. 247–261. Plenum Press, New York.

Genesereth, M., Thielscher, M. (2014). General game playing. *Synthesis Lectures on Artificial Intelligence and Machine Learning, 8*(2): 1–229.

Gershman, S. J., Moustafa, A. A., Ludvig, E. A. (2014). Time representation in reinforcement learning models of the basal ganglia. *Frontiers in Computational Neuroscience, 7*: 194. DOI=10.3389/fncom.2013.00194.

Gershman, S. J., Pesaran, B., Daw, N. D. (2009). Human reinforcement learning subdivides structured action spaces by learning effector-specific values. *The Journal of Neuroscience, 29*(43): 13524–13531.

Ghiassian, S., Rafiee, B., Sutton, R. S. (2016). A first empirical study of emphatic temporal difference learning. Workshop on Continual Learning and Deep Learning at the Conference on Neural Information Processing Systems (NIPS 2016). ArXiv: 1705.04185.

Gibbs, C. M., Cool, V., Land, T., Kehoe, E. J., Gormezano, I. (1991). Second-order conditioning of the rabbit's nictitating membrane response. *Integrative Physiological and Behavioral Science, 26*(4): 282–295.

Gittins, J. C., Jones, D. M. (1974). A dynamic allocation index for the sequential design of experiments. In J. Gani, K. Sarkadi, and I. Vincze (Eds.), *Progress in Statistics*, pp. 241–266. North-Holland, Amsterdam–London.

Glimcher, P. W. (2011). Understanding dopamine and reinforcement learning: The dopamine reward prediction error hypothesis. *Proceedings of the National Academy of Sciences, 108* (Supplement 3): 15647–15654.

Glimcher, P. W. (2003). *Decisions, Uncertainty, and the Brain: The science of Neuroeconomics.* MIT Press, Cambridge, MA.

Glimcher, P. W., Fehr, E. (Eds.) (2013). *Neuroeconomics: Decision Making and the Brain, Second Edition.* Academic Press.

Goethe, J. W. V. (1878). The Sorcerer's Apprentice. In *The Permanent Goethe*, p. 349. The Dial Press, Inc., New York.

Goldstein, H. (1957). *Classical Mechanics.* Addison-Wesley, Reading, MA.

Goodfellow, I., Bengio, Y., Courville, A. (2016). *Deep Learning.* MIT Press, Cambridge, MA.

Goodwin, G. C., Sin, K. S. (1984). *Adaptive Filtering Prediction and Control.* Prentice-Hall, Englewood Cliffs, NJ.

Gopnik, A., Glymour, C., Sobel, D., Schulz, L. E., Kushnir, T., Danks, D. (2004). A theory of causal learning in children: Causal maps and Bayes nets. *Psychological Review, 111*(1): 3–32.

Gordon, G. J. (1995). Stable function approximation in dynamic programming. In A. Prieditis and S. Russell (Eds.), *Proceedings of the 12th International Conference on Machine Learning (ICML 1995)*, pp. 261–268. Morgan Kaufmann. An expanded version was published as Technical Report CMU-CS-95-103. Carnegie Mellon University, Pittsburgh, PA, 1995.

Gordon, G. J. (1996a). Chattering in SARSA(λ). CMU learning lab internal report.

Gordon, G. J. (1996b). Stable fitted reinforcement learning. In *Advances in Neural Information Processing Systems 8 (NIPS 1995)*, pp. 1052–1058. MIT Press, Cambridge, MA.

Gordon, G. J. (1999). *Approximate Solutions to Markov Decision Processes.* Ph.D. thesis, Carnegie Mellon University, Pittsburgh PA. Pittsburgh, PA.

Gordon, G. J. (2001). Reinforcement learning with function approximation converges to a region. In *Advances in Neural Information Processing Systems 13 (NIPS 2000)*, pp. 1040–1046. MIT Press, Cambridge, MA.

Graybiel, A. M. (2000). The basal ganglia. *Current Biology, 10*(14): R509–R511.

Greensmith, E., Bartlett, P. L., Baxter, J. (2002). Variance reduction techniques for gradient estimates in reinforcement learning. In *Advances in Neural Information Processing Systems 14 (NIPS 2001)*, pp. 1507–1514. MIT Press, Cambridge, MA.

Greensmith, E., Bartlett, P. L., Baxter, J. (2004). Variance reduction techniques for gradient estimates in reinforcement learning. *Journal of Machine Learning Research, 5*(Nov): 1471–1530.

Griffith, A. K. (1966). A new machine learning technique applied to the game of checkers. Technical Report Project MAC, Artificial Intelligence Memo 94. Massachusetts Institute of Technology, Cambridge, MA.

Griffith, A. K. (1974). A comparison and evaluation of three machine learning procedures as applied to the game of checkers. *Artificial Intelligence, 5*(2): 137–148.

Grondman, I., Busoniu, L., Lopes, G. A., Babuska, R. (2012). A survey of actor–critic reinforcement learning: Standard and natural policy gradients. *IEEE Transactions on Systems, Man, and Cybernetics, Part C (Applications and Reviews), 42*(6): 1291–1307.

Grossberg, S. (1975). A neural model of attention, reinforcement, and discrimination learning. *International Review of Neurobiology, 18*: 263–327.

Grossberg, S., Schmajuk, N. A. (1989). Neural dynamics of adaptive timing and temporal discrimination during associative learning. *Neural Networks, 2*(2): 79–102.

Gullapalli, V. (1990). A stochastic reinforcement algorithm for learning real-valued functions. *Neural Networks, 3*(6): 671–692.

Gullapalli, V., Barto, A. G. (1992). Shaping as a method for accelerating reinforcement learning. In *Proceedings of the 1992 IEEE International Symposium on Intelligent Control*, pp. 554–559. IEEE.

Gurvits, L., Lin, L.-J., Hanson, S. J. (1994). Incremental learning of evaluation functions for absorbing Markov chains: New methods and theorems. Siemans Corporate Research, Princeton, NJ.

Hackman, L. (2012). *Faster Gradient-TD Algorithms.* M.Sc. thesis, University of Alberta, Edmonton.

Hallak, A., Tamar, A., Mannor, S. (2015). Emphatic TD Bellman operator is a contraction. ArXiv:1508.03411.

Hallak, A., Tamar, A., Munos, R., Mannor, S. (2016). Generalized emphatic temporal difference learning: Bias-variance analysis. In *Proceedings of the Thirtieth AAAI Conference on Artificial Intelligence (AAAI-16)*, pp. 1631–1637. AAAI Press, Menlo Park, CA.

Hammer, M. (1997). The neural basis of associative reward learning in honeybees. *Trends in Neuroscience, 20*(6): 245–252.

Hammer, M., Menzel, R. (1995). Learning and memory in the honeybee. *The Journal of Neuroscience, 15*(3): 1617–1630.

Hampson, S. E. (1983). *A Neural Model of Adaptive Behavior.* Ph.D. thesis, University of California, Irvine.

Hampson, S. E. (1989). *Connectionist Problem Solving: Computational Aspects of Biological Learning.* Birkhauser, Boston.

Hare, T. A., O'Doherty, J., Camerer, C. F., Schultz, W., Rangel, A. (2008). Dissociating the role of the orbitofrontal cortex and the striatum in the computation of goal values and prediction errors. *The Journal of Neuroscience, 28*(22): 5623–5630.

Harth, E., Tzanakou, E. (1974). Alopex: A stochastic method for determining visual receptive fields. *Vision Research, 14*(12): 1475–1482.

Hassabis, D., Maguire, E. A. (2007). Deconstructing episodic memory with construction. *Trends in cognitive sciences, 11*(7): 299–306.

Hauskrecht, M., Meuleau, N., Kaelbling, L. P., Dean, T., Boutilier, C. (1998). Hierarchical solution of Markov decision processes using macro-actions. In *Proceedings of the Fourteenth Conference on Uncertainty in Artificial Intelligence*, pp. 220–229. Morgan Kaufmann.

Hawkins, R. D., Kandel, E. R. (1984). Is there a cell-biological alphabet for simple forms of learning? *Psychological Review, 91*(3): 375–391.

Haykin, S. (1994). *Neural networks: A Comprehensive Foundation*, Macmillan college publishing company, New York.

He, K., Huertas, M., Hong, S. Z., Tie, X., Hell, J. W., Shouval, H., Kirkwood, A. (2015). Distinct eligibility traces for LTP and LTD in cortical synapses. *Neuron, 88*(3): 528–538.

He, K., Zhang, X., Ren, S., Sun, J. (2016). Deep residual learning for image recognition. In *Proceedings of the 1992 IEEE Conference on Computer Vision and Pattern Recognition*, pp. 770–778.

Hebb, D. O. (1949). *The Organization of Behavior: A Neuropsychological Theory.* John Wiley and Sons Inc., New York. Reissued by Lawrence Erlbaum Associates Inc., Mahwah NJ, 2002.

Hengst, B. (2012). Hierarchical approaches. In M. Wiering and M. van Otterlo (Eds.), *Reinforcement Learning: State-of-the-Art*, pp. 293–323. Springer-Verlag Berlin Heidelberg.

Herrnstein, R. J. (1970). On the Law of Effect. *Journal of the Experimental Analysis of Behavior, 13*(2): 243–266.

Hersh, R., Griego, R. J. (1969). Brownian motion and potential theory. *Scientific American, 220*(3): 66–74.

Hester, T., Stone, P. (2012). Learning and using models. In M. Wiering and M. van Otterlo (Eds.), *Reinforcement Learning: State-of-the-Art*, pp. 111–141. Springer-Verlag Berlin Heidelberg.

Hesterberg, T. C. (1988), *Advances in Importance Sampling*, Ph.D. thesis, Statistics Department, Stanford University.

Hilgard, E. R. (1956). *Theories of Learning, Second Edition.* Appleton-Century-Cofts, Inc., New York.

Hilgard, E. R., Bower, G. H. (1975). *Theories of Learning.* Prentice-Hall, Englewood Cliffs, NJ.

Hinton, G. E. (1984). Distributed representations. Technical Report CMU-CS-84-157. Department of Computer Science, Carnegie-Mellon University, Pittsburgh, PA.

Hinton, G. E., Osindero, S., Teh, Y. (2006). A fast learning algorithm for deep belief nets. *Neural Computation, 18*(7): 1527–1554.

Hochreiter, S., Schmidhuber, J. (1997). LTSM can solve hard time lag problems. In *Advances in Neural Information Processing Systems 9 (NIPS 1996)*, pp. 473–479. MIT Press, Cambridge, MA.

Holland, J. H. (1975). *Adaptation in Natural and Artificial Systems.* University of Michigan Press,

Ann Arbor.

Holland, J. H. (1976). Adaptation. In R. Rosen and F. M. Snell (Eds.), *Progress in Theoretical Biology*, vol. 4, pp. 263–293. Academic Press, New York.

Holland, J. H. (1986). Escaping brittleness: The possibility of general-purpose learning algorithms applied to rule-based systems. In R. S. Michalski, J. G. Carbonell, and T. M. Mitchell (Eds.), *Machine Learning: An Artificial Intelligence Approach*, vol. 2, pp. 593–623. Morgan Kaufmann.

Hollerman, J. R., Schultz, W. (1998). Dopmine neurons report an error in the temporal prediction of reward during learning. *Nature Neuroscience, 1*(4): 304–309.

Houk, J. C., Adams, J. L., Barto, A. G. (1995). A model of how the basal ganglia generates and uses neural signals that predict reinforcement. In J. C. Houk, J. L. Davis, and D. G. Beiser (Eds.), *Models of Information Processing in the Basal Ganglia*, pp. 249–270. MIT Press, Cambridge, MA.

Howard, R. (1960). *Dynamic Programming and Markov Processes.* MIT Press, Cambridge, MA.

Hull, C. L. (1932). The goal-gradient hypothesis and maze learning. *Psychological Review, 39*(1): 25–43.

Hull, C. L. (1943). *Principles of Behavior.* Appleton-Century, New York.

Hull, C. L. (1952). *A Behavior System.* Wiley, New York.

Ioffe, S., Szegedy, C. (2015). Batch normalization: Accelerating deep network training by reducing internal covariate shift. arXiv:1502.03167.

İpek, E., Mutlu, O., Martínez, J. F., Caruana, R. (2008). Self-optimizing memory controllers: A reinforcement learning approach. In *ISCA'08:Proceedings of the 35th Annual International Symposium on Computer Architecture*, pp. 39–50. IEEE Computer Society Washington, DC, USA.

Izhikevich, E. M. (2007). Solving the distal reward problem through linkage of STDP and dopamine signaling. *Cerebral Cortex, 17*(10): 2443–2452.

Jaakkola, T., Jordan, M. I., Singh, S. P. (1994). On the convergence of stochastic iterative dynamic programming algorithms. *Neural Computation, 6*:1185–1201.

Jaakkola, T., Singh, S. P., Jordan, M. I. (1995). Reinforcement learning algorithm for partially observable Markov decision problems. In *Advances in Neural Information Processing Systems 7 (NIPS 1994)*, pp. 345–352. MIT Press, Cambridge, MA.

Jacobs, R. A. (1988). Increased rates of convergence through learning rate adaptation. *Neural Networks, 1*(4): 295–307.

Jaderberg, M., Mnih, V., Czarnecki, W. M., Schaul, T., Leibo, J. Z., Silver, D., Kavukcuoglu, K. (2016). Reinforcement learning with unsupervised auxiliary tasks. arXiv preprint arXiv: 1611.05397.

Jaeger, H. (1997). Observable operator models and conditioned continuation representations. Arbeitspapiere der GMD 1043, GMD Forschungszentrum Informationstechnik, Sankt Augustin, Germany.

Jaeger, H. (1998). *Discrete Time, Discrete Valued Observable Operator Models: A Tutorial.* GMD-Forschungszentrum Informationstechnik.

Jaeger, H. (2000). Observable operator models for discrete stochastic time series. *Neural Computation, 12*(6): 1371–1398.

Jaeger, H. (2002). Tutorial on training recurrent neural networks, covering BPPT, RTRL, EKF and the 'echo state network' approach. German National Research Center for Information Technology, Technical Report GMD report 159, 2002.

Joel, D., Niv, Y., Ruppin, E. (2002). Actor–critic models of the basal ganglia: New anatomical and computational perspectives. *Neural Networks, 15*(4): 535–547.

Johnson, A., Redish, A. D. (2007). Neural ensembles in CA3 transiently encode paths forward of the animal at a decision point. *The Journal of Neuroscience, 27*(45): 12176–12189.

Kaelbling, L. P. (1993a). Hierarchical learning in stochastic domains: Preliminary results. In *Proceedings of the 10th International Conference on Machine Learning (ICML 1993)*, pp. 167–173. Morgan Kaufmann.

Kaelbling, L. P. (1993b). *Learning in Embedded Systems.* MIT Press, Cambridge, MA.

Kaelbling, L. P. (Ed.) (1996). Special triple issue on reinforcement learning, *Machine Learning, 22*(1/2/3).

Kaelbling, L. P., Littman, M. L., Moore, A. W. (1996). Reinforcement learning: A survey. *Journal of Artificial Intelligence Research, 4*: 237–285.

Kakade, S. M. (2002). A natural policy gradient. In *Advances in Neural Information Processing Systems 14 (NIPS 2001)*, pp. 1531–1538. MIT Press, Cambridge, MA.

Kakade, S. M. (2003). *On the Sample Complexity of Reinforcement Learning.* Ph.D. thesis, University of London.

Kakutani, S. (1945). Markov processes and the Dirichlet problem. *Proceedings of the Japan Academy, 21*(3-10): 227–233.

Kalos, M. H., Whitlock, P. A. (1986). *Monte Carlo Methods.* Wiley, New York.

Kamin, L. J. (1968). "Attention-like" processes in classical conditioning. In M. R. Jones (Ed.), *Miami Symposium on the Prediction of Behavior, 1967: Aversive Stimulation*, pp. 9–31. University of Miami Press, Coral Gables, Florida.

Kamin, L. J. (1969). Predictability, surprise, attention, and conditioning. In B. A. Campbell and R. M. Church (Eds.), *Punishment and Aversive Behavior*, pp. 279–296. Appleton-Century-Crofts, New York.

Kandel, E. R., Schwartz, J. H., Jessell, T. M., Siegelbaum, S. A., Hudspeth, A. J. (Eds.) (2013). *Principles of Neural Science, Fifth Edition.* McGraw-Hill Companies, Inc.

Karampatziakis, N., Langford, J. (2010). Online importance weight aware updates. ArXiv: 1011.1576.

Kashyap, R. L., Blaydon, C. C., Fu, K. S. (1970). Stochastic approximation. In J. M. Mendel and K. S. Fu (Eds.), *Adaptive, Learning, and Pattern Recognition Systems: Theory and Applications*, pp. 329–355. Academic Press, New York.

Kearney, A., Veeriah, V, Travnik, J, Sutton, R. S., Pilarski, P. M. (in preparation). TIDBD: Adapting Temporal-difference Step-sizes Through Stochastic Meta-descent.

Kearns, M., Singh, S. (2002). Near-optimal reinforcement learning in polynomial time. *Machine Learning, 49*(2-3): 209–232.

Keerthi, S. S., Ravindran, B. (1997). Reinforcement learning. In E. Fieslerm and R. Beale (Eds.), *Handbook of Neural Computation*, C3. Oxford University Press, New York.

Kehoe, E. J. (1982). Conditioning with serial compound stimuli: Theoretical and empirical issues. *Experimental Animal Behavior, 1*: 30–65.

Kehoe, E. J., Schreurs, B. G., Graham, P. (1987). Temporal primacy overrides prior training in serial compound conditioning of the rabbit's nictitating membrane response. *Animal Learning & Behavior, 15*(4): 455–464.

Keiflin, R., Janak, P. H. (2015). Dopamine prediction errors in reward learning and addiction: Ffrom theory to neural circuitry. *Neuron, 88*(2): 247– 263.

Kimble, G. A. (1961). *Hilgard and Marquis' Conditioning and Learning.* Appleton-Century-Crofts, New York.

Kimble, G. A. (1967). *Foundations of Conditioning and Learning.* Appleton-Century-Crofts, New York.

Kingma, D., Ba, J. (2014). Adam: A method for stochastic optimization. ArXiv: 1412.6980.

Klopf, A. H. (1972). Brain function and adaptive systems—A heterostatic theory. Technical Report AFCRL-72-0164, Air Force Cambridge Research Laboratories, Bedford, MA. A summary appears in *Proceedings of the International Conference on Systems, Man, and Cybernetics (1974)*. IEEE Systems, Man, and Cybernetics Society, Dallas, TX.

Klopf, A. H. (1975). A comparison of natural and artificial intelligence. *SIGART Newsletter, 53*: 11–13.

Klopf, A. H. (1982). *The Hedonistic Neuron: A Theory of Memory, Learning, and Intelligence.* Hemisphere, Washington, DC.

Klopf, A. H. (1988). A neuronal model of classical conditioning. *Psychobiology, 16*(2): 85–125.

Klyubin, A. S., Polani, D., Nehaniv, C. L. (2005). Empowerment: A universal agent-centric measure of control. In *Proceedings of the 2005 IEEE Congress on Evolutionary Computation* (Vol. 1, pp. 128–135). IEEE.

Kober, J., Peters, J. (2012). Reinforcement learning in robotics: A survey. In M. Wiering, M. van Otterlo (Eds.), *Reinforcement Learning: State-of-the-Art*, pp. 579–610. Springer-Verlag Berlin Heidelberg.

Kocsis, L., Szepesvári, Cs. (2006). Bandit based Monte-Carlo planning. In *Proceedings of the*

European Conference on Machine Learning, pp. 282–293. Springer-Verlag Berlin Heidelberg.

Kohonen, T. (1977). *Associative Memory: A System Theoretic Approach.* Springer-Verlag, Berlin.

Koller, D., Friedman, N. (2009). *Probabilistic Graphical Models: Principles and Techniques.* MIT Press.

Kolodziejski, C., Porr, B., Wörgötter, F. (2009). On the asymptotic equivalence between differential Hebbian and temporal difference learning. *Neural Computation, 21*(4): 1173–1202.

Kolter, J. Z. (2011). The fixed points of off-policy TD. In *Advances in Neural Information Processing Systems 24 (NIPS 2011)*, pp. 2169–2177. Curran Associates, Inc.

Konda, V. R., Tsitsiklis, J. N. (2000). Actor-critic algorithms. In *Advances in Neural Information Processing Systems 12 (NIPS 1999)*, pp. 1008–1014. MIT Press, Cambridge, MA.

Konda, V. R., Tsitsiklis, J. N. (2003). On actor-critic algorithms. *SIAM Journal on Control and Optimization, 42*(4): 1143–1166.

Konidaris, G. D., Osentoski, S., Thomas, P. S. (2011). Value function approximation in reinforcement learning using the Fourier basis . In *Proceedings of the Twenty-Fifth Conference of the Association for the Advancement of Artificial Intelligence*, pp. 380–385.

Korf, R. E. (1988). Optimal path finding algorithms. In L. N. Kanal and V. Kumar (Eds.), *Search in Artificial Intelligence*, pp. 223–267. Springer-Verlag, Berlin.

Korf, R. E. (1990). Real-time heuristic search. *Artificial Intelligence, 42*(2–3), 189–211.

Koshland, D. E. (1980). *Bacterial Chemotaxis as a Model Behavioral System.* Raven Press, New York.

Koza, J. R. (1992). *Genetic Programming: On the Programming of Computers by Means of Natural Selection* (Vol. 1). MIT Press., Cambridge, MA.

Kraft, L. G., Campagna, D. P. (1990). A summary comparison of CMAC neural network and traditional adaptive control systems. In T. Miller, R. S. Sutton, and P. J. Werbos (Eds.), *Neural Networks for Control*, pp. 143–169. MIT Press, Cambridge, MA.

Kraft, L. G., Miller, W. T., Dietz, D. (1992). Development and application of CMAC neural network-based control. In D. A. White and D. A. Sofge (Eds.), *Handbook of Intelligent Control: Neural, Fuzzy, and Adaptive Approaches*, pp. 215–232. Van Nostrand Reinhold, New York.

Kumar, P. R., Varaiya, P. (1986). *Stochastic Systems: Estimation, Identification, and Adaptive Control.* Prentice-Hall, Englewood Cliffs, NJ.

Kumar, P. R. (1985). A survey of some results in stochastic adaptive control. *SIAM Journal of Control and Optimization, 23*(3): 329–380.

Kumar, V., Kanal, L. N. (1988). The CDP, A unifying formulation for heuristic search, dynamic programming, and branch-and-bound. In L. N. Kanal and V. Kumar (Eds.), *Search in Artificial Intelligence*, pp. 1–37. Springer-Verlag, Berlin.

Kushner, H. J., Dupuis, P. (1992). *Numerical Methods for Stochastic Control Problems in Continuous Time.* Springer-Verlag, New York.

Kuvayev, L., Sutton, R.S. (1996). Model-based reinforcement learning with an approximate, learned model. *Proceedings of the Ninth Yale Workshop on Adaptive and Learning Systems*, pp. 101–105, Yale University, New Haven, CT.

Lagoudakis, M., Parr, R. (2003). Least squares policy iteration. *Journal of Machine Learning Research, 4*(Dec): 1107–1149.

Lai, T. L., Robbins, H. (1985). Asymptotically efficient adaptive allocation rules. *Advances in Applied Mathematics, 6*(1): 4–22.

Lakshmivarahan, S., Narendra, K. S. (1982). Learning algorithms for two-person zero-sum stochastic games with incomplete information: A unified approach. *SIAM Journal of Control and Optimization, 20*(4): 541–552.

Lammel, S., Lim, B. K., Malenka, R. C. (2014). Reward and aversion in a heterogeneous midbrain dopamine system. *Neuropharmacology, 76*: 353–359.

Lane, S. H., Handelman, D. A., Gelfand, J. J. (1992). Theory and development of higher-order CMAC neural networks. *IEEE Control Systems, 12*(2): 23–30.

LeCun, Y. (1985). Une proc?dure d'apprentissage pour r?seau a seuil asymmetrique (a learning scheme for asymmetric threshold networks). In *Proceedings of Cognitiva 85*, Paris, France.

LeCun, Y., Bottou, L., Bengio, Y., Haffner, P. (1998). Gradient-based learning applied to document recognition. *Proceedings of the IEEE, 86*(11): 2278–2324.

Legenstein, R. W., Maass, D. P. (2008). A learning theory for reward-modulated spike-timing-dependent plasticity with application to biofeedback. *PLoS Computational Biology, 4*(10).

Levy, W. B., Steward, D. (1983). Temporal contiguity requirements for long-term associative potentiation/depression in the hippocampus. *Neuroscience, 8*(4): 791–797.

Lewis, F. L., Liu, D. (Eds.) (2012). *Reinforcement Learning and Approximate Dynamic Programming for Feedback Control.* John Wiley and Sons.

Lewis, R. L., Howes, A., Singh, S. (2014). Computational rationality: Linking mechanism and behavior through utility maximization. *Topics in Cognitive Science, 6*(2): 279–311.

Li, L. (2012). Sample complexity bounds of exploration. In M. Wiering and M. van Otterlo (Eds.), *Reinforcement Learning: State-of-the-Art*, pp. 175–204. Springer-Verlag Berlin Heidelberg.

Li, L., Chu, W., Langford, J., Schapire, R. E. (2010). A contextual-bandit approach to personalized news article recommendation. In *Proceedings of the 19th International Conference on World Wide Web*, pp. 661–670. ACM, New York.

Lin, C.-S., Kim, H. (1991). CMAC-based adaptive critic self-learning control. *IEEE Transactions on Neural Networks, 2*(5): 530–533.

Lin, L.-J. (1992). Self-improving reactive agents based on reinforcement learning, planning and teaching. *Machine Learning, 8*(3-4): 293–321.

Lin, L.-J., Mitchell, T. (1992). Reinforcement learning with hidden states. In *Proceedings of the Second International Conference on Simulation of Adaptive Behavior: From Animals to*

Animats, pp. 271–280. MIT Press, Cambridge, MA.

Littman, M. L., Cassandra, A. R., Kaelbling, L. P. (1995). Learning policies for partially observable environments: Scaling up. In *Proceedings of the 12th International Conference on Machine Learning (ICML 1995)*, pp. 362–370. Morgan Kaufmann.

Littman, M. L., Dean, T. L., Kaelbling, L. P. (1995). On the complexity of solving Markov decision problems. In *Proceedings of the Eleventh Annual Conference on Uncertainty in Artificial Intelligence*, pp. 394–402.

Littman, M. L., Sutton, R. S., Singh (2002). Predictive representations of state. In *Advances in Neural Information Processing Systems 14 (NIPS 2001)*, pp. 1555-1561. MIT Press, Cambridge, MA.

Liu, J. S. (2001). *Monte Carlo Strategies in Scientific Computing.* Springer-Verlag, Berlin.

Ljung, L. (1998). System identification. In A. Procházka, J. Uhlíř, P. W. J. Rayner, and N. G. Kingsbury (Eds.), *Signal Analysis and Prediction*, pp. 163–173. Springer Science + Business Media New York, LLC.

Ljung, L., Söderstrom, T. (1983). *Theory and Practice of Recursive Identification.* MIT Press, Cambridge, MA.

Ljungberg, T., Apicella, P., Schultz, W. (1992). Responses of monkey dopamine neurons during learning of behavioral reactions. *Journal of Neurophysiology, 67*(1): 145–163.

Lovejoy, W. S. (1991). A survey of algorithmic methods for partially observed Markov decision processes. *Annals of Operations Research, 28*(1): 47–66.

Luce, D. (1959). *Individual Choice Behavior.* Wiley, New York.

Ludvig, E. A., Bellemare, M. G., Pearson, K. G. (2011). A primer on reinforcement learning in the brain: Psychological, computational, and neural perspectives. In E. Alonso and E. Mondragón (Eds.), *Computational Neuroscience for Advancing Artificial Intelligence: Models, Methods and Applications*, pp. 111–44. Medical Information Science Reference, Hershey PA.

Ludvig, E. A., Sutton, R. S., Kehoe, E. J. (2008). Stimulus representation and the timing of reward-prediction errors in models of the dopamine system. *Neural Computation, 20*(12): 3034–3054.

Ludvig, E. A., Sutton, R. S., Kehoe, E. J. (2012). Evaluating the TD model of classical conditioning. *Learning & behavior, 40*(3): 305–319.

Machado, A. (1997). Learning the temporal dynamics of behavior. *Psychological Review, 104*(2): 241–265.

Mackintosh, N. J. (1975). A theory of attention: Variations in the associability of stimuli with reinforcement. *Psychological Review, 82*(4): 276–298.

Mackintosh, N. J. (1983). *Conditioning and Associative Learning.* Clarendon Press, Oxford.

Maclin, R., Shavlik, J. W. (1994). Incorporating advice into agents that learn from reinforcements. In *Proceedings of the Twelfth National Conference on Artificial Intelligence (AAAI-94)*, pp.

694–699. AAAI Press, Menlo Park, CA.

Maei, H. R. (2011). *Gradient Temporal-Difference Learning Algorithms.* Ph.D. thesis, University of Alberta, Edmonton.

Maei, H. R., Sutton, R. S. (2010). GQ(λ): A general gradient algorithm for temporal-difference prediction learning with eligibility traces. In *Proceedings of the Third Conference on Artificial General Intelligence,* pp. 91–96.

Maei, H. R., Szepesvári, Cs., Bhatnagar, S., Precup, D., Silver, D., Sutton, R. S. (2009). Convergent temporal-difference learning with arbitrary smooth function approximation. In *Advances in Neural Information Processing Systems 22 (NIPS 2009)*, pp. 1204–1212. Curran Associates, Inc.

Maei, H. R., Szepesvári, Cs., Bhatnagar, S., Sutton, R. S. (2010). Toward off-policy learning control with function approximation. In *Proceedings of the 27th International Conference on Machine Learning (ICML 2010)*, pp. 719–726).

Mahadevan, S. (1996). Average reward reinforcement learning: Foundations, algorithms, and empirical results. *Machine Learning, 22*(1): 159–196.

Mahadevan, S., Liu, B., Thomas, P., Dabney, W., Giguere, S., Jacek, N., Gemp, I., Liu, J. (2014). Proximal reinforcement learning: A new theory of sequential decision making in primal-dual spaces. ArXiv preprint arXiv: 1405.6757.

Mahadevan, S., Connell, J. (1992). Automatic programming of behavior-based robots using reinforcement learning. *Artificial Intelligence, 55*(2-3): 311–365.

Mahmood, A. R. (2017). *Incremental Off-Policy Reinforcement Learning Algorithms.* Ph.D. thesis, University of Alberta, Edmonton.

Mahmood, A. R., Sutton, R. S. (2015). Off-policy learning based on weighted importance sampling with linear computational complexity. In *Proceedings of the 31st Conference on Uncertainty in Artificial Intelligence (UAI-2015)*, pp. 552–561. AUAI Press Corvallis, Oregon.

Mahmood, A. R., Sutton, R. S., Degris, T., Pilarski, P. M. (2012). Tuning-free step-size adaptation. In *2012 IEEE International Conference on Acoustics, Speech and Signal Processing (ICASSP), Proceedings*, pp. 2121–2124. IEEE.

Mahmood, A. R., Yu, H, Sutton, R. S. (2017). Multi-step off-policy learning without importance sampling ratios. ArXiv 1702.03006.

Mahmood, A. R., van Hasselt, H., Sutton, R. S. (2014). Weighted importance sampling for off-policy learning with linear function approximation. *Advances in Neural Information Processing Systems 27 (NIPS 2014)*, pp. 3014–3022. Curran Associates, Inc.

Marbach, P., Tsitsiklis, J. N. (1998). Simulation-based optimization of Markov reward processes. MIT Technical Report LIDS-P-2411.

Marbach, P., Tsitsiklis, J. N. (2001). Simulation-based optimization of Markov reward processes. *IEEE Transactions on Automatic Control, 46*(2): 191–209.

Markram, H., Lübke, J., Frotscher, M., Sakmann, B. (1997). Regulation of synaptic efficacy by coincidence of postsynaptic APs and EPSPs. *Science, 275*(5297): 213–215.

Martínez, J. F., İpek, E. (2009). Dynamic multicore resource management: A machine learning approach. *Micro, IEEE, 29*(5): 8–17.

Mataric, M. J. (1994). Reward functions for accelerated learning. In *Proceedings of the 11th International Conference on Machine Learning (ICML 1994)*, pp. 181–189. Morgan Kaufmann.

Matsuda, W., Furuta, T., Nakamura, K. C., Hioki, H., Fujiyama, F., Arai, R., Kaneko, T. (2009). Single nigrostriatal dopaminergic neurons form widely spread and highly dense axonal arborizations in the neostriatum. *The Journal of Neuroscience, 29*(2): 444–453.

Mazur, J. E. (1994). *Learning and Behavior*, 3rd ed. Prentice-Hall, Englewood Cliffs, NJ.

McCallum, A. K. (1993). Overcoming incomplete perception with utile distinction memory. In *Proceedings of the 10th International Conference on Machine Learning (ICML 1993)*, pp. 190–196. Morgan Kaufmann.

McCallum, A. K. (1995). *Reinforcement Learning with Selective Perception and Hidden State.* Ph.D. thesis, University of Rochester, Rochester NY.

McCloskey, M., Cohen, N. J. (1989). Catastrophic interference in connectionist networks: The sequential learning problem. *Psychology of Learning and Motivation, 24*:109–165.

McClure, S. M., Daw, N. D., Montague, P. R. (2003). A computational substrate for incentive salience. *Trends in Neurosciences, 26*(8): 423–428.

McCulloch, W. S., Pitts, W. (1943). A logical calculus of the ideas immanent in nervous activity. *Bulletin of Mathematical Biophysics, 5*(4): 115–133.

McMahan, H. B., Gordon, G. J. (2005). Fast Exact Planning in Markov Decision Processes. In *Proceedings of the International Conference on Automated Planning and Scheduling*, pp. 151-160.

Melo, F. S., Meyn, S. P., Ribeiro, M. I. (2008). An analysis of reinforcement learning with function approximation. In *Proceedings of the 25th International Conference on Machine Learning (ICML 2008)*, pp. 664–671.

Mendel, J. M. (1966). A survey of learning control systems. *ISA Transactions, 5*:297–303.

Mendel, J. M., McLaren, R. W. (1970). Reinforcement learning control and pattern recognition systems. In J. M. Mendel and K. S. Fu (Eds.), *Adaptive, Learning and Pattern Recognition Systems: Theory and Applications*, pp. 287–318. Academic Press, New York.

Michie, D. (1961). Trial and error. In S. A. Barnett and A. McLaren (Eds.), *Science Survey, Part 2*, pp. 129–145. Penguin, Harmondsworth.

Michie, D. (1963). Experiments on the mechanisation of game learning. 1. characterization of the model and its parameters. *The Computer Journal, 6*(3): 232–263.

Michie, D. (1974). *On Machine Intelligence.* Edinburgh University Press, Edinburgh.

Michie, D., Chambers, R. A. (1968). BOXES, An experiment in adaptive control. In E. Dale and

D. Michie (Eds.), *Machine Intelligence 2*, pp. 137–152. Oliver and Boyd, Edinburgh.

Miller, R. (1981). *Meaning and Purpose in the Intact Brain: A Philosophical, Psychological, and Biological Account of Conscious Process.* Clarendon Press, Oxford.

Miller, W. T., An, E., Glanz, F., Carter, M. (1990). The design of CMAC neural networks for control. *Adaptive and Learning Systems, 1*:140–145.

Miller, W. T., Glanz, F. H. (1996). *UNH_CMAC verison 2.1: The University of New Hampshire Implementation of the Cerebellar Model Arithmetic Computer - CMAC.* Robotics Laboratory Technical Report, University of New Hampshire, Durham.

Miller, S., Williams, R. J. (1992). Learning to control a bioreactor using a neural net Dyna-Q system. In *Proceedings of the Seventh Yale Workshop on Adaptive and Learning Systems*, pp. 167–172. Center for Systems Science, Dunham Laboratory, Yale University, New Haven.

Miller, W. T., Scalera, S. M., Kim, A. (1994). Neural network control of dynamic balance for a biped walking robot. In *Proceedings of the Eighth Yale Workshop on Adaptive and Learning Systems*, pp. 156–161. Center for Systems Science, Dunham Laboratory, Yale University, New Haven.

Minton, S. (1990). Quantitative results concerning the utility of explanation-based learning. *Artificial Intelligence, 42*(2-3): 363–391.

Minsky, M. L. (1954). *Theory of Neural-Analog Reinforcement Systems and Its Application to the Brain-Model Problem.* Ph.D. thesis, Princeton University.

Minsky, M. L. (1961). Steps toward artificial intelligence. *Proceedings of the Institute of Radio Engineers*, 49:8–30. Reprinted in E. A. Feigenbaum and J. Feldman (Eds.), *Computers and Thought*, pp. 406–450. McGraw-Hill, New York, 1963.

Minsky, M. L. (1967). *Computation: Finite and Infinite Machines.* Prentice-Hall, Englewood Cliffs, NJ.

Mnih, V., Kavukcuoglu, K., Silver, D., Graves, A., Antonoglou, I., Wierstra, D., Riedmiller, M. (2013). Playing atari with deep reinforcement learning. arXiv preprint arXiv:1312.5602.

Mnih, V., Kavukcuoglu, K., Silver, D., Rusu, A. A., Veness, J., Bellemare, M. G., Graves, A., Riedmiller, M., Fidjeland, A. K., Ostrovski, G., Petersen, S., Beattie, C., Sadik, A., Antonoglou, I., King, H., Kumaran, D., Wierstra, D., Legg, S., Hassabis, D. (2015). Human-level control through deep reinforcement learning. *Nature, 518*(7540): 529–533.

Modayil, J., Sutton, R. S. (2014). Prediction driven behavior: Learning predictions that drive fixed responses. In *AAAI-14 Workshop on Artificial Intelligence and Robotics*, Quebec City, Canada.

Modayil, J., White, A., Sutton, R. S. (2014). Multi-timescale nexting in a reinforcement learning robot. *Adaptive Behavior, 22*(2): 146–160.

Monahan, G. E. (1982). State of the art—a survey of partially observable Markov decision processes: theory, models, and algorithms. *Management Science, 28*(1): 1–16.

Montague, P. R., Dayan, P., Nowlan, S. J., Pouget, A., Sejnowski, T. J. (1993). Using aperiodic reinforcement for directed self-organization during development. In *Advances in Neural Information Processing Systems 5 (NIPS 1992)*, pp. 969–976. Morgan Kaufmann.

Montague, P. R., Dayan, P., Person, C., Sejnowski, T. J. (1995). Bee foraging in uncertain environments using predictive hebbian learning. *Nature, 377*(6551): 725–728.

Montague, P. R., Dayan, P., Sejnowski, T. J. (1996). A framework for mesencephalic dopamine systems based on predictive Hebbian learning. *The Journal of Neuroscience, 16*(5): 1936–1947.

Montague, P. R., Dolan, R. J., Friston, K. J., Dayan, P. (2012). Computational psychiatry. *Trends in Cognitive Sciences, 16*(1): 72–80.

Montague, P. R., Sejnowski, T. J. (1994). The predictive brain: Temporal coincidence and temporal order in synaptic learningmechanisms. *Learning & Memory, 1*(1): 1–33.

Moore, A. W. (1990). *Efficient Memory-Based Learning for Robot Control.* Ph.D. thesis, University of Cambridge.

Moore, A. W., Atkeson, C. G. (1993). Prioritized sweeping: Reinforcement learning with less data and less real time. *Machine Learning, 13*(1): 103–130.

Moore, A. W., Schneider, J., Deng, K. (1997). Efficient locally weighted polynomial regression predictions. In *Proceedings of the 14th International Conference on Machine Learning (ICML 1997)*. Morgan Kaufmann.

Moore, J. W., Blazis, D. E. J. (1989). Simulation of a classically conditioned response: A cerebellar implementation of the sutton-barto-desmond model. In J. H. Byrne and W. O. Berry (Eds.), *Neural Models of Plasticity*, pp. 187–207. Academic Press, San Diego, CA.

Moore, J. W., Choi, J.-S., Brunzell, D. H. (1998). Predictive timing under temporal uncertainty: The time derivative model of the conditioned response. In D. A. Rosenbaum and C. E. Collyer (Eds.), *Timing of Behavior*, pp. 3–34. MIT Press, Cambridge, MA.

Moore, J. W., Desmond, J. E., Berthier, N. E., Blazis, E. J., Sutton, R. S., Barto, A. G. (1986). Simulation of the classically conditioned nictitating membrane response by a neuron-like adaptive element: I. Response topography, neuronal firing, and interstimulus intervals. *Behavioural Brain Research, 21*(2): 143–154.

Moore, J. W., Marks, J. S., Castagna, V. E., Polewan, R. J. (2001). Parameter stability in the TD model of complex CR topographies. In *Society for Neuroscience Abstracts, 27*:642.

Moore, J. W., Schmajuk, N. A. (2008). Kamin blocking. *Scholarpedia, 3*(5): 3542.

Moore, J. W., Stickney, K. J. (1980). Formation of attentional-associative networks in real time:Role of the hippocampus and implications for conditioning. *Physiological Psychology, 8*(2): 207–217.

Mukundan, J., Martínez, J. F. (2012). MORSE, Multi-objective reconfigurable self-optimizing memory scheduler. In *IEEE 18th International Symposium on High Performance Computer*

Architecture (HPCA), pp. 1–12.

Müller, M. (2002). Computer Go. *Artificial Intelligence, 134*(1): 145–179.

Munos, R., Stepleton, T., Harutyunyan, A., Bellemare, M. (2016). Safe and efficient off-policy reinforcement learning. In *Advances in Neural Information Processing Systems 29 (NIPS 2016)*, pp. 1046–1054. Curran Associates, Inc.

Naddaf, Y. (2010). *Game-Independent AI Agents for Playing Atari 2600 Console Games.* Ph.D. thesis, University of Alberta, Edmonton.

Narendra, K. S., Thathachar, M. A. L. (1974). Learning automata—A survey. *IEEE Transactions on Systems, Man, and Cybernetics, 4*:323–334.

Narendra, K. S., Thathachar, M. A. L. (1989). *Learning Automata: An Introduction.* Prentice-Hall, Englewood Cliffs, NJ.

Narendra, K. S., Wheeler, R. M. (1983). An N-player sequential stochastic game with identical payoffs. *IEEE Transactions on Systems, Man, and Cybernetics, 6*:1154–1158.

Narendra, K. S., Wheeler, R. M. (1986). Decentralized learning in finite Markov chains. *IEEE Transactions on Automatic Control, 31*(6): 519–526.

Nedić, A., Bertsekas, D. P. (2003). Least squares policy evaluation algorithms with linear function approximation. *Discrete Event Dynamic Systems, 13*(1-2): 79–110.

Ng, A. Y. (2003). *Shaping and Policy Search in Reinforcement Learning.* Ph.D. thesis, University of California, Berkeley.

Ng, A. Y., Harada, D., Russell, S. (1999). Policy invariance under reward transformations: Theory and application to reward shaping. In I. Bratko and S. Dzeroski (Eds.), *Proceedings of the 16th International Conference on Machine Learning (ICML 1999)*, pp. 278–287.

Ng, A. Y., Russell, S. J. (2000). Algorithms for inverse reinforcement learning. In *Proceedings of the 17th International Conference on Machine Learning (ICML 2000)*, pp. 663–670.

Niv, Y. (2009). Reinforcement learning in the brain. *Journal of Mathematical Psychology, 53*(3): 139–154.

Niv, Y., Daw, N. D., Dayan, P. (2006). How fast to work: Response vigor, motivation and tonic dopamine. In *Advances in Neural Information Processing Systems 18 (NIPS 2005)*, pp. 1019–1026. MIT Press, Cambridge, MA.

Niv, Y., Daw, N. D., Joel, D., Dayan, P. (2007). Tonic dopamine: opportunity costs and the control of response vigor. *Psychopharmacology, 191*(3): 507–520.

Niv, Y., Joel, D., Dayan, P. (2006). A normative perspective on motivation. *Trends in Cognitive Sciences, 10*(8): 375–381.

Nouri, A., Littman, M. L. (2009). Multi-resolution exploration in continuous spaces. In *Advances in Neural Information Processing Systems 21 (NIPS 2008)*, pp. 1209–1216. Curran Associates, Inc.

Nowé, A., Vrancx, P., Hauwere, Y.-M. D. (2012). Game theory and multi-agent reinforcement learning. In M. Wiering and M. van Otterlo (Eds.), *Reinforcement Learning: State-of-the-Art*, pp. 441–467. Springer-Verlag Berlin Heidelberg.

Nutt, D. J., Lingford-Hughes, A., Erritzoe, D., Stokes, P. R. A. (2015). The dopamine theory of addiction: 40 years of highs and lows. *Nature Reviews Neuroscience, 16*(5): 305–312.

O'Doherty, J. P., Dayan, P., Friston, K., Critchley, H., Dolan, R. J. (2003). Temporal difference models and reward-related learning in the human brain. *Neuron, 38*(2): 329–337.

O'Doherty, J. P., Dayan, P., Schultz, J., Deichmann, R., Friston, K., Dolan, R. J. (2004). Dissociable roles of ventral and dorsal striatum in instrumental conditioning. *Science, 304*(5669): 452–454.

Ólafsdóttir, H. F., Barry, C., Saleem, A. B., Hassabis, D., Spiers, H. J. (2015). Hippocampal place cells construct reward related sequences through unexplored space. *Elife, 4*: e06063.

Oh, J., Guo, X., Lee, H., Lewis, R. L., Singh, S. (2015). Action-conditional video prediction using deep networks in Atari games. In *Advances in Neural Information Processing Systems 28 (NIPS 2015)*, pp. 2845–2853. Curran Associates, Inc.

Olds, J., Milner, P. (1954). Positive reinforcement produced by electrical stimulation of the septal area and other regions of rat brain. *Journal of Comparative and Physiological Psychology, 47*(6): 419–427.

O'Reilly, R. C., Frank, M. J. (2006). Making working memory work: A computational model of learning in the prefrontal cortex and basal ganglia. *Neural Computation, 18*(2): 283–328.

O'Reilly, R. C., Frank, M. J., Hazy, T. E., Watz, B. (2007). PVLV, the primary value and learned value Pavlovian learning algorithm. *Behavioral Neuroscience, 121*(1): 31–49.

Omohundro, S. M. (1987). Efficient algorithms with neural network behavior. Technical Report, Department of Computer Science, University of Illinois at Urbana-Champaign.

Ormoneit, D., Sen, Ś. (2002). Kernel-based reinforcement learning. *Machine Learning, 49*(2-3): 161–178.

Oudeyer, P.-Y., Kaplan, F. (2007). What is intrinsic motivation? A typology of computational approaches. *Frontiers in Neurorobotics, 1*: 6.

Oudeyer, P.-Y., Kaplan, F., Hafner, V. V. (2007). Intrinsic motivation systems for autonomous mental development. *IEEE Transactions on Evolutionary Computation, 11*(2): 265–286.

Padoa-Schioppa, C., Assad, J. A. (2006). Neurons in the orbitofrontal cortex encode economic value. *Nature, 441*(7090): 223–226.

Page, C. V. (1977). Heuristics for signature table analysis as a pattern recognition technique. *IEEE Transactions on Systems, Man, and Cybernetics, 7*(2): 77–86.

Pagnoni, G., Zink, C. F., Montague, P. R., Berns, G. S. (2002). Activity in human ventral striatum locked to errors of reward prediction. *Nature Neuroscience, 5*(2): 97–98.

Pan, W.-X., Schmidt, R., Wickens, J. R., Hyland, B. I. (2005). Dopamine cells respond to predicted events during classical conditioning: Evidence for eligibility traces in the rewardlearning network. *The Journal of Neuroscience, 25*(26): 6235–6242.

Park, J., Kim, J., Kang, D. (2005). An RLS-based natural actor–critic algorithm for locomotion of a two-linked robot arm. *Computational Intelligence and Security*: 65–72.

Parks, P. C., Militzer, J. (1991). Improved allocation of weights for associative memory storage in learning control systems. In *IFAC Design Methods of Control Systems*, Zurich, Switzerland, pp. 507–512.

Parr, R. (1988). *Hierarchical Control and Learning for Markov Decision Processes.* Ph.D. thesis, University of California, Berkeley.

Parr, R., Russell, S. (1995). Approximating optimal policies for partially observable stochastic domains. In *Proceedings of the Fourteenth International Joint Conference on Artificial Intelligence*, pp. 1088–1094. Morgan Kaufmann.

Pavlov, I. P. (1927). *Conditioned Reflexes.* Oxford University Press, London.

Pawlak, V., Kerr, J. N. D. (2008). Dopamine receptor activation is required for corticostriatal spike-timing-dependent plasticity. *The Journal of Neuroscience, 28*(10): 2435–2446.

Pawlak, V., Wickens, J. R., Kirkwood, A., Kerr, J. N. D. (2010). Timing is not everything: neuromodulation opens the STDP gate. *Frontiers in Synaptic Neuroscience, 2*: 146. doi: 10.3389/fnsyn.2010.00146.

Pearce, J. M., Hall, G. (1980). A model for Pavlovian learning: Variation in the effectiveness of conditioning but not unconditioned stimuli. *Psychological Review, 87*(6): 532–552.

Pearl, J. (1984). *Heuristics: Intelligent Search Strategies for Computer Problem Solving.* Addison-Wesley, Reading, MA.

Pearl, J. (1995). Causal diagrams for empirical research. *Biometrika*, 82(4): 669-688.

Pecevski, D., Maass, W., Legenstein, R. A. (2008). Theoretical analysis of learning with reward-modulated spike-timing-dependent plasticity. In *Advances in Neural Information Processing Systems 20 (NIPS 2007)*, pp. 881–888. Curran Associates, Inc.

Peng, J. (1993). *Efficient Dynamic Programming-Based Learning for Control.* Ph.D. thesis, Northeastern University, Boston MA.

Peng, J. (1995). Efficient memory-based dynamic programming. In *Proceedings of the 12th International Conference on Machine Learning (ICML 1995)*, pp. 438–446.

Peng, J., Williams, R. J. (1993). Efficient learning and planning within the Dyna framework. *Adaptive Behavior, 1*(4): 437–454.

Peng, J., Williams, R. J. (1994). Incremental multi-step Q-learning. In *Proceedings of the 11th International Conference on Machine Learning (ICML 1994)*, pp. 226–232. Morgan Kaufmann, San Francisco.

Peng, J., Williams, R. J. (1996). Incremental multi-step Q-learning. *Machine Learning, 22*(1): 283–290.

Perkins, T. J., Pendrith, M. D. (2002). On the existence of fixed points for Q-learning and Sarsa in partially observable domains. In *Proceedings of the 19th International Conference on Machine Learning (ICML 2002)*, pp. 490–497.

Perkins, T. J., Precup, D. (2003). A convergent form of approximate policy iteration. In *Advances in Neural Information Processing Systems 15 (NIPS 2002)*, pp. 1627–1634. MIT Press, Cambridge, MA.

Peters, J., Büchel, C. (2010). Neural representations of subjective reward value. *Behavioral Brain Research, 213*(2): 135–141.

Peters, J., Schaal, S. (2008). Natural actor–critic. *Neurocomputing, 71*(7): 1180–1190.

Peters, J., Vijayakumar, S., Schaal, S. (2005). Natural actor–critic. In *European Conference on Machine Learning*, pp. 280–291. Springer Berlin Heidelberg.

Pezzulo, G., van der Meer, M. A. A., Lansink, C. S., Pennartz, C. M. A. (2014). Internally generated sequences in learning and executing goal-directed behavior. *Trends in Cognitive Science, 18*(12): 647–657.

Pfeiffer, B. E., Foster, D. J. (2013). Hippocampal place-cell sequences depict future paths to remembered goals. *Nature, 497*(7447): 74–79.

Phansalkar, V. V., Thathachar, M. A. L. (1995). Local and global optimization algorithms for generalized learning automata. *Neural Computation, 7*(5): 950–973.

Poggio, T., Girosi, F. (1989). A theory of networks for approximation and learning. A.I. Memo 1140. Artificial Intelligence Laboratory, Massachusetts Institute of Technology, Cambridge, MA.

Poggio, T., Girosi, F. (1990). Regularization algorithms for learning that are equivalent to multilayer networks. *Science, 247*(4945): 978–982.

Polyak, B. T. (1990). New stochastic approximation type procedures. *Automat. i Telemekh, 7*(98-107): 2 (in Russian).

Polyak, B. T., Juditsky, A. B. (1992). Acceleration of stochastic approximation by averaging. *SIAM Journal on Control and Optimization, 30*(4): 838–855.

Powell, M. J. D. (1987). Radial basis functions for multivariate interpolation: A review. In J. C. Mason and M. G. Cox (Eds.), *Algorithms for Approximation*, pp. 143–167. Clarendon Press, Oxford.

Powell, W. B. (2011). *Approximate Dynamic Programming: Solving the Curses of Dimensionality*, Second edition. John Wiley and Sons.

Powers, W. T. (1973). *Behavior: The Control of Perception*. Aldine de Gruyter, Chicago. 2nd expanded edition 2005.

Precup, D. (2000). *Temporal Abstraction in Reinforcement Learning*. Ph.D. thesis, University of Massachusetts, Amherst.

Precup, D., Sutton, R. S., Dasgupta, S. (2001). Off-policy temporal-difference learning with function approximation. In *Proceedings of the 18th International Conference on Machine*

Learning (ICML 2001), pp. 417–424.

Precup, D., Sutton, R. S., Paduraru, C., Koop, A., Singh, S. (2006). Off-policy learning with options and recognizers. In *Advances in Neural Information Processing Systems 18 (NIPS 2005)*, pp. 1097–1104. MIT Press, Cambridge, MA.

Precup, D., Sutton, R. S., Singh, S. (2000). Eligibility traces for off-policy policy evaluation. In *Proceedings of the 17th International Conference on Machine Learning (ICML 2000)*, pp. 759–766. Morgan Kaufmann.

Puterman, M. L. (1994). *Markov Decision Problems.* Wiley, New York.

Puterman, M. L., Shin, M. C. (1978). Modified policy iteration algorithms for discounted Markov decision problems. *Management Science, 24*(11): 1127–1137.

Quartz, S., Dayan, P., Montague, P. R., Sejnowski, T. J. (1992). Expectation learning in the brain using diffuse ascending connections. In *Society for Neuroscience Abstracts, 18*: 1210.

Randløv, J., Alstrøm, P. (1998). Learning to drive a bicycle using reinforcement learning and shaping. In *Proceedings of the 15th International Conference on Machine Learning (ICML 1998)*, pp. 463–471.

Rangel, A., Camerer, C., Montague, P. R. (2008). A framework for studying the neurobiology of value-based decision making. *Nature Reviews Neuroscience, 9*(7): 545–556.

Rangel, A., Hare, T. (2010). Neural computations associated with goal-directed choice. *Current Opinion in Neurobiology, 20*(2): 262–270.

Rao, R. P., Sejnowski, T. J. (2001). Spike-timing-dependent Hebbian plasticity as temporal difference learning. *Neural Computation, 13*(10): 2221–2237.

Ratcliff, R. (1990). Connectionist models of recognition memory: Constraints imposed by learning and forgetting functions. *Psychological Review, 97*(2): 285–308.

Reddy, G., Celani, A., Sejnowski, T. J., Vergassola, M. (2016). Learning to soar in turbulent environments. *Proceedings of the National Academy of Sciences, 113*(33): E4877–E4884.

Redish, D. A. (2004). Addiction as a computational process gone awry. *Science, 306*(5703): 1944–1947.

Reetz, D. (1977). Approximate solutions of a discounted Markovian decision process. *Bonner Mathematische Schriften, 98*: 77–92.

Rescorla, R. A., Wagner, A. R. (1972). A theory of Pavlovian conditioning: Variations in the effectiveness of reinforcement and nonreinforcement. In A. H. Black and W. F. Prokasy (Eds.), *Classical Conditioning II*, pp. 64–99. Appleton-Century-Crofts, New York.

Revusky, S., Garcia, J. (1970). Learned associations over long delays. In G. Bower (Ed.), *The Psychology of Learning and Motivation*, v. 4, pp. 1–84. Academic Press, Inc., New York.

Reynolds, J. N. J., Wickens, J. R. (2002). Dopamine-dependent plasticity of corticostriatal synapses. *Neural Networks, 15*(4): 507–521.

Ring, M. B. (in preparation). Representing knowledge as forecasts (and state as knowledge).

Ripley, B. D. (2007). *Pattern Recognition and Neural Networks.* Cambridge University Press.

Rixner, S. (2004). Memory controller optimizations for web servers. In *Proceedings of the 37th annual IEEE/ACM International Symposium on Microarchitecture*, p. 355–366. IEEE Computer Society.

Robbins, H. (1952). Some aspects of the sequential design of experiments. *Bulletin of the American Mathematical Society, 58*:527–535.

Robertie, B. (1992). Carbon versus silicon: Matching wits with TD-Gammon. *Inside Backgammon, 2*(2): 14–22.

Romo, R., Schultz, W. (1990). Dopamine neurons of the monkey midbrain: Contingencies of responses to active touch during self-initiated arm movements. *Journal of Neurophysiology, 63*(3): 592–624.

Rosenblatt, F. (1962). *Principles of Neurodynamics: Perceptrons and the Theory of Brain Mechanisms.* Spartan Books, Washington, DC.

Ross, S. (1983). *Introduction to Stochastic Dynamic Programming.* Academic Press, New York.

Ross, T. (1933). Machines that think. *Scientific American, 148*(4): 206–208.

Rubinstein, R. Y. (1981). *Simulation and the Monte Carlo Method.* Wiley, New York.

Rumelhart, D. E., Hinton, G. E., Williams, R. J. (1986). Learning internal representations by error propagation. In D. E. Rumelhart and J. L. McClelland (Eds.), *Parallel Distributed Processing: Explorations in the Microstructure of Cognition*, vol. I, *Foundations.* Bradford/MIT Press, Cambridge, MA.

Rummery, G. A. (1995). *Problem Solving with Reinforcement Learning.* Ph.D. thesis, University of Cambridge.

Rummery, G. A., Niranjan, M. (1994). On-line Q-learning using connectionist systems. Technical Report CUED/F-INFENG/TR 166. Engineering Department, Cambridge University.

Ruppert, D. (1988). Efficient estimations from a slowly convergent Robbins-Monro process. Cornell University Operations Research and Industrial Engineering Technical Report No. 781.

Russell, S., Norvig, P. (2009). *Artificial Intelligence: A Modern Approach*, 3rd edition. Prentice-Hall, Englewood Cliffs, NJ.

Russo, D. J., Van Roy, B., Kazerouni, A., Osband, I., Wen, Z. (2018). A tutorial on Thompson sampling, *Foundations and Trends in Machine Learning.* ArXiv: 1707.02038.

Rust, J. (1996). Numerical dynamic programming in economics. In H. Amman, D. Kendrick, and J. Rust (Eds.), *Handbook of Computational Economics*, pp. 614–722. Elsevier, Amsterdam.

Saddoris, M. P., Cacciapaglia, F., Wightmman, R. M., Carelli, R. M. (2015). Differential dopamine release dynamics in the nucleus accumbens core and shell reveal complementary signals for error prediction and incentive motivation. *The Journal of Neuroscience, 35*(33): 11572–11582.

Saksida, L. M., Raymond, S. M., Touretzky, D. S. (1997). Shaping robot behavior using principles from instrumental conditioning. *Robotics and Autonomous Systems, 22*(3): 231–249.

Samuel, A. L. (1959). Some studies in machine learning using the game of checkers. *IBM Journal on Research and Development, 3*(3), 210–229. Reprinted in E. A. Feigenbaum and J. Feldman (Eds.), *Computers and Thought*, pp. 71–105. McGraw-Hill, New York, 1963.

Samuel, A. L. (1967). Some studies in machine learning using the game of checkers. II—Recent progress. *IBM Journal on Research and Development, 11*(6): 601–617.

Schaal, S., Atkeson, C. G. (1994). Robot juggling: Implementation of memory-based learning. *IEEE Control Systems, 14*(1): 57–71.

Schmajuk, N. A. (2008). Computational models of classical conditioning. *Scholarpedia, 3*(3): 1664.

Schmidhuber, J. (1991a). Curious model-building control systems. In *Proceedings of the IEEE International Joint Conference on Neural Networks*, pp. 1458–1463. IEEE.

Schmidhuber, J. (1991b). A possibility for implementing curiosity and boredom in model-building neural controllers. In *From Animals to Animats: Proceedings of the First International Conference on Simulation of Adaptive Behavior*, pp. 222–227. MIT Press, Cambridge, MA.

Schmidhuber, J. (2015). Deep learning in neural networks: An overview. *Neural Networks, 6*: 85–117.

Schmidhuber, J., Storck, J., Hochreiter, S. (1994). Reinforcement driven information acquisition in nondeterministic environments. Technical report, Fakultät für Informatik, Technische Universität München, München, Germany.

Schraudolph, N. N. (1999). Local gain adaptation in stochastic gradient descent. In *Proceedings of the International Conference on Artificial Neural Networks*, pp. 569–574. IEEE, London.

Schraudolph, N. N. (2002). Fast curvature matrix-vector products for second-order gradient descent. *Neural Computation, 14*(7): 1723–1738.

Schraudolph, N. N., Yu, J., Aberdeen, D. (2006). Fast online policy gradient learning with SMD gain vector adaptation. In *Advances in Neural Information Processing Systems*, pp. 1185–1192.

Schultz, D. G., Melsa, J. L. (1967). *State Functions and Linear Control Systems.* McGraw-Hill, New York.

Schultz, W. (1998). Predictive reward signal of dopamine neurons. *Journal of Neurophysiology, 80*(1): 1–27.

Schultz, W., Apicella, P., Ljungberg, T. (1993). Responses of monkey dopamine neurons to reward and conditioned stimuli during successive steps of learning a delayed response task. *The Journal of Neuroscience, 13*(3): 900–913.

Schultz, W., Dayan, P., Montague, P. R. (1997). A neural substrate of prediction and reward. *Science, 275*(5306): 1593–1598.

Schultz, W., Romo, R. (1990). Dopamine neurons of the monkey midbrain: contingencies of responses to stimuli eliciting immediate behavioral reactions. *Journal of Neurophysiology, 63*(3): 607–624.

Schultz, W., Romo, R., Ljungberg, T., Mirenowicz, J., Hollerman, J. R., Dickinson, A. (1995). Reward-related signals carried by dopamine neurons. In J. C. Houk, J. L. Davis, and D. G. Beiser (Eds.), *Models of Information Processing in the Basal Ganglia*, pp. 233–248. MIT Press, Cambridge, MA.

Schwartz, A. (1993). A reinforcement learning method for maximizing undiscounted rewards. In *Proceedings of the 10th International Conference on Machine Learning (ICML 1993)*, pp. 298–305. Morgan Kaufmann.

Schweitzer, P. J., Seidmann, A. (1985). Generalized polynomial approximations in Markovian decision processes. *Journal of Mathematical Analysis and Applications, 110*(2): 568–582.

Selfridge, O. G. (1978). Tracking and trailing: Adaptation in movement strategies. Technical report, Bolt Beranek and Newman, Inc. Unpublished report.

Selfridge, O. G. (1984). Some themes and primitives in ill-defined systems. In O. G. Selfridge, E. L. Rissland, and M. A. Arbib (Eds.), *Adaptive Control of Ill-Defined Systems*, pp. 21–26. Plenum Press, NY. Proceedings of the NATO Advanced Research Institute on Adaptive Control of Ill-defined Systems, NATO Conference Series II, Systems Science, Vol. 16.

Selfridge, O. J., Sutton, R. S., Barto, A. G. (1985). Training and tracking in robotics. In A. Joshi (Ed.), *Proceedings of the Ninth International Joint Conference on Artificial Intelligence*, pp. 670–672. Morgan Kaufmann.

Seo, H., Barraclough, D., Lee, D. (2007). Dynamic signals related to choices and outcomes in the dorsolateral prefrontal cortex. *Cerebral Cortex, 17*(suppl 1): 110–117.

Seung, H. S. (2003). Learning in spiking neural networks by reinforcement of stochastic synaptic transmission. *Neuron, 40*(6): 1063–1073.

Shah, A. (2012). Psychological and neuroscientific connections with reinforcement learning. In M. Wiering and M. van Otterlo (Eds.), *Reinforcement Learning: State-of-the-Art*, pp. 507–537. Springer-Verlag Berlin Heidelberg.

Shannon, C. E. (1950). Programming a computer for playing chess. *Philosophical Magazine and Journal of Science, 41*(314): 256–275.

Shannon, C. E. (1951). Presentation of a maze-solving machine. In H. V. Forester (Ed.), *Cybernetics. Transactions of the Eighth Conference*, pp. 173–180. Josiah Macy Jr. Foundation.

Shannon, C. E. (1952). “Theseus” maze-solving mouse. http://cyberneticzoo.com/mazesol- vers/1952-?-theseus-maze-solving-mouse-?-claude-shannon-american/.

Shelton, C. R. (2001). *Importance Sampling for Reinforcement Learning with Multiple Objectives.* Ph.D. thesis, Massachusetts Institute of Technology, Cambridge MA.

Shepard, D. (1968). A two-dimensional interpolation function for irregularly-spaced data. In *Proceedings of the 23rd ACM National Conference*, pp. 517–524. ACM, New York.

Sherman, J., Morrison, W. J. (1949). Adjustment of an inverse matrix corresponding to changes in the elements of a given column or a given row of the original matrix (abstract). *Annals of*

Mathematical Statistics, 20(4): 621.

Shewchuk, J., Dean, T. (1990). Towards learning time-varying functions with high input dimensionality. In *Proceedings of the Fifth IEEE International Symposium on Intelligent Control*, pp. 383–388. IEEE Computer Society Press, Los Alamitos, CA.

Shimansky, Y. P. (2009). Biologically plausible learning in neural networks: a lesson from bacterial chemotaxis. *Biological Cybernetics, 101*(5-6): 379–385.

Si, J., Barto, A., Powell, W., Wunsch, D. (Eds.) (2004). *Handbook of Learning and Approximate Dynamic Programming.* John Wiley and Sons.

Silver, D. (2009). *Reinforcement Learning and Simulation Based Search in the Game of Go.* Ph. D. thesis, University of Alberta, Edmonton.

Silver, D., Huang, A., Maddison, C. J., Guez, A., Sifre, L., van den Driessche, G., Schrittwieser, J., Antonoglou, I., Panneershelvam, V., Lanctot, M., Dieleman, S., Grewe, D., Nham, J., Kalchbrenner, N., Sutskever, I., Lillicrap, T., Leach, M., Kavukcuoglu, K., Graepel, T., Hassabis, D. (2016). Mastering the game of Go with deep neural networks and tree search. *Nature, 529*(7587): 484–489.

Silver, D., Lever, G., Heess, N., Degris, T., Wierstra, D., Riedmiller, M. (2014). Deterministic policy gradient algorithms. In *Proceedings of the 31st International Conference on Machine Learning (ICML 2014)*, pp. 387–395.

Silver, D., Schrittwieser, J., Simonyan, K., Antonoglou, I., Huang, A., Guez, A., Hubert, T., Baker, L., Lai, M., Bolton, A., Chen, Y., Lillicrap, L., Hui, F., Sifre, L., van den Driessche, G., Graepel, T., Hassibis, D. (2017a). Mastering the game of Go without human knowledge. *Nature, 550*(7676): 354–359.

Silver, D., Hubert, T., Schrittwieser, J., Antonoglou, I., Lai, M., Guez, A., Lanctot, M., Sifre, L., Kumaran, D., Graepel, T., Lillicrap, T., Simoyan, K., Hassibis, D. (2017b). Mastering chess and shogi by self-play with a general reinforcement learning algorithm. ArXiv: 1712.01815.

Şimşek, Ö., Algórta, S., Kothiyal, A. (2016). Why most decisions are easy in tetris—And perhaps in other sequential decision problems, as well. In *Proceedings of the 33rd International Conference on Machine Learning (ICML 2016)*, pp. 1757-1765.

Simon, H. (2000). Lecture at the Earthware Symposium, Carnegie Mellon University. https://www.youtube.com/watch?v=EZhyi-8DBjc.

Singh, S. P. (1992a). Reinforcement learning with a hierarchy of abstract models. In *Proceedings of the Tenth National Conference on Artificial Intelligence (AAAI-92)*, pp. 202–207. AAAI/MIT Press, Menlo Park, CA.

Singh, S. P. (1992b). Scaling reinforcement learning algorithms by learning variable temporal resolution models. In *Proceedings of the 9th International Workshop on Machine Learning*, pp. 406–415. Morgan Kaufmann.

Singh, S. P. (1993). *Learning to Solve Markovian Decision Processes.* Ph.D. thesis, University of

Massachusetts, Amherst.

Singh, S. P. (Ed.) (2002). Special double issue on reinforcement learning, *Machine Learning, 49*(2-3).

Singh, S., Barto, A. G., Chentanez, N. (2005). Intrinsically motivated reinforcement learning. In *Advances in Neural Information Processing Systems 17 (NIPS 2004)*, pp. 1281–1288. MIT Press, Cambridge, MA.

Singh, S. P., Bertsekas, D. (1997). Reinforcement learning for dynamic channel allocation in cellular telephone systems. In *Advances in Neural Information Processing Systems 9 (NIPS 1996)*, pp. 974–980. MIT Press, Cambridge, MA.

Singh, S. P., Jaakkola, T., Jordan, M. I. (1994). Learning without state-estimation in partially observable Markovian decision problems. In *Proceedings of the 11th International Conference on Machine Learning (ICML 1994)*, pp. 284–292. Morgan Kaufmann.

Singh, S., Jaakkola, T., Littman, M. L., Szepesv ri, C. (2000). Convergence results for single-step on-policy reinforcement-learning algorithms. *Machine Learning, 38*(3): 287–308.

Singh, S. P., Jaakkola, T., Jordan, M. I. (1995). Reinforcement learning with soft state aggregation. In *Advances in Neural Information Processing Systems 7 (NIPS 1994)*, pp. 359–368. MIT Press, Cambridge, MA.

Singh, S., Lewis, R. L., Barto, A. G. (2009). Where do rewards come from? In N. Taatgen and H. van Rijn (Eds.), *Proceedings of the 31st Annual Conference of the Cognitive Science Society*, pp. 2601–2606. Cognitive Science Society.

Singh, S., Lewis, R. L., Barto, A. G., Sorg, J. (2010). Intrinsically motivated reinforcement learning: An evolutionary perspective. *IEEE Transactions on Autonomous Mental Development, 2*(2): 70–82. Special issue on Active Learning and Intrinsically Motivated Exploration in Robots: Advances and Challenges.

Singh, S. P., Sutton, R. S. (1996). Reinforcement learning with replacing eligibility traces. *Machine Learning, 22*(1-3): 123–158.

Skinner, B. F. (1938). *The Behavior of Organisms: An Experimental Analysis.* Appleton-Century, New York.

Skinner, B. F. (1958). Reinforcement today. *American Psychologist, 13*(3): 94–99.

Skinner, B. F. (1963). Operant behavior. *American Psychologist, 18*(8): 503–515.

Sofge, D. A., White, D. A. (1992). Applied learning: Optimal control for manufacturing. In D. A. White and D. A. Sofge (Eds.), *Handbook of Intelligent Control: Neural, Fuzzy, and Adaptive Approaches*, pp. 259–281. Van Nostrand Reinhold, New York.

Sorg, J. D. (2011). *The Optimal Reward Problem:Designing Effective Reward for Bounded Agents.* Ph.D. thesis, University of Michigan, Ann Arbor.

Sorg, J., Lewis, R. L., Singh, S. P. (2010). Reward design via online gradient ascent. In *Advances in Neural Information Processing Systems 23 (NIPS 2010)*, pp. 2190–2198. Curran Associates,

Inc.

Sorg, J., Singh, S., Lewis, R. (2010). Internal rewards mitigate agent boundedness. In *Proceedings of the 27th International Conference on Machine Learning (ICML 2010)*, pp. 1007–1014.

Spence, K. W. (1947). The role of secondary reinforcement in delayed reward learning. *Psychological Review, 54*(1): 1–8.

Srivastava, N., Hinton, G., Krizhevsky, A., Sutskever, I., Salakhutdinov, R. (2014). Dropout: A simple way to prevent neural networks from overfitting. *Journal of Machine Learning Research, 15*(1): 1929–1958.

Staddon, J. E. R. (1983). *Adaptive Behavior and Learning.* Cambridge University Press.

Stanfill, C., Waltz, D. (1986). Toward memory-based reasoning. *Communications of the ACM, 29*(12): 1213–1228.

Steinberg, E. E., Keiflin, R., Boivin, J. R., Witten, I. B., Deisseroth, K., Janak, P. H. (2013). A causal link between prediction errors, dopamine neurons and learning. *Nature Neuroscience, 16*(7): 966–973.

Sterling, P., Laughlin, S. (2015). *Principles of Neural Design.* MIT Press, Cambridge, MA.

Sugiyama, M., Hachiya, H., Morimura, T. (2013). *Statistical Reinforcement Learning: Modern Machine Learning Approaches.* Chapman & Hall/CRC.

Suri, R. E., Bargas, J., Arbib, M. A. (2001). Modeling functions of striatal dopamine modulation in learning and planning. *Neuroscience, 103*(1): 65–85.

Suri, R. E., Schultz, W. (1998). Learning of sequential movements by neural network model with dopamine-like reinforcement signal. *Experimental Brain Research, 121*(3): 350–354.

Suri, R. E., Schultz, W. (1999). A neural network model with dopamine-like reinforcement signal that learns a spatial delayed response task. *Neuroscience, 91*(3): 871–890.

Sutton, R. S. (1978a). Learning theory support for a single channel theory of the brain. Unpublished report.

Sutton, R. S. (1978b). Single channel theory: A neuronal theory of learning. *Brain Theory Newsletter, 4*:72–75. Center for Systems Neuroscience, University of Massachusetts, Amherst, MA.

Sutton, R. S. (1978c). *A unified theory of expectation in classical and instrumental conditioning.* Bachelors thesis, Stanford University.

Sutton, R. S. (1984). *Temporal Credit Assignment in Reinforcement Learning.* Ph.D. thesis, University of Massachusetts, Amherst.

Sutton, R. S. (1988). Learning to predict by the method of temporal differences. *Machine Learning, 3*(1): 9–44 (important erratum p. 377).

Sutton, R. S. (1990). Integrated architectures for learning, planning, and reacting based on approximating dynamic programming. In *Proceedings of the 7th International Workshop on Machine Learning*, pp. 216–224. Morgan Kaufmann.

Sutton, R. S. (1991a). Dyna, an integrated architecture for learning, planning, and reacting. *SIGART Bulletin, 2*(4): 160–163. ACM, New York.

Sutton, R. S. (1991b). Planning by incremental dynamic programming. In *Proceedings of the 8th International Workshop on Machine Learning*, pp. 353–357. Morgan Kaufmann.

Sutton, R. S. (Ed.) (1992a). *Reinforcement Learning.* Kluwer Academic Press. Reprinting of a special double issue on reinforcement learning, *Machine Learning, 8*(3-4).

Sutton, R.S. (1992b). Adapting bias by gradient descent: An incremental version of delta-bar-delta. *Proceedings of the Tenth National Conference on Artificial Intelligence*, pp. 171–176, MIT Press.

Sutton, R.S. (1992c). Gain adaptation beats least squares? *Proceedings of the Seventh Yale Workshop on Adaptive and Learning Systems*, pp. 161–166, Yale University, New Haven, CT.

Sutton, R. S. (1995a). TD models: Modeling the world at a mixture of time scales. In *Proceedings of the 12th International Conference on Machine Learning (ICML 1995)*, pp. 531–539. Morgan Kaufmann.

Sutton, R. S. (1995b). On the virtues of linear learning and trajectory distributions. In *Proceedings of the Workshop on Value Function Approximation* at *The 12th International Conference on Machine Learning (ICML 1995).*

Sutton, R. S. (1996). Generalization in reinforcement learning: Successful examples using sparse coarse coding. In *Advances in Neural Information Processing Systems 8 (NIPS 1995)*, pp. 1038–1044. MIT Press, Cambridge, MA.

Sutton, R. S. (2009). The grand challenge of predictive empirical abstract knowledge. *Working Notes of the IJCAI-09 Workshop on Grand Challenges for Reasoning from Experiences.*

Sutton, R. S. (2015a) Introduction to reinforcement learning with function approximation. Tutorial at the Conference on Neural Information Processing Systems (NIPS), Montreal, December 7, 2015.

Sutton, R. S. (2015b) True online Emphatic TD(λ): Quick reference and implementation guide. ArXiv:1507.07147. Code is available in Python and C++ by downloading the source files of this arXiv paper as a zip archive.

Sutton, R. S., Barto, A. G. (1981a). Toward a modern theory of adaptive networks: Expectation and prediction. *Psychological Review, 88*(2): 135–170.

Sutton, R. S., Barto, A. G. (1981b). An adaptive network that constructs and uses an internal model of its world. *Cognition and Brain Theory, 3*:217–246.

Sutton, R. S., Barto, A. G. (1987). A temporal-difference model of classical conditioning. In *Proceedings of the Ninth Annual Conference of the Cognitive Science Society*, pp. 355-378. Erlbaum, Hillsdale, NJ.

Sutton, R. S., Barto, A. G. (1990). Time-derivative models of Pavlovian reinforcement. In M. Gabriel and J. Moore (Eds.), *Learning and Computational Neuroscience: Foundations of*

Adaptive Networks, pp. 497–537. MIT Press, Cambridge, MA.

Sutton, R. S., Maei, H. R., Precup, D., Bhatnagar, S., Silver, D., Szepesvári, Cs., Wiewiora, E. (2009a). Fast gradient-descent methods for temporal-difference learning with linear function approximation. In *Proceedings of the 26th International Conference on Machine Learning (ICML 2009)*, pp. 993–1000. ACM, New York.

Sutton, R. S., Szepesvári, Cs., Maei, H. R. (2009b). A convergent $O(d^2)$temporal-difference algorithm for off-policy learning with linear function approximation. In *Advances in Neural Information Processing Systems 21 (NIPS 2008)*, pp. 1609–1616. Curran Associates, Inc.

Sutton, R. S., Mahmood, A. R., Precup, D., van Hasselt, H. (2014). A new Q(λ) with interim forward view and Monte Carlo equivalence. In *Proceedings of the International Conference on Machine Learning, 31. JMLR W&CP 32*(2).

Sutton, R. S., Mahmood, A. R., White, M. (2016). An emphatic approach to the problem of off-policy temporal-difference learning. *Journal of Machine Learning Research, 17*(73): 1–29.

Sutton, R. S., McAllester, D. A., Singh, S. P., Mansour, Y. (2000). Policy gradient methods for reinforcement learning with function approximation. In *Advances in Neural Information Processing Systems 12 (NIPS 1999)*, pp. 1057–1063. MIT Press, Cambridge, MA.

Sutton, R. S., Modayil, J., Delp, M., Degris, T., Pilarski, P. M., White, A., Precup, D. (2011). Horde: A scalable real-time architecture for learning knowledge from unsupervised sensorimotor interaction. In *Proceedings of the Tenth International Conference on Autonomous Agents and Multiagent Systems*, pp. 761–768, Taipei, Taiwan.

Sutton, R. S., Pinette, B. (1985). The learning of world models by connectionist networks. In *Proceedings of the Seventh Annual Conference of the Cognitive Science Society*, pp. 54–64.

Sutton, R. S., Precup, D., Singh, S. (1999). Between MDPs and semi-MDPs: A framework for temporal abstraction in reinforcement learning. *Artificial Intelligence, 112*(1-2): 181–211.

Sutton, R. S., Singh, S. P., McAllester, D. A. (2000). Comparing policy-gradient algorithms. Unpublished manuscript.

Sutton, R. S., Szepesvári, Cs., Geramifard, A., Bowling, M., (2008). Dyna-style planning with linear function approximation and prioritized sweeping. In *Proceedings of the 24th Conference on Uncertainty in Artificial Intelligence*, pp. 528–536.

Szepesvári, Cs. (2010). Algorithms for reinforcement learning. In *Synthesis Lectures on Artificial Intelligence and Machine Learning, 4*(1): 1–103. Morgan and Claypool.

Szita, I. (2012). Reinforcement learning in games. In M. Wiering and M. van Otterlo (Eds.), *Reinforcement Learning: State-of-the-Art*, pp. 539–577. Springer-Verlag Berlin Heidelberg.

Tadepalli, P., Ok, D. (1994). H-learning: A reinforcement learning method to optimize undiscounted average reward. Technical Report 94-30-01. Oregon State University, Computer Science Department, Corvallis.

Tadepalli, P., Ok, D. (1996). Scaling up average reward reinforcement learning by approximating the domain models and the value function. In *Proceedings of the 13th International Conference on Machine Learning (ICML 1996)*, pp. 471–479.

Takahashi, Y., Schoenbaum, G., and Niv, Y. (2008). Silencing the critics: Understanding the effects of cocaine sensitization on dorsolateral and ventral striatum in the context of an actor/critic model. *Frontiers in Neuroscience, 2*(1): 86–99.

Tambe, M., Newell, A., Rosenbloom, P. S. (1990). The problem of expensive chunks and its solution by restricting expressiveness. *Machine Learning, 5*(3): 299–348.

Tan, M. (1991). Learning a cost-sensitive internal representation for reinforcement learning. In L. A. Birnbaum and G. C. Collins (Eds.), *Proceedings of the 8th International Workshop on Machine Learning*, pp. 358–362. Morgan Kaufmann.

Taylor, G., Parr, R. (2009). Kernelized value function approximation for reinforcement learning. In *Proceedings of the 26th International Conference on Machine Learning (ICML 2009)*, pp. 1017–1024. ACM, New York.

Taylor, M. E., Stone, P. (2009). Transfer learning for reinforcement learning domains: A survey. *Journal of Machine Learning Research, 10*:1633–1685.

Tesauro, G. (1986). Simple neural models of classical conditioning. *Biological Cybernetics, 55*(2-3): 187–200.

Tesauro, G. (1992). Practical issues in temporal difference learning. *Machine Learning, 8*(3-4): 257–277.

Tesauro, G. (1994). TD-Gammon, a self-teaching backgammon program, achieves master-level play. *Neural Computation, 6*(2): 215–219.

Tesauro, G. (1995). Temporal difference learning and TD-Gammon. *Communications of the ACM, 38*(3): 58–68.

Tesauro, G. (2002). Programming backgammon using self-teaching neural nets. *Artificial Intelligence, 134*(1-2): 181–199.

Tesauro, G., Galperin, G. R. (1997). On-line policy improvement using Monte-Carlo search. In *Advances in Neural Information Processing Systems 9 (NIPS 1996)*, pp. 1068–1074. MIT Press, Cambridge, MA.

Tesauro, G., Gondek, D. C., Lechner, J., Fan, J., Prager, J. M. (2012). Simulation, learning, and optimization techniques in Watson's game strategies. *IBM Journal of Research and Development, 56*(3-4): 16–1–16–11.

Tesauro, G., Gondek, D. C., Lenchner, J., Fan, J., Prager, J. M. (2013). Analysis of WATSON's strategies for playing Jeopardy! *Journal of Artificial Intelligence Research, 47*:205–251.

Tham, C. K. (1994). *Modular On-Line Function Approximation for Scaling up Reinforcement Learning*. Ph.D. thesis, University of Cambridge.

Thathachar, M. A. L., Sastry, P. S. (1985). A new approach to the design of reinforcement schemes for learning automata. *IEEE Transactions on Systems, Man, and Cybernetics, 15*(1): 168–

175.

Thathachar, M., Sastry, P. S. (2002). Varieties of learning automata: an overview. *IEEE Transactions on Systems, Man, and Cybernetics, Part B: Cybernetics, 36*(6): 711–722.

Thathachar, M., Sastry, P. S. (2011). *Networks of Learning Automata: Techniques for Online Stochastic Optimization.* Springer Science & Business Media.

Theocharous, G., Thomas, P. S., Ghavamzadeh, M. (2015). Personalized ad recommendation for life-time value optimization guarantees. In *Proceedings of the Twenty-Fourth International Joint Conference on Artificial Intelligence (IJCAI-15).* AAAI Press, Palo Alto, CA.

Thistlethwaite, D. (1951). A critical review of latent learning and related experiments. *Psychological Bulletin, 48*(2): 97–129.

Thomas, P. S. (2014). Bias in natural actor–critic algorithms. In *Proceedings of the 31st International Conference on Machine Learning (ICML 2014), JMLR W&CP 32*(1), pp. 441–448.

Thomas, P. S. (2015). *Safe Reinforcement Learning.* Ph.D. thesis, University of Massachusetts, Amherst.

Thomas, P. S., Theocharous, G., Ghavamzadeh, M. (2015). High-confidence off-policy evaluation. In *Proceedings of the Twenty-Ninth AAAI Conference on Artificial Intelligence (AAAI-15)*, pp. 3000–3006. AAAI Press, Menlo Park, CA.

Thompson, W. R. (1933). On the likelihood that one unknown probability exceeds another in view of the evidence of two samples. *Biometrika, 25*(3-4): 285–294.

Thompson, W. R. (1934). On the theory of apportionment. *American Journal of Mathematics, 57*: 450–457.

Thon, M. (2017). *Spectral Learning of Sequential Systems.* Ph.D. thesis, Jacobs University Bremen.

Thon, M., Jaeger, H. (2015). Links between multiplicity automata, observable operator models and predictive state representations: a unified learning framework. *The Journal of Machine Learning Research, 16*(1): 103–147.

Thorndike, E. L. (1898). Animal intelligence: An experimental study of the associative processes in animals. *The Psychological Review, Series of Monograph Supplements*, II(4).

Thorndike, E. L. (1911). *Animal Intelligence.* Hafner, Darien, CT.

Thorp, E. O. (1966). *Beat the Dealer: A Winning Strategy for the Game of Twenty-One.* Random House, New York.

Tian, T. (in preparation) *An Empirical Study of Sliding-Step Methods in Temporal Difference Learning.* M.Sc thesis, University of Alberta, Edmonton.

Tieleman, T., Hinton, G. (2012). Lecture 6.5–RMSProp. COURSERA: Neural networks for machine learning 4.2:26–31.

Tolman, E. C. (1932). *Purposive Behavior in Animals and Men.* Century, New York.

Tolman, E. C. (1948). Cognitive maps in rats and men. *Psychological Review, 55*(4): 189–208.

Tsai, H.-S., Zhang, F., Adamantidis, A., Stuber, G. D., Bonci, A., de Lecea, L., Deisseroth, K. (2009). Phasic firing in dopaminergic neurons is sufficient for behavioral conditioning. *Science, 324*(5930): 1080–1084.

Tsetlin, M. L. (1973). *Automaton Theory and Modeling of Biological Systems.* Academic Press, New York.

Tsitsiklis, J. N. (1994). Asynchronous stochastic approximation and Q-learning. *Machine Learning, 16*(3): 185–202.

Tsitsiklis, J. N. (2002). On the convergence of optimistic policy iteration. *Journal of Machine Learning Research, 3*:59–72.

Tsitsiklis, J. N., Van Roy, B. (1996). Feature-based methods for large scale dynamic programming. *Machine Learning, 22*(1-3): 59–94.

Tsitsiklis, J. N., Van Roy, B. (1997). An analysis of temporal-difference learning with function approximation. *IEEE Transactions on Automatic Control, 42*(5): 674–690.

Tsitsiklis, J. N., Van Roy, B. (1999). Average cost temporal-difference learning. *Automatica, 35*(11): 1799–1808.

Turing, A. M. (1948). Intelligent machinery. In B. Jack Copeland (Ed.) (2004), *The Essential Turing*, pp. 410–432. Oxford University Press, Oxford.

Ungar, L. H. (1990). A bioreactor benchmark for adaptive network-based process control. In W. T. Miller, R. S. Sutton, and P. J. Werbos (Eds.), *Neural Networks for Control*, pp. 387–402. MIT Press, Cambridge, MA.

Unnikrishnan, K. P., Venugopal, K. P. (1994). Alopex: A correlation-based learning algorithm for feedforward and recurrent neural networks. *N*eural Computation, 6(3): 469–490.

Urbanczik, R., Senn, W. (2009). Reinforcement learning in populations of spiking neurons. *Nature neuroscience, 12*(3): 250–252.

Urbanowicz, R. J., Moore, J. H. (2009). Learning classifier systems: A complete introduction, review, and roadmap. *Journal of Artificial Evolution and Applications.* 10.1155/2009/ 736398.

Valentin, V. V., Dickinson, A., O'Doherty, J. P. (2007). Determining the neural substrates of goal-directed learning in the human brain. *The Journal of Neuroscience, 27*(15): 4019–4026.

van Hasselt, H. (2010). Double Q-learning. In *Advances in Neural Information Processing Systems 23 (NIPS 2010)*, pp. 2613–2621. Curran Associates, Inc.

van Hasselt, H. (2011). *Insights in Reinforcement Learning: Formal Analysis and Empirical Evaluation of Temporal-difference Learning.* SIKS dissertation series number 2011-04.

van Hasselt, H. (2012). Reinforcement learning in continuous state and action spaces. In M. Wiering and M. van Otterlo (Eds.), *Reinforcement Learning: State-of-the-Art*, pp. 207–251. Springer-Verlag Berlin Heidelberg.

van Hasselt, H., Sutton, R. S. (2015). Learning to predict independent of span. ArXiv 1508.04582.

Van Roy, B., Bertsekas, D. P., Lee, Y., Tsitsiklis, J. N. (1997). A neuro-dynamic programming approach to retailer inventory management. In *Proceedings of the 36th IEEE Conference on Decision and Control*, Vol. 4, pp. 4052–4057.

van Seijen, H. (2016). Effective multi-step temporal-difference learning for non-linear function approximation. arXiv preprint arXiv:1608.05151.

van Seijen, H., Sutton, R. S. (2013). Efficient planning in MDPs by small backups. In: *Proceedings of the 30th International Conference on Machine Learning (ICML 2013)*, pp. 361–369.

van Seijen, H., Sutton, R. S. (2014). True online TD(λ). In *Proceedings of the 31st International Conference on Machine Learning (ICML 2014)*, pp. 692–700. JMLR W&CP 32(1),

van Seijen, H., Mahmood, A. R., Pilarski, P. M., Machado, M. C., Sutton, R. S. (2016). True online temporal-difference learning. *Journal of Machine Learning Research, 17*(145): 1–40.

van Seijen, H., Van Hasselt, H., Whiteson, S., Wiering, M. (2009). A theoretical and empirical analysis of Expected Sarsa. In *IEEE Symposium on Adaptive Dynamic Programming and Reinforcement Learning*, pp. 177–184.

Varga, R. S. (1962). *Matrix Iterative Analysis.* Englewood Cliffs, NJ: Prentice-Hall.

Vasilaki, E., Frémaux, N., Urbanczik, R., Senn, W., Gerstner, W. (2009). Spike-based reinforcement learning in continuous state and action space: when policy gradient methods fail. *PLoS Computational Biology, 5*(12).

Viswanathan, R., Narendra, K. S. (1974). Games of stochastic automata. *IEEE Transactions on Systems, Man, and Cybernetics, 4*(1): 131–135.

Walter, W. G. (1950). An imitation of life. *Scientific American, 182*(5): 42–45.

Walter, W. G. (1951). A machine that learns. *Scientific American, 185*(2): 60–63.

Waltz, M. D., Fu, K. S. (1965). A heuristic approach to reinforcement learning control systems. *IEEE Transactions on Automatic Control, 10*(4): 390–398.

Watkins, C. J. C. H. (1989). *Learning from Delayed Rewards.* Ph.D. thesis, University of Cambridge.

Watkins, C. J. C. H., Dayan, P. (1992). Q-learning. *Machine Learning, 8*(3-4): 279–292.

Werbos, P. J. (1977). Advanced forecasting methods for global crisis warning and models of intelligence. *General Systems Yearbook, 22*(12): 25–38.

Werbos, P. J. (1982). Applications of advances in nonlinear sensitivity analysis. In R. F. Drenick and F. Kozin (Eds.), *System Modeling and Optimization*, pp. 762–770. Springer-Verlag, Berlin.

Werbos, P. J. (1987). Building and understanding adaptive systems: A statistical/numerical approach to factory automation and brain research. *IEEE Transactions on Systems, Man, and Cybernetics, 17*(1): 7–20.

Werbos, P. J. (1988). Generalization of back propagation with applications to a recurrent gas market model. *Neural Networks, 1*(4): 339–356.

Werbos, P. J. (1989). Neural networks for control and system identification. In *Proceedings of the*

28th Conference on Decision and Control, pp. 260–265. IEEE Control Systems Society.

Werbos, P. J. (1992). Approximate dynamic programming for real-time control and neural modeling. In D. A. White and D. A. Sofge (Eds.), *Handbook of Intelligent Control: Neural, Fuzzy, and Adaptive Approaches*, pp. 493–525. Van Nostrand Reinhold, New York.

Werbos, P. J. (1994). *The Roots of Backpropagation: From Ordered Derivatives to Neural Networks and Political Forecasting* (Vol. 1). John Wiley and Sons.

Wiering, M., Van Otterlo, M. (2012). *Reinforcement Learning: State-of-the-Art.* Springer-Verlag Berlin Heidelberg.

White, A. (2015). *Developing a Predictive Approach to Knowledge.* Ph.D. thesis, University of Alberta, Edmonton.

White, D. J. (1969). *Dynamic Programming.* Holden-Day, San Francisco.

White, D. J. (1985). Real applications of Markov decision processes. *Interfaces, 15*(6): 73–83.

White, D. J. (1988). Further real applications of Markov decision processes. *Interfaces, 18*(5): 55–61.

White, D. J. (1993). A survey of applications of Markov decision processes. *Journal of the Operational Research Society, 44*(11): 1073–1096.

White, A., White, M. (2016). Investigating practical linear temporal difference learning. In *Proceedings of the 2016 International Conference on Autonomous Agents and Multiagent Systems*, pp. 494–502.

Whitehead, S. D., Ballard, D. H. (1991). Learning to perceive and act by trial and error. *Machine Learning, 7*(1): 45–83.

Whitt, W. (1978). Approximations of dynamic programs I. *Mathematics of Operations Research, 3*(3): 231–243.

Whittle, P. (1982). *Optimization over Time*, vol. 1. Wiley, New York.

Whittle, P. (1983). *Optimization over Time*, vol. 2. Wiley, New York.

Wickens, J., Kötter, R. (1995). Cellular models of reinforcement. In J. C. Houk, J. L. Davis and D. G. Beiser (Eds.), *Models of Information Processing in the Basal Ganglia*, pp. 187–214. MIT Press, Cambridge, MA.

Widrow, B., Gupta, N. K., Maitra, S. (1973). Punish/reward: Learning with a critic in adaptive threshold systems. *IEEE Transactions on Systems, Man, and Cybernetics, 3*(5): 455–465.

Widrow, B., Hoff, M. E. (1960). Adaptive switching circuits. In *1960 WESCON Convention Record Part IV*, pp. 96–104. Institute of Radio Engineers, New York. Reprinted in J. A. Anderson and E. Rosenfeld, *Neurocomputing: Foundations of Research*, pp. 126–134. MIT Press, Cambridge, MA, 1988.

Widrow, B., Smith, F. W. (1964). Pattern-recognizing control systems. In J. T. Tou and R. H. Wilcox (Eds.), *Computer and Information Sciences*, pp. 288–317. Spartan, Washington, DC.

Widrow, B., Stearns, S. D. (1985). *Adaptive Signal Processing.* Prentice-Hall, Englewood Cliffs,

NJ.

Wiener, N. (1964). *God and Golem, Inc: A Comment on Certain Points where Cybernetics Impinges on Religion.* MIT Press, Cambridge, MA.

Wiewiora, E. (2003). Potential-based shaping and Q-value initialization are equivalent. *Journal of Artificial Intelligence Research, 19*:205–208.

Williams, R. J. (1986). Reinforcement learning in connectionist networks: A mathematical analysis. Technical Report ICS 8605. Institute for Cognitive Science, University of California at San Diego, La Jolla.

Williams, R. J. (1987). Reinforcement-learning connectionist systems. Technical Report NU-CCS-87-3. College of Computer Science, Northeastern University, Boston.

Williams, R. J. (1988). On the use of backpropagation in associative reinforcement learning. In *Proceedings of the IEEE International Conference on Neural Networks*, pp. I263–I270. IEEE San Diego section and IEEE TAB Neural Network Committee.

Williams, R. J. (1992). Simple statistical gradient-following algorithms for connectionist reinforcement learning. *Machine Learning, 8*(3-4): 229–256.

Williams, R. J., Baird, L. C. (1990). A mathematical analysis of actor–critic architectures for learning optimal controls through incremental dynamic programming. In *Proceedings of the Sixth Yale Workshop on Adaptive and Learning Systems*, pp. 96–101. Center for Systems Science, Dunham Laboratory, Yale University, New Haven.

Wilson, R. C., Takahashi, Y. K., Schoenbaum, G., Niv, Y. (2014). Orbitofrontal cortex as a cognitive map of task space. *Neuron, 81*(2): 267–279.

Wilson, S. W. (1994). ZCS, A zeroth order classifier system. *Evolutionary Computation, 2*(1): 1–18.

Wise, R. A. (2004). Dopamine, learning, and motivation. *Nature Reviews Neuroscience, 5*(6): 1–12.

Witten, I. H. (1976). The apparent conflict between estimation and control—A survey of the two-armed problem. *Journal of the Franklin Institute, 301*(1-2): 161–189.

Witten, I. H. (1977). An adaptive optimal controller for discrete-time Markov environments. *Information and Control, 34*(4): 286–295.

Witten, I. H., Corbin, M. J. (1973). Human operators and automatic adaptive controllers: A comparative study on a particular control task. *International Journal of Man–Machine Studies, 5*(1): 75–104.

Woodbury, T., Dunn, C., and Valasek, J. (2014). Autonomous soaring using reinforcement learning for trajectory generation. In *52nd Aerospace Sciences Meeting*, p. 0990.

Woodworth, R. S. (1938). *Experimental Psychology.* New York: Henry Holt and Company.

Xie, X., Seung, H. S. (2004). Learning in neural networks by reinforcement of irregular spiking. *Physical Review E, 69*(4): 041909.

Xu, X., Xie, T., Hu, D., Lu, X. (2005). Kernel least-squares temporal difference learning. *International Journal of Information Technology, 11*(9): 54–63.

Yagishita, S., Hayashi-Takagi, A., Ellis-Davies, G. C. R., Urakubo, H., Ishii, S., Kasai, H. (2014). A critical time window for dopamine actions on the structural plasticity of dendritic spines. *Science, 345*(6204): 1616–1619.

Yee, R. C., Saxena, S., Utgoff, P. E., Barto, A. G. (1990). Explaining temporal differences to create useful concepts for evaluating states. In *Proceedings of the Eighth National Conference on Artificial Intelligence (AAAI-90)*, pp. 882–888. AAAI Press, Menlo Park, CA.

Yin, H. H., Knowlton, B. J. (2006). The role of the basal ganglia in habit formation. *Nature Reviews Neuroscience, 7*(6): 464–476.

Young, P. (1984). *Recursive Estimation and Time-Series Analysis.* Springer-Verlag, Berlin.

Yu, H. (2010). Convergence of least squares temporal difference methods under general conditions. *International Conference on Machine Learning 27*, pp. 1207–1214.

Yu, H. (2012). Least squares temporal difference methods: An analysis under general conditions. *SIAM Journal on Control and Optimization, 50*(6): 3310–3343.

Yu, H. (2015). On convergence of emphatic temporal-difference learning. In *Proceedings of the 28th Annual Conference on Learning Theory, JMLR W&CP 40.* Also ArXiv:1506.02582.

Yu, H. (2016). Weak convergence properties of constrained emphatic temporal-difference learning with constant and slowly diminishing stepsize. *Journal of Machine Learning Research, 17*(220): 1–58.

Yu, H. (2017). On convergence of some gradient-based temporal-differences algorithms for off-policy learning. Arxiv:1712.09652.

Yu, H., Mahmood, A. R., Sutton, R. S. (2017). On generalized bellman equations and temporal-difference learning. ArXiv:17041.04463. A summary appeared in *Proceedings of the Canadian Conference on Artificial Intelligence*, pp. 3–14. Springer.

Zhang, M., Yum, T. P. (1989). Comparisons of channel-assignment strategies in cellular mobile telephone systems. *IEEE Transactions on Vehicular Technology, 38*:211-215.

Zhang, W. (1996). *Reinforcement Learning for Job-shop Scheduling.* Ph.D. thesis, Oregon State University, Corvallis. Technical Report CS-96-30-1.

Zhang, W., Dietterich, T. G. (1995). A reinforcement learning approach to job-shop scheduling. In *Proceedings of the Fourteenth International Joint Conference on Artificial Intelligence (IJCAI-95)*, pp. 1114–1120. Morgan Kaufmann.

Zhang, W., Dietterich, T. G. (1996). High-performance job-shop scheduling with a time–delay TD(λ) network. In *Advances in Neural Information Processing Systems 8 (NIPS 1995)*, pp. 1024–1030. MIT Press, Cambridge, MA.

Zweben, M., Daun, B., Deale, M. (1994). Scheduling and rescheduling with iterative repair. In M. Zweben and M. S. Fox (Eds.), *Intelligent Scheduling*, pp. 241–255. Morgan Kaufmann.